高等学校教材

电工理论基础

陈绍林
吴建华 主编

东北大学出版社

图书在版编目（CIP）数据

电工理论基础 / 陈绍林，吴建华主编. -沈阳：东北大学出版社，2000. 7
(2019.2 重印)

ISBN 978-7-81054-141-1

Ⅰ. 电… Ⅱ. ①陈… ②吴… Ⅲ. 电工-理论-高等学校-教材 Ⅳ. TM1

中国版本图书馆 CIP 数据核字（2000）第 37862 号

内容简介

《电工理论基础》是根据工科电工教材编审委员会审定的《电路》教学大纲的要求而编写的，为使理论的系统性结合教学的实用性而增加了磁路等章节。本教材具有如下特点：吸收了国内、外同类教材的优点，总结了东北大学电工原理教研室几十年的教学经验，因而内容全面、结构严密、重点突出、深入浅出、习题丰富，有利于教学和学生智力的开发，并且适于自学，是一本有较高水平的高等工科院校的教学用书。

出 版 者：东北大学出版社
地址：沈阳市和平区文化路 3 号巷 11 号
邮编：110004
电话：024-83687331（市场部）　83680267（社务室）
传真：024-83680180（市场部）　83680265（社务室）
E-mail：neuph@neupress.com
http：//www.neupress.com
印 刷 者：沈阳中科印刷有限责任公司
发 行 者：东北大学出版社
幅面尺寸：185mm×260mm
印　　张：20.75
字　　数：646 千字
出版时间：2000 年 7 月第 2 版
印刷时间：2019 年 2 月第 7 次印刷
责任编辑：郝蕴卿　冯淑琴　　　责任校对：闻国琴
封面设计：唯　美　　　责任出版：唐敏智

ISBN 978-7-81054-141-1　　　定价：49.00 元

前　言

本教材是根据工科电工教材编审委员会审定的《电路》教学大纲的要求，在学习国内、外同类教材的优点，总结东北大学电工原理教研室几十年教学经验的基础上编写的。

该教材可做高等工科院校工业自动化、仪表、自动控制、通信、计算机等电类专业的教材，亦可供从事电气工程的技术人员阅读。

本书编写中注重理论的系统性和教学的实用性，比如编写了磁路等章节，把受控源的内容集中讲授等，力求做到内容全面，重点突出，有利于教学和学生智力的开发。习题内容丰富，层次清晰，并附有全部答案。图形、附号均采用国家标准。

书中一、二章由孙玉琴教授编写，三、四章由殷洪义教授编写，五、六章由吴建华副教授编写，七、八章由郝蕴卿副教授编写，九章由陈绍林副教授编写，十章由李华副教授编写，全书由陈绍林、吴建华担任主编。

由于时间仓促和水平所限，难免有不当之处，欢迎读者批评指正。

编　者

2000年1月

目　录

第1章　电路模型和基本定律

内容提要：本章在物理电学基础上，引出了电流参考方向和电压参考极性(参考方向)的概念，并将进一步研究电路的基本定律和简单直流电路的分析计算。

本章重点：充分理解和掌握电流的参考方向与电压的参考极性两个概念；明确电阻、电感、电容等电路元件的电压与电流间的关系；熟练掌握基本定律，并做到灵活运用。

1-1　电路和电路图

电路是电流的通路。它是许多电气元件(或电气设备)，为实现能量的传输和转换，或为了实现信息传递和处理而联接成的整体。在现代生产和生活中，随时随地可以见到电路。例如纵横几百里的电网系统和厂矿中各种电气控制系统等，它们的功能是实现电能的传输和转换；家用电器中的收音机、电视机，则主要是完成信号的传递和处理。总之，实际的电路是由各种电路器件组成的。按照它们在电路中所起的作用，这些器件可分为电源、负载和传输控制器件三大类。

(1)电源：是提供电能或发出电信号的设备，它把其他形式的能量转换成电能，或把电能转换成另一种形式的电能或电信号。例如，电池把化学能转换成电能，发电机把机械能转换成电能，信号发生器则是把电能转换成一定的电信号。

(2)负载：是用电或接收电信号的设备。它把电能转换成其他形式的能量。例如，白炽灯把电能转换成光能和热能，电动机把电能转换成机械能。

(3)传输控制器件：是电源和负载中间的联接部分。包括联接导线、控制电器(如开关)和保护电器(如熔断器)等。

在电路分析中，为研究问题方便，常把一个实际电路用它的电路模型来代替。图1-1就是手电筒的电路模型(称为电路图)。其中电阻 R 代表小灯泡，电动势 E 和内阻 R_s 代表干电池，开关K为电筒的开关。

组成电路模型的元件，都是能反映实际电路中的元件主要物理特征的理想元件，由于电路中实际元件在工作过程中和电磁现象有关，因此有三种最基本的无源理想电路元件：表示消耗电能的理想电阻元件 R；表示贮存电场能的无源理想电容元件 C；表示贮存磁场能的理想电感元件 L。

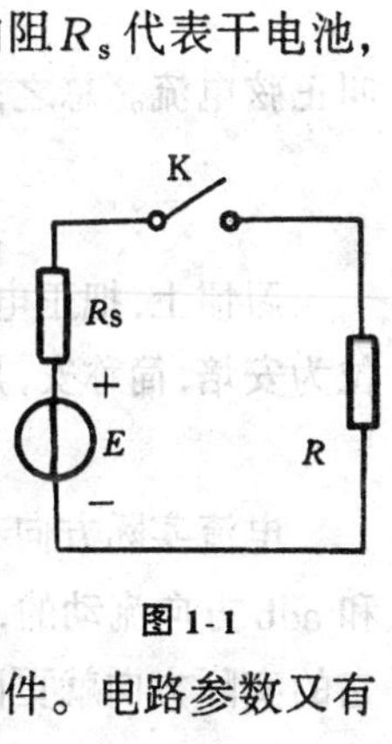

图1-1

对电路进行分析，主要是为了确定电路的工作状态，即各个元件上的工作电压与电流。电压、电流的大小和方向都不随时间变化的电路叫直流电路；电流、电压的大小和方向都随时间变化的电路叫变动电流电路。电路元件有多种，具有两个端钮的叫做二端元件，具有两个以上端钮的叫做多端元件。电路参数又有线性与非线性之分:凡元件的参数不随其电流或电压的数值而变动的,属于线性元件,否则称为非线性元件。完全由线性元件连接起来的电路称为线性电路,否则便是非线性电路。工程上遇到的电路大部分可以作为线性电路来分析,即使是非线性电路,有时也可以用线性化的方法来处理。本书主要研究线性电路。

1-2　电流、电压及其参考方向

这节除了加深理解电流和电压意义之外,更重要的是弄懂参考方向(也叫正方向)这一新概念。

1. 电　　流

电荷有规则的运动形成了电流。在金属导体中,电流是自由电子有规则地运动形成的;在半导体中,电流是由半导体中自由电子和空穴有规则地运动形成的;在电解质溶液中,电流则是正、负离子有规则地运动。大小和方向不随时间改变的电流叫直流电流,用符号 I 表示,其大小为:

$$I = \frac{Q}{t} \tag{1-1a}$$

其中 Q 为 t 时间内通过导体横截面的电荷量。从上式看出,电流的大小等于单位时间通过导体横截面的电荷量。

随时间变化的电流叫变动电流,图 1-2 所示的电流均为变动电流,其中(a)、(b)所示电流的大小和方向都随时间变化,这种电流叫交变电流,图(b)所示电流随时间按正弦规律变化,则

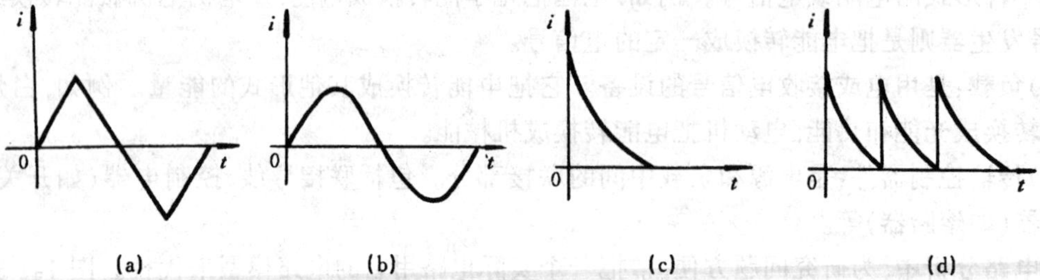

图 1-2

叫正弦电流。总之,这些电流都是时间的函数,其大小为

$$i = \frac{dq}{dt} \tag{1-1b}$$

习惯上,把正电荷移动的方向规定为电流实际方向,即和电子运动相反的方向。电流的单位为安培,简称安,用 A 表示。常用的单位还有微安(μA)、毫安(mA)、千安(kA)等。

$$1A = 10^3 mA = 10^6 \mu A \qquad 1kA = 10^3 A$$

电流实际方向有时能直接判断出来,如图 1-3(a)中,电阻 R_1 和 R_3 中的电流是分别沿 acb 和 adb 方向流动的,但图(b)R_5 中电流的方向却不能直接判断出来。对于交变电流,若想标出它的实际方向就更困难。为解决这一问题,引入了参考方向的概念。所谓参考方向,就是不管

电流实际方向如何，先假设一个电流方向，称为参考方向，在电路中用箭头表示。如图 1-3(b)R_5 中电流 I_5，其参考方向由箭头表示如图。而 R_5 中电流实际方向只有两种可能，要么与参考方向相同，要么相反。规定参考方向与实际方向相同的电流为正值，参考方向与实际方向相反的电流为负值。这样电流就变成了代数量，它的绝对值用来表示电流的大小，而其值的正、负与参考方向一起表明电流的实际方向。如 $I_5<0$，说明 R_5 中电流实际方向与参考方向相反，由 d 流向 c。这样就解决了电流实际方向难以判断和表示的问题，给问题的分析计算带来了方便，电路图中给出的电流方向均为参考方向。

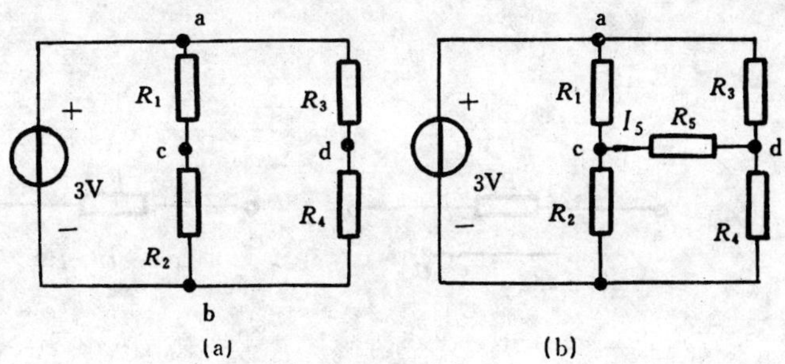

图 1-3

2. 电压与电位

电压是表征电场性质的物理量之一，它反映了电场力移动电荷做功的本领。具体来讲，电场力把单位正电荷从 a 移动到 b 所作的功，在数值上就等于 ab 两点间的电压。用 U_{ab} 表示大小和方向都不随时间变化的电压，即直流电压，其定义式为

$$U_{ab}=\frac{W_{ab}}{Q} \tag{1-2a}$$

而随时间变化的电压，则用 u_{ab} 表示，有

$$u_{ab}=\frac{\mathrm{d}w_{ab}}{\mathrm{d}q} \tag{1-2b}$$

电压的单位是伏特，简称伏，用 V 表示，常用的还有微伏(μV)、毫伏(mV)、千伏(kV)等单位，它们的互换关系与电流的单位换算相同。

由电压定义可知，电压的实际方向是电场力对正电荷做功的方向。判断和表示电压实际方向，也和电流一样会遇到困难，因此也要采用参考方向(或参考极性)，而电压实际方向要由其参考方向和电压数值的正、负一起判断。图 1-4(a)电压 U 参考方向是从 a 指向 b，若 $U=-3$V，说明电压实际方向与参考方向相反，即由 b 指向 a；若 $U-3$V，说明实际方向与参考方向一致，参考方向也常用"+"、"−"极性或双下标表示，如图 1-4(b)，表示电压参考方向是由"+"极性指向"−"极性，或说由 a 指向 b。

若取电路中某一点为参考点，则任一点到参考点间的电压称为该点的电位，如图 1-4(c)，设 O 点为参考点，则 A 点到 O 点间电压 U_{AO} 称为 A 点电位，用 U_A 表示，即

$$U_A=U_{AO}$$

电位的参考点可任取，计算电路时常选择大地、设备外壳或接地点做为参考点。在一个连通的系统中只能选一个参考点。由参考点的定义可知，参考点的电位为零。

电路中任意两点，如图 1-4(c)中的 A，B，由定义得

$$U_A=U_{AO}=\frac{W_{AO}}{Q}=\frac{W_{AB}+W_{BO}}{Q}=U_{AB}+U_B$$

即

$$U_{AB}=U_A-U_B \tag{1-3a}$$

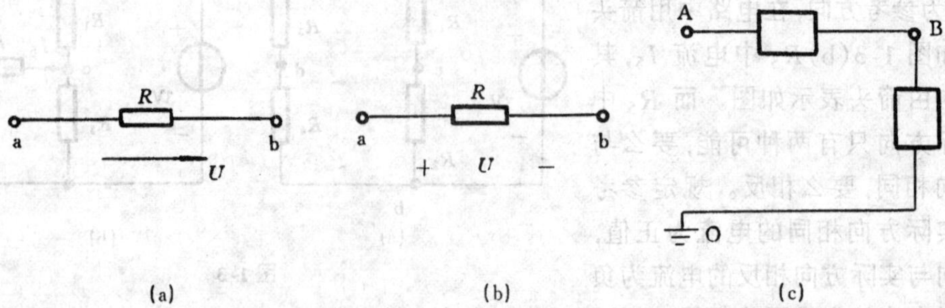

(a)　　(b)　　(c)

图 1-4

式(1-3a)说明:电路中任意两点间的电压等于这两点的电位之差。所以电压和电位一般可以认为意义相同。从式(1-3a)还可看出,当 A 点电位高于 B 点电位时,U_{AB}为正值,反之 U_{AB}为负值,说明两点间电压的实际方向是从高电位指向低电位,或说电压的实际方向就是电位降落的方向。

应该注意,电路中参考点选定之后,各点电位是一个定值,若参考点改变,则各点电位随之改变,而任意两点电压不变。即任意一点的电位与参考点选择有关,任意两点间电压则与参考点的选择无关。例如图 1-4(c)中,若选 O 点为参考点($U_O=0$),有 $U_A=5V$, $U_B=3V$ 时, $U_{AB}=2V$, $U_{BO}=3V$;而改选 B 点为参考点时, $U_B=0$,则 $U_A=2V$, $U_O=-3V$,但 U_{AB}, U_{BO}的值保持不变: $U_{AB}=2-0=2V$, $U_{BO}=U_B-U_O=0-(-3)=3V$。

两点间电压一般用带双下标的 U 表示,某一点电位则常用单下标的 U 表示。电位和电压单位一样,也是伏特(V)。

为什么要引入电位概念呢?因为在某些复杂电路中,尤其在电子线路中,节点较多,若逐一求出任意两点电压是一个很麻烦的工作,计算量很大。引入电位概念后,先取电路中任一点为参考点,这样只要求出各点电位,任意两点间电压很容易求出,便于很快分析出各元件的工作状态。

3. 电动势

电荷经过负载时是把电能转换成其他能量,也就是电场力做功,位能减少。如图 1-5 所示,正电荷不断从 A 经负载移向 B,必然使 A 处正电荷减少,同时也使 B 处负电荷减少,这样 A,B 之间电位差越来越小,直到 AB 两点等位,电流停止流动为止。要能维持电流不断从 A 流向 B,即在 A,B 间保持一定的电位差,必须有一外力,克服电场力把正电荷从 B 经电源内部移到 A。电动势就是衡量外力移动正电荷从低电位 B 到高电位 A 做功能力的物理量,其大小等于外力移动单位正电荷从 B 到 A 所做的功。即

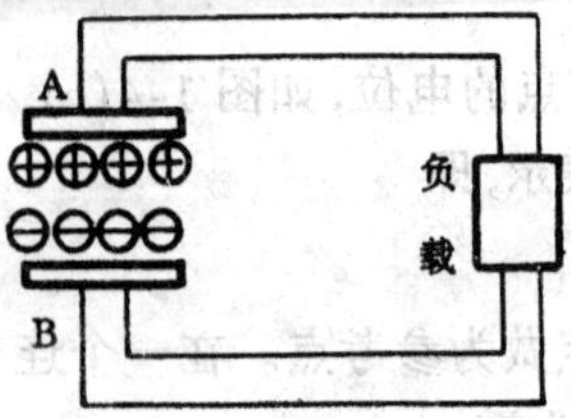

图 1-5

$$E=\frac{W}{Q} \quad 或 \quad e=\frac{dw}{dq} \tag{1-3b}$$

电动势单位也是伏特(V),其实际方向规定为从低电位指向高电位,符号如图 1-6 所示。其中(a)、(b)表示直流电动势,(c)表示交流电动势。

电动势和电压虽然在物理意义上不同,但二者都可表示电源两端电位的高低。只不过电压实际方向是由高电位指向低电位,电动势实际方向是从低电位指向高电位,即二者实际方向

的规定相反。电动势的参考方向的表示方法与电压一样，常用“+”、“-”参考极性表示。在图 1-7(a)中，电压 U 和电动势 E 参考方向反设时，有 $E=U$。图(b)表示 a 到 b 的电压降为 3V，也表明电动势为 3V，而方向是从 b 指向 a。

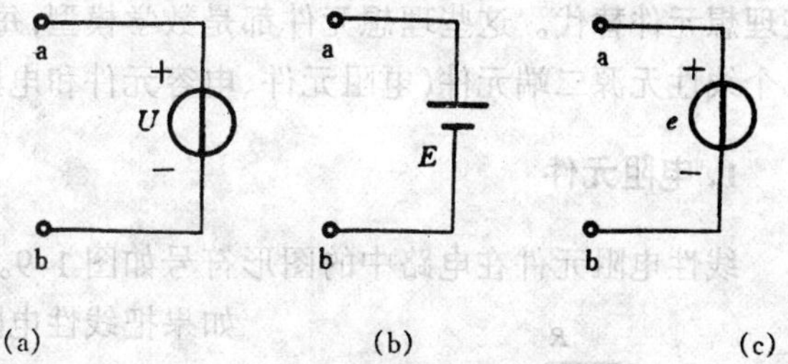

图 1-6

电流经电路元件从高电位流向低电位，是电场力作功的结果，此时元件吸收电能；当电流经电路元件从低电位流向高电位则需要外力作功，此时元件发出电能。电路元件吸收或发出能量的速率就是功率，称为电功率，用 P 或 p 表示。

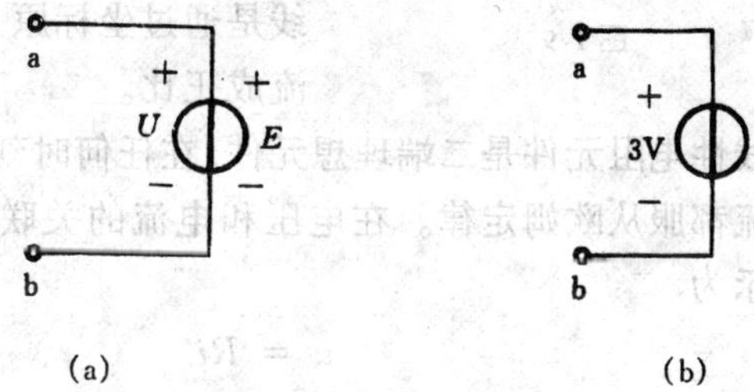

图 1-7

$$P=\frac{W}{t} \quad 或 \quad p=\frac{\mathrm{d}w}{\mathrm{d}t} \quad (1\text{-}3c)$$

据电压定义 $u=\dfrac{\mathrm{d}w}{\mathrm{d}q}$

据电流定义 $$i=\frac{\mathrm{d}q}{\mathrm{d}t}$$

故 $$\mathrm{d}w=u\cdot\mathrm{d}q=ui\mathrm{d}t$$

故 $$p=\frac{\mathrm{d}w}{\mathrm{d}t}=ui \tag{1-4a}$$

直流电路中则有 $$P=UI \tag{1-4b}$$

在国际单位制中，电流单位为安培(A)，电压单位为伏特(V)，功率单位则为瓦特(W)，简称瓦。

根据电路元件电压、电流参考方向及所求出功率的正负来确定该元件是吸收还是发出功率，是一个很关键的问题。在电压、电流参考方向相同(关联方向)时，若 $p>0$，说明 u，i 实际方向一致，这时正电荷从元件高电位移向低电位，电场力作功，元件吸收能量；若 $p<0$，则元件是释放电能。如果电压与电流参考方向相反，且 $p>0$，说明 u，i 实际方向也相反，元件发出电能；若 $p<0$，元件实际上是吸收电能的。以上有关功率的讨论，同样也适合于任何一段电路或一个二端网络，而不仅仅局限于一个元件。

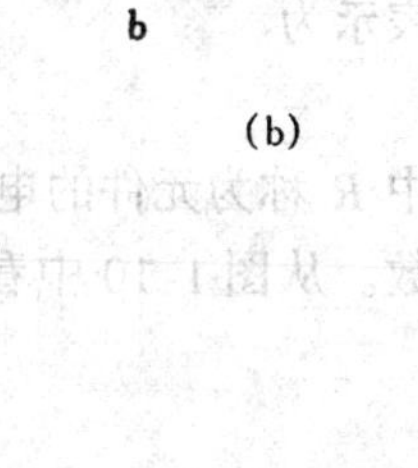

图 1-8

例 1-1 图1-8 中，元件 A 的电流 $I=0.2\text{A}$，$U=-75\text{V}$，参考方向如图所示。求元件 A 的功率 P。

解 $$P=UI=(-75)\times0.2=-15\text{W}$$

从图上看出 U 与 I 是关联方向，且 $P<0$，说明元件 A 发出功率。

1-3 无源元件

前已述及，在电路理论中，经过科学抽象后，把实际元件用足以反映其主要电磁性质的一些理想元件替代。这些理想元件都是数学模型，每一个都有它各自精确的定义。下面，先讨论几个线性无源二端元件(电阻元件、电容元件和电感元件)。

1. 电阻元件

线性电阻元件在电路中的图形符号如图 1-9。

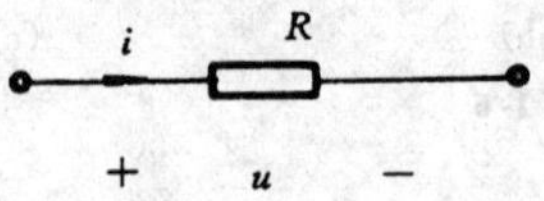

图 1-9

如果把线性电阻元件的电压取为纵坐标(或横坐标)，电流取为横坐标(或纵坐标)，画出电压和电流的关系曲线，这条曲线称为该电阻元件的伏安特性曲线。线性电阻元件的伏安特性曲线是通过坐标原点的直线，见图 1-10，元件上电压与元件中电流成正比。

线性电阻元件是二端理想元件，在任何时刻，它两端的电压与其电流都服从欧姆定律。在电压和电流的关联方向下，欧姆定律可表示为

$$u = Ri \tag{1-5}$$

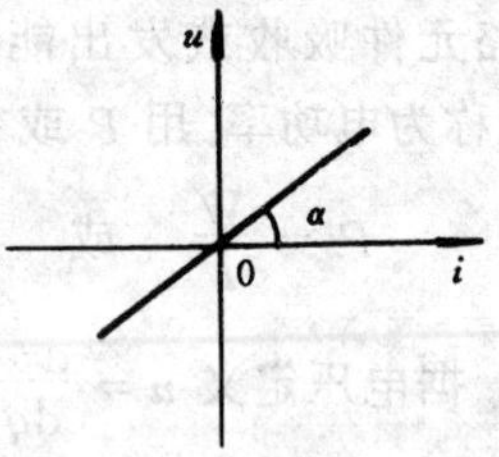

图 1-10

式中 R 称为元件的电阻，它是联系电阻元件上电压和电流的一个参数。从图 1-10 中看出，电阻值可由

$$R = \frac{u}{i} = \tan\alpha$$

来确定，其中 α 乃伏安特性曲线与电流轴之间的夹角。可见，线性电阻元件的电阻是一个与电压 u、电流 i 无关的常数。

令 $G = \dfrac{1}{R}$，则式(1-5)变成

$$i = Gu$$

式中 G 称为电阻元件的电导。

电阻的单位为欧姆 Ω，简称欧；电导的单位为西门子 S。

如果电阻元件电压的参考方向与电流的参考方向相反，如图 1-11，则欧姆定律应写为

$$u = -Ri$$

或

$$i = -Gu$$

所以，欧姆定律的公式必须和参考方向配套使用。

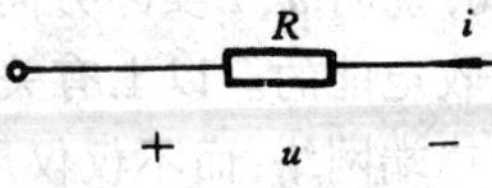

图 1-11

由式(1-5)可知，任何时刻线性电阻元件的电压(或电流)完全由同一时刻的电流(或电压)所决定，而与该时刻以前的电流(或电压)的值无关。

在电压和电流的关联方向下，任何时刻线性电阻元件吸取的电功率

$$P = ui = Ri^2 = Gu^2$$

电阻 R、电导 G 是正实数，故功率 P 为非负值。功率既然不可能为负值，说明任何时刻电阻元件都是吸收电能，并将其全部转换成其他非电能量消耗掉或作为其他用途。所以线性电阻元件($R>0$)不仅是无源元件，并且还是耗能元件。

如电阻元件把吸收的电能转换成热能，当热能的单位用焦耳时，电阻元件发出的热量

$$Q = W$$

应用焦耳与卡之间的换算，从 t_0 到 t 时间内，电阻发出的热量为

$$Q = 0.239W = 0.239\int_{t_0}^{t} Ri^2(\xi)\mathrm{d}\xi$$

此即焦耳-楞次定律的表达式。

实际上，所有电阻器、电灯、电炉等元件，他们的伏安特性曲线或多或少都是非线性的。但是，这些元件，特别像金属膜电阻器、线性电阻器等，在一定工作电流范围内，它们的伏安特性近似为一直线，所以可以做为线性电阻元件来对待。

与线性电阻元件不同，非线性电阻元件的伏安特性不是一条通过原点的直线，元件的电阻将随其电压或电流的改变而改变。图 1-12 给出某二极管的伏安特性曲线。因为二极管是一个非线性电阻元件，它的特性不再是一条通过原点的直线。其次应该指出，像二极管这种非线性电阻元件的伏安特性还与其电压或电流的方向有关。当二极管两端施加的电压方向不同时，流过它的电流完全不同。而前面所讨论的线性电阻元件的特性则与元件电压或电流的方向无关，因此，线性电阻是双向性的元件。

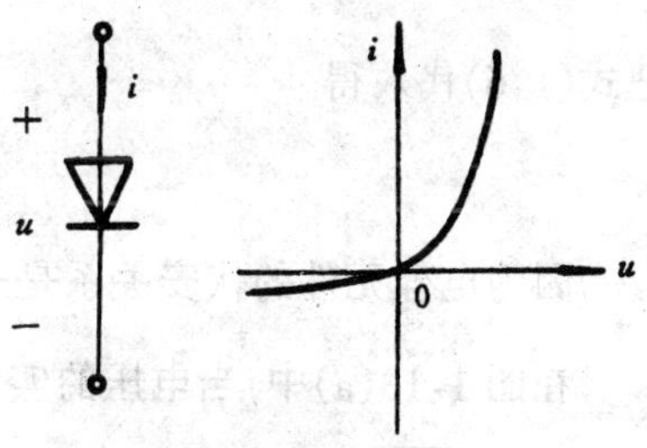

图 1-12

如果电阻元件的伏安特性不随时间改变，则称为非时变电阻元件；伏安特性随时间改变的，称为时变电阻元件。本书不讨论时变元件。

今后为叙述方便，把线性电阻元件简称为电阻。这样，“电阻”这个术语以及它相应的符号 R，一方面表示一个电阻元件，另一方面亦表示这个元件的参数。

2. 电容元件

工程中，电容器应用极为广泛。电容器虽然规格和品种很多，但就其构成原理来说，都是由两块金属板间隔以不同的介质（如云母、绝缘纸、电解质等）所组成，加上电源后，极板上分别聚集起等量异号的电荷，在介质中建立起电场，并储存有电场能量。电源移去后，电荷可以继续聚集在极板上，电场继续存在。所以电容器是一种能够储存电场能量的实际电路元件。当电容器上电压变化时，在介质中也往往引起一定的介质损耗，并且介质不可能完全绝缘，多少还有一些漏电流。质量优良的电容器的介质损耗和漏电流很微弱，可以略去不计。这样就可以用一个只储存电场能量的理想元件——电容元件作为它的模型。

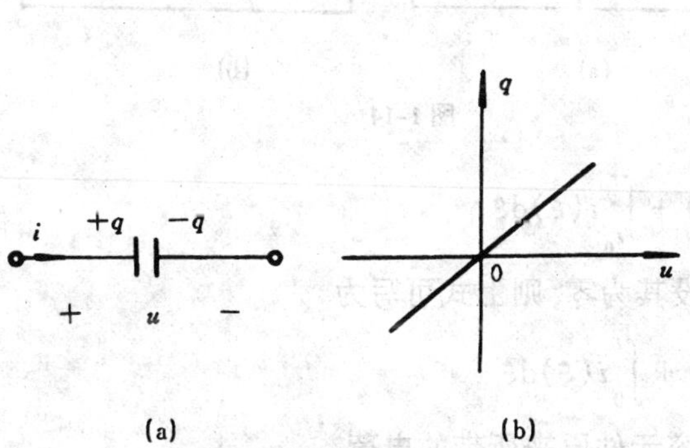

图 1-13

线性电容元件是一个二端理想元件，它在电路中的图形符号如图 1-13(a)所示。图中 $+q$ 和 $-q$ 是该元件正极板和负极板上的电荷量。若电容元件上电压的参考方向规定由正极板指向负极板，则任何时刻正极板上的电荷 q 与两端的电压有以下关系：

$$q = Cu \tag{1-6}$$

式中 C 称为该元件的电容。

如果把电容元件的电荷 q 取做纵坐标，电压 u 取为横坐标，画出电荷与电压的关系曲

线，这条曲线称为该电容元件的库伏特性曲线。线性电容元件的库伏特性是通过 $q-u$ 坐标原点的直线，见图 1-13(b)。所以线性电容元件的电容 C 是一个与电荷 q、电压 u 无关的正实常数。当 $q=1$ 库仑、$u=1$ 伏特时，$C=1$ 法拉。法拉简称法，用 F 表示。实际电容器的电容往往比 1F 小得多，因此通常采用微法(μF)、皮法(pF)(或微微法)作为电容的单位，且有

$$1\mu F = 10^{-6} F$$

$$1 pF = 10^{-12} F$$

当极板间电压变化时，极板上的电荷也随着改变，于是电容电路中出现电流。如果指定电流参考方向与电压参考方向一致，即电流从正极板流进，如图 1-13(a)，则

$$i = \frac{dq}{dt}$$

把式(1-6)代入得

$$i = C\frac{du}{dt} \tag{1-7}$$

因为电容元件的伏安关系是一种微分关系，故电容元件又称为动态元件。

在图 1-13(a)中，当电压的实际极性与参考极性一致且从零上升时(即 $u>0$ 且 $\frac{du}{dt}>0$)，电容极板上的电荷随之增多，这种过程叫充电。当电压下降时(即 $\frac{du}{dt}<0$)，电容器极板上的电荷在减少，这就是放电过程。电容元件的电压若不断变动，元件则不停地充电或放电，电容器中就形成了电流。

从式(1-7)中看出，任何时刻，线性电容元件中的电流与该时刻电压的变化率成正比。当电压发生剧变(即 $\frac{du}{dt}$ 很大)时，电流也很大；当电压不随时间变化(即使此刻电压值很大)时电容中的电流也为零，这时电容器元件相当于开路，故而电容元件有隔直作用。如图 1-14(a)所示的直流电路，由于电容元件的隔直作用，该电路各元件电压、电流的大小与图(b)所示电路中相应元件的电压、电流的大小一致，或者说图(b)为图(a)的等效电路。

在图 1-13(a)所示的电流参考方向和电荷参考极性下，由 $i=\frac{dq}{dt}$，电容元件中的电荷 q 与电流 i 的积分关系可以表示为

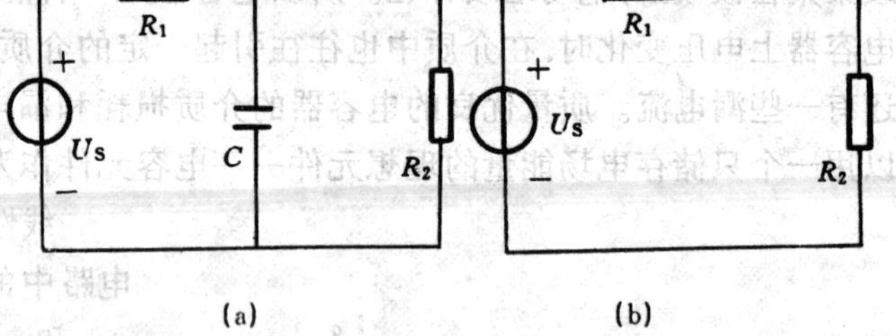

图 1-14

$$\int_{q(t_0)}^{q(t)} dq = \int_{t_0}^{t} i(\xi)d\xi$$

即 $$q(t) - q(t_0) = \int_{t_0}^{t} i(\xi)d\xi$$

$$q(t) = q(t_0) + \int_{t_0}^{t} i(\xi)d\xi$$

式中 t_0 为一指定值。如果取 t_0 为计时起点且设其为零，则上式可写为

$$q(t) = q(0) + \int_{0}^{t} i(\xi)d\xi$$

其中 $q(0)$ 是电荷在起始时刻的值，或者说是电容元件原来所带的电荷。

对于线性电容元件，其电压为

$$u(t)=\frac{1}{C}q(t)=\frac{1}{C}q(t_0)+\frac{1}{C}\int_{t_0}^{t}i(\xi)\mathrm{d}\xi$$

$$=u(t_0)+\frac{1}{C}\int_{t_0}^{t}i(\xi)\mathrm{d}\xi$$

式 $u(t_0)=\frac{1}{C}q(t_0)$。同样，若取 t_0 为计算时间起点并且设为零，则

$$u(t)=u(0)+\frac{1}{C}\int_{0}^{t}i(\xi)\mathrm{d}\xi$$

从上式可看出，在任何时刻 t，电容元件的电压 $u(t)$ 与初始值 $u(0)$ 以及从 0 到 t 的所有电流值有关。

在电压和电流的关联参考方向下，线性电容元件吸收的功率为

$$p=u\cdot i=Cu\frac{\mathrm{d}u}{\mathrm{d}t}$$

从 t_0 到 t 时间内，电容元件吸收的电能为

$$W_C=\int_{t_0}^{t}u(\xi)i(\xi)\mathrm{d}\xi=\int_{t_0}^{t}Cu(\xi)\frac{\mathrm{d}u(\xi)}{\mathrm{d}\xi}\cdot\mathrm{d}\xi$$

$$=C\int_{u(t_0)}^{u(t)}u(\xi)\mathrm{d}u(\xi)$$

$$=\frac{1}{2}Cu^2(t)-\frac{1}{2}Cu^2(t_0)$$

如果我们选取 t_0 为电压等于零时刻，即 $u(t_0)=0$，此时电容元件处于未充电状态，那么电容元件在任何时刻 t 所储存的电场能量 $W_C(t)$ 将等于它吸收的能量并可写为

$$W_C(t)=\frac{1}{2}Cu^2(t) \tag{1-8}$$

从时间 t_1 到 t_2，电容元件吸收的能量

$$W_C=C\int_{u(t_1)}^{u(t_2)}u\mathrm{d}u=\frac{1}{2}Cu^2(t_2)-\frac{1}{2}Cu^2(t_1)$$

$$=W_C(t_2)-W_C(t_1)$$

它等于电容元件在 t_1 和 t_2 时刻的电场能量之差。

电容元件充电时，$|u(t_2)|>|u(t_1)|$，$W_C(t_2)>W_C(t_1)$，即元件吸收能量，并全部转换成电场能量；元件放电时，$|u(t_2)|<|u(t_1)|$，$W_C(t_2)<W_C(t_1)$，$W_C<0$，电容元件释放电场能量。所以，电容元件是一种储能元件，而且电容元件不会释放出多于它所吸收或储存的能量，因此电容元件也是一种无源元件。

今后为了叙述方便，把线性电容元件简称电容。所以，“电容”这个术语以及它的相应符号 C，一方面表示一个电容元件，另一方面亦表示这个元件的参数。

电容器是为了获得一定大小的电容特制的元件。但是，电容的效应在许多别的场合也存在。如一对架空输电线之间就有电容，因为一对输电线可视做电容的两个极板，输电线之间的空气则为电容极板间的介质，这就相当于电容器的作用。又如一只电感线圈，各线匝之间也

都有电容，不过这种所谓的匝间电容是很小的，若线圈中电流和电压随时间变化不快时，其电容效应可略去不计。

3. 电感元件

线性电感元件是一理想的二端元件。假想它是由无阻导线绕制而成的线圈，线圈中通以电流 i 后，在线圈内部将产生磁通 φ_L，若磁通 φ_L 与线圈 N 匝交链，则磁链 $\psi_L = N\varphi_L$，如图 1-15(a)所示，图(b)画出了线性电感元件在电路中的图形符号。

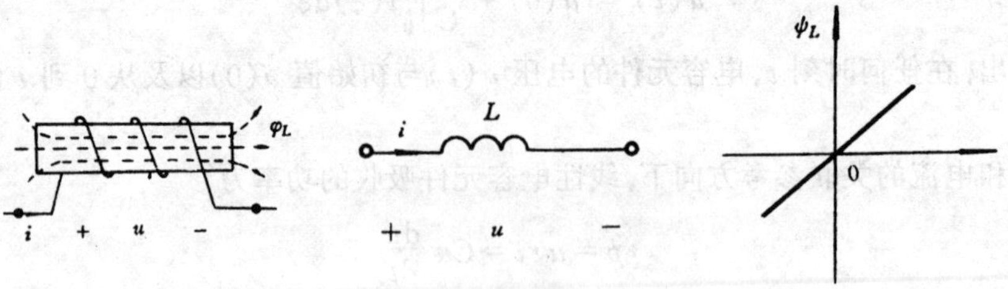

图 1-15

这里的 φ_L 和 ψ_L 都是由线圈本身的电流产生的，叫做自感磁通和自感磁链。我们规定磁通 φ_L 和磁链 ψ_L 的参考方向与电流 i 参考方向之间满足右手螺旋关系，在这种关联的参考方向下，任何时刻线性电感元件的自感磁链 ψ_L 与元件中电流 i 有以下关系

$$\psi_L = Li \quad 或 \quad L = \frac{\psi_L}{i} \tag{1-9}$$

式中 L 称为元件的自感或电感。

在 SI 单位制中，磁通和磁链的单位是韦伯(Wb)，自感的单位是亨利(H)，简称亨，有时还采用毫亨(mH)和微亨(μH)作为自感的单位，且有 $1\text{H} = 10^3\text{mH} = 10^6\mu\text{H}$。

如果把电感元件的自感磁链 ψ_L 取为纵坐标、电流 i 为横坐标，画出自感磁链 ψ_L 和电流 i 的关系曲线，这条曲线称为该元件的韦安特性曲线。线性电感元件的韦安特性是通过 $\psi_L \sim i$ 坐标原点的直线，见图 1-15(c)。所以，线性电感元件的自感 L 是一个与自感磁链 ψ_L、电流 i 无关的正实常数。

在电感元件中，电流 i 随时间变化时，磁链随之改变，元件两端便感应有电压，此感应电压等于磁链的变化率。在电压和电流的关联参考方向下，则电压的参考方向与磁链的参考方向也为右手螺旋关系，见图 1-15(a)，根据楞次定律，感应电压

$$u = \frac{d\psi_L}{dt} \tag{1-10a}$$

把式(1-9)代入，得

$$u = L\frac{di}{dt} \tag{1-10b}$$

由上式可知，任何时刻，线性电感元件上的电压与该时刻的电流变化率成正比。电流变化快，感应电压高；电流变化慢，感应电压低。当电流不随时间变化时，则感应电压为零，这时电感元件相当于短接。如图1-16(a)所示的直流电路中，由于电感元件相当于短接，电容 C 相当于开

路，所以可画出它的等效电路如图 1-16(b)所示。

在图 1-15 所示的关联方向下，由式(1-10a)可看出，电感元件中的自感磁链 ψ_L 与电压 u 的积分关系为

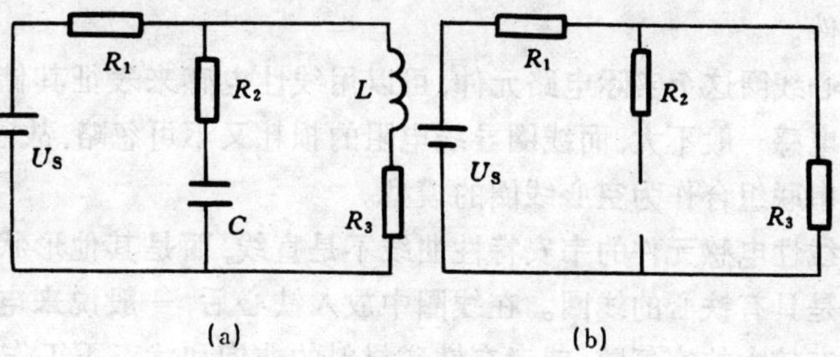

图 1-16

$$\psi_L(t) = \psi_L(t_0) + \int_{t_0}^{t} u(\xi)\mathrm{d}\xi$$

式中 t_0 为一指定值。对于线性电感元件，电流

$$i(t) = \frac{1}{L}\psi_L(t) = \frac{1}{L}\psi_L(t_0) + \frac{1}{L}\int_{t_0}^{t} u(\xi)\mathrm{d}\xi$$

$$= i(t_0) + \frac{1}{L}\int_{t_0}^{t} u(\xi)\mathrm{d}\xi$$

如果取 t_0 为计时起点且 $i(t_0) = i(0)$，则

$$i(t) = i(0) + \frac{1}{L}\int_{0}^{t} u(\xi)\mathrm{d}\xi$$

上式指出，在任何时刻 t，电感元件的电流 $i(t)$ 与初始值 $i(0)$ 以及 0 到 t 的所有电压值有关。

在电压和电流的关联参考方向下，线性电感元件吸收的功率为

$$p = ui = Li\frac{\mathrm{d}i}{\mathrm{d}t}$$

从 t_0 到 t 时间内，电感元件吸收的电能为

$$W_L = \int_{t_0}^{t} u(\xi)i(\xi)\mathrm{d}\xi = \int_{t_0}^{t} Li(\xi)\frac{\mathrm{d}i(\xi)}{\mathrm{d}\xi}\mathrm{d}\xi$$

$$= L\int_{i(t_0)}^{i(t)} i(\xi)\mathrm{d}i(\xi)$$

$$= \frac{1}{2}Li^2(t) - \frac{1}{2}Li^2(t_0)$$

如果选取 t_0 为电流等于零时刻，即 $i(t_0) = 0$，此时电感元件没有磁链，故可以认为其磁场能量为零。电感元件吸收的能量以磁场能量的形式储存在元件的磁场中，因此在上述条件下，电感元件在任何时刻 t 所储存的磁场能量 $W_L(t)$ 将等于它所吸收的能量，即

$$W_L(t) = \frac{1}{2}Li^2(t) \tag{1-11}$$

从时间 t_1 到 t_2 内，线性电感元件吸收的能量

$$W_L = L\int_{i(t_1)}^{i(t_2)} i\mathrm{d}i = \frac{1}{2}Li^2(t_2) - \frac{1}{2}Li^2(t_1) = W_L(t_2) - W_L(t_1)$$

它等于元件在 t_2 和 t_1 时刻磁场能量之差。

当电流 $|i|$ 增加时，$W_L(t_2) > W_L(t_1)$，$W_L > 0$，电感元件吸收能量，并全部转换成磁场能量；电流 $|i|$ 减少时，$W_L(t_2) < W_L(t_1)$，$W_L < 0$，电感元件释放磁场能量。所以，电感元件是一种储能元件。同时，电感元件也不会释放出多于它所吸收或储存的能量，因此这又是一种无源

二端元件。

空心线圈这个实际电路元件,可以用线性电感来表征其储存磁场能量的特性。由于空心线圈的电感一般不大,而线圈导线电阻的损耗又不可忽略,故往往用线性电阻元件和线性电感元件的串联组合作为空心线圈的模型。

非线性电感元件的韦安特性曲线不是直线,而是其他形状的曲线。非线性电感元件的典型实例是具有铁心的线圈。在线圈中放入铁心后,一般说来电感就不再是常数。不过如果铁心中含有较大的空气隙,或者在铁磁材料的非饱和状态下工作时,那么韦安特性仍近似是线性的。所以,在这种情况下,铁心线圈可以当做线性元件来处理。

以后为了方便,把线性电感元件简称为电感。所以"电感"这个术语以及它相应的符号 L,一方面表示一个电感元件,另一方面亦表示这个元件的参数。

上面介绍的三个无源元件为线性时不变元件(一般称为线性元件),因为电阻的电压与电流关系、电感的磁链与电流关系、电容的电荷与电压关系,既是线性关系,又是与时间无关的。如果这种线性元件的参数与时间有关,则为线性时变元件。凡是由线性时不变或时变元件组成的电路统称为线性电路,若电路中包含非线性时不变或时变元件则称为非线性电路。

1-4 独立电源

有源元件可分为独立电源和受控电源两种。所谓独立电源,是指电源参数为一常数或某给定时间的函数,而不受电路中任何元件电压或电流的约束。

1. 电压源

电压源为一理想的二端元件。电压源输出的电压为一恒定值或给定的时间函数,与通过它的电流无关,因此又称理想电压源或恒压源,其电路模型如图 1-17(a)和(b)所示,图(a)的模型可表示直流电压源或交流电压源,而图(b)只能表示直流电压源。图中的 + 、- 均表示电压源的参考极性。图 1-17(c)表示直流电压源的伏安特性。

2. 电流源

电流源又称理想电流源或恒流源,其输出电流为一恒定值或给定的时间函数,与外界电路无关,其端压则随负载不同而改变,电路模型如图1-18(a)所示。箭头表示电流的参考方向,伏安曲线如图 1-18(b)所示。

例 1-2 分别计算图1-19(a)和(b)中电压源和电流源输出的功率。

解 电压源电流为 3A,其端压为 5V,所以

$$P_1 = 3 \times 5 = 15\text{W}$$

同理

$$P_2 = 2 \times 5 = 10\text{W}$$

由于电流源的电流与端电压参考方向相反,而电压源的电压与电流参考方向相同,可见,电压源在吸收功率;电流源在发出功率。

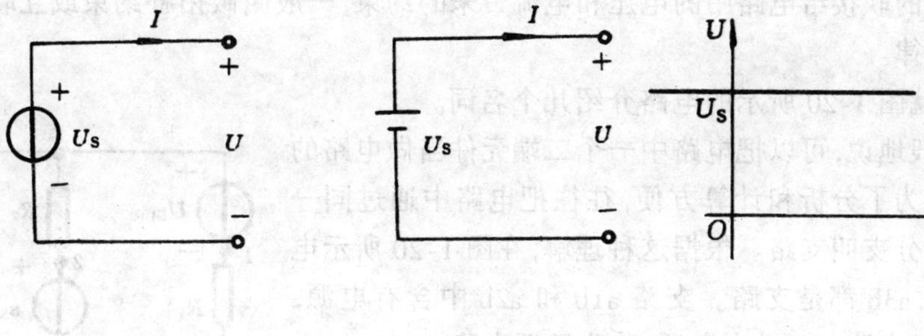

图 1-17

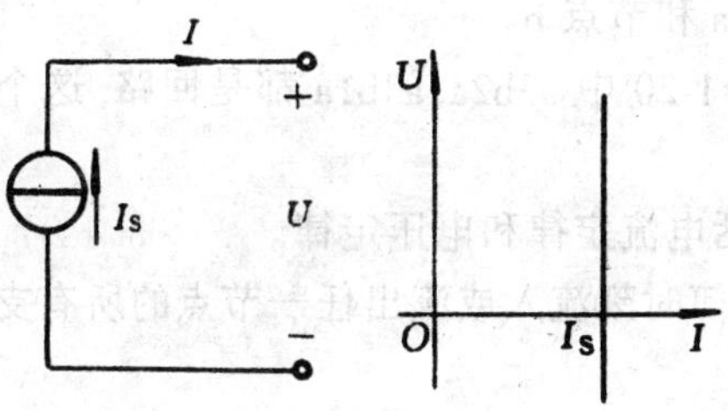

图 1-18

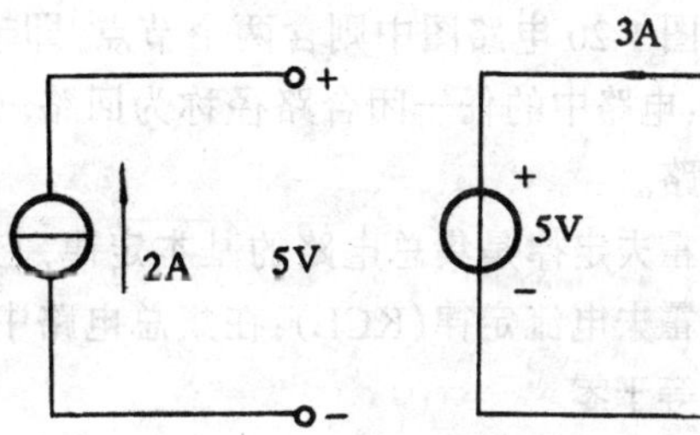

图 1-19

1-5　基尔霍夫定律

前面几节已讲述了电路模型、参考方向和主要电路元件。这节将研究由这些元件组成的电路所应遵守的基本定律。

电路的分类方法很多，若按对元件参数的处理不同，可分为集总参数电路和分布参数电路。若电路尺寸和电路工作频率对应的波长比很小，这时电压、电流都可看做只是时间的函数，实际电路元件可用一个或几个理想元件的组合集总起来去表示，不会产生较大的误差，这类电路叫集总参数电路，简称集总电路。而若电路尺寸和电路工作频率所对应的波长相比不可忽略时，电压和电流即是时间的函数，又是空间的函数，也就是必须要考虑元件参数的分布性，这种电路叫分布参数电路。本书除第 12 章外，研究的均为集总参数电路。

集总参数电路的模型是由若干理想电路元件联接而成，这样电路中的电流和电压必然受到两类约束：一类是元件本身特性对该元件电压、电流造成约束。如当元件电压和电流为关联参考方向时，电阻、电感和电容元件的电流和电压的关系分别是：

$$u_R = Ri$$

$$u_L = L\frac{di_L}{dt}$$

$$i_C = C\frac{\mathrm{d}u_C}{\mathrm{d}t}$$

另一类是元件的联接给电路中的电压和电流带来的约束，一般叫做拓补约束或互联约束，这便是基尔霍夫定律。

现在，先就图 1-20 所示的电路介绍几个名词。

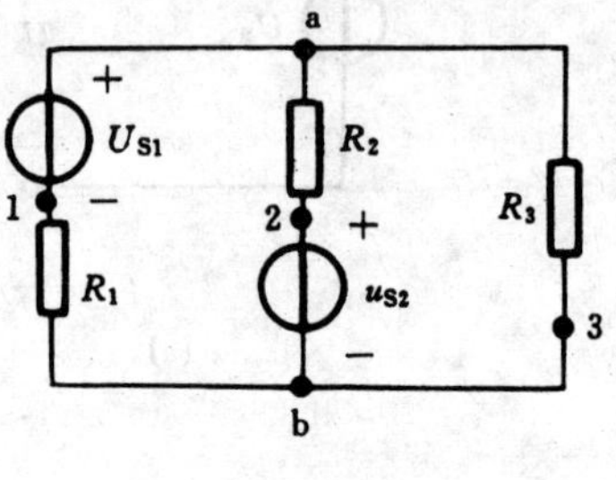

图 1-20

支路：一般地说，可以把电路中一个二端元件当做电路的一条支路。但为了分析和计算方便，往往把电路中通过同一个电流的每个分支叫支路。根据这种理解，在图 1-20 所示电路中，a1b，a2b，a3b 都是支路。支路 a1b 和 a2b 中含有电源，称为含源支路；支路 a3b 没有电源，称为无源支路。

节点：一般地说，支路的联接点称为节点。但传统电路理论以分支做为支路，把三条和三条以上支路的联接点叫作节点。这样图 1-20 电路图中则含两个节点，即节点 a 和节点 b。

回路：电路中的任一闭合路径称为回路，如图 1-20 中 a3b2a，a3b1a 都是回路，这个电路共有三个回路。

基尔霍夫定律是集总电路的基本定律，它包括电流定律和电压定律。

基尔霍夫电流定律(KCL)：在集总电路中，任何时刻流入或流出任一节点的所有支路电流的代数和等于零。

例如图 1-21(a)所示的某电路的部分电路，对节点 a 应用 KCL，在给定的参考方向下，有

$$-i_1 + i_2 + i_3 = 0$$

或写成

$$\sum i = 0 \tag{1-12}$$

此式说明，任何时刻，流入任意节点的支路电流之和必定等于流出该节点的支路电流之和。若流出节点的电流前面取“+”号，则流入节点的电流前面取“−”号。

这里应指出，KCL 中是按电流的参考方向来判断是流出还是流入节点的，式中的正、负号仅由参考方向而定，与电流的实际方向无关。总之，以后应用 KCL 时，均按参考方向来列方程，例如图 1-21(a)中，各电流的参考方向已指定，并已知 $i_1 = -5\text{A}$，$i_3 = 3\text{A}$，则按 KCL 有

$$-i_1 + i_2 + i_3 = 0 \quad 则\ i_2 = i_1 - i_3 = -5 - 3 = -8\text{A}$$

从 i_1, i_2, i_3 的正、负和它们的参考方向可看出，i_1, i_3 的实际方向是流出节点，i_2 的实际方向是流入节点，且流入和流出 a 点的电流之和均为 8A。

KCL 不但适用于节点，对包围几个节点的闭合面也是适用的。如图 1-21(b)所示电路中，闭合面内包含三个节点 1，2 和 3，在这些节点处分别有

$$i_1 = i_{12} - i_{31}$$
$$i_2 = i_{23} - i_{12}$$
$$i_3 = i_{31} - i_{23}$$

三式相加有

$$i_1 + i_2 + i_3 = 0$$

或

$$\sum i = 0$$

可见，通过任一闭合面的各支路电流代数和也总是等于零。或说，流出闭合面的电流等于

流入闭合面的电流，这便是电流的连续性。所以基尔霍夫电流定律(也称基尔霍夫等一定律)是电流连续性的体现。

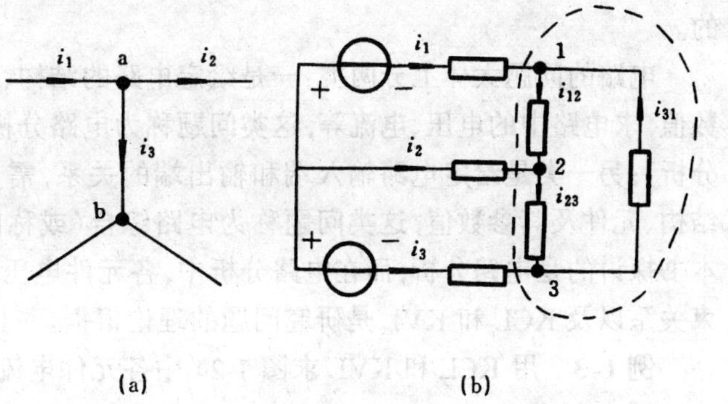

图 1-21

基尔霍夫电压定律：在集总电路中，任何时刻，沿任一回路所有支路电压的代数和等于零。

$$\sum u = 0 \quad (1\text{-}13)$$

在写上式时，首先要指定一个回路绕行的方向。凡电压参考方向与回路绕行方向一致者，在式中该电压前面取"+"号'；电压参考方向与回路绕行方向相反者，则前面取"-"号。

图 1-22 给出某电路的一个回路，取绕行方向为顺时针，按给定各元件电压的参考方向，式(1-13)可写为

$$u_{R1} + u_{R2} - u_{R3} + u_{S3} - u_{S4} - u_{R4} = 0 \tag{1-14}$$

或

$$u_{R1} + u_{R2} - u_{R3} + u_{S3} = u_{R4} + u_{S4} \tag{1-15}$$

式(1-15)表明，电路中两点间电压(如 A 和 E)的值是确定的，不论沿哪条路径，两点间电压值都是相同的。所以基尔霍夫电压定律是电压与路径无关这一性质的体现。

若回路中的有源元件仅为电压源，无源元件均为电阻，把电阻元件的电压和电流关系代入式(1-14)，整理后可得出

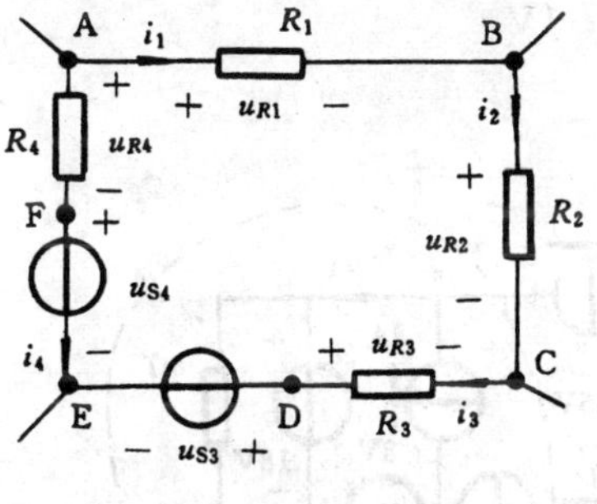

图 1-22

$$R_1 i_1 + R_2 i_2 + R_3 i_3 - R_4 i_4 = - u_{S3} + u_{S4}$$

或写成

$$\sum R_K i_K = \sum u_{SK} \tag{1-16}$$

式(1-16)指出：沿任一回路循环一周，各电阻上电压的代数和等于电压源的代数和。其中，R 中电流参考方向与循行方向一致者，该项电压前取"+"号，相反则取"-"号；电压源的电动势参考方向与绕行方向一致者，其前面取"+"号，相反则取"-"号。

如图 1-23 的线性电阻电路，若设回路绕行方向与电流参考方向相同，按式(1-16)则有

$$R_1 i + R_2 i = u_{S1}$$

或

$$i = \frac{u_{S1}}{R_1 + R_2}$$

上式为单回路欧姆定律表达式，它又可写为

$$u_2 = u_{S1} - R_1 i$$

上式为 a, b 左侧含源支路的端压、电流关系式。

KCL 规定了电路中任一节点处电流的约束关系，而 KVL 规定了电路中任一回路内电压的约束关系。这两个定律仅与元件的联接有关，而与元件本身无关。不论元件是线性还是非

线性、时变还是非时变，只要是集总电路，KCL 和 KVL 总是成立的。

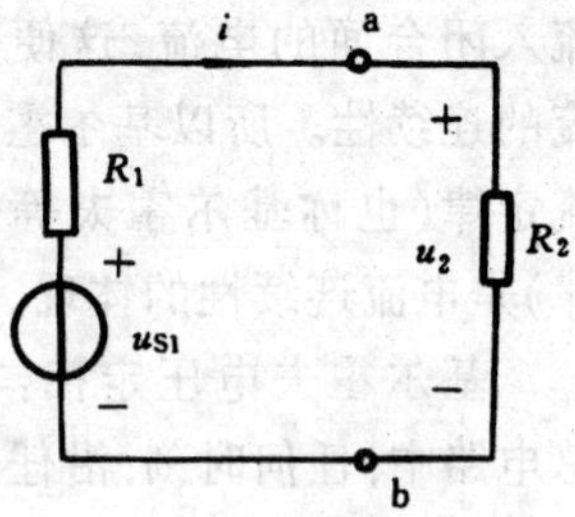

图 1-23

电路的问题大体上分两类：一是给定电路的结构、元件及其参数值，求电路中的电压、电流等，这类问题称为电路分析(或称网络分析)；另一类是给定电路输入端和输出端的关系，需要确定电路结构、元件及其参数值，这类问题称为电路综合(或称网络综合)。本书探讨的是电路分析，而在电路分析中，各元件电压和电流的约束关系以及 KCL 和 KVL 是研究问题的理论根据。

例 1-3 用 KCL 和 KVL 求图 1-24 中各元件电流和电压。

解 由 KCL，

对节点 b： $I_4 = 4-(-3) = 7\text{A}$

对节点 a： $I_3 = I_1 + I_2 + I_4$

$$= 2+(-3)+7 = 6\text{A}$$

或由 C 点： $I_3 = 2+4 = 6\text{A}$

$$I_5 = -4\text{A}$$

由欧姆定律

$$U_1 = 2I_1 = 2\times 2 = 4\text{V}$$

由 KVL

$$U_2 = -12+3 = -9\text{V}$$

$$U_6 = -3+(-5)+4 = -4\text{V}$$

$$U_7 = U_1+(-5) = 4-5 = -1\text{V}$$

例1-4 求图1-25中 I_1 和 I_2。

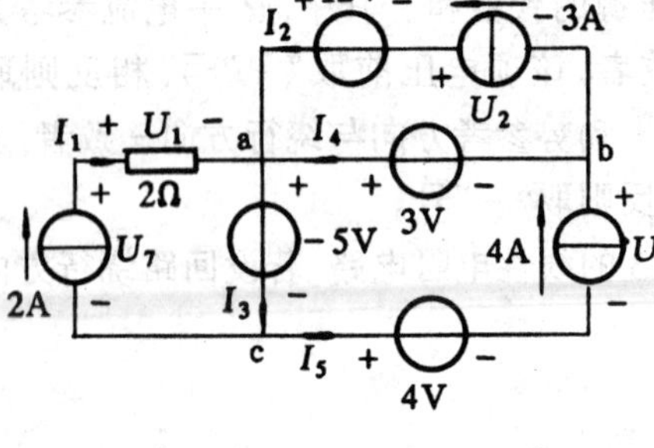

图 1-24

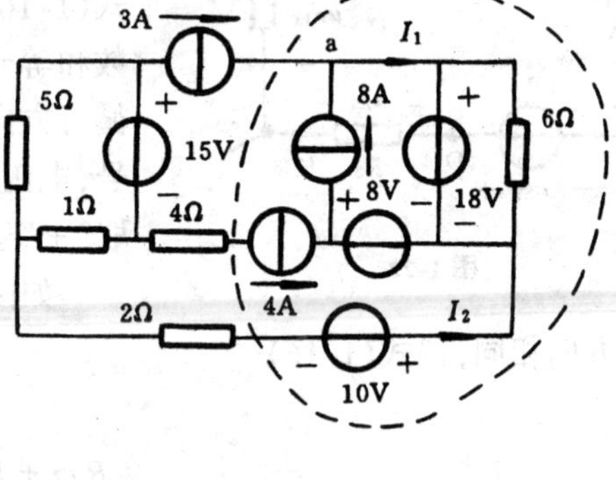

图 1-25

解 由 KCL，对节点 a 有

$$I_1 = 3+8 = 11\text{A}$$

对由虚线表示的封闭面，KCL 仍然成立，所以有

$$I_2 + 4 + 3 = 0$$

即 $$I_2 = -7\text{A}$$

例 1-5 求图1-26(a)和(b)所示电路的 U_{AB}。

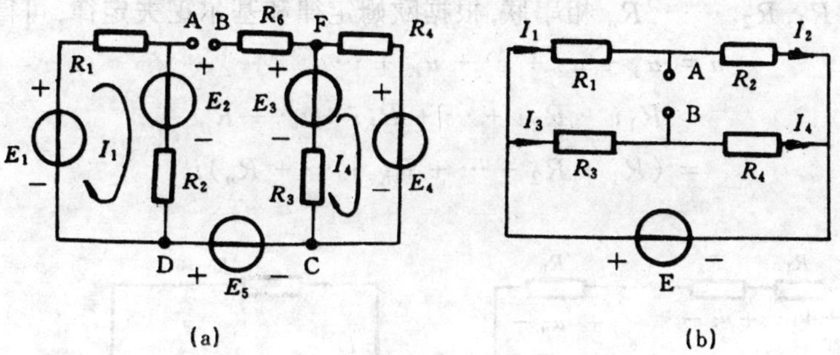

图 1-26

解 图(a)中,由于 AB 间开路,对左、右两回路列 KVL 的方程分别为

$$I_1R_1 + I_1R_2 = E_1 - E_2 \quad 或 \quad I_1 = \frac{E_1 - E_2}{R_1 + R_2}$$

$$I_4R_4 + I_4R_3 = E_3 - E_4 \quad 或 \quad I_4 = \frac{E_3 - E_4}{R_3 + R_4}$$

因 R_6 中电流为零,所以有

$$\begin{aligned} U_{AB} &= U_{AD} + U_{DC} + U_{CF} + U_{FB} \\ &= E_2 + I_1R_2 + E_5 + I_4R_3 - E_3 + 0 \\ &= E_2 + E_5 - E_3 + R_2 \times \frac{E_1 - E_2}{R_1 + R_2} + R_3 \times \frac{E_3 - E_4}{R_3 + R_4} \\ &= \frac{R_2E_1 + R_1E_2}{R_1 + R_2} - \frac{R_4E_3 + R_3E_4}{R_3 + R_4} + E_5 \end{aligned}$$

图(b)中,由于 A,B 间开路,根据 KCL 有 $I_1 = I_2, I_3 = I_4$,由 KVL 有:

$$R_1I_1 + R_2I_1 = E \quad 或 \quad I_1 = \frac{E}{R_1 + R_2}$$

$$R_3I_3 + R_4I_3 = E \quad 或 \quad I_3 = \frac{E}{R_3 + R_4}$$

所以

$$\begin{aligned} U_{AB} &= R_2I_2 - R_4I_3 = R_2 \times \frac{E}{R_1 + R_2} - R_4 \times \frac{E}{R_3 + R_4} \\ &= E \times \frac{R_2R_3 - R_1R_4}{(R_1 + R_2)(R_3 + R_4)} \end{aligned}$$

1-6 电阻的联接

只需考虑电源和电阻作用的电路,是电阻电路。分析电阻电路的方法概括起来有两种:一种是等效化简,二是选择独立变量,列出电路方程联立求解。这里我们先研究第一种方法。

1. 电阻串联

在电路中,各元件依次联接,没有分岔,在各元件中通过同一电流,这种联接方法称为串联。

图 1-27(a)中，$R_1, R_2, \cdots\cdots, R_n$ 相串联，根据欧姆定律和基尔霍夫定律，可得

$$\begin{aligned} u &= u_1 + u_2 + \cdots + u_K + \cdots u_n \\ &= R_1 i + R_2 i + \cdots + R_K i + \cdots + R_n i \\ &= (R_1 + R_2 + \cdots + R_K + \cdots + R_n) i \end{aligned} \tag{1-17}$$

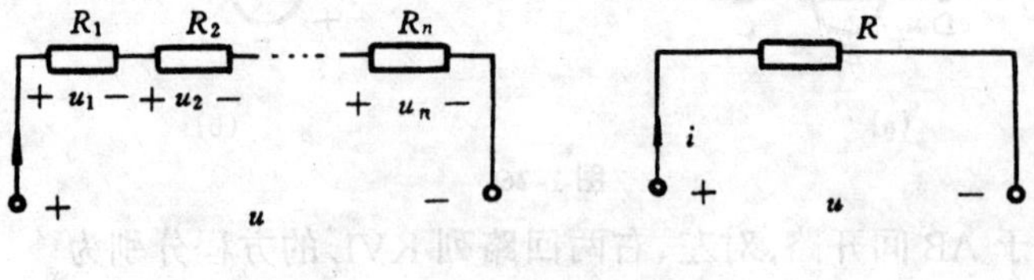

(a)　　(b)

图 1-27

由上式看出：几个电阻串联后，总电压与总电流之间仍遵循欧姆定律。

如令
$$R = R_1 + R_2 + \cdots + R_K + \cdots + R_n = \sum_{K=1}^{n} R_K \tag{1-18}$$

式(1-17)可写作

$$u = Ri \tag{1-19}$$

这里 R 为 n 个电阻串联的等效电阻，所谓“等效”，是指用 R 代替 n 个串联电阻后，对外电路效果相同，即外施同一电压时，可得到相同的电流。图 1-27(b)为图(a)的等效电路。

由于串联电阻电流相同，故

$$\frac{u_1}{R_1} = \frac{u_2}{R_2} = \cdots = \frac{u_K}{R_K} = \cdots = \frac{u_n}{R_n} \tag{1-20}$$

这表明串联电路中每个电阻与其端压成正比。电阻串联起分压作用，此分压关系可写成一般形式为

$$u_K = \frac{R_K}{R} u \tag{1-21}$$

式中$\frac{R_K}{R}$称为分压比。

由于串联电阻的电流相同，所以电路消耗的功率为

$$\begin{aligned} p &= p_1 + p_2 + \cdots + p_n = i^2 R_1 + i^2 R_2 + \cdots + i^2 R_n \\ &= i^2 \sum_{K=1}^{n} R_K = i^2 R \end{aligned} \tag{1-22}$$

其中 p 为总功率，p_K 是第 K 个串联电阻吸收的功率。这个式子也表明了等效的意义：n 个电阻相串联，用一个等效电阻 R 替代后，如果通过的电流保持原值，则等效前后消耗的功率相同。

再由 $i^2 = \frac{p}{R}$的关系可写出

$$\frac{p_1}{R_1} = \frac{p_2}{R_2} = \cdots = \frac{p_K}{R_K} = \cdots = \frac{p_n}{R_n} \tag{1-23}$$

可见串联各电阻上消耗的功率也与其电阻值成正比。这就是说串联电路中，阻值较大的电阻

吸收的功率也相应地较大。

例 1-6 图1-28 是一个分压电路。设输入直流电压 $U_1=100V$,要求转换开关 K 打在 1,2,3 位置时,输出电压 U_2 分别为 10V,1V 和 0.1V。如果已知 R_1,R_2,R_3 和 R_4 串联的总电阻为 10kΩ,求这四个电阻的阻值。

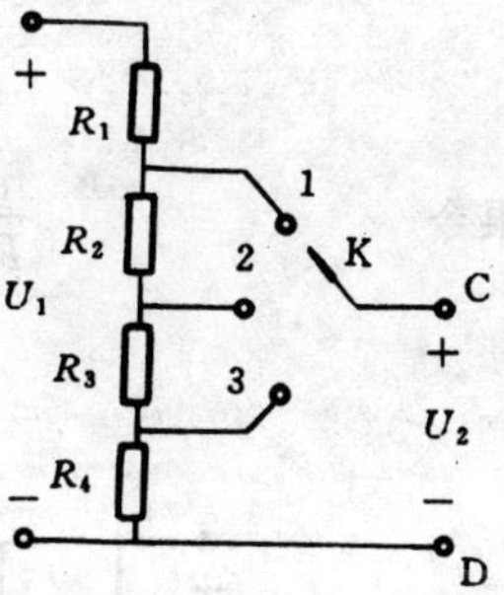

图 1-28

解 输出端 CD 没接负载,即开路,不论开关打于任何位置,四个电阻均为串联。

当开关 K 打于 3 时,$U_2=0.1V$

因 $U_2=\frac{R_4}{R}\times U_1$

故 $R_4=\frac{U_2}{U_1}R=\frac{0.1}{100}\times10\times10^3=10\Omega$

同理,当开关 K 打于 2 时,$U_2=1V$

$$R_3+R_4=\frac{1}{100}\times10\times10^3=100\Omega$$

$$R_3=100-R_4=90\Omega$$

当开关 K 接于 1 时,$U_2=10V$

$$R_2+R_3+R_4=\frac{10}{100}\times10\times10^3$$

$$R_2=1000-R_3-R_4=900\Omega$$

最后

$$R_1=R-(R_2+R_3+R_4)=10\times10^3-(10+90+900)$$

$$=9000\Omega=9k\Omega$$

或者先求出电路中电流 I:

$$I=\frac{U_1}{R_1+R_2+R_3+R_4}=\frac{U_1}{R}=\frac{100}{10\times10^3}=0.01A$$

$$R_4=\frac{0.1}{0.01}=10\Omega$$

$$R_3=\frac{1}{0.01}-R_4=90\Omega$$

$$R_2=\frac{10}{0.01}-(R_3+R_4)=900\Omega$$

$$R_1=R-(R_2+R_3+R_4)=9k\Omega$$

2. 电阻并联

在电路中,把几个电阻元件的首尾两端分别联接在两个节点上,在电源的作用下,它们承受同一个电压,这种联接方式叫电阻的并联。

图 1-29(a)中 n 个电阻并联,每个电阻中的电流分别为

$$i_1=\frac{u}{R_1},i_2=\frac{u}{R_2},\cdots,i_n=\frac{u}{R_n},\tag{1-24}$$

由基尔霍夫电流定律

$$i = i_1 + i_2 + \cdots + i_n = \frac{u}{R_1} + \frac{u}{R_2} + \cdots + \frac{u}{R_n}$$

$$= \left(\frac{1}{R_1} + \frac{1}{R_2} + \cdots + \frac{1}{R_n}\right) u \tag{1-25}$$

如果令 $$\frac{1}{R} = \frac{1}{R_1} + \frac{1}{R_2} + \cdots + \frac{1}{R_n} \tag{1-26}$$

则 $$i = \frac{u}{R}$$

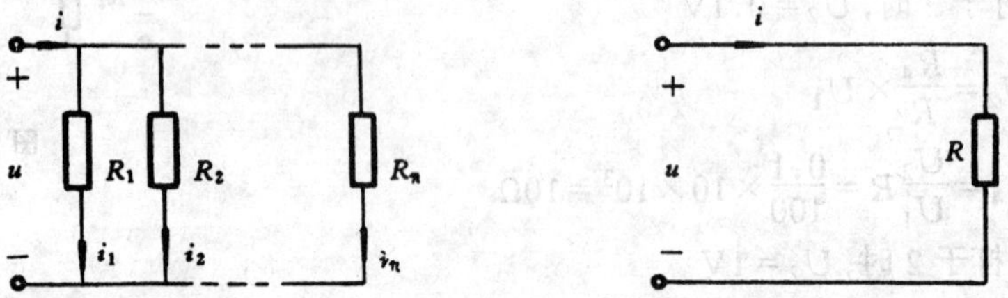

(a) (b)

图 1-29

可看出，n 个电阻并联时，等效电阻 R 的倒数等于各个电阻倒数的总和，于是可画出图(a)的等效电路如图(b)所示。

如果将电阻用它的倒数——电导来表示，即 $G_1 = \frac{1}{R_1}, G_2 = \frac{1}{R_2}, \cdots, G_n = \frac{1}{R_n}$，则有

$$G = G_1 + G_2 + \cdots + G_n = \sum_{K=1}^{n} G_K \tag{1-27}$$

和 $$i = Gu \tag{1-28}$$

即 n 个电阻并联时，等效电导等于各电导的总和。

显然，并联的支路越多，等效电导越大，而等效电阻越小。多个电阻并联时，采用电导进行计算比采用电阻方便得多，两个电阻并联时，其等效电阻的倒数为

$$\frac{1}{R} = \frac{1}{R_1} + \frac{1}{R_2}$$

故等效电阻为

$$R = \frac{R_1 R_2}{R_1 + R_2}$$

电阻并联起分流作用，由于并联的 n 个电阻电压相同，如图 1-29(a)，故

$$\frac{i_1}{G_1} = \frac{i_2}{G_2} = \cdots = \frac{i_n}{G_n} = u \tag{1-29}$$

可见，并联各电阻中的电流与它的电导成正比，也就是说和它的电阻成反比。

由式(1-28)和(1-29)可导出电阻的分流公式

$$i_1 = G_1 u = \frac{G_1}{G} i, \qquad i_2 = \frac{G_2}{G} i, \cdots$$

对只有两个电阻并联时，则有

$$i_1 = \frac{G_1}{G} i = \frac{G_1}{G_1 + G_2} i = \frac{R_2}{R_1 + R_2} i \quad 和 \quad i_2 = \frac{R_1}{R_1 + R_2} i$$

计算功率时，由于并联电阻的电压相同，采用电压平方乘电导的公式较方便，即

$$\begin{aligned} p &= p_1 + p_2 + \cdots + p_n \\ &= u^2G_1 + u^2G_2 + \cdots + u^2G_n \\ &= u^2(G_1 + G_2 + \cdots + G_n) \\ &= u^2G \end{aligned} \tag{1-30}$$

可见从消耗功率相等的概念上，同样也可得出电阻并联的公式(1-27)。从式(1-30)还可看出，各并联电阻消耗的功率和它们的电导成正比，也就是和电阻成反比。这个概念很重要，因为在日常应用的电压固定的供电系统中，负载是并联接到电源上的，所以功率大的负载，其电阻较小。

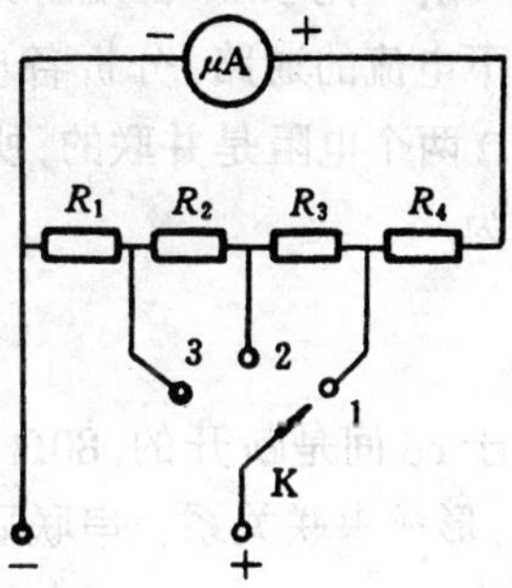

图 1-30

例 1-7 图1-30 为某万用表中的直流电流测量电路。其中微安表表头的内阻 R_g 为 300Ω，满刻度量程为 400μA，$R_4 = 1\text{k}\Omega$。要求转换开关分别在 1，2，3 上输入电流 I 分别是 3mA，30mA 和 300mA 时，表头指针均满刻度偏转。求分流电阻 R_1，R_2 和 R_3 的值。

解 (1)当转换开关打在位置 1 时，R_1，R_2 和 R_3 相串联，R_4 和表头内阻 R_g 相串联，然后两者并联起来，所以此时微安表中通过的电流

$$I_g = \frac{(R_1 + R_2 + R_3)}{(R_1 + R_2 + R_3) + (R_4 + R_g)} I$$

即

$$(R_1 + R_2 + R_3)I - (R_1 + R_2 + R_3)I_g = (R_4 + R_g)I_g$$

代入已知条件可得出

$$R_1 + R_2 + R_3 = \frac{(1000 + 300)}{3 - 0.4} \times 0.4 = 200\Omega$$

(2)当转换开关在位置 2 时，根据上面同样道理，有

$$I_g = \frac{(R_1 + R_2)}{(R_1 + R_2) + (R_3 + R_4 + R_g)} I$$

即

$$(R_1 + R_2 + R_3 + R_4 + R_g)I_g = (R_1 + R_2)I$$

代入已知得

$$R_1 + R_2 = \frac{0.4 \times (200 + 1000 + 300)}{30 - I_g} = 20\Omega$$

(3)当转换开关置于位置 3 时，有

$$I_g = \frac{R_1}{R_1 + (R_2 + R_3 + R_4 + R_g)} I$$

代入数值

$$R_1 = \frac{(200 + 1000 + 300) \times 0.4}{300 - I_g} = 2\Omega$$

由上式已求出

$$R_1 + R_2 + R_3 = 200\Omega$$
$$R_2 + R_1 = 20\Omega$$
$$R_1 = 2\Omega$$

可解出 $R_1 = 2\Omega, R_2 = 18\Omega, R_3 = 180\Omega$

3. 电阻的混联

电阻的串联和并联并存的情况叫电阻的串并联,又称混联。这里主要研究怎样求混联电阻的等效电阻。下面通过例题说明混联电阻的等效电阻的求法。

例 1-8 对图1-31 所示电路,分别求 ab 两端的等效电阻和 cd 两端的等效电阻。

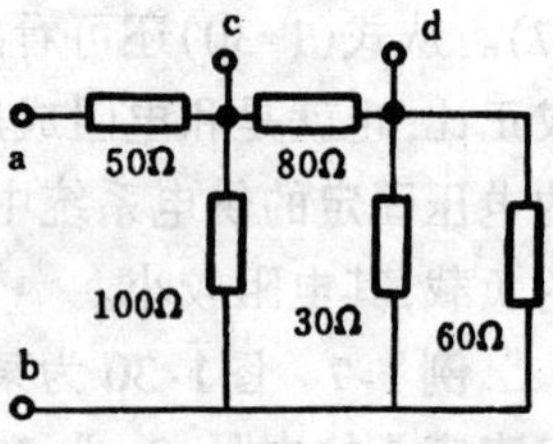

图 1-31

解 先求 ab 两端等效电阻。设想在 ab 两端间接一电源,找一下电流的通路,分析各电阻间的联结形式。首先,由于 30Ω 和 60Ω 两个电阻是并联的,所以可用它们的等值电阻代替,该等值电阻为

$$\frac{30 \times 60}{30 + 60} = 20\Omega$$

由于 cd 间是断开的,80Ω 电阻与这个 20Ω 电阻必然通过一个电流,形成串联关系。串联后再与 100Ω 电阻并联,则 cb 右侧等值电阻为

$$R_{cb} = \frac{(80 + 20) \times 100}{(80 + 20) + 100} = 50\Omega$$

这样 ab 间等值电阻便是 R_{cb}和原电路中 50Ω 电阻串联的结果,即

$$R_{ab} = 50 + 50 = 100\Omega$$

把这些求解过程画成电路图(如图 1-32),就更清楚了。

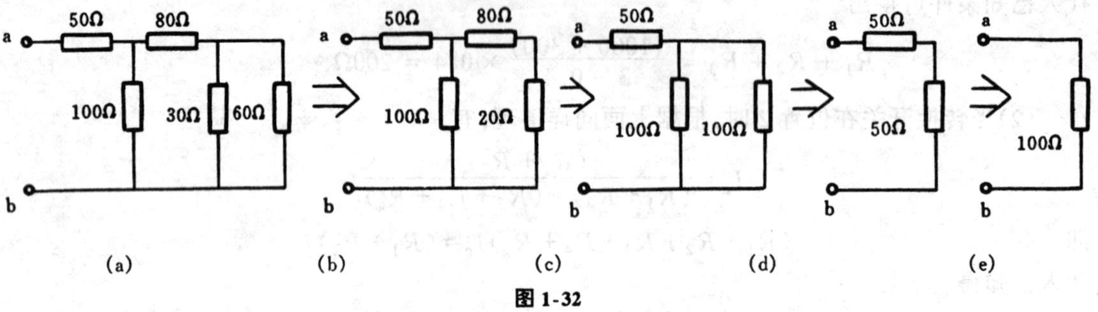

图 1-32

根据同样的分析方法,cd 端等值电阻 R_{cd}的求解过程可用图 1-33 表示出来。

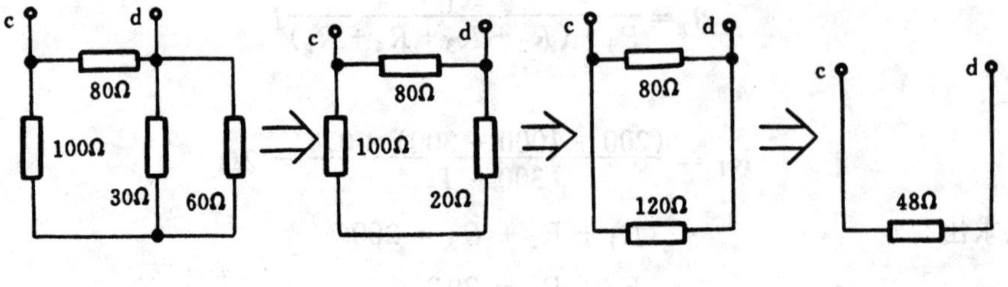

图 1-33

当电阻串并联的关系不易看出时，可以在不改变元件联接关系条件下将电路画成比较容易判断的串并联形式，这时无电阻导线最好缩成一点，并且尽量避免相互交叉。改画时可以先标出各节点代号，再将各元件分别联在相应的节点间。如图 1-34 中，若将(a)图改画成(b)图后，串并联关系即可明显看出。

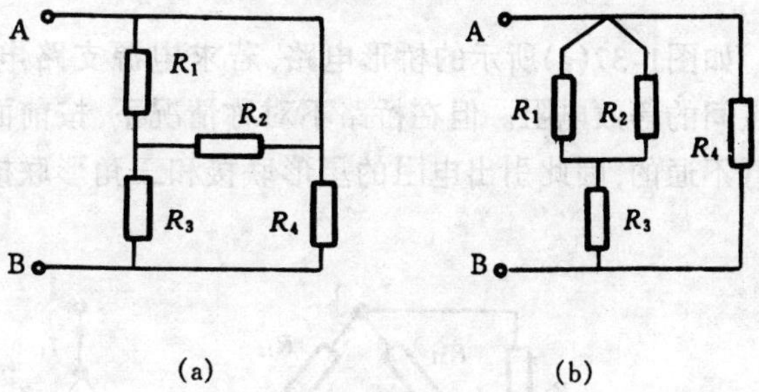

图 1-34

又如图 1-35(a)中，当 K_1 闭合 K_2 断开时，R_1 和 R_2 被短接，等效电路如图(b)；当 K_1 和 K_2 都断开时，R_1，R_2，R_3 相互串联；当 K_1 和 K_2 都闭合时，可依次将 R_1，R_2，R_3 重画在 A，C 两点间，如图(c)，显然，这时 R_1，R_2 和 R_3 是并联的。

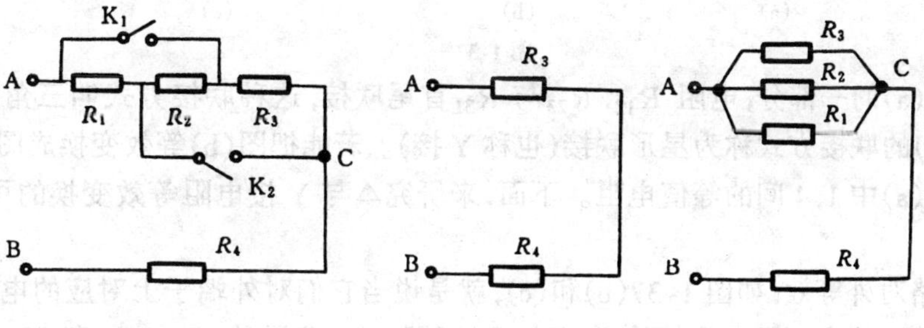

图 1-35

有些电路中，电阻元件本来不存在串、并联关系，但当元件参数和联接方式具有某种特殊性时，可以在电路中找出一些等(电)位点。把等位点联在一起，不会使电路中的各元件电流发生变化，但却可使电路得到简化。因为两个等位点间的任何含电阻的无源支路中必然没有电流，所以把它们断开不会影响电路的其他部分。例如在图 1-36(a)的电桥电路中，若 $R_1=R_3$，$R_2=R_4$，则由电桥平衡可知 B，C 两点电位相等，因而可把 B，C 两点联接在一起成为图(b)；又由于 B，C 等位时，$I_5=0$，所以也可把 R_5 支路断开，成为图(c)。显然图(b)和(c)都可以很容易地用电阻串并联的方法化简，两种化简方法计算出 R_{AD}与图(a)计算的结果相同。

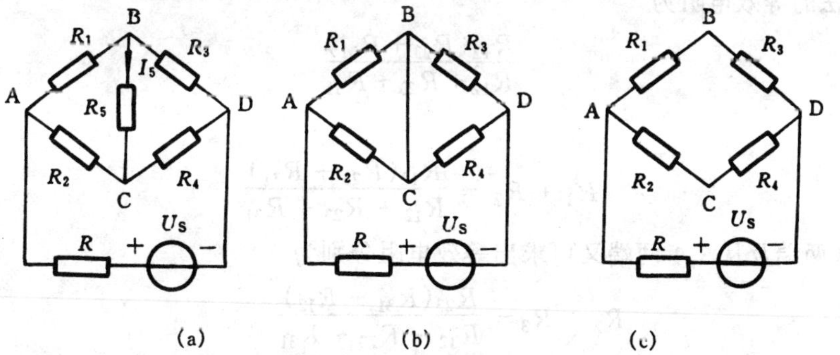

图 1-36

4. 电阻星形和三角形联接的等效变换

如图1-37(a)所示的桥形电路，若求电源支路电流，一般做法是同图 1-36 一样，先求 1，4 两点间的等效电阻。但在桥路不对称情况下，按前面讲过的电阻串联、并联及混联的化简方法是行不通的，因此引出电阻的星形联接和三角形联接的等效变换。

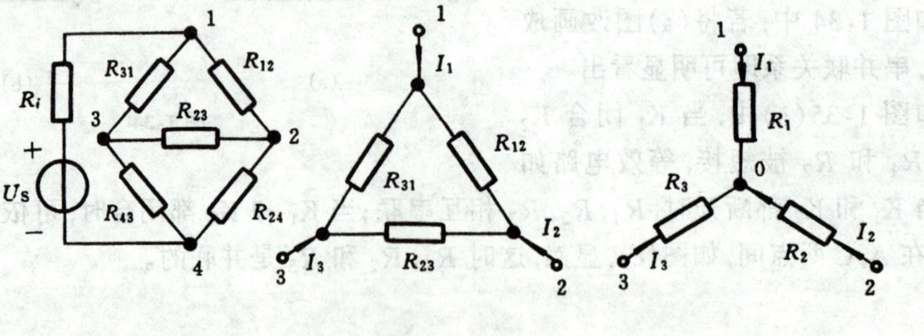

图 1-37

图(b)为图(a)的一部分，电阻 R_{12}，R_{23}与 R_{31} 首尾联接，这种联接方式叫三角形联接(也称△接)。图(c)的联接方式称为星形联接(也称 Y 接)。若能把图(b)等效变换成图(c)的联接方式，便可求图(a)中 1，4 间的等值电阻。下面，来研究△与 Y 接电阻等效变换的可能性及有关变换公式。

所谓两电路对外等效，如图 1-37(b)和(c)，就是说当它们对外端子上对应的电压相同时，则各端子对应的电流也相同。具体地说，(b)、(c)两图中，在相同的 U_{12}，U_{23}和 U_{31}的作用下，从电路其他部分流入节点 1，2，3 的电流 I_1，I_2，I_3 应分别相等。

现在来推导等效变换的条件。因为图(b)和图(c)对外在任何条件下都应等效，所以，若在 1，2 间加相同电压 U_{12}(3 端空着)，则电流 I_1 应该相等。换句话说，1，2 两点间的等效电阻应相等，对于星形联接的等效电阻是

$$R_1 + R_2$$

而三角形接法的等效电阻为

$$\frac{R_{12}(R_{23}+R_{31})}{R_{12}+R_{23}+R_{31}}$$

因此有

$$R_1 + R_2 = \frac{R_{12}(R_{23}+R_{31})}{R_{12}+R_{23}+R_{31}} \tag{1-31}$$

同理，从 2，3 两端及从 3，1 两端又可求出等效电阻分别为

$$R_2 + R_3 = \frac{R_{23}(R_{31}+R_{12})}{R_{12}+R_{23}+R_{31}} \tag{1-32}$$

及

$$R_3 + R_1 = \frac{R_{31}(R_{12}+R_{23})}{R_{12}+R_{23}+R_{31}} \tag{1-33}$$

将上列三式相加并除以 2，得

$$R_1 + R_2 + R_3 = \frac{R_{12}R_{23}+R_{23}R_{31}+R_{31}R_{12}}{R_{12}+R_{23}+R_{31}} \tag{1-34}$$

将式(1-34)分别减去式(1-31)、(1-32)及式(1-33),可得:

$$\left.\begin{aligned} R_1 &= \frac{R_{12}R_{31}}{R_{12}+R_{23}+R_{31}} \\ R_2 &= \frac{R_{23}R_{12}}{R_{12}+R_{23}+R_{31}} \\ R_3 &= \frac{R_{31}R_{23}}{R_{12}+R_{23}+R_{31}} \end{aligned}\right\} \tag{1-35}$$

式(1-35)为从△接变成Y接的计算公式,三个公式的格式相似。

由Y接变换为△接的计算公式推导如下:

将式(1-35)三式分别两两相乘,而后相加,有

$$\begin{aligned} R_1R_2+R_2R_3+R_3R_1 &= \frac{R_{12}^2R_{23}R_{31}+R_{23}^2R_{31}R_{12}+R_{31}^2R_{12}R_{23}}{(R_{12}+R_{23}+R_{31})^2} \\ &= \frac{R_{12}R_{23}R_{31}(R_{12}+R_{23}+R_{31})}{(R_{12}+R_{23}+R_{31})^2} \\ &= \frac{R_{12}R_{23}R_{31}}{R_{12}+R_{23}+R_{31}} \end{aligned} \tag{1-36}$$

再将式(1-36)分别除以式(1-35)第三式、第二式和第一式,可得

$$\left.\begin{aligned} R_{12} &= \frac{R_1R_2+R_2R_3+R_3R_1}{R_3} \\ R_{23} &= \frac{R_1R_2+R_2R_3+R_3R_1}{R_1} \\ R_{31} &= \frac{R_1R_2+R_2R_3+R_3R_1}{R_2} \end{aligned}\right\} \tag{1-37}$$

式(1-37)为从Y接变成△接的计算公式。

若三角形(或星形)的三个电阻相等,变换后的星形(或三角形)的三个电阻也相等,且有

$$R_{\triangle} = 3R_Y$$

或

$$R_Y = \frac{1}{3}R_{\triangle}$$

式中 $R_{\triangle}$ 为△接电阻, R_Y 为Y接电阻。

例1-9 求图1-38所示桥形电路的 R_{12}。

解 把接到节点1,3,4上的三个△接电阻等效成Y接,如图(b)所示,则有

$$R_1 = \frac{2\times 2}{2+2+1} = 0.8\Omega$$

$$R_3 = \frac{2\times 1}{2+2+1} = 0.4\Omega$$

$$R_4 = \frac{2\times 1}{2+2+1} = 0.4\Omega$$

然后用串并联方法求出

$$\begin{aligned} R_{12} &= 0.8 + \frac{(0.4+1)(0.4+2)}{(0.4+1)+(0.4+2)} + 1 \\ &= 0.8 + 0.884 + 1 = 2.684\Omega \end{aligned}$$

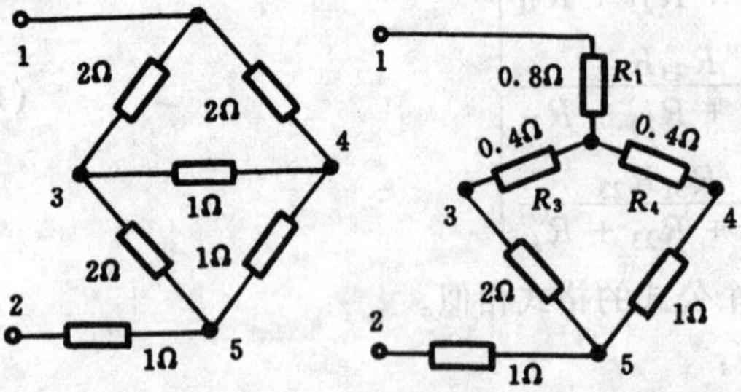

(a) (b)

图 1-38

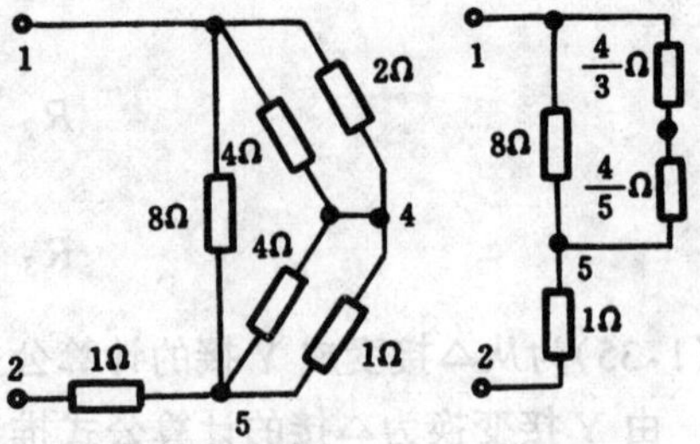

(a) (b)

图 1-39

另一种方法是用△联接代替节点 1,4,5 间的星形电阻(以节点 3 为公共点)。如图 1-39(a)所示,图(a)又可简化为图(b),最后求出 1,2 点间等值电阻

$$R_{12} = 1 + \frac{8 \times \left(\frac{4}{3} + \frac{4}{5}\right)}{8 + \left(\frac{4}{3} + \frac{4}{5}\right)} = 1 + 1.684 = 2.684\Omega$$

5. 用电阻等效化简计算电路

一般来说,只有一个独立电源作用的电路称作简单电路。简单电路分析计算的步骤是:先将电阻网络简化成一个总的等效电阻,继而算出总电流(或总电压),最后由分流和分压公式求出化简前原电路中各支路的电流和电压,当然也可算出每个元件的功率。

例 1-10 电源 u_S 通过一个 T 型网络向负载 R_1 供电,如图 1-40(a)所示。试求负载电压 u_1。其中 $R_1 = 3\Omega$, $R_i = R_2 = 1\Omega$, $R_3 = 10\Omega$, $u_S = 10e^{-t}$V。

解 (1)先根据电阻串并联的方法求出总电阻 R_{ab},其化简过程如图(b)、(c)和(d)所示,等值电阻

$$R_{ab} = 3.86\Omega$$

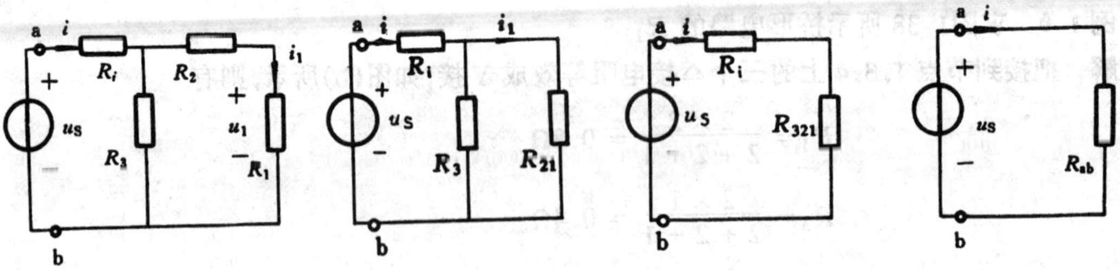

(a) (b) (c) (d)

图 1-40

(2)求总电流 i

$$i=\frac{u_S}{R_{ab}}=\frac{10e^{-t}}{3.86}=2.59e^{-t}A$$

(3) 由分流公式和欧姆定律求负载电压 u_1

$$i_1=i\times\frac{R_3}{R_3+R_{21}}=1.85e^{-t}A$$

$$u_1=R_1i_1=3i_1=5.55e^{-t}V$$

从这个问题的演算过程可见，画出逐步化简的等效电路图，按部就班地写出各等效电阻值很必要。因为算出总电流(或总电压)后，还需要反推一次，有图对照，看得清楚，避免发生错误；而且中间数据在反推过程中往往还要用到，这样又可避免重复运算。这类已知结构、元件及参数求响应的问题，称为电路分析计算的正面问题。

例 1-11 图1-41(a)是惠斯登电桥电路，试推导电桥平衡条件(检流计内阻为 R_g)。

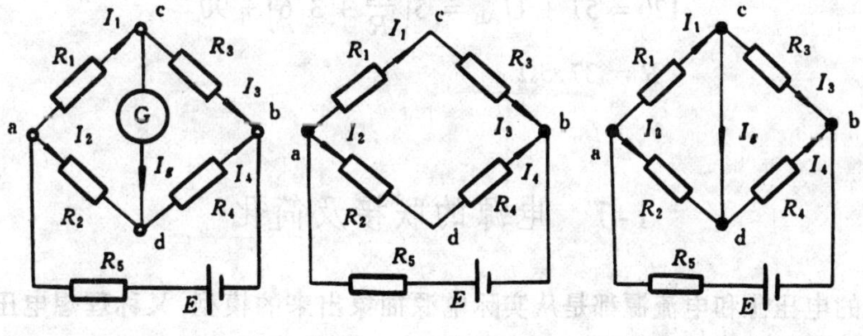

图 1-41

解 这种电路元件的组合即非串联也非并联，一般情况下，无法应用电阻串联、并联的方法进行化简。

但当电桥平衡时，即 R_g 支路中电流 I_g 为零的特殊情况时，c、d 间可断开，如图(b)所示；又因 $I_g=0$，则 $U_{cd}=0$，或说 c、d 两点等位，此时 c、d 间又可短路，如图(c)所示。

由图(c)有

$$R_1I_1=R_2I_2$$
$$R_3I_3=R_4I_4$$

把上两式相除

$$\frac{R_1I_1}{R_3I_3}=\frac{R_2I_2}{R_4I_4}$$

由图(b)又可知 $I_1=I_3, I_2=I_4$，所以最后得出

$$\frac{R_1}{R_3}=\frac{R_2}{R_4}\quad 或\quad R_1R_4=R_2R_3$$

这便是电桥的平衡条件。根据这一关系，若知其中三个电阻时，就可确定另外一个电阻值。因此惠斯登电桥可以用来测量电阻。

例 1-12 图1-42 中，若已知 10Ω 电阻两端电压 U 为 36V，极性如图所示，试求 R 值。

解 根据简单电路的计算步骤，不难写出 10Ω 电阻的端压 U 的表达式

$$U=\frac{120}{5+\dfrac{25R}{25+R}}\times\frac{R}{25+R}\times 10=36\text{V}$$

$$\frac{120R}{125+5R+25R}=3.6$$

$$R=37.5\Omega$$

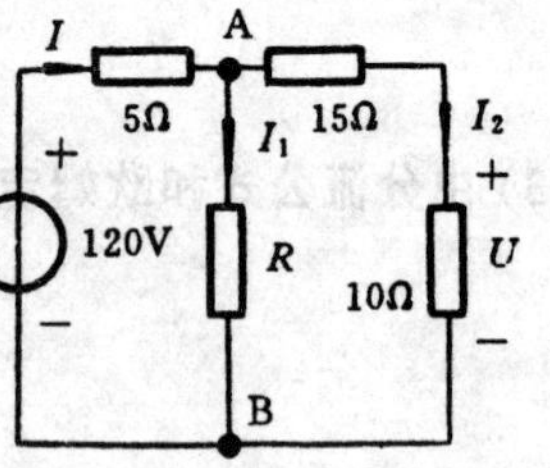

图 1-42

此题也可用另外一种方法求解。

$$I_2=\frac{36}{10}=3.6\text{A}$$

$$U_{AB}=3.6(15+10)=90\text{V}$$

故

$$I_1=\frac{90}{R}$$

$$I=I_1+I_2=\frac{90}{R}+3.6$$

则

$$120=5I+U_{AB}=5\left(\frac{90}{R}+3.6\right)+90$$

解出

$$R=37.5\Omega$$

1-7 电源的联接及简化

前面讲述的电压源和电流源都是从实际电源抽象出来的模型，又称理想电压源和理想电流源，但实际中这种理想电源是不存在的。下面介绍两种实际电源。

1. 实际电压源

实际中的电压源是有内阻的，即有内部消耗，当带上负载后，其输出电压将低于电压源电压 U_S，电流越大，端电压就越低，也就是不再具有输出恒定电压的特点。实际电压源模型可用理想电压源 U_S 和内电阻 R_S 串联起来表示，如图 1-43(a)所示，其端口伏安特性如图(b)所示，其中 A，B 为两个关键点：

A 点为电路的开路点：在实际电压源不接负载时，电路处于开路状态，此时输出电流 $I=0$，所以开路电压 U_{OC} 等于电压源 U_S；B 点为电路的短路点：因输出短路时，输出电压 $U=0$，所以短路电流 I_{SC} 为 $\dfrac{U_S}{R_S}$。实际电压源的伏安特性为一直线，所以只要开、短路点确定，伏安曲线便可知。

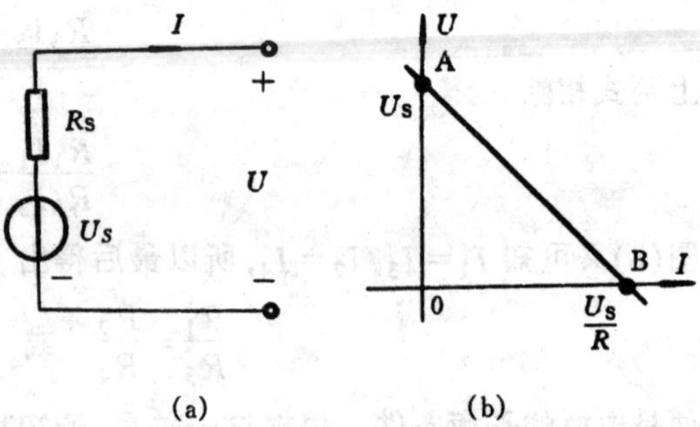

图 1-43

由于实际电压源内阻一般很小，短路电流很大，以致会损坏电源，所以一般电压源不允许短路。

实际电压源的伏安关系方程为

$$U = U_S - R_S I$$

从方程也可看出，电流 I 越大，端电压就越小，所以实际电压源内阻 R_S 越小，就越接近理想电压源。

2. 实际电流源

和电压源一样，理想的电流源是不存在的，实际的电流源也有内阻，其电路模型可用一个电流源 I_S 并电阻 R_S 表示，如图 1-44(a)所示。在接负载时，由于 I_S 的一部分电流流向与之并联的电阻 R_S，所以实际电流源输出的电流要小于电流源电流 I_S。R_S 越小，输出电流亦越小；R_S 越大时，其内部分流越小，就越接近于理想电流源。

实际电流源的伏安曲线如图 1-44(b)所示，其中 A 点和 B 点分别为电源的开路点和短路点。

实际电流源的伏安方程为

$$I = I_S - \frac{U_S}{R_S} = I_S - G_S U$$

或 $U = R_S I_S - R_S I$

开路电压 $U_{OC} = R_S I_S$，短路电流 $I_{SC} = I_S$。

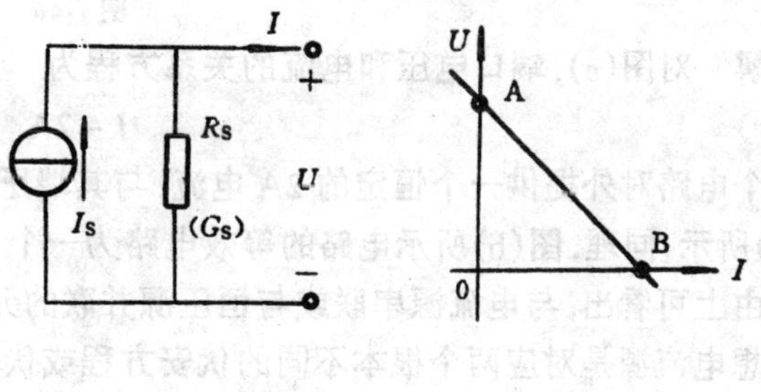

(a) (b)

图 1-44

从上述分析可看出，不论电压源 U_S 还是电流源 I_S，均为不受外电路影响的常数，它们在电路中起激励作用，使电路中产生电压和电流，这些电压和电流叫响应。

3. 电源模型的等效变换

如前所述，实际电压源可以用电压源与电阻串联的模型表示，实际电流源可以用电流源与电阻并联的模型表示。在分析电路时，往往关心的是电源对外电路的影响，即关心它们的外特性，而不关心电源内部的情况，在这种情况下，两种实际电源的模型是可以等效变换的。

图 1-45 示出了两种实际电源，如果它们对外等效，就要求它们的端钮 a, b 间具有相同电压时，端钮上的电流必须相等，即 $i = i'$。

在图(a)中，$i = \frac{u_S - u}{R} = \frac{u_S}{R} - \frac{u}{R}$

在图(b)中 $i' = i_S - Gu$

根据等效变换的要求，上面两式中的对应项应该相等，于是有

$$G = \frac{1}{R} \quad 和 \quad i_S = \frac{u_S}{R}$$

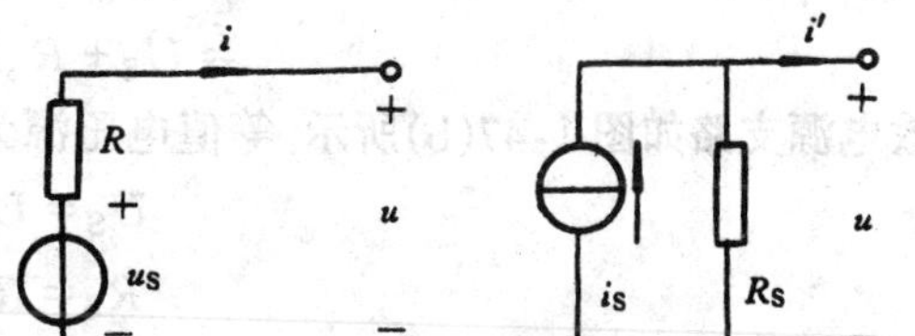

(a) (b)

图 1-45

这就是两种组合彼此等效时所必须满足的条件。应用上式时，u_S 和 i_S 的参考方向应如图 1-45 所示那样，即 i_S 的参考方向由 u_S 的负极指向正极。且应指出，电压源和电流源的等效变

换，是对外部等效，对内部来说，两者情况则不同。例如，在不接外电路，即对外开路时，电压源不发出功率，内阻也不消耗功率；而图(b)的等效电流源内部，电流源则发出功率，且全部被内阻吸收。但二者对外的效果一致：对外不发出、也不吸收功率，且端压相等。

例 1-13 分别求出图1-46(a)和(b)所示电路的等效电路。

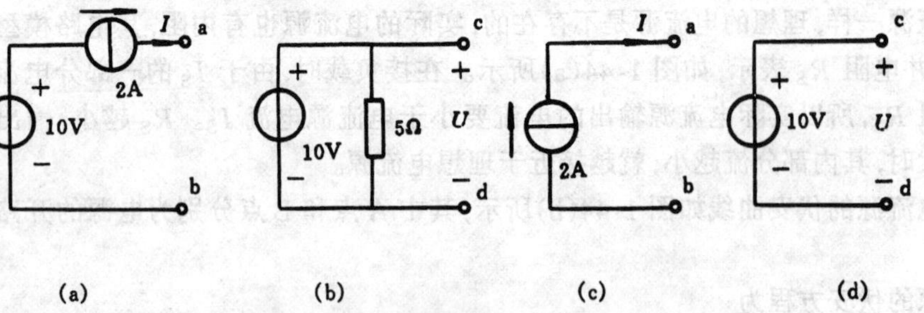

图 1-46

解 对图(a)，端口电压和电流的关系方程为

$$I = 2\text{A}$$

即整个电路对外提供一个恒定的 2A 电流，与其端压无关，所以其等效电路为 2A 的电流源，如图(c)所示；同理，图(b)所示电路的等效电路为一个 10V 的电压源，如图(d)所示。

由上可看出，与电流源串联或与恒压源并联的元件，对外不起作用。而且由于理想电压源和理想电流源是对应两个根本不同的伏安方程或伏安曲线，故两者不能等效变换。

4. 有源支路的串并联

在上节讨论了电阻的几种联接方式及其简化，不难看出，一个复杂的无源二端网络，可简化为一等效电阻。同样，含电源支路的串联、并联或串并联的有源二端网络，可以简化成一个等效的实际电压源或实际电流源支路。

n 个实际电压源串联时，可以简化成一个等效的实际电压源。图1-47(a)为两个实际电压源支路的串联，其中一个为电压源 U_{S1} 和电阻 R_{S1} 串联构成，另一个由电压源 U_{S2} 和电阻 R_{S2} 串联构成。据 KVL 有

$$\begin{aligned} U &= U_{S1} + IR_{S1} + U_{S2} + IR_{S2} \\ &= (U_{S1} + U_{S2}) + (R_{S1} + R_{S2})I \\ &= U_S + R_S I \end{aligned}$$

等效电源支路如图 1-47(b)所示，等值电压源为 U_S，等值电阻为 R_S，其值分别为

$$U_S = U_{S1} + U_{S2}$$

$$R_S = R_{S1} + R_{S2}$$

而且，当各串联电压源参考极性与等效电压源参考极性相同者取正，相反则取负。此结论可推广至 n 个电压源串联支路。

n 个电压源串联对外可提供较高的电压，但它们输出的电流不允许超过额定电流最小的电压源的电流。

为提高电源对外提供电流的能力，可以把 n 个电流源并联起来。图 1-48(a)为两个电流源并联的电路，据 KCL 有

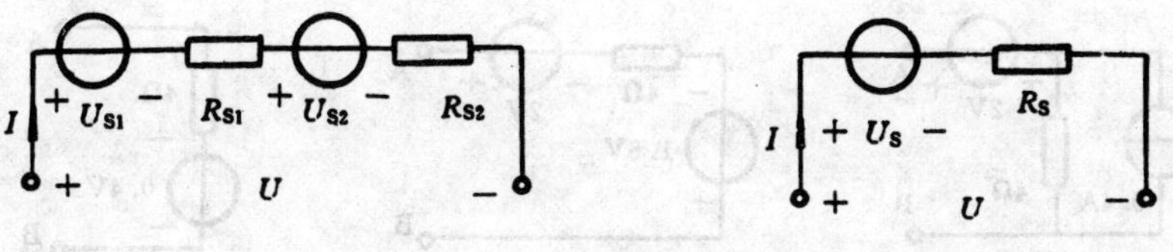

(a)　　　　　　　　(b)

图 1-47

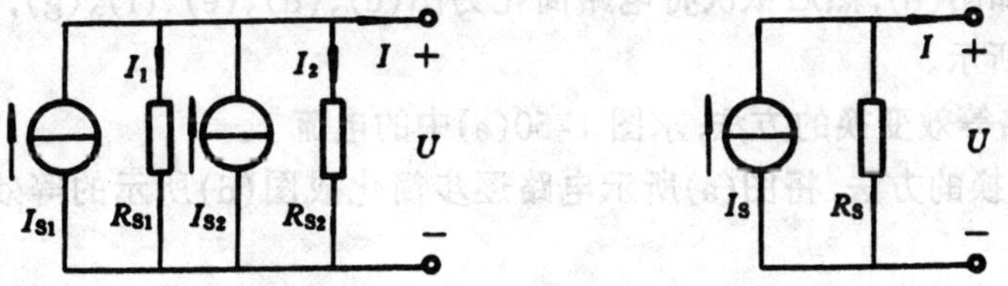

(a)　　　　　　　　(b)

图 1-48

$$I = I_{S1} + I_{S2} - \frac{U}{R_{S1}} - \frac{U}{R_{S2}} = (I_{S1} + I_{S2}) - \left(\frac{1}{R_{S1}} + \frac{1}{R_{S2}}\right) U$$

$$= I_S - \frac{1}{R_S} U = I_S - GU$$

$$I_S = I_{S1} + I_{S2}$$

$$\frac{1}{R_S} = \frac{1}{R_{S1}} + \frac{1}{R_{S2}}$$

各电流源的参考方向和等效电流源的参考方向一致时，取正号，相反则取负号。等效电路见图 1-48(b)。

例 1-14　求图1-49(a)所示电路的等效电路。

解　根据上题的分析，先将与 2V 电压源并联的 3Ω 电阻去掉，将 2V 与 2Ω 串联支路等效

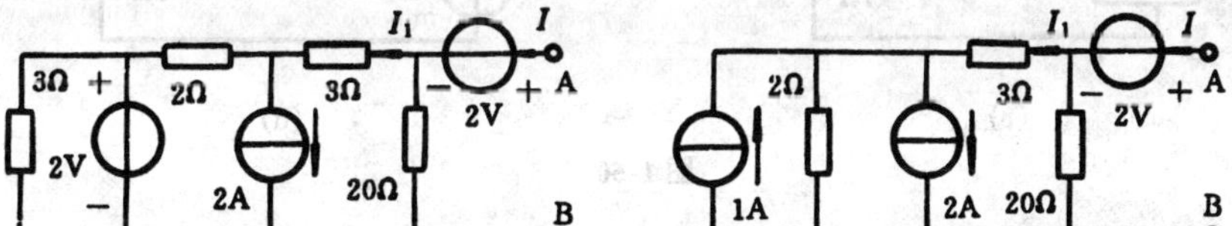

(a)　　　　　　　　(b)

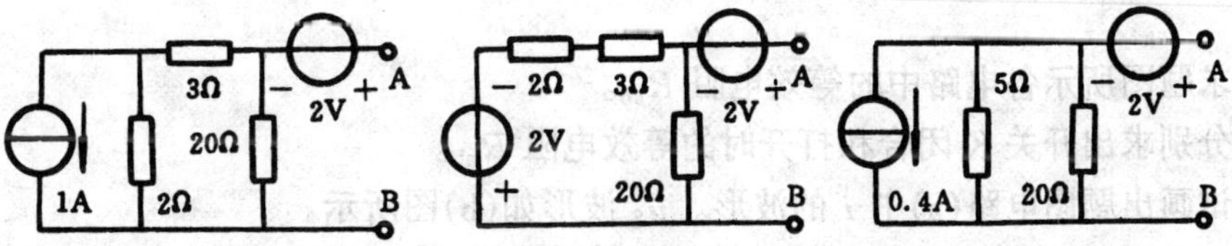

(c)　　　　　(d)　　　　　(e)

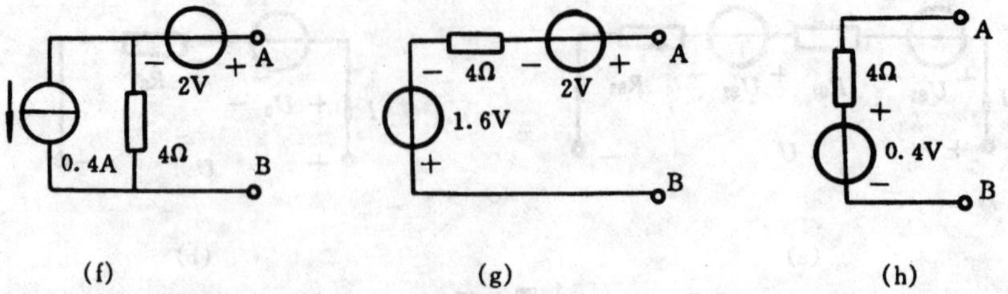

图 1-49

变换成电流源支路，如图(b)，然后依次将电路简化为图(c)、(d)、(e)、(f)、(g)，最后得到图(a)的等效电路如图(h)所示。

例 1-15 由电路等效变换的方法，求图 1-50(a)中的电流 I。

解 利用等效变换的方法，将图(a)所示电路逐步简化成图(d)所示的等效电路。从等效电路(d)可求出

$$I = \frac{9-4}{1+2+7} = 0.5\text{A}$$

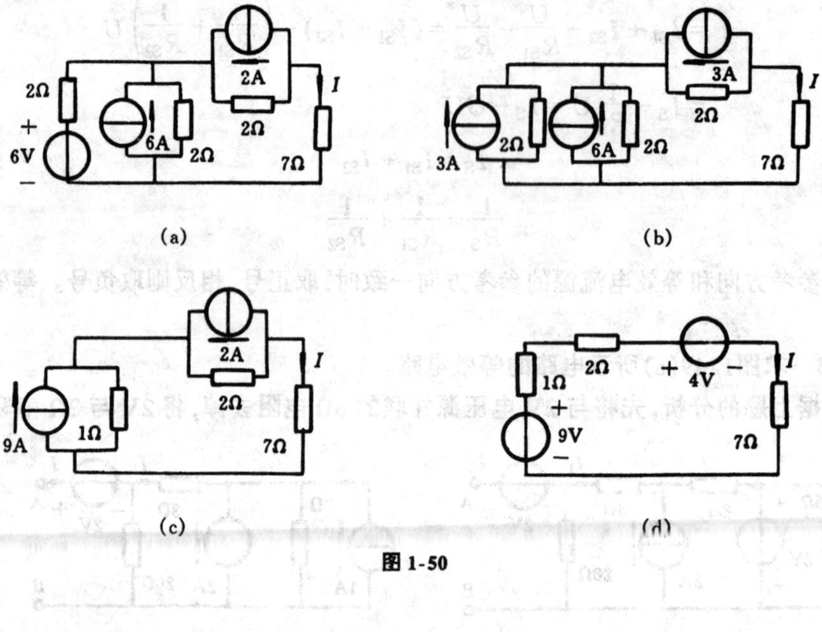

图 1-50

习　题　一

1-1 求题图所示各电路中的等效电阻 R_{ab}。

1-2 分别求出开关 K 闭合和打开时的等效电阻 R_{ab}。

1-3 试画出题图电路(a)中 i 的波形。u_S 波形如(b)图所示。

1-4 列出题图所示各电路 VCR 式(电压与电流关系表达式)。

1-5 求题图中各点电位。

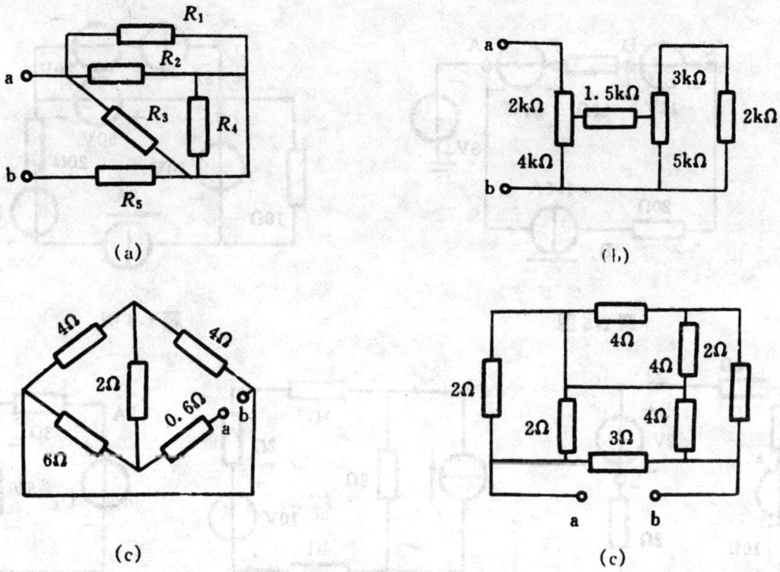

题 1-1 图

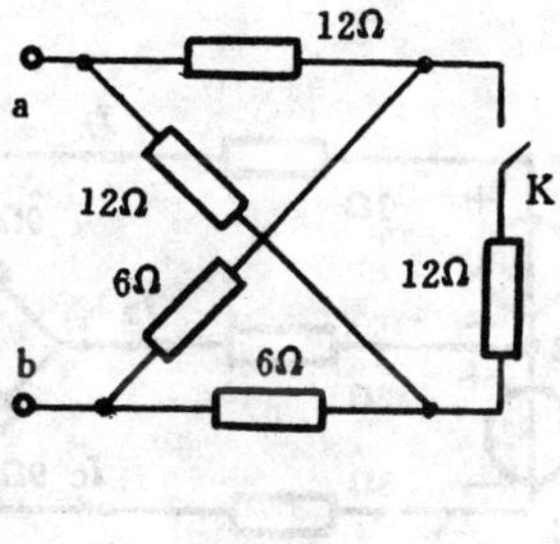

题 1-2 图

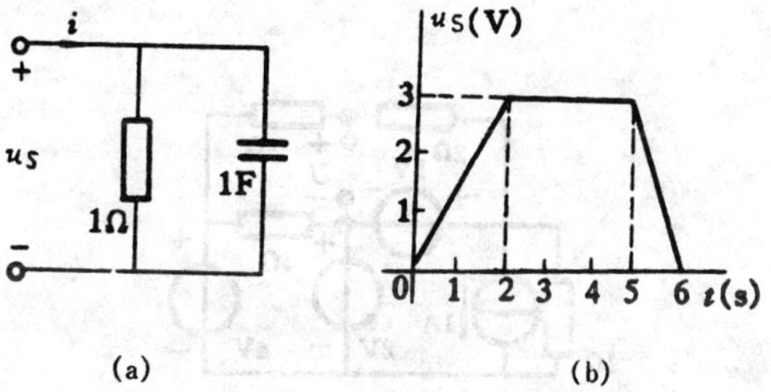

题 1-3 图

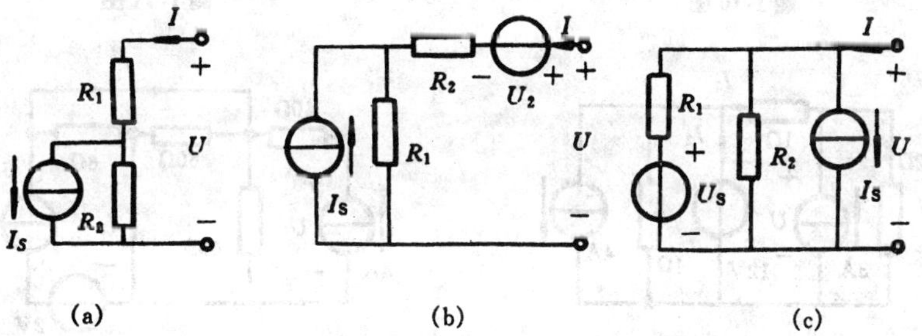

题 1-4 图

1-6 求电流 I。

1-7 试求 I_1, I_2, I 及 U_{ab}。

1-8 求题图电路中 I_S。

1-9 已知如题图所示，试求 U_S, R_1, R_2。

1-10 电路如题图所示：(1)求电压 U；(2)如果原为 1Ω，4Ω 的电阻和 1A 的理想电流源可变，U 值是否改变。

1-11 题图电路中 $I_A = I_B = 5A$，求电压 U_{AB}和 U_{BC}。

1-12 求题图各电路的电流 I_1, I_2 和电压 U。

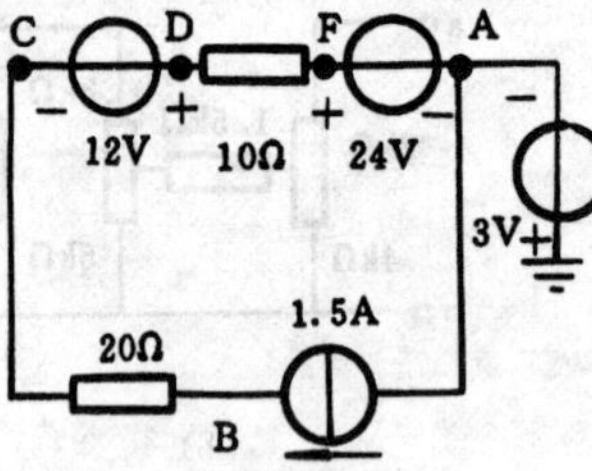

题 1-5 图

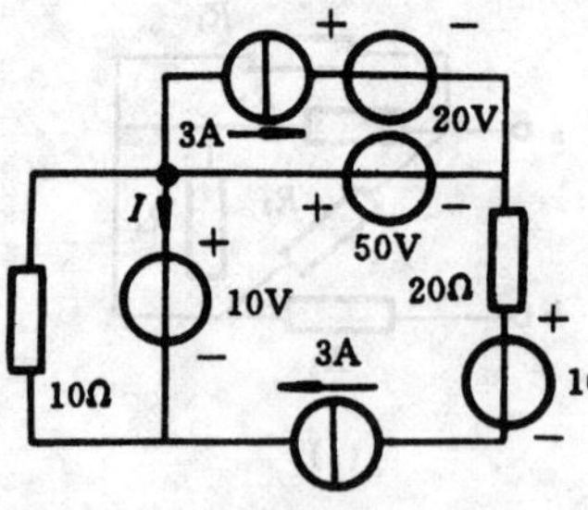

题 1-6 图

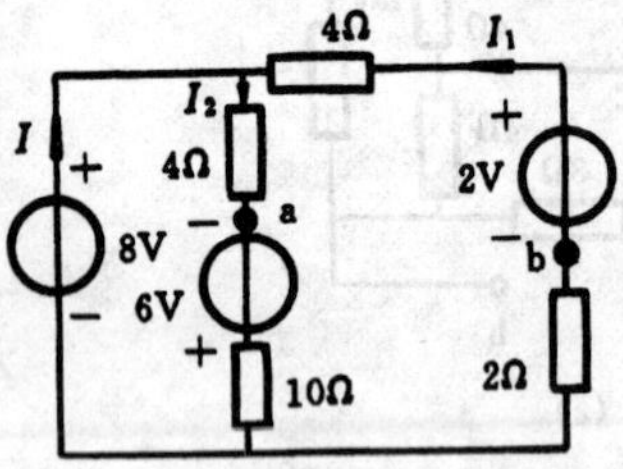

题 1-7 图

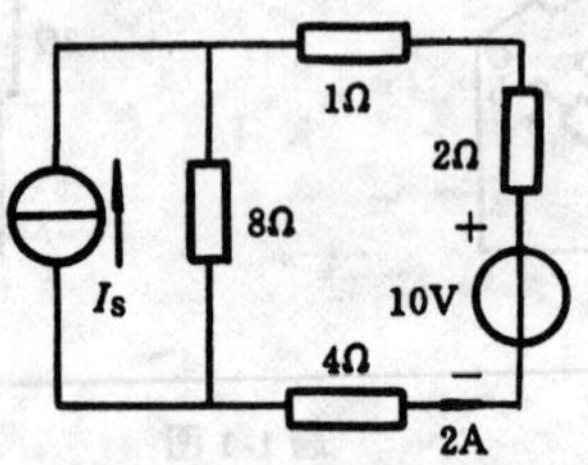

题 1-8 图

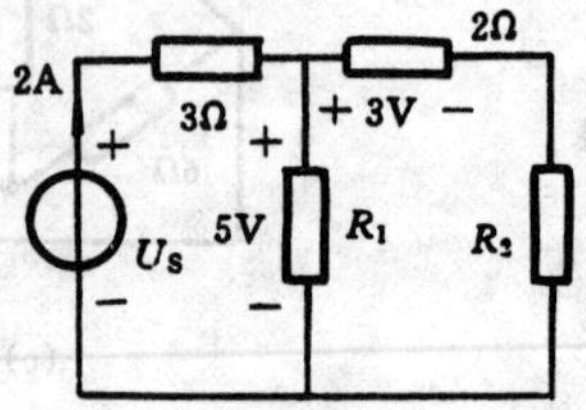

题 1-9 图

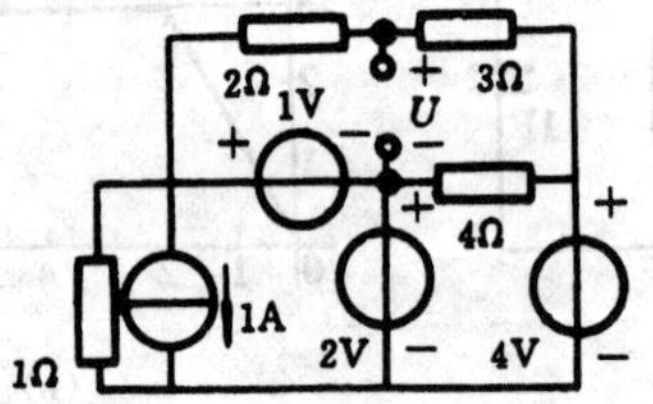

题 1-10 图

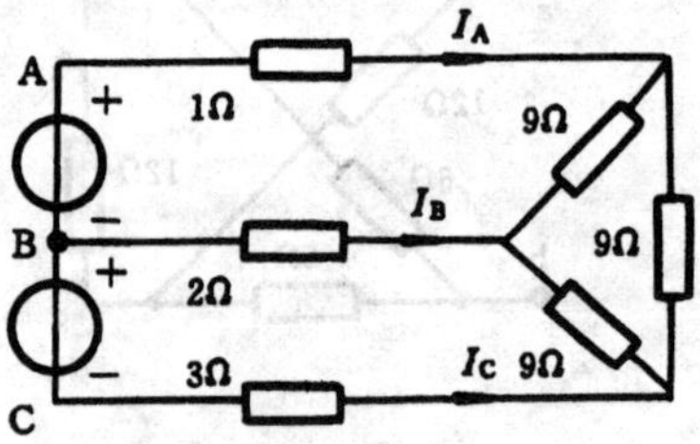

题 1-11 图

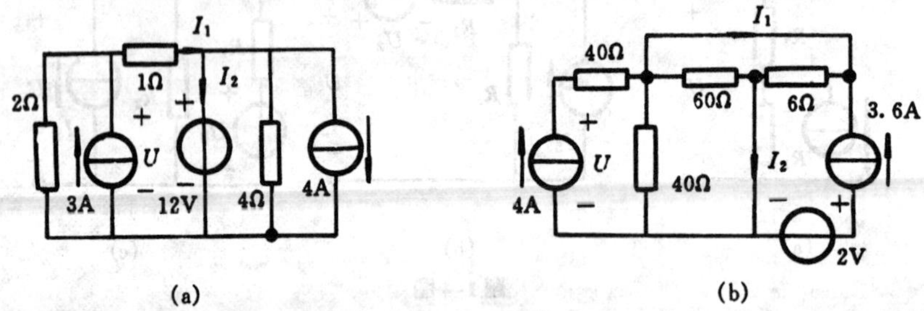

(a) (b)

题 1-12 图

1-13 将题图各电路化简成最简形式。

1-14 求题图电路中的 U。

1-15 电路如题图所示,其中各参数均已给定。求:(1)电压 u_2 和电流 i_2;(2)若电阻 R_1 增大,问 u_2, i_2 怎样变化。

1-16 电路如题图所示,求:

(1)开关 K 打开时,图(a)、(b)中 U_{ab};

(2)开关 K 闭合时,图(a)、(b)开关中的电流;

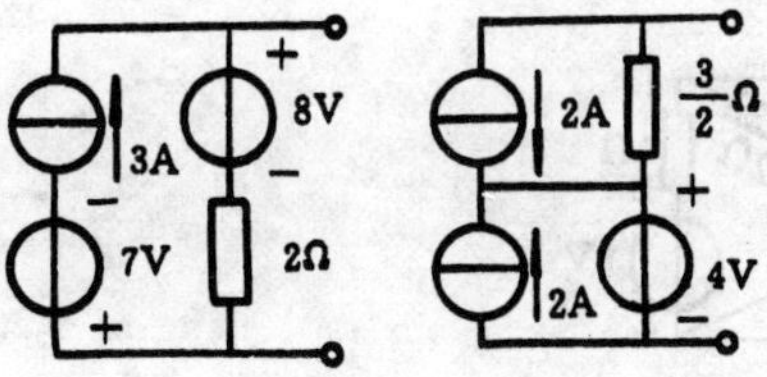

题 1-13 图

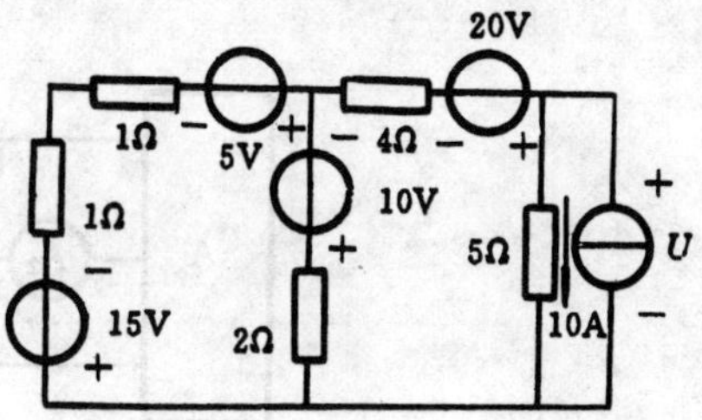

题 1-14 图

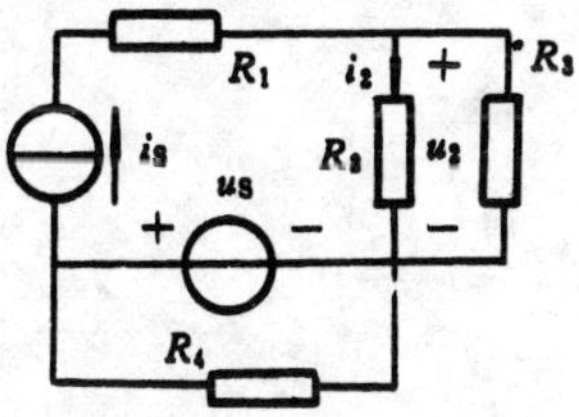

题 1-15 图

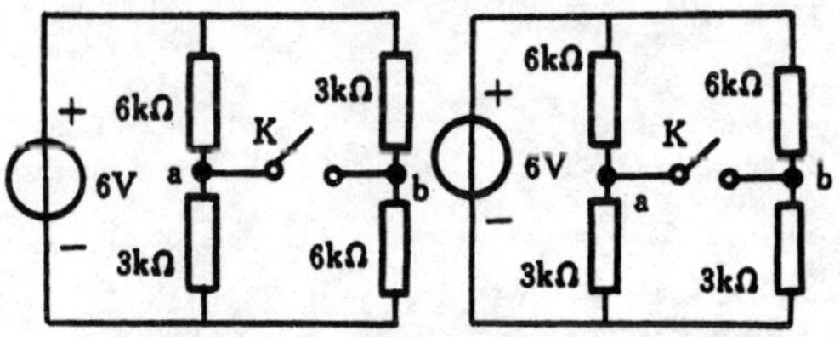

题 1-16 图

(3)开关 K 闭合时,图(a)、(b)中电压 U_{ab}均为零,为何开关中电流却不相同?

1-17 题图电路中,当开关 K 断开时要使 $U_{AB}=0$, R 值为多大?若此时将 K 闭合,求 I_1, I_2 和 I。

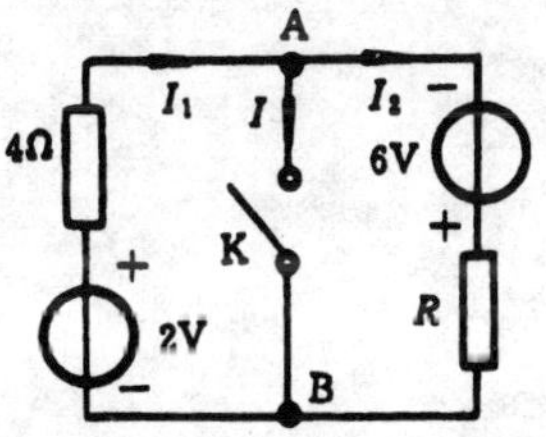

题 1-17 图

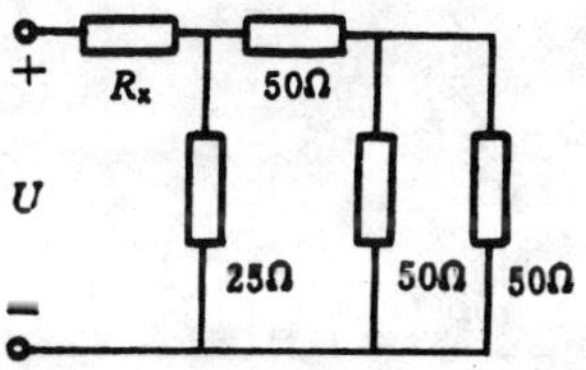

题 1-18 图

1-18 电路如题图所示,外加电压 $U=200\text{V}$,电路总共消耗功率 $P=400\text{W}$,求 R_x 和各支路电流。

1-19 试证明题图电路 $\sum P=0$。

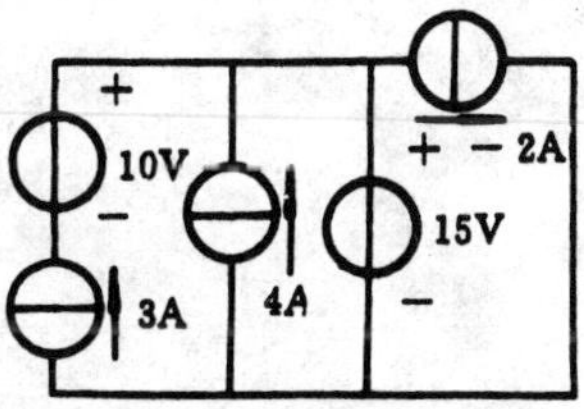

题 1-19 图

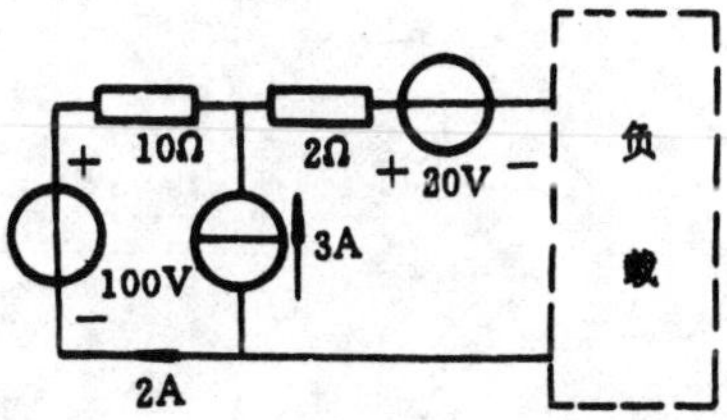

题 1-20 图

1-20 试求题图电路中负载所吸收的功率。

1-21 已知 $I=1\text{A}$，试求电流表 A_1 和 A_2 的读数。

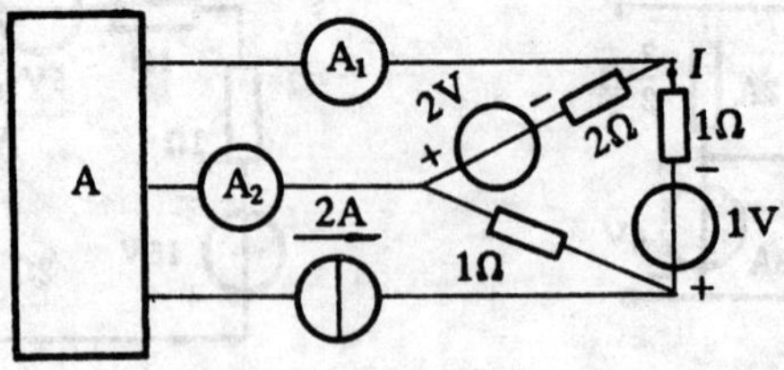

题 1-21 图

第 2 章　线性电阻网络分析

内容提要：本章介绍几种分析线性电路的一般方法和一些重要的电路定理：支路(电流)法、回路(电流)法、节点(电压)法、叠加原理和等效电源定理等。这些基本方法和网络定理不仅适用于电阻网络的分析，而且在整个电路理论中具有普遍意义。

本章重点：要掌握每一种分析方法，并要弄清每种方法适用于什么样的网络和应该注意的问题。

2-1　支路电流法

上一章所研究的分析方法，是利用等效变换，逐步化简电路，最后找出待求的电压或电流。这种方法只适用于比较简单的电路，不便对电路进行一般性的探讨，所以有必要寻求某些系统化的普遍方法。系统化的普遍方法并不要求改变电路的结构，这种方法的基本步骤是：首先选择一组电路变量(电流或电压)，建立起电路变量的方程，然后从方程中解出电路变量。

在这类方法中，支路(电流)法最为直接，并具有普遍适用性。

支路法是以支路电流为电路变量，应用 KCL 和 KVL，列出与支路数相等的独立方程，从而解出支路电流。

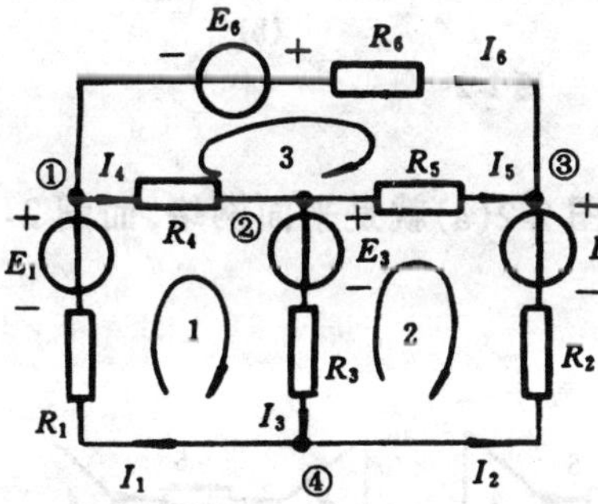

图 2-1

下面以图 2-1 为例进行说明。这个电路具有四个节点和六条支路，因此，有 6 个未知的支路电流。

(1)先假设各支路电流的参考方向并标于图中。

(2)应用 KCL 建立节点电流方程。

对节点 1　　$-I_1+I_4+I_6=0$　　(2-1)

对节点 2　　$I_3-I_4+I_5=0$　　(2-2)

对节点 3　　$-I_2-I_5-I_6=0$　　(2-3)

这三个节点方程显然是互相独立的。因为每个方程中包含有其余两个方程没有涉及的支路电流，所以某一方程不可能由另外两个方程导出。如果对节点 4 再列一个方程，四个方程式就不再是独立的了，因为将上列 3 个节点方程相加的结果也就是对节点 4 列出的节点方程。由此可见，具有四个节点的网络，应用 KCL，可以得到 3 个独立的节点方程，而且只能得到三个独立的节点方程。至于选择哪三个节点来列方程则是任意的。

推广到具有 n 个节点的网络，独立的节点方程数(或说独立节点数)等于节点数减 1，即 $(n-1)$个。

为求出 6 个未知的支路电流，除去 3 个独立的节点方程外，还可应用 KVL，建立所需的其余三个方程。

(3)应用 KVL 建立回路电压方程。

对电路的每一个回路都可列出一个回路电压方程，图 2-1 有七个回路，因而能列出七个回路电压方程，但只有三个独立的方程。选择三个网孔，并以顺时针方向来列回路电压方程，则

对回路 1 得 $R_1I_1+R_4I_4+R_3I_3=E_1-E_3$ (2-4)

对回路 2 得 $R_5I_5-R_2I_2-R_3I_3=E_3-E_2$ (2-5)

对回路 3 得 $R_6I_6-R_5I_5-R_4I_4=E_6$ (2-6)

这三个方程中，无论哪一个都不能从其他两个相加减而导出，因而它们是独立的。如果再选一回路，如沿回路 41234，列出的回路电压方程为

$$R_1I_1+R_4I_4+R_5I_5-R_2I_2=E_1-E_2 \tag{2-7}$$

显然这个方程不是独立的，因为把式(2-4)和式(2-5)相加就得到式(2-7)。因而，应用 KVL 正好能提供所需要的三个独立方程。

(4)联立求解独立的节点方程和独立的回路方程式(2-1)至式(2-6)，即可求出图 2-1 所示网络中待求的各支路电流。

从上面讨论可看出，支路法关键在于列出与支路电流的数目相等的独立的支路电流方程。一般说来，对于具有 n 个节点，b 条支路的网络，应用 KCL 能列出$(n-1)$个独立的节点方程，应用 KVL 能列出 b$-(n-1)$个独立的回路电压方程。即独立节点为$(n-1)$个，独立回路为〔b$-(n-1)$〕个。一般网络中，独立节点可任取，而独立回路的选取，则是一个比较复杂的问题。

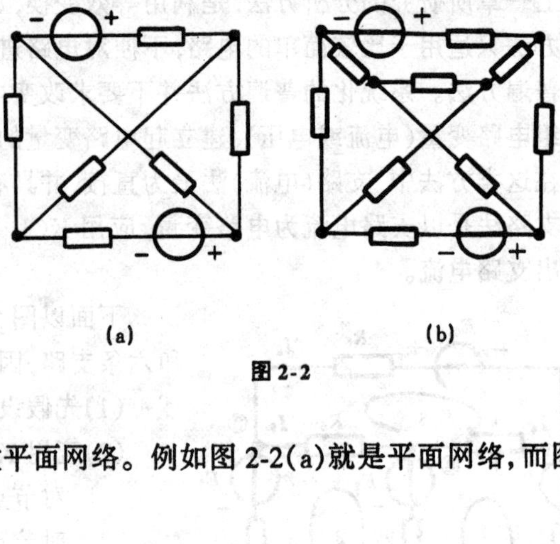
(a) (b)

图 2-2

可以证明，对于平面网络，网孔就是独立回路，网孔数也就是独立回路数。什么是平面网络呢？凡是可以画在一个平面上，而任何两条支路不交叉的电路，叫做平面网络。例如图 2-2(a)就是平面网络，而图 2-2(b)为非平面网络。

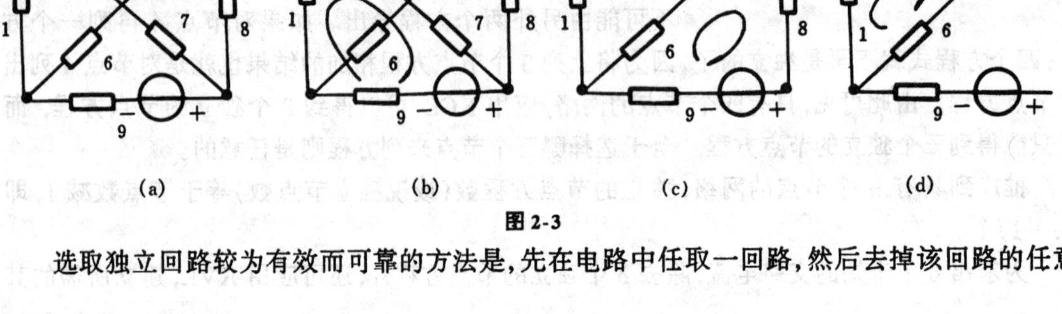
(a) (b) (c) (d)

图 2-3

选取独立回路较为有效而可靠的方法是，先在电路中任取一回路，然后去掉该回路的任意

一条支路；再对剩余电路任取一回路，然后再去掉组成该回路的任意一条支路；如此下去，不断找出独立回路，直到剩余电路不存在回路为止。如图 2-3(a)所示电路，选取独立回路的步骤依次如图(b)、(c)和(d)所示，最后找出由支路 2,3,4 和 5；支路 1,2,7 和 9；支路 4,8,9 和 6，以及由支路 1,2,5 和 6 构成的四个独立回路。

例 2-1 用支路电流法求图2-4 所示电路中各支路电流。

解 (1)先设各支路电流参考方向如图所示。

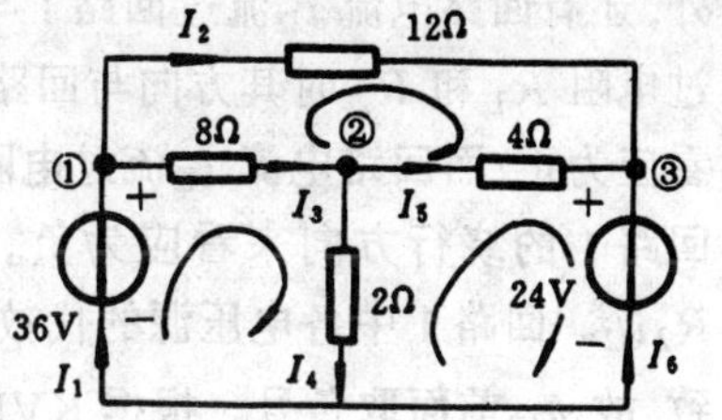

图 2-4

(2)对节点 1,2,3 分别列 KCL 方程：

$$\begin{cases} I_1 = I_2 + I_3 \\ I_3 = I_4 + I_5 \\ I_2 + I_5 + I_6 = 0 \end{cases}$$

取三个网孔为独立回路，并设绕行方向为顺时针方向，如图所示，则三个回路电压方程为：

$$8I_3 + 2I_4 = 36$$
$$12I_2 - 4I_5 - 8I_3 = 0$$
$$-2I_4 + 4I_5 = -24$$

(3)联立解上面六个方程可得

$$I_1 = 4\text{A}, I_2 = 1\text{A}, I_3 = 3\text{A}$$
$$I_4 = 6\text{A}, I_5 = -3\text{A}, I_6 = 2\text{A}$$

2-2 回路电流法

回路电流法简称回路法。这种方法是以回路电流作为电路的独立变量，该方法对独立回路较少的平面网络较为适用。下面，通过图 2-5 所示的电路加以说明。

按图 2-5 所设支路电流参考方向，根据 KCL 有 $i_b = i_a - i_c$，因此，可以这样来理解，把支路 b 的电流 i_b 看成是由两个分量组成的，其中一个分量是从支路 a 流过来的(由节点 1 经支路 b 到节点 0)，另一个分量 i_c 是从支路 c 流过来的(由节点 0 也经支路 b 到节点 1)。于是，支路 b 就成为支路电流 i_a 和 i_c 返回的路径。这样，可以设想在回路 1(即回路 0a1b0)和回路 2(即回路 1c0b1)中分别有电流 $i_{l1} = i_a$, $i_{l2} = i_c$，沿回路流动。由于支路 1 只有 i_{l1} 流过，支路电流便为 i_{l1}；而支路 b 有两个电流 i_{l1} 和 i_{l2} 同时通过，支路电流应为 i_{l1} 和 i_{l2} 的代数和，即 $i_b = i_{l1} - i_{l2} = i_a - i_c$。可见，各支路电流并没有改变。把沿着回路 1 和回路 2 流动的假想电流 i_{l1} 和 i_{l2} 称为回路电流，如图 2-5 所示。

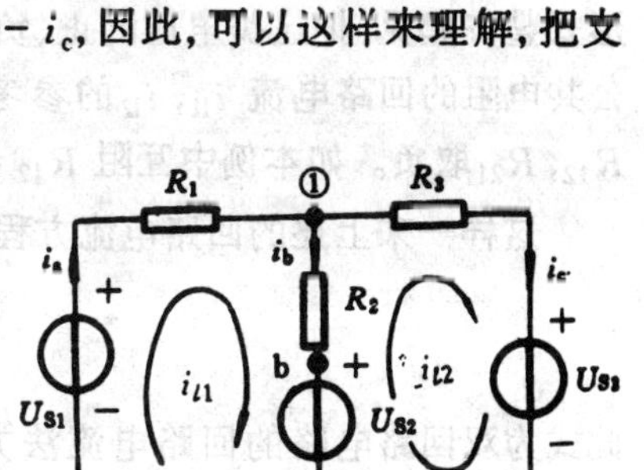

图 2-5

回路电流是设想沿着回路流动的电流，因此对任一节点来说，回路电流即流入该节点，又流出该节点，所以回路电流在所有节点处都自动满足 KCL。这样，如果把回路电流作为未知量，那么，只要根据 KVL 列出足够的回路电压方程联立求解就可以了。为了使所列回路电压方程都能相互独立,应选独立回路作为回路电流的环流路径。回路电流解出后,支路电流则为有关回路电流的代数和。这种方法就叫做回路法。

下面来讨论如何根据 KVL 和选定的回路电流方向列出回路方程,这是回路法的关键。首先,选定各回路的绕行方向使它与本回路电流的参考方向一致。就图 2-5 中回路 1 来说,回路中各电阻(R_1 和 R_2)上的电压,除了本身的回路电流 i_{l1} 流过而产生的电压 $(R_1+R_2)i_{l1}$ 以外,还有回路电流 i_{l2} 流过回路 1 与 2 的公共电阻 R_2 所产生的电压 $R_2 i_{l2}$。由于回路电流 i_{l1} 流过电阻 R_1 和 R_2 时其方向与回路 1 的绕行方向一致,它引起的电压顺着回路 1 的绕行方向来看应为正;而回路电流 i_{l2} 流过电阻 R_2 时,其方向与回路 1 的绕行方向相反,它引起电压顺着回路 1 的绕行方向来看应为负。这样,回路 1 中各电阻上电压的代数和为 $(R_1+R_2)i_{l1}-R_2 i_{l2}$。回路 1 中各电压源的代数和为 $u_{S1}-u_{S2}$,因为电动势 u_{S2} 的方向与回路 1 绕行方向一致,故 u_{S2} 前面取负号。根据 KVL 列出回路 1 的回路电压方程

$$(R_1+R_2)i_{l1}-R_2 i_{l2}=u_{S1}-u_{S2}$$

同理,对回路 2 来说,各电阻压降(沿回路 2 绕行方向)的代数和为 $(R_2+R_3)i_{l2}-R_2 i_{l1}$,各电压源的代数和则为 $u_{S2}-u_{S3}$,所以回路 2 的电压方程为

$$-R_2 i_{l1}+(R_2+R_3)i_{l2}=u_{S2}-u_{S3}$$

上面两个方程即以回路电流为未知量的回路电压方程。

用 R_{11} 和 R_{22} 分别代表回路 1 和回路 2 的自电阻,它们分别为回路 1 和回路 2 中所有电阻之和($R_{11}=R_1+R_2$, $R_{22}=R_2+R_3$),用 R_{12} 和 R_{21} 代表回路 1 和回路 2 的互电阻($|R_{12}|=|R_{21}|=R_2$)。

由于回路绕行的方向一般假定为与回路电流参考方向一致,所以自阻总是正的。如果回路电流 i_{l1} 和 i_{l2} 通过回路 1,2 的公共电阻时,它们的参考方向相反(本例中就是如此),则如前面所述,i_{l1}, i_{l2} 中任一个在公共电阻上所引起的电压,在另一个回路的电压方程中应取“-”号;反之,如果回路电流 i_{l1}, i_{l2} 通过公共电阻时,它们的参考方向相同,则 i_{l1}, i_{l2} 中任一个在公共电阻上所引起的电压在另一个回路的电压方程中应取“+”号。为了使回路电流方程的一般形式整齐起见,把这类电压的正、负号包含在和它们有关的互阻中,就是说,当通过回路 1,2 的公共电阻的回路电流 i_{l1}, i_{l2} 的参考方向一致时,互阻 R_{12}, R_{21} 取正;参考方向相反时,互阻 R_{12}, R_{21} 取负。如本例中互阻 $R_{12}=R_{21}=-R_2$。

这样一来上述的回路电流方程可写成

$$\left.\begin{aligned}R_{11}i_{l1}+R_{12}i_{l2}=u_{S11}\\ R_{21}i_{l1}+R_{22}i_{l1}=U_{S22}\end{aligned}\right\}\qquad(2\text{-}8)$$

此式为双回路电路的回路电流法方程的一般形式。式中 $u_{S11}=u_{S1}-u_{S2}$, $u_{S22}=u_{S2}-u_{S3}$, u_{S11} 和 u_{S22} 分别为回路 1 和回路 2 的总电压源的电压,各电压源电压的方向与回路电流方向一致时,前面取“-”号,否则取“+”号。$R_{11}i_{l1}$ 和 $R_{22}i_{l2}$ 是回路电流 i_{l1} 和 i_{l2} 分别在本回路所产生的电压,而 $R_{12}i_{l2}$ 和 $R_{21}i_{l1}$ 则是 i_{l2} 和 i_{l1} 分别在回路 1 和回路 2 所产生的电压。

具有 l 个独立回路的电路,其回路电流方程一般方程可由式(2-8)推广而得,即

$$\left.\begin{aligned}
R_{11}i_{l1}+R_{12}i_{l2}+R_{13}i_{l3}+\cdots+R_{1l}i_{ll}&=u_{S11}\\
R_{21}i_{l1}+R_{22}i_{l2}+R_{23}i_{l3}+\cdots+R_{2l}i_{ll}&=u_{S22}\\
R_{31}i_{l1}+R_{32}i_{l2}+R_{33}i_{l3}+\cdots+R_{3l}i_{ll}&=u_{S33}\\
\vdots\qquad\quad\vdots\qquad\quad\vdots\qquad\qquad\quad\vdots\quad&\quad\vdots\\
R_{l1}i_{l1}+R_{l2}i_{l2}+R_{l3}i_{l3}+\cdots+R_{ll}i_{ll}&=u_{Sll}
\end{aligned}\right\}\tag{2-9}$$

式中有相同下标的电阻 $R_{11}, R_{22}, R_{33}, \cdots, R_{ll}$ 等是各回路的自电阻，有不同下标的电阻 R_{12}，$R_{13}, R_{23}, \cdots$ 等是回路间互电阻。自阻总是正的，互阻取正还是取负，则由相关的两个回路电流通过公共电阻时两者的参考方向是否一致来决定：一致时取正，相反时取负。显然，若两个回路间没有公共电阻，则相应互阻为零。

式(2-9)的解答是：

$$\left.\begin{aligned}
i_{l1}&=\frac{\Delta_{11}}{\Delta}u_{S11}+\frac{\Delta_{21}}{\Delta}u_{S22}+\frac{\Delta_{31}}{\Delta}u_{S33}+\cdots+\frac{\Delta_{l1}}{\Delta}u_{Sll}\\
i_{l2}&=\frac{\Delta_{12}}{\Delta}u_{S11}+\frac{\Delta_{22}}{\Delta}u_{S22}+\frac{\Delta_{32}}{\Delta}u_{S33}+\cdots+\frac{\Delta_{l2}}{\Delta}u_{Sll}\\
i_{l3}&=\frac{\Delta_{13}}{\Delta}u_{S11}+\frac{\Delta_{23}}{\Delta}u_{S22}+\frac{\Delta_{33}}{\Delta}u_{S33}+\cdots+\frac{\Delta_{l3}}{\Delta}u_{Sll}\\
&\ \ \vdots\qquad\qquad\ \vdots\qquad\qquad\ \vdots\qquad\qquad\qquad\ \vdots\\
i_{ll}&=\frac{\Delta_{1l}}{\Delta}u_{S11}+\frac{\Delta_{2l}}{\Delta}u_{S22}+\frac{\Delta_{3l}}{\Delta}u_{S33}+\cdots+\frac{\Delta_{ll}}{\Delta}u_{Sll}
\end{aligned}\right\}\tag{2-10}$$

式中 Δ 是方程组(2-9)的系数行列式，即

$$\Delta=\begin{vmatrix}
R_{11} & R_{12} & R_{13} & \cdots & R_{1l}\\
R_{21} & R_{22} & R_{23} & \cdots & R_{2l}\\
R_{31} & R_{32} & R_{33} & \cdots & R_{3l}\\
\vdots & \vdots & \vdots & & \vdots\\
R_{l1} & R_{l2} & R_{l3} & & R_{ll}
\end{vmatrix}$$

而 $\Delta_{11}, \Delta_{21}, \cdots, \Delta_{ll}$ 都是行列式 Δ 的余子式。例如 Δ_{jk} 就是在行列式 Δ 内划去第 j 行与第 k 列后剩下来的子行列式 M_{jk} 再乘以 $(-1)^{j+k}$。

顺便指出，在不含有受控源的线性电阻电路中，$R_{jk}=R_{kj}$，故行列式是对称的，因而余子式 $\Delta_{jk}=\Delta_{kj}$。

回路电流解出后，支路电流即可求出。

现将回路法的步骤及注意事项归纳如下：

(1)选定 l 个独立回路电流。回路电流的(参考)方向任意选定，一般取顺时针方向。平面电路中的网孔都是独立回路，可以用网孔作为所选回路电流的流动途径；

(2)列出 l 个回路电流方程。应注意，自阻总是正的，互阻的正负则由相关的两个回路电流通过公共电阻时两者的参考方向是否一致而定。对于平面网络，取网孔为独立回路，且令所有回路电流的方向均顺(或逆)时针方向时，互阻总是负的；

(3)联立求解回路电流方程，求得各回路电流；

(4)指定各支路电流的参考方向，支路电流则为有关回路电流的代数和。

由上述可知，在回路法中，省略了节点方程，联立方程的数目由等于支路数减少到等于独

立回路数,因而计算比较方便。

例 2-2 在图 2-6 所示的直流电路中,电阻和电压源均已给定,试用回路法求各支路电流。

解 (1)选取回路电流 I_1, I_2, I_3 如图 2-6 所示;

(2)列回路电流方程。

因为

$$R_{11}=60+20=80\Omega$$
$$R_{22}=20+40=60\Omega$$
$$R_{33}=40+40=80\Omega$$
$$R_{12}=R_{21}=-20\Omega$$
$$R_{13}=R_{31}=0$$
$$R_{23}=R_{32}=-40\Omega$$
$$U_{S11}=50-10=40V$$
$$U_{S22}=10V$$
$$U_{S33}=40V$$

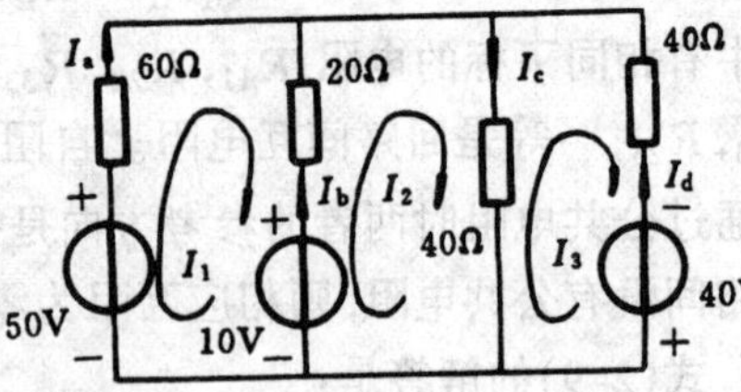

图 2-6

故回路电流方程为

回路 1 $\quad 80I_1-20I_2=40$

回路 2 $\quad -20I_1+60I_2-40I_3=10$

回路 3 $\quad -40I_2+80I_3=40$

(3)用消元法或行列式法,解得

$$I_1=0.786A, I_2=1.143A, I_3=1.071A$$

(4)各支路电流参考方向如图,则有

$$I_a=I_1=0.768A \qquad I_b=-I_1+I_2=0.375A$$
$$I_c=I_2-I_3=0.072A \qquad I_d=-I_3=-1.071A$$

(5)校验。

取一个未用过的回路,如外面的大回路(由电阻 60Ω,40Ω 及电压源 50V,40V 构成),回路绕行方向为顺时针方向。按 KVL,有

$$60I_a-40I_d=50+40=90$$

把 I_a, I_d 代入,得 90=90,故答案正确。

当电路中具有电流源时,一般采用下述几种方法来处理。

第一种方法是只让一个回路电流通过电流源。该回路电流便仅由电流源决定,于是便可删去该回路的 KVL 方程。至于其余的回路电流方程,仍按上述方法书写。如图 2-7 所示的电路,选取回路电流时,只让回路电流 i_1 流过恒流源 i_{S2},得下列方程:

$$\begin{cases} i_1=i_{S2} \\ -R_1i_1+(R_1+R_3+R_4)i_2-R_4i_3=-u_{S1} \\ -R_4i_2+(R_4+R_5)i_3=-u_{S5} \end{cases}$$

由此联立求解各回路电流。

第二种方法是把电流源的电压作为变量。每引入一个这样的变量,同时也增加一个回路电流与电流源电流间的约束关系,这关系是独立的。把这个约束关系与回路电流方程并成一组联立方程，则方程数与变量数相同。如图 2-8 电路中(也即图 2-7 电路)，电流源的电压设为 u_i，在所选定的回路电流参考方向下，电路的回路电压方程为

$$\begin{cases} R_1 i_1 = -u_{S1} - u_i \\ (R_3 + R_4) i_2 - R_4 i_3 = u_i \\ -R_4 i_2 + (R_5 + R_4) i_3 = -u_{S5} \end{cases}$$

再补充一个约束关系式

$$-i_1 + i_2 = i_{S2}$$

由上面四个方程式，可以联立解得回路电流 i_1, i_2, i_3 以及电流源的电压 u_i。

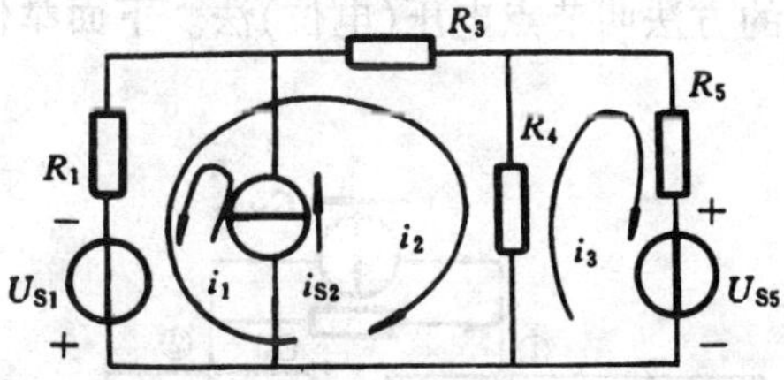

图 2-7

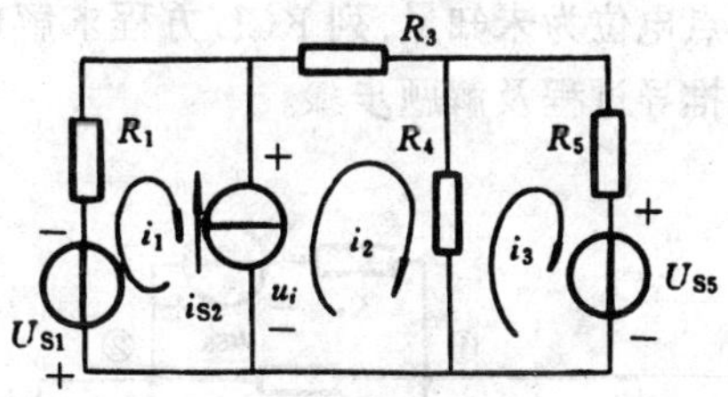

图 2-8

第三种解决办法是电流源的转移。该方法是：把电流源沿着包含它所在支路的任一回路转移到该回路的其他各支路中去，使这些支路变成与电流源并联的结构，如图 2-9 所示。

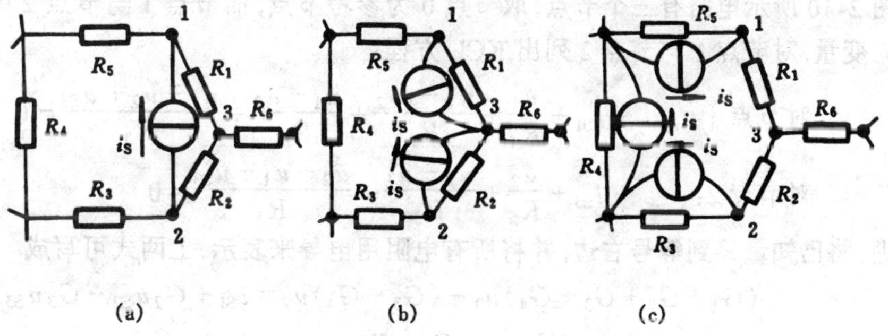

图 2-9

在图 2-9(a)中，节点 1 和节点 2 之间有一电流源支路，图(b)是它的等效电路，电流源支路已经移去，并以两个电流源分别与 R_1, R_2 相关联来等效代替，这两个电流源都等于原来那个电流源 i_S，它们的方向则这样确定：如果原电流源流入节点 1、流出节点 2，则转移后的两个电流源，仍然是一个流入节点 1，另一个流出节点 2；而对节点 3 就必然有一个电流源流入，同时又有一个相同的电流源流出。这样在图(a)和(b)中，对节点 1,2,3 列出的电流方程显然是一样的。因此这种变换后不会改变问题的解答。同样我们也可以把电流源向左转移，如图(c)所示。

电流源和电阻并联可以化为等效的电压源与电阻串联，因此在含有电流源的电路中，建立回路电流方程所遇到的问题就可以解决了。

2-3 节点电压法

上节用回路电流代替支路电流作为未知量，省去了按 KCL 列出的方程，使方程的个数减少了$(n-1)$个，计算起来方便不少。但对回路比较多、尤其是非平面网络(立体网络)，正确地选择独立回路又是一个比较麻烦的问题。因此，本节又引出一种减少电路未知量的方法，即节点电压法，又叫节点电位法。该方法以节点电位为未知量，只根据 KCL 列出方程来计算。首先选择电路中任意一个节点作为参考点，其电位为零，而选其余$(n-1)$个独立节点的节点电位为待求变量。求出节点电位便可得到各支路电压，根据欧姆定律，支路电流也可求出。以独立的节点电位为未知量，列 KCL 方程求解电路的方法叫节点电压(电位)法。下面举例说明该方法的推导过程及解题步骤。

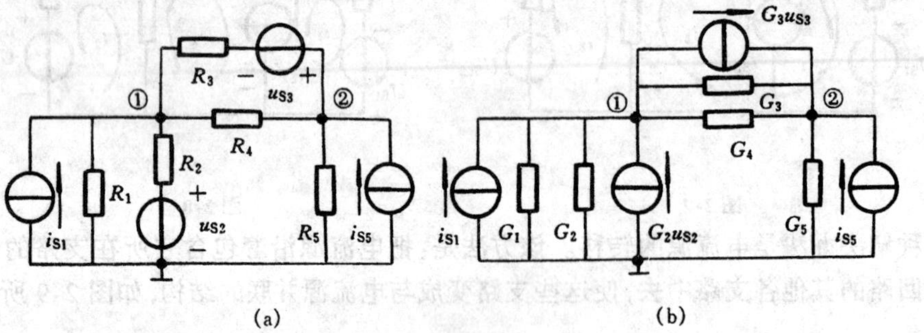

图 2-10

图 2-10 所示电路有三个节点，取节点 0 为参考节点，而节点 1 与节点 2 的电位 u_1 及 u_2 为独立变量，对节点 1 与节点 2 列出 KCL 方程：

$$\text{对节点 1:}\quad -i_{S1}+\frac{u_1}{R_1}+\frac{u_1-u_{S2}}{R_2}+\frac{u_1-u_2}{R_4}+\frac{u_1-u_2+u_{S3}}{R_3}=0 \tag{2-11}$$

$$\text{对节点 2:}\quad -i_{S5}+\frac{u_2}{R_5}+\frac{u_2-u_1}{R_3}+\frac{u_2-u_1-u_{S3}}{R_3}=0 \tag{2-12}$$

经整理，将已知量移到等号右边，并将所有电阻用电导来表示，上两式可写成

$$(G_1+G_2+G_3+G_4)u_1-(G_3+G_4)u_2=i_{S1}+G_2u_{S2}-G_3u_{S3} \tag{2-13}$$

$$-(G_3+G_4)u_1+(G_3+G_4+G_5)u_2=i_{S5}+G_3u_{S3} \tag{2-14}$$

式(2-13)中 u_1 的系数是与节点①相联各支路电导之和，定义为节点①的自电导 G_{11}，即

$$G_{11}=G_1+G_2+G_3+G_4$$

同理节点②的自电导为

$$G_{22}=G_3+G_4+G_5$$

式(2-13)中 u_2 和式(2-14)中 u_1 的系数都等于直接联系着 1，2 两个节点的各支路电导之和，再添一个负号，定义为节点 1 和节点 2 间的互电导 G_{12}和 G_{21}，即

$$G_{12}=G_{21}=-(G_3+G_4)$$

互电导恒取负值，因为(2-13)式左边项代表从节点 1 流出的电流，而与节点 1 相邻的节点 2 的电位起作用时将驱使电流流入节点 1。

有了自电导和互电导的概念,上述节点电位方程可以写成标准形式:

$$\left.\begin{aligned}G_{11}u_1+G_{12}u_2=\sum_1 i_S+\sum_1 G_i u_S\\ G_{21}u_1+G_{22}u_2=\sum_2 i_S+\sum_2 G_i u_S\end{aligned}\right\}\qquad(2\text{-}15)$$

式中$\sum_1 i_S$及$\sum_2 i_S$分别代表流入节点1及节点2的电流源代数和;而$\sum_1 G_i u_S$及$\sum_2 G_i u_S$分别代表与节点1和节点2相联的含电压源与电阻串联支路等效变换成电流源与电阻并联后,流入相应节点的电流源,故电压源的(+)极联到该节点时取正号,否则取负号。

上面介绍的方法可以推广到n个节点的普遍情况,那时可列出$(n-1)$元联立方程。现在先看一个重要的特例:即$n=2$,电路只有两个节点,所有支路都是并联在一起的情况。取一个节点为参考节点,只须求出另一个节点的节点电位,即支路电压。参考(2-15)式,并设有源支路都是含电压源支路,得

$$G_{11}u_1=\sum G_i u_{S1}$$

于是得

$$u_1=\frac{\sum G_i u_{S1}}{\sum G_i}=\frac{\sum u_{S1}/R_i}{\sum\frac{1}{R_i}}\qquad(2\text{-}16)$$

这一公式给出各支路并联后支路电压的计算方法,称为弥尔曼定理。

节点电压(位)法是电路计算中用得最广泛的一种方法,基本概念如前所述,但具体应用时,还会碰到一些问题。这就要求从基本概念出发,灵活运用。下面举例说明。

当网络中存在电压源支路时,该支路电阻为零,电导和等效电流源的电流都是无限大,因而不能按(2-15)式列写方程,这时可采用下面几种方法:

(1)尽可能取电压源支路的负极性端作为电位参考点。这时该支路的另一端电位成为已知量,等于该电源电压,因而不必再对这个节点列写节点方程。例如在列写图2-11(a)电路的节点方程时,可取C点为参考点,这时B点的电位U_B成为已知量,即$U_B=E_2$,因而不必再写B点的节点方程,只要对A、O两点列出节点方程即可。但应注意:对这两点列节点方程时仍应考虑U_B的影响,即

$$\begin{cases}(G_1+G_5+G_6)U_A-G_5U_B-G_1U_O=0\\ -G_1U_A-G_3U_B+(G_1+G_3+G_4)U_O=-I_S\\ U_B=E_2\end{cases}$$

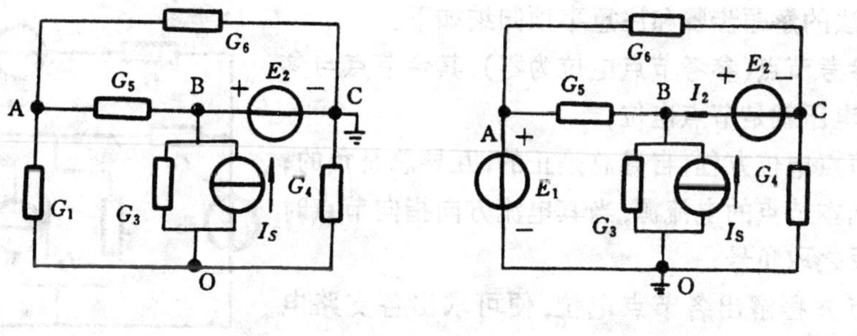

图 2-11

(2)将电压源支路的电流作为未知量列入节点方程，并将该电压源与两端节点电位的关系作为补充方程。

如图 2-11(b)中，取 $U_O=0$，设 E_2 中电流为 I_2，方向如图所示，列出节点方程

$$U_A=E_1$$
$$-G_5U_A+(G_5+G_3)U_B=I_S+I_2$$
$$-G_6U_A+(G_4+G_6)U_C=-I_2$$

上列方程中 U_B, U_C 为节点电位未知量，又多一个未知量 I_2，所以需再列一补充方程

$$U_B-U_C=E_2$$

由上面四个方程便可解出未知量。

(3)电压源的转移。因电压源不能等效变换成电流源与电导并联的电路，这时可把电压源转移到其他支路中，然后再做等效变换。

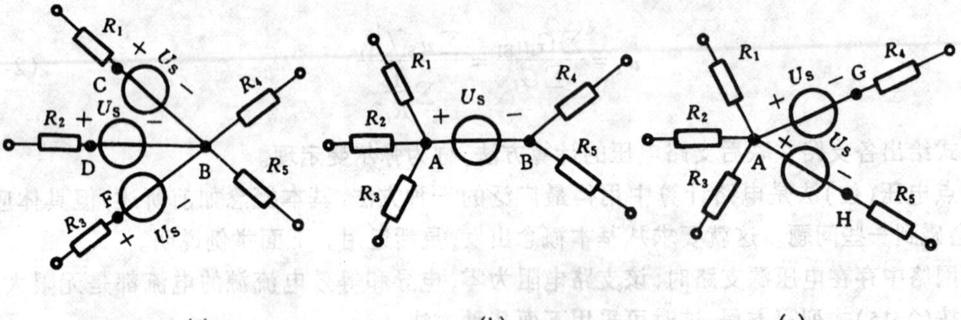

图 2-12

电压源转移的原理如图 2-12 所示。图中各个电阻中的电压、电流值在三个电路中都相同，只是电压源内部的电流分配有些改变，而对电路其他部分没有影响。在图(a)中，三个电源电压都是 U_S。将 C, D, F 三个等位点联在一起就相当于图(b)的 A 点；在图 c 中，等位点 G 和 H 联在一起相当于图(b)的 B 点。由此可看出，图(b)中 A, B 支路的电压源 U_S 可以转移到右端相联的各支路中如图(c)，也可转移到左端相联的各支路中，如图(a)，但电压的极性与原来的极性一致，对电路其余支路的电压和电流均无影响。利用上述原理，可以将图 2-11(b)电路中的 E_2 转移到 G_6 支路和 G_4 支路中，如图 2-13。这时该电路的节点方程便很容易列出，读者可自行练习。

现将节点法的解题步骤和注意事项归纳如下：

(1)指定参考节点(参考节点电位为零)，其余节点与参考节点之间的电压就是节点电位；

(2)列出节点电位方程，自导总是正的，互导总是负的；

(3)联接到本节点的电流源，当其电流方向指向节点时前面取正号，反之取负号；

(4)由节点方程解出各节点电位，便可求出各支路电流。

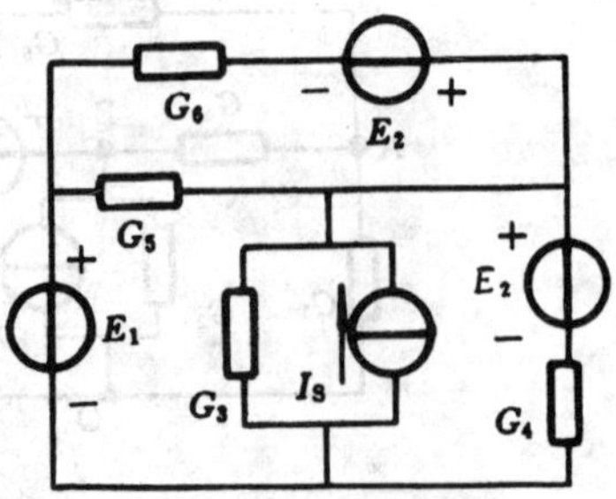

图 2-13

例 2-3 图2-14(a)电路中：$R_1=2\Omega, R_2=0.2\Omega, R_3=$

$0.4\Omega, R_4=0.5\Omega, R_5=1\Omega, R_6=0.25\Omega, I_{S1}=8A, I_{S2}=-3A, E=3.2V$。试用节点法求电压源支路中电流和电流源的端电压。

解 先将电路中电压源与电阻串联支路等效变换成电流源与电阻并联，如图(b)所示，其中

$$I_{S3}=\frac{E}{R_3}=\frac{3.2}{0.4}=8A, G_3=\frac{1}{R_3}=\frac{1}{0.4}=2.5S$$

与电流源 I_{S2} 串联的电阻 R_2 对外不起作用。可去掉。

再把各电阻元件的参数均用电导表示，即 $G_1=\frac{1}{R_1}=\frac{1}{2}=0.5S, G_4=\frac{1}{R_4}=2S, G_5=\frac{1}{R_5}=1S, G_6=\frac{1}{R_6}=4S$。

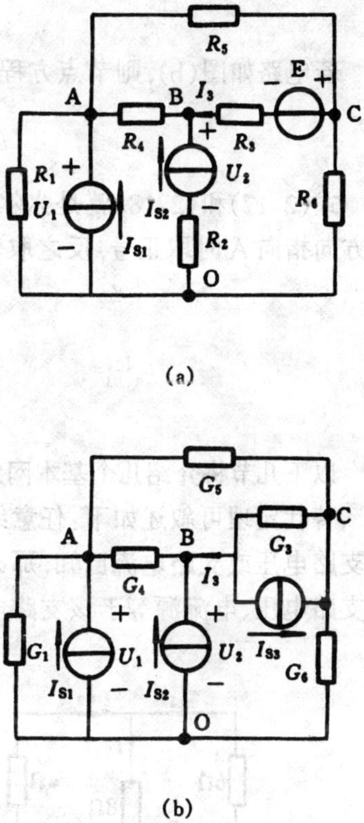

(a)

(b)

图 2-14

对图(b)，取 O 为参考点，以电位 U_A, U_B, U_C 为未知量列节点方程如下：

$$\begin{cases}(G_1+G_4+G_5)U_A-G_4U_B-G_5U_C=I_{S1}\\ -G_4U_A+(G_3+G_4)U_B-G_3U_C=I_{S2}-I_{S3}\\ -G_5U_A-U_3U_B+(G_3+G_5+G_6)U_C=I_{S3}\end{cases}$$

代入已知数据后，解得：$U_A=2V, U_B=-1V, U_C=1V$。

电流源 I_{S1} 的电压 $U_1=U_A=2V$。

电流源 I_{S2} 的电压 $U_2=U_B+R_2I_{S2}=-1.6V$。

电压源 E 中的电流 $I_3=G_3(U_C-U_B)-I_{S3}=-3A$，

或由 a 图：$I_3=\frac{(U_C-U_B)-E}{R_3}=-3A$。

应当说明的是：在列节点方程时，可不必把含电压源支路等效变换成电流源，而是根据等效变换的条件，直接去列方程。这样，图 2-14 所示电路的节点方程又可写为：

$$\begin{cases}\left(\frac{1}{R_1}+\frac{1}{R_4}+\frac{1}{R_5}\right)U_A-\frac{1}{R_4}U_B-\frac{1}{R_5}U_C=I_{S1}\\ -\frac{1}{R_4}U_A+\left(\frac{1}{R_3}+\frac{1}{R_4}\right)U_B-\frac{1}{R_3}U_C=I_{S2}-\frac{E}{R_3}\\ -\frac{1}{R_5}U_A-\frac{1}{R_3}U_B+\left(\frac{1}{R_3}+\frac{1}{R_5}+\frac{1}{R_6}\right)U_C=\frac{E}{R_3}\end{cases}$$

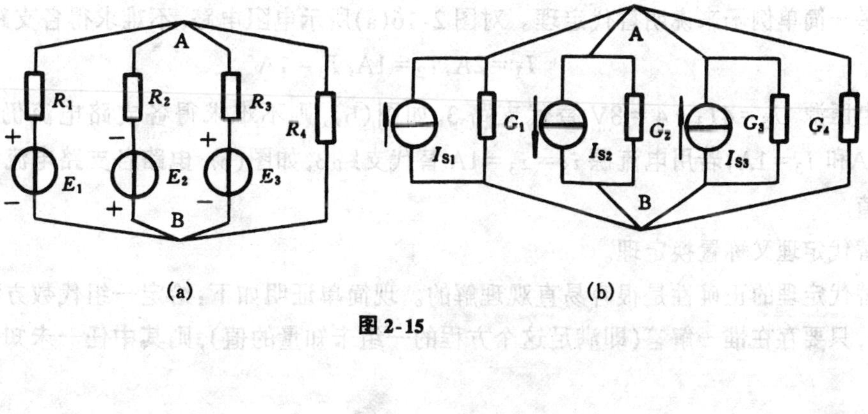

(a) (b)

图 2-15

对只有两个节点的电路，可以由节点法直接求出节点间的电压，以图 2-15(a)电路为例，节点方程为

$$\left(\frac{1}{R_1}+\frac{1}{R_2}+\frac{1}{R_3}+\frac{1}{R_4}\right)U_{AB}=\frac{E_1}{R_1}-\frac{E_2}{R_2}+\frac{E_3}{R_3}$$

或直接写成

$$U_{AB}=\frac{\frac{E_1}{R_1}-\frac{E_2}{R_2}+\frac{E_3}{R_3}}{\frac{1}{R_1}+\frac{1}{R_2}+\frac{1}{R_3}+\frac{1}{R_4}}=\frac{\sum\frac{E}{R}}{\sum\frac{1}{R}} \tag{2-17}$$

若电路如图(b)，则节点方程可写为

$$U_{AB}=\frac{I_{S1}-I_{S2}+I_{S3}}{G_1+G_2+G_3+G_4}=\frac{\sum I_S}{\sum G} \tag{2-18}$$

式(2-17)和(2-18)就是弥尔曼定理。式中包含电压源 E 的各项中，当电压源的电动势参考方向指向 A 时取正号，反之取负号。

2-4 替代定理

以下几节将介绍几个基本网络定理。这些定理对于分析电路十分重要。先介绍替代定理。

替代定理可叙述如下：任意线性和非线性、时变和时不变网络，在存在惟一解的条件下，若某支路电压或支路电流已知，那么该支路就可以用一独立的电压源或电流源替代(电压源等于该支路电压、电流源等于该支路电流)，并不影响网络中其余部分的电流、电压。

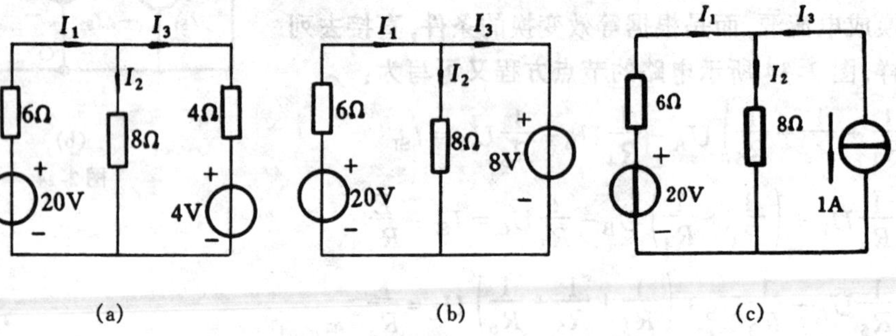

图 2-16

举一简单例子来说明替代定理。对图 2-16(a)所示电阻电路，不难求得各支路电流为：

$$I_1=2\text{A}, I_2=1\text{A}, I_3=1\text{A}$$

若用电压源 $U_S=4I_3+4=8\text{V}$ 替代支路 3，如图(b)，则不难求得各支路电流仍为：$I_1=2\text{A}$，$I_2=1\text{A}$和 $I_3=1\text{A}$；若用电流源 $i_S=i_3=1\text{A}$ 替代支路 3，如图(c)，电路各支路电流、电压仍将保持原值。

替代定理又称置换定理。

替代定理的正确性是很容易直观理解的。现简单证明如下：给定一组代数方程(线性或非线性)，只要存在惟一解答(即满足这个方程的一组未知量的值)，则其中任一未知量，如用其解

答来替换，肯定不会引起其他变量的解答在数值上有所改变。对电路来说，根据基尔霍夫定律列出方程，支路电压和支路电流是未知量，源电压和源电流是已知的。把一个支路电压用电压源 $u_S=u$ 代替，就相当于把未知量用其解答来代替，如图 2-16(b)，不会使任何一个支路的电压和电流发生变动。同样，把一个支路电流用电流源 $i_S=i$ 代替，如图(c)，道理相同。

作为替代定理的一种特殊情况，即在线性和非线性、时变和时不变网络存在惟一解的条件下，任意支路电流为零(或任意两点间电压为零)，该支路可用开路(或短路)替代，不影响其他支路的电流、电压。

例 2-4 求图2-17(a)电路的 R_{ab}，且已知 $R_1=3\Omega, R_2=2\Omega, R_3=6\Omega, R_4=4\Omega, R_5=2\Omega$。

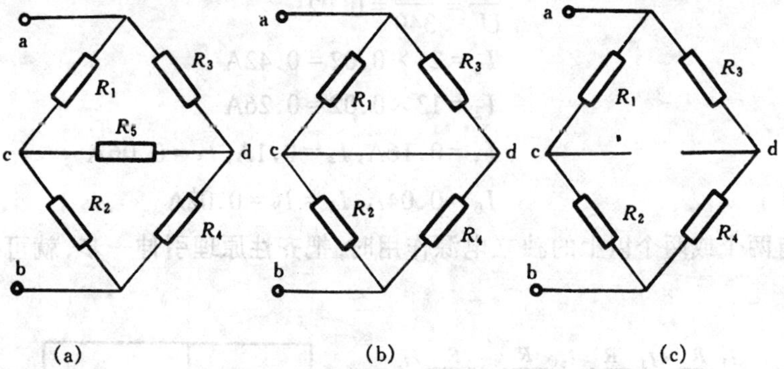

图 2-17

解 图2-17(a)所示为一桥路，节 1-6 已证明，当 $R_1R_4=R_2R_3$ 时，电桥平衡，这种情况下，电压 $U_{cd}=0, I_{cd}=0$。

此题中，$R_1R_4=3\times4=12\Omega, R_2R_3=2\times6=12\Omega$，所以电桥平衡，此时 c, d 等位($U_{cd}=0$)，且 $I_{cd}=0$。据替代定理，因 $U_{cd}=0$，则 R_5 支路可用短路线替代，如图(b)，则

$$R_{ab}=\frac{R_1R_3}{R_1+R_3}+\frac{R_2R_4}{R_2+R_4}=\frac{3\times6}{3+6}+\frac{2\times4}{2+4}=3\,\frac{1}{3}\Omega$$

同样，因电桥平衡，$I_{cd}=0$，据替代定理，R_5 支路又可用开路替代，如图(c)，则

$$R_{ab}=\frac{(R_1+R_2)(R_3+R_4)}{(R_1+R_2)+(R_3+R_4)}=\frac{(3+2)(6+4)}{(3+2)+(6+4)}=3\,\frac{1}{3}\Omega$$

根据电阻的 Δ 型与 Y 型的等效变换，也可求出 R_{ab} 为 $3\,\frac{1}{3}\Omega$，请读者试求之。

2-5 叠加原理

在线性电路中，当只有一个独立电源作用时，由于电流和电压之间存在着线性关系，所以任意支路的电流或电压与电路中激励电源成正比。或者说，响应与激励成正比。这一关系叫做齐性原理。

例 2-5 图2-18 所示电路中，已知各电阻均为 10Ω，$U=6.8$V，求各支路电流。

解 此题虽然是简单电路，但应用简单电路的一般解题方法比较麻烦，若应用齐性原理，则可使分析简化。

设 $I_8=1A$，即 $I_7=1A$，有

$$I_6=\frac{(10+10)I_8}{10}=2A$$

$$I_5=I_6+I_7=3A$$

根据 KCL 和 KVL 依次求出

$$I_4=5A, I_3=8A, I_2=13A, I_1=21A,$$

$$\text{总电压 } U=U'=21\times10+13\times10=340V$$

现已知 $U=6.8V$，根据齐性原理

因为
$$\frac{U}{U'}=\frac{6.8}{340}=0.02$$

所以
$$I_1=21\times0.02=0.42A$$

$$I_2=13\times0.02=0.26A$$

$$I_3=0.16A, I_4=0.1A, I_5=0.06A$$

$$I_6=0.04A, I_7=I_8=0.02A$$

当电路有两个或两个以上的独立电源作用时，把齐性原理引伸一步，就可得到叠加原理。

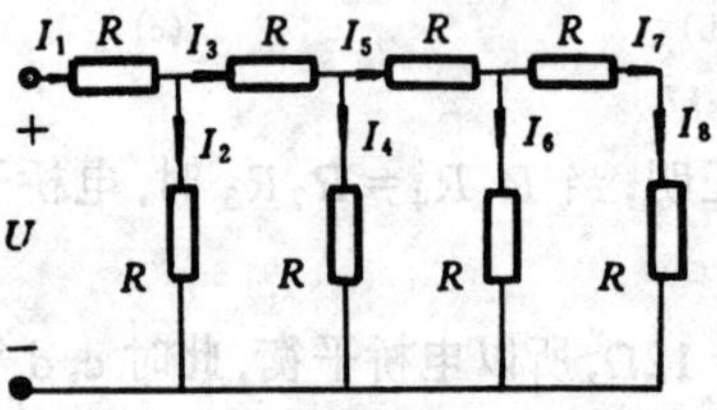

图 2-18

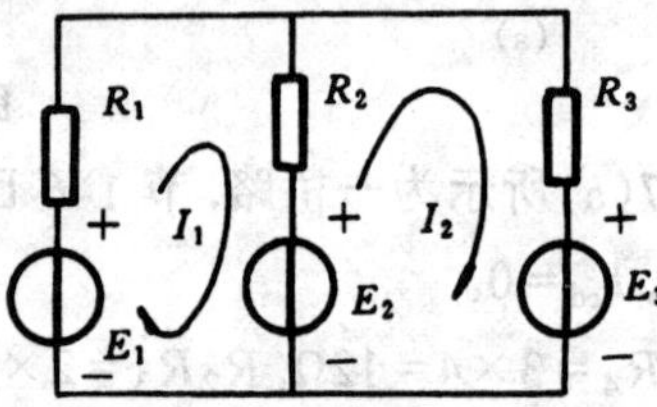

图 2-19

叠加原理可叙述如下：在线性电路中，当有两个或两个以上的独立电源作用时，任意支路的电流或电压，都是各个独立电源单独作用而其他独立源不作用时，在该支路中产生的各电流分量或各电压分量的代数和。

下面我们以图 2-19 所示电路为例说明叠加原理的正确性。

图 2-19 所示电路具有两个独立回路，取网孔为独立回路，回路电流为 I_1 和 I_2，则回路电流方程为

$$R_{11}I_1+R_{12}I_2=E_{11}$$

$$R_{21}I_1+R_{22}I_2=E_{22}$$

其中 $R_{11}=R_1+R_2, R_{22}=R_2+R_3, R_{12}=R_{21}=-R_2, E_{11}=E_1-E_2, E_{22}=E_2-E_3$，用行列式求解，得

$$I_1=\frac{D_{11}}{D}E_{11}+\frac{D_{21}}{D}E_{22}$$

$$=\frac{D_{11}}{D}(E_1-E_2)+\frac{D_{21}}{D}(E_2-E_3)$$

$$=\frac{D_{11}}{D}E_1+\left(-\frac{D_{11}}{D}+\frac{D_{21}}{D}\right)E_2-\frac{D_{21}}{D}E_3$$

式中
$$D=\begin{vmatrix}R_{11} & R_{12}\\ R_{21} & R_{22}\end{vmatrix}=R_{11}R_{22}-R_{12}R_{21}$$
$$=R_1R_2+R_2R_3+R_3R_1$$
$$D_{11}=(-1)^{1+1}R_{22}=R_2+R_3$$
$$D_{21}=(-1)^{2+1}R_{12}=-R_{12}=R_2$$

由于电路中各电阻都是线性的,所以式中 E_1, E_2, E_3 前面的系数都是定数。于是回路电流 I_1 就是各个电动势 E_1, E_2 和 E_3 的一次函数。当电动势 E_1 单独作用时,$E_2=0, E_3=0$,回路电流 $I'_1=\dfrac{D_{11}}{D}E_1$;当电动势 E_2 单独作用时,$E_1=0$, $E_3=0$,回路电流 $I''_1=\left(-\dfrac{D_{11}}{D}+\dfrac{D_{21}}{D}\right)E_2$;而当电动势 E_3 单独作用时,$E_1=0, E_2=0$,回路电流 $I'''_1=-\dfrac{D_{21}}{D}E_3$。这就是说,回路电流 I_1 由三个分量 I'_1, I''_1, I'''_1 所组成,即 $I_1=I'_1+I''_1+I'''_1$。由此可见这三个电动势共同作用时,在回路 1 中所产生的回路电流等于这些电动势单独作用时,在该回路中所产生的回路电流分量的代数和。这个结论对于回路 2 显然也同样成立。需要指出,所谓电源不作用究意指的是什么?对于电压源,不作用是指它的电动势为零,就需要把电压源拿走并且把原来电压源的两端短接起来;对于电流源,不作用是指它的电流为零,即不供给电流,因此,电流源处应该用开路代替。

因为支路电流可能就是某个回路电流,或者是几个回路电流的代数和,而支路电压与支路电流之间的关系又是线性的,所以各支路电流和支路电压也都是各个电压源和电流源的一次函数。因而,叠加原理同样可以适用于各支路电流和支路电压。

从节点电位法出发,经过类似的论证,同样可以说明叠加原理的正确性。

应当注意,叠加原理只能用来计算线性电路的电流和电压,对于非线性电路,叠加原理是不适用的。而且,即使在线性电路中,对于功率也不能按叠加的办法来计算,因为功率不是各电压源或电流源的一次函数。

例 2-6 已知 $R_3=2\Omega$, $R_4=3\Omega$, $R_5=2\Omega$, $R_6=3\Omega$, $U_{S1}=10V$, $I_{S2}=2A$,应用叠加原理计算图 2-20(a)电路的各支路电流和电压 U_1, U_2。

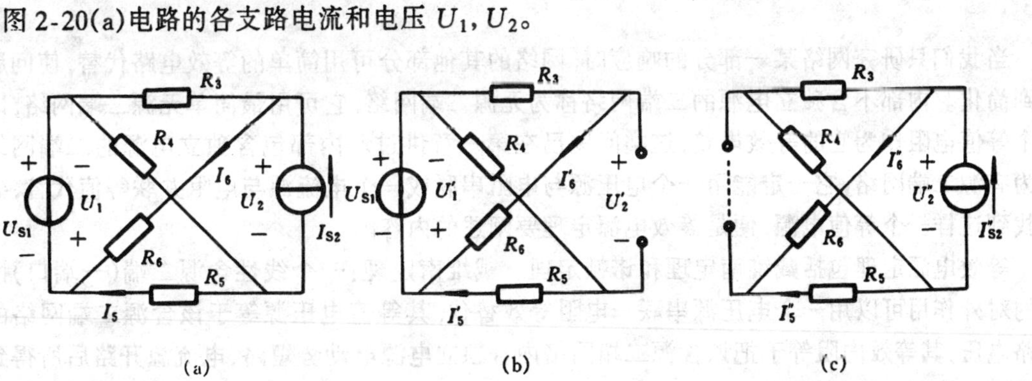

图 2-20

解 用叠加原理求解的电路如图(b)和(c)所示,这样只需求解两个简单电路。

对图(b):
$$I'_6=\frac{U_{S1}}{R_3+R_6}=\frac{10}{2+3}=2A$$

$$I_5' = \frac{U_{S1}}{R_4 + R_5} = \frac{10}{3+2} = 2\text{A}$$

$$U_2' = R_6 I_6' - R_5 I_5' = 3\times2 - 2\times2 = 2\text{V}$$

$$U_1' = -U_{S1} = -10\text{V}$$

对图(c)

$$I_5'' = -I_{S2}\times\frac{R_4}{R_4 + R_5} = -1.2\text{A}$$

$$I_6'' = I_{S2}\times\frac{R_3}{R_3 + R_6} = 0.8\text{A}$$

所以

$$U_1'' = 0$$

$$U_2'' = R_6 I_6'' - R_5 I_5'' = 4.8\text{A}$$

$$I_5 = I_5' + I_5'' = 0.8\text{A}$$

$$I_6 = I_6' + I_6'' = 2.8\text{A}$$

$$U_1 = U_1' + U_1'' = -10\text{V}$$

$$U_2 = U_2' + U_2'' = 6.8\text{V}$$

应用叠加原理,应注意以下几点:

(1)只能用来计算线性电路的电流和电压,对非线性电路不适用;

(2)叠加时要注意电压和电流的参考方向,求和时要注意各电压分量和电流分量的正负。即当某电流或电压分量的参考方向与其对应的合成电流或电压参考方向一致时,在迭加式中该项前取"+"号。而各分量的数值则是正值代正,负值代负;

(3)叠加时,当一个独立电源作用,其他独立电源不作用,即电压源短接,电流源断开;

(4)功率不是电压和电流的一次函数,所以不能仿照叠加原理的方法计算功率。

2-6 等效电源定理

当我们只研究网络某一部分的响应时,网络的其他部分可用简单的等效电路代替,使问题得到简化。内部不含独立电源的二端网络称为无源二端网络,它可用最简单无源二端网络,即一个等值电阻作为它的等效电路,这类问题已在第一章讲过。内部包含独立电源的二端网络称为有源二端网络,它一定能用一个电压源与电阻串联或一个电流源与电阻并联等值代替,怎样找到这样一个等值电源,便是等效电源定理要阐述的内容。

等效电源定理包括戴维南定理和诺顿定理。戴维南定理:一个线性含源二端(一端口)网络的对外作用可以用一个电压源串联一电阻等效替代,其等值电压源等于该含源二端网络的开路电压,其等效内阻等于把该含源二端网络内各独立电源电动势短路、电流源开路后所得到的无源二端网络的等值电阻。

图2-21(a)表示一个有源二端网络A及其外部电路。所谓有源二端网络的开路电压就是把外电路断开后,在有源二端网络引出端a,b间的电压,如图(b)所示。如果把有源二端网络A内部所有电压源都置零(即电压源短路),以及所有电流源都置零(即电流源处代以开路),则原网络化成为一个无源二端网络,如图(c)所示(其中P表示无源的意思),而等值电源的内阻,

就是在这种情况下从 a, b 两端看进去的总电阻。图(d)便是有源二端网络的等值电路。

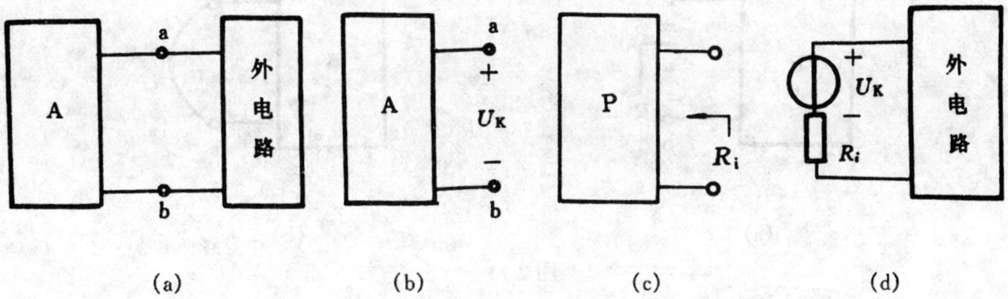

图 2-21

戴维南定理可证明如下：根据替代定理，图 2-22(a)所示电路中，用 $i_S=i$ 的电流源替代电阻 R，替代后电路如图(b)，再对图(b)应用叠加原理，得到图(c)，图(c)上面一个电路为电流源不作用($i_S=0$)，有源网络 A 中所有独立电源作用；下面一个图表示 i_S 作用而 A 中所有独立电源不作用(此时有源网络 A 变成了无源二端网络 P)。

当网络 A 的所有电源作用时，$u'=u_{abk}$；

当只有 i_S 作用时，$u''=-R_i i_S$；

据叠加原理，ab 间电压

$$u=u'+u''=u_{abk}-R_i i_S$$

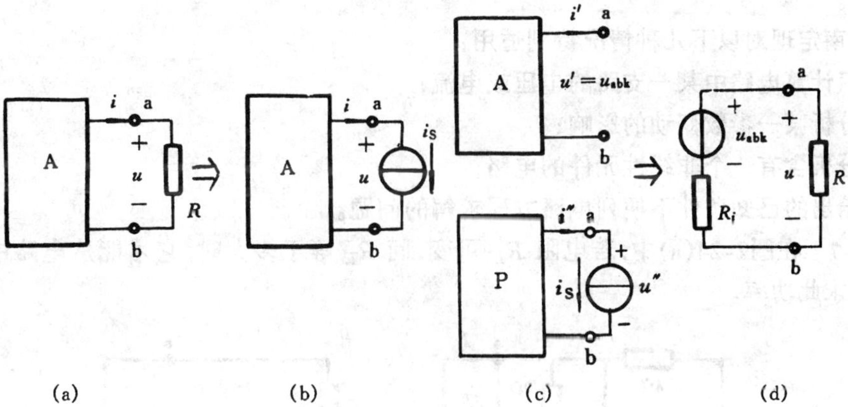

图 2-22

上式即为有源二端网络 A 在端口 a, b 处电压与电流的关系方程。此方程对应的等效电路为图(d)中 a, b 左侧的含源支路，即有源二端网络 A 可用该有源支路等效替代。这就证明了戴维南定理。

图 2-22(a)的外部电路为电阻 R，当然它也可为任意元件、复杂的无源二端网络或有源二端网络。

入端电阻 R_i 除用电阻化简的方法进行运算外，还可以用下述两种方法来计算：

(1)网络内所有电压源及电流源均令其为零，在端口 a, b 处施加一电压(或电流)，求出端钮 a, b 处的电流(或电压)，则入端电阻 $R_i=\dfrac{u}{i}$，如图 2-23(a)。

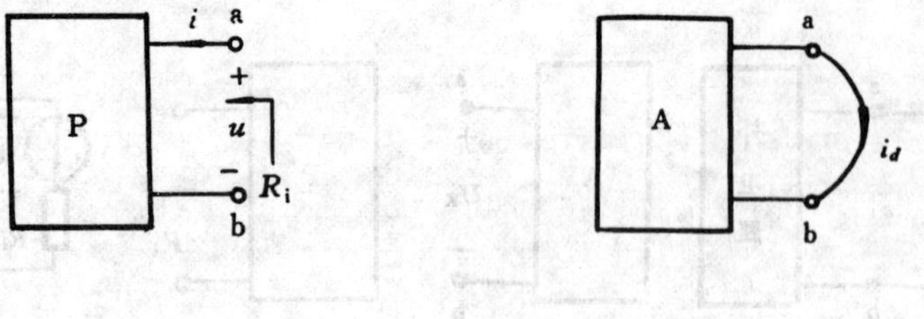

(a)　　　　　　　　　　　　　　　(b)

图 2-23

(2)分别求出有源二端网络的开路电压 u_k，短路电流 i_d，据图(b)和含源二端网络等效电路，不难看出入端电阻

$$R_i=\frac{u_k}{i_d}$$

用戴维南定理求解电路的步骤如下：

(1)把待求支路以外的部分作为有源二端网络，求出其开路电压作为等效电路中的电压源 U_S；

(2)将有源二端网络中的电压源用短路线代替，将电流源开路，然后求该二端网络的等效电阻 R_i；

(3)用电压源 U_S 与电阻 R_i 串联的支路代替该有源二端网络(即戴维南等效电路)，然后计算电路。

戴维南定理对以下几种情况特别适用：

(1)只计算电路中某一支路的电压或电流；

(2)分析某一参数变动的影响；

(3)分析含有一个非线性元件的电路；

(4)给出的已知条件不便列电路方程求解的问题。

例 2-7　在图2-24(a)中，若电阻 R_L 可变，问 R_L 等于多大时，它才能从电路中吸收最大功率？并求此功率。

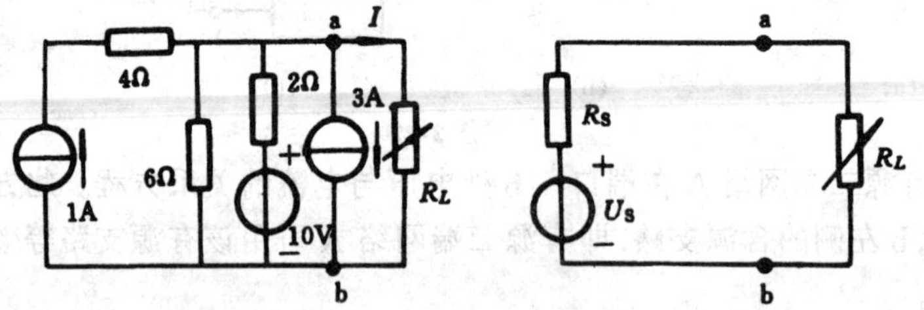

(a)　　　　　　　　　　　　　　　(b)

图 2-24

解　负载电阻 R_L 为何值，才能获得最大功率，这个问题是无线电技术、自动控制系统中一个常见的实际问题。

首先求出除负载 R_L 外有源二端网络的戴维南等效电路如图(b)中 a，b 左侧电路，其中等值电压源 U_S 等于负载开路时 a，b 间开路电压。据弥尔曼定理

$$U_S = U_{abk} = \frac{1+\frac{10}{2}-3}{\frac{1}{6}+\frac{1}{2}} = 4.5\text{V}$$

等值内阻

$$R_i = \frac{6\times 2}{6+2} = 1.5\Omega$$

若负载 R_L 可变,则 R_L 吸收的功率为

$$P = I^2 R_L = \left(\frac{U_S}{R_i + R_L}\right)^2 R_L$$

欲使 P 为最大,应使$\frac{dP}{dR_L}=0$,解得 P 为最大值时的 R_L 值,即

$$\frac{dP}{dR_L} = U_S^2 \cdot \frac{(R_i+R_L)^2 - 2(R_i+R_L)R_L}{(R_i+R_L)^4}$$

$$= U_S^2 \cdot \frac{R_i - R_L}{(R_i+R_L)^3} = 0$$

由此可得

$$R_L = R_i$$

此时 R_L 所获得功率

$$P = \frac{U_S^2}{4R_L}$$

代入值后有　　$R_L = R_i = 1.5\Omega$, $P = 3.375\text{W}$。

由此题可得出一个很重要的结论:当负载电阻 R_L 等于有源二端网络的输入电阻 R_i 时,负载可吸收最大功率,此最大功率为

$$P_{max} = \frac{U_S^2}{4R_i}$$

这种工作状态,称为负载与电源匹配。在电信工程中,由于信号一般很弱,常要求从信号源获得最大功率,因此必须满足匹配条件,但此时转输效率很低,这在电力工程中是不允许的。在电力系统中,因为输出功率很大,所以效率非常重要。

例 2-8　图2-25 所示电路中, $U_{S1}=40\text{V}$, $U_{S2}=40\text{V}$, $R_1=4\Omega$, $R_2=2\Omega$, $R_3=5\Omega$, $R_4=10\Omega$, $R_5=8\Omega$, $R_6=2\Omega$, 求 I_3。

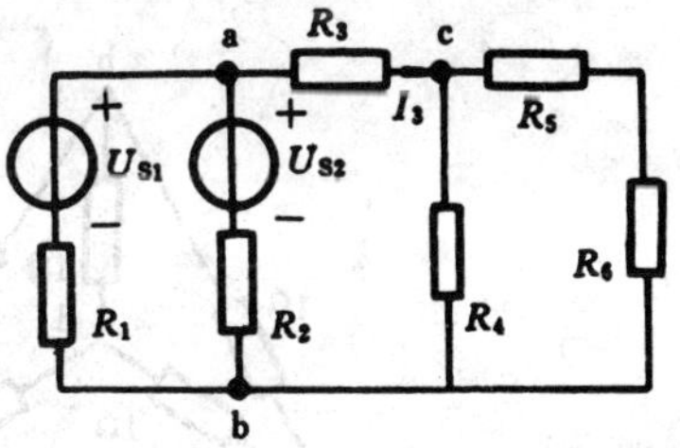

图 2-25

解　先求出除 R_3 支路外有源二端网络的戴维南等值电路。求开路电压的电路如图 2-26(a)所示。设有源支路电流 I_2 的参考方向如图所示,则有

$$U_{ack} = U_{S2} - R_2 I_2$$

$$= U_{S2} - R_2 \cdot \frac{-U_{S1}+U_{S2}}{R_1+R_2}$$

$$= 40 - 2\times\frac{-40+40}{4+2} = 40\text{V}$$

求有源二端网络输入电阻 R_{ac}的电路如图 2-26(b)。

$$R_{ac} = R_{ab} + R_{bc}$$

$$=\frac{R_1R_2}{R_1+R_2}+\frac{R_4(R_5+R_6)}{R_4+(R_5+R_6)}=\frac{4\times 2}{4+2}-\frac{10\times 10}{10+10}=6.333\Omega$$

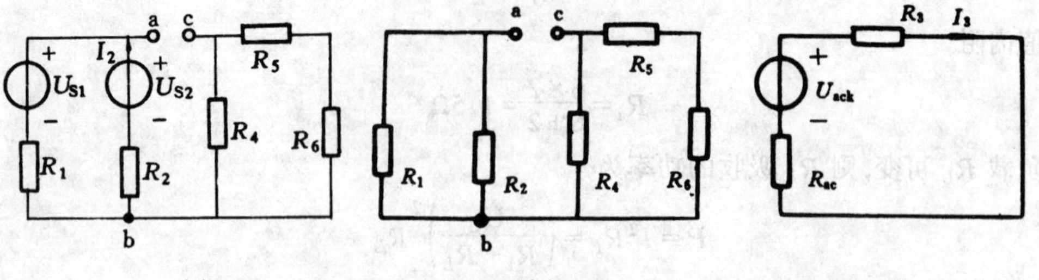

(a) (b) (c)

图 2-26

于是得到图 2-25 电路的等效电路如图 2-26(c)所示,这样便可求出 I_3:

$$I_3=\frac{U_{ack}}{R_{ac}+R_3}=\frac{40}{6.333+5}$$
$$=3.53A$$

例 2-9 图2-27 所示电路中,各电阻均为 1Ω,各电动势均未知,但知 ab 支路中电流 $I=5A$。问若在 ab 支路中再串一个 2Ω 电阻,此时 I 为多大?

解 (1)把电路从 a, b′处断开,则虚框内为一有源二端网络,关键是求出该有源二端网络的戴维南等值电路。

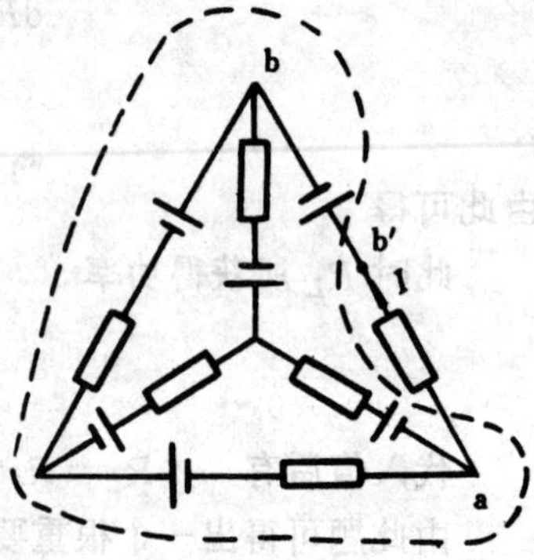

图 2-27

先求输入电阻 $R_{ab'}$:

所有电源去掉(电动势均短接)后电路如图 2-28(a),经 Y-Δ 变换得到图(b),则有

$$R_{ab'}=\frac{3\times\left(2\times\frac{1\times 3}{1+3}\right)}{3+\left(2\times\frac{1\times 3}{1+3}\right)}=1\Omega$$

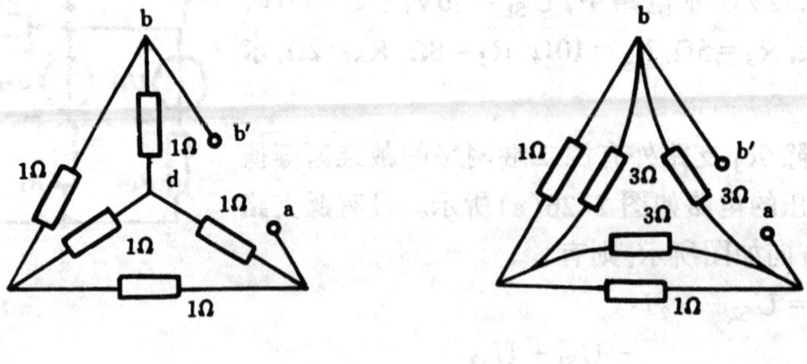

(a) (b)

图 2-28

$R_{ab'}$还可由电桥平衡求得:

很容易看出图 2-28(a)为一平衡电桥,所以 c, d 两点等位,有

$$R_{ab'}=\frac{1\times 1}{1+1}+\frac{1\times 1}{1+1}=1\Omega$$

然后求等效电压源，即有源二端网络的开路电压 U_S：

由于该有源二端网络未知参数太多，难以直接求出其开路电压，我们采取反求的方法。即先画出图 2-27 的等效后电路图如图 2-29(a)，其中 $R_{ab'}$ 已求出，又据已知，$I=5A$，所以有

$$U_S=-(R_{ab'}+1)\times 5=-10V$$

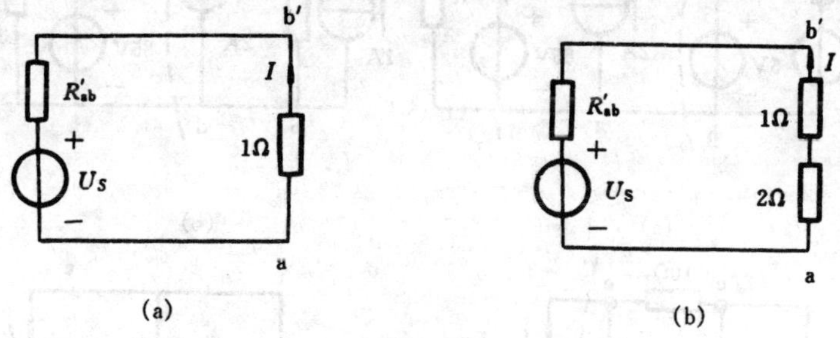

图 2-29

(2)在 a，b 支路串入 2Ω 电阻的电路如图 2-29(b)所示，则此时

$$I=-\frac{U_S}{R_{ab'}+1+2}=-\frac{-10}{1+1+2}=2.5A$$

因为实际电压源和实际电流源之间可以等效变换，所以由戴维南定理很容易推出诺顿定理。其内容是：任何一个含源线性二端网络，对外电路来说，可以用一电流源并联一电阻等效代替，其等值电流源等于该含源二端网络的短路电流，等值内阻为该含源二端网络化为无源网络的入端电阻。在图 2-30 中，(b)图和(c)图中的虚框部分，分别为含源二端网络 A 的戴维南等值电路和诺顿等值电路。

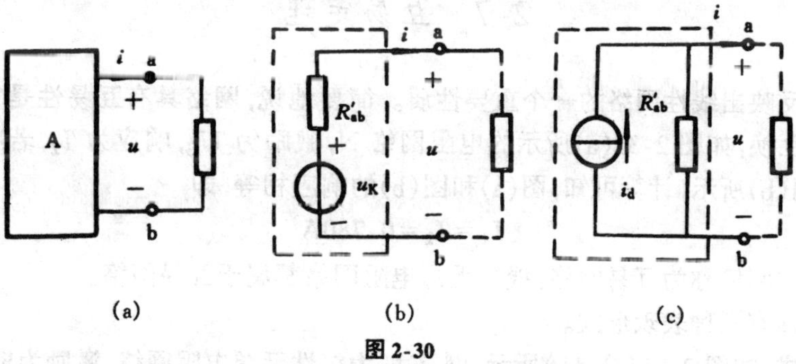

图 2-30

戴维南定理和诺顿定理又统称为等效电源定理或等值发电机定理。这两个定理除了用于分析电路中某一支路的电压或电流外，在计算电路中某电阻获得最大功率以及电路中电压和电流对某元件参数变化的灵敏度时，用起来也极为方便。

例 2-10 对图2-31(a)所示电路，当 R 为 3Ω 时，用诺顿定理求 I。

解 此电路支路、节点较多，若一次用诺顿定理，短路电流较难求，类似这样的问题，可以用几次诺顿定理，逐步化简电路。

这里用了三次诺顿定理，如图(a)，(b)，(c)中虚线所示，最后得出图(a)的诺顿等效电路如图(d)所示，则有

$$I=\frac{56}{3}\times\frac{\frac{30}{7}}{\frac{30}{7}+3}=10.98\text{A}$$

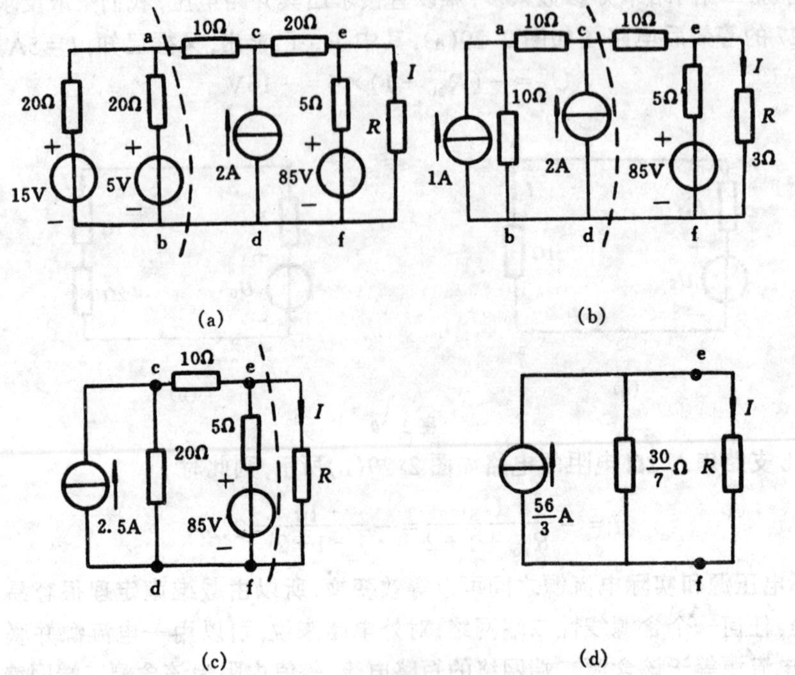

图 2-31

2-7 互易定理

互易定理反映出线性网络的一个重要性质。简要地说，网络具有互易性是它的激励与响应的位置可以互换，如图 2-32(a)所示的电阻网络 N，激励为 U_S，响应为 I_2，若将激励和响应互换位置，如图(b)所示，计算可知，图(a)和图(b)的响应相等，即

$$I_1=I_2=0.780\text{A}$$

具有互易性质的网络称为互易网络，线性无源电阻网络都属于互易网络。

互易定理具有三种表现形式。

第一种形式：如图 2-33(a)、(b)所示，网络 N 为线性无源电阻网络，激励为电压源，响应为电流，则有

$$\frac{I_2}{U_{S1}}=\frac{I_1}{U_{S2}} \tag{2-19}$$

当 $U_{S1}=U_{S2}$时，$I_1=I_2$

第二种形式：如图 2-34(a)、(b)所示，网络 N 为线性无源电阻网络，激励为电流源，响应为电压，则有

$$\frac{U_2}{I_{S1}}=\frac{U_1}{I_{S2}} \tag{2-20}$$

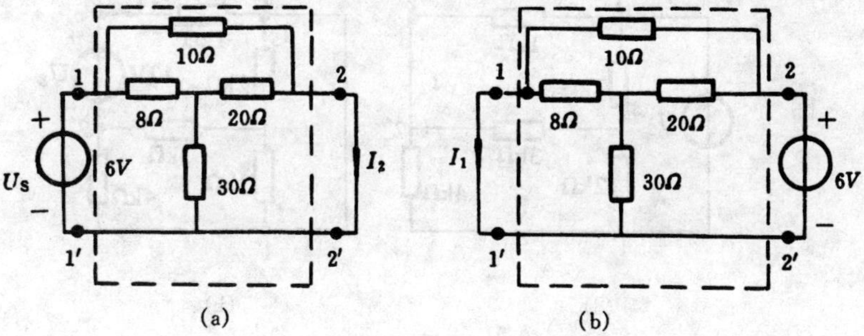

图 2-32

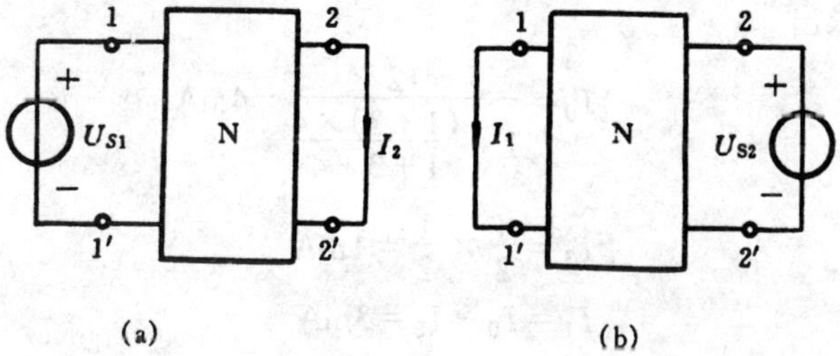

图 2-33

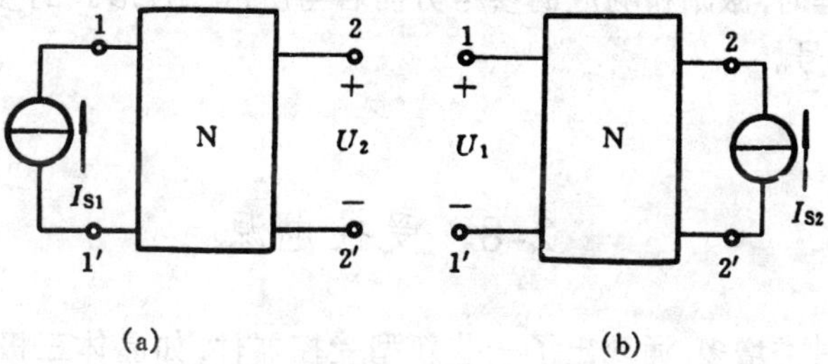

图 2-34

第三种形式：如图 2-35(a)、(b)所示，网络 N 为线性无源电阻网络，激励分别为 I_{S1}，U_{S2}，响应分别为 I_2，U_1，则有

$$\frac{I_2}{I_{S1}}=\frac{U_1}{U_{S2}} \tag{2-21}$$

若在数值上 $I_{S1}=U_{S2}$，则在数值上 $I_2=U_1$。

互易定理证明从略，读者可查阅有关资料。

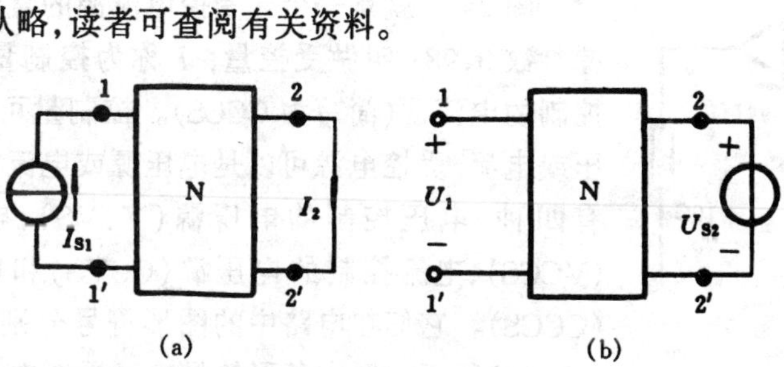

图 2-35

例 2-11 如图2-36(a)所示电阻网络，试用互易定理求 I_2。

解 直接由图(a)求 I_2 较麻烦，应用互易定理可使计算简便。在(a)图中，激励为 U_S，响

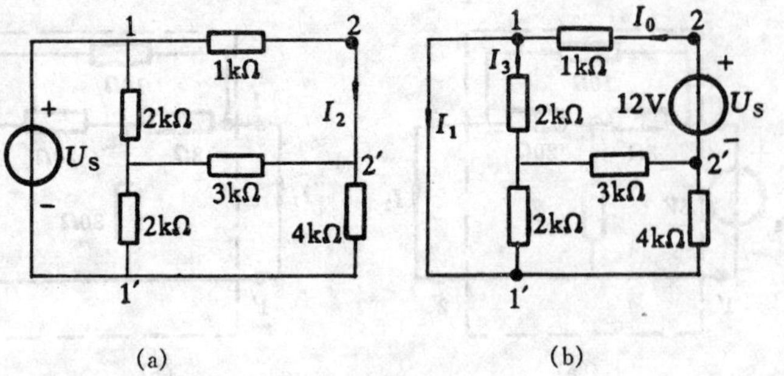

图 2-36

应为I_2。据互易定理的第一种形式，将 U_S 与 I_2 互换位置，如图(b)所示，利用电阻串、并联及分流公式，很容易求出

$$I_0=\frac{12}{1+\dfrac{(1+3)\times 4}{1+3+4}}=4\text{mA}$$

$$I_3=\frac{4}{2}\times\frac{1}{2}=1\text{mA}$$

$$I_1=I_0-I_3=3\text{mA}$$

$$\therefore\ I_2=I_1=3\text{mA}$$

在应用互易定理时，激励和响应的参考方向若与所讲三种形式的参考方向相同，表达式为正号，否则要出现负号。

2-8 受控电源

随着电路器件种类增多，涌现出了一些新型受控器件，如晶体三极管、场效应管等等。若建立受控器件的模型，仅用前面讲过的 R, L, C 元件构成，以描述它们的特性是不够的，故而引进受控源。受控源包括受控电压源和受控电流源，但受控电压源和受控电流源都不是给定的常数或时间函数，而是受电路中某处电压或电流控制的，因而受控源又称作非独立电源。例如，电子管输出的交变电压受输入交变电压的控制，晶体管集电极电流受基极电流的控制。这类电器元件的工作特性就可以用受控源来描述。

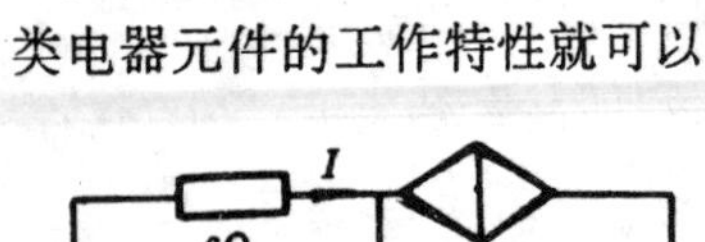

图 2-37

图 2-37 就是一个含受控电流源的直流电路，其中受控电源参数 $0.98I$ 叫做受控量，I 称为控制量，这类电源叫电流控制的电流源(简写为 CCCS)。控制量可以是电路中某处电压或电流，受控电源可以是电压源或电流源，所以受控电源共有四种：电压控制的电压源(VCVS)、电压控制的电流源(VCCS)、电流控制的电压源(CCVS)和电流控制的电流源(CCCS)。它们在电路中的图形符号分别如图 2-38(a)，(b)，(c)，(d)所示。图中菱形符号表示受控电压源或受控电流源，关于参考方向的有关规定与独立电源相同。而 μ, g, r 和 β 叫做控制系数〔其中 μ, β 为比例系数，g单位是西门子 S，r 单位为欧姆 Ω〕。当这些系数为常数时，受控量和控制量成正比，这

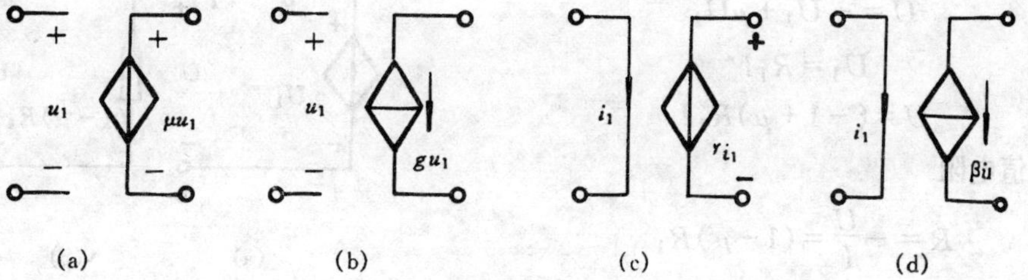

图 2-38

种受控源为线性受控源。在图 2-38 中，把受控源表示成具有两对端钮的电路模型，而且这些受控源又叫理想受控源，因为它们的控制量为某处开路电压或短路电流。在非理想情况下，四种受控源的模型如图 2-39 所示。

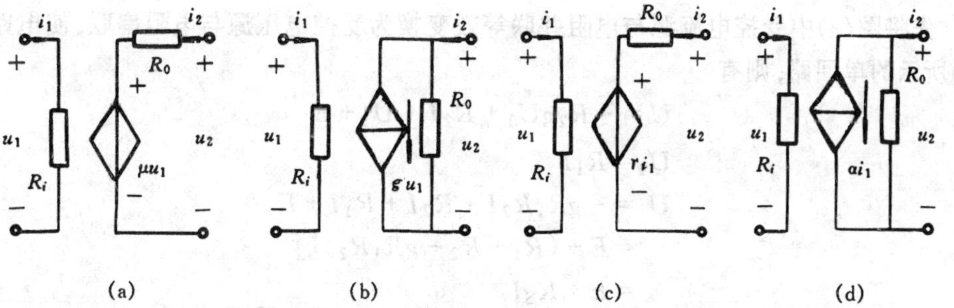

图 2-39

必须指出，受控源与独立电源所不同的是，独立电源在电路中起激励作用，因为有了它，才能在电路中产生电压和电流；而受控源则不同，它的电压源或电流源反而受电路中其他支路电压或支路电流的控制。当这些控制量为零时，受控的电压源或电流源也就为零。因此，它不过是用来反映电路中某处的电压或电流，能控制另一处的电压或电流这一现象而已。

2-9 含受控源电路的分析与计算

前面所讲的利用电路化简，或选择独立变量列电路方程以及几个基本定理，对分析和计算含受控源的电路仍然适用，所以，本节主要应掌握用不同方法计算含受控源网络时，应注意什么问题。

1. 含受控源二端网络的简化

当含有受控源的二端网络内不含独立电源时，该二端网络一定能简化为一等值电阻。求该等值电阻常用的一种方法是：设出端口电压 U 和电流 I，根据 KCL, KVL 列方程求出 U 与 I 的比例关系即可。当端口电压与电流实际方向一致时，该含受控源电路吸收能量，从而等效为一个正电阻；当端口电压与电流实际方向相反时，该电路发出电能，从而可等效为一个负电阻。

例2-12 求图2-40电路的等效电路。

解 在图2-40(a)中

$$U=-U_1+\mu U_1$$

而

$$U_1=R_1 I$$

$$U=(-1+\mu)R_1 I$$

所以,等值电阻

$$R=-\frac{U}{I}=(1-\mu)R_1$$

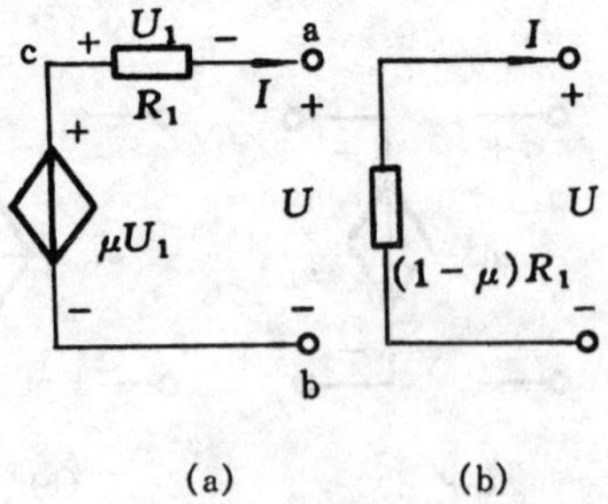

图2-40

当含受控源网络内有独立源存在时,一定能简化为一独立电源。一种简化方法是像独立电源一样,进行串、并联化简,以及受控电压源与电阻串联的支路可以跟受控电流源与电阻并联的支路进行等效变换,但要注意一点:不能消去控制量。

例2-13 简化图2-41(a)所示电路。

解 先将图(a)中受控电流源与电阻并联等效变换为受控电压源与电阻串联,使电路等效成图(b)所示的单回路,则有

$$U=-R_2 gU_1+R_2 I+U_1+E$$

而

$$U_1=R_1 I$$

所以

$$U=-gR_1R_2I+R_2I+R_1I+E$$

$$=E+(R_1+R_2-gR_1R_2)I$$

$$=E+R_S I$$

由上面方程可画出等效电路如图(c)所示。

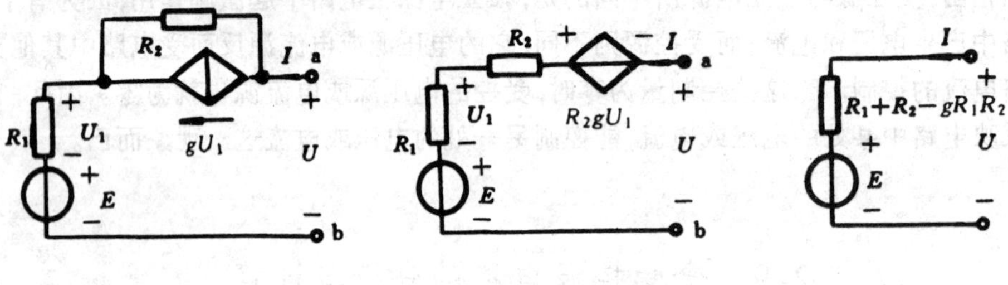

图2-41

另一种方法是用等效电源定理简化含受控源的有源二端网络。此种方法后面详述。

2. 含受控源电路的网络方程分析法

前面讲过的支路法、回路法和节点法,都可应用于含受控源的电路中。但因在方程式中必然要出现控制量,所以妥善处理这一问题,便是与用网络方程法分析计算不含受控源电路的重要区别。现举例如下。

例2-14 在图2-42中,$E=6\text{V}$, $R_1=R_4=R_5=1\Omega$, $R_2=R_3=2\Omega$, $\mu=5$。应用节点电位法、回路电流法求各支路电流。

解 (1)用节点电位法求解。因有受控电压源,所以取其一端O点为参考点,并先把受控源当独立电源处理,可列出节点电压方程:

$$\begin{cases} U_1 = -\mu U \\ -\dfrac{1}{R_2}U_1 + \left(\dfrac{1}{R_2}+\dfrac{1}{R_3}+\dfrac{1}{R_5}\right)U_2 - \dfrac{1}{R_3}U_3 = 0 \\ -\dfrac{1}{R_1}U_1 - \dfrac{1}{R_3}U_2 + \left(\dfrac{1}{R_1}+\dfrac{1}{R_4}+\dfrac{1}{R_3}\right)U_3 = -\dfrac{E}{R_1} \end{cases}$$

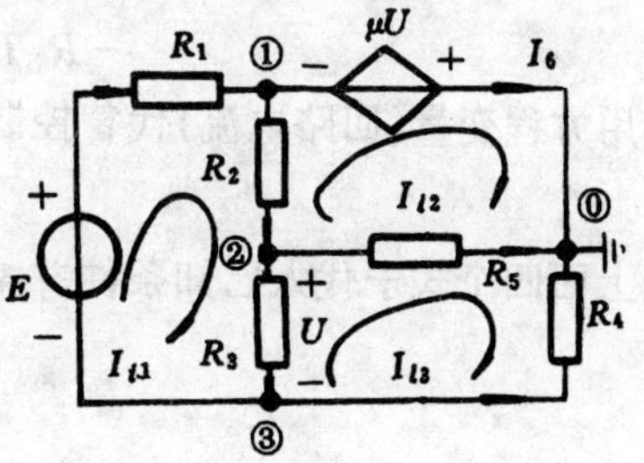

图 2-42

用方程变量(节点电位)代替控制量

$$U = U_2 - U_3$$

则网络节点方程为

$$\begin{cases} U_1 = -\mu U \\ -\dfrac{1}{R_2}U_1 + \left(\dfrac{1}{R_2}+\dfrac{1}{R_3}+\dfrac{1}{R_5}\right)U_2 - \dfrac{1}{R_3}U_3 = 0 \\ -\dfrac{1}{R_1}U_1 - \dfrac{1}{R_3}U_2 + \left(\dfrac{1}{R_1}+\dfrac{1}{R_4}+\dfrac{1}{R_3}\right)U_3 = \dfrac{-E}{R_1} \\ U = U_2 - U_3 \end{cases}$$

代入已知条件并整理有：

$$\begin{cases} U_1 + 5U_2 - 5U_3 = 0 \\ -U_1 + 4U_2 - U_3 = 0 \\ -2U_1 - U_2 + 5U_3 = -12 \end{cases}$$

用行列式求

$$\Delta = \begin{vmatrix} 1 & 5 & -5 \\ -1 & 4 & -1 \\ -2 & -1 & 5 \end{vmatrix} = 9$$

$$U_1 = \frac{\begin{vmatrix} 0 & 5 & -5 \\ 0 & 4 & -1 \\ -12 & -1 & 5 \end{vmatrix}}{\Delta} = -20\text{V}$$

同样求出 $U_2 = -8\text{V},\ U_3 = -12\text{V}$

各支路电流

$$I_{R5} = \frac{U_2}{R_5} = -8\text{A}$$

$$I_{R4} = \frac{U_3}{R_4} = -12\text{A}$$

$$I_{R3} = \frac{U_2 - U_3}{R_3} = 2\text{A}$$

$$I_{R1} = I_{R3} - I_{R4} = 14\text{A}$$

$$I_{R2} = \frac{U_1 - U_2}{R_2} = -6\text{A}$$

$$I_6 = I_{R1} - I_{R2} = 20\text{A}$$

(2)用回路电流法求解。取网孔为独立回路，并设各回路电流均为顺时针方向，如图2-42所示。先把受控电源当独立电源处理，列出回路电压方程

$$(R_1 + R_2 + R_3)I_{l1} - R_2 I_{l2} - R_3 I_{l3} = E$$

$$-R_2I_{l1}+(R_2+R_5)I_{l2}-R_5I_{l3}=\mu U$$
$$-R_3I_{l1}-R_5I_{l2}+(R_3+R_4+R_5)I_{l3}=0$$

再用方程变量(回路电流)代替控制量

$$U=(I_{l1}-I_{l3})R_3$$

把上面四个式子代入已知条件并整理得

$$\begin{cases}5I_{l1}-2I_{l2}-2I_{l3}=6\\-12I_{l1}+3I_{l2}+9I_{l3}=0\\-2I_{l1}-I_{l2}+4I_{l3}=9\end{cases}$$

解出 $I_{l1}=14\text{A}, I_{l2}=20\text{A}, I_{l3}=12\text{A}$

则各支路电流为:

$$I_{R1}=I_{l1}=14\text{A},\quad I_6=I_{l2}=20\text{A},\quad I_{R4}=-I_{l3}=-12\text{A}$$
$$I_{R2}=I_{l1}-I_{l2}=-6\text{A},\quad I_{R3}=I_{l1}-I_{l3}=2\text{A}, I_{R5}=I_{l3}-I_{l2}=-8\text{A}$$

若用支路电流法,可列出方程为

$$\begin{cases}-I_{R1}+I_{R2}+I_6=0\\-I_{R2}+I_{R3}+I_{R5}=0\\I_{R1}-I_{R3}+I_{R4}=0\\R_1I_{R1}+R_2I_{R2}+R_3I_{R3}=E\\-R_2I_{R2}-R_5I_{R5}=\mu U\\R_5I_{R5}-R_4I_{R4}-R_3I_{R3}=0\\U=R_3I_{R3}\end{cases}$$

具体求解从略。

从上面分析可见,对含受控源的电路,用建立网络方程的方法进行分析计算的步骤可归纳如下:

(1)首先把受控电源视为独立电源建立网络方程;

(2)把控制量用方程变量(支路电流、节点电位或回路电流)表示出来,然后把含方程变量的项移至方程左侧;

(3)求解联立方程。

3. 应用网络定理分析含受控源电路

(1)叠加原理的应用

如果电路中存在线性受控电源,从上面讨论的网络方程计算方法可知,它们的作用最后都相当于方程的系数(如互阻或互导等)做一些修正,而不影响方程的线性,所以叠加原理仍然成立。但这种叠加仍仅对独立电源而言,每个独立电源单独作用时,受控电源都应保留在相应的电路中,并且控制量和受控制量仍保持原来的关系。

例 2-15 电路如图2-43 (a)所示,用叠加原理求 U_3。

解 据叠加原理,画出两个独立电源单独作用时的电路如图(b),(c)所示(注意保留受控源)。

在图(b)中

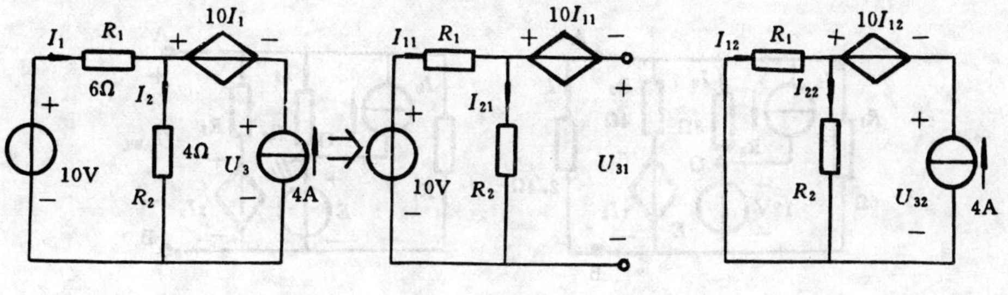

图 2-43

$$U_{31}=-10I_{11}+4I_{21}$$

而
$$I_{11}=I_{21}=\frac{10}{6+4}=1\text{A}$$

所以
$$U_{31}=-6\text{V}$$

图(c)中
$$U_{32}=-10I_{12}+4I_{22}$$

而
$$I_{12}=-4\times\frac{4}{6+4}=-1.6\text{A}$$

$$I_{22}=4\times\frac{6}{6+4}=2.4\text{A}$$

所以
$$U_{32}=25.6\text{V}$$

$$U_3=U_{31}+U_{32}=19.6\text{V}$$

(2)等效电源定理的应用

在用戴维南定理或诺顿定理计算含受控源网络时，该网络与外电路之间一般应当没有受控源的联系。至于求入端电阻，可以用前面讲的两种方法(由开路电压和短路电流来求或找出无源网络端口电压与电流之比，即 $R=\dfrac{U}{I}$)。

例 2-16 当 $r=3$，$I_S=3\text{A}$ 时，用戴维南定理求图 2-44(a)中电流 I。

解 先求 A，B 左侧戴维南等值电路。

求开路电压 U_{ABK} 的电路如图(b)所示，取 $U_0=O$，列出节点方程

$$\begin{cases}U_B=-E=-12\text{V}\\ \left(\dfrac{1}{R_1}+\dfrac{1}{R_2}+\dfrac{1}{R_3}\right)U_A-\left(\dfrac{1}{R_1}+\dfrac{1}{R_3}\right)U_B=-I_S+\dfrac{rI_2}{R_3}\\ I_2=\dfrac{U_A}{R_2}\end{cases}$$

代入已知条件后解出

$$U_A=-16\text{V}$$

故
$$U_{ABK}=U_A-U_B=-4\text{V}$$

求入端电阻的等值电路如图(c)，设出端口电压 U 和电流 I_0，且二者方向一致，可根据 KCL 直接列出方程

$$I_0=\frac{U}{R_1}+\frac{U}{R_2}+\frac{U-rI_2}{R_3}$$

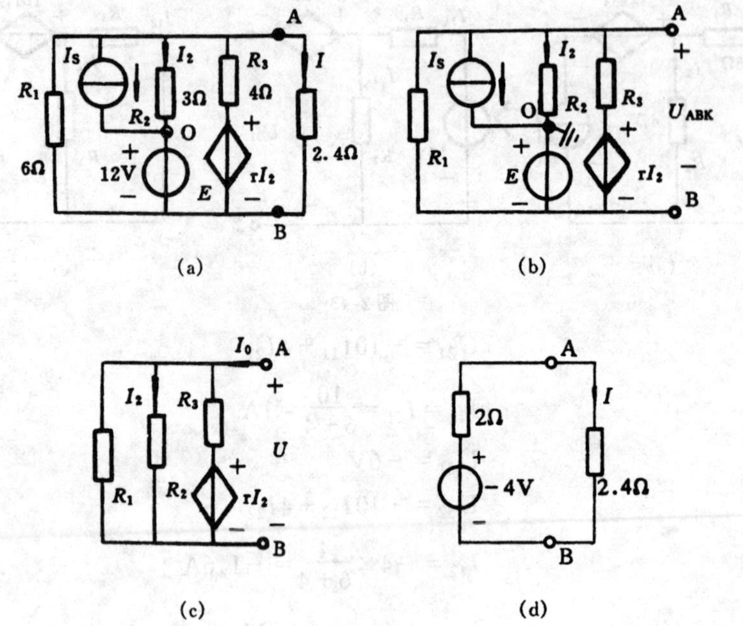

图 2-44

而
$$I_2=\frac{U}{R_2}$$

解出
$$I_0=\frac{U}{2}$$

故
$$R_{ab}=\frac{U}{I_0}=2\Omega$$

画出等效电路如图(d),可得出

$$I=\frac{-4}{2+2.4}=-0.91\text{A}$$

2-10 对偶原理

从前面所讲内容不难看出,无论是在电路变量间,还是元件方程或电路方程之间,常常存在着一种相似性。所谓相似性是自然界各种系统和物理现象的普遍属性,在电路理论中则称之为对偶性,也就是说,电网络中的对偶性是系统相似性的一个特例。

例如,在元件端压与电流为关联方向条件下:当电流通过电阻 R,产生电压 $u=Ri$,而当电压作用于电导 G 时,其电流 $i=Gu$;又如设电感 L 中流过电流 i,其两端电压 $u_L=L\dfrac{di}{dt}$,而若设电容 C 端压为 u,则其电流 $i_c=C\dfrac{du}{dt}$,从上面的两组方程

$$u=Ri \quad 与 \quad i=Gu$$

$$u_L=L\frac{di}{dt} \quad 与 \quad i_C=C\frac{du}{dt}$$

可以看出，每组的两个方程，除符号不同外，其余形式完全相同，每组方程中的两个方程称为对偶方程，两个方程中各物理量有一一对应关系，称为对偶量，如 i 与 u，R 与 G，u_L 与 i_C 等。而两个方程所描述的网络称为对偶网络。如电阻和电导、电感和电容互为对偶参数；有电阻的线圈与有漏电的电容器互为对偶元件，电压和电流、电荷和磁链为对偶量；开路和短路、节点和回路互为电路中的对偶结构；串联与并联、星形联接和三角形联接互为电路中的对偶联接；KCL 与 KVL 以及上面提到的 $u=Ri$ 和 $i=Gu$，$u_L=L\dfrac{di}{dt}$ 和 $i_C=C\dfrac{du}{dt}$ 等则互为电路中的对偶定律。

如果对应于某些电路名词和物理量都分别存在着与之对偶的另一些电路名词和物理量，则当结合这些电路名词和物理量的某一理论成立时，结合它们的各对应元素间对应理论也一定成立。这是因为后一理论完全可以按照同一步骤，引用对偶的定律和概念推导出来。这个道理就称成对偶原理。

根据对偶原理，如果导出电路某一关系式和结论，就等于解决了与它对偶的另一个关系式和结论。例如，根据 KVL 可以推证出若干个串联电阻的等效电阻等于各电阻之和，则根据 KCL 就必然可以推证若干个并联电导的等效电导等于各电导之和。又如含源二端网络用电压源等效代替时，电源的电动势等于有源二端网络的开路电压；因而可推断含源二端网络若用电流源等效代替时，其电流源应等于有源二端网络的短路电流。

对不含互感的平面电路，都可找到它的对偶电路。例如 R,L,C 三元件串联电路（图 2-45(a)所示）的电路方程为

$$Ri+L\frac{di}{dt}+\frac{1}{C}\int i\,dt=e(t) \tag{2-22a}$$

而若此三元件关联时，如图 2-45(b)，其电路方程则为

$$Gu+C\frac{du}{dt}+\frac{1}{L}\int u\,dt=i_S(t) \tag{2-22b}$$

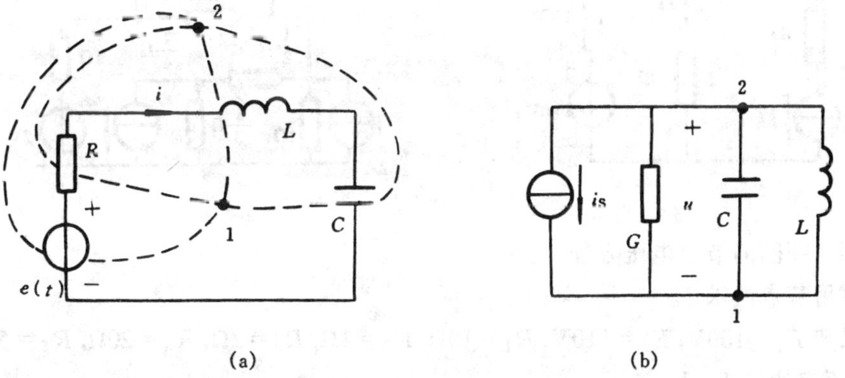

图 2-45

同时，采用作图法可以很容易地作出某已知电路的对偶电路。此法即在电路每网孔内标出一点，如图 2-45(a)的惟一网孔中标出 1 点，作为其对偶电路的独立节点。由于电路中必有一个不独立节点，所以一定要找出任意一个不独立回路与它对应。为简便起见，对平面电路可选择整个电路的外部周界所组成的回路为此不独立节点的对偶元素。如图 2-45(a)中可在外部标出 2 点，以作为其对偶电路的不独立节点。把 1，2 两点用虚线互相联接便是对偶电路的支路。这两个节点间每一条联线只通过一个元件，把此元件换以对偶元件，便得到对偶电路相应支路

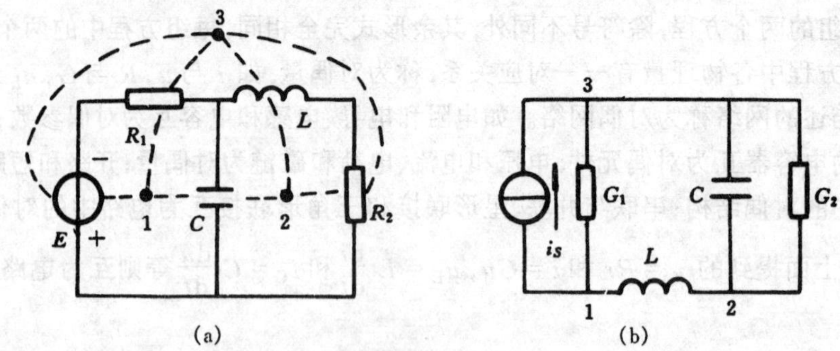

图 2-46

中的元件,如此作出的对偶电路如图 2-45(b)所示。

对偶电路中电压源和电流源的方向遵守下列规则:如果电动势方向与回路方向(可任选每一回路循行均为顺时针或均为反时针方向)一致,则对偶电路中电流源应指向回路对应的节点。如图 2-45(b)中与电动势 $e(t)$ 相对偶的电流源就应指向节点 1。

对上述所得对偶电路图 2-45(b),按作图法也可找出它的对偶电路,就是图 2-45(a)。

再如,用作图法可作出图 2-46(a)所示电路的对偶电路如图 2-46(b)所示。

必须注意,两个电路互为对偶,决非是这两个电路等效,"对偶"和"等效"是两个不同的概念,不可混淆。

习　题　二

2-1　用支路电流法求题图中电流 I_R。

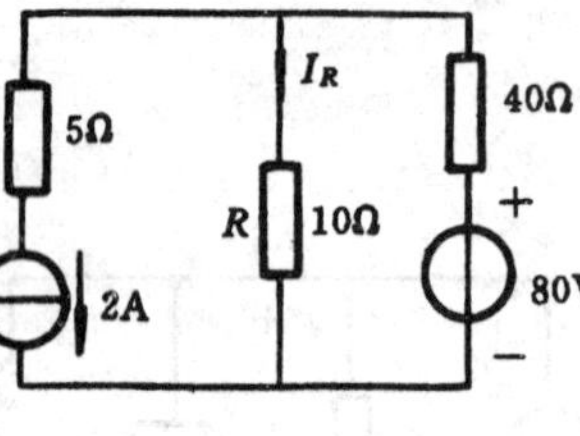

题 2-1 图

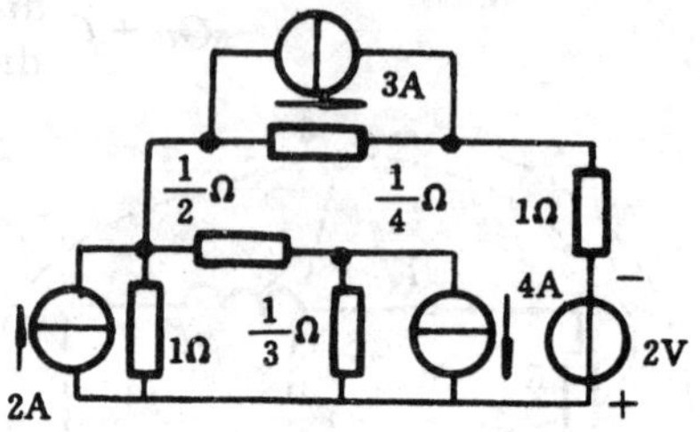

题 2-2 图

2-2　列出题图的节点电压方程。

2-3　试用节点法求 I。

2-4　已知 $E_1 = 100V$, $E_2 = 110V$, $R_1 = 10\Omega$, $R_2 = 1\Omega$, $R_3 = 2\Omega$, $R_4 = 20\Omega$, $R_5 = 5\Omega$, $R_6 = 4\Omega$。试用节点电压法求 U_{ab}。

2-5　用回路电流法求节点1,2 和 3 的电位。

2-6　用回路电流法(列最少的方程)求 I_X。

2-7　试用叠加原理求 I。

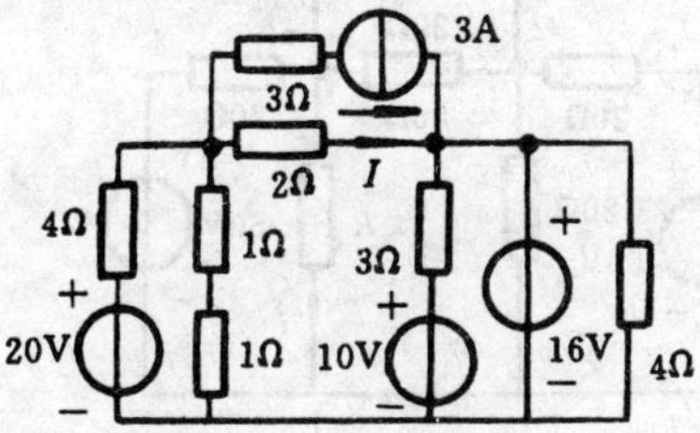

题 2-3 图

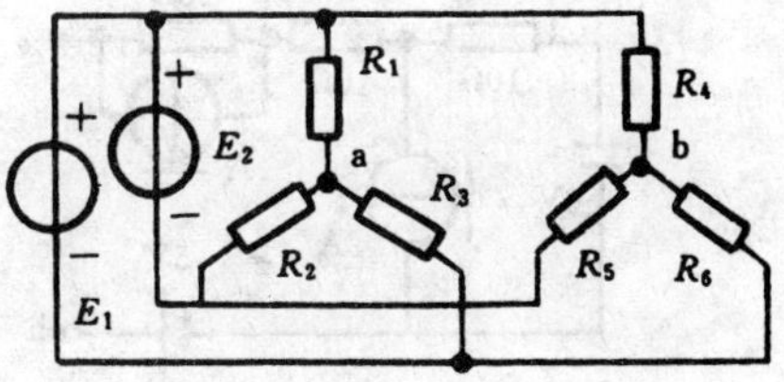

题 2-4 图

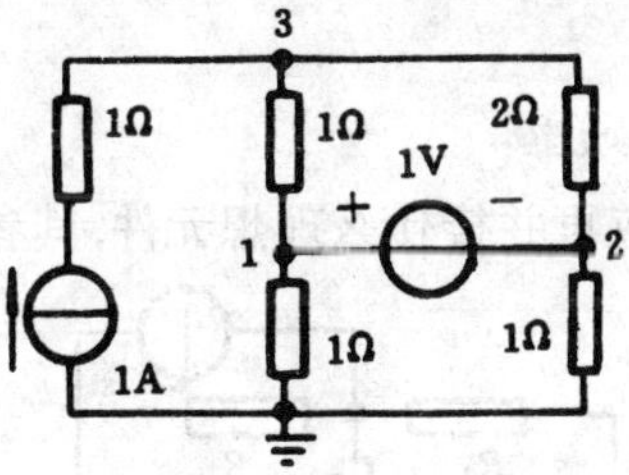

题 2-5 图

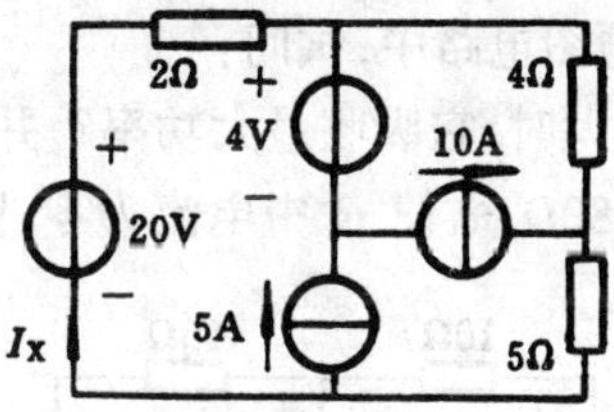

题 2-6 图

2-8 用叠加原理求 AB 间的开路电压和短路电流。

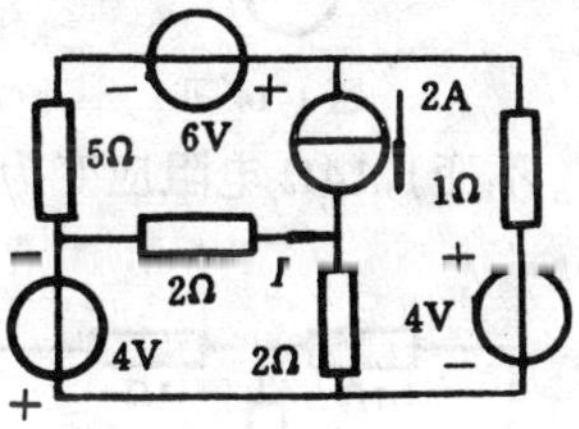

题 2-7 图

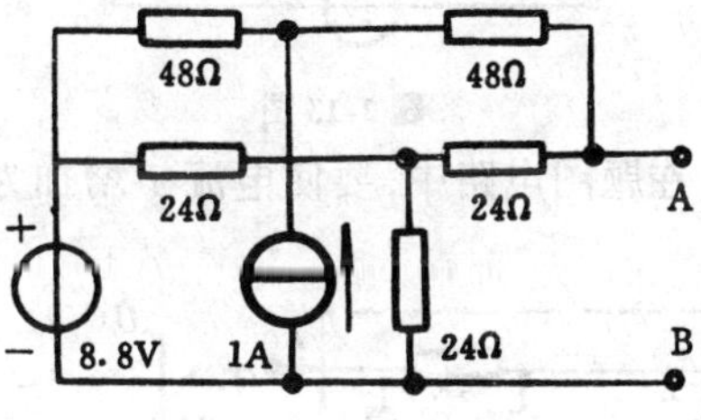

题 2-8 图

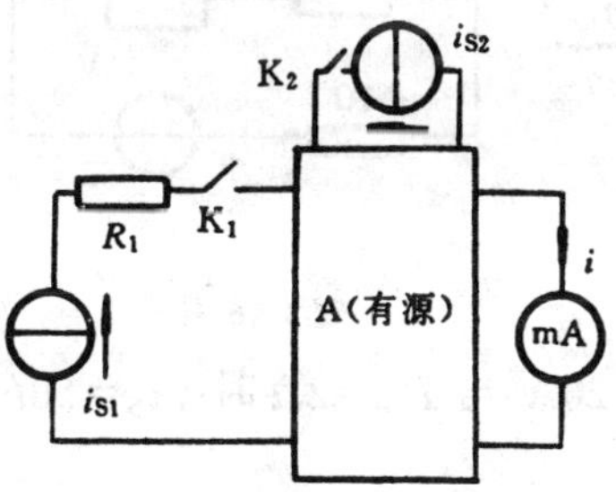

题 2-9 图

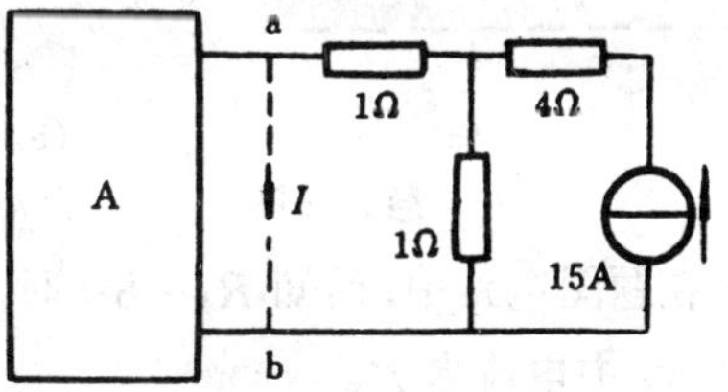

题 2-10 图

2-9 在题图电路中：(1)开关 K_1 和 K_2 都打开时，毫安表的读数为 100mA；(2)当 K_1 闭合($i_{S1}=1A$)K_2 打开时，毫安表的读数为 150mA；(3)当 K_1 和 K_2 都闭合时($i_{S1}=1A$, $i_{S2}=1A$)，毫安表读数为 100mA。试求当 $i_{S1}=3A$, $i_{S2}=-5A$ 时，毫安表的读数。

2-10 一含源电路如题图所示，$U_{ab}=7V$，当 a, b 间短路时(如图虚线所示)，$I=17.5A$。试求含源二端网络 A 的等效电路。

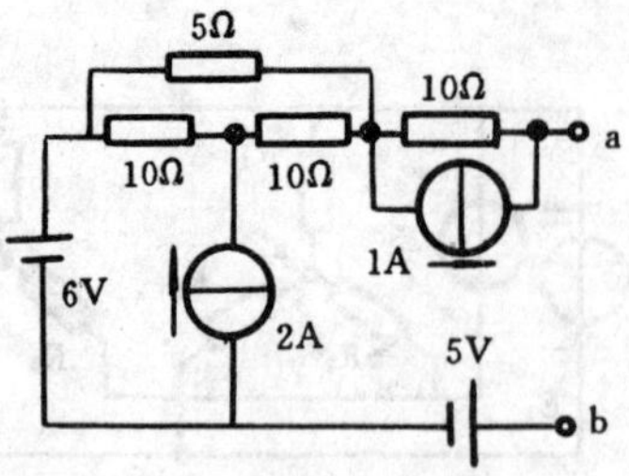

题 2-11 图

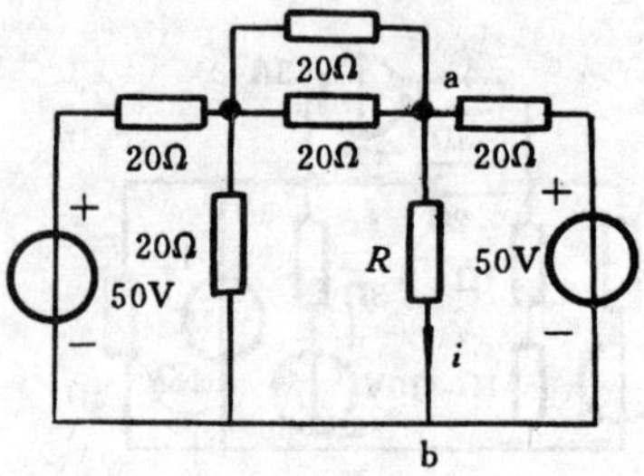

题 2-12 图

2-11 用戴维南和诺顿定理求附图所示网络的等效含源支路。

2-12 在题图电路中,试问:

(1)R 为多大时,它吸收最大功率? 并求此最大功率;

(2)若 $R=80\Omega$,欲使 R 中电流为零,则 a,b 间应再并接什么理想元件,其参数多大?

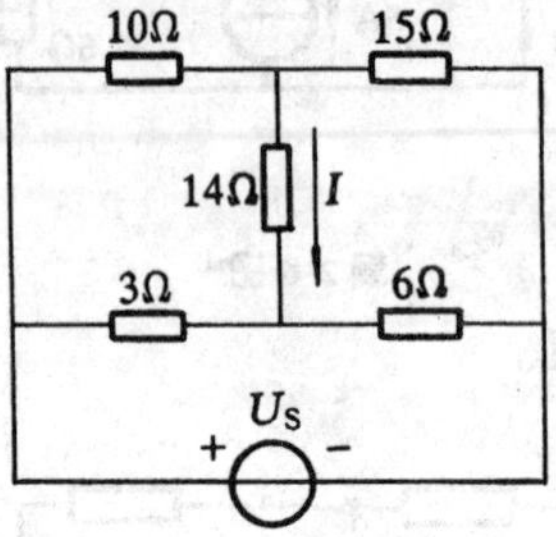

题 2-13 图

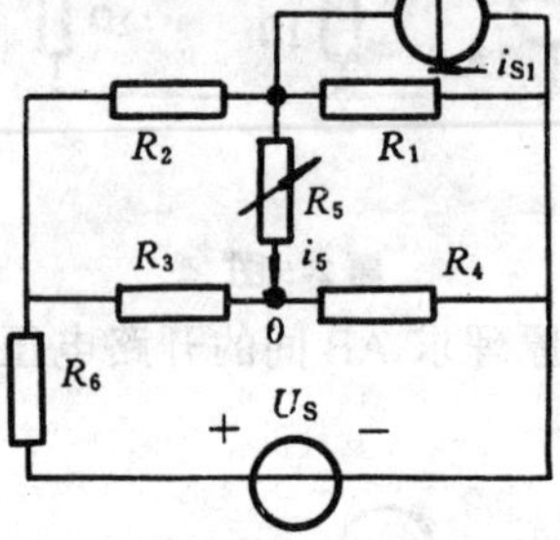

题 2-14 图

2-13 在题图电路中,要使电流 I 增加为 $2I$(U_S 不变),14Ω 电阻应变为何值?

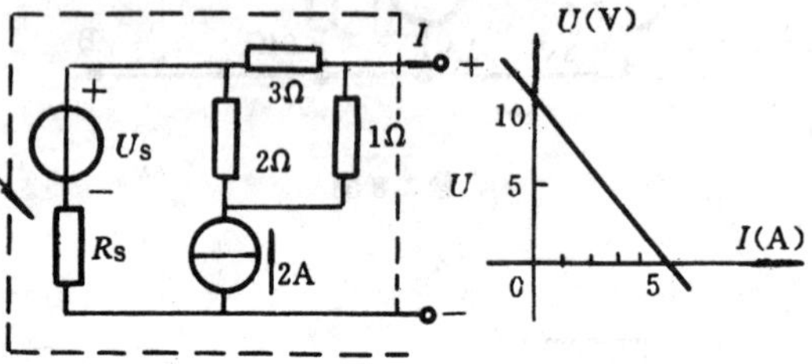

(a) (b)

题 2-15 图

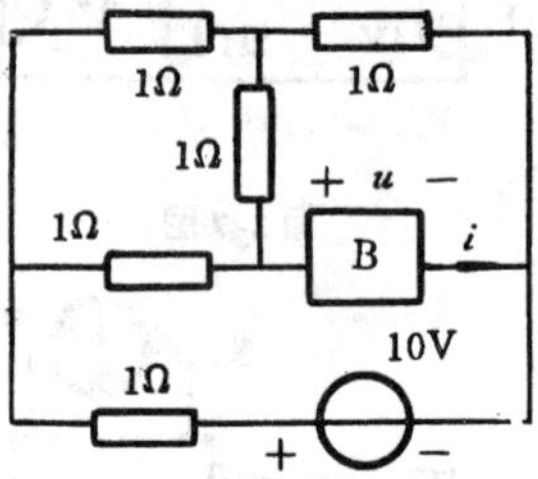

题 2-16 图

2-14 在题图电路中,已知 $R_5=8\Omega$ 时,$i_5=20\text{A}$,当 $R_5=2\Omega$ 时 ,$i_5=50\text{A}$。试求 R_5 等于 3Ω 时,通过 R_5 中电流多大。

2-15 求题图所示电路中的 U_S 和 R_S 值。N 网络的伏安特性曲线如图(b)所示。

2-16 已知 B 元件的伏安关系为 $u=2i^2$,试求 $i=$?

2-17 已知题图电路(a)中 $u_{ab}=1\text{V}$ 时,$i_1=0.1\text{A}$,$i_2=0.02\text{A}$;(b)图中 $u_{cd}=12\text{V}$;(c)图中 $u_{ab}=10\text{V}$。试求(c)图中的 i_2 和含源二端网络 A 的等效电路。

2-18 在题图电路中,ab 右侧的入端电阻 R_{ab}已知,且 $R=0$ 时,$u=u_1$;$R=\infty$时 $u=u_2$,A 为线性含源一端口网络。求证:当 R 为任何值时,电压

$$u = \frac{R_{ab}u_1 + Ru_2}{R + R_{ab}}$$

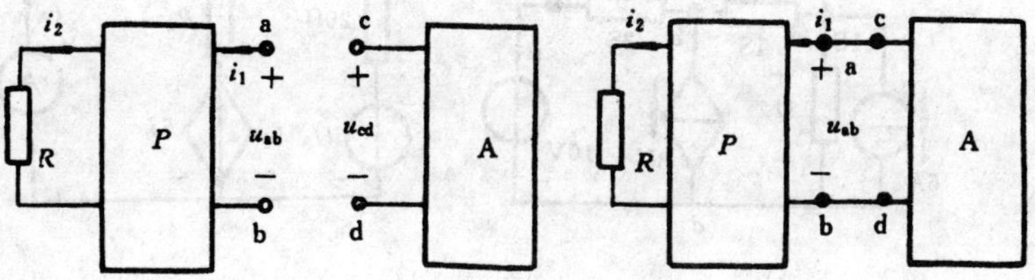

(a) (b) (c)

题 2-17 图

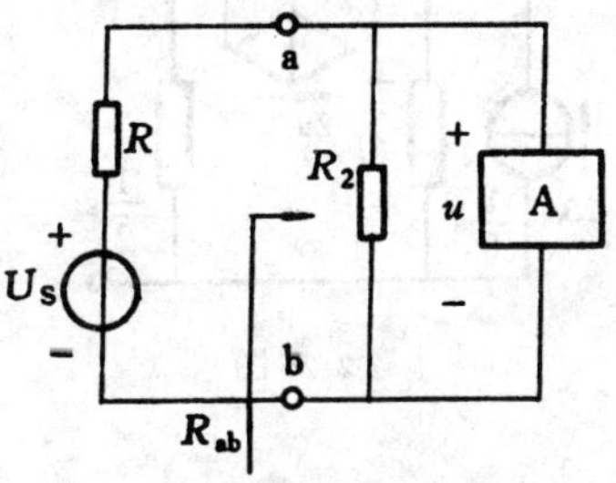

题 2-18 图

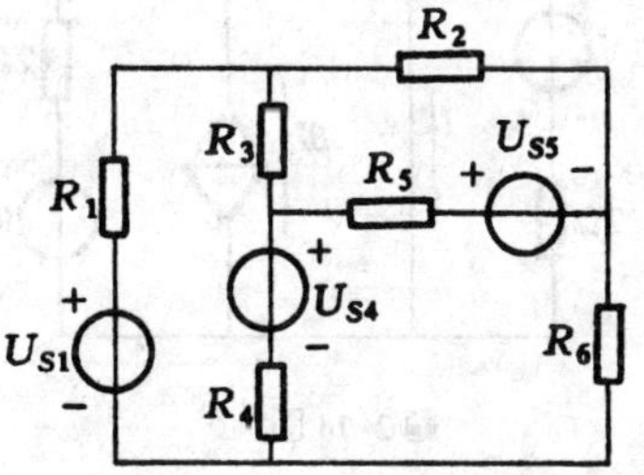

题 2-19 图

2-19 已知：$R_1 = 2\Omega$, $R_2 = 2\Omega$, $R_3 = 1\Omega$, $R_4 = 3\Omega$, $R_5 = 1\Omega$, $R_6 = 2\Omega$, $U_{S1} = 10V$, $U_{S4} = 8V$，若使 R_4 的功率为零，求 U_{S5}。

2-20 在题图电路中，仅需编写出以 i_1 和 i_2 为变量的方程，就可以求解电路，试求 i_1, i_2。

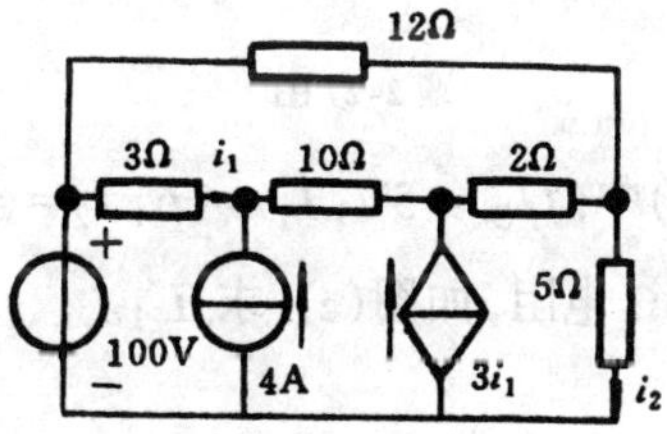

题 2-20 图

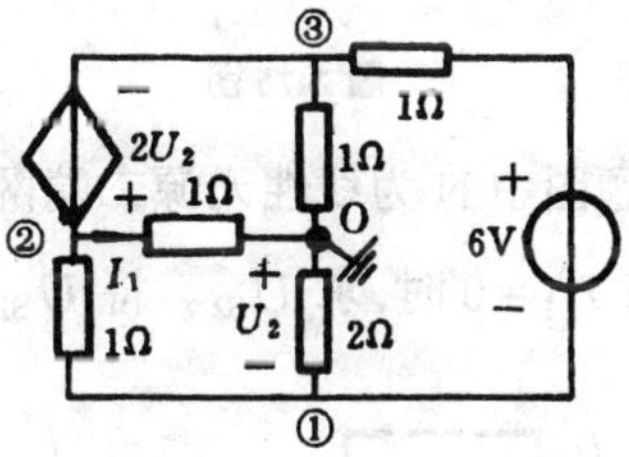

题 2-21 图

2-21 用节点法求解电流 I_1。

2-22 用节点法求各支路电流。

2-23 已知题图电路中，当 $R = 5\Omega$ 时，电流表的读数为 1A；当 $R = 15\Omega$ 时，电流表读数为 0.5A。求 U_S 和 R_2。

2-24 已知 $\beta = 2$，求 I_0。

2-25 用戴维南定理和诺顿定理求题图电路的等效含源支路。

2-26 用戴维南定理化简题图所示电路。

2-27 如题所示电路，求 R 为多大可获得最大功率，并求之。

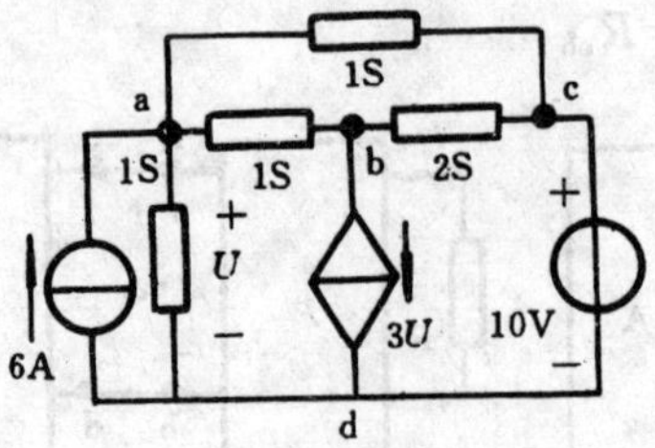

题 2-22 图

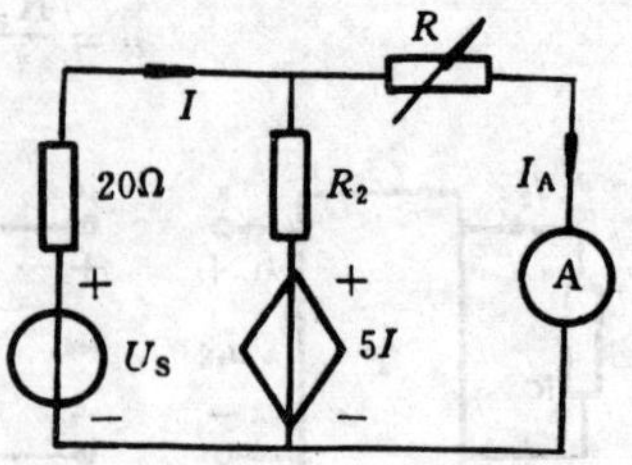

题 2-23 图

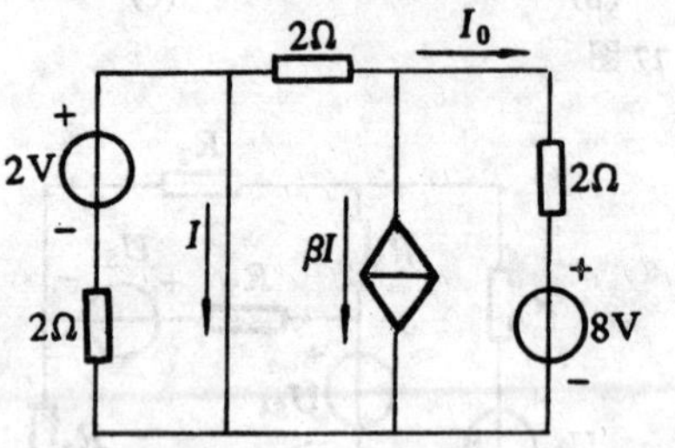

题 2-24 图

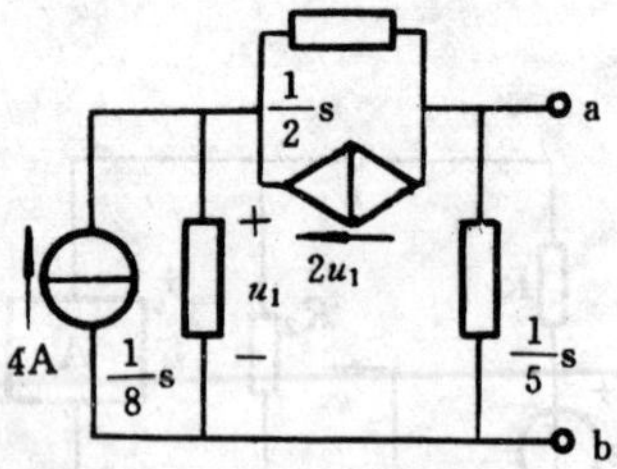

题 2-25 图

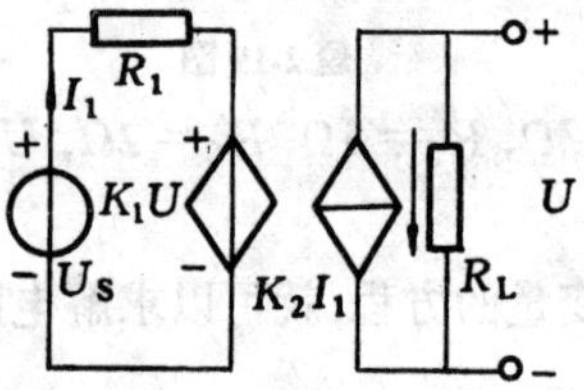

题 2-26 图

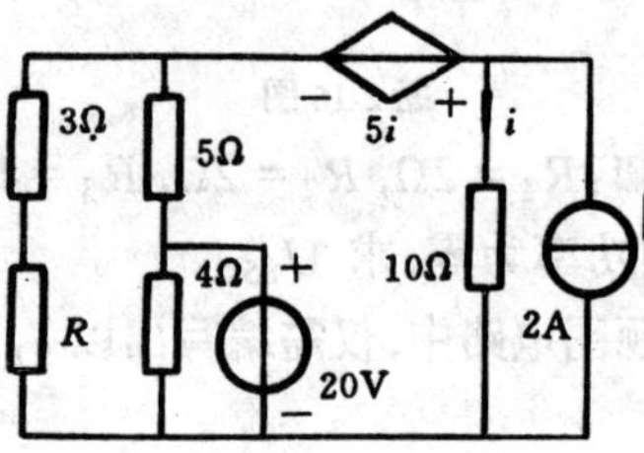

题 2-27 图

2-28 在题图中 N 为线性无源二端网络，图(a)中，$U_{S1}=5V$，$I_1=1A$，$I_2=\frac{1}{2}A$，接入 U_{S2} 后，如图(b)，当 $I'_1=0$ 时，求 U_{S2}。将 U_{S1} 改换成 5Ω 电阻，如图(c)，求 I''_1。

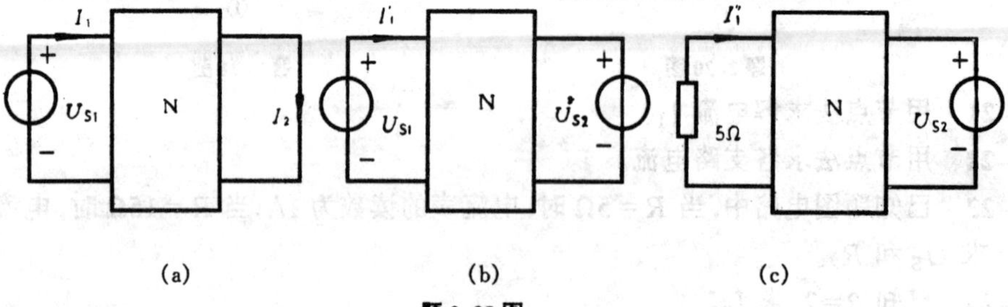

(a) (b) (c)

题 2-28 图

第 3 章　正弦交流电路

内容提要：本章研究的是激励按正弦规律变化的电压或电流作用于电路所产生的稳态响应。

正弦交流电在现代科学技术中得到了广泛的应用。发电厂发出的电，电网输送的电，工矿企业及人们生活中所用的电，大量的是正弦交流电，因此，研究它具有实际意义。在学习本章过程中，得到的正弦稳态电路的一般分析方法，对于后面将要学习的三相电路及非正弦周期电流电路仍然是有用的。

本章重点：正弦量的相量表示法；两类约束的相量形式；正弦交流电路的功率和正弦稳态电路的计算。

3-1　正弦交流电

1. 正弦量的三要素

本章讨论的主要问题仍然是电压、电流的分析和计算，只不过它们都是按正弦规律变化的。这些按正弦规律变化的电压，电流统称为正弦量，它们都是时间的正弦函数。

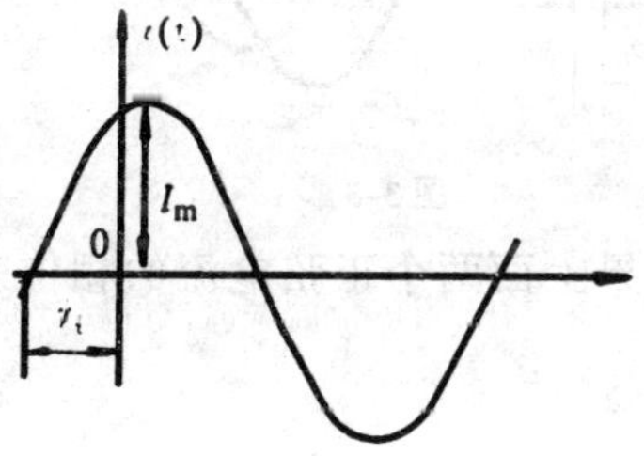

图 3-1

以正弦电流为例

$$i(t) = I_m \sin(\omega t + \varphi_i) \tag{3-1}$$

电流的波形(称为波形图)如图 3-1 所示，其大小和方向均随时间变化，某时刻的电流值，叫做瞬时值，而瞬时值当中最大的值叫作最大值(或叫振幅)。正弦函数是周期函数，可用下式表示

$$i(t) = i(t + T) \tag{3-2}$$

周期是函数重复变化一次所需的最短时间，用 T 表示。其单位为秒(s)。单位时间周期函数的波形重复出现的次数称为频率，即一秒钟内包含多少个周期，用 f 表示。单位为赫兹，简称"赫"(Hz)。

根据定义，频率与周期互为倒数，即

$$f = \frac{1}{T} \tag{3-3}$$

我国电网正弦交流电的频率为 50Hz，称为工频，而电讯方面高频信号的频率达到几百千赫兹到数十兆赫，其数量关系为

$$1\text{kHz} = 10^3\text{Hz}$$
$$1\text{MHz} = 10^6\text{Hz}$$

正弦交流电周期为 T，其角度变化为 2π 弧度(rad)，单位时间内角度变化的弧度数为 $2\pi/T$，叫角频率，用 ω 表示，其单位为弧度/秒(rad/s)。角频率、周期和频率三者关系为

$$\omega = \frac{2\pi}{T} = 2\pi f \tag{3-4}$$

式(3-1)中的$(\omega t + \varphi_i)$，称为相位角，或称相位，其单位用弧度(rad)或度表示，它是时间的函数，可表示正弦量的进程。$t=0$ 时的相位 φ_i 叫作初相位，简称初相。在振幅一定时它可决定正弦量的初始值，即

$$i(0) = I_m \sin\varphi_i$$

初相位与计时起点有关，计时起点选择不同，初相也不同，如图 3-2 所示。

当计时起点和正弦量零点(函数由负值向正值的方向变化所经过的零值点叫正弦量零点)重合时，初相为零，这时正弦电流表达式为 $i(t) = I_m \sin\omega t$。当正弦量零点在计时起点之前，初相为正，当正弦量零点在计时点之后，初相为负。正弦量的振幅，初相位和角频率是决定正弦量的三个基本参数，叫它为正弦量的三要素。

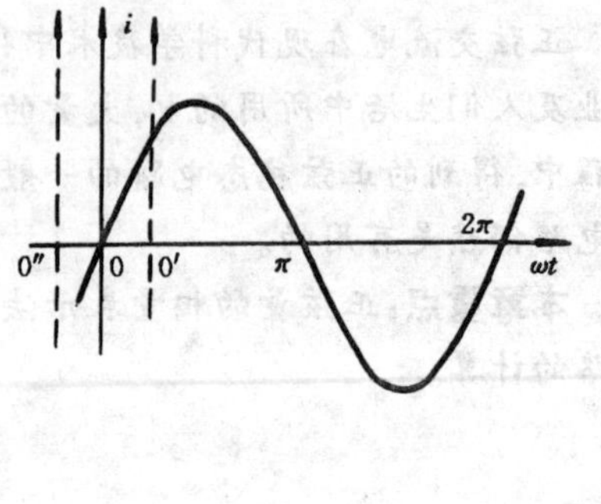

图 3-2

2. 正弦量的相位差

两个同频率正弦电流

$$i_1(t) = I_{m1}\sin(\omega t + \varphi_{i1})$$
$$i_2(t) = I_{m2}\sin(\omega t + \varphi_{i2})$$

其波形如图 3-3 所示，则它们之间的相位差为

$$\varphi = (\omega t + \varphi_{i1}) - (\omega t + \varphi_{i2}) = \varphi_{i1} - \varphi_{i2} \tag{3-5}$$

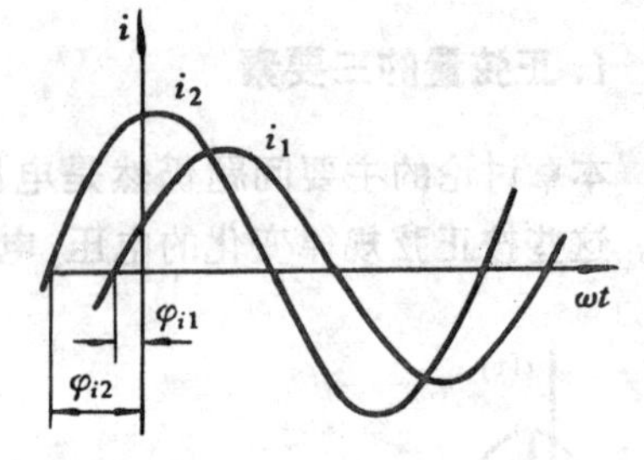

图 3-3

可见，同频率正弦量的相位差，等于二者初相位之差，这是一个不随时间变化的常量，且与计时起点的选择无关。如果上面两个正弦电流的相位差为零，就说这两个正弦量同相位。如图 3-4(a)所示。

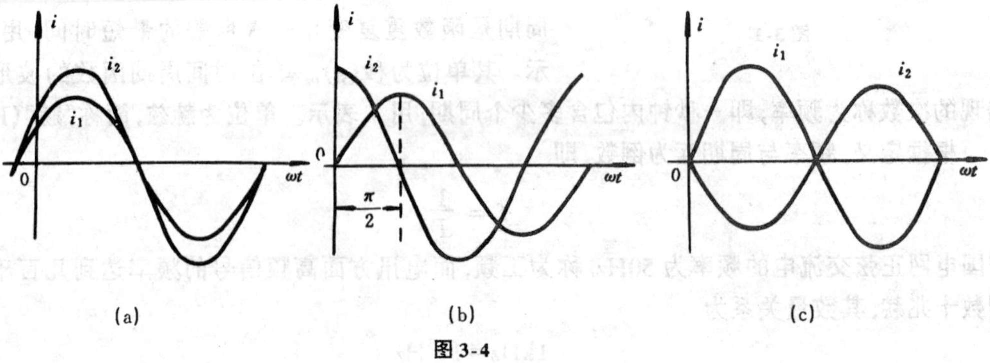

图 3-4

若两个正弦量的相位差为$\frac{\pi}{2}$弧度，则称为正交；当两个正弦量的相位差为 π 弧度，称为反相，如图 3-4(b)，(c)所示。当相位 $\varphi=\varphi_{i1}-\varphi_{i2}>0$ 时，我们就说 i_1 引前于 i_2，引前的相位角为 φ，或者说 i_2 落后(滞后)于 i_1，落后的相位角为 φ。

例 3-1 图3-5所示元件中通过电流为

$$i=5\sin(100\pi t-20^\circ)\text{A}$$

其端电压为

$$u=100\sin(100\pi t+60^\circ)\text{V}$$

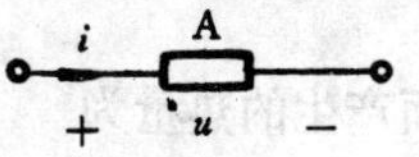

图 3-5

试求电压、电流的振幅、初相位、周期、角频率，频率和两正弦量的相位差。

解 端电压的振幅为 100V，角频度为 100π，初相位为 60°，周期为 0.02S，频率为 50Hz。电流的振幅为 5A，角频率为 100π，初相位为 -20°，周期为 0.02S，频率为 50Hz。电压与电流相位差为 $\varphi_u-\varphi_i=60^\circ-(-20)^\circ=80^\circ$。

例 3-2 上例中的元件，当通过低频电流时，$f=1\text{Hz}$，$I_m=100\text{mA}$，初相位 $\varphi_i=\frac{\pi}{4}$，试写出电流瞬时值表达式，并求出 $t=0.05\text{s}$ 和 $t=1.25\text{s}$ 时电流瞬时值。

解 电流的角频率为

$$\omega=2\pi f=2\pi\times1=2\pi\ \text{rad/s}$$

电流瞬时值表达式为

$$i=100\sin(2\pi t+\frac{\pi}{4})\text{mA}$$

当 $t=0.5\text{s}$ 时

$$\begin{aligned}i(0.5)&=100\sin(2\pi\times0.5+\frac{\pi}{4})\\&=100\sin(\pi+\frac{\pi}{4})\\&=100\sin(\frac{5\pi}{4})\\&=-70.7\text{mA}\end{aligned}$$

当 $t=1.25\text{s}$ 时

$$\begin{aligned}i(1.25)&=100\sin(2\pi\times1.25+\frac{\pi}{4})\\&=100\sin(2.5\pi+\frac{\pi}{4})\\&=100\sin(\frac{3\pi}{4})\\&=70.7\text{mA}\end{aligned}$$

计算结果为正，说明这一瞬间电流实际方向与图示参考方向相同。计算结果为负，说明这一瞬间电流实际方向与图示参考方向相反。

3. 正弦量的有效值

周期电流、电压的瞬时值都随时间而变化，为了确切地衡量其作功本领的大小，在工程实际中,采用了一个能反映正弦量作功效果的量值,称有效值。以周期电流为例,一个周期电流的有效值是这样确定的:如果这个周期电流 i 通过电阻 R,在一个周期的时间内所产生的热能,恰好等于某一直流电流 I 通过同一个电阻 R,在同样时间内所产生的热能,则把这个直流电流的值 I 定义为该周期电流 i 的有效值。当一个周期电流 i 通过电阻 R 时,该电阻在一个周期内所吸收的电能量为

$$\int_0^T i^2 R\mathrm{d}t$$

而产生的热量为

$$Q_1 = 0.239\int_0^T i^2 R\mathrm{d}t = 0.239R\int_0^T i^2\mathrm{d}t$$

假定一个量值为 I 的直流也通过同一电阻 R,它在时间 T 内所产生的热量为

$$Q_2 = 0.239I^2RT$$

如果周期电流 i 与此直流 I 在一个周期内所产生的热量相等,则有

$$0.239I^2RT = 0.239R\int_0^T i^2\mathrm{d}t$$

则有

$$I = \sqrt{\frac{1}{T}\int_0^t i^2\mathrm{d}t} \tag{3-6}$$

对于正弦交流电流,$i = I_\mathrm{m}\sin(\omega t + \varphi_i)$,其有效值为

$$\begin{aligned} I &= \sqrt{\frac{1}{T}\int_0^t i^2\mathrm{d}t} = \sqrt{\frac{1}{T}I_\mathrm{m}^2\sin^2(\omega t + \varphi_i)\mathrm{d}t} \\ &= \sqrt{\frac{1}{T}\left[\frac{I_\mathrm{m}^2}{2}\int_0^T\mathrm{d}t - \frac{I_\mathrm{m}^2}{2}\int_0^T\cos(2\omega t + 2\varphi_i)\mathrm{d}t\right]} \\ &= \frac{I_\mathrm{m}}{\sqrt{2}} = 0.707I_\mathrm{m} \end{aligned}$$

或

$$I_\mathrm{m} = \sqrt{2}I \tag{3-7}$$

由此可知,正弦量有效值为最大值的$\frac{1}{\sqrt{2}}$倍,则正弦电压和正弦电动势的有效值为

$$\begin{aligned} U &= \frac{U_\mathrm{m}}{\sqrt{2}} = 0.707U_\mathrm{m} \\ E &= \frac{E_\mathrm{m}}{\sqrt{2}} = 0.707E_\mathrm{m} \end{aligned} \tag{3-8}$$

在交流电路中,用大写英文字母表示有效值,用小写字母表示瞬时值。带有下标 m 的大写字母则表示振幅,通常用的交流电压表和电流表所测量的数值都是有效值。一般所说交流电压和电流值也都指的是有效值。

例 3-3 正弦电流经全波和半波整流后,所得电流波形分别如图 3-6(a)和(b)所示,试分别求出它们的有效值。

解 图 3-6(a)所示电流,其变化周期为$\frac{T}{2}$在 $0\leqslant t\leqslant\frac{T}{2}$ 区间内的函数式为 $i = I_\mathrm{m}\sin\omega t$,根

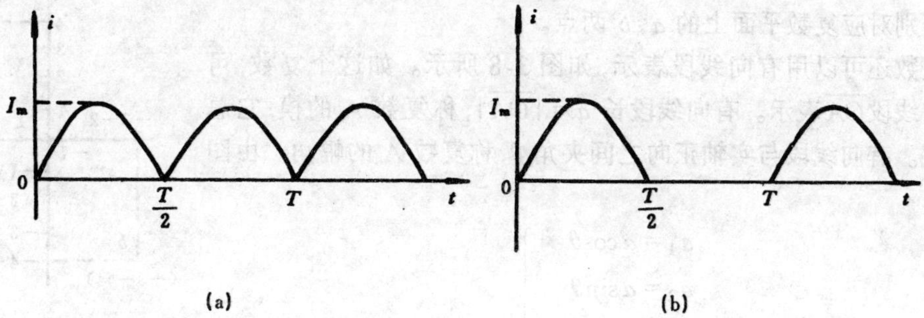

图 3-6

据式(3-6),其有效值为

$$I_{全} = \sqrt{\frac{1}{T/2}\int_0^{\frac{T}{2}} I_m^2 \sin^2 \omega t \mathrm{d}t} = \sqrt{\frac{2I_m^2}{T}\int_0^{\frac{T}{2}} \frac{1-\cos 2\omega t}{2}\mathrm{d}t} = \frac{I_m}{\sqrt{2}}$$

可见全波整流后电流 $I_{全}$ 与正弦电流的有效值相等。图 3-6(b)所示电流,其变化周期为 T,在 $0 \leqslant t \leqslant \frac{T}{2}$, $i = I_m \sin \omega t$,而在 $\frac{T}{2} \leqslant t \leqslant T$ 时, $i = 0$。根据式(3-6),其有效值为

$$I_{半} = \sqrt{\frac{1}{T}\int_0^{\frac{T}{2}} I_m^2 \sin^2 \omega t \mathrm{d}t} = \frac{I_m}{2}$$

3-2 正弦量的相量表示法

正弦稳态分析是研究线性电路在外加正弦电源情况下,如何进行分析、计算的问题。一个正弦量是由它的振幅、初相和频率(即正弦量的三要素)决定的,但我们知道,正弦电源激励电路所产生的稳态响应必定是同频率的正弦量,因此,在分析正弦电路时,只要计算出响应的振幅和初相就可以了。而在计算正弦交流电路时,如果用三角函数去直接计算是比较麻烦的,一般都采用"相量法"。相量法的实质是用复数去表示正弦量,这就是所说的正弦量的相量表示法。下面首先复习一下复数。

1. 复　数

设有一个复数 A,可以写成

$$A = a_1 + \mathrm{j}a_2$$

这样的表达式称为复数的代数型,其中 a_1 和 a_2 分别表示复数的实部和虚部。式中 $\mathrm{j} = \sqrt{-1}$是虚数单位,复数的实部和虚部可以这样表示:

$$\mathbf{Re}[A] = \mathrm{Re}[a_1 + \mathrm{j}a_2] = a_1$$

$$\mathbf{Im}[A] = \mathrm{Im}[a_1 + \mathrm{j}a_2] = a_2$$

若把复数 A 在复数平面上表示出来,用直角坐标系的横轴表示复数的实部,称为实轴,以 $+1$ 为单位;用纵轴表示虚部,称为虚轴,以 $+\mathrm{j}$ 为单位,如图 3-7 所示。实轴和虚轴所构成的平面叫复数平面。每一个复数都惟一和复数平面上的点一一对应;相反,复数平面上的每一点

都惟一地对应于一个复数。图中示出的 3 + j4 和 − 3 − j4 两个不同复数分别对应复数平面上的 a, b 两点。

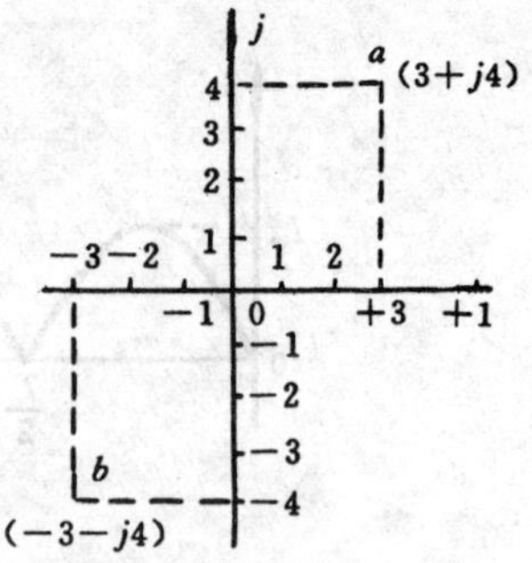

图 3-7

复数还可以用有向线段表示,如图 3-8 所示。如这个复数,可用有向线段 $\overline{OA}$ 表示。有向线段长 $a=|\overline{OA}|$,称复数 A 的模,它总是正值。有向线段与实轴正向之间夹角 θ,称复数 A 的幅角。由图知

$$a_1=a\cos\theta$$

$$a_2=a\sin\theta$$

及

$$\left.\begin{aligned}a&=\sqrt{a_1^2+a_2^2}\\ \tan\theta&=\frac{a_2}{a_1}\end{aligned}\right\}\tag{3-9}$$

从上式可得到复数的三角型表达式

$$A=a\cos\theta+\mathrm{j}a\sin\theta\tag{3-10}$$

根据尤拉公式,复数还可以表示为指数型

$$A=a\mathrm{e}^{\mathrm{j}\theta}$$

或极型

$$\left.A=a\angle\theta\right\}\tag{3-11}$$

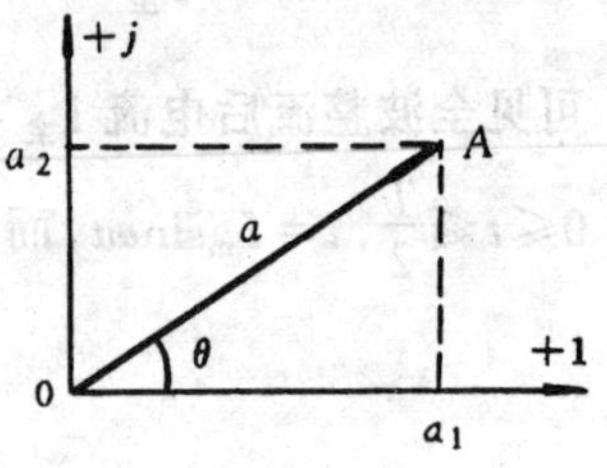

图 3-8

复数的加减法运算,一般采用代数型,复数的乘除,一般采用指数型或极型。

值得注意的是,在把复数的代数型化为指数型或极型时,要根据实部和虚部各自正负来确定辐角所在的象限,反之,将指数型化为代数型时,要根据幅角所在的象限来确定复数实部和虚部的正、负号。

复数 $\mathrm{e}^{\mathrm{j}\theta}=1\angle\theta$ 是模等于 1 而辐角为 θ 的复数。任意复数 $A=a\mathrm{e}^{\mathrm{j}\varphi}=a\angle\varphi$ 乘以 $\mathrm{e}^{\mathrm{j}\theta}$ 等于把复数 A 向反时针方向旋转一个角度 θ,保持 A 的模 a 不变。所以 $\mathrm{e}^{\mathrm{j}\theta}=1\angle\theta$ 叫作旋转因子。

根据尤拉公式

$$\mathrm{e}^{\mathrm{j}\theta}=\cos\theta+\mathrm{j}\sin\theta$$

可见当 $\theta=\frac{\pi}{2}$ 时, $\mathrm{e}^{\mathrm{j}\frac{\pi}{2}}=\mathrm{j}$;当 $\theta=-\frac{\pi}{2}$ 时, $\mathrm{e}^{-\mathrm{j}\frac{\pi}{2}}=-\mathrm{j}$; $\theta=\pi$ 时, $\mathrm{e}^{\mathrm{j}\pi}=-1$。

例 3-4 1)把复数 $A_1=5\angle150^\circ$, $A_2=10\angle-180^\circ$, $A_3=\angle90^\circ$ 和 $A_4=\angle-90^\circ$ 化成代数型。

2)把 $A_1=3-\mathrm{j}4$, $A_2=-3-\mathrm{j}4$, $A_3=\mathrm{j}5$ 化成极型并用有向线段表示。

解 1)

$$A_1=5\cos150^\circ+\mathrm{j}5\sin150^\circ=-4.330+\mathrm{j}2.50$$

$$A_2=10\cos(-180^\circ)+\mathrm{j}10\sin(-180^\circ)=-10$$

$$A_3=0+\mathrm{j}=\mathrm{j}$$

$$A_4=0-\mathrm{j}=-\mathrm{j}$$

2)

$$A_1=3-\mathrm{j}4=\sqrt{3^2+4^2}\angle\arctan\frac{-4}{3}=5\angle-53.1^\circ$$

$$A_2=-3-\mathrm{j}4=\sqrt{(-3^2)+(-4^2)}\angle\arctan\frac{-4}{-3}=5\angle233.1^\circ$$

$$A_3=\mathrm{j}5=5\angle90^\circ$$

复数 A_1, A_2 和 A_3 可用图 3-9 所示的有向线段来表示。

2. 用旋转相量表示正弦量

一个正弦量是由它的最大值(或有效值)、频率和初相三个要素决定的。但是,在线性交流电路中,所有的激励(即外加电压或电流)和响应(即任一部分产生的电压或电流)都是频率相同的正弦量,因此,在每个正弦响应的三个要素中,实际上只有最大值(或有效值)和初相两个要素是待求的未知量。如果采用复数来表示正弦量的振幅(或有效值)和初相就可以使正弦交流电路的分析和计算大为简化。

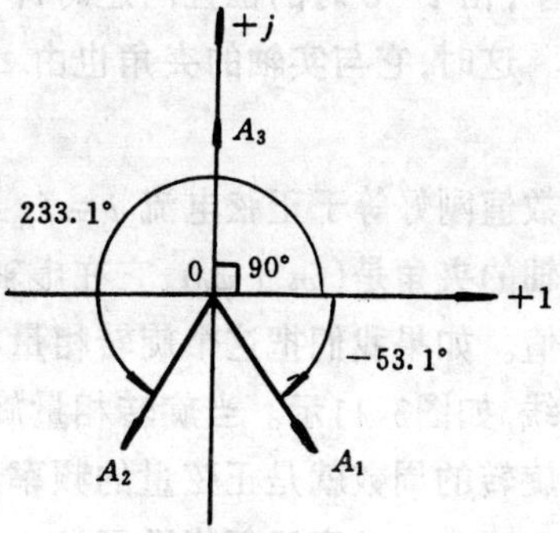

图 3-9

根据尤拉公式,一个复指数 $I_m e^{j(\omega t+\varphi_i)}$ 可写成

$$I_m e^{j(\omega t+\varphi_i)} = I_m[\cos(\omega t+\psi_i) + j\sin(\omega t+\varphi_i)]$$
$$= I_m\cos(\omega t+\varphi_i) + jI_m\sin(\omega t+\varphi_i)$$

从上式看出,复指数函数 $I_m e^{j(\omega t+\varphi_i)}$ 的虚部正好是正弦电流 i,即

$$i = I_m\sin(\omega t+\varphi_i) = \mathbf{Im}[I_m e^{j(\omega t+\varphi_i)}]$$
$$= \mathbf{Im}[I_m e^{j\varphi_i}\cdot e^{j\omega t}] = \mathbf{Im}[\dot{I}_m\cdot e^{j\omega t}] \tag{3-12}$$

式中复数

$$\dot{I}_m = I_m e^{j\varphi_i} = I_m\angle\varphi_i \tag{3-13}$$

的模 I_m 是正弦电流的振幅,辐角 φ_i 是正弦电流的初相,正好是正弦电流中的两个要素。为了把这样一个能表示正弦量的复数和一般复数相区别,把它叫做相量。相量在复平面上的图形叫相量图。$\dot{I}_m$ 叫电流相量,如图 3-10 所示。

复指数函数中的 $e^{j\omega t}=1\angle\omega t$,是旋转因子,它的辐角是 ωt 时间函数。即这个复指数函数是相量乘以旋转因子。显然,这个复指数函数的模是不变的(即指 I_m),其辐角则随时间变化(即指$(\omega t+\varphi_i)$)。这就相当于复指数函数沿逆时针方向以角速度 ω 不断地旋转,所以把它也叫做旋转相量。

在 $t=0$ 时旋转相量在复平面上的位置就相应于相量 $\dot{I}_m$,如图3-11所示。在计时开始时,旋转相量 $I_m e^{j\omega t}$ 和实轴的夹角是相量 $\dot{I}_m$ 的辐角 φ_i,这时它在虚轴上的投影为

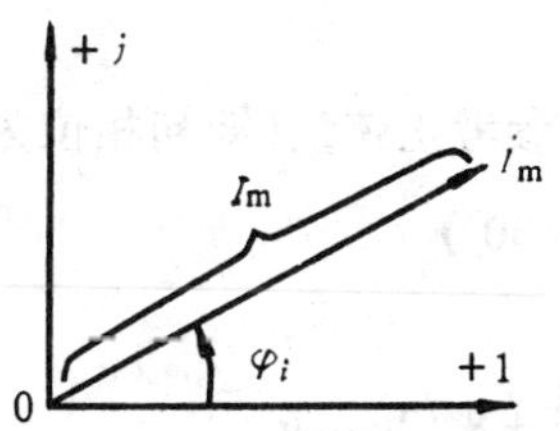

图 3-10

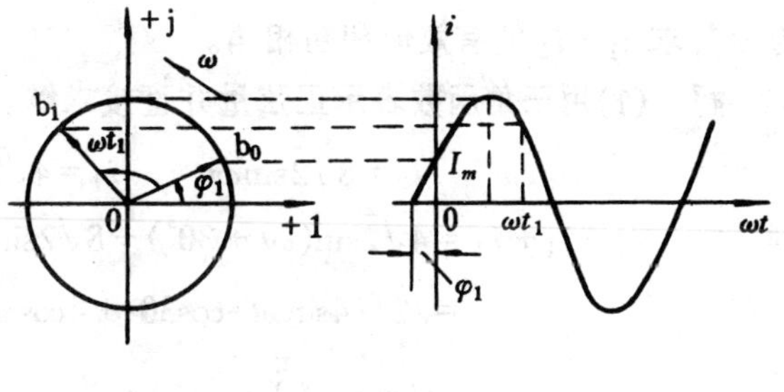

(a) (b)

图 3-11

$$Ob_0 = I_m\sin\varphi_i$$

其数值正好等于正弦电流 $i = I_m\sin(\omega t + \varphi_i)$在 $t = 0$ 时的值。当 $t = t_1$ 时，旋转相量的位置改变了，由 $t = 0$ 时的位置向逆时针方向旋转了一个角度 ωt_1。

这时，它与实轴的夹角也由 $t = 0$ 时的 φ_i 变成为$(\omega t_1 + \varphi_i)$，此时它在虚轴上的投影变为

$$Ob_1 = I_m\sin(\omega t_1 + \varphi_i)$$

其数值刚好等于正弦电流 $i = I_m\sin(\omega t + \varphi_i)$在 $t = t_1$ 时的值。对于任何瞬间 t，旋转相量与实轴的夹角是$(\omega t + \varphi_i)$，它在虚轴上的投影也正好是正弦电流 $i = I_m\sin(\omega t + \varphi_i)$在这一瞬间的值。如果我们把这个旋转相量在虚轴上的投影按照时间逐点描绘出来，就会得到一个正弦曲线，如图3-11示。当旋转相量旋转一周后，正弦曲线也变化一个周期，就是说旋转相量每秒钟旋转的周数就是正弦量的频率，而旋转相量的角速率ω就是正弦量的角频率。

式(3-12)表示复指数函数 $I_m e^{j(\omega t + \varphi_i)}$的虚部等于正弦电流 i，对应于这一关系，图 3-11 中的旋转相量 $\dot{I}_m e^{j\omega t}$在虚轴上的投影也刚好等于正弦电流 i。也就是说，相量 $\dot{I}_m$ 乘以旋转因子 $e^{j\omega t}$后，它的虚部才等于正弦电流 i。但乘以旋转因子这一步骤非常简单，可以免去。只要知道了正弦量，就可以写出它的相量，反之，知道了正弦量的相量，也可以直接写出它所代表的正弦量(角频率 ω 认为是已知的)，不必写出中间的变换过程。

由于正弦量的振幅与有效值之间固定的关系，因此，表示正弦电流、电压等的相量也可以用有效值来定义。例如，对于正弦电压

$$u = U_m\sin(\omega t + \varphi_u) = \sqrt{2}U\sin(\omega t + \varphi_u)$$

可以把它的电压相量定义为

$$\dot{U} = Ue^{j\varphi_u} = U\angle\varphi_u \tag{3-14a}$$

其中，$\dot{U}$ 的模是正弦电压的有效值 U，辐角是正弦电压的初相。又如已知电流相量为

$$\dot{I} = Ie^{j\varphi_i} = I\angle\varphi_i \tag{3-14b}$$

可以直接写出正弦电流

$$i = \sqrt{2}I\sin(\omega t + \varphi_i) = I_m\sin(\omega t + \varphi_i)$$

今后，用有效值定义的相量表示正弦量；为区别起见，把前面用幅值定义的相量叫振幅相量。

最后，再强调一下，用相量表示正弦量，实质上是一种数学变换，并不是说相量就等于正弦量。相量必须乘以旋转因子 $e^{j\omega t}$后，它的虚部才等于正弦量。

例 3-5 有两个同频率正弦电流($\omega = 100\pi$)，已知 $I_1 = 4A$，$I_2 = 8A$，且 i_1 超前 i_2 的角度为 30°，求 $i_1 + i_2$ 的有效值和初相角。

解 (1)用三角函数表示正弦量并直接求解。设 i_2 为参考正弦量(即初相位为零)

$$i_2 = 8\sqrt{2}\sin\omega t \qquad i_1 = 4\sqrt{2}\sin(\omega t + 30^\circ)$$

则

$$\begin{aligned}i_1 + i_2 &= 4\sqrt{2}\sin(\omega t + 30^\circ) + 8\sqrt{2}\sin\omega t\\&= \sqrt{2}[(4\sin\omega t\cdot\cos30^\circ + 4\cos\omega t\sin30^\circ)] + 8\sqrt{2}\sin\omega t\\&= \sqrt{2}[(4\cdot\frac{\sqrt{3}}{2}\sin\omega t + 4\cdot\frac{1}{2}\cos\omega t)] + 8\sqrt{2}\sin\omega t\\&= \sqrt{2}[2\sqrt{3} + 8)\sin\omega t + 2\cos\omega t]\\&= \sqrt{2}[11.46\sin\omega t + 2\cos\omega t]\end{aligned}$$

$$=\sqrt{2}\cdot\sqrt{11.46^2+2^2}\left[\frac{11.46}{\sqrt{11.46^2+2^2}}\sin\omega t+\frac{2}{\sqrt{11.46^2+2^2}}\cos\omega t\right]$$

$$=\sqrt{2}\cdot 11.63\left[\cos 10^\circ\sin\omega t+\sin 10^\circ\cos\omega t\right]$$

$$=\sqrt{2}\cdot 11.63\sin(\omega t+10^\circ)$$

此法计算麻烦，但从中可以得出一个结论，即同频率正弦量相加后，得到的仍然是同频率的正弦量。

(2)画出波形图，然后逐点相加

此方法是先画好 i_1 和 i_2 的波形图，如图 3-12 所示，然后把不同时刻的瞬时值相加，即可得到 $i=i_1+i_2$ 的波形。但是，这种办法作图麻烦，而且误差较大。

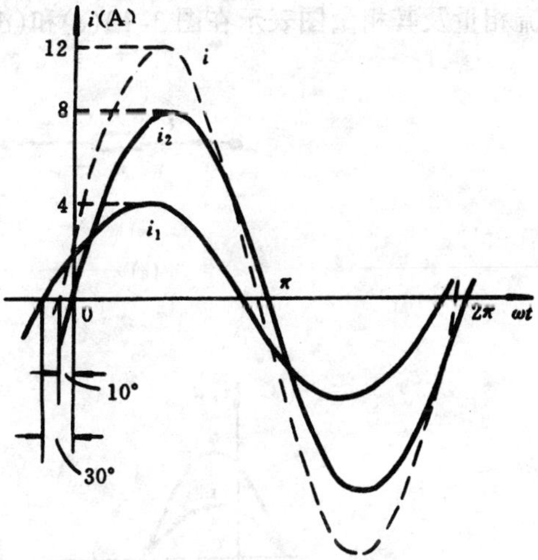

图 3-12

(3)相量法求解。设 i_1 和 i_2 的相量分别为

$$\dot I_1=4\angle 30^\circ\,\text{A}$$

$$\dot I_2=8\angle 0^\circ\,\text{A}$$

则 $\dot I=\dot I_1+\dot I_2$(在节 3-4 中说明此等式)

代入数字后有

$$\dot I=\dot I_1+\dot I_2=4\angle 30^\circ+8\angle 0^\circ$$

$$=4\cos 30^\circ+\text{j}4\sin 30^\circ+8\cos 0^\circ+\text{j}8\sin 0^\circ$$

$$=4\times\frac{\sqrt{3}}{2}+\text{j}4\times\frac{1}{2}+8+\text{j}0=2\sqrt{3}+8+\text{j}2$$

$$=3.46+8+\text{j}2=11.46+\text{j}2=11.63\angle 10^\circ$$

根据所求得的电流相量 $\dot I$，可直接写出 i，即

$$i=i_1+i_2=\sqrt{2}\cdot 11.63\sin(\omega t+10^\circ)\,\text{A}$$

显然，这种方法是最简单的。

3-3 R, L, C 伏安关系的相量形式

1. 电阻元件伏安特性的相量形式和功率

设图 3-13(a)所示电阻元件上流过的正弦电流为

$$i=\sqrt{2}\cdot I\sin(\omega t+\varphi_i)$$

其参考方向如图所示，根据欧姆定律有

$$u=R\cdot i=\sqrt{2}\cdot RI\sin(\omega t+\varphi_i)=\sqrt{2}\,U\sin(\omega t+\varphi_u)$$

其中 $$U=RI \quad 或 \quad U_m=RI_m \quad \varphi_u=\varphi_i \tag{3-15}$$

图 3-13(b)所示是 u 与 i 的波形图。可见，电阻元件电压有效值(或最大值)等于电流有效值(或最大值)乘以电阻，且 u 与 i 同相。

若用相量表示，则有

$$i = \mathbf{Im}[\dot{I}_{\mathrm{m}}\mathrm{e}^{\mathrm{j}\omega t}] = \mathbf{Im}[\sqrt{2}\dot{I}\mathrm{e}^{\mathrm{j}\omega t}]$$

其中 $$\dot{I} = I\mathrm{e}^{\mathrm{j}\varphi_i}$$

则 $$u = R\cdot i = R\mathbf{Im}[\dot{I}_{\mathrm{m}}\mathrm{e}^{\mathrm{j}\omega t}] = R\mathbf{Im}[\sqrt{2}\dot{I}\mathrm{e}^{\mathrm{j}\omega t}] = \mathbf{Im}[\sqrt{2}R\dot{I}\mathrm{e}^{\mathrm{j}\omega t}]$$

$$= \mathbf{Im}[\sqrt{2}\dot{U}\mathrm{e}^{\mathrm{j}\omega t}] \tag{3-16}$$

虽然两个复数的虚部相等,并不能说明两个复数相等,上式的含义是两个旋转相量任何瞬间虚部都相等,因此两个旋转相量必定相等。所以

$$\dot{U} = R\dot{I} \tag{3-17}$$

式(3-17)是电阻元件伏安关系的相量形式,它与式(3-15)是符合的,但后者在同一表达式中反映出电压、电流相量大小和初相关系,这就是用相量表示的长处。式(3-17)中的电压相量,电流相量及其相量图表示在图 3-13(c)和(d)。

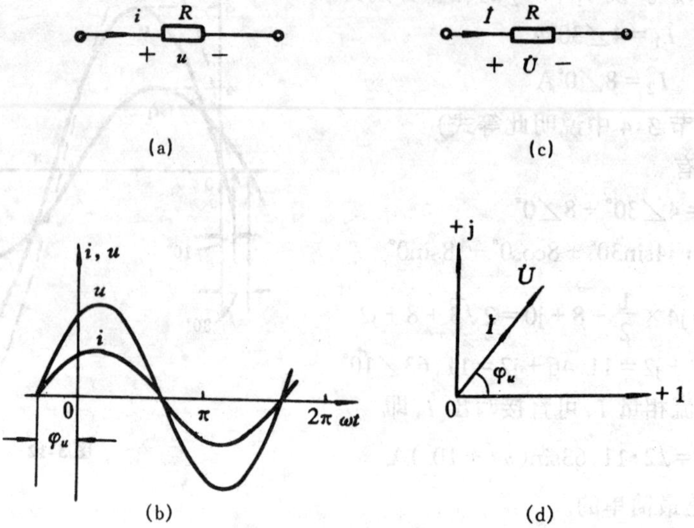

图 3-13

电阻元件在正弦交流电路中是一个耗能元件,但因电压、电流是随时间变化的,因此,它每瞬间吸收的功率也是随时间变化的,叫瞬时功率,用小写英文字母 p 表示,它等于电压瞬时值与电流瞬时值的乘积,即

$$p = u\cdot i \tag{3-18}$$

假定加在电阻上的正弦电流为 $i = I_{\mathrm{m}}\sin\omega t$,电压为 $u = U_{\mathrm{m}}\sin\omega t$,将其代入式 3-18 中有

$$p = u\cdot i = \sqrt{2}U\sin\omega t\cdot\sqrt{2}I\sin\omega t$$

$$= 2UI\sin^2\omega t = UI - UI\cos2\omega t \tag{3-19}$$

瞬时功率的波形如图 3-14 所示,由图可见,当电压和电流为零时,瞬时功率为零。当电压、电流最大时,瞬时功率也大,当电压、电流为负值时,瞬时功率仍为正值,这是因为不论电流从那个方向流经电阻,电阻总是消耗功率的,所以说电阻是一个消耗元件。

衡量元件消耗功率的大小,多采用平均功率(也叫有功功率),它是瞬时功率在一个周期内的平均值,用大写英文字母 P 表示,即

$$P = \frac{1}{T}\int_0^T p\,\mathrm{d}t = \frac{1}{T}\int_0^T u\cdot i\,\mathrm{d}t = \frac{1}{T}\int_0^T [UI - UI\cos2\omega t]\,\mathrm{d}t$$

$$= \frac{1}{T}\int_0^T UI\,dt - \frac{1}{T}\int_0^T UI\cos 2\omega t\,dt$$

$$= UI \qquad (3\text{-}20)$$

或 $$P = U^2/R = I^2R = U^2G \qquad (3\text{-}21)$$

上面说明：电阻的平均功率是一个与时间无关的常量，单位是瓦特，简称瓦，用英文字母W表示。

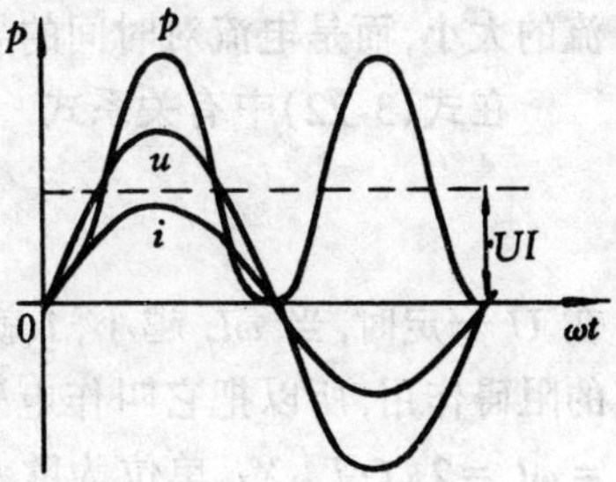

图 3-14

例 3-6 有100W，220V 的灯泡，接于

$$u = \sqrt{2}\cdot 220\sin(\omega t + 60^\circ)\text{V}$$

的电源上，求流经灯泡的电流瞬时值表达式（$\omega = 314\text{rad/s}$）。

解 因为 $P = U^2/R$

因为 $R = \frac{U^2}{P} = \frac{220^2}{100} = 484\Omega$

$$\dot{I} = \frac{\dot{U}}{R} = \frac{220\angle 60^\circ}{484} = 0.455\angle 60^\circ \text{A}$$

所以 $i = \sqrt{2}\cdot 0.455\sin(\omega t + 60^\circ)\text{A}$

2. 电感元件伏安特性的相量形式和功率

如图 3-15(a)所示为电感元件，设电流为

$$i = I_m\sin(\omega t + \varphi_i) = \sqrt{2}I\sin(\omega t + \varphi_i)$$

加在电感元件上，则其端电压为

$$u = L\cdot\frac{di}{dt} = \omega L\cdot I_m\cos(\omega t + \varphi_i) = \sqrt{2}\cdot\omega L\cdot I\sin(\omega t + \varphi_i + \frac{\pi}{2})$$

$$= U_m\sin(\omega t + \varphi_u) = \sqrt{2}U\sin(\omega t + \varphi_u)$$

式中 $$U_m = \omega L\cdot I_m \quad 或 \quad U = \omega L\cdot I \quad \varphi_u = \varphi_i + \frac{\pi}{2} \qquad (3\text{-}22)$$

由(3-22)式看出，电感的端电压与其通过的电流为同频率的正弦量，最大值为 $U_m = \omega L\cdot I_m$ 或

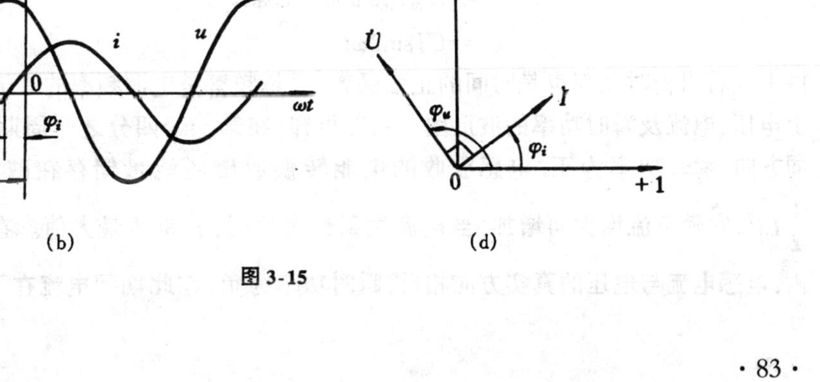

图 3-15

有效值 $U=\omega L\cdot I$，相位则是电压相位引前于电流相位90°。这是因为决定电压大小的不是电流的大小，而是电流对时间的导数。图3-15(b)表示出两者的波形图。

在式(3-22)中有关系式

$$\frac{U_{\mathrm{m}}}{I_{\mathrm{m}}}=\frac{U}{I}=\omega L \tag{3-23}$$

在 U 一定时，当 ωL 越小，I 就越大，看出 ωL 反映了电感对正弦电流的阻碍作用，所以把它叫作电感的感抗，简称感抗，用 X_L 表示，即 $X_L=\omega L=2\pi f\cdot L$，$X_L$ 单位为欧姆。当 L 一定时，感抗与频率呈线性关系，如图3-16所示。在直流电路中，$f=0$，则 $X_L=0$，即电感相当于短路。

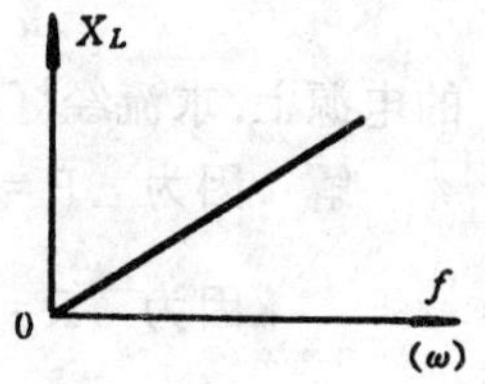

图 3-16

注意：电感的电压与电流最大值或有效值之比等于感抗，而瞬时值之比不等于感抗，并且，感抗只对正弦交流电路有意义。

电感中的电压与电流也可用相量形式表示，如图3-15(c)、(d)所示。

因
$$i=\mathbf{Im}[\dot{I}_{\mathrm{m}}e^{j\omega t}]=\mathbf{Im}[\sqrt{2}\dot{I}e^{j\omega t}]$$

则
$$\begin{aligned}u&=\mathbf{Im}[\dot{U}_{\mathrm{m}}e^{j\omega t}]=\mathbf{Im}[\sqrt{2}\dot{U}e^{j\omega t}]=\mathbf{Im}[L\cdot\frac{\mathrm{d}}{\mathrm{d}t}(\dot{I}_{\mathrm{m}}e^{j\omega t})]\\&=\mathbf{Im}[L\cdot\frac{\mathrm{d}}{\mathrm{d}t}(\sqrt{2}\dot{I}e^{j\omega t})]=\mathbf{Im}[j\omega L\sqrt{2}\dot{I}e^{j\omega t}]\\&=\mathbf{Im}[j\omega L\dot{I}_{\mathrm{m}}e^{j\omega t}]=\mathbf{Im}[\dot{U}_{\mathrm{m}}e^{j\omega t}]\end{aligned}$$

所以有
$$\dot{U}_{\mathrm{m}}=j\omega L\dot{I}_{\mathrm{m}}\quad 或\quad \dot{U}=j\omega L\cdot\dot{I}=jX_L\dot{I} \tag{3-24}$$

式(3-24)是电感元件伏安关系的相量形式。它同样表示出电感元件电压、电流相量的大小和相位的关系。

感抗的倒数称为感纳，用 B_L 表示，即

$$B_L=\frac{1}{\omega L}\qquad 单位为西门子(S)$$

电感元件的瞬时功率为

$$p=u\cdot i$$

当 $i=I_{\mathrm{m}}\sin\omega t$ 时，则
$$u=U_{\mathrm{m}}\sin(\omega t+\frac{\pi}{2})$$

将其代入上式中有

$$\begin{aligned}p&=u\cdot i=U_{\mathrm{m}}\sin(\omega t+\frac{\pi}{2})\cdot I_{\mathrm{m}}\sin\omega t\\&=U_{\mathrm{m}}I_{\mathrm{m}}\sin\omega t\cdot\cos\omega t\\&=UI\sin2\omega t\end{aligned} \tag{3-25}$$

由上式看出瞬时功率也是时间的正弦函数，只是频率是电源频率的二倍。图3-17给出了电感上电压、电流及瞬时功率的波形图。由图可知，在第一个四分之一周期内，由于电压与电流为同方向，瞬时功率为正，电感吸收的电能转换成磁场能量储存在磁场中，其能量为 $W_L=\frac{1}{2}Li^2$，它随电流增大而增加，当电流达到最大值时，p 也达最大值。在第二个四分之一周期内，电感电流与电压的真实方向相反，瞬时功率为负，在此期间电流在下降，磁场能量减少，即

电感中原先储存的磁场能量又返回给电源，到第二个四分之一周期结束，电流下降到零，磁场能量全部放出。第三个和第四个四分之一周期与第一个和第二个四分之一周期相似，只是电流方向相反而已。磁场能量与电流平方成正比，与电流方向无关，所以磁场能量的转换关系同前面一样，这里不再重复。可见电感只是储存与释放能量，并不消耗功率，因此，平均功率等于零，即

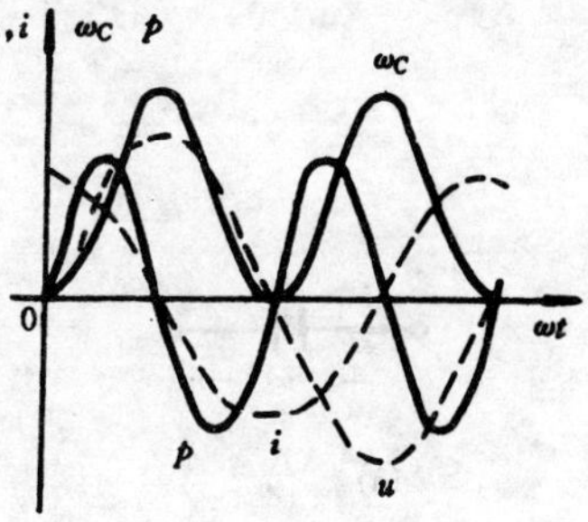

图 3-17

$$P = \frac{1}{T}\int_0^T p\,\mathrm{d}t = \frac{1}{T}\int_0^T UI\sin 2\omega t\,\mathrm{d}t = 0 \quad (3\text{-}26)$$

电感虽然不消耗能量，但由于它与电源之间存在能量交换，我们就用电感瞬时功率的最大值，即能量交换的最大速率来表示电感与电源间能量交换的情况，称为无功功率，用大写英文字母 Q_L 表示，即

$$Q_L = \frac{1}{2}U_\mathrm{m}I_\mathrm{m} = UI = I^2X_L = U^2/X_L \quad (3\text{-}27)$$

它的量纲与平均功率一样，但为了相区别，把它的单位叫做无功伏安，简称乏，用 var 表示。电感的无功功率与它所储存的磁场能量有关系，磁场能量瞬时值

$$w_L = \frac{1}{2}L\cdot i^2 = \frac{1}{2}L\cdot I_\mathrm{m}^2\sin^2\omega t = \frac{1}{4}LI_\mathrm{m}^2(1-\cos 2\omega t) \quad (3\text{-}28)$$

平均值为

$$W_L = \frac{1}{T}\int_0^T w_L\,\mathrm{d}t = \frac{1}{4}LI_\mathrm{m}^2 = \frac{1}{2}LI^2 \quad (3\text{-}29)$$

比较式(3-27)可知

$$Q_L = 2\omega W_L \quad (3\text{-}30)$$

它表明了电感无功功率和平均磁场能量间关系。

3. 电容元件伏安特性的相量形式和功率

设加在电容两端电压

$$\begin{aligned} u &= U_\mathrm{m}\sin(\omega t+\varphi_u) \\ &= \sqrt{2}U\sin(\omega t+\varphi_u) \end{aligned}$$

则电容中将有电流通过，根据图 3-18(a)所示参考方向，有

$$\begin{aligned} i &= C\cdot\frac{\mathrm{d}u}{\mathrm{d}t} \\ &= \omega CU_\mathrm{m}\cos(\omega t+\varphi_u) \\ &= \sqrt{2}\cdot\omega CU\sin(\omega t+\varphi_u+\frac{\pi}{2}) \\ &= I_\mathrm{m}\sin(\omega t+\varphi_i) = \sqrt{2}I\sin(\omega t+\varphi_i) \end{aligned}$$

式中

$$I_\mathrm{m} = \omega CU_\mathrm{m} \text{ 或 } I = \omega CU \quad \varphi_i = \varphi_u + \frac{\pi}{2} \quad (3\text{-}31)$$

由式(3-31)看出，电容的电流与其端电压为同频率正弦量，其最大值为 $I_\mathrm{m} = \omega CU_\mathrm{m}$ 或有效值 $I = \omega CU$，而相位则是电流的相位超前于电压相位$\frac{\pi}{2}$(或 90°)，这是因为决定电流的不是电压的大小，而是电压对时间的导数。图 3-18(b)示出了电流与电压的波形图。由式(3-31)有

$$\frac{U_m}{I_m}=\frac{I}{U}=\frac{1}{\omega C} \tag{3-32}$$

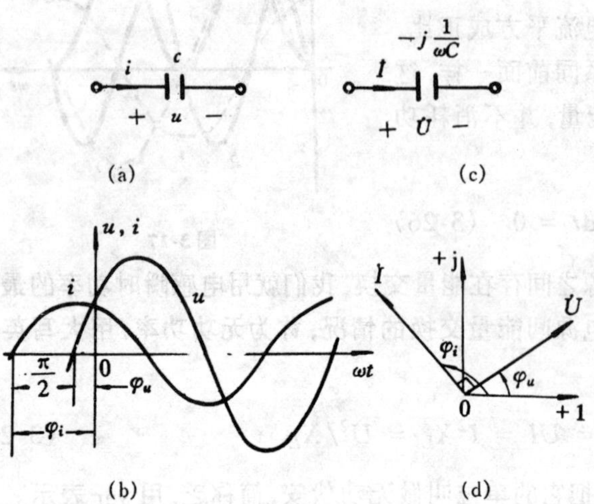

图 3-18

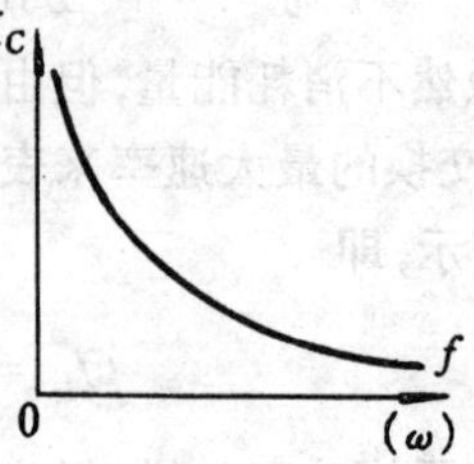

图 3-19

在 U 一定时，当 $\frac{1}{\omega C}$ 越大，则电流就越小，可以看出 $\frac{1}{\omega C}$ 反映了电容对正弦电流的阻碍作用，称它为电容的容抗，简称为容抗，用 X_C 表示，即 $X_C=\frac{1}{\omega C}=\frac{1}{2\pi fC}$，$X_C$ 单位是欧姆。当 C 一定时，容抗与频率呈反比关系，如图 3-19 所示。

注意：电压、电流的最大值或有效值之比等于容抗，但瞬时值之比不等于容抗。对直流电路来说 $f=0$，所以 $X_C=\infty$，即电容相当于开路状态。

电容中电流与电压关系也可用相量形式表示，如图 3-18(c)与(d)所示。

$$u=\mathbf{Im}[\dot{U}_m e^{j\omega t}]=\mathbf{Im}[\sqrt{2}\dot{U}e^{j\omega t}]$$

$$i=\mathbf{Im}[\dot{I}_m e^{j\omega t}]=\mathbf{Im}[\sqrt{2}\dot{I}e^{j\omega t}]$$

$$=\mathbf{Im}[C\frac{d}{dt}(\dot{U}_m e^{j\omega t})]=\mathbf{Im}[C\frac{d}{dt}(\sqrt{2}\dot{U}e^{j\omega t})]$$

$$=\mathbf{Im}[j\omega C\dot{U}_m e^{j\omega t}]=\mathbf{Im}[j\omega C\sqrt{2}\dot{U}e^{j\omega t}]=\mathbf{Im}[\dot{I}_m e^{j\omega t}]$$

所以有 $\dot{I}_m=j\omega C\dot{U}_m$ 或 $\dot{I}=j\omega C\dot{U}$ 或 $\dot{U}=\frac{1}{j\omega C}\dot{I}$ (3-33)

容抗的倒数称为容纳，用字母 B_C 表示，即

$$B_C=\omega C \quad \text{单位为西门子(S)}$$

电容元件的瞬时功率

设
$$u=U_m\sin\omega t$$

则
$$i=I_m\sin(\omega t+\frac{\pi}{2})$$

其瞬时功率为

$$p=u\cdot i=U_m\sin\omega t\cdot I_m\sin(\omega t+\frac{\pi}{2})$$

$$=U_m\sin\omega t\cdot I_m\cos\omega t=UI\sin 2\omega t \tag{3-34}$$

由式看出，瞬时功率也是时间的正弦函数，且频率为电源频率的二倍。图3-20给出了电容上电

流、电压及瞬时功率的波形(同电感瞬时功率的波形一样)。由图示可见,在第一个四分之一周期内,电压由零增加到最大值,电流是从电容正极流入,所以瞬时功率为正,表示电容吸收能量,且储存在电容器的电场中,这是电容器充电过程,此时,电场能量是由零增加到最大值,在第二个四分之一周期内,由于电压由最大值减少到零,此时,电流从电容器负极板流入,瞬时功率为负,而电容器放出能量,原先储存的电场能量此时放出,直到全部放完为止,这叫电容器放电过程。后半个周期同前半个周期比较,只是电压、电流都反了一个方向,即是对电容器反方向充电、放电的过程。由上述过程看出,电容元件的作用是储存和释放电场能量,并不消耗功率,所以,其平均功率等于零,即

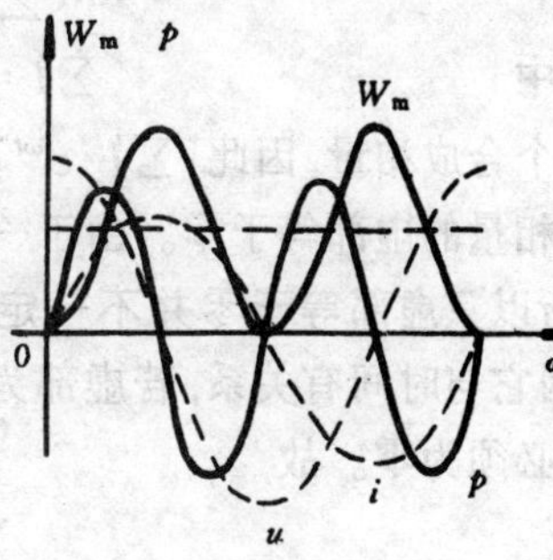

图 3-20

$$P = \frac{1}{T}\int_0^T p\mathrm{d}t = \frac{1}{T}\int_0^T u \cdot i\mathrm{d}t = \frac{1}{T}\int_0^T UI\sin 2\omega t\,\mathrm{d}t = 0 \tag{3-35}$$

电容虽然不消耗能量,但它与电源之间存在有能量交换,并且是通过瞬时功率反映出来的,由此,我们用电容的瞬时功率最大值,即能量交换的最大速率来表示电容与电源间能量交换的情况,称作无功功率,用大写字母 Q_C 表示,即

$$Q_C = \frac{1}{2}U_\mathrm{m}I_\mathrm{m} = UI = I^2X_C = U^2/X_C \tag{3-36}$$

Q_C 单位与 Q_L 一样,也叫做无功伏安,简称之乏,用 var 表示。

电容储存的电场能量瞬时值为

$$w_C = \frac{1}{2}C\cdot u^2 = \frac{1}{2}CU_\mathrm{m}^2\sin^2\omega t = \frac{1}{4}CU_\mathrm{m}^2(1-\cos 2\omega t) \tag{3-37}$$

其平均值为

$$W_C = \frac{1}{T}\int_0^T w_C\mathrm{d}t = \frac{1}{4}CU_\mathrm{m}^2 = \frac{1}{2}CU^2 \tag{3-38}$$

比较式(3-36)有

$$Q_C = 2\omega W_C \tag{3-39}$$

上式表明了电容无功功率和平均电场能量间的关系。

3-4 基尔霍夫定律的相量形式

对图 3-21 中流入、流出节点 A 的电流,根据基尔霍夫第一定律有

$$\sum i = i_1 - i_2 + i_3 = 0$$

若 i_1, i_2 和 i_3 是同频率正弦电流,就可用相量 $\dot{I}_1, \dot{I}_2$ 和 $\dot{I}_3$ 来表示,则上式可写

$$\mathbf{Im}[\sqrt{2}\dot{I}_1\mathrm{e}^{\mathrm{j}\omega t}] - \mathbf{Im}[\sqrt{2}\dot{I}_2\mathrm{e}^{\mathrm{j}\omega t}] + \mathbf{Im}[\sqrt{2}\dot{I}_3\mathrm{e}^{\mathrm{j}\omega t}] = 0$$

即

$$\mathbf{Im}[(\dot{I}_1 - \dot{I}_2 + \dot{I}_3)\mathrm{e}^{\mathrm{j}\omega t}] = 0$$

$$\mathrm{Im}\left[\sum \dot{I} \cdot e^{j\omega t}\right] = 0 \tag{3-40}$$

上式中 $\sum \dot{I} = \dot{I}_1 - \dot{I}_2 + \dot{I}_3$

是一个合成相量,因此$\left[\sum \dot{I} \cdot e^{j\omega t}\right]$是一个旋转相量。式(3-40)表示一个旋转相量的虚部等于零。由于一个复数等于零,必须实部和虚部均等于零,所以只虚部等于零并不一定复数等于零。但对旋转相量这样的复数,因它与时间有关系,若虚部为零(而且要求任何时刻都为零),则复数本身必须为零。故

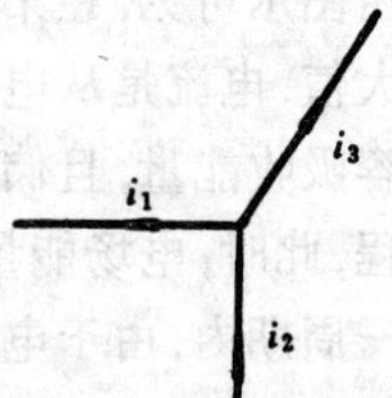

图 3-21

$$\sum \dot{I} = 0 \tag{3-41}$$

上式为基尔霍夫第一定律的相量形式。在正弦交流电路中,任一时刻流出任一节点各电流的相量的代数和恒等于零。

同时,可得出基尔霍夫第二定律的相量形式

$$\sum \dot{U} = 0 \tag{3-42}$$

即在正弦交流电路中,沿任意闭合回路,各电压相量的代数和恒等于零。

例 3-7 已知某线圈的电感为0.1H,加在线圈上的正弦电压为10V(有效值),初相为30°,角频率为10^6rad/s。若线圈可看作是纯电感,试求线圈中的电流,写出其瞬时值表达式并画出相量图。

解

$$\dot{I} = \frac{\dot{U}}{j\omega L} = \frac{10\angle 30^\circ}{10^5\angle 90^\circ} = 10^{-4}\angle -60^\circ$$

$$i = \sqrt{2} \times 10^{-4}\sin(\omega t - 60^\circ)\mathrm{A}$$

相量图如图 3-22 所示

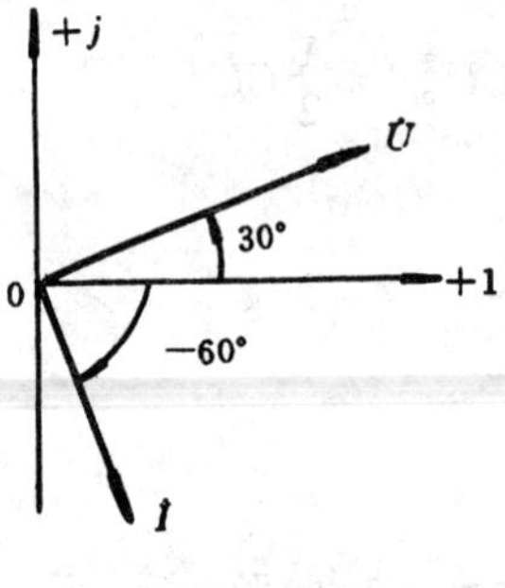

图 3-22

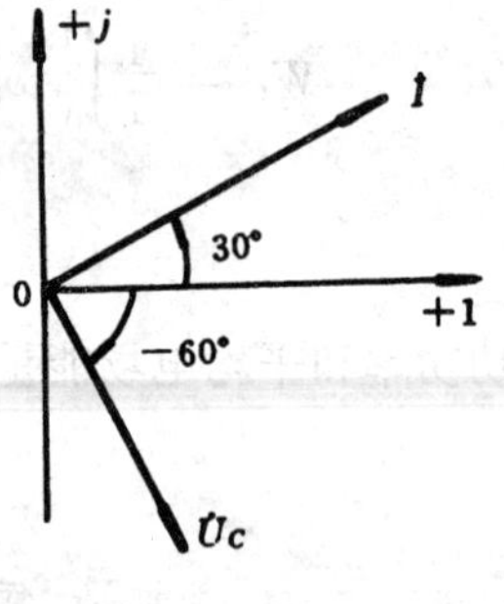

图 3-23

例3-8 已知一电容 $C = 500\mathrm{pF}$,通过该电容的电流 $i = \sqrt{2} \cdot 20\sin(10^6 t + 30^\circ)\mathrm{mA}$,求电容两端的电压,写出瞬时值表达式并画出相量图。

解

$$\begin{aligned}\dot{U}_C &= -jX_C\dot{I} \\ &= -j20 \times 10^{-3} \times \frac{1}{10^6 \times 500 \times 10^{-12}}\angle 30^\circ \\ &= -j20 \times 10^{-3} \times 2 \times 10^3\angle 30^\circ = 40\angle -60^\circ\mathrm{A}\end{aligned}$$

相量图如图 3-23 所示。

例 3-9 在图3-21 所示电路中，若已知 $i_1=5\sin(\omega t+30^\circ)$A，$i_2=4\sin(\omega t+60^\circ)$A，试求 i_3。

解 据基尔霍夫第一定律的相量形式有

$$\sum \dot{I}=\dot{I}_1-\dot{I}_2+\dot{I}_3=0$$

又因为

$$\dot{I}_1=\frac{1}{\sqrt{2}}(5\angle 30^\circ)=\frac{1}{\sqrt{2}}(4.330+\text{j}2.50)$$

$$\dot{I}_2=\frac{1}{\sqrt{2}}(4\angle 60^\circ)=\frac{1}{\sqrt{2}}(2+\text{j}3.464)$$

代入上式中有

$$\begin{aligned}\dot{I}_3=\dot{I}_2-\dot{I}_1&=\frac{1}{\sqrt{2}}[(2+\text{j}3.464)-(4.330+\text{j}2.50)]\\&=\frac{1}{\sqrt{2}}(-2.330+\text{j}0.964)\\&=\frac{1}{\sqrt{2}}\times 2.52\angle 157.5^\circ\ \text{A}\end{aligned}$$

瞬时值表达式为

$$i_3=2.52\sin(\omega t+157.5^\circ)\text{A}$$

3-5 复阻抗、复导纳及其等效变换

1. *R*, *L*, *C* 串联，复阻抗

R, *L*, *C* 串联电路如图 3-24 所示，设电路中流过的电流为

$$i=\sqrt{2}I\sin(\omega t+\varphi_i)$$

相量形式为

$$\dot{I}=I\angle\varphi_i$$

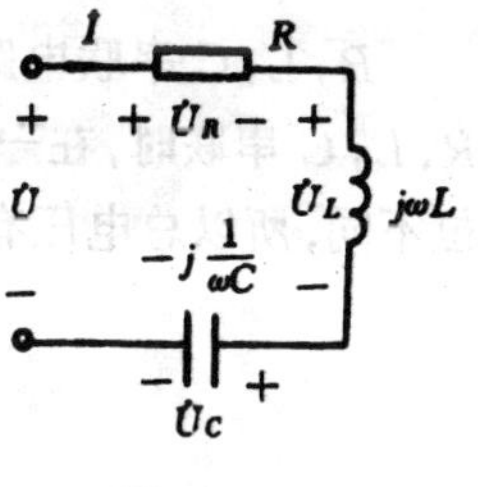

图 3-24

根据基尔霍夫第二定律的相量形式可写出

$$\dot{U}=\dot{U}_R+\dot{U}_L+\dot{U}_C \tag{3-43}$$

又知 $\dot{U}_R=R\dot{I}$ $\dot{U}_L=\text{j}\omega L\dot{I}$ $\dot{U}_C=-\text{j}\frac{1}{\omega C}\dot{I}$

代入上式有

$$\begin{aligned}\dot{U}&=[R+\text{j}(\omega L-\frac{1}{\omega C})]\dot{I}\\&=[R+\text{j}(X_L-X_C)]\dot{I}\\&=[R+\text{j}X]\dot{I}=Z\dot{I}\end{aligned} \tag{3-44}$$

式(3-44)在形式上与欧姆定律相似，称为欧姆定律的相量形式。式中

$$Z=R+\text{j}X=z\angle\varphi \tag{3-45}$$

称为复阻抗，它等于电压相量与电流相量之比。*R*, *L*, *C* 串联电路复阻抗的实部为电阻 *R*，虚部为感抗和容抗之差，即 $X=X_L-X_C$，*X* 称为电抗。复阻抗的模和幅角分别为

$$z=\sqrt{R^2+X^2}=\sqrt{R^2+(X_L-X_C)^2} \tag{3-46}$$

$$\varphi=\arctan\frac{X}{R}=\arctan\frac{X_L-X_C}{R} \tag{3-47}$$

为进一步说明电压相量、电流相量与复阻抗之间的关系，下面对式(3-44)分析一下。因为 $\dot{U}=U/\angle\varphi_u$，$\dot{I}=I\angle\varphi_i$ 则

$$\frac{\dot{U}}{\dot{I}}=\frac{U\angle\varphi_u}{I\angle\varphi_i}=Z=z\angle\varphi$$

由此得出

$$\left.\begin{aligned}&\frac{U}{I}=z\\ &\varphi_u-\varphi_i=\varphi\end{aligned}\right\} \tag{3-48}$$

与

可见复阻抗的模等于电压与电流有效值之比，复阻抗的幅角 φ(称阻抗角)等于电压与电流的相位差，所以复阻抗不但反映了电压与电流的大小关系，同时又表示出它们之间的相位关系。

由式(3-46)、(3-47)看出，电阻 R，电抗 X 与阻抗 Z 构成一个直角三角形，叫做阻抗三角形。如图3-25所示。

注意两点：首先是 Z 虽然是复数，但它与时间无关，为了与电压、电流相量相区别，Z 字母上面不带点，其次是当 $X>0$，即 $X_L>X_C$，则电抗为电感性的，当 $X<0$，即 $X_L<X_C$，则电抗为电容性的。当 $X_L=X_C$ 时，电路呈纯电阻性的。

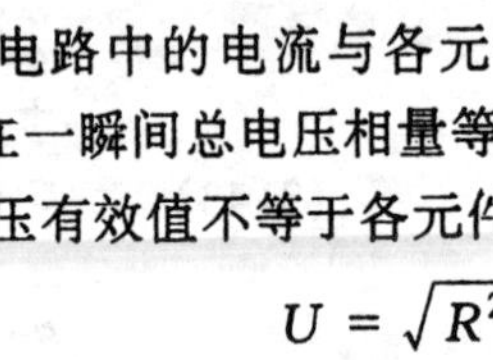

图 3-25

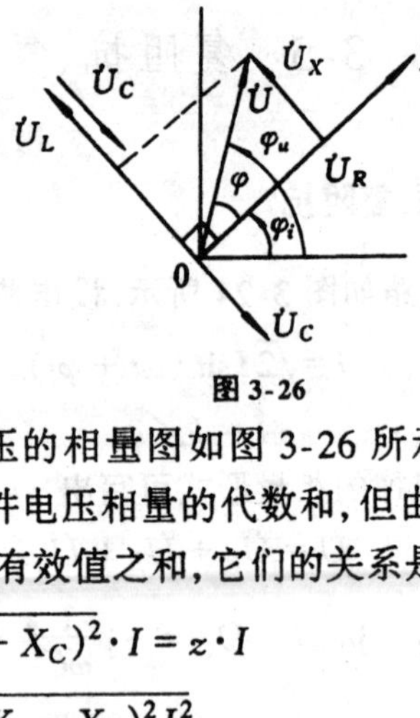

图 3-26

R, L, C 串联电路中的电流与各元件上电压的相量图如图 3-26 所示。由图示看出，在 R, L, C 串联时，在一瞬间总电压相量等于各元件电压相量的代数和，但由于三元件电压的相位不同，所以总电压有效值不等于各元件上电压有效值之和，它们的关系是

$$\begin{aligned}U&=\sqrt{R^2+(X_L-X_C)^2}\cdot I=z\cdot I\\ &=\sqrt{(RI)^2+(X_L-X_C)^2I^2}\\ &=\sqrt{U_R^2+(U_L-U_C)^2}\end{aligned} \tag{3-49}$$

式中 U_R 为电阻电压有效值，U_L-U_C 是电抗电压有效值，两者相减是因为它们的相位相反所致。

由式(3-49)看出，三个电压构成一个直角三角形，叫做电压三角形，如图3-25所示。阻抗三角形和电压三角形是相似三角形，因为 $U_R=RI$，$U_X=XI$，$U=zI$。

例 3-10 日光灯正常工作时，如果不计镇流器的电阻，就是一个 L(镇流器)和 R(灯管)的串联电路，如图3-27所示。设已知外加电压 $U=220\text{V}$，$f=50\text{Hz}$，电流 $I=0.36\text{A}$，日光灯的

功率 $P=40\text{W}$。求镇流器的电感 L。

解 以电流为参考相量,即

$$\dot{I}=0.36\angle 0^\circ \text{A}$$

即

$$\dot{U}=220\angle \varphi \text{V}$$

因为 $P=I^2R$,故灯管的电阻为

$$R=\frac{P}{I^2}=\frac{40}{0.36^2}=308.6\Omega$$

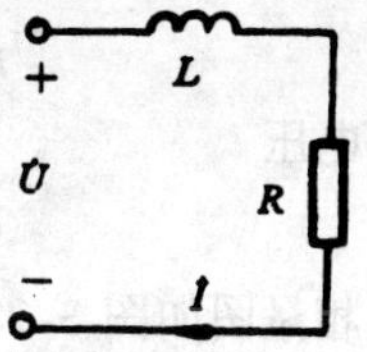

图 3-27

根据式(3-44),有

$$220\angle \varphi=(308.6+\text{j}X_L)0.36\angle 0^\circ$$

即

$$220\cos\angle \varphi+\text{j}220\sin\varphi=111.1+\text{j}0.36X_L$$

又据复数相等的条件,得出

$$\begin{cases}220\cos\varphi=111.1\\220\sin\varphi=0.36X_L\end{cases}$$

联立解得

$$\varphi=59.67^\circ$$

$$X_L=527.5\Omega$$

故

$$L=\frac{X_L}{\omega}=\frac{527.5}{2\pi\cdot 50}=1.679\text{H}$$

本题也可解之为

$$U_R=\frac{P}{I}=\frac{40}{0.36}=111.1\text{V}$$

据电压三角形,已知 $U_R=111.1\text{V}$, $U=220\text{V}$,故

$$U_L=\sqrt{U^2-U_R^2}=\sqrt{220^2-111.1^2}=189.9\text{V}$$

由此得

$$X_L=\frac{U_L}{I}=\frac{189.9}{0.36}=527.5\Omega$$

$$L=\frac{X_L}{\omega}=1.679\text{H}$$

例 3-11 有 $R=30\Omega$, $L=127\text{mH}$ 的线圈与理想电容 $C=39.8\mu\text{F}$ 相串联,接到电压为 220V 频率为 50Hz 的正弦交流电源上,试求通过线圈的电流、线圈电压及电容器上电压,并绘出相量图。

解

$$X_L=2\pi f\cdot L=100\pi\times 127\times 10^{-3}=40\Omega$$

$$X_C=\frac{1}{2\pi fC}=\frac{1}{100\pi\times 39.8\times 10^{-6}}=80\Omega$$

复阻抗为

$$Z=R+\text{j}(X_L-X_C)=30+\text{j}(40-80)=30-\text{j}40=50\angle -53.1^\circ\Omega$$

以电源电压为参考相量,即

$$\dot{U}=220\angle 0^\circ \text{V}$$

则

$$\dot{I}=\frac{\dot{U}}{Z}=\frac{220\angle 0^\circ}{50\angle -53.10^\circ}=4.4\angle 53.1^\circ\Omega$$

线圈复阻抗

$$Z_{RL}=R+\mathrm{j}X_L=30+\mathrm{j}40=50\angle 53.1^\circ\Omega$$

线圈电压

$$\dot{U}_{RL}=Z_{RL}\cdot\dot{I}=50\angle 53.1^\circ\times 4.4\angle 53.1^\circ=220\angle 106.20^\circ\mathrm{V}$$

电容电压

$$\dot{U}_C=-\mathrm{j}X_C\cdot\dot{I}=-\mathrm{j}80\times 4.4\angle 53.1^\circ=352\angle -36.9^\circ\mathrm{V}$$

相量图如图 3-28 所示。

2. R,L,C 并联，复导纳

R,L,C 并联电路，如图 3-29 所示，设电源电压为

$$u=\sqrt{2}\cdot U\sin(\omega t+\varphi_u)$$

相量形式为
$$\dot{U}=U\angle\varphi_u$$

根据图 3-29 所示参考方向，有

$$\dot{I}_R=G\dot{U},\ \dot{I}_L=-\mathrm{j}\frac{1}{\omega L}\dot{U}=-\mathrm{j}B_L\dot{U},\ \dot{I}_C=\mathrm{j}\omega C\dot{U}=\mathrm{j}B_C\dot{U}$$

根据基尔霍夫第一定律的相量形式，可写出

$$\begin{aligned}\dot{I}&=\dot{I}_R+\dot{I}_L+\dot{I}_C\\&=G\dot{U}+(-\mathrm{j}B_L)\dot{U}+\mathrm{j}B_C\dot{U}\\&=[G+\mathrm{j}(B_C-B_L)]\dot{U}\\&=[G+\mathrm{j}B]\dot{U}\\&=Y\cdot\dot{U}\end{aligned}\tag{3-50}$$

式中
$$Y=G+\mathrm{j}B=y\angle\theta=y\angle -\varphi\tag{3-51}$$

称为电路的复导纳。复导纳等于电流相量与电压相量之比。R,L,C 并联电路中的复导纳实部是电导 G，虚部是感纳和容纳之差，即 $B=B_C-B_L$。B 称为电纳。

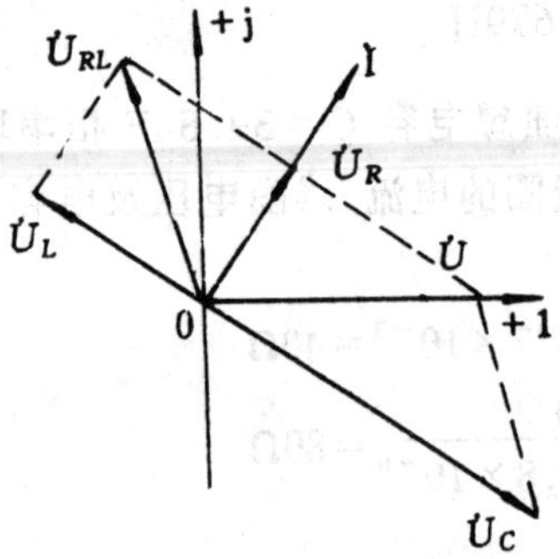

图 3-28

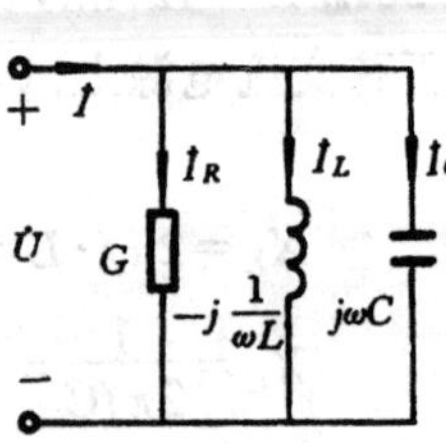

图 3-29

复导纳与复阻抗一样，它也不是时间函数，因此，Y 上面也不带点。式(3-50)也是欧姆定律的相量形式。复导纳的模与幅角分别为

$$z=\sqrt{G^2+B^2}=\sqrt{G^2+(B_C-B_L)^2}\tag{3-52}$$

$$\varphi = \arctan\frac{B}{G} = \arctan\frac{B_C - B_L}{G}$$

由式(3-50)有

$$Y = \frac{\dot{I}}{\dot{U}} = \frac{I\angle\varphi_i}{U\angle\varphi_u} = \frac{I}{U}\angle\varphi_i - \varphi_u = y\angle\theta = y\angle-\varphi$$

所以有

$$y = \frac{I}{U}, \theta = -\varphi = \varphi_i - \varphi_u$$

可见,复导纳的模等于电流与电压有效值之比,幅角 θ 叫做导纳角,等于电流与电压的相位差,$-\theta$ 就是阻抗角。φ 的正负由 B 的正负来决定,当 $B<0$ 时,$\varphi>0$,电压相位越前于电流相位,电路呈感性,当 $B>0$ 时,$\varphi<0$,电压相位落后于电流相位,电路呈容性。

R,L,C 并联电路中各支路电流与电源电压的相量图如图 3-30 所示。同分析 R,L,C 串联电路一样,R,L,C 并联电路总电流有效值不等于各支路电流有效值之和,而是

$$\begin{aligned} I &= YU = \sqrt{G^2 + B^2}\cdot U = \sqrt{G^2 + (B_C - B_L)^2}\cdot U \\ &= \sqrt{(GU)^2 + [(B_C - B_L)\cdot U]^2} = \sqrt{I_R^2 + (I_C - I_L)^2} \end{aligned} \tag{3-54}$$

式中 I_R 为电导支路电流有效值,I_L 为感纳支路电流有效值,I_C 为容纳支路电流有效值。

由式(3-52)、(3-53)可以看出,电导 G、电纳 B 与导纳 Y 构成一个直角三角形,叫做导纳三角形,如图 3-31 所示。由式(3-54)看出,三个电流也构成一个直角三角形,叫做电流三角形,如图 3-31 所示。导纳三角形与电流三角形是相似三角形,因为 $I_R = GU, I_B = BU, I = yU$ 所致。

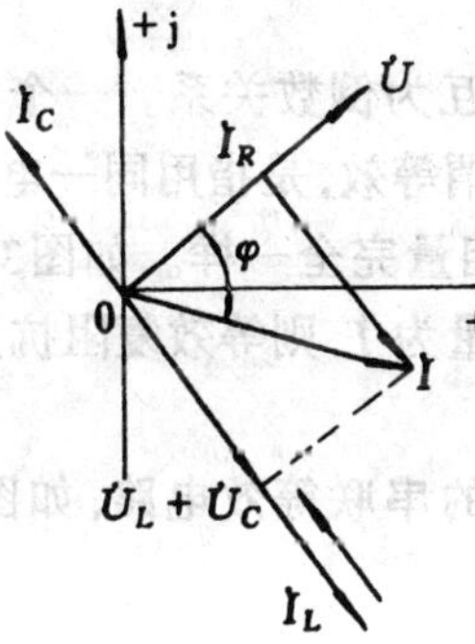

图 3-30

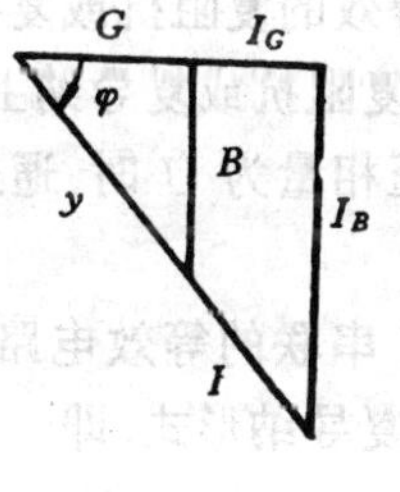

图 3-31

例 3-12 图3-32 所示为 R,L 并联电路,已知 $R=\frac{1}{3}\text{k}\Omega, X_L=\frac{1}{4}\text{k}\Omega$,外加电源电压有效值为 $U=220\text{V}$,试求总电流有效值。

解

$$G = \frac{1}{R} = \frac{3}{1000} = 0.003\text{S}$$

$$B_L = \frac{1}{X_L} = \frac{4}{1000} = 0.004\text{S}$$

则

$$Y = G + \text{j}B_L = 0.003 - \text{j}0.004 = 0.005\angle-53.1^\circ\text{S}$$

根据欧姆定律有

$$I = yU = 0.005 \times 220 = 1.1\text{A}$$

例 3-13 一个由 R, L, C 组成的并联电路，已知 $R = 25\Omega$, $L = 2\text{mH}$, $C = 5\mu\text{F}$，总电流有效值 $I = 0.34\text{A}$，电源角频率 $\omega = 5000\text{rad/s}$，试求总电压和通过各元件的电流。

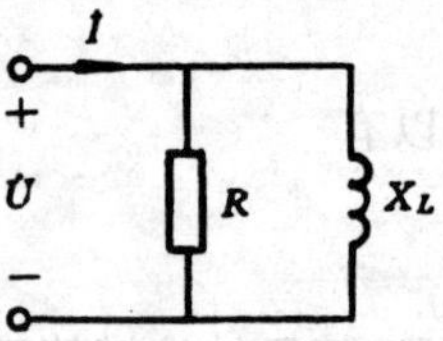

图 3-32

解 各支路的复导纳分别为

$$Y_R = \frac{1}{R} = \frac{1}{25} = 0.04\text{S}$$

$$Y_L = \frac{1}{\text{j}\omega L} = -\text{j}\frac{1}{5000 \times 2 \times 10^{-3}} = -\text{j}0.1\text{S}$$

$$Y_C = \text{j}\omega C = 5000 \times 5 \times 10^{-6} = \text{j}0.025\text{S}$$

电路总复导纳为

$$Y = 0.04 + \text{j}(0.025 - 0.1) = 0.04 - \text{j}0.075$$
$$= 0.085\angle -61.93^\circ\text{S}$$

总电压相量为

$$\dot{U} = \frac{\dot{I}}{Y} = \frac{0.34\angle 0^\circ}{0.085\angle -61.93^\circ} = 4\angle 61.93^\circ\text{V}$$

通过各元件的电流相量分别为

$$\dot{I}_R = 0.04 \times 4\angle 61.93^\circ = 0.16\angle 61.93^\circ\text{A}$$

$$\dot{I}_L = -\text{j}0.1 \times 4\angle 61.93^\circ = 0.4\angle -28.07^\circ\text{A}$$

$$\dot{I}_c = \text{j}0.0254 \times 4\angle 61.93^\circ = 0.1\angle 151.93^\circ\text{A}$$

3. 复阻抗与复导纳的等效变换

前面已经分别讨论了复阻抗与复导纳，它们之间是互为倒数关系。一个负载或无源二端网络，总可以用一个等效的复阻抗或复导纳来表示。所谓等效，是指用同一电压相量加到这个负载上和加到等效的复阻抗或复导纳上所产生的电流相量完全一样。如图3-33(a)所示无源二端网络，当所加电压相量为 $\dot{U}$ 时，通过电路的电流相量为 $\dot{I}$，则等效复阻抗为

$$Z = R + \text{j}X$$

说明负载可用 R 与 X 串联的等效电路来代替，叫负载的串联等效电路，如图 3-33(b)所示。还可以把负载等效成复导纳形式，即

$$Y = \frac{\dot{I}}{\dot{U}} = \frac{I\angle\varphi_i}{U\angle\varphi_u} = \frac{I}{U}\angle -\varphi = G + \text{j}B$$

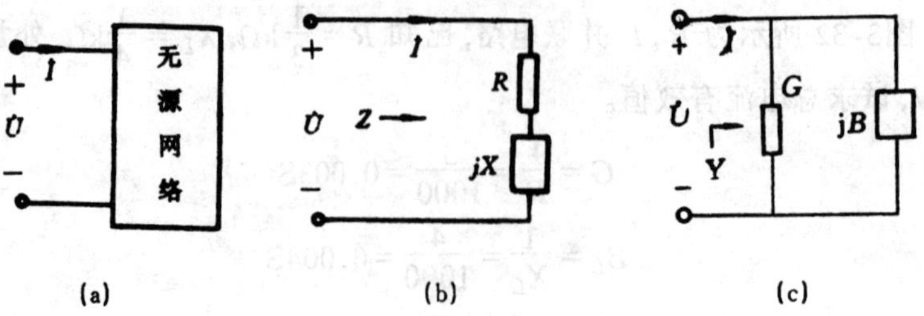

图 3-33

负载可用 G 与 jB 并联的等效电路代替，叫负载的并联等效电路，如图 3-33(c)所示。同一个负载即可用串联等效电路表示，又可用并联等效电路表示，这两个等效电路参数间必定有确定的关系。由于 Z 与 Y 互为倒数，这个关系就不难找到

$$Z=\frac{1}{Y}$$

$$R+\mathrm{j}X=\frac{1}{G+\mathrm{j}B}=\frac{G}{G^2+B^2}+\mathrm{j}\frac{-B}{G^2+B^2}$$

所以

$$R=\frac{G}{G^2+B^2}\qquad X=\frac{-B}{G^2+B^2}\tag{3-55}$$

例如，一个电感线圈，可把它示为一个阻抗为 $Z=R+\mathrm{j}\omega L$，其电路如图 3-33(b)所示，若用并联等效电路去表示，如图 3-33(c)所示

$$Y=\frac{1}{Z}=\frac{1}{R+\mathrm{j}\omega L}=\frac{R}{R^2+(\omega L)^2}+\mathrm{j}\frac{-\omega L}{R^2+(\omega L)^2}=G+\mathrm{j}B$$

其中并联等效电导和等效电纳分别为

$$G=\frac{R}{R^2+(\omega L)^2}$$

$$B=\frac{-\omega L}{R^2+(\omega L)^2}$$

应当注意的是，当把电阻与电感串联组成的电路，化成为等效的电导与电纳并联的电路时，它的等效电导不等于原电路中电阻的倒数($G\neq\frac{1}{R}$)，它的等效电纳也不等于原电路中感抗的倒数($B\neq\frac{1}{\omega L}$)，这从上式中不难看出(只有当 $R=0$ 时，$|B|=\frac{1}{X}$；$X=0$ 时，$G=\frac{1}{R}$)。

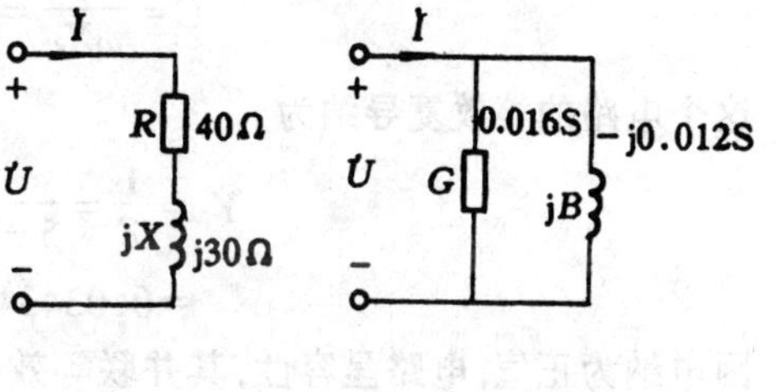

(a) (b)

图 3-34

例 3-14 在电阻 $R=40\Omega$，电感 $L=127.4\mathrm{mH}$ 和电容 $C=318\mu\mathrm{F}$ 相串联的电路中，有电流 $I=10\mathrm{A}$ 通过，($f=50\mathrm{Hz}$ 的正弦电流)，求：电路复阻抗和等效复导纳，画出该电路的串联和并联等效电路。

解

$$X_L=2\pi f\cdot L=100\pi\times127.4\times10^{-3}=40\Omega$$

$$X_C=\frac{1}{2\pi f\cdot C}=\frac{10^{-6}}{100\pi\times318}=10\Omega$$

复阻抗

$$Z=R+\mathrm{j}(X_L-X_C)=40+\mathrm{j}(40-10)=40+\mathrm{j}30=50\angle36.9^\circ\Omega$$

串联等效电路如图 3-34(a)所示。等效并联电路的复导纳

$$Y=\frac{1}{Z}=\frac{1}{50\angle36.9^\circ}$$

$$=0.02\angle-36.9^\circ\mathrm{S}$$

$$=0.016-\mathrm{j}0.012\mathrm{S}$$

并联等效电路如图3-34(b)所示。

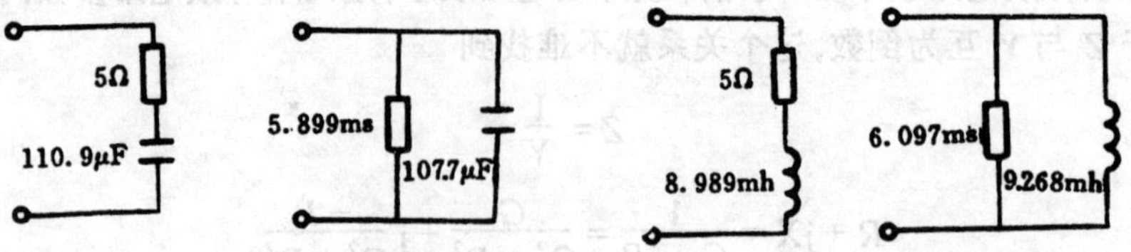

(a) (b)

图 3-35

例 3-15 有一 R,L,C 串联电路，其中 $R=5\Omega$，$L=0.01\text{H}$，$C=100\mu\text{F}$，试在下列两种频率下求其串联等效电路和并联等效电路参数。(1) $f=50\text{Hz}$，(2) $f=500\text{Hz}$

解 (1) $f=50\text{Hz}$。串联电路的复阻抗为

$$Z=R+\mathrm{j}(\omega L-\frac{1}{\omega C})=5+\mathrm{j}(100\pi\times0.01-\frac{10^6}{100\pi\times100})$$
$$=5+\mathrm{j}(3.142-31.83)=5-\mathrm{j}28.69$$

因电抗为负值，电路呈容性，其串联等效电路是由电阻和电容构成，如图 3-35(a)所示。其中等效电容为

$$C=\frac{1}{\omega X_C}=\frac{1}{100\pi\times28.69}=110.9\mu\text{F}$$

这个电路的等效复导纳为

$$Y=\frac{1}{Z}=\frac{1}{5-\mathrm{j}28.69}=\frac{1}{29.12\angle-80.11^\circ}$$
$$=0.03434\angle+80.11^\circ=0.005898+\mathrm{j}0.03383\text{S}$$

因电纳为正值，电路呈容性，其并联等效电路是由电导和电纳构成，如图 3-35(a)所示，其中等效电导为

$$G=0.005898(\text{S})=5.898\text{ms}$$

电容为
$$C=\frac{B_C}{\omega}=\frac{0.03383}{100\pi}=0.0001077\text{F}=107.7\mu\text{F}$$

(2) $f=500\text{Hz}$。串联电路复阻抗为

$$Z=5+\mathrm{j}(1000\pi\times0.01-\frac{10^6}{1000\pi\times100})$$
$$=5+\mathrm{j}(31.42-3.183)=5+\mathrm{j}28.24\Omega$$

因电抗为正，电路呈感性，其串联等效电路是由电阻与电感构成，如图 3-35(b)所示。其中电感为

$$L=\frac{X_L}{\omega}=\frac{28.24}{1000\pi}=0.008989\text{H}=8.989\text{mH}$$

这个电路的等效复导纳为

$$Y=\frac{1}{Z}=\frac{1}{5+\mathrm{j}28.24}=\frac{5}{5^2+28.24^2}-\mathrm{j}\frac{28.24}{5^2+28.24^2}$$
$$=0.006079-\mathrm{j}0.034\text{S}$$

因电纳为负值，电路呈感性，其并联等效电路是由电导和感纳构成，如图3-35(b)所示。其中电

导为

$$G=0.006079\mathrm{S}=6.079\mathrm{ms}$$

电感为

$$L=\frac{1}{\omega B_L}=\frac{1}{1000\pi\times0.03434}=0.009268\mathrm{H}=9.268\mathrm{mH}$$

从上例可见，在某一频率下得出的等效参数，只在该频率的电路中才是有效的，也就是说，对于一个电路，一般不存在适合于所有频率的等效电路。

3-6　正弦交流电路中的功率

在 3-3 中讨论了 R, L, C 三个元件的功率。本节将讨论二端网络的功率。

1. 瞬时功率

无源二端网络如图 3-36 所示，它的瞬时功率

$$p=u\cdot i$$

对于正弦交流电路，电压和电流均为同频率正弦量，与单个元件不同的是，电压、电流的相位差会出现各种情况，为讨论方便起见，可设电流初相位 $\varphi_i=0$ 电压的初相位为 φ，即

$$i=I_{\mathrm{m}}\sin\omega t$$

和

$$u=U_{\mathrm{m}}\sin(\omega t+\varphi)$$

该无源二端网络的瞬时功率为

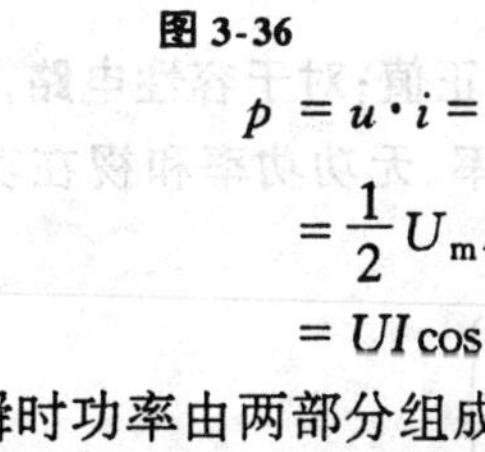

图 3-36

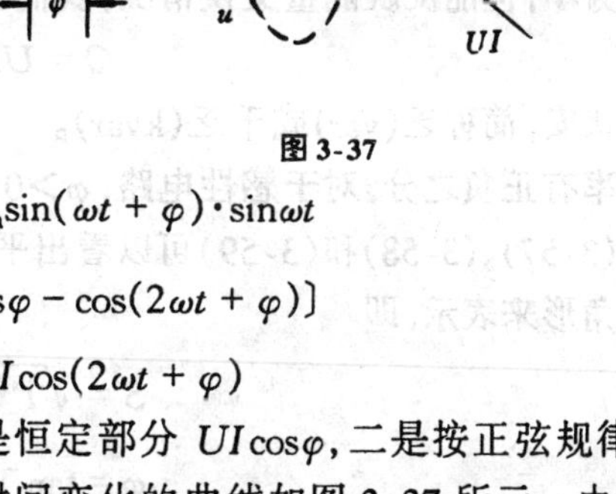

图 3-37

$$\begin{aligned}p=u\cdot i&=U_{\mathrm{m}}I_{\mathrm{m}}\sin(\omega t+\varphi)\cdot\sin\omega t\\&=\frac{1}{2}U_{\mathrm{m}}I_{\mathrm{m}}[\cos\varphi-\cos(2\omega t+\varphi)]\\&=UI\cos\varphi-UI\cos(2\omega t+\varphi)\end{aligned}\tag{3-56}$$

从式(3-56)看出，瞬时功率由两部分组成，一是恒定部分 $UI\cos\varphi$，二是按正弦规律变化，且它的频率是电源频率二倍的部分。瞬时功率随时间变化的曲线如图 3-37 所示。由图看出当 u 与 i 实际方向一致时，$p>0$ 表示负载吸收功率。当 u 与 i 实际方向相反时，$p<0$ 表示负载送出功率，这是因为负载内有储能元件所致。

2. 平均功率与功率因数

网络实际吸收的有功功率,即平均功率为

$$p = \frac{1}{T}\int_0^T p\,\mathrm{d}t = \frac{1}{T}\int_0^T UI[\cos\varphi - \cos(2\omega t + \varphi)]\,\mathrm{d}t$$
$$= UI\cos\varphi \tag{3-57}$$

可见在正弦交流电路中平均功率一般不等于电压与电流有效值的乘积,它不仅与电压、电流有效值有关,而且还与电压、电流的相位差角有关。

3. 视在功率、无功功率

视在功率是用来表示某些电气设备容量的。如一台发电机,正常情况下的端电压是由电机的绝缘性能限定的,称为额定电压,用 V_H 表示。而可能提供的最大电流,则是由导线的截面、材料和散热条件确定的,称为额定电流,用 I_H 表示,额定电压与额定电流的乘积,则表示这台电机的容量,即表示这台发电机可能提供的最大功率。我们把电压的有效值与电流的有效值的乘积定义为视在功率,用大写字母 S 表示,即

$$S = UI \tag{3-58}$$

视在功率的单位与平均功率相同,但为了相区别,视在功率的单位称为伏安(VA),或千伏安(kVA)。平均功率和视在功率的比叫功率因数。功率因数决定于电路元件参数和工作频率,纯电阻电路的功率因数等于1;纯电抗电路的功率因数等于零。一般情况下,电路功率因数是在1与零之间。

$$\lambda = \frac{P}{S} = \cos\varphi$$

和单个元件一样,仍以电源与网络间能量交换的最大速率,来定义无功功率,因为

$$\begin{aligned} p &= UI\cos\varphi - UI\cos(2\omega t + \varphi) \\ &= UI\cos\varphi - UI\cos\varphi\cos 2\omega t - UI\sin\varphi\sin 2\omega t \\ &= UI\cos\varphi(1 - \cos\omega t) + UI\sin\varphi\cdot\sin 2\omega t \end{aligned}$$

上式前一部分和电阻瞬时功率相同,它的平均值叫平均功率;后一部分和电抗瞬时功率相同,它的平均值为零,但能反映能量交换情况,我们以其最大值来定义无功功率,即

$$Q = UI\sin\varphi \tag{3-59}$$

单位是无功伏安,简称乏(var)或千乏(kvar)。

无功功率有正负之分,对于感性电路,$\varphi>0$,Q 为正值;对于容性电路,$\varphi<0$,Q 为负值。

根据式(3-57)、(3-58)和(3-59)可以看出平均功率、无功功率和视在功率三者关系,可以用一直角三角形来表示,即

$$\left.\begin{aligned} S &= \sqrt{P^2 + Q^2} \\ \varphi &= \tan^{-1}\frac{Q}{P} \end{aligned}\right\} \tag{3-60}$$

它与同一电路的电压三角形、阻抗三角形是相似三角形。

例 3-16 已测得日光灯的电压有效值 $U = 215\text{V}$,电流有效值 $I = 0.24\text{A}$,平均功率 $P = 40\text{W}$,试求功率因数、无功功率和视在功率。

解

$$\lambda=\frac{P}{UI}=\frac{40}{215\times0.24}=0.775=\cos\varphi$$

所以 $\quad\varphi=39.2^\circ$

$$S=UI=215\times0.24=51.6\text{VA}$$

$$Q=UI\sin\varphi=215\times0.24\sin39.2^\circ=32.6\text{var}$$

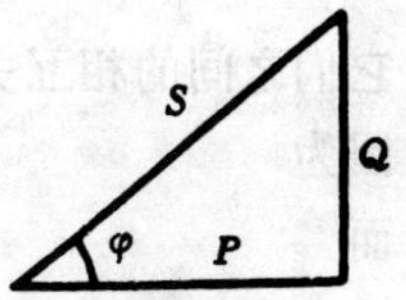

图 3-38

4. 复功率

为了直接用电压相量和电流相量计算功率，引出了复功率的概念。复功率用 $\tilde{S}$ 表示

$$\tilde{S}=\dot{U}\overset{*}{I}=Ue^{j\varphi_u}\cdot Ie^{-j\varphi_i}=UIe^{j(\varphi_u-\varphi_i)}$$

$$=UIe^{j\varphi}=UI\cos\varphi+jUI\sin\varphi=P+jQ \qquad (3\text{-}61)$$

复功率的实部为有功功率 P，虚部为无功功率 Q，而模就是视在功率 S。

5. 功率因数的提高

电力系统的负载大部分是感性的，如异步电动机等，一般功率因数比较低，由此带来的主要问题是设备的利用率降低和输电线路的损耗增大。比如，设备容量 $S=UI$，当 $\cos\varphi=1$ 时，$P=S\cos\varphi=S$，即全部设备容量用来做功，而当 $\cos\varphi=0.5$ 时，$P=S\cos\varphi=0.5S$，即设备容量只有一半用来做功，或者说设备容量利用率只有 50%。负载功率因数低时，在一定电压和功率情况下，$I=\frac{P}{U\cos\varphi}$，则电流增大，而使输电线路损耗增加，因此要想办法提高功率因数。

如何提高功率因数呢？一般采用在电感性负载上并联电容器的办法来达到提高功率因数的目的。

若以 R，L 串联电路作负载，可并接电容 C 以提高功率因数。如图 3-39(a)所示。

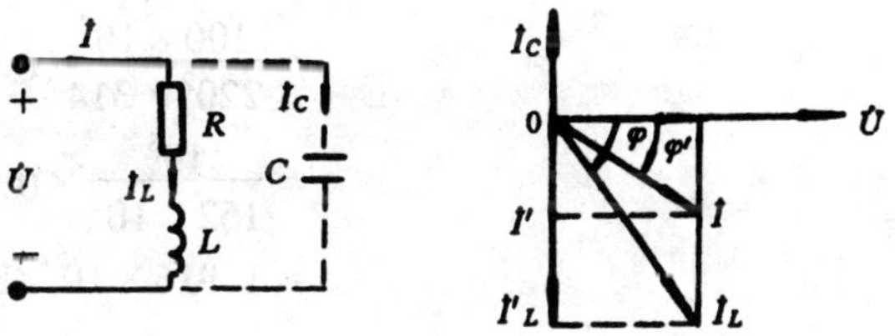

(a) (b)

图 3-39

从能量交换的角度来看，并电容之后，可使负载的磁场能量与电容器的电场能量相互交换，从而减少了负载与电源之间的能量交换，使功率因数得到提高。

下边讨论并电容的大小与功率因数的关系。在负载没并电容前，负载电流 I_L，功率因数为 $\cos\varphi$，端电压有效值为 U，则

$$I_L=\frac{P}{U\mathrm{cso}\varphi}$$

I_L 在纵轴上的投影为

$$I'_L=\frac{P}{U\cos\varphi}\sin\varphi=\frac{P}{U}\tan\varphi$$

并电容之后，根据基尔霍夫第一定律有

$$\dot{I}=\dot{I}_C+\dot{I}_I$$

式中 $\dot{I}_L$ 与并电容前相同，但总电流 $\dot{I}$ 发生了变化，$\dot{I}$ 在纵轴上的投影为

$$I' = \frac{P}{U\cos\varphi'}\sin\varphi' = \frac{P}{U}\tan\varphi'$$

它们之间的相互关系如图 3-39(b)所示。

因为 $$I_C = U \cdot \omega C$$

而 $$I_C = I'_L - I'$$

所以有 $$U\omega C = \frac{P}{U}(\tan\varphi - \tan\varphi')$$

即 $$C = \frac{P}{U^2\omega}(\tan\varphi - \tan\varphi') \tag{3-62}$$

例 3-17 如图3-40所示电路，已知 $U = 220\text{V}$，$P = 100\text{kW}$，$\cos\varphi = 0.85$，$f = 50\text{Hz}$，试求

(1)通过负载的电流，电源的视在功率。

(2)欲将功率因数提高到 0.95，应并联多大电容？

解 (1)

$$I_L = \frac{P}{U\cos\varphi} = \frac{100\times10^3}{220\times0.85} = 534.8\text{A}$$

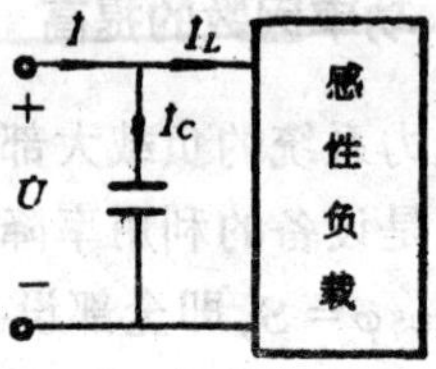

图 3-40

当 $\cos\varphi = 0.85$ 时，$\varphi = 31.79°$

$$S = UI = 220\times534.8 = 117.66\times10^3\text{VA}$$
$$= 117.66\text{kVA}$$

(2)当 $\cos\varphi' = 0.95$ 时，$\varphi' = 18.19°$

$$\tan\varphi = \tan31.79° = 0.6198$$
$$\tan\varphi' = \tan18.19° = 0.3286$$

由(3-62)式

$$C = \frac{P}{U^2\omega}(\tan\varphi - \tan\varphi')$$
$$= \frac{100\times10^3}{220^2\times314}(0.6198 - 0.3286)$$
$$= \frac{10^5}{152\times10^5}\times0.2912$$
$$= 1.916\times10^{-3}\text{F} = 1916\mu\text{F}$$

6. 传输最大功率条件

前面在直流电阻电路中讨论过传输最大功率条件。那么，在正弦交流电路中传输最大功率的条件是什么呢？

如图 3-41 所示电路，电源电压为 $\dot{U}_S$，复数内阻抗为 $Z_i = R_i + jX_i$，负载复数阻抗为 $Z_L = R_L + jX_L$。试讨论负载获取最大功率的条件。

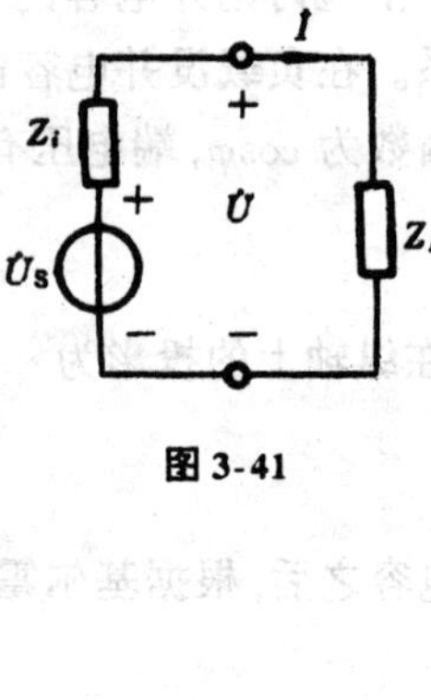

图 3-41

如图所示，若负载电阻 R_L 与 X_L 均可独立变化，电源电压 $\dot{U}_S$，复数内阻抗 Z_i 为恒定值，负载获取功率为

$$P_L = I^2 R_L = \left(\frac{U_S}{\sqrt{(R_i + R_L)^2 + (X_i + X_L)^2}}\right)^2 \cdot R_L$$

$$= \frac{U_S^2}{(R_i + R_L)^2 + (X_i + X_L)^2} \cdot R_L$$

式中 R_i, X_i 及 U_S 为定值,若仅改变 X_L 使

$$X_i + X_L = 0$$

或

$$X_L = -X_i \tag{3-63}$$

则对任何 R_L 值, P_L 有最大值为

$$P'_L = \frac{U_S^2}{(R_i + R_L)^2} \cdot R_L$$

当条件 $X_i + X_L = 0$ 已经满足,再改变 R_L,则令 $\frac{dP'_L}{dR_L} = 0$,就可得到负载获取最大功率的条件:

$$\frac{dP'_L}{dR_l} = U_S^2 \frac{(R_i + R_L)^2 - 2(R_i + R_L) \cdot R_L}{(R_i + R_L)^4} = U_S^2 \frac{(R_i - R_L)}{(R_i + R_L)^3} = 0$$

得出

$$R_i = R_L \tag{3-64}$$

结论:当同时满足 $R_L = R_i$, $X_L = -X_i$ 条件,即负载复数阻抗与复数内阻抗互为共轭复数时($Z_L = \overset{*}{Z}_i$),负载获得最大功率,称为共轭匹配。最大功率为

$$P_{L\max} = \frac{U_S^2}{4R_i}$$

例 3-18 如图3-42(a)所示正弦电路,已知 $U_S = 10V$, $\omega = 10^3 rad/s$, Z_H 为何值时它获得大功率? $P_{Z\max} = ?$

解 利用戴维南定理,求出网络 N 的戴维南等效电路如图 3-42(b)所示。当 $\overset{*}{Z}_i = Z_H$ 时,负载获得最大功率,其中

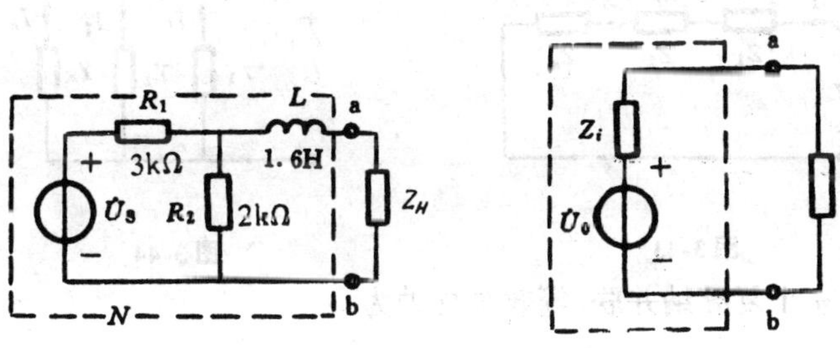

(a) (b)

图 3-42

$$Z_i = \frac{R_1 R_2}{R_1 + R_2} + j\omega L = R_i + jX_i = (1.2 + j1.5)k\Omega$$

$$\dot{U}_0 = \frac{R_2}{R_1 + R_2}\dot{U}_S = \frac{2}{5} \times 10 = 4V$$

所以

$$Z_H = \overset{*}{Z}_i = 1.2 - j1.5k\Omega = R_H - jX_H$$

其中

$$R_H = 1.2k\Omega,\ X_H = \frac{1}{\omega C} = 1.5k\Omega$$

$$C=\frac{1}{\omega X_H}=\frac{1}{10^3\times 1.5\times 10^3}=0.67\mu\text{F}$$

最大功率

$$P_{\text{zmax}}=\frac{U_0^2}{4R_i}=\frac{4^2}{4\times 1.2\times 10^3}=3.33\text{mW}$$

3-7 正弦稳态电路的计算

通过前面的分析，可以发现，相量形式的基尔霍夫定律，欧姆定律，形式上与直流电路相同，因此，在直流电路中依据这些基本定律导出的网络分析方法及网络定理，在正弦交流电路中同样是适用的，只不过直流电路处理的实数代数方程，而正弦稳态电路的相量分析法所要处理的是复数代数方程。具体来说，只要把直流电路公式中的 U,I,R,G 改为 $\dot{U},\dot{I},Z,Y$，就可按直流电路中的计算方法来进行正弦稳态电路的计算。因为分析正弦稳态电路时，电压，电流可以用相量图来表示，所以，简单电路的计算还可以借助相量图来分析正弦稳态电路。

如图 3-43 所示为 n 个复阻抗串联，等效复阻抗为

$$Z=\sum_{i=1}^{n}Z_i \tag{3-65}$$

分压公式

$$\dot{U}_l=\dot{U}\frac{Z_l}{\sum\limits_{i=1}^{n}Z_i}\qquad 其中 1\leqslant l\leqslant n \tag{3-66}$$

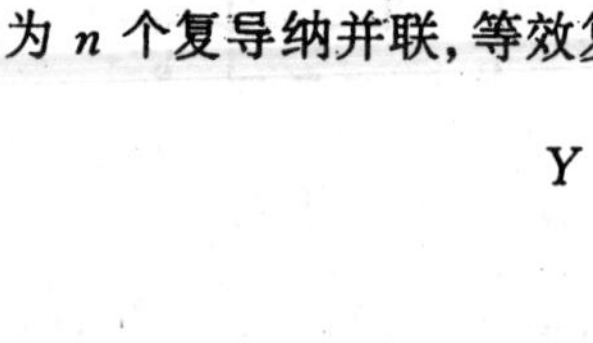

图 3-43

图 3-44

图 3-44 所示为 n 个复导纳并联，等效复导纳为

$$Y=\sum_{i=1}^{n}Y_i \tag{3-67}$$

分流公式

$$\dot{I}_l=\dot{U}\frac{Y_l}{\sum\limits_{i=1}^{n}Y_i} \tag{3-68}$$

如有两个复阻抗 Z_1,Z_2 并联，其等效复阻抗为

$$Z=\frac{Z_1Z_2}{Z_1+Z_2} \tag{3-69}$$

复阻抗的星形和三角形等效变换，以及电压源与电流源的等效变换公式，形式上与直流电

路相同。

例 3-19 在图3-45所示的混联电路中，已知 $R_1=20\Omega$，$X_1=60\Omega$，$R_2=30\Omega$，$X_2=40\Omega$，$R_3=45\Omega$，电源电压有效值为 $U=220\text{V}$。求电流相量 $\dot{I}_1$，$\dot{I}_2$，$\dot{I}_3$ 和电路的复功率及功率因数。

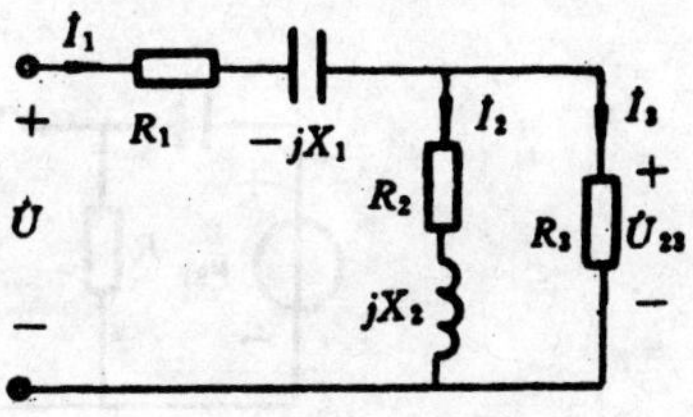

图 3-45

解 各支路的复阻抗分别为

$Z_1=R_1-\mathrm{j}X_1=20-\mathrm{j}60=63.25\angle-71.57^\circ\Omega$

$Z_2=R_2+\mathrm{j}X_2=30+\mathrm{j}40=50\angle53.13^\circ\Omega$

$Z_3=R_3=45\Omega$

Z_2 和 Z_3 的并联等效复阻抗为

$$Z_{23}=\frac{Z_2Z_3}{Z_2+Z_3}=\frac{50\angle53.13^\circ\times45}{30+\mathrm{j}40+45}=\frac{225\angle53.13^\circ}{85\angle28.07^\circ}$$

$$=26.47\angle25.06^\circ=23.98+\mathrm{j}11.21\Omega$$

电路的等效复阻抗为

$$Z=Z_1+Z_{23}=20-\mathrm{j}60+23.98+\mathrm{j}11.21$$

$$=43.98-\mathrm{j}48.79=65.69\angle-47.97^\circ\Omega$$

以电源电压为参考相量，即

$$\dot{U}=U\angle0^\circ=220\angle0^\circ\text{V}$$

所以

$$\dot{I}_1=\frac{\dot{U}}{Z}=\frac{220\angle0^\circ}{65.69\angle-47.97^\circ}=3.349\angle47.97^\circ\text{A}$$

$$\dot{U}_{23}=\dot{I}_1\cdot Z_{23}=26.47\angle25.06^\circ\times3.349\angle47.97^\circ=88.65\angle73.03^\circ\text{V}$$

$$\dot{I}_2=\frac{\dot{U}_{23}}{Z_2}=\frac{88.65\angle73.03^\circ}{50\angle53.13^\circ}=1.773\angle19.9^\circ\text{A}$$

$$\dot{I}_3=\frac{\dot{U}_{23}}{Z_3}=\frac{88.65\angle73.03^\circ}{45}=1.97\angle73.03^\circ\text{A}$$

电路的复功率为

$$\tilde{S}=\dot{U}\overset{*}{I}_1=220\angle0^\circ\times3.349\angle-47.97^\circ$$

$$=736.81\angle-47.97^\circ=493.3-\mathrm{j}547.3\text{VA}$$

$$P=493.3\text{W}$$

$$Q=-547.3\text{var}$$

$$\cos\varphi=\cos(-47.97^\circ)=0.6695$$

复杂电路的计算如前所述，采用相量法分析正弦交流电路时，从分析直流电路中得到的计算方法，网络定理都适用于正弦交流电路。本节将通过例题说明如何应用支路法，回路法，节点法以及网络定理来分析复杂正弦交流电路。

1. 支路法，回路法，节点法的应用

例 3-20 如图3-46(a)所示电路，已知 $u_{S1}=\sqrt{2}100\sin\omega t\,\text{V}$，$u_{S2}=\sqrt{2}\cdot100\sin(\omega t+90^\circ)\text{V}$，电路元件参数为 $R=5\Omega$，$X_L=5\Omega$，$X_C=2\Omega$，试求各支路电流。

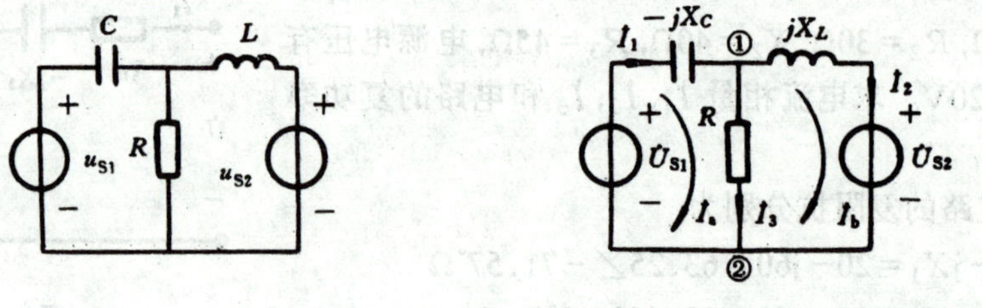

(a)　　　　　　　　　　　　　　　　(b)

图 3-46

解　首先画出用相量表示的相量模型，如图3-46(b)所示，然后用各种方法求解。

(1)用支路电流法进行求解。按基尔霍夫两定律的相量形式列出电路方程有

$$-\dot I_1+\dot I_2+\dot I_3=0 \tag{1}$$

$$-\mathrm{j}X_C\dot I_1+R\dot I_3=\dot U_{S1} \tag{2}$$

$$\mathrm{j}X_L\dot I_2-R\dot I_3=-\dot U_{S2} \tag{3}$$

将(1)式 $\dot I_1=\dot I_2+\dot I_3$ 代入(2)式中消去 $\dot I_1$ 有

$$-\mathrm{j}X_C(\dot I_2+\dot I_3)+R\dot I_3=-\mathrm{j}X_C\dot I_2+(R-\mathrm{j}X_C)\dot I_3=\dot U_{S1} \tag{4}$$

将已知数代入(3)与(4)式中有

$$\mathrm{j}5\dot I_2-5\dot I_3=-\mathrm{j}100 \tag{5}$$

$$-\mathrm{j}2\dot I_2+(5-\mathrm{j}2)\dot I_3=100 \tag{6}$$

方程(5)与(6)的系数行列式为

$$\Delta=\begin{vmatrix}\mathrm{j}5 & -5\\ -\mathrm{j}2 & 5-\mathrm{j}2\end{vmatrix}=\mathrm{j}5(5-\mathrm{j}2)-\mathrm{j}10=10+\mathrm{j}15$$

$$\dot I_2=\frac{\begin{vmatrix}-\mathrm{j}100 & -5\\ 100 & 5-\mathrm{j}2\end{vmatrix}}{\Delta}=\frac{-\mathrm{j}100(5-\mathrm{j}2)+500}{10+\mathrm{j}15}=\frac{300-\mathrm{j}500}{10+\mathrm{j}15}$$

$$=\frac{60-\mathrm{j}100}{2+\mathrm{j}3}=\frac{116.6\angle-59.03^\circ}{3.6\angle56.30^\circ}=32.39\angle-115.3^\circ$$

$$=-13.84-\mathrm{j}29.28\mathrm{A}$$

$$\dot I_3=\frac{\begin{vmatrix}\mathrm{j}5 & -\mathrm{j}100\\ -\mathrm{j}2 & 100\end{vmatrix}}{\Delta}=\frac{\mathrm{j}500+200}{10+\mathrm{j}15}=\frac{40+\mathrm{j}100}{2+\mathrm{j}3}$$

$$=29.92\angle11.9^\circ=29.28+\mathrm{j}6.169\mathrm{A}$$

$$\dot I_1=\dot I_2+\dot I_3=-13.84-\mathrm{j}29.28+29.28+\mathrm{j}6.169$$

$$=15.44-\mathrm{j}23.11=27.79\angle-56.25^\circ\mathrm{A}$$

(2)用回路法求解。首先选取网孔作为独立回路，如图3-46(b)所示，按基尔霍夫第二定律列回路方程有

$$(5-\mathrm{j}2)\dot I_a-5\dot I_b=100 \tag{7}$$

$$-5\dot I_a+(5+\mathrm{j}5)\dot I_b=-\mathrm{j}100 \tag{8}$$

方程(7)与(8)的系数行列式

$$\Delta = \begin{vmatrix} 5-j2 & -5 \\ -5 & 5+j5 \end{vmatrix} = (5-j2)(5+j5)-25 = 10+j15$$

回路电流

$$\dot I_a = \frac{\begin{vmatrix} 100 & -5 \\ -j100 & 5+j5 \end{vmatrix}}{\Delta} = \frac{500+j500-j500}{10+j15} = \frac{500}{10+j15}$$

$$= \frac{100}{3.605\angle 56.30^\circ} = 27.74\angle -56.3^\circ = 15.39 - j23.08\text{A}$$

$$\dot I_b = \frac{\begin{vmatrix} 5-j2 & 100 \\ -5 & -j100 \end{vmatrix}}{\Delta} = \frac{-j100(5-j2)+500}{10+j15} = \frac{-j500-200+500}{10+j15}$$

$$= \frac{60-j100}{2+j3} = \frac{116.6\angle -59.04^\circ}{3.605\angle 56.30^\circ} = 32.39\angle -115.3^\circ = -13.87 - j29.27\text{A}$$

$$\dot I_3 = \dot I_a - \dot I_b = (15.39-j23.08)-(-13.87-j29.27)$$

$$= 15.39 - j23.08 + 13.87 + j29.27$$

$$= 29.26 + j6.19 = 29.91\angle 11.9^\circ\text{A}$$

(3)用节点法求解。以②为参考节点，图 3-46(b)所示，列节点方程

$$\left(\frac{1}{j5}+\frac{1}{5}+\frac{1}{-j2}\right)\dot U_1 = \frac{100}{-j2}+\frac{j100}{j5} = 20+j50$$

$$\dot U_1 = \frac{20+j50}{\frac{1}{j5}+\frac{1}{5}+\frac{1}{-j2}} = \frac{20+j50}{-j0.2+0.2+j0.5} = \frac{20+j50}{0.2+j0.3} = \frac{53.85\angle 68.20^\circ}{0.36\angle 56.30^\circ}$$

$$= 149.6\angle 11.9^\circ = 146.4 + j30.85\text{A}$$

求各支路电流

$$\dot I_3 = \frac{\dot U_1}{R} = \frac{149.6\angle 11.9^\circ}{5} = 29.92\angle 11.9^\circ\text{A}$$

$$\dot I_1 = \frac{-149.6\angle 11.9^\circ + 100}{-j2} = \frac{-146.4 - j30.85 + 100}{-j2}$$

$$= \frac{55.7\angle 33.63^\circ}{j2} = 27.85\angle -56.37^\circ\text{A}$$

$$\dot I_2 = \frac{149.6\angle 11.9^\circ - j100}{j5} = \frac{146.4 + j30.85 - j100}{j5}$$

$$= \frac{161.9\angle 25.28^\circ}{j5} = 32.38\angle -115.28^\circ\text{A}$$

2. 网络定理的应用

例 3-21 对例题3-20用戴维南定理，诺顿定理求 $\dot I_3$。

解 将 $\dot I_3$ 支路开路，如图 3-47(a)所示，开路电压

$$\dot U_{OC} = \frac{100-j100}{j5-j2}\times j5 + j100 = (100-j100)\times\frac{5}{3} + j100$$

$$= \frac{500}{3} - j\frac{500}{3} + j\frac{300}{3} = \frac{500}{3} - j\frac{200}{3} = 179.5\angle -21.8^\circ\text{V}$$

等效内阻抗

$$Z_0 = \frac{j5(-j2)}{j5-j2} = -j\frac{10}{3}\Omega$$

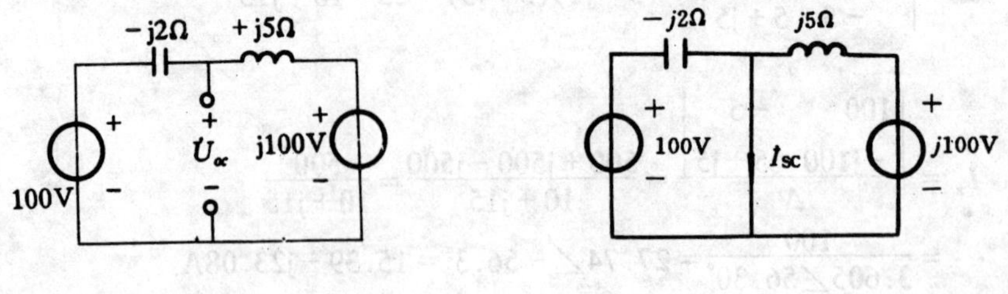

(a) (b)

图 3-47

等效电路如图 3-48(a)所示,得

$$\dot I_3=\frac{\dot U_{OC}}{Z_0+R}=\frac{179.5\angle-21.8^\circ}{-\mathrm{j}\,\dfrac{10}{3}+5}=\frac{179.5\angle-21.8}{6\angle-33.68^\circ}=29.92\angle11.9^\circ$$

用诺顿定理求解,将 I_3 支路短路,如图 3-47(b)所示,短路电流 $\dot I_{SC}$为

$$\dot I_{SC}=\frac{100}{-\mathrm{j}2}+\frac{\mathrm{j}100}{\mathrm{j}5}=\mathrm{j}50+20=53.85\angle68.2^\circ\mathrm{A}$$

等效内阻 Z_0 同前。等效电路如图 3-48(b)所示,得

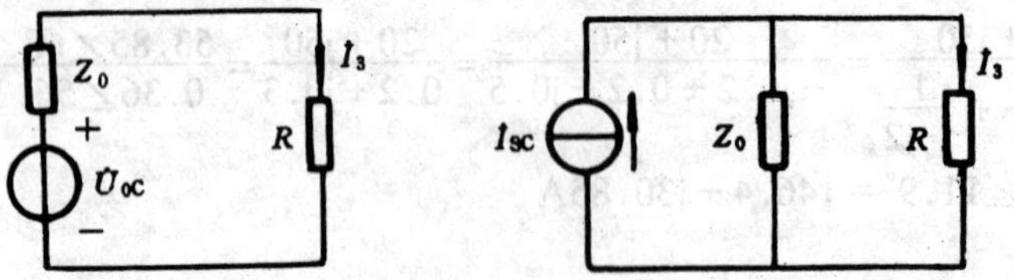

(a) (b)

图 3-48

$$\dot I_3=\dot I_{SC}\times\frac{Z_0}{Z_0+R}=(20+\mathrm{j}50)\times\frac{-\mathrm{j}\,\dfrac{10}{3}}{5-\mathrm{j}\,\dfrac{10}{3}}$$

$$=53.85\angle68.20^\circ\times\frac{-\mathrm{j}10}{18\angle-33.68^\circ}=29.92\angle11.9^\circ\mathrm{A}$$

例 3-22 对例3-20用迭加定理求 $\dot I_3$。

解 理想电压源 $\dot U_{S1}$单独作用时,理想电压源 $\dot U_{S2}$代以短路,如图 3-49(b)所示。

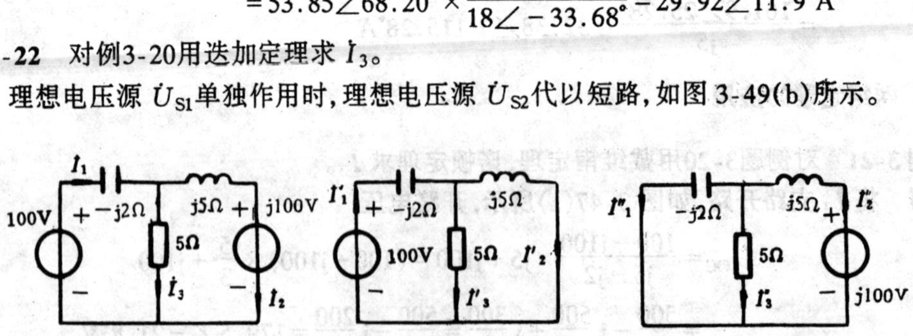

(a) (b) (c)

图 3-49

$$\dot{I}'_3=\frac{100}{-\mathrm{j}2+\dfrac{\mathrm{j}25}{5+\mathrm{j}5}}\times\frac{\mathrm{j}5}{5+\mathrm{j}5}=\frac{\mathrm{j}100}{2+\mathrm{j}3}=27.74\angle 33.7^\circ\mathrm{A}$$

$\dot{U}_{S2}$单独作用时，$\dot{U}_{S1}$代以短路，如图 3-49(c)所示。

$$\dot{I}''_3=\frac{\mathrm{j}100}{\mathrm{j}5+\dfrac{-\mathrm{j}10}{5-\mathrm{j}2}}\times\frac{-\mathrm{j}2}{5-\mathrm{j}2}=\frac{40}{2+\mathrm{j}3}=11.09\angle-56.03^\circ\mathrm{A}$$

按图示参考方向，则

$$\dot{I}_3=\dot{I}'_3+\dot{I}''_3=\frac{\mathrm{j}100}{2+\mathrm{j}3}+\frac{40}{2+\mathrm{j}3}=\frac{40+\mathrm{j}100}{2+\mathrm{j}3}=29.93\angle 11.9^\circ\mathrm{A}$$

例 3-23 如图3-50(a)所示电路，试求 $\dot{U}_0$。已知 $R=10\Omega$, $X_{C1}=10\Omega$, $X_{C2}=10\Omega$, $g=0.2\mathrm{S}$, $i_s=\sqrt{2}\cdot 2\sin\omega t\,\mathrm{A}$

解 用戴维南定理求解。将 a, b 处先断开，求开路电压相量 $\dot{U}_{OC}$，如图 3-50(b)所示。

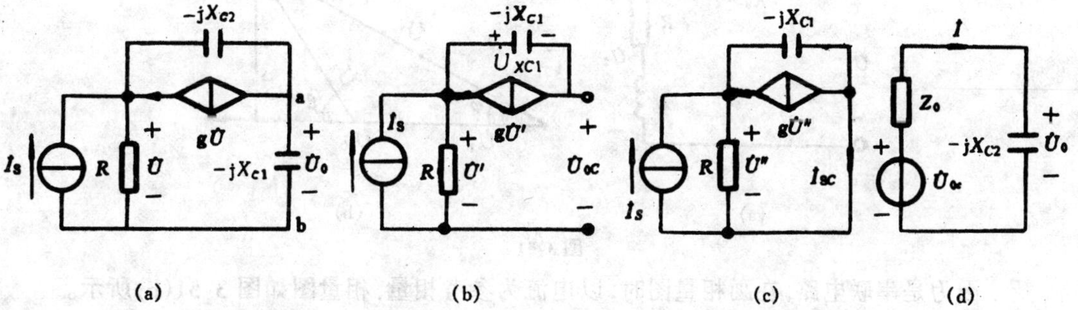

图 3-50

$$\dot{U}'=\dot{I}_S\times R=2\angle 0^\circ\times 10=20\angle 0^\circ\mathrm{V}$$

$$\dot{U}_{X_{C1}}=0.2\dot{U}'\times(-\mathrm{j}X_{C1})=0.2\times 20\angle 0^\circ\times(-\mathrm{j}10)=40\angle-90^\circ\mathrm{V}$$

则 $$\dot{U}_{oc}=\dot{U}'-\dot{U}_{X_{C1}}=20-40\angle-90^\circ=44.7\angle 63.4^\circ\mathrm{V}$$

等效内阻抗按(c)图计算，即先求短路电流 $\dot{I}_{sc}$。按图示有

$$\dot{U}''=\frac{\dot{I}_S+0.2\dot{U}''}{\dfrac{1}{R}+\dfrac{1}{-\mathrm{j}X_{C1}}}=\frac{2\angle 0^\circ+0.2\dot{U}''}{\dfrac{1}{10}+\dfrac{1}{-\mathrm{j}10}}$$

整理后得

$$\dot{U}''=\frac{2\angle 0^\circ}{0.1+\mathrm{j}0.1-0.2}=14.1\angle-135^\circ\mathrm{V}$$

则 $$\dot{I}_{SC}=\dot{I}_S-\frac{\dot{U}''}{R}=2\angle 0^\circ-1.41\angle-135^\circ=3.16\angle 18.4^\circ\mathrm{A}$$

等效内阻抗

$$Z_0=\frac{\dot{U}_{0C}}{\dot{I}_{SC}}=\frac{44.7\angle 63.4^\circ}{3.16\angle 18.4^\circ}=14.14\angle 45^\circ\Omega$$

等效电路如图 3-50(d)所示，可得

$$\dot{U}_0=\frac{\dot{U}_{0C}}{Z_0+(-\mathrm{j}X_{C2})}\times(-\mathrm{j}X_{C2})$$

$$=\frac{44.7\angle 63.4^\circ}{14.14\angle 45^\circ - j10}\times(-j10)$$
$$=44.7\angle -26.6^\circ V$$

3.用相量图求解

用相量图求解正弦交流电路，一般适用于简单电路，应当注意的是，首先要明确各元件的电压与电流的相量关系；其次是能正确画出相量图，具体原则是：串联电路一般以电流做参考相量，并联电路一般以电压做参考相量，对混联电路，按最后负载的联接方式来选择参考相量，即最后一节负载串联，则以电流为参考相量，并联则以电压为参考相量，并以负载开始向电源端画相量图，最后按照题意，运用几何、三角等方面的知识，求出结果。下面举例说明：

例3-24 如图3-51所示电路，已知 $U_1=80V$，$U_2=70V$，$U=120V$，$I=1.4A$；$f=25Hz$。试求 R 和 L。

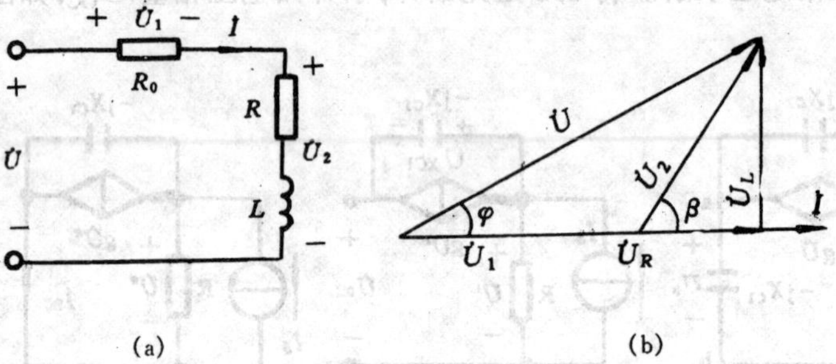

图3-51

解 因为是串联电路，在画相量图时，以电流为参考相量，相量图如图3-51(b)所示。

从相量图知，三角形的三个边已知，将各边被电流除，就得到阻抗三角形，根据两个阻抗三角形方程有

$$(R_0+R)^2+X_L^2=\left(\frac{120}{1.4}\right)^2 \tag{1}$$

$$R^2+X_L^2=\left(\frac{70}{1.4}\right)^2 \tag{2}$$

因 $\omega=157$，$R_0=\frac{80}{1.4}=57.14\Omega$，方程(1)与(2)联立求解，得

$$R=13.8\Omega$$
$$X_L=48.05\Omega$$
$$L=\frac{X_L}{\omega}=0.306H$$

例3-25 如图3-52(a)所示电路，图中 R 为 1kΩ 的固定电阻，安培表 A_1，A_2 和 A_3 的读数分别为 0.4A，0.1A 和 0.35A。试计算感性负载的有功功率和无功功率。

解 以负载电压 $\dot{U}_2$ 为参考相量，画出电流相量图，如图3-52(b)所示，根据余弦定理有

$$\cos\varphi_2=\frac{I_1^2-I_2^2-I_3^2}{2I_2I_3}=\frac{0.16-0.01-0.1225}{2\times0.01\times0.35}=0.4$$

$$\varphi_2=\arccos0.4=66.42^\circ$$

$$U_2=RI_3=100\times0.35=350V$$

$$P_2 = U_2 I_2 \cos\varphi_2 = 350 \times 0.1 \times 0.4 = 14\text{W}$$

$$Q = U_2 I_2 \sin\varphi_2 = 350 \times 0.1 \times 0.916 = 32.08\text{var}$$

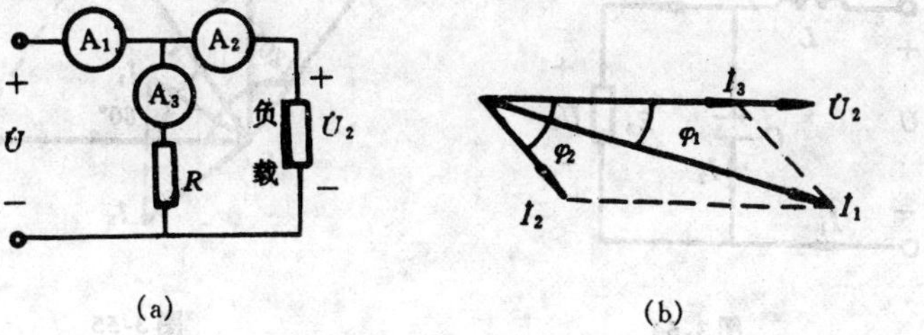

图 3-52

例 3-26 如图3-53(a)所示电路，当选适当参数时，可使 $\dot{U}_2$ 与 $\dot{U}_1$ 为同相位。今有 $R_1 = R_2 = 250\text{k}\Omega$, $C_1 = C_2 = 0.01\mu\text{F}$,。问当 f 为多少时，可使 $\dot{U}_2$ 与 $\dot{U}_1$ 同相位。

解 采用画相量图办法。以 $\dot{U}_2$ 为参考相量，如图 3-53(b)所示。因 $\dot{U}_1 = \dot{U}_2 + \dot{U}_3$，按题意要求，$\dot{U}_1$ 与 $\dot{U}_2$ 同相位，因而 $\dot{U}_3$ 与 $\dot{U}_1$ 必定同相位才行。根据两个直角三角形相似关系有

$$\tan\varphi = \frac{I_{C2}}{I_{R2}} = \frac{U_{C1}}{U_{R1}}$$

或者

$$\frac{U_2 \omega C_2}{U_2 / R_2} = \frac{I_1 \dfrac{1}{\omega C_1}}{I_1 R_1}$$

经整理后有

$$\omega \cdot C_2 \cdot R_2 = \frac{1}{\omega \cdot C_1 \cdot R_1}$$

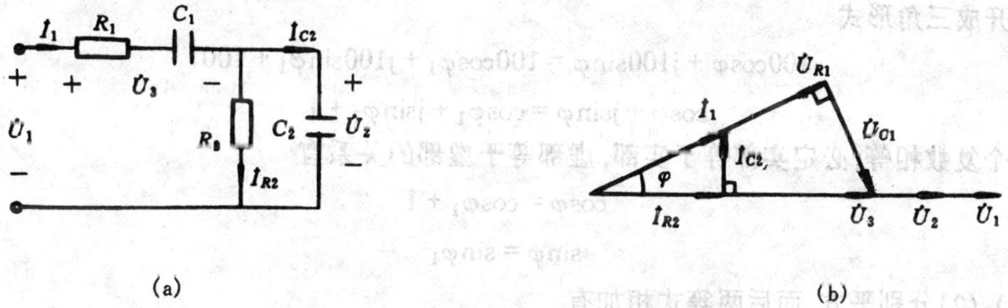

图 3-53

令

$$C = C_1 = C_2, \quad R_1 = R_2 = R$$

则

$$\omega = \sqrt{\frac{1}{R_1 R_2 C_1 C_2}} = \sqrt{\frac{1}{R^2 \cdot C^2}} = \frac{1}{RC} = 400\text{rad/s}$$

$$f = \frac{\omega}{2\pi} = \frac{400}{6.28} = 63.69\text{Hz}$$

一个问题既可用画相量图的办法求解，也可按基本定律列方程求解，方法得当，才能使运算简单。因此，对具体问题首先要考虑选择正确的方法。

例 3-27 如图3-54所示电路，已知 $U = U_1 = U_3 = 100\text{V}$。$\omega = 1000\ 1/\text{s}$, $L = 0.2\text{H}$, $C = 10\mu\text{F}$。试求 Z_3(感性)和各支路电流。

解 先用画相量图法求解。其相量图如图 3-55 所示。通过画相量图可分别找到各电压的初相角为 $\dot{U} = 100\angle 60°$, $\dot{U}_1 = 100\angle 120°$, $\dot{U}_3 = 100\angle 0°$。则

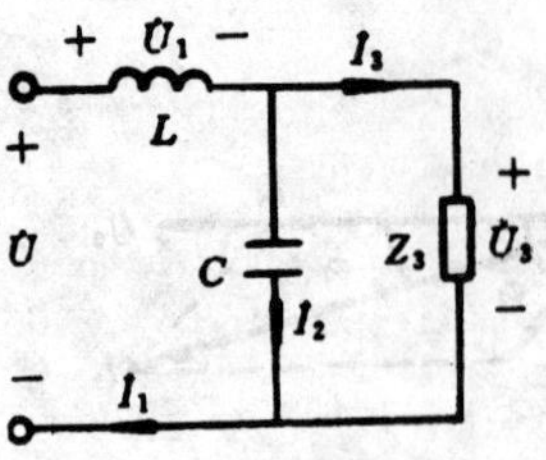

图 3-54

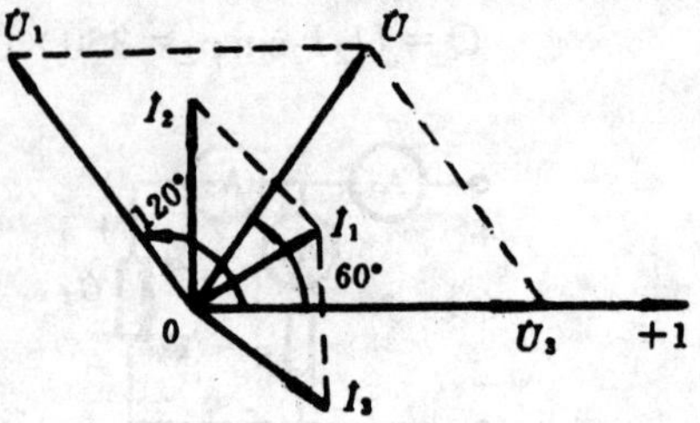

图 3-55

$$\dot{I}_1=\frac{\dot{U}_1}{j\omega L}=\frac{100\angle 120^\circ}{200\angle 90^\circ}=0.5\angle 30^\circ\text{A}$$

$$\dot{I}_2=\frac{\dot{U}_3}{-j\dfrac{1}{\omega C}}=j\omega C\dot{U}_3=100\times 10^{-2}\angle 90^\circ=1\angle 90^\circ\text{A}$$

$$\dot{I}_3=\dot{I}_1-\dot{I}_2=0.5\angle 30^\circ-1\angle 90^\circ$$

$$=0.433+j0.25-j1=0.866\angle -60^\circ\text{A}$$

所以
$$Z_3=\frac{\dot{U}_3}{\dot{I}_3}=\frac{100\angle 0^\circ}{0.866\angle -60^\circ}=115.8\angle 60^\circ=58+j100\Omega$$

例 3-28 下面按基尔霍夫定律列方程，求解上面的例题。

解 令 $\dot{U}_3=100\angle 0^\circ$，$\dot{U}_1=100\angle\varphi_1$，$\dot{U}=100\angle\varphi$。按基尔霍夫第二定律列电压方程有

$$\dot{U}=\dot{U}_1+\dot{U}_2$$

$$100\angle\varphi=100\angle\varphi_1+100\angle 0^\circ$$

将其展开成三角形式

$$100\cos\varphi+j100\sin\varphi=100\cos\varphi_1+j100\sin\varphi_1+100$$

即
$$\cos\varphi+j\sin\varphi=\cos\varphi_1+j\sin\varphi_1+1$$

按着两个复数相等，必定实部等于实部，虚部等于虚部的关系有

$$\cos\varphi=\cos\varphi_1+1 \tag{1}$$

$$\sin\varphi=\sin\varphi_1 \tag{2}$$

将式(1)、(2)分别平方，而后两等式相加有

$$\sin^2\varphi+\cos^2\varphi=\cos^2\varphi_1+2\cos\varphi_1+1+\sin^2\varphi_1$$

根据 $\sin^2\varphi+\cos^2\varphi=1$ 的概念，上式化为

$$1=2\cos\varphi_1+2$$

$$\cos\varphi_1=-\frac{1}{2}$$

$$\varphi_1=\pm 120^\circ \quad \varphi_1 \text{取} 120^\circ$$

这样一来
$$\dot{U}_1=100\angle 120^\circ\text{V}$$

将 $\varphi_1=120^\circ$ 代入(1)式中去有

$$\cos\varphi=\cos\varphi_1+1=-0.5+1=0.5$$

$$\varphi=60^\circ$$

根据图示，很容易求出支路电流，即

$$\dot{I}_1 = \frac{\dot{U}_1}{j\omega L} = \frac{100\angle 120^\circ}{200\angle 90^\circ} = 0.5\angle 30^\circ \text{A}$$

$$\dot{I}_2 = j\omega C\dot{U}_3 = 100 \times 10^{-2}\angle 90^\circ = 1\angle 90^\circ \text{A}$$

$$\dot{I}_3 = \dot{I}_1 - \dot{I}_2 = 0.5\angle 30^\circ - 1\angle 90^\circ = 0.433 + j0.25 - j1$$

$$= 0.433 - j0.75 = 0.866\angle -60^\circ \text{A}$$

3-8 交流电路中的实际元件

前面所讨论的电阻，电感，电容元件的参数 R，L，C 都是与电压，电流和电源频率无关的量，而实际元件则不是这样。

对于电阻来讲，一导线通过直流电流时，电流在导线截面上是均匀分布的，若通过交流电流时，情况就不同了，导线表面处电流密度较大，内部电流密度较少，这种现象称为集肤效应。集肤效应产生的原因，可以用电磁场理论去解决。设想把截面为圆形的导线，看成是由许多截面相同的细导线扎在一起组成的，由于对称关系，当导线通过交流电流时所产生的磁感应线都是一些同心圆，如图 3-56 中虚线所示。在中心处的细导线，它们所交链的磁通多，例如在 0 处的细导线，它交链了全部磁通，而在 A 处交链的磁通就少，在导线表面的 B 处则更小，由于通过的是交流电，因此磁通量也是按同一频率交变的，这样每根细导线都感应出电压。在中心部分细导线由于交链较多的磁通量，因此，它感应的电压就较外边部分的细导线为大。而组成导线的各个细导线相当于相互并联支路，靠近中心部分细导线，由于感应电压较大，就相当于具有较大的电感支路，因此电流就小，反之，细导线越靠近边缘，其电流就越大。

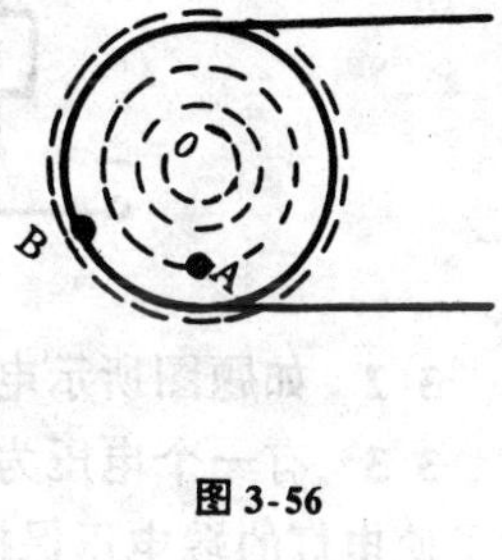

图 3-56

由于集肤效应的影响，使得电流比较集中在导线表面，相当于导线被利用的有效面积减少了，所以电阻增大，这种现象随着频率和截面的增大而越加明显。由于集肤效应，高频时，电流基本上在导线表面流动，因此，可把导线作成空心的(即管形)，以节省有色金属。此时导线的交流电阻不能用电阻公式计算，而要用电磁场理论去计算，或者进行测量。

在工频情况下，若导线直径不超过 1 厘米，则可近似认为交流电阻即等于直流电阻。

一个电感线圈，通常可以看成是电阻 R 和电感 L 的串联组合，实际上各匝间还有电容存在，称为分布电容，如图 3-57(a)所示。

电感线圈等效电路的形式如图 3-57(b)所示。一般情况下，C 是很小的。

实际的电容器，并不是理想的，由于极板间的绝缘材料的电阻并非无限大，因此，在电容器中除有引前于外加电压 u 90°的电容电流 i_C 通过之外，还有与外加电压同相位的电流 I_g 通过，如图 3-58 所示。

电流引前电压的相位角 φ 的余角，称为电容器的介质损耗角，用它来衡量在一定电压下电容的功率损失。

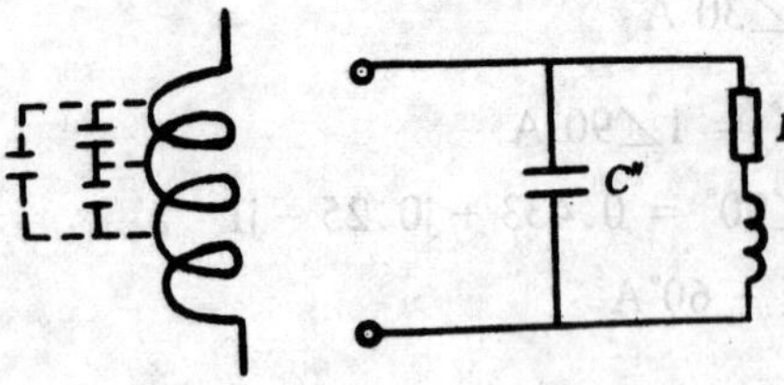

(a) (b)

图 3-57

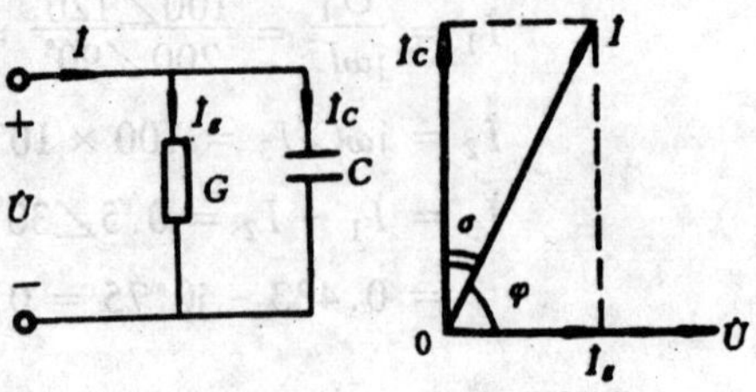

(a) (b)

图 3-58

习 题 三

3-1 如题图所示电路，已知 $u=100\sin(10t+45°)$V，$i=i_1=10\sin(10t+45°)$A，$i_2=20\sin(10t+135°)$A 试判断元件 1,2,3 的性质及其数值。

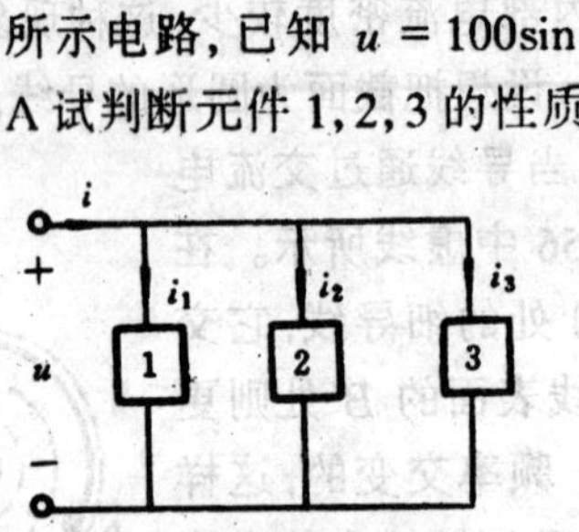

题 3-1 图

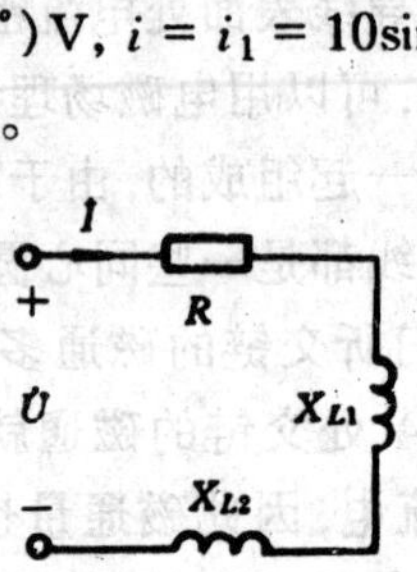

题 3-2 图

3-2 如题图所示电路，已知 $R=9\Omega$，$X_{L1}=4\Omega$，$X_{L2}=4.34\Omega$，$U=246$V，求电流 I。

3-3 有一个电压为110V，功率为 75W 的白炽灯，不得不在电压为 220V 的电源上使用。为了使电灯的端电压保持 110V，可使用电阻或电感线圈与之相串联。试决定所串之电阻或电感的数值。($f=50$Hz)。

3-4 如题图所示电路，已知 $\dot{I}=5\angle0°$A，总电压 $\dot{U}=85-\mathrm{j}85$(V)，电容电压 $U_1=50$V，求 U_2，R_2，X_{C2}。

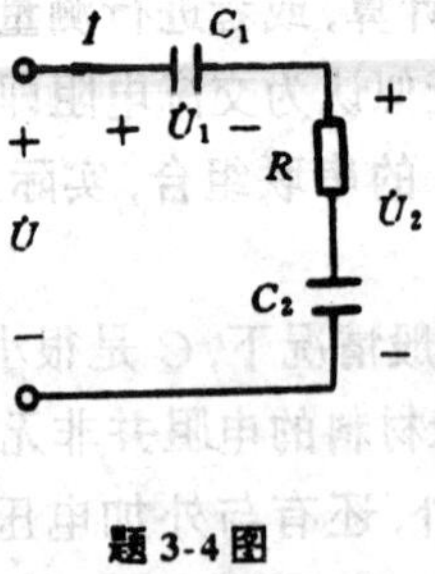

题 3-4 图

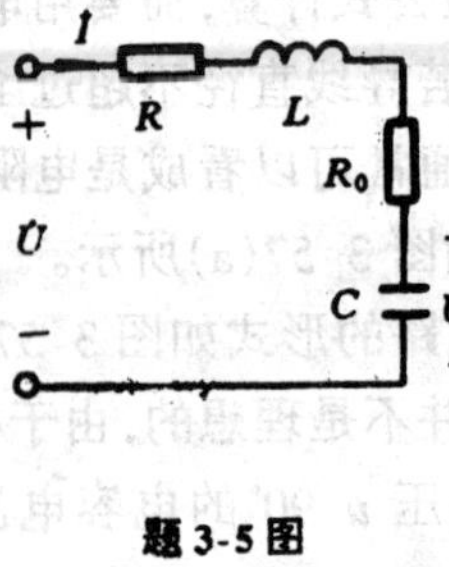

题 3-5 图

3-5 一串联电路如题图所示，$R=4\Omega$，$L=0.325$H，$f=60$Hz，如 $X_C=110\Omega$，其端压 $U_C=500$V，电源电压 $U=115$V，求 R_0 值。

3-6 如题图所示电路，已知 $U=149$V，$U_1=50$V，$U_2=121$V，$f=50$Hz，$R_0=5\Omega$，试求 R 和 L 值。

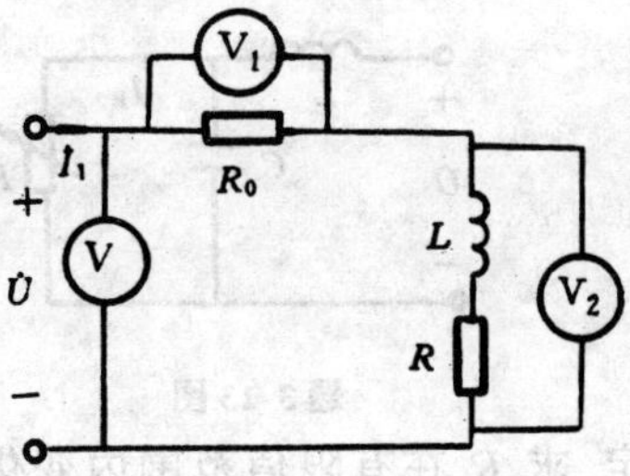

题 3-6 图

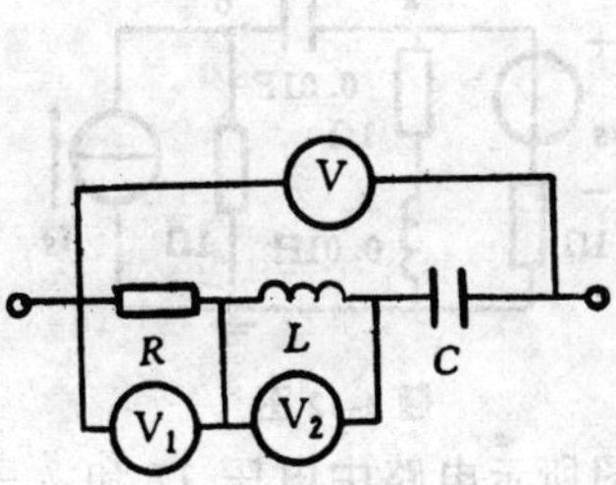

题 3-7 图

3-7 如题图所示电路，电压表的读数分别为：$V=120\text{V}$，$V_1=10\text{V}$，$V_2=200\text{V}$，求 $U_C=?$

3-8 如题图所示电路，已知电流表的读数分别为：$A=10\text{A}$，$A_1=6\text{A}$，$A_2=6\text{A}$，电源 $\omega=100\pi\ \text{rad/s}$，求 $C=?$

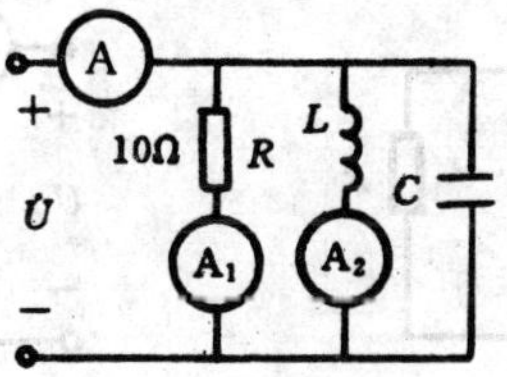

题 3-8 图

3-9 定性画出题图所示电路的相量图，其中各理想元件阻抗的模均相等。

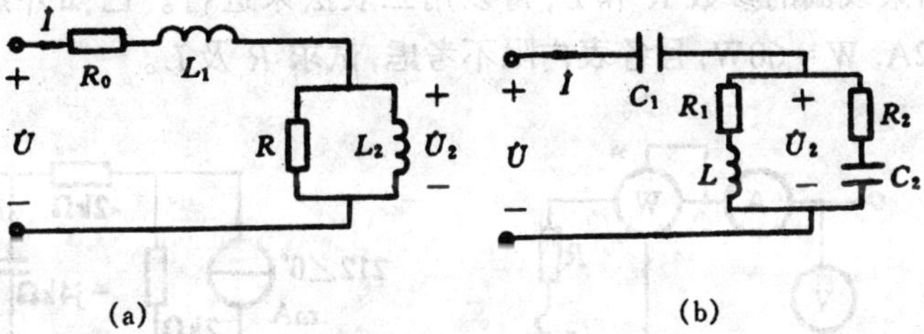

题 3-9 图

3-10 如题图所示电路，已知 $U=220\text{V}$，$Z_1=2+\text{j}1\Omega$，$Z_2=2+\text{j}6\Omega$，$Z_3=2-\text{j}6\Omega$，$Z_4=2+\text{j}4\Omega$，求各支路电流。

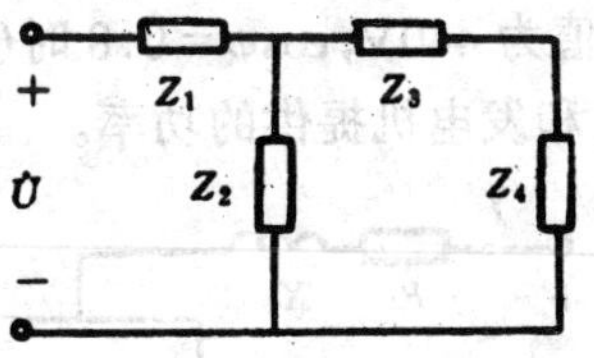

题 3-10 图

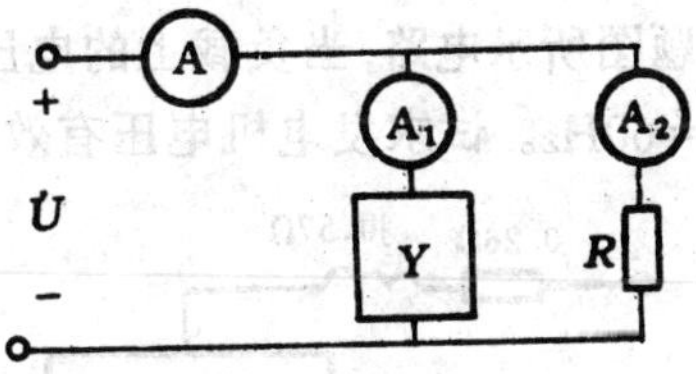

题 3-11 图

3-11 如题图所示电路，各电流表读数为 $A=16.1\text{A}$，$A_1=8.93\text{A}$，$A_2=10\text{A}$，$R=20\Omega$，求等效参数 Y。

3-12 如题图所示电路，已知 $u_S=4\sin100t\,\text{V}$，$i_S=4\sin100t\,\text{A}$，试用节点法和迭加法求各

支路电流。

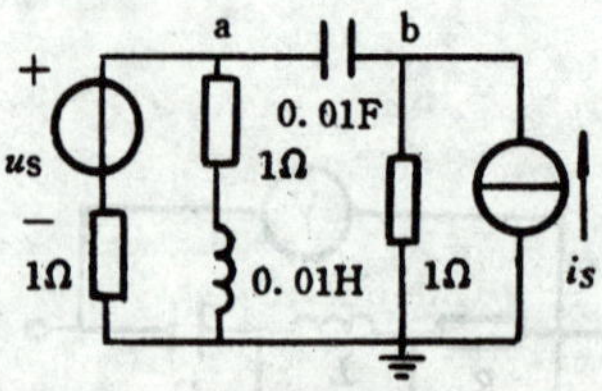

题 3-12 图

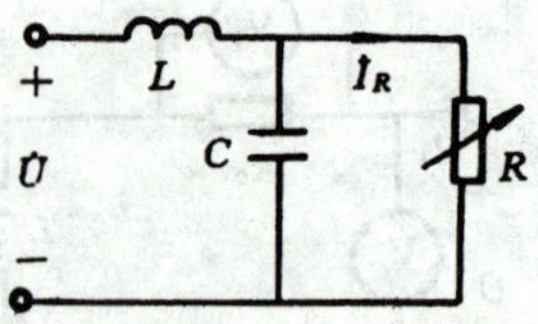

题 3-13 图

3-13 如题图所示电路中电压 U 和 ω 一定,求 R 在有限值范围内变化时,而通过 R 中电流 I_R 保持不变的条件,并求此时电流值是多少。

3-14 如题图所示电路,已知 $Z_1 = 200 + \mathrm{j}1000\Omega$, $Z_2 = 500 + \mathrm{j}1500\Omega$, R 为电阻,欲使电流 $\dot{I}_2$ 滞后于电压 $\dot{U}$ 的相位为$\frac{\pi}{2}$,R 应为多大?

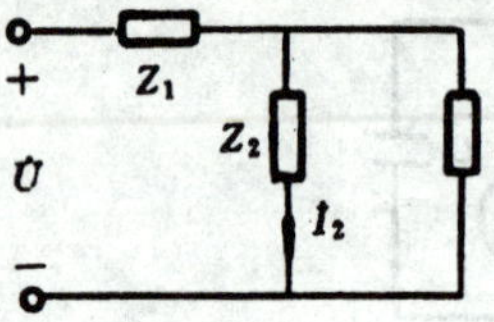

题 3-14 图

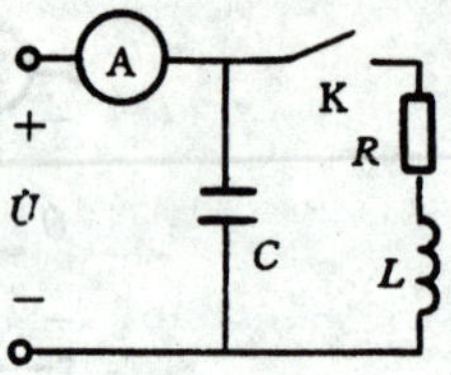

题 3-15 图

3-15 如题图所示电路,图中总电压 $U = 380\mathrm{V}$, $f = 50\mathrm{Hz}$,选取 C 使 K 打开与闭合时电流表的读数不变,并知其电流表的读数为 0.5A,求 $L = ?$

3-16 为测某线圈的参数 R 和 L,可以用三表法来进行。已知外加电压频率 $f = 50\mathrm{Hz}$, $V = 100\mathrm{V}$, $A = 2\mathrm{A}$, $W = 60\mathrm{W}$,且各表内阻不考虑,试求 R 及 L。

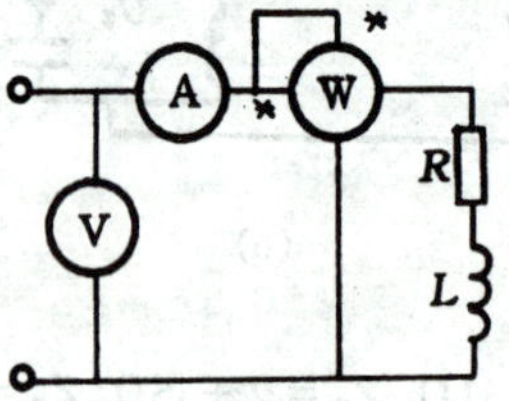

题 3-16 图

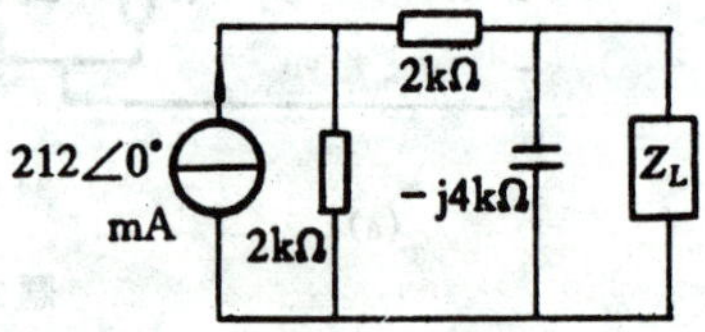

题 3-17 图

3-17 如题图所示电路,求:(1)获取最大功率时,Z_L 为何值?(2)最大功率是多少?

3-18 如题图所示电路,当负载上的电压有效值为 440V, $\cos\varphi = 0.8$ 时($\varphi > 0$),吸收的功率为 50kW, $f = 60\mathrm{Hz}$。试求发电机电压有效值 U_S 和发电机提供的功率。

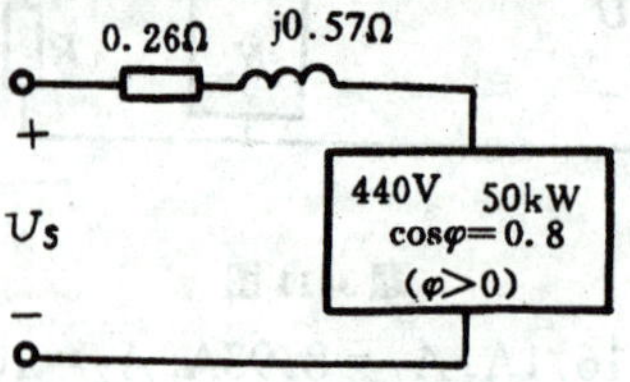

题 3-18 图

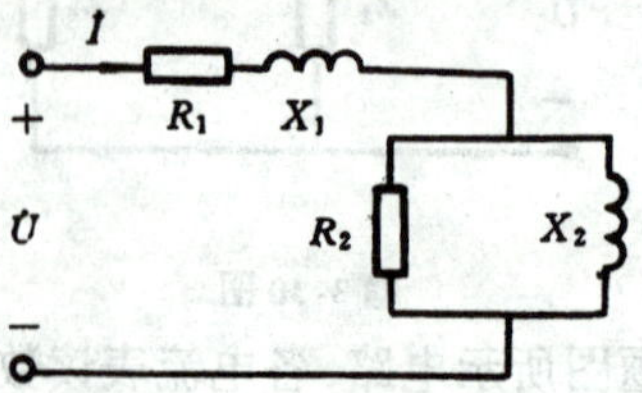

题 3-19 图

3-19 如题图所示电路，总电压 $U=350\text{V}$，第一组负载所消耗功率为 $P_1=800\text{W}$，$\cos\varphi_1=0.5(\varphi_1>0)$，第二组负载所消耗功率为 $P_2=3000\text{W}$，$\cos\varphi_2=0.8(\varphi_2>0)$，求两个负载的等效参数 R_1，X_1 和 R_2，X_2。

3-20 如题图所示电路，试证明 RC 移相电路中，当满足条件 $\omega=\dfrac{1}{\sqrt{6}RC}$ 时，输出电压 $\dot{U}_2$ 和输入电压 $\dot{U}_1$ 的相位差 180°，且 $\dfrac{U_2}{U_1}=\dfrac{1}{29}$。

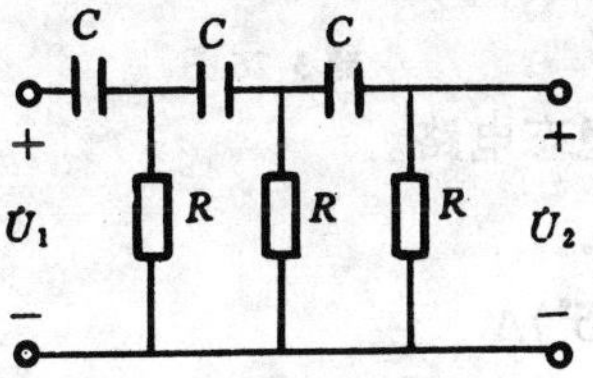

题 3-20 图

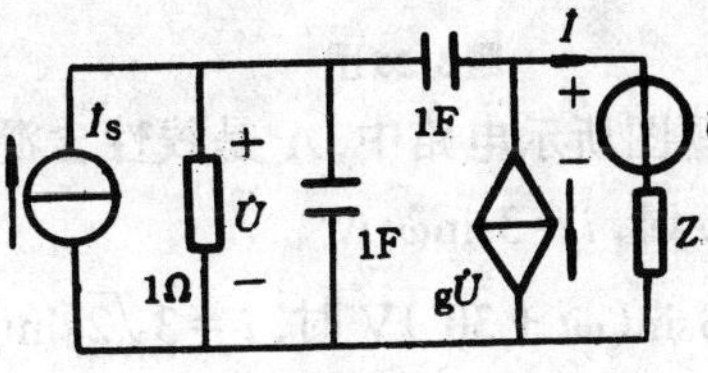

题 3-21 图

3-21 如题图所示电路，已知 $g=1\text{s}$，$\omega=1\text{rad/s}$，$\dot{I}_S=-\text{j}10\text{A}$，$\dot{U}_S=(1-\text{j}5)\text{V}$，$Z=(0.4-\text{j}0.2)\Omega$，求 $\dot{I}=?$

3-22 为了测量线圈的 R 和 L，按图示接线，外加电压为 $U=125\text{V}$，频率 $f=50\text{Hz}$，调整电容 C，使 K 闭合与打开两种情况下，电流表读数都一样，已知此时读数为 $I_1=1.8\text{A}$，然后将电容量减半，在 K 闭合时电流表读数为 $I_2=1.3\text{A}$，试求 R 和 L。

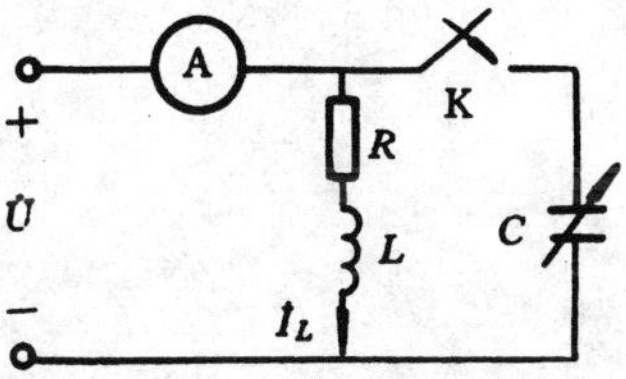

题 3-22 图

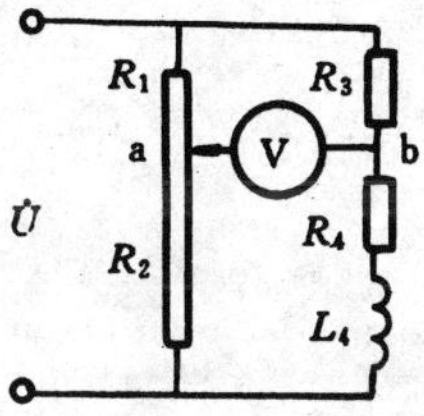

题 3-23 图

3-23 为了测线圈 R_4 和 L_4，采用图示线路接法，当滑动电压表的一端，使其读数为最小值，且已知此最小值为 30V，又知 $R_1=5\Omega$，$R_2=15\Omega$，$R_3=6.5\Omega$，外加电压 $U=100\text{V}$，求 R_4 和 L_4。

3-24 如题图所示电路，已知 $Z=R+\text{j}X(X>0)$，$U=220\text{V}$，今改变两次电容量 C，测得有效值电流 I_1 和 I_2 之值如表所示，求 R 和 X。

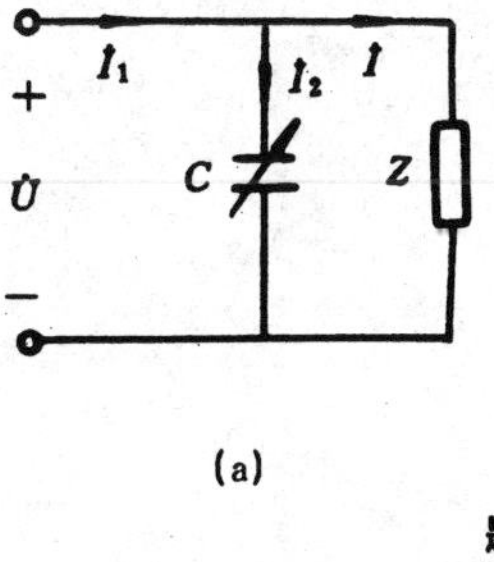

(a)

	C'	C''
I_1(A)	3	2.65
I_2(A)	0	1

(b)

题 3-24 图

3-25 如题图所示电路，欲使 $U_0 = U$，求 C 值。

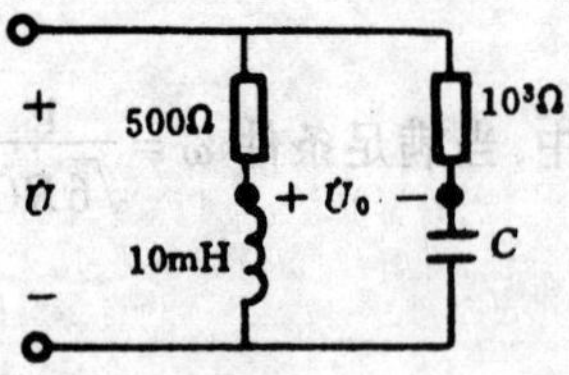

题 3-25 图

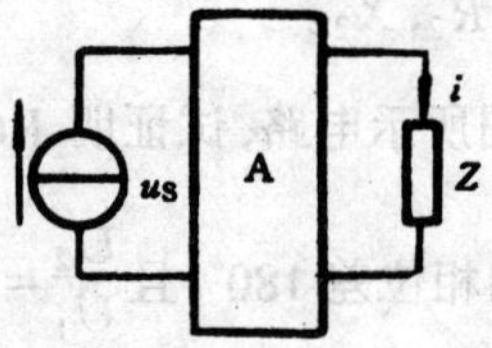

题 3-26 图

3-26 如题图所示电路中，A 是线性含源正弦稳态电路。

当　$u_S = 0$ 时，$i = 3\sin\omega t$ A

当　$u_S = 3\sin(\omega t + 30°)$ V 时，$i = 3\sqrt{2}\sin(\omega t + 45°)$ A

若　$u_S = 4\sin(\omega t + 30°)$ V 时，求 i 值。

第 4 章　三相电路

内容提要：在实际电力系统中大量遇到的是三相电路，它在发电、输电、配电、用电等方面和单相电路比较都有明显的优点，因而得到了广泛的应用。

三相电路一般是由三个振幅相同、频率相同而相位不同的正弦电压作为供电电源的电路。分对称和不对称三相电路两大类。对称三相电路可化为单相电路进行分析和计算，能使问题简化。不对称三相电路，是一个复杂的正弦交流电路，所以，可按复杂电路的分析方法进行计算。

本章重点：三相电路的特点，对称三相电路的计算和不对称三相电路的概念。

4-1　三相电路的特点

1. 三相电压的产生

如图 4-1(a)所示为三相发电机示意图，其中绕轴旋转的一对磁极是转子，嵌有三个线圈的固定部分叫定子。三个线圈 AX，BY 和 CZ 的匝数和尺寸完全相同，只是它们在空间的位置上彼此相差 120°。当转子的磁极按顺时针方向匀速旋转时，在三个线圈中都会产生感应电压，在发电机的设计和制造时，保证产生的电压按正弦规律变化。如果我们把三个线圈的始端规定为 A，B，C，而末端规定为 X，Y 和 Z，且设电压参考方向为由始端到末端。由于三个线圈结构和参数相同，只是它们的相位互差 120°，如图 4-1(b)所示，这样由发电机发出的一组电压就称为对称三相电压。其中一个线圈为一相，所产生的电压叫相电压，把 A，B，C 三个相电压写成瞬时值表达式

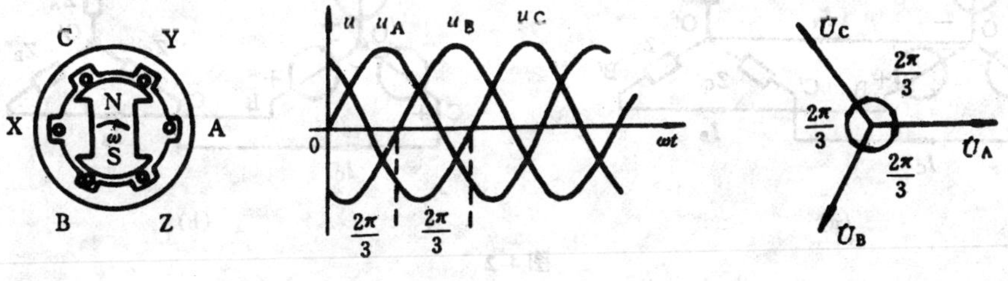

(a)　　(b)　　(c)

图 4-1

$$\left.\begin{aligned} u_A &= U_m \sin \omega t \\ u_B &= U_m \sin(\omega t - 120°) \\ u_C &= U_m \sin(\omega t - 240°) = U_m \sin(\omega t + 120°) \end{aligned}\right\} \quad (4\text{-}1)$$

它们的相量形式为

$$
\left.\begin{aligned}
\dot{U}_A &= \frac{U_m}{\sqrt{2}}\angle 0^\circ = U\angle 0^\circ \\
\dot{U}_B &= \frac{U_m}{\sqrt{2}}\angle -120^\circ = U\angle -120^\circ \\
\dot{U}_C &= \frac{U_m}{\sqrt{2}}\angle 120^\circ = U\angle 120^\circ
\end{aligned}\right\} \tag{4-2}
$$

图 4-1(c)是它们的相量图。

三个相电压各自的电压达同一数值(例如到达正的最大值或零)的先后顺序叫做相序。上面三相电压的相序是 A－B－C,这种相序称正序或顺序;如果它们的顺序是 C－B－A,这种相序便称为负序或逆序。如果不加说明,三相电压的相序都是指正序。

在三相制中,负载一般也是由三个部分组成的,每一部分称为负载的一相,这样的负载称三相负载,三相感应电动机便是常见的三相负载。

由三相电源、三相负载(包括个别单相负载在内)和联接导线所组成的电路就是三相电路。当三相电源对称,三个负载相同(称对称负载),而且输电线的阻抗也相同(不包括中线阻抗),所组成的三相电路为对称三相电路,上面三个条件,只要一个不满足,就构成不对称的三相电路。

三相电路的电源和负载都有两种联接方式,即星形连接和三角形联接。

2. 星形连接方式

如图 4-2(a)中的三相电源和负载都是接成星形的,也称 Y 形。这种联接方式是把三个绕组的末端 X, Y, Z 联在一起,用 O 表示,称电源中点或零点,由始端 A, B, C 引出三根线与负载的 A′, B′, C′端相联,这三根导线称为火线(又称端线),负载的另一端 X′, Y′, Z′也联在一起,用 O′表示,称负载中点,O′与 O 两点间的连线称为中线。这种联接方式,电源和负载之间用了四根联线,所以称为三相四线制。如果没有中线,则称三相三线制,如图 4-2(b)所示。

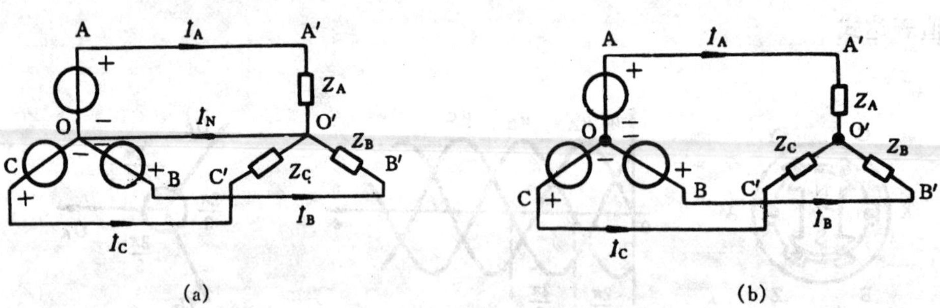

图 4-2

流经火线的电流称线电流,用 I_l 表示,两条端线之间的电压称线电压,用 U_l 表示,负载或电源每相中的电流则称相电流,用 I_P 表示,每相上的电压称相电压,用 U_P 表示。而中线流过的电流 I_N 则称中线电流。

下面讨论在星形连接时,相电流和线电流,相电压和线电压之间的关系,由图4-2看出,相电流和线电流是相等的。线电压是二个相电压之差,即

$$\left.\begin{aligned}\dot U_{AB}&=\dot U_{AO}-\dot U_{BO}\\ \dot U_{BC}&=\dot U_{BO}-\dot U_{CO}\\ \dot U_{CA}&=\dot U_{CO}-\dot U_{AO}\end{aligned}\right\}\qquad(4\text{-}3)$$

若相电压对称，并以 A 相电压为参考相量，即 $\dot U_{AO}=U_P\angle 0^\circ$，$\dot U_{BO}=U_P\angle-120^\circ$，$\dot U_{CO}=U_P\angle 120^\circ$，这时线电压为

$$\left.\begin{aligned}\dot U_{AB}&=\dot U_{AO}-\dot U_{BO}=U_P\angle 0^\circ-U_P\angle-120^\circ\\ &=U_P\left(1+\frac{1}{2}+j\frac{\sqrt3}{2}\right)=\sqrt3\,U_P\angle 30^\circ\\ \dot U_{BC}&=\dot U_{BO}-\dot U_{CO}=U_P\angle-120^\circ-U_P\angle 120^\circ\\ &=U_P\left(-\frac{1}{2}-j\frac{\sqrt3}{2}+\frac{1}{2}-j\frac{\sqrt3}{2}\right)=\sqrt3\,U_P\angle-90^\circ\\ \dot U_{CA}&=\dot U_{CO}-\dot U_{AO}=U_P\angle 120^\circ-U_P\angle 0^\circ\\ &=U_P\left(-1-\frac{1}{2}+j\frac{\sqrt3}{2}\right)=\sqrt3\,U_P\angle 150^\circ\end{aligned}\right\}\qquad(4\text{-}4)$$

上式也可写为

$$\left.\begin{aligned}\dot U_{AB}&=\sqrt3\,\dot U_A\angle 30^\circ\\ \dot U_{BC}&=\sqrt3\,\dot U_B\angle 30^\circ\\ \dot U_{CA}&=\sqrt3\,\dot U_C\angle 30^\circ\end{aligned}\right\}\qquad(4\text{-}5)$$

式(4-5)表明，在星形连接中，若三个相电压是对称的，则三个线电压也是对称的，而且线电压的有效值等于相电压有效值的$\sqrt3$倍，即 $U_l=\sqrt3\,U_P$，线电压的相位超前对应相电压的相位 30°。

用相量图进行分析，可以得到相同结论，如图 4-3 所示。

对于负载也一样，只要同样选择各电压的参考方向，相电压和线电压的关系和电源一侧的关系是相同的。

3. 三角形连接方式

图 4-4 中的三相电源和负载都是接成三角形的，也称△形，电源方面，把二个绕组的始端与末端依次相联接，即 X 接 B，Y 接 C，Z 接 A，再从三个联接点引出三根导线，这样就组成三角形连接的电源。当电源三个相电压对称时，按上述联接方式联接时，则电源内部没有环流出现，因为：

$$\begin{aligned}\dot U&=\dot U_A+\dot U_B+\dot U_C=U_P\angle 0^\circ+U_P\angle-120^\circ+U_P\angle 120^\circ\\ &=U_P\left(1-\frac{1}{2}-j\frac{\sqrt3}{2}-\frac{1}{2}+j\frac{\sqrt3}{2}\right)=0\end{aligned}$$

其相电压相量图如图 4-5(a)所示，三个相电压之和恒等于零，保证空载时电源内部无环流。若将某一相绕组(比如 C 相绕相)接反了(X 接 B，Y 接 Z，C 接 A)，这时三个相电压之和 $\dot U=\dot U_A+\dot U_B+\dot U_C=-2\dot U_C$，如图 4-5(b)所示，这样一来，在空载情况下，电源内部的合成电压为某一相电压的二倍，而绕组内组抗又很小，就会产生很大的环流，有可能烧毁电机，必须特别注意。在把三相电源联接成三角形时，先不要完全闭合，留下一个开口，在开口处接上一只交流

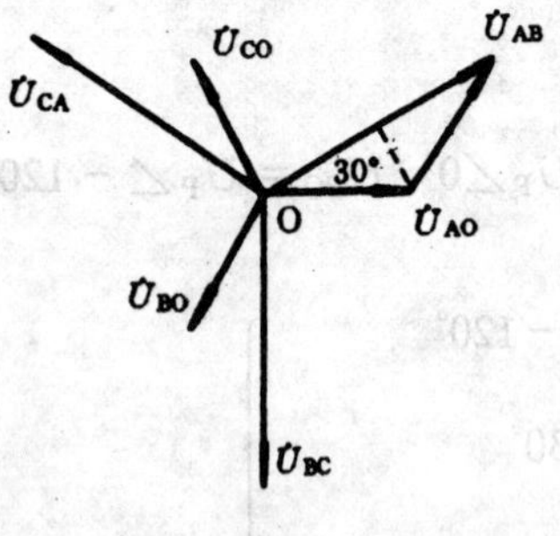

图 4-3

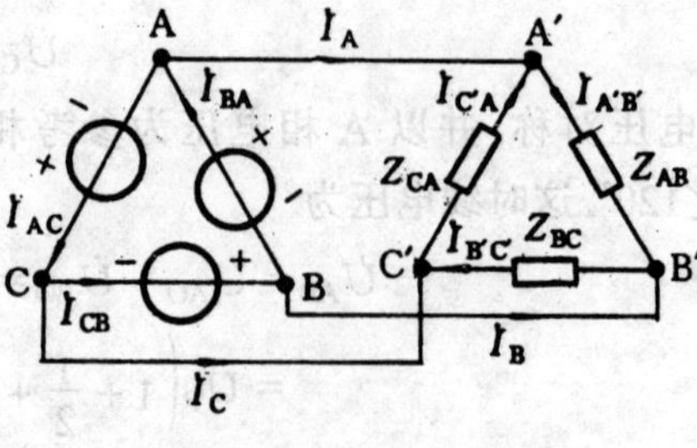

图 4-4

电压表进行测量，如图 4-6 所示，如电压表指示为零，说明联接正确，再把开口处接在一起。

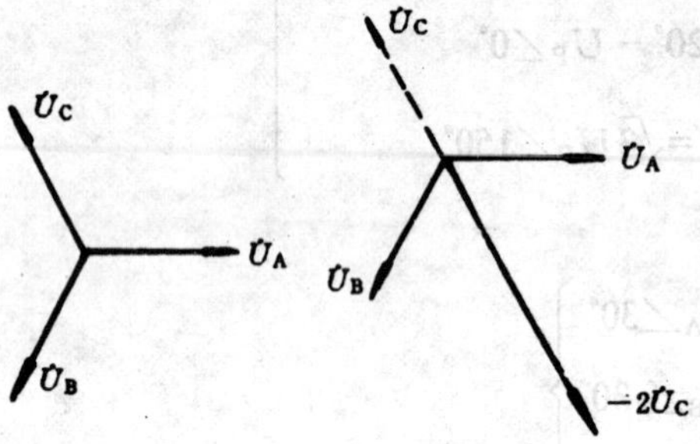

(a) (b)

图 4-5

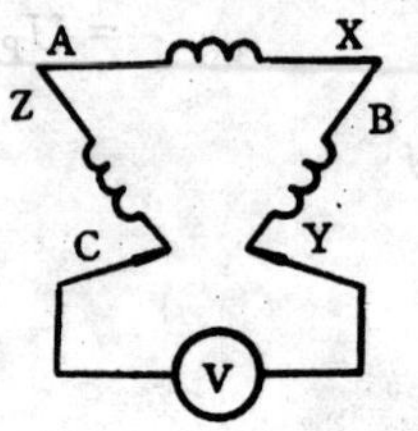

图 4-6

在三角形联接中，没有中线，因此都是三相三线制，即

$$\dot U_{AB} = \dot U_{AO} = \dot U_{A'O'}$$
$$\dot U_{BC} = \dot U_{BO} = \dot U_{B'O'}$$
$$\dot U_{CA} = \dot U_{CO} = \dot U_{C'O'}$$

线电压等于相电压，简写成 $U_l = U_P$。但线电流不等于相电流，而等于两个相电流之差，按图 4-4 所示电流参考方向，在负载方面有

$$\left.\begin{aligned}\dot I_A &= \dot I_{A'B'} - \dot I_{C'A'}\\ \dot I_B &= \dot I_{B'C'} - \dot I_{A'B'}\\ \dot I_C &= \dot I_{C'A'} - \dot I_{B'C'}\end{aligned}\right\} \tag{4-6}$$

如果是对称三相电路，则相电压、线电压都是对称的，电压大小相等，相位彼此差 120°，而且 $Z_{AB} = Z_{BC} = Z_{CA} = Z_0$ 今设 $\dot U_{A'B'} = U_l\angle 0°$，$\dot U_{B'C'} = U_l\angle -120°$，$\dot U_{C'A'} = U_l\angle 120°$，于是有

$$\left.\begin{aligned}\dot I_{A'B'} &= \frac{\dot U_{A'B'}}{Z} = \frac{U_l\angle 0°}{|Z|\angle\varphi} = I_P\angle -\varphi\\ \dot I_{B'C'} &= \frac{\dot U_{B'C'}}{Z} = \frac{U_l\angle -120°}{|Z|\angle\varphi} = I_P\angle -\varphi - 120° = \dot I_{A'B'}\angle -120°\\ \dot I_{C'A'} &= \frac{\dot U_{A'B'}}{Z} = I_P\angle 120° - \varphi = \dot I_{A'B'}\angle 120°\end{aligned}\right\} \tag{4-7}$$

即三个相电流是对称的，将式(4-7)代入式(4-6)，得到

$$\left.\begin{aligned}\dot{I}_A&=I_P\angle-\varphi-I_P\angle-\varphi+120^\circ=I_P\angle-\varphi(1-1\angle-120^\circ)\\&=\sqrt{3}I_P\angle-\varphi-30^\circ=\sqrt{3}\dot{I}_{A'B'}\angle-30^\circ\\\dot{I}_B&=I_P\angle-\varphi-120^\circ-I_P\angle-\varphi=I_P\angle-\varphi(1\angle-120^\circ-1)\\&=\sqrt{3}I_P\angle-\varphi-150^\circ=\sqrt{3}\dot{I}_{B'C'}\angle-30^\circ\\\dot{I}_C&=I_P\angle-\varphi+120^\circ-I_P\angle-\varphi-120^\circ=I_P\angle-\varphi(1\angle120^\circ-1\angle-120^\circ)\\&=\sqrt{3}I_P\angle-\varphi+90^\circ=\sqrt{3}\dot{I}_{C'A'}\angle-30^\circ\end{aligned}\right\}\tag{4-8}$$

上式说明三个线电流也是对称的。且线电流有效值等于相电流有效值的$\sqrt{3}$倍，即

$$I_l=\sqrt{3}I_P$$

而线电流的相位则落后于对应相电流的相位 30°。线电压、(相电压)、线电流、相电流的相量图如图 4-7 所示。

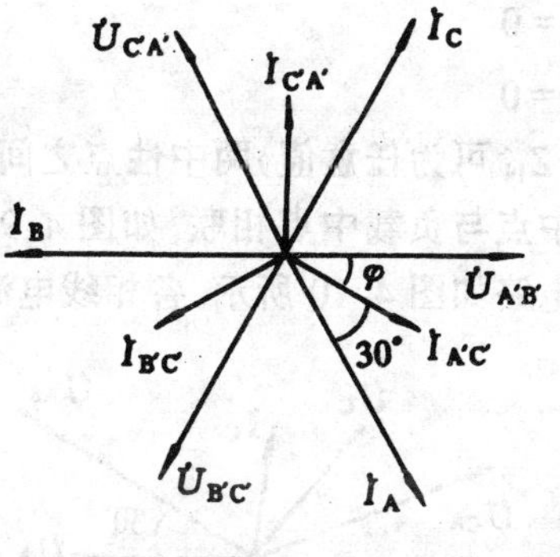

图 4-7

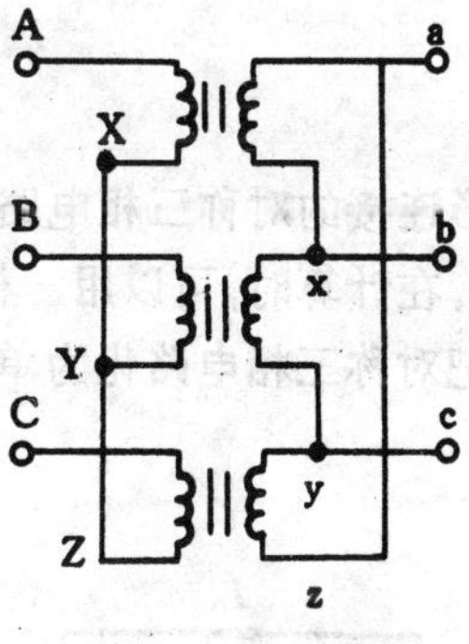

图 4-8

例 4-1 有三台相同的单相变压器，其原边额定电压与电流分别为 220V 与 4.55A，副边额定电压与电流分别为 110V 与 9.1A。要求将这三台变压器接成二相变压器组，原边接成星形，副边接成三角形。试画出接线图，并计算原、副边的额定电压与电流。

解 接线图如图 4-8 所示。

原边为星形连接，所以额定线电压与线电流为

$$U_{l1}=\sqrt{3}U_{P1}=\sqrt{3}\cdot220=380\text{V}$$
$$I_{l1}=I_{P1}=4.55\text{A}$$

副边为三角形联接，所以

$$U_{l2}=U_{P2}=110\text{V}$$
$$I_{l2}=\sqrt{3}I_{P2}=\sqrt{3}\cdot9.1=15.7\text{A}$$

4-2 对称三相电路的计算

图 4-9(a)所示为星形联接的对称三相电路，这样电路，只有二个节点。根据节点电压法，可求出两节点间电压为

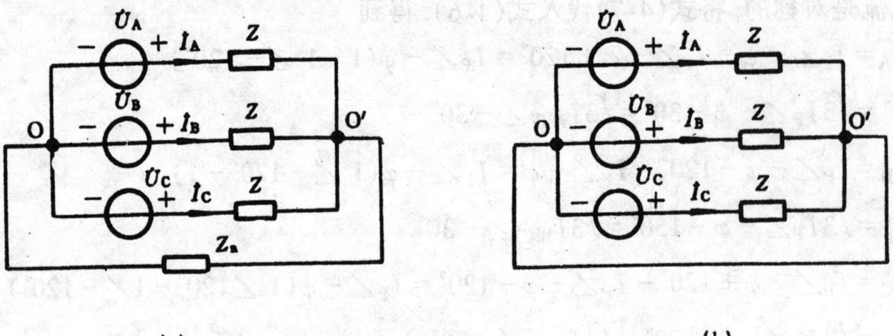

(a)　　　　　　　　　　　　　　(b)

图 4-9

$$\dot{U}_{O'O}=\frac{\frac{1}{Z}(\dot{U}_A+\dot{U}_B+\dot{U}_C)}{\frac{3}{Z}+\frac{1}{Z_N}}$$

因电源的三个相电压是对称的,所以

$$(\dot{U}_A+\dot{U}_B+\dot{U}_C)=0$$

则

$$\dot{U}_{O'O}=0 \tag{4-9}$$

这说明在星形连接的对称三相电路中,无论有无中线(Z_N 可为任意值)两中性点之间电压值均等于零,因此,在计算时,可以用一根理想导线将电源中点与负载中点相联,如图 4-9(b)所示。这样就可以把对称三相电路化为单相电路计算,单相电路如图 4-10 所示,各相线电流:

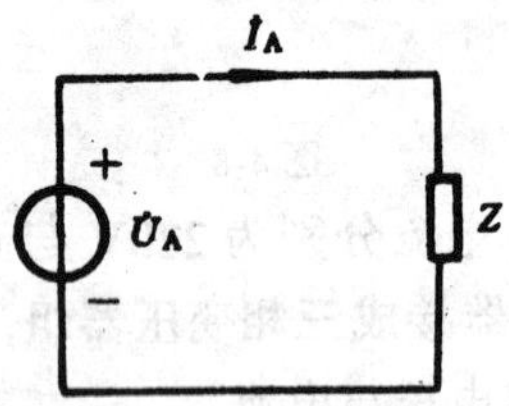

图 4-10

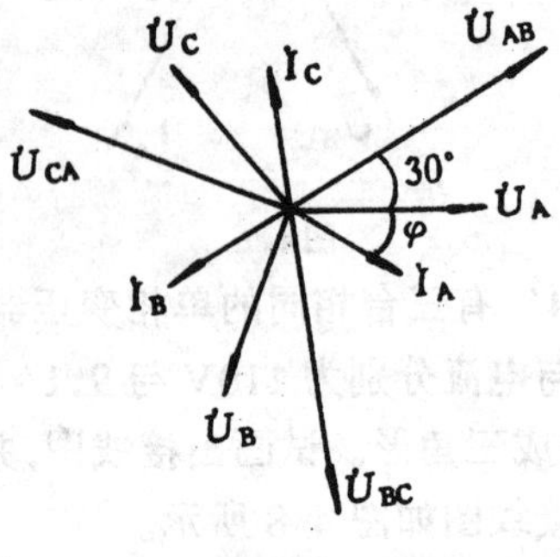

图 4-11

$$\left.\begin{aligned}\dot{I}_A&=\frac{\dot{U}_A}{Z}\\ \dot{I}_B&=\frac{\dot{U}_B}{Z}\\ \dot{I}_C&=\frac{\dot{U}_C}{Z}\end{aligned}\right\} \tag{4-10}$$

显然,三个相(线)电流是对称的。中线电流为

$$\dot{I}_{O'O}=\dot{I}_A+\dot{I}_B+\dot{I}_C=0 \tag{4-11}$$

从上面的计算可以看出,并不需要对每一相都进行计算,只要算出一相(线)电流 $\dot{I}_A$,再根据电流的对称性,便可以由 $\dot{I}_A$ 去写出其他两相(线)电流 $\dot{I}_B$ 和 $\dot{I}_C$,即

$$\dot{I}_B=\dot{I}_A\angle-120°$$

$$\dot{I}_C = \dot{I}_A \angle 120°$$

图 4-11 中画出了感性负载时电压与电流相量图。

对于图 4-12 所示三角形联接的对称三相电路，负载的相电流容易求出，即

$$\left.\begin{aligned} \dot{I}_{A'B'} &= \frac{\dot{U}_{A'B'}}{Z} = \frac{\dot{U}_{AB}}{Z} \\ \dot{I}_{B'C'} &= \frac{\dot{U}_{B'C'}}{Z} = \frac{\dot{U}_{BC}}{Z} \\ \dot{I}_{C'A'} &= \frac{\dot{U}_{C'A'}}{Z} = \frac{\dot{U}_{CA}}{Z} \end{aligned}\right\} \tag{4-12}$$

可看出三个相电流必然是对称的，故可只计算一相，其余两相根据对称性直接写出

$$\dot{I}_{A'B'} = \frac{\dot{U}_{AB}}{Z}$$

$$\dot{I}_{B'C'} = \dot{I}_{A'B'} \angle -120°$$

$$\dot{I}_{C'A'} = \dot{I}_{A'B'} \angle 120°$$

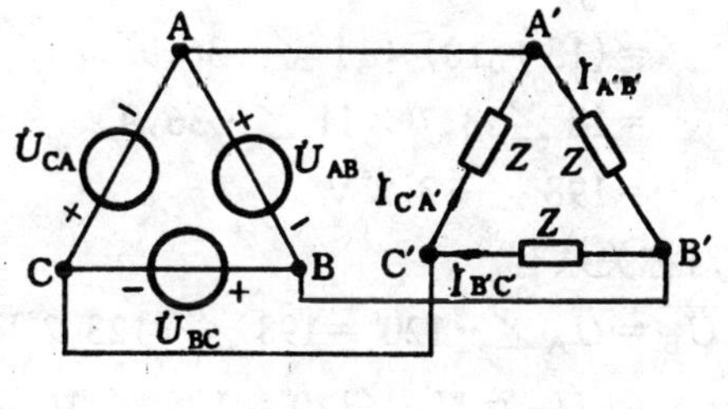

图 4-12

根据式(4-8)，可以求得线电流

$$\dot{I}_A = \sqrt{3}\,\dot{I}_{A'B'} \angle -30°$$

$$\dot{I}_B = \sqrt{3}\,\dot{I}_{B'C'} \angle -30°$$

$$\dot{I}_C = \sqrt{3}\,\dot{I}_{C'A'} \angle -30°$$

若需考虑线路阻抗，电路如图 4-13 所示。在计算时，首先要把电源和负载都化成等效的星形联接电路，然后化为单相电路计算。

以图 4-13(a)所示电路为例

$$\dot{U}_{AO} = \frac{1}{\sqrt{3}}\dot{U}_{AB} \angle -30°$$

$$\dot{U}_{BO} = \frac{1}{\sqrt{3}}\dot{U}_{BC} \angle -30°$$

$$\dot{U}_{CO} = \frac{1}{\sqrt{3}}\dot{U}_{CA} \angle -30°$$

三角形负载化为星形负载的等效阻抗为 $Z'_4 = \frac{Z_4}{3}$，这时电路变为图 4-13(b)。单相计算电路如图 4-13(c)所示，电路中各支路电压、电流都不难求出。

例 4-2 如图4-14 所示对称三相电路，已知电源线电压为 380V，$Z_1 = 1 + j2\Omega$，$Z = 45 + j30\Omega$。试求负载端各线电压、线电流和负载的相电流。

解 首先把三角形负载化成等效的星形负载。

$$Z' = \frac{1}{3}Z = \frac{1}{3}(45 + j30)$$

$$= 15 + j10 = 18\angle 33.7°\Omega$$

再把电源化成等效的星形联接，则有 $\dot{U}_A = 220\angle 0°$ V，$\dot{U}_B = 220\angle -120°$ V，$\dot{U}_C = 220\angle 120°$ V，得到单相计算电路，如图4-15所示，则

$$\dot I_A=\frac{\dot U_A}{Z_1+\dfrac{Z}{3}}=\frac{220\angle 0^\circ}{1+j2+15+j10}$$

$$=\frac{220\angle 0^\circ}{16+j12}=\frac{220\angle 0^\circ}{20\angle 36.9^\circ}$$

$$=11\angle -36.9^\circ \text{A}$$

据对称条件，可知

$$\dot I_B=\dot I_A\angle -120^\circ=11\angle -156.9^\circ \text{A}$$

$$\dot I_C=\dot I_A\angle 120^\circ=11\angle 83.1^\circ \text{A}$$

等效星形负载的相电压为

$$\dot U_{A'}=\frac{Z}{3}\dot I_A$$

$$=(15+j10)\times 11\angle -36.9^\circ$$

$$=18\angle 33.7^\circ\times 11\angle -36.9^\circ$$

$$=198\angle -3.2^\circ \text{V}$$

利用对称关系有

$$\dot U_{B'}=\dot U_{A'}\angle -120^\circ=198\angle -123.2^\circ \text{V}$$

$$\dot U_{C'}=\dot U_{A'}\angle 120^\circ=198\angle 116.8^\circ \text{V}$$

原三角形负载的线电压分别为

$$\dot U_{A'B'}=\sqrt3\,\dot U_{A'}\angle 30^\circ$$

$$=\sqrt3\cdot 198\angle -3.2+30^\circ$$

$$=343\angle 26.8^\circ \text{V}$$

$$\dot U_{B'C'}=\sqrt3\,\dot U_{A'B'}\angle -120^\circ=343\angle -93.2^\circ \text{V}$$

$$\dot U_{C'A'}=\sqrt3\,\dot U_{A'B'}\angle 120^\circ=343\angle 146.8^\circ \text{V}$$

三角形负载的各相电流为

$$\dot I_{A'B'}=\frac{\dot U_{A'B'}}{Z}=\frac{343\angle 26.8^\circ}{45+j30}=\frac{343\angle 26.8^\circ}{54\angle 33.7^\circ}=6.35\angle 9^\circ$$

再利用对称关系可得

$$\dot I_{B'C'}=6.35\angle -126.9^\circ$$

$$\dot I_{C'A'}=6.35\angle 113.1^\circ$$

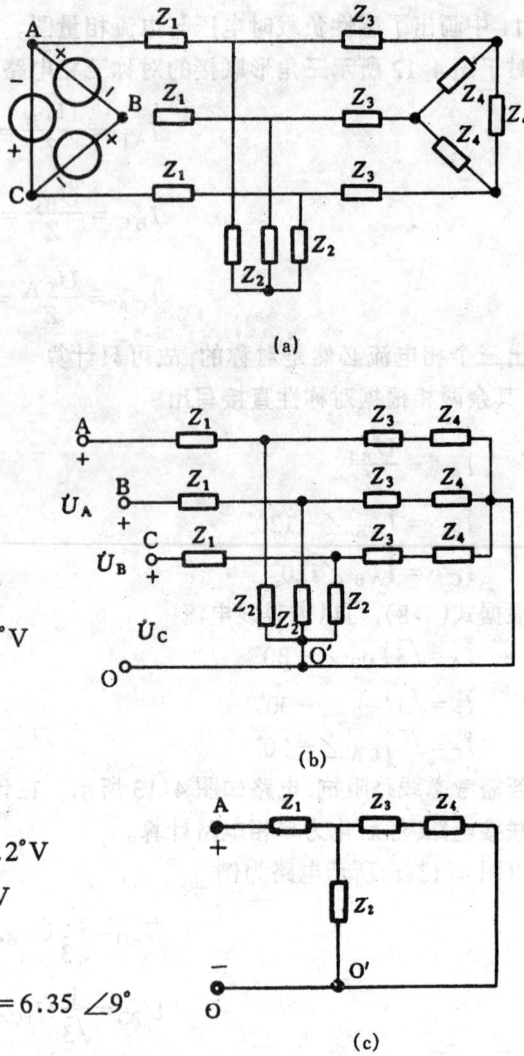

图 4-13

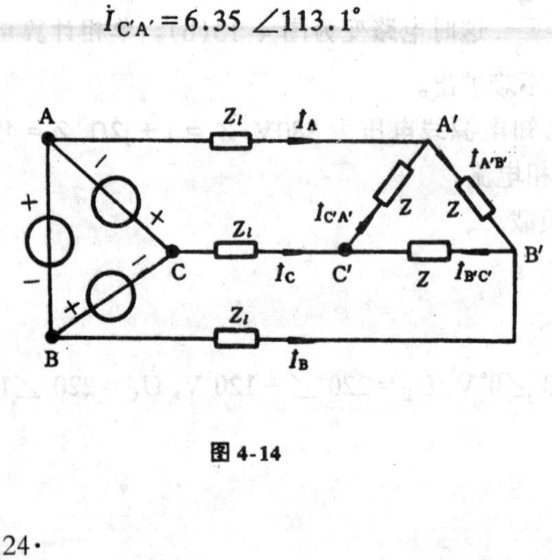

图 4-14

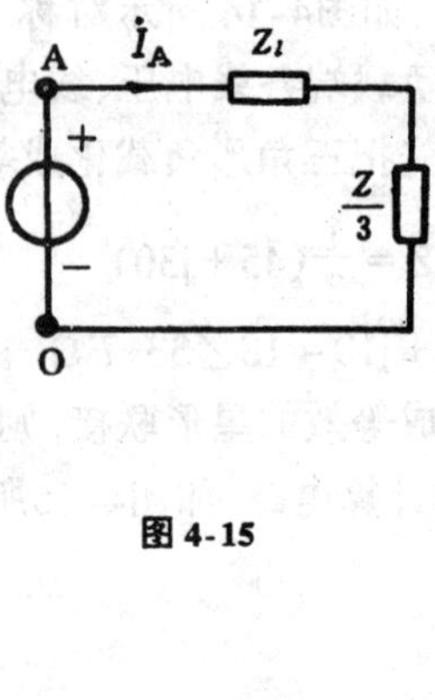

图 4-15

4-3 不对称三相电路的概念

在三相电路中,若电源不对称,或三相负载不对称,或三条端线上的复阻抗不相等时,都称为不对称三相电路。严格地说,实际电路都是不对称的,但大多数情况下,不对称现象可以忽略,这样的电路可按对称三相电路计算。但有的电路,为了某种需要而设计成不对称的。又如电路中发生短路、断路等故障时,或者某相加有单相负载等,这些都会构成不对称三相电路,在不对称三相电路中。各相电流、线电流,各相电压、线电压一般都不存在对称关系,因此不能采用对称三相电路的算法。但由于三相电路实质上是复杂正弦交流电路,因此可以采用分析复杂交流电路的方法去计算不对称三相电路。本节研究电源对称,负载不对称的情况。

图 4-16 所示为常见的低压三相四线制供电系统,由于低压系统中有大量的单相负载,造成了三相负载不对称,即 Z_A,Z_B 与 Z_C 互不相同。若电源电压是对称的,就构成了对称三相电源向不对称三相负载供电的电路。此电路中两个中点不再是等电位点,若中线阻抗是 Z_N,这样一个复杂交流电路用节点电压法分析计算是方便的。

以节点 O 为参考点,则有

$$\left(\frac{1}{Z_A}+\frac{1}{Z_B}+\frac{1}{Z_C}+\frac{1}{Z_N}\right)\dot{U}_{O'O}=\frac{\dot{U}_{AO}}{Z_A}+\frac{\dot{U}_{BO}}{Z_B}+\frac{\dot{U}_{CO}}{Z_C}$$

所以

$$\dot{U}_{O'O}=\frac{\dfrac{\dot{U}_{AO}}{Z_A}+\dfrac{\dot{U}_{BO}}{Z_B}+\dfrac{\dot{U}_{CO}}{Z_C}}{\dfrac{1}{Z_A}+\dfrac{1}{Z_B}+\dfrac{1}{Z_C}+\dfrac{1}{Z_N}} \tag{4-13}$$

因此,负载和各相电压为

$$\left.\begin{aligned}\dot{U}_{AO'}&=\dot{U}_{AO}-\dot{U}_{O'O}\\ \dot{U}_{BO'}&=\dot{U}_{BO}-\dot{U}_{O'O}\\ \dot{U}_{CO'}&=\dot{U}_{CO}-\dot{U}_{O'O}\end{aligned}\right\} \tag{4-14}$$

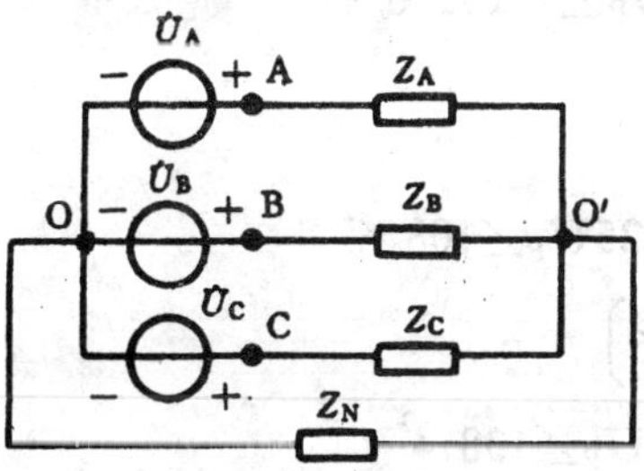

图 4-16

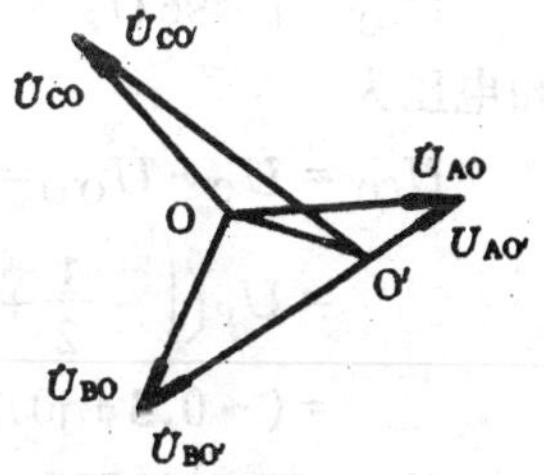

图 4-17

电源和负载相电压的相量图如图 4-17 所示,若三相电路是对称的,$\dot{U}_{O'O}=0$,O′与 O 电位相等,在相量图上表现为 O′点与 O 点重合。当负载不对称时 $\dot{U}_{O'O}\neq 0$,在相量图上看,O′点相对于 O 点位置发生了移动,这个现象称中点位移,而 $\dot{U}_{O'O}$称中点位移电压。

由相量图看出，中点位移大小直接影响到各负载相电压，如果相电压相差很大，就会使负载工作不正常，甚至造成电器设备损坏。比如，照明系统，由于灯泡的额定电压多半是相同的，当某一相电压过高，灯泡就会烧坏，而当某一相电压过低，灯泡又不亮，这在实际上是不允许的。为了解决这一问题，从公式中可看出，中点位移大小和中线复阻抗大小有关。对三相三线制，当 $Z_N=\infty$，$Y_N=0$，这时中点位移最严重，当 $Z_N=0$，$Y_N=\infty$，这时 $\dot{U}_{O'O}=0$，就没有中点位移，因此，在实际照明电路中都采用三相四线制，并且要求中线复阻抗越小越好，因为中线断开会造成严重的中点位移，所以，在中线上不允许安装开关和保险丝。

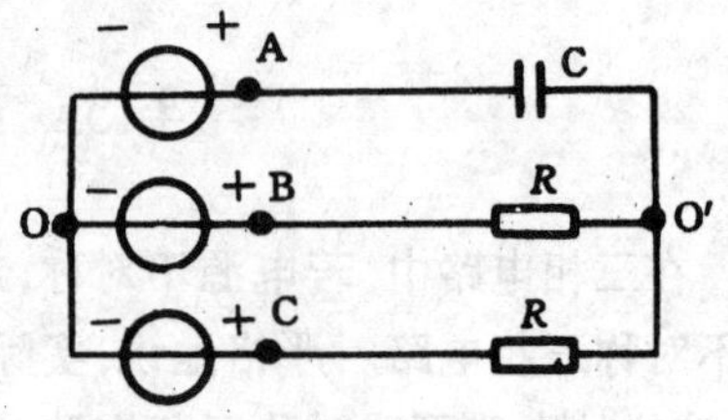

图 4-18

相序指示器，是人们设计的一个不对称三相电路，用它可以测量三相电路的相序。它是由一个电容器和二个白炽灯组成的星形联接负载，如图 4-18 所示，将它与对称三相电源相联后，根据两只白炽灯的亮度不同，便可判定三相电源的相序。

三相电源对称，设 $\dot{U}_{AO}=U_P\angle 0^\circ$，且考虑 $R=\dfrac{1}{\omega C}$（也可以不相等）的情况，我们用节点法分析，则

$$\dot{U}_{O'O}=\frac{\mathrm{j}\omega C\,\dot{U}_A+\frac{1}{R}\dot{U}_B+\frac{1}{R}\dot{U}_C}{\mathrm{j}\omega C+\frac{1}{R}+\frac{1}{R}}=\frac{U_P(\mathrm{j}\angle 0^\circ+\angle -120^\circ+\angle 120^\circ)}{\mathrm{j}+1+1}$$

$$=\frac{U_P\left(\mathrm{j}-\frac{1}{2}-\mathrm{j}\frac{\sqrt{3}}{2}-\frac{1}{2}+\mathrm{j}\frac{\sqrt{3}}{2}\right)}{2+\mathrm{j}}=\frac{U_P(\mathrm{j}-1)}{2+\mathrm{j}}$$

$$=(-0.2+\mathrm{j}0.6)U_P=0.6325U_P\angle 108.4^\circ \mathrm{V}$$

B 相负载的相电压为

$$\dot{U}_{BO'}=\dot{U}_B-\dot{U}_{O'O}=U_P\angle -120^\circ-0.6325U_P\angle 108.4^\circ$$

$$=U_P\left[\left(-\frac{1}{2}-\mathrm{j}\frac{\sqrt{3}}{2}\right)+0.2-\mathrm{j}0.6\right]$$

$$=(-0.3-\mathrm{j}1.466)U_P=1.496U_P\angle -101.6^\circ \mathrm{V}$$

即 $\dot{U}_{BO'}=1.496U_P$

C 相负载的相电压为

$$\dot{U}_{CO'}=\dot{U}_C-\dot{U}_{O'O}=U_P\angle 120^\circ-0.6325U_P\angle 108.4^\circ$$

$$=U_P\left[\left(-\frac{1}{2}+\mathrm{j}\frac{\sqrt{3}}{2}\right)+0.2-\mathrm{j}0.6\right]$$

$$=(-0.3+\mathrm{j}0.266)U_P=0.4009U_P\angle 138.4^\circ \mathrm{V}$$

即 $U_{CO'}=0.4009U_P$

可见，若把与电容相接的为定 A 相，则 B 相的灯泡亮，而 C 相的灯泡暗，由此，可确定电源的相序。

4-4 三相电路的功率

1.三相电路的功率

三相电路中，三相负载所吸收的总功率应为各项负载所吸收的平均功率之和，即

$$P = P_A + P_B + P_C$$

在正弦情况下有

$$P = U_{PA} I_{PA} \cos\varphi_A + U_{PB} I_{PB} \cos\varphi_B + U_{PC} I_{PC} \cos\varphi_C \tag{4-15}$$

式中 U_{PA}, U_{PB}, U_{PC} 为各相负载相电压；I_{PA}, I_{PB}, I_{PC} 为各相负载相电流；$\cos\varphi_A$, $\cos\varphi_B$, $\cos\varphi_C$ 为各相负载的功率因数；φ_A, φ_B, φ_C 为各相负载的阻抗角。对称三相电路，三相负载吸收的总平均功率为

$$P = 3U_P I_P \cos\varphi \tag{4-16}$$

即对称三相电路的平均功率为一相平均功率的三倍。

当负载作星形联接时，$U_l = \sqrt{3}U_P$, $I_l = I_P$；当负载作三角形联接时，$U_l = U_P$, $I_l = \sqrt{3}I_P$，若用线电压和线电流来表示三相电路的平均功率，则有

$$P = \sqrt{3}U_l I_l \cos\varphi \tag{4-17}$$

即对称三相电路中不论联接方式如何，其平均功率总是等于线电压、线电流和功率因数乘积的 $\sqrt{3}$ 倍，但要注意，式(4-17)中的 φ 仍然是相电压与相电流的相位差角，即负载的阻抗角。

对称三相电路总的无功功率

$$\begin{aligned} Q &= Q_A + Q_B + Q_C \\ &= U_{PA} I_{PA} \sin\varphi_A + U_{PB} I_{PB} \sin\varphi_B + U_{PC} I_{PC} \sin\varphi_C \\ &= 3U_P I_P \sin\varphi \end{aligned} \tag{4-18}$$

在对称三相电路中，不论负载联接方式如何，有

$$Q = \sqrt{3}U_l I_l \sin\varphi \tag{4-19}$$

对称三相电路的视在功率

$$S = \sqrt{P^2 + Q^2} = 3U_P I_P = \sqrt{3}U_l I_l \tag{4-20}$$

三相电路的功率因数为

$$\lambda = \frac{P}{S} = \cos\varphi = \frac{P}{\sqrt{3}U_l I_l} \tag{4-21}$$

在不对称三相电路中也可定义功率因数为

$$\lambda = \frac{P}{S} = \cos\varphi' \tag{4-22}$$

但此时的 φ' 已经不是某相负载的阻抗角了。

下面研究对称三相电路的瞬时功率问题。对称三相电路负载吸收的瞬时功率为

$$\begin{aligned} p &= p_A + p_B + p_C = u_A i_A + u_B i_B + u_C i_C \\ &= U_m \sin\omega t \cdot I_m \sin(\omega t - \varphi) + U_m \sin(\omega t - 120^\circ) \cdot I_m \sin(\omega t - 120^\circ - \varphi) \end{aligned}$$

$$+U_m\sin(\omega t+120°)\cdot I_m\sin(\omega t+120°-\varphi)$$
$$=\sqrt{2}U_p\sin\omega t\cdot\sqrt{2}I_p\sin(\omega t-\varphi)+\sqrt{2}U_p\sin(\omega t-120°)\cdot\sqrt{2}I_p\sin(\omega t-120°-\varphi)$$
$$+\sqrt{2}U_p\sin(\omega t+120°)\cdot\sqrt{2}I_p\sin(\omega t+120°-\varphi)$$
$$=U_pI_p\cos\varphi-U_pI_p\cos(2\omega t-\varphi)+U_pI_p\cos\varphi-U_pI_p\cos(2\omega t-240°-\varphi)+U_pI_p\cos\varphi$$
$$-U_pI_p\cos(2\omega t+240°-\varphi)$$

因为

$$\cos(2\omega t-\varphi)+\cos(2\omega t-240°-\varphi)+\cos(2\omega t+240°-\varphi)=0$$

所以负载吸收的瞬时功率为

$$p=3U_pI_p\cos\varphi=P \tag{4-23}$$

由此得出结论：对称三相电路中，负载的瞬时功率是一个常数，且等于三相电路的平均功率，称为瞬时功率平衡。这是对称三相电路的一大优点，因瞬时功率平衡将使三相旋转电机输出转矩恒定，运转平稳。

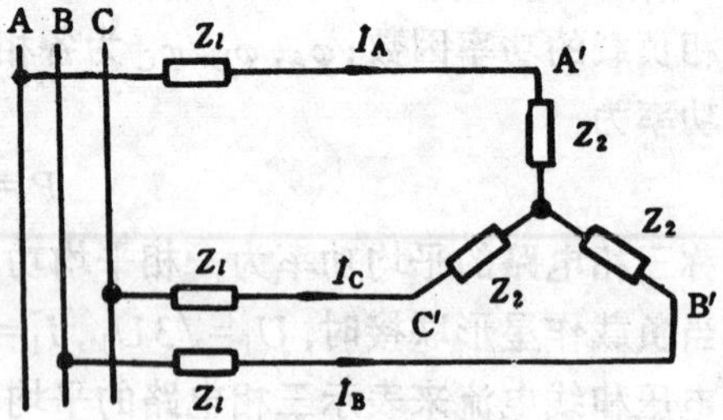

图 4-19

例 4-13 如图4-19 所示，对称三相高压电网经配电线向某工厂变电所供电，已知电网线电压为 $U_1=\sqrt{3}\cdot6000\text{V}$，每相线路复阻抗为 $Z_l=1+\text{j}2\Omega$，变电所的变压器初级作星形联接，每相的等效阻抗为 $Z_2=29+\text{j}38\Omega$。试计算变压器的入端电压 U_2（初级线电压）及吸收的功率 P_1 和配电线的传输效率。

解 电源相电压为

$$U_p=\frac{U_1}{\sqrt{3}}=6000\text{V}$$

以 $\dot{U}_A=6000\angle0°\text{V}$ 为参考相量，则

$$\dot{I}_A=\frac{\dot{U}_A}{Z_1+Z_2}=\frac{6000\angle0°}{1+\text{j}2+29+\text{j}38}$$
$$=\frac{6000}{30+\text{j}40}=\frac{6000}{50\angle53.1°}$$
$$=120\angle-53.1°\text{A}$$

由对称性有

$$\dot{I}_B=120\angle-173.1°\text{A}$$
$$\dot{I}_C=120\angle66.9°\text{A}$$

变压器初级的相电压为

$$\dot{U}_{A'}=Z_2\cdot\dot{I}_A=120\angle-53.1°\cdot(29+\text{j}38)$$
$$=120\angle-53.1°\cdot47.8\angle52.7°$$
$$=5736\angle-0.4°\text{V}$$

变压器初级的线电压，即入端线电压

$$\dot{U}_2=\sqrt{3}\dot{U}_{A'}\angle30°=\sqrt{3}\times5736\angle29.6°$$
$$=9935\angle29.6°\text{V}$$

变电所从电网吸收的总功率为

$$P_2 = \sqrt{3}U_2 I_1 \cos\varphi = \sqrt{3} \times 9935 \times 120\cos 52.7^\circ$$
$$= 1251336.3\,W = 1251\ \text{kW}$$

传输效率

$$\eta = \frac{P_2}{P_1} \times \%$$

而 $$P_1 = P_2 + \Delta P = 1251 \times 10^3 + 3 \times 120^2 \times 1$$
$$= 1294\ \text{kW}$$

所以 $$\eta = \frac{1251 \times 10^3}{1294 \times 10^3} = 0.9667 = 96.67\%$$

2. 三相电路功率的测量

(1)三相四线制的功率测量

如图 4-20 所示,不论三相负载对称或不对称,一般用三只瓦特表(也称瓦计)进行测量(称三瓦计法),也可用一只瓦特表测量三次。从图中看出,瓦特表电流线圈流过的电流是相电流,电压线圈的电压是相电压,因此,瓦特表测出的功率就是一相的平均功率。把三只瓦特表测出的功率相加,就得到三相负载的平均功率。

$$P = P_A + P_B + P_C$$

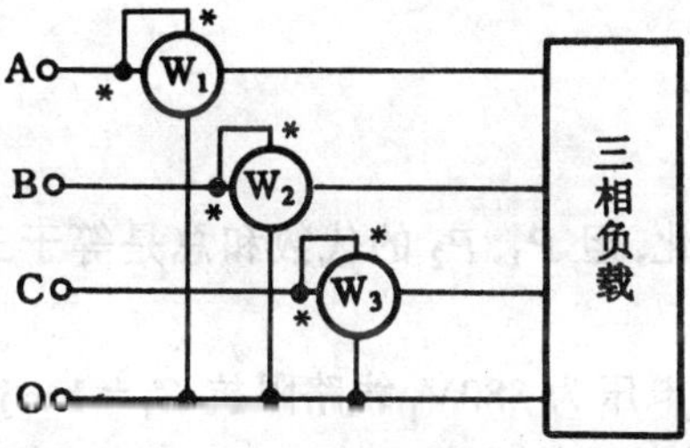

图 4-20

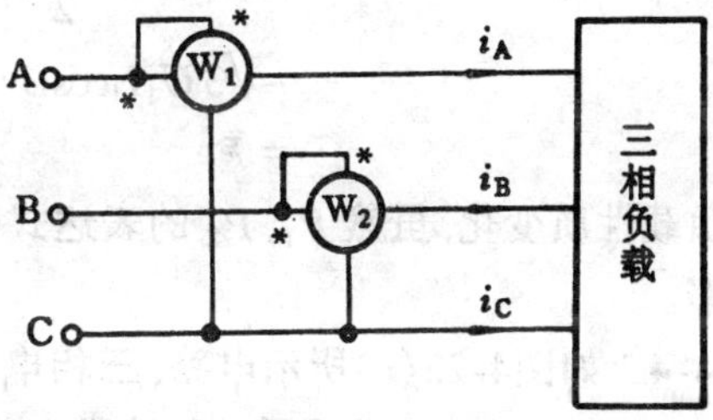

图 4-21

(2)三相三线制的功率测量

如图 4-21 所示电路,不论负载是否对称,均可用两只瓦特表测量三相负载的平均功率(称两瓦计法)。可以证明,两只瓦计示数的代数和就是三相负载的平均功率。因为三相负载不论怎样联接,总可以用星形联接来表示,则三相的瞬时功率为

$$p = p_A + p_B + p_C = u_{AO'}i_A + u_{BO'}i_B + u_{CO'}i_C$$

其中 O′是等效星形负载的中点。据基尔霍夫第一定律

$$i_A + i_B + i_C = 0$$

有 $$i_C = -i_A - i_B$$

代入上式则瞬时功率为

$$p = u_{AO'}i_A + u_{BO'}i_B - u_{CO'}(i_A + i_B)$$
$$= (u_{AO'} - u_{CO'})i_A + (u_{BO'} - u_{CO'})i_B$$
$$= u_{AC}i_A + u_{BC}i_B$$

于是,三相总的平均功率为

$$P=\frac{1}{T}\int_0^T p\mathrm{d}t=\frac{1}{T}\int_0^T u_{AC}i_A\mathrm{d}t+\frac{1}{T}\int_0^T u_{BC}i_B\mathrm{d}t$$
$$=U_{AC}I_A\cos\varphi_1+U_{BC}I_B\cos\varphi_2$$
$$=P_1+P_2$$

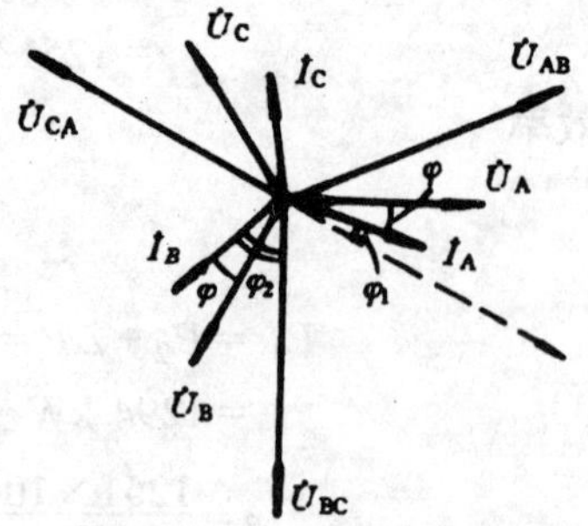

图 4-22

式中 φ_1 为 $\dot U_{AC}$, $\dot I_A$ 的相位差, φ_2 为 $\dot U_{BC}$, $\dot I_B$ 的相位差,所以, P_1 为瓦计 W_1 的读数, P_2 为瓦计 W_2 的读数。

上式左端是三相负载的平均功率。右端是两只瓦计示数的代数和,这就证明两只瓦计示数的代数和就是三相电路的总功率。

应当注意,用两瓦计法测量三相功率时,任何一个瓦计的读数都没有实际意义,即它不能表示某一相的功率。

例如在一对称三相电路中,三相负载为感性,且阻抗角 $\varphi<30°$,见图 4-22 所示的相量图,则有

$$\left.\begin{aligned}P_1&=U_{AC}I_A\cos(-30°+\varphi)\\P_2&=U_{BC}I_B\cos(30°+\varphi)\end{aligned}\right\}\tag{4-24}$$

即

$$P_1+P_2=U_lI_l[\cos(-30°+\varphi)+\cos(30°+\varphi)]$$
$$=U_lI_l\cdot 2\cdot\cos 30°\cdot\cos\varphi$$
$$=U_lI_l\cdot 2\cdot\frac{\sqrt{3}}{2}\cos\varphi$$
$$=\sqrt{3}U_lI_l\cos\varphi$$
$$=P$$

若三相负载性质变化,虽然 P_1, P_2 的表达式也将变化,但 P_1, P_2 的代数和总是等于三相负载平均功率。

例 4-4 如图4-23(a)所示电路,三相电源端线电压为 380V,线路阻抗 $Z_l=1+\mathrm{j}1\Omega$,三相负载阻抗 $Z=6+\mathrm{j}9\Omega$,试求两瓦计的读数和整个电路的平均功率。

解 首先将三相负载由三角形变为星形连接,如图 4-23(b)所示,然后计算各相电流。因

$$Z'=\frac{Z}{3}=2+\mathrm{j}3\Omega$$

设 A 相电压为参考相量

即

$$\dot U_{AO}=220\angle 0°\mathrm{V}$$

则

$$\dot I_A=\frac{\dot U_{AO}}{Z_l+\dfrac{Z}{3}}=\frac{220\angle 0°}{1+\mathrm{j}1+2+\mathrm{j}3}$$
$$=\frac{220\angle 0°}{3+\mathrm{j}4}=\frac{220\angle 0°}{5\angle 53.1°}$$
$$=44\angle -53.1°\mathrm{A}$$

根据对称性有

$$\dot I_B=44\angle -173.1°\mathrm{A}$$
$$\dot I_C=44\angle 66.9°\mathrm{A}$$

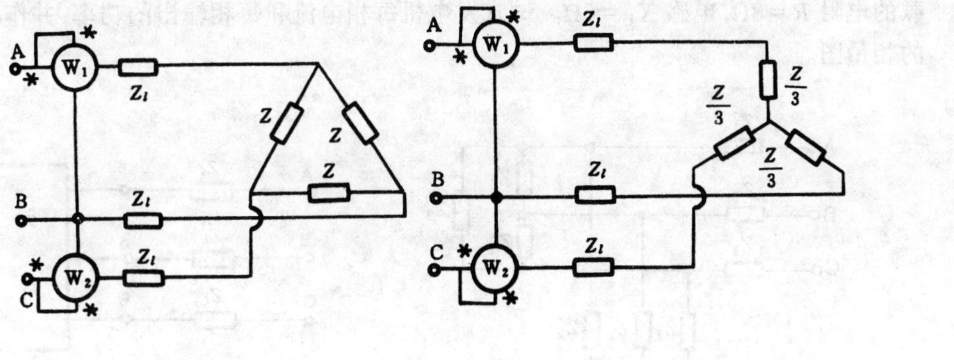

(a) (b)

电源线电压为

$$\dot{U}_{AB} = 380\ \angle 30^\circ \text{V}$$
$$\dot{U}_{BC} = 380\ \angle -90^\circ \text{V}$$
$$\dot{U}_{CA} = 380\ \angle 150^\circ \text{V}$$

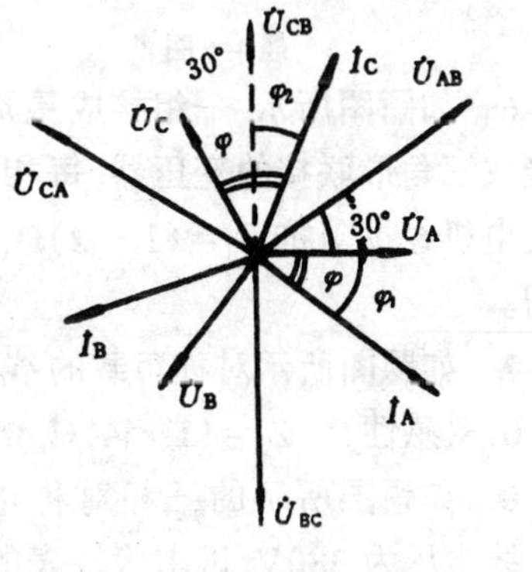

(c)

图 4-23

线电压,相电压,相电流的相量图如图 4-23(c)所示。

两瓦计读数分别为

$$\text{Ⓦ}_1 = U_{AB} \cdot I_A \cos\varphi_1$$
$$= 380 \cdot 44\cos(30^\circ + \varphi)$$
$$= 380 \cdot 44\cos(30^\circ + 53.1^\circ)$$
$$= 380 \cdot 44\cos 83.1^\circ$$
$$= 2009\text{W}$$
$$\text{Ⓦ}_2 = U_{CB} \cdot I_C \cos\varphi_2 = 380 \cdot 44\cos(\varphi - 30^\circ)$$
$$= 380 \cdot 44\cos(30^\circ - 53.1^\circ)$$
$$= 15379\text{W}$$

整个三相负载平均功率

$$P = \text{Ⓦ}_1 + \text{Ⓦ}_2 = 2009 + 15379 = 17.39\text{kW}$$

习　题　四

4-1　已知对称星形联接负载的每相电阻为10Ω,感抗为 12Ω,对称线电压的有效值为380V,试求此负载的相电流。

4-2　有一个对称星形三相负载,其功率为 12.2kW,线电压为 220V,功率因数为 0.87。求线电流,计算负载阻抗的参数。

4-3　如题4-2 中,如果负载接成三角形,试求线电流和功率。

4-4　三相发电机的线电压 $U_l = 3300$V,经输电线供给星形联接的负载 $Z_A = Z_B = Z_C = 35 + j20\Omega$,每根端线的阻抗 $Z_l = (5 + j10)\Omega$,试求线电流,三相发电机输出功率,负载的线电压及负载吸收的功率。

4-5　在相电压是127V 的星形连接的三相发电机上连接一组接成三角形的负载,每相负

载的电阻 $R=8\Omega$，电感 $X_L=6\Omega$。试求发电机每相电流和每相输出的功率，并作出电流和电压的相量图。

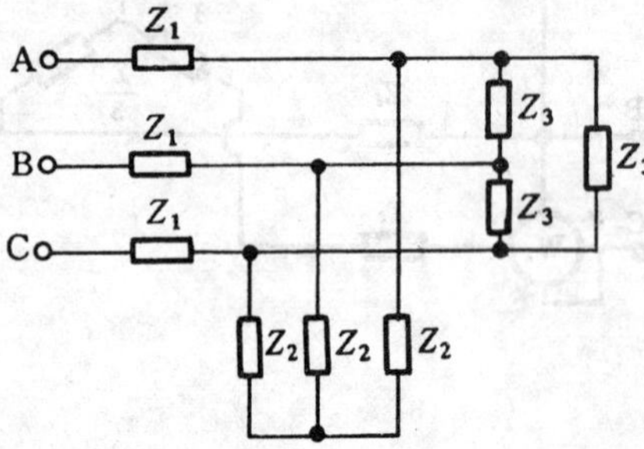

题 4-6 图

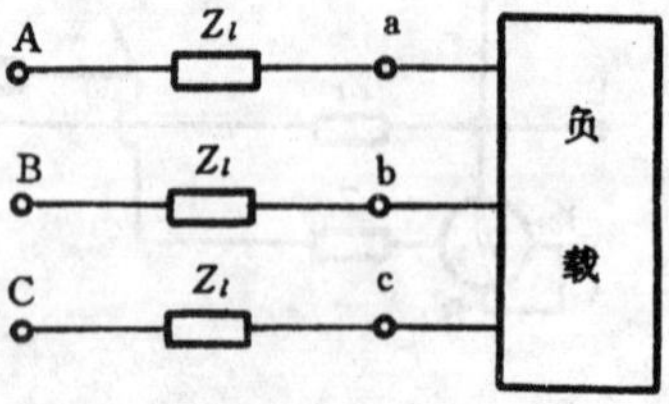

题 4-7 图

4-6 如题图所示，一组接成星形接联的三相电动机，每相的等效阻抗 $Z_2=12+j16\Omega$；另一组接成三角形联接的变压器，每相的等效阻抗 $Z_3=48+j36\Omega$，它们由线电压为 380V 的对称三相发电机经过阻抗 $Z_l=(1+j2)\Omega$ 的线路供电。试计算线电流和各组负载的相电流，并做出相量图。

4-7 如题图所示对称负载的线电压为 $U_{ab}=U_{bc}=U_{ca}=380V$，线电流为 2A，功率因数 $\cos\varphi=0.8$(感性)　$Z_l=(1+j4)\Omega$，试求对称三相电源的线电压。

4-8 如题图所示的三相对称电路中，各阻抗为 $Z_1=10+j16\Omega$，$Z_2=2+j3\Omega$，$Z_3=3+j21\Omega$。线电压为 380V，试求伏特表的读数。

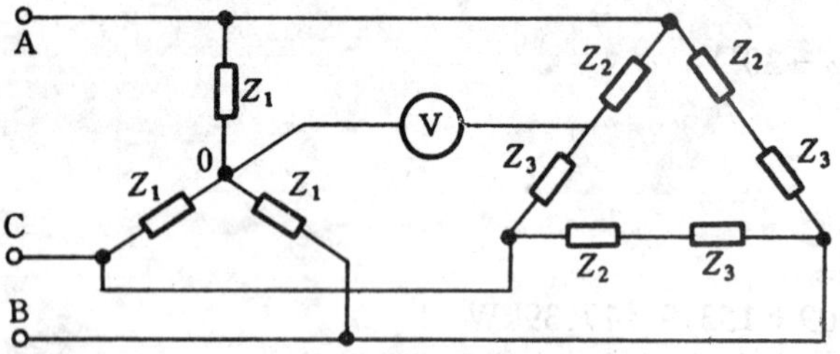

题 4-8 图

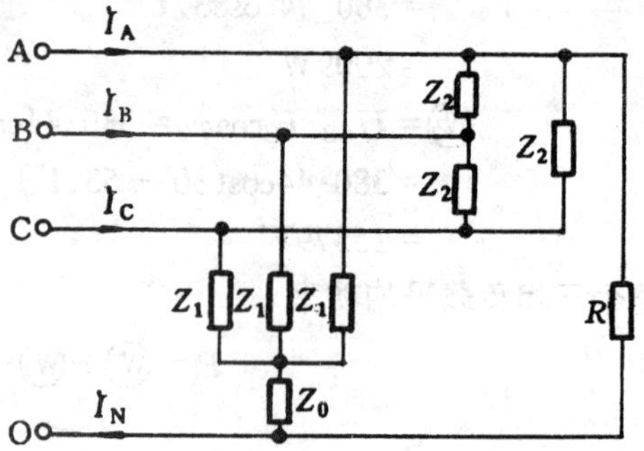

题 4-9 图

4-9 如题图所示电路为对称三相四线制电路，已知电源的相电压为 220V，供给两组对称三相负载和一组单相负载，第一组联成星形，每相阻抗为 $Z_1=12+j5\Omega$，经过阻抗为 $Z_0=3\Omega$ 接到中线；第二组负载联成三角形，每相阻抗为 $Z_2=-j120\Omega$；单相电灯负载为 1650W，接在 A 相与中线之间(R)。求各线电流 $\dot{I}_A$，$\dot{I}_B$，$\dot{I}_C$ 和中线电流 $\dot{I}_N$。

4-10 由两个相同的灯泡和一个电感线圈联成星形的电路，如题图所示。已知线电压是对称的，为 U_l，灯泡的电导等于电感线圈电纳的绝对值，试求灯泡的电压，并画出相量图。

4-11 如题图所示电路中，三角形负载的端电压等于 120V，线路阻抗为 $Z_l=1+j2\Omega$，每相负载阻抗 $Z=6+j9\Omega$，试求电源线电压和瓦计 W_1 和 W_2 的读数，并作出电路的相量图。

4-12 如题图所示电路中，电路参数为：$R_{ab}=4\Omega$，$X_{ab}=3\Omega$，$R_{bc}=5\Omega$，$R_{ca}=3\Omega$，$X_{ca}=4\Omega$，电源是对称的，线电压为 120V，试求瓦计 W_1 和 W_2 的读数，并作出相量图。

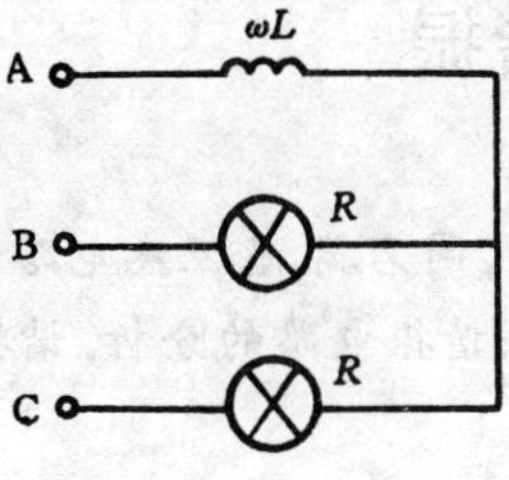

题 4-10 图

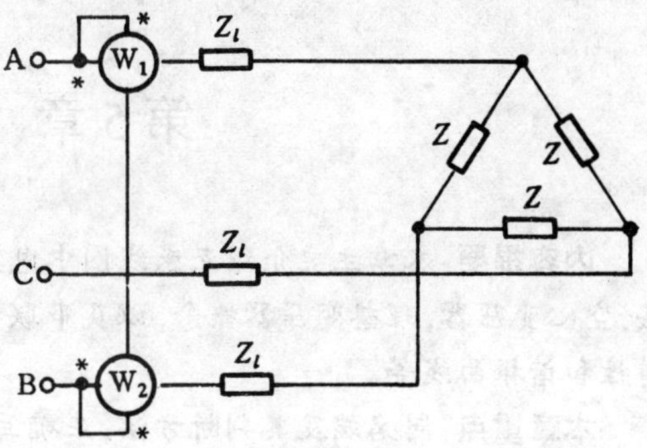

题 4-11

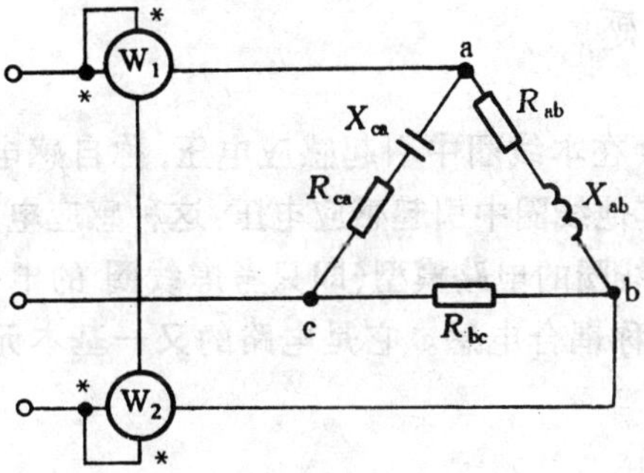

题 4-12 图

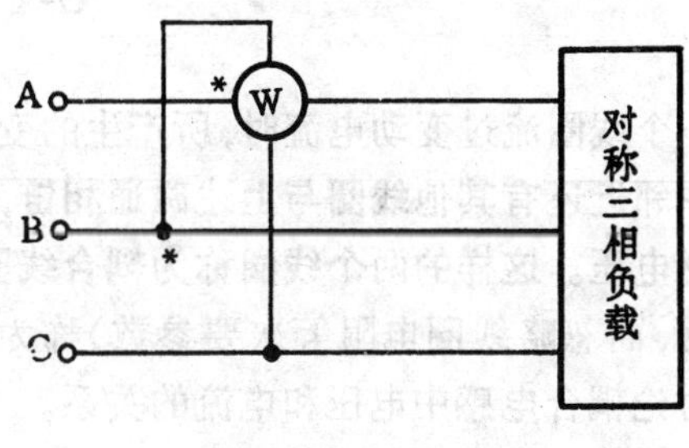

题 4-13

4-13 如题图所示电路，是用一个瓦计测量对称三相负载的无功功率的电路，若图中瓦计的读数为 5000W，试求此负载吸收的无功功率。

第 5 章　互感与谐振

内容提要：本章主要介绍互感线圈中电压、电流的关系，同名端，含互感电路的分析计算方法，空心变压器，理想变压器概念，以及串联谐振电路、并联谐振电路的分析，谐振电路的频率特性和谐振曲线等。

本章重点：同名端及其判断方法，正确写出互感电压表达式，含互感电路和谐振电路的分析计算方法。

5-1　互　感

一个线圈流过变动电流时，所产生的变动磁通会在本线圈中引起感应电压，称自感电压。如果在邻近还有其他线圈与上述磁通相链，也会在其他线圈中引起感应电压，这种感应电压称为互感电压。这样的两个线圈称为耦合线圈。耦合线圈的电路模型(即只考虑线圈 的电磁感应作用，而忽略线圈电阻等次要参数)称为互感，或称耦合电感。它是电路的又一基本元件。下面讨论耦合电感中电压和电流的关系。

两个相互靠近的线圈如图5-1所示，其匝数分别为 N_1, N_2，当线圈 1 中通有电流 i_1 时，i_1 所产生的磁通为 Φ_{11}(Φ_{11}与 i_1 的参考方向为右螺旋关系)。Φ_{11}与线圈 1 相链，称自感磁通，穿过线圈 1 各匝的自感磁通之和称为自感磁链，以 ψ_{11}表示。由于线圈 2 靠近线圈 1，因此磁通 Φ_{11}中的一部分与线圈 2 相链，这部分磁通称为线圈 1 对线圈 2 的互感磁通，以 Φ_{21}表示。把穿过线圈 2 各匝的互感磁通之和称为线圈 1 对线圈 2 的互感磁链，用 ψ_{21}表示。

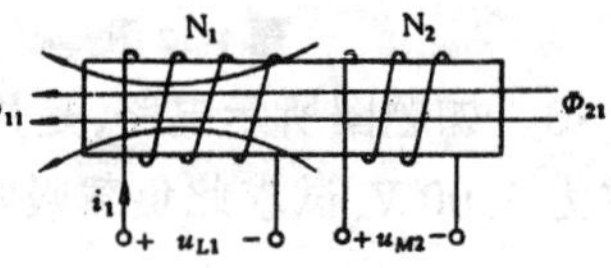

图 5-1

在线性媒质中(即线圈周围没有铁磁物质)，磁链与产生它的电流成正比关系，且二者的方向为右螺旋关系。互感磁链 ψ_{21}与 i_1 的比值称为线圈 1 对线圈 2 的互感系数，简称互感，用 M_{21}表示，即

$$M_{21} = \frac{\psi_{21}}{i_1} \quad 或 \quad \psi_{21} = M_{21} i_1 \tag{5-1}$$

而自感磁链 ψ_{11}与 i_1 的比值，则称为线圈 1 的自感系数，简称自感，即

$$L_1 = \frac{\psi_{11}}{i_1} \tag{5-2}$$

这也是前边所讲过的电感。互感的单位与自感相同，都是亨利(H)。

同样地，当线圈 2 通有电流 i_2 时，它所产生的磁通为 Φ_{22}，自感磁链为 Φ_{22}，磁通 Φ_{22}的一部分与线圈 1 相链，产生互感磁通 Φ_{12}及互感磁链 ψ_{12}。仿照式(5-1)及(5-2)，可写出

$$M_{12}=\frac{\psi_{12}}{i_2} \tag{5-3}$$

$$L_{12}=\frac{\psi_{22}}{i_2} \tag{5-4}$$

式中 M_{12}是线圈 2 对线圈 1 的互感, L_2 是线圈 2 的自感。可以证明 $M_{12}=M_{21}$, 因此可以不加下标, 只用 M 表示, 统称为线圈 1 与线圈 2 之间的互感。

依据电磁感应定律, 若互感电压 u_{M2}与互感磁链 ψ_{21}的参考方向为右螺旋关系时, 如图 5-1 中所示, 则有

$$u_{M2}=\frac{\mathrm{d}\psi_{21}}{\mathrm{d}t} \tag{5-5}$$

否则

$$u_{M2}=-\frac{\mathrm{d}\psi_{21}}{\mathrm{d}t} \tag{5-6}$$

将式(5-1)分别代入式(5-5)和(5-6), 便得到线圈 2 中的互感电压 u_{M2}与线圈 1 中的电流 i_1 的关系, 即

$$u_{M2}=\pm\frac{\mathrm{d}\psi_{21}}{\mathrm{d}t}=\pm M\frac{\mathrm{d}i}{\mathrm{d}t} \tag{5-7}$$

式中 M 前的正号对应u_{M2}的参考方向与 ψ_{21}(其参考方向与 i_1 的参考方向为右螺旋关系)的参考方向成右螺旋关系的情形。

由于 u_{M2}与 ψ_{21}的方向是否符合右螺旋关系, 要由线圈 2 的实际绕向来确定; 而 ψ_{21}与 i_1 的方向符合右螺旋关系, 要由线圈 1 的实际绕向确定。所以, 确定互感电压表达式中 M 前的正负号, 除了确定 u_{M2}与 i_1 的参考方向外, 还必须知道二个线圈 的绕向。这个结论对 i_2 产生的互感电压 u_{M1}也是适用的。

当两个耦合线圈都通有电流时, 则每个线圈中的磁通是自感磁通和互感磁通之代数和, 每个线圈上的感应电压是自感电压和互感电压之代数和。

对于图 5-2 所示的耦合线圈, 根据各电流的参考方向(由此可确定各磁通的方向)、电压的参考极性及二个线圈的绕向, 就可确定式(5-7)所示的互感电压中的正负号, 两线圈的感应电压表达式为

$$\left.\begin{aligned} u_1 &= u_{L1}+u_{M1}=\frac{\mathrm{d}\psi_{11}}{\mathrm{d}t}-\frac{\mathrm{d}\psi_{12}}{\mathrm{d}t}=L_1\frac{\mathrm{d}i_1}{\mathrm{d}t}-M\frac{\mathrm{d}i_2}{\mathrm{d}t}\\ u_2 &= u_{L2}+u_{M2}=-\frac{\mathrm{d}\psi_{22}}{\mathrm{d}t}+\frac{\mathrm{d}\psi_{21}}{\mathrm{d}t}=-L_2\frac{\mathrm{d}i_2}{\mathrm{d}t}+M\frac{\mathrm{d}i_1}{\mathrm{d}t}\end{aligned}\right\} \tag{5-8}$$

在电路图中常常不画出线圈的绕向, 而用一种符号, 例如, 用小圆点(·)、星号(*)等, 来标记出二个线圈绕向的关系。这一方法称为同名端方法。同名端标记的原则是: 当两个线圈的电流同时由同名端流进(或流出)线圈时, 两个电流所产生的磁通相互增强。例如, 图 5-3(a)中的②端和③端应是同名端, 可用小圆点标记, 而图 5-3(b)中的①端和③端称为同名端。根据同名端标记的原则, 两个带圆点的端钮称为同名端, 而不带圆点的

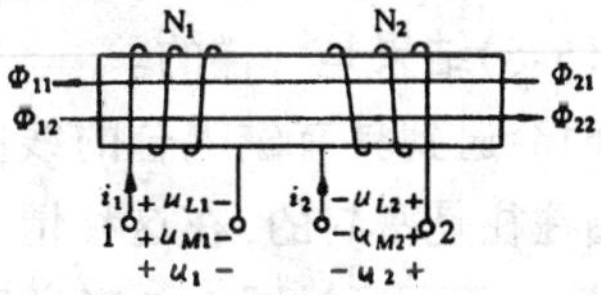

图 5-2

两个端钮也为同名端。比较图 5-3(a)和(b)不难看出,同名端不仅与两线圈的绕向有关,还与两线圈的相对位置有关。

如果有两个以上的线圈彼此之间存在磁耦合时,同名端应当一对一对地加以标记(每一对须用不同的符号),如图 5-3(c)所示。对图 5-2 所示的耦合线圈,1 端和 2 端是同名端。判断互感线圈的同名端 不仅在理论分析中很有必要,在实际问题中也是很重要的。如果把同名端搞错,不但不能达到预期的目的,甚至会造成严重的后果。

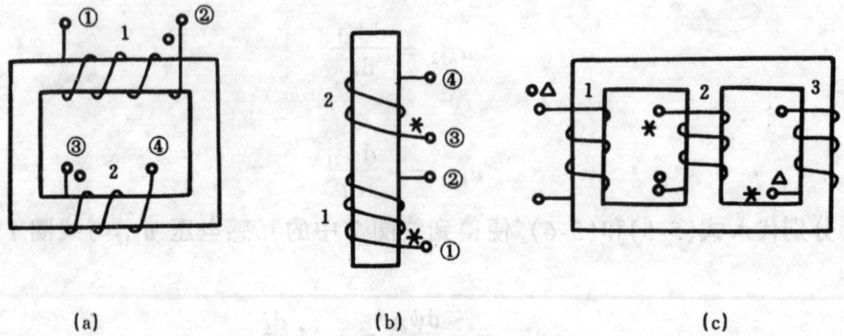

图 5-3

当耦合线圈的同名端确定以后,图 5-2 所示的耦合线圈,便可用图 5-4 所示的电路模型来表示。如何根据同名端来确定式(5-7)所示互感电压式中的正负号呢?由前边讲述的自感情况可知,当一个线圈上的自感电压和电流的参考方向一致时,自感电压的参考方向与电流所产生的自感磁通方向必符合右螺旋定则,自感电压表达式中的符号取正号;我们再来看互感的情形,我们设线圈 2 的电流 i_2 在线圈 1 中产生互感电压 u_{M1},当 i_2 从线圈 2 的同名端流入时,i_2 产生的互感磁通的方向相同于 i_2 从线圈 1 的同名端流入时产生的自感磁通的方向,如果 u_{M1} 的参考正极选在线圈 1 的同名端,则 u_{M1}与 i_2 的参考方向是相对同名端一致,即此时有 u_{M1}与互感磁通的参考方向符合右螺旋关系,互感电压表达式中的符号取正号。

这样就可以根据同名端及选定的电流、电压参考方向来确定互感 电压表达式中符号,其规则为,当互感电压正极性所在端与产生该电压的另一线圈电流的流入端为同名端时,互感电压表达式中的符号取正号;否则,取负号。

根据上述规则,可写出图 5-4 所示电路的电压、电流关系式为

$$u_1 = L_1\frac{\mathrm{d}i_1}{\mathrm{d}t} - M\frac{\mathrm{d}i_2}{\mathrm{d}t}$$

$$u_2 = -L_2\frac{\mathrm{d}i_2}{\mathrm{d}t} + M\frac{\mathrm{d}i_1}{\mathrm{d}t}$$

这与式(5-8)结果是一样的。

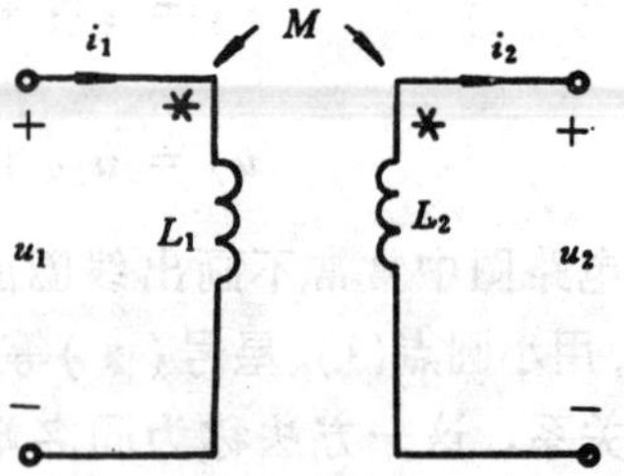

图 5-4

有时会遇到具有磁耦合的线圈绕向无法知道的情况,例如,线圈往往是密封的,在这种情况下,就要用实验的方法测定同名端。下面通过图 5-5 来说明自感电压和互感电压的极性与同名端的关系。设图中 $i_1>0$,并且是增加的,即$\frac{\mathrm{d}i_1}{\mathrm{d}t}>0$,则 $u_{L1}=L_1\frac{\mathrm{d}i_1}{\mathrm{d}t}>0$($u_{L1}$与 i_1 方向是关联参考方向),且 $u_{M2}=$

$M\dfrac{di_1}{dt}>0$（u_{M2}的参考正极所在端与 i_1 的流入端为同名端）。因此线圈 1 的 1 端与线圈 2 的 3 端都将变为高电位端。如设 i_1 在减小，则 1 端和 3 端都将变为低电位端。由此可见，不论 i_1 如何变化，两线圈 的同名端都是由这一电流引起的感 应电压的同极性端。根据这个道理可用实验的方法测定耦合线圈的同名端。

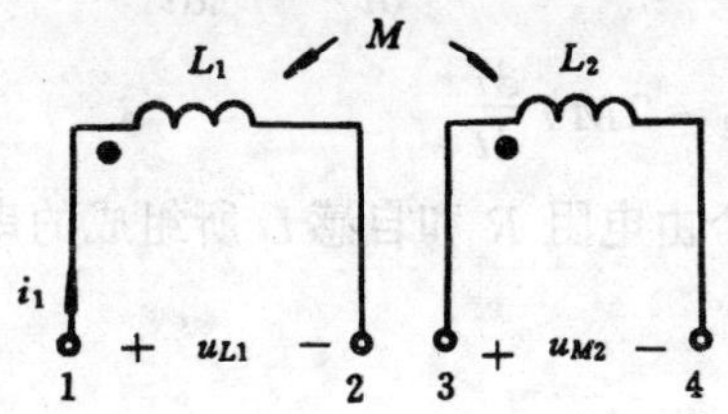

图 5-5

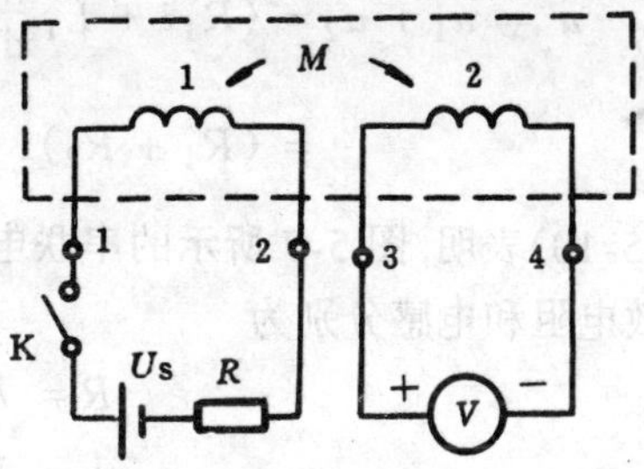

图 5-6

测定同名端的实验电路如图 5-6 所示。将线圈 1 经过开关 K 接至直流电压源，设 1 端接电源的正极。线圈 2 与一直流电压表相接，设 3 端接电压表的"+"端。在开关接通后的极短时间内，若电压表指针正向偏转，说明 3 端是高电位，则 1 端和 3 端是同名端；或电压表指针反向偏转，则 1 端和 4 端为同名端。

还可以将互感线圈接通正弦交流电源来测定其同名端。

5-2 含互感电路的计算

计算有互感电路的一般方法，仍然是根据基尔霍夫定律列出电路方程，在列电压方程时，应计入由于互感的作用而引起的互感电压。在这一节，我们主要讨论耦合线圈的串联与并联，对其他有互感的电路，可用类似的方法进行分析。

首先，分析耦合线圈串联的电路，如图 5-7 所示，图(a)中两线圈的异名端相接，称顺接；图(b)中两线圈的同名端相接，称反接。由图可见，顺接时电流是从两个线圈的同名端流入，而反接时是从异名端流入。

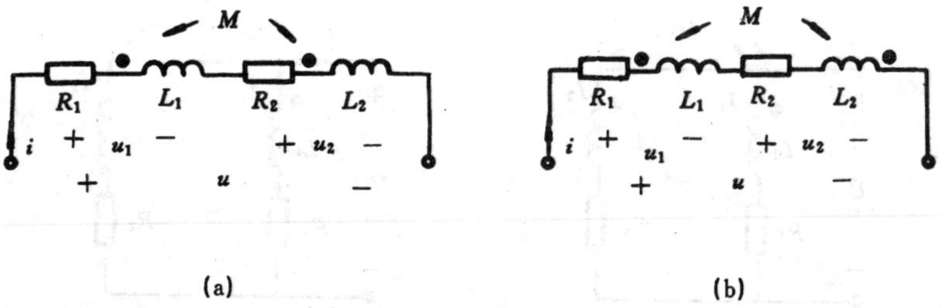

图 5-7

图中的 R_1, L_1, R_2, L_2 分别为两个线圈的等效电阻和自感，M 为两个线圈的互感。根据基尔霍夫电压定律列出这二个串联电路的电压方程

对图(a)两线圈顺接，电压方程为

$$u = u_1 + u_2 = \left(R_1 i + L_1 \frac{\mathrm{d}i}{\mathrm{d}t} + M \frac{\mathrm{d}i}{\mathrm{d}t}\right) + \left(R_2 i + L_2 \frac{\mathrm{d}i}{\mathrm{d}t} + M \frac{\mathrm{d}i}{\mathrm{d}t}\right)$$

$$= (R_1 + R_2)i + (L_1 + L_2 + 2M)\frac{\mathrm{d}i}{\mathrm{d}t} \tag{5-9}$$

对图(b) 两线圈反接,电压方程为

$$u = u_1 + u_2 = \left(R_1 i + L_1 \frac{\mathrm{d}i}{\mathrm{d}t} - M \frac{\mathrm{d}i}{\mathrm{d}t}\right) + \left(R_2 i + L_2 \frac{\mathrm{d}i}{\mathrm{d}t} - M \frac{\mathrm{d}i}{\mathrm{d}t}\right)$$

$$= (R_1 + R_2)i + (L_1 + L_2 - 2M)\frac{\mathrm{d}i}{\mathrm{d}t} \tag{5-10}$$

式(5-9)、(5-10)表明,图 5-7 所示的串联电路可与一个由电阻 R 和自感 L 所组成的串联电路等效。等效电阻和电感分别为

$$R = R_1 + R_2 \tag{5-11}$$

$$L = L_1 + L_2 \pm 2M \tag{5-12}$$

式(5-12)中,顺接时取正号,其等效电感大于两线圈自感之和;反接时取负号,其等效电感小于两自感之和,这是因为顺接时电流自两线圈的同名端流入,故两磁通互相加强,整个线圈的总磁链增多。反接时情况恰好相反。

电感 L 储存的磁场能量 $W_L = \frac{1}{2}Li^2$ 只能是正值,所以等效电感 L 必须为正,即 $L = L_1 + L_2 - 2M \geqslant 0$,由此得出

$$M \leqslant \frac{1}{2}(L_1 + L_2) \tag{5-13}$$

上式说明互感系数不会大于两个自感系数的算术平均值。

在正弦电流的情况下可应用相量分析法。设正弦电压的角频率为 ω,则对图 5-7 所示电路,列出相量形式的电压方程为

$$\dot{U} = (R_1\dot{I} + \mathrm{j}\omega L_1\dot{I} \pm \mathrm{j}\omega M\dot{I}) + (R_2\dot{I} + \mathrm{j}\omega L_2\dot{I} \pm \mathrm{j}\omega M\dot{I})$$

$$= [(R_1 + R_2) + \mathrm{j}\omega(L_1 + L_2 \pm 2M)]\dot{I} \tag{5-14}$$

式中正号对应于二线圈的顺接情形;负号对应的是反接情形,$\mathrm{j}\omega M$ 称为互感抗。

现在,分析耦合线圈并联的电路。耦合线圈的并联也有两种联接方式,如图 5-8 所示,图(a)为同名端连接,图(b)为异名端连接。

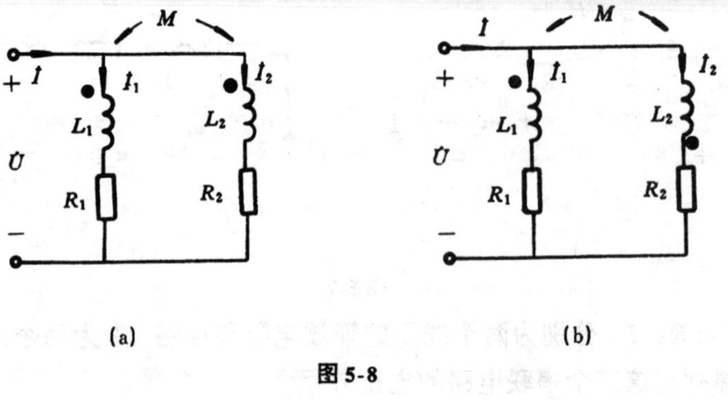

图 5-8

在正弦电流情况下,可根据基尔霍夫定律的相量形式列出电压和电流的方程

$$\dot{I}_1 + \dot{I}_2 = \dot{I} \tag{5-15}$$

$$(R_1 + j\omega L_1)\dot{I}_1 \pm j\omega M\dot{I}_2 = \dot{U} \tag{5-16}$$

$$(R_2 + j\omega L_2)\dot{I}_2 \pm j\omega M\dot{I}_1 = \dot{U} \tag{5-17}$$

(5-16)和(5-17)两式中互感电压前面的正号对应于同名端相接的情形；负号对应于异名端相接的情形。若已知电压 $\dot{U}$ 及其角频率 ω，由此三式可解出未知电流 $\dot{I}_1$，$\dot{I}_2$ 和 $\dot{I}$。

下面介绍将有互感的电路化为等效的无互感电路的方法。

将式(5-15)中的 $\dot{I}_2 = \dot{I} - \dot{I}_1$ 和 $\dot{I}_1 = \dot{I} - \dot{I}_2$ 分别代入式(5-16)和(5-17)，并整理得

$$R_1\dot{I}_1 + j\omega(L_1 \mp M)\dot{I}_1 \pm j\omega M\dot{I} = \dot{U} \tag{5-18}$$

$$R_2\dot{I}_2 + j\omega(L_2 \mp M)\dot{I}_2 \pm j\omega M\dot{I} = \dot{U} \tag{5-19}$$

由以上两式可见，电路的电压 $\dot{U}$ 可看成是由于总电流 $\dot{I}$ 经过电抗 $\pm j\omega M$ 所造成的电压与由支路电流 $\dot{I}_1$ 经过电阻 R_1 和电抗 $j\omega(L_1 \mp M)$ 所造成的电压合成而得，后者又等于由支路电流 $\dot{I}_2$ 经过电阻 R_2 和电抗 $j\omega(L_2 \mp M)$ 所造成的电压。根据(5-18)和(5-19)两式作出的与图 5-8 等效的无互感电路如图 5-9 所示。当同名端相接时用 M 前的上方符号，异名端相接时用下方符号。

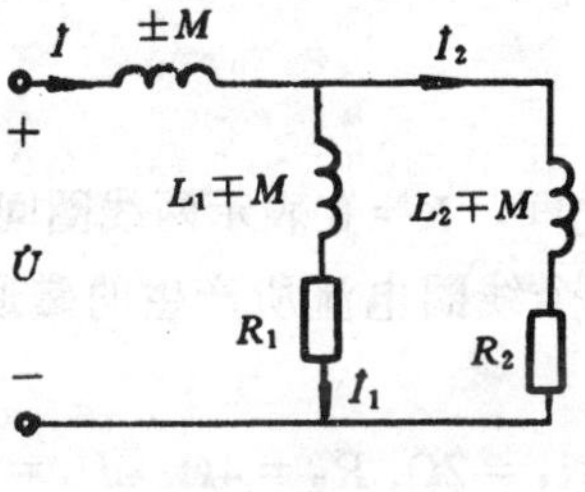

图 5-9

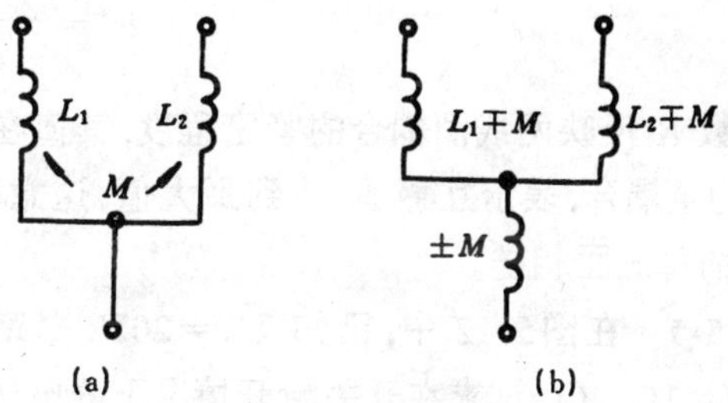

图 5-10

从推导过程可知，上面这种消去互感的方法也可用于非并联的情形，只要两耦合线圈所在的支路有一个公共节点即可。图 5-10(a)中耦合线圈的两支路有一个公共节点 A，则可用图(b)所示无互感等效电路代替。图中 M 的上方符号对应同名端相接；下方符号对应异名端相接。

这种互感消去法也可以通过电压电流瞬时值关系式得到。因此它不仅适用于正弦电流，也可用于任意波形的电流。

下面用互感消去法求耦合线圈并联的等效电感。对于图 5-11(a)所示耦合线圈并联的电

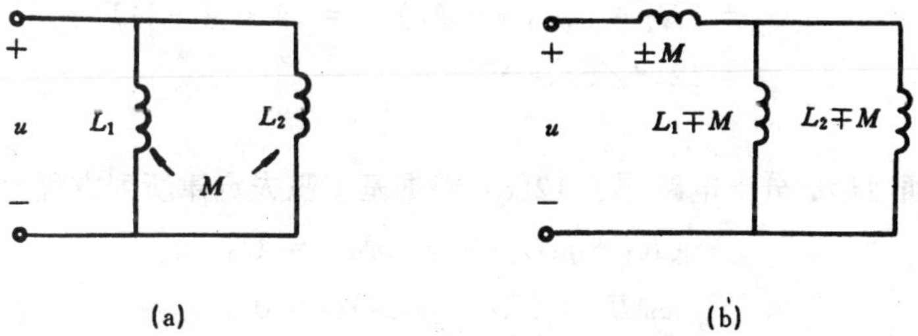

图 5-11

路，消去互感后如图(b)所示。其等效阻抗为

$$Z = \pm \mathrm{j}\omega M + \frac{\mathrm{j}\omega(L_1 \mp M)\cdot \mathrm{j}\omega(L_2 \mp M)}{\mathrm{j}\omega(L_1 \mp M) + \mathrm{j}\omega(L_2 \mp M)}$$

$$= \mathrm{j}\omega \frac{L_1L_2 - M^2}{L_1 + L_2 \mp 2M}$$

故等效电感

$$L = \frac{L_1L_2 - M^2}{L_1 + L_2 \mp 2M} \tag{5-20}$$

在讨论式(5-12)时曾指出，等效电感 L 只能为正值，因而式(5-20)右端分式必为正。从式(5-13)已知 $L_1 + L_2 \pm 2M \geqslant 0$，因此得到

$$L_1L_2 - M^2 \geqslant 0$$

即

$$M \leqslant \sqrt{L_1L_2} \tag{5-21}$$

上式说明，两线圈间的互感 M 不大于两自感的几何平均值，M 的最大值为

$$M_{\max} = \sqrt{L_1L_2}$$

M 的实际值与由上式确定的 M 最大值之比称为耦合系数，以 K 表示

$$K = \frac{M}{\sqrt{L_1L_2}}$$

耦合系数 K 反映两线圈耦合的紧密程度，其值在 0 与 1 之间。$K=0$ 表示两线圈间无互感；$K=1$ 称为全耦合，表示互感 M 达到最大值，这意味着由一个线圈电流所产生的磁通全部与另一线圈的每一匝相链。

例 5-1 在图5-12 中，已知 $U_1 = 20\text{V}$，电路参数为 $R_1 = 2\Omega$，$R_2 = 4\Omega$，$\omega L_1 = 2\Omega$，$\omega L_2 = 4\Omega$，$\omega M = 1\Omega$。(1)试求在开关断开情况下的电压 U_2；(2)试求在开关接通情况下的电流 I_1 与 I_2。

解 (1)开关断开时两线圈为顺接，故等效阻抗为

$$Z = (R_1 + R_2) + \mathrm{j}\omega(L_1 + L_2 + 2M) = 6 + \mathrm{j}8 = 10\angle 53.1^\circ\Omega$$

取电压 U_1 的初相位为 53.1°，则 $\dot{U}_1 = 20\angle 53.1^\circ\text{V}$，故

$$\dot{I}_1 = \frac{\dot{U}_1}{Z} = \frac{20\angle 53.1^\circ}{10\angle 53.1^\circ} = 2\text{A}$$

电压 $\dot{U}_2$ 中除了包括 $\dot{I}_1$ 在 R_2 和 $\mathrm{j}\omega L_2$ 上造成的电压之外，还要包括互感电压，图 5-12(a)中标出了互感电压 $\dot{U}_{M2}$的参考方向，故

$$\dot{U}_2 = (R_2 + \mathrm{j}\omega L_2 + \mathrm{j}\omega M)\dot{I}_1 = (4 + \mathrm{j}4 + \mathrm{j})2$$

$$= 12.8\angle 51.4^\circ\text{V}$$

即 $U_2 = 12.8\text{V}$。

(2)开关接通后形成分支电路图 5-12(b)，根据基尔霍夫定律所列方程为

$$(R_1 + \mathrm{j}\omega L_1)\dot{I}_1 + \mathrm{j}\omega M\dot{I}_2 = \dot{U}_1$$

$$\mathrm{j}\omega M\dot{I}_1 + (R_2 + \mathrm{j}\omega L_2)\dot{I}_2 = 0$$

解得

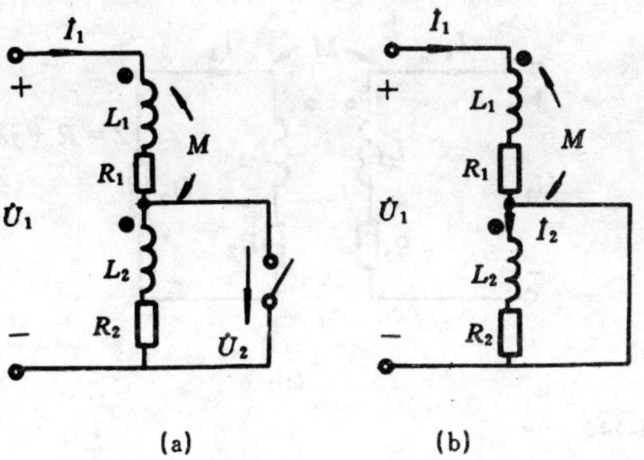

图 5-12

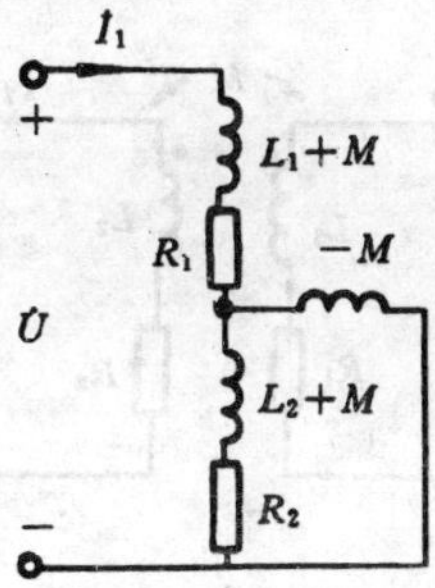

图 5-13

$$\dot I_1=\frac{(R_2+\mathrm{j}\omega L_2)\dot U_1}{(R_1+\mathrm{j}\omega L_1)(R_2+\mathrm{j}\omega L_2)-(\mathrm{j}\omega M)^2}$$
$$=7.1\angle 11.7^\circ\mathrm{A}$$
$$\dot I_2=\frac{-\mathrm{j}\omega M\dot U_1}{(R_1+\mathrm{j}\omega L_1)(R_2+\mathrm{j}\omega L_2)-(\mathrm{j}\omega M)^2}$$
$$=1.25\angle 123.3^\circ\mathrm{A}$$

即 $I_1=7.1\mathrm{A}, I_2=1.25\mathrm{A}$。

因为此题中的耦合线圈有一个公共节点，也可以采用互感消去法分析计算，消去互感所得无互感等效电路如图 5-13 所示。

图中电流 $\dot I_1$ 为

$$\dot I_1=\frac{U_1}{R_1+\mathrm{j}\omega(L_1+M)+\dfrac{-\mathrm{j}\omega M[R_2+\mathrm{j}\omega(L_2+M)]}{-\mathrm{j}\omega M+R_2+\mathrm{j}\omega(L_2+M)}}$$
$$=\frac{(R_2+\mathrm{j}\omega L_2)\dot U_1}{(R_1+\mathrm{j}\omega L_1)(R_2+\mathrm{j}\omega L_2)-(\mathrm{j}\omega M)^2}$$

此式与前述解方程所得 I_1 的表达式完全相同。

5-3 空心变压器

变压器是利用互感来实现从一个电路向另一个电路传输能量或信号的一种器件。

变压器一般有两个线圈，一个与电源相接，称为原线圈，或初级；另一个与负载相接，称为副线圈，或次级。变压器在原副线圈之间一般没有电路相联接，而是通过磁耦合把能量从电源传送到负载。为了增强磁耦合，通常把两个线圈绕在一个闭合的铁心上，这种带铁心的变压器的耦合系数可接近于 1。不带铁心的变压器称为空心变压器。空心变压器的电路模型如图 5-14(a)所示。空心变压器的耦合系数虽然较低，但因没有铁心中的各种功率损耗，所以常用于高频电路中。

空心变压器的的初级线圈接正弦电源 $\dot U_1$，次级线圈接负载 $Z=R+\mathrm{j}X$，如图 5-14(b)所

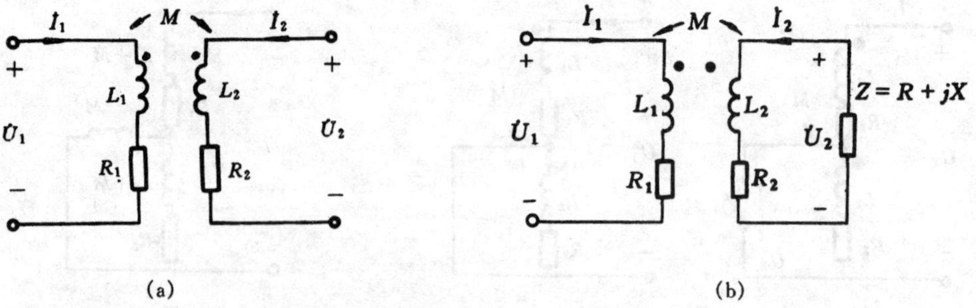

图 5-14

示。令 $Z_{11}=R_1+\mathrm{j}\omega L_1$，为初级回路的总阻抗，$Z_{22}=R_2+\mathrm{j}\omega L_2+R+\mathrm{j}X$，为次级回路的总阻抗，按照图中标示的各电压电流的参考方向和同名端位置，对初级回路和次级回路分别列出电压方程为

$$\dot U_1=Z_{11}\dot I_1+\mathrm{j}\omega M\dot I_2 \tag{5-22}$$

$$0=\mathrm{j}\omega M\dot I_1+Z_{22}\dot I_2 \tag{5-23}$$

求解上述方程，便可求出空心变压器的初级回路电流 $\dot I_1$ 和次级回路电流 $\dot I_2$。

还可以由上述方程的求解得到空心变压器的初级等效电路和次级等效电路。从式(5-23)可解出

$$\dot I_2=-\frac{\mathrm{j}\omega M}{Z_{22}}\dot I_1 \tag{5-24}$$

将上式代入式(5-22)，得

$$\dot U_1=\left(Z_{11}+\frac{\omega^2M^2}{Z_{22}}\right)\dot I_1=(Z_{11}+Z_{1r})\dot I_1 \tag{5-25}$$

由此可得到空心变压器初级回路的等效电路，如图 5-15(a)所示，式中 $Z_{1r}=\frac{\omega^2M^2}{Z_{22}}$，叫做次级对初级的反射阻抗，体现了次级对初级的影响，这种影响是通过 $\dot I_2$ 对初级的互感作用引起的，若是次级开路，次级对初级的影响就不存在了。由 Z_{1r}表达式可看出，其性质与次级回路阻抗 Z_{22}的性质相反。由求解过程可知，初级电流 $\dot I_1$ 不受两线圈同名端位置的影响。

同样，通过解出 $\dot I_2$ 的表达式可得到次级回路的等效电路，将式(5-25)求出的 $\dot I_1$ 代入式(5-24)，得

$$\dot I_2=-\frac{\mathrm{j}\omega M\dfrac{\dot U_1}{Z_{11}}}{Z_{22}+\dfrac{\omega^2M^2}{Z_{11}}}=-\frac{\mathrm{j}\omega M\dfrac{\dot U_1}{Z_{11}}}{Z_{22}+Z_{2r}}$$

由此可得到空心变压器的次级等效电路，如图 5-15(b)所示，式中 $Z_{2r}=\frac{\omega^2M^2}{Z_{11}}$，叫做初级对次级的反射阻抗。图中的理想电压源 $\mathrm{j}\omega M\frac{\dot U_1}{Z_{11}}$是次级开路时，初级电流在次级产生的互感电压，其极性与两线圈的同名端位置有关。若改变图 5-14(b)中的一个线圈的同名端，则图 5-15(b)

中的理想电压源应为 $-\mathrm{j}\omega M\dfrac{\dot{U}_1}{Z_{11}}$。

可直接利用图 5-15 所示的初级、次级等效电路进行空心变压器的分析计算。

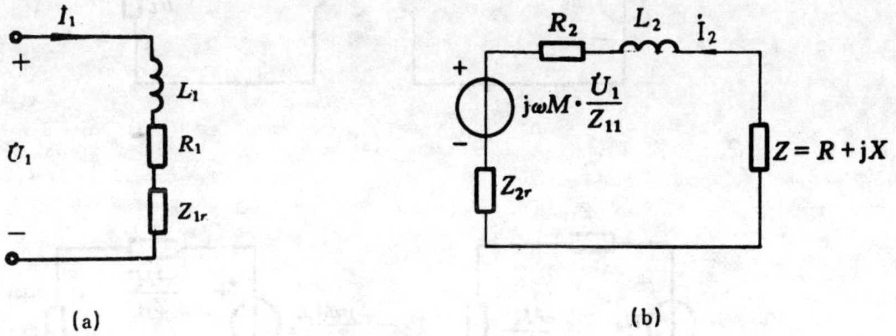

图 5-15

例 5-2 电路如图5-16(a)所示，已知 $L_1=3.6\mathrm{H}$, $L_2=0.06\mathrm{H}$, $M=0.465\mathrm{H}$, $R_1=20\Omega$, $R_2=0.08\Omega$, $R_L=42\Omega$, $u_S=115\sin 314t\,\mathrm{V}$。求原侧电流 i_1 及负载电压 u_2。

解 (1)求 i_1，其原边等效电路如图 5-16(b)所示，图中

$$Z_{11}=R_1+\mathrm{j}\omega L_1=20+\mathrm{j}1130.4\Omega$$

$$\frac{\omega^2M^2}{Z_{22}}=\omega^2M^2\cdot\frac{1}{R_2+R_L+\mathrm{j}\omega L_2}$$

$$=462.4\angle-24.12^\circ\Omega$$

令
$$\dot{U}_S=\frac{115}{\sqrt{2}}\angle 0^\circ\mathrm{V}$$

则
$$\dot{I}_1=\frac{\dot{U}_S}{Z_{11}+\dfrac{\omega^2M^2}{Z_{22}}}=\frac{81.317}{442.03+\mathrm{j}941.44}$$

$$=0.07818\angle-64.89^\circ\mathrm{A}$$

即
$$i_1=0.111\sin(314t-64.89^\circ)\mathrm{A}$$

(2)求 u_2，其副边等效电路如图 5-16(c)所示，其中

$$\frac{\mathrm{j}\omega M}{Z_{11}}\dot{U}_S=\mathrm{j}\omega M\frac{\dot{U}_S}{R_1+\mathrm{j}\omega L_1}=10.502\angle 1.014^\circ\mathrm{V}$$

$$\frac{\omega^2M^2}{Z_{11}}=\frac{\omega^2M^2}{R_1+\mathrm{j}\omega L_1}=18.857\angle-88.986^\circ\Omega$$

$$\dot{U}_2=\frac{\dfrac{\mathrm{j}\omega M}{Z_{11}}\dot{U}_S}{\dfrac{\omega^2M^2}{Z_{11}}+R_2+\mathrm{j}\omega L_2+R_L}\cdot R_L$$

$$=\frac{10.502\angle 1.014^\circ}{18.857\angle-88.986^\circ+42.08+\mathrm{j}18.84}\cdot 42$$

$$=10.4\angle 1.03^\circ$$

即
$$u_2=\sqrt{2}10.4\sin(314t+1.03^\circ)\mathrm{V}$$

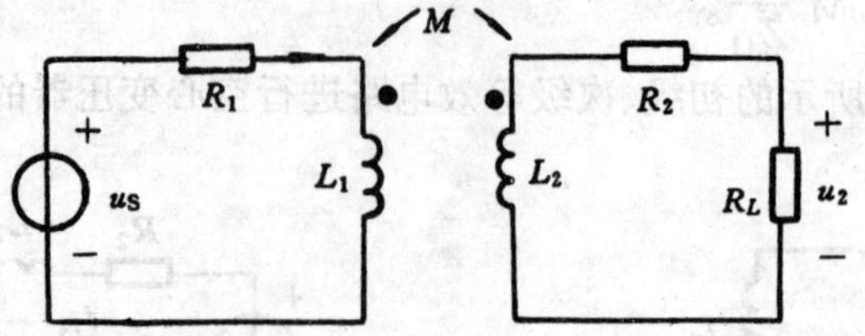

(a)

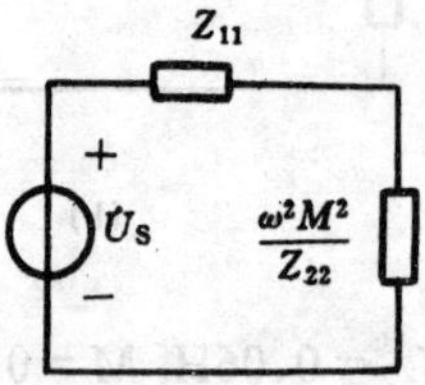

(b)

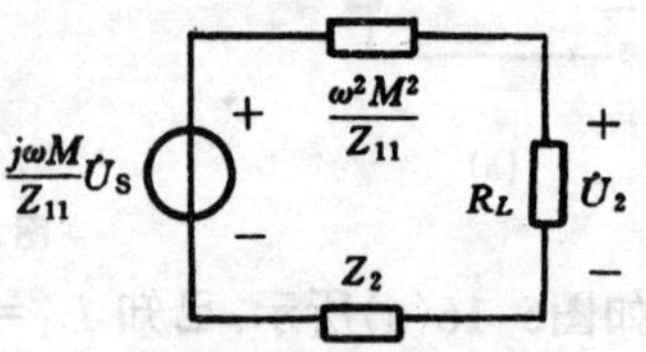

(c)

图 5-16

5-4 理想变压器

理想变压器是实际变压器的理想化。相对于实际变压器,理想变压器具有三个理想化条件:(1)变压器本身不消耗能量;(2)没有漏磁通,即耦合系数 $K=1$(则 $L_1/L_2=n^2$, n 为匝数比);(3)二个绕组的自感 L_1, L_2 为无穷大(但比值仍为 n^2)。或者说理想变压器是由二个电阻为零的线圈绕在一个磁导率 μ 为无穷大的芯子上构成的。在电路分析计算中,只要把一些元件(R, L, C)与理想变压器联接,就可以用来表示实际变压器的特性。

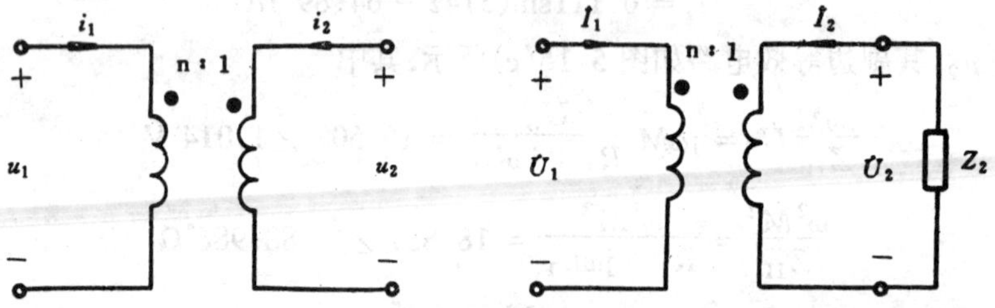

(a) (b)

图 5-17

理想变压器的电路模型如图 5-17(a)所示,下面分析理想变压器的电压电流关系。

对图 5-14(a)所示的非理想变压器,代入理想化条件进行分析。首先代入理想化条件(2),即 $K=1$,称为全耦合变压器。设初级线圈电流产生的磁通为 φ_{11},次级线圈电流产生的磁通为 φ_{22},则在全耦合的条件下,互感磁通分别为

$$\varphi_{21} = \varphi_{11} \qquad \varphi_{12} = \varphi_{22}$$

于是

$$\frac{L_1}{L_2}=\frac{\dfrac{N_1\varphi_{11}}{i_1}}{\dfrac{N_2\varphi_{22}}{i_2}}=\frac{\dfrac{N_1}{N_2}\cdot\dfrac{N_2\varphi_{21}}{i_1}}{\dfrac{N_2}{N_1}\cdot\dfrac{N_1\varphi_{12}}{i_2}}=\frac{\dfrac{N_1}{N_2}M_{21}}{\dfrac{N_2}{N_1}M_{12}}=\frac{N_1{}^2}{N_2{}^2}=n^2$$

两线圈的匝数比

$$n=\frac{N_1}{N_2}=\sqrt{\frac{L_1}{L_2}}$$

再代入理想化条件(1)，由于不消耗功率，因而可以不考虑两个线圈的电阻，所以有

$$u_1=L_1\frac{\mathrm{d}i_1}{\mathrm{d}t}+M\frac{\mathrm{d}i_2}{\mathrm{d}t}$$

$$u_2=M\frac{\mathrm{d}i_1}{\mathrm{d}t}+L_2\frac{\mathrm{d}i_2}{\mathrm{d}t} \tag{5-26}$$

且

$$M=\sqrt{L_1L_2}$$

其电压比，

$$\frac{u_1}{u_2}=\frac{L_1\dfrac{\mathrm{d}i_1}{\mathrm{d}t}+M\dfrac{\mathrm{d}i_2}{\mathrm{d}t}}{M\dfrac{\mathrm{d}i_1}{\mathrm{d}t}+L_2\dfrac{\mathrm{d}i_2}{\mathrm{d}t}}=\frac{\sqrt{L_1}}{\sqrt{L_2}}\cdot\frac{\sqrt{L_1}\dfrac{\mathrm{d}i_1}{\mathrm{d}t}+\sqrt{L_2}\dfrac{\mathrm{d}i_2}{\mathrm{d}t}}{\sqrt{L_1}\dfrac{\mathrm{d}i_1}{\mathrm{d}t}+\sqrt{L_2}\dfrac{\mathrm{d}i_2}{\mathrm{d}t}}$$

$$=\sqrt{\frac{L_1}{L_2}}=n \tag{5-27}$$

式(5-27)为理想变压器的初级和次级的电压关系，仅为二个线圈的匝数之比。

将式(5-26)中的第一式改变一下形式

$$\frac{\mathrm{d}i_1}{\mathrm{d}t}=\frac{u_1}{L_1}-\frac{M}{L_1}\frac{\mathrm{d}i_2}{\mathrm{d}t}$$

假定 $t=0$ 时全耦合变压器没有能量储存(此时 $i_1(0)=i_2(0)=0$)，并考虑到 $M=\sqrt{L_1L_2}$，及 $\sqrt{\dfrac{L_1}{L_2}}=n$，则上式可写成

$$i_1=\frac{1}{L_1}\int_0^t u_1\mathrm{d}t-\frac{M}{L_1}i_2$$

$$=\frac{1}{L_1}\int_0^t u_1\mathrm{d}t-\frac{1}{n}i_2 \tag{5-28}$$

代入理想化条件(3)，$L_1\to\infty$，则

$$i_1=-\frac{1}{n}i_2 \tag{5-29}$$

至此，得到了如图 5-18(a)所示的理想变压器的电压电流关系，

$$\frac{u_1}{u_2}=n \qquad \frac{i_1}{i_2}=-\frac{1}{n} \tag{5-30}$$

写成相量形式，

$$\frac{\dot{U}_1}{\dot{U}_2}=n \qquad \frac{\dot{I}_1}{\dot{I}_2}=-\frac{1}{n}$$

此方程对应图 5-17(a)中所标示的电压电流的参考方向及同名端的位置。

在工程上常采用两方面的措施,使实际变压器的性能接近理想变压器。一是尽量采用具有高导磁率的铁磁材料做心子;二是尽量紧密耦合,使 K 接近 1,并在保持变比不变的前提下,尽量增加初级次级线圈的匝数。

理想变压器不但有变换电压和变换电流的作用,而且有变换阻抗的作用。如图 5-18(b)所示,若在次级接上负载阻抗 Z_2,且 $Z_2 = -\frac{\dot{U}_2}{\dot{I}_2}$,则从理想变压器初级看进去的复阻抗,即输入复阻抗为

$$Z_{\text{in}} = \frac{\dot{U}_1}{\dot{I}_1} = \frac{n\dot{U}_2}{-\frac{1}{n}\dot{I}_2} = n^2 Z_2$$

可以认为,次级复阻抗 Z_2 乘以 n^2 后,就可由次级转移到初级来,或者说 n^2Z_2 是次级复阻抗 Z_2 折合到初级的值。根据同样的道理,初级复阻抗 Z_1 除以 n^2 后,就可由初级转移到次级来。

在理想变压器的关系中,线圈的自感和互感都没有出现,所以理想变压器既不是耗能元件,也不是储能元件,而只是一个变换信号和传输电能的元件。

例 5-3 某信号源的内阻为500Ω,负载电阻 $R_L = 5\Omega$,为使负载能从电源获得最大功率,电源内阻必须与负载电阻相等,因此,可在电源与负载间接入一变压器(设变压器是理想的),以达到最大功率匹配。试求变压器的匝数比。

解 因为负载 R_L 是接在变压器的副边,折合到原边时应为 n^2R_L. 根据题意知

$$500 = n^2R_L = n^2 \cdot 50$$

故

$$n = \frac{n_1}{n_2} = \sqrt{100} = 10$$

即理想变压器的匝数比为 10。

由前述理想变压器电压电流关系的推导过程可知,全耦合变压器可用含理想变压器的电路来等效。假定式(5-28)中的初级电源 u_1 是正弦量,则该式的相量形式为

$$\dot{I}_1 = \frac{1}{j\omega L_1}\dot{U}_1 - \frac{1}{n}\dot{I}_2 = \dot{I}_{10} + \dot{I}_1'$$

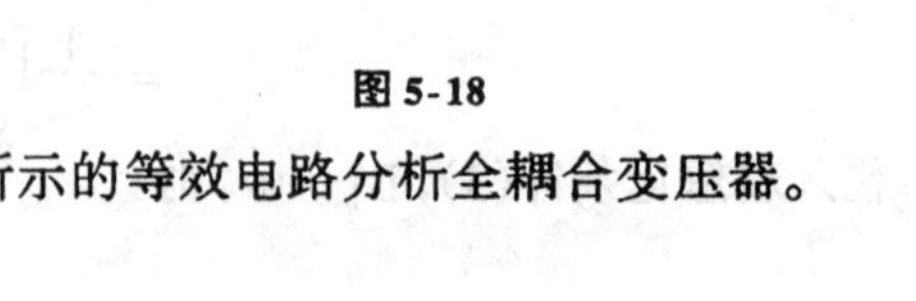

图 5-18

由此画出的等效电路图如图 5-18 所示。$\dot{I}_{10}$ 相当于次级开路($\dot{I}_2 = 0$)时的初级电流,叫做变压器的空载电流。$\dot{I}_1'$ 则是由次级电流引起的。可以利用图 5-18 所示的等效电路分析全耦合变压器。

5-5 串联谐振电路

谐振现象在无线电和电工技术中得到广泛的应用,发生谐振时又有可能破坏系统的正常工作状态。所以,对谐振现象的研究,有重要的实际意义。下面分析电路发生谐振的条件和谐振状态的一些特征。

对于图 5-19 所示的 R, L, C 串联电路，在正弦电压作用下，其复阻抗为

$$\begin{aligned} Z &= R + \mathrm{j}(\omega L - \frac{1}{\omega C}) \\ &= R + \mathrm{j}(X_L - X_C) \\ &= R + \mathrm{j}X = z \angle \varphi \end{aligned}$$

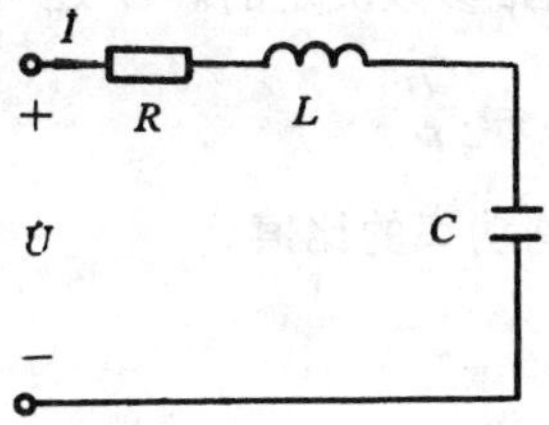

图 5-19

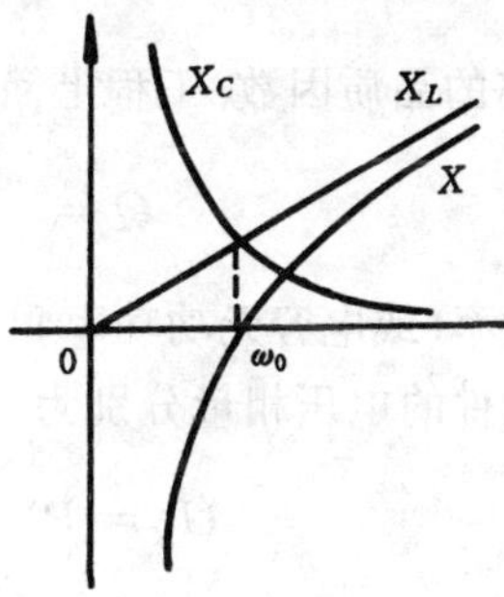

图 5-20

上式的虚部，即复阻抗的电抗 X 是角频率 ω 的函数，X, X_L, X_C 随角频率变化的情况如图 5-20 所示。由图可清楚地看出，当 ω 由零向 ∞ 增加时，由于感抗 X_L 和容抗 X_C 随频率变化的关系不一样，所以电抗由开始时容性经过零转变为感性。当 $\omega = \omega_0$ 时，感抗和容抗相等，电抗为零，即有

$$X(\omega_0) = \omega_0 L - \frac{1}{\omega_0 C} = 0 \tag{5-31}$$

此时整个串联电路如同电阻电路，电压 $\dot{U}$ 与电流 $\dot{I}$ 同相位。

对于任何含有电感和电容的电路，在一定频率下可以呈现电阻性，即整个电路的总电压与总电流同相位，这种现象称为谐振。在 RLC 串联电路中发生的谐振就称为串联谐振。式(5-31)就是串联电路发生谐振的条件，这说明电路谐振决定于电路的参数和电源的频率。在电路参数 L, C 一定的条件下，要实现谐振就必须调节电源的频率，使它满足

$$\omega = \omega_0 = \frac{1}{\sqrt{LC}} \tag{5-32}$$

式中 ω_0 称为谐振角频率。而

$$f_0 = \frac{1}{2\pi\sqrt{LC}}$$

称为谐振频率。当电源频率一定时，可调节电容或电感来达到谐振条件，因为改变电容的量值比较方便，所以常用调节电容的办法使电路达到谐振。

现在讨论串联谐振的一些特征。RLC 串联电路发生谐振时，感抗和容抗的作用抵消了，即电抗等于 0，电路呈现电阻性，其阻抗达到最小值，等于电路中的电阻 R，因此在一定的电压 U 作用下，串联谐振时电流将达到最大，即

$$\dot{I} = \dot{I}_0 = \frac{\dot{U}}{R}$$

谐振时电路的电抗等于零，但感抗和容抗不为零，$\omega_0 L$ 和 $1/\omega_0 C$ 是谐振时的感抗和容抗，所

以

$$\frac{1}{\omega_0 C}=\omega_0 L=\frac{1}{\sqrt{LC}}L=\sqrt{\frac{L}{C}}=\rho$$

ρ 称为 RLC 串联电路的特性阻抗。在无线电技术中，通常还根据谐振电路的特性阻抗 ρ 与回路电阻 R 的比值的大小来讨论谐振电路的性能，此比值用 Q 来表示，即

$$Q=\frac{\omega_0 L}{R}=\frac{1}{\omega_0 CR}=\frac{\rho}{R}=\frac{1}{R}\sqrt{\frac{L}{C}}$$

Q 称为谐振回路的品质因数，工程上简称 Q 值，是由电路参数决定的。Q 还可以表示成

$$Q=\frac{\omega_0 L}{R}=\frac{\omega_0 L\cdot I^2}{R\cdot I^2}=\frac{Q_L}{P}$$

即为电感无功功率(或电容无功功率)与电阻消耗的平均功率的比值。

谐振时各元件的电压相量分别为

$$\dot{U}_R=R\dot{I}=R\cdot\frac{\dot{U}}{R}=\dot{U}$$

$$\dot{U}_L=\mathrm{j}\omega_0 L\dot{I}=\mathrm{j}\omega_0 L\cdot\frac{\dot{U}}{R}=\mathrm{j}Q\dot{U}$$

$$\dot{U}_C=\frac{1}{\mathrm{j}\omega_0 C}\dot{I}=\frac{1}{\mathrm{j}\omega_0 C}\cdot\frac{\dot{U}}{R}=-\mathrm{j}Q\dot{U}$$

当 Q 值很大时，电感电压和电容电压就比外施电压大得多。然而从全电路来看，由于 $\dot{U}_L$ 与 $\dot{U}_C$ 相位相反而完全抵消，所以串联谐振又称为电压谐振。图 5-21 是 RLC 串联电路谐振时的电压相量图。

在电力工程中一般应避免发生电压谐振，因为谐振时在电容上和电感上可能出现比电源电压大得多的过电压，这可能击穿电气设备的绝缘。在电讯工程中则相反，由于某些信号源的电压十分微弱，常常要利用电压谐振来获得一个较高的电压。例如在收音机中就用串联谐振电路(又称"调谐电路")来选择所要收听的某个电台的广播。在电讯工程中通常要求尽量提高谐振电路的品质因数。

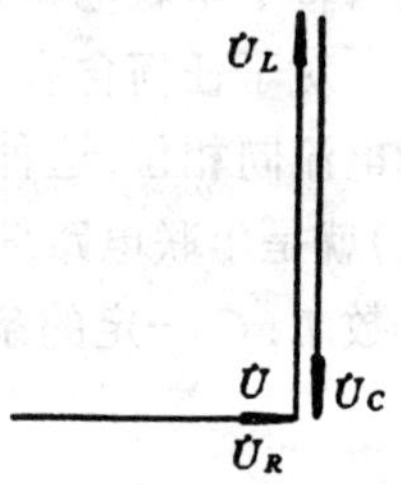

图 5-21

串联谐振电路对于不同频率的信号具有选择的能力，为了研究串联谐振电路的选择性，需要考虑电路中的电流、电压、阻抗(或导纳)以及阻抗角(或导纳角)等各量随频率变化的关系，这些关系称为频率特性。表明电流、电压与频率的关系的图形，称为谐振曲线。在图 5-22 中画出了电阻 R 以及阻抗的模 $|Z|$ 和幅角 φ 随频率变化的频率特性曲线。

在电路参数一定的情况下，串联谐振电路中的电流

$$I=\frac{U}{\sqrt{R^2+(\omega L-\frac{1}{\omega C})^2}}=\frac{U}{\sqrt{R^2+(\frac{\omega}{\omega_0}\omega_0 L-\frac{\omega_0}{\omega}\frac{1}{\omega_0 C})^2}}$$

$$=\frac{U}{\sqrt{R^2+\omega_0^2L^2(\frac{\omega}{\omega_0}-\frac{\omega_0}{\omega})^2}}=\frac{U}{R\sqrt{1+Q^2(\eta-\frac{1}{\eta})^2}}$$

$$= \frac{I_0}{\sqrt{1 + Q^2(\eta - \frac{1}{\eta})^2}} \tag{5-33}$$

式中 $I_0 = \frac{U}{R}$ 为谐振时的电流，$Q = \frac{\omega_0 L}{R}$ 为品质因数，$\eta = \frac{\omega}{\omega_0}$，是激励电压角频率与谐振角频率的比值。由式(5-33)，有

$$U_L = \omega L I = \frac{\omega L U}{\sqrt{R^2 + (\omega L - \frac{1}{\omega C})^2}} = \frac{QU}{\sqrt{\frac{1}{\eta^2} + Q^2(1 - \frac{1}{\eta^2})^2}} \tag{5-34}$$

$$U_C = \frac{1}{\omega C} I = \frac{U}{\omega C \sqrt{R^2 + (\omega L - \frac{1}{\omega C})^2}} = \frac{QU}{\sqrt{\eta^2 + Q^2(\eta^2 - 1)^2}} \tag{5-35}$$

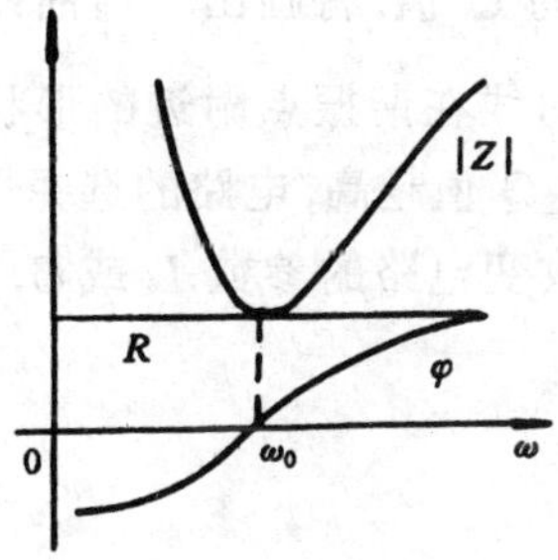

图 5-22

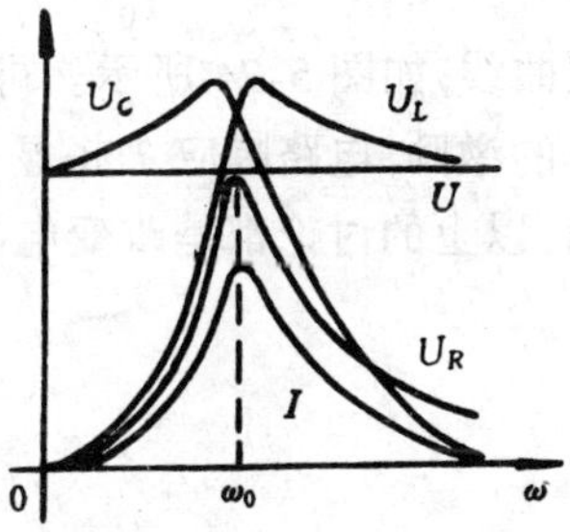

图 5-23

在图 5-23 中画出了电流及各电压随频率变化的谐振曲线，因电阻不随频率变化，所以电阻电压与电流谐振曲线的形状相同。当 $\omega = 0$ 时，相当于直流情形，这时电容 C 的容抗为无穷大，故 $I = 0$，全部电压都加在电容上，$U_C = U$。当 ω 增加时，X_C 逐渐减小，而 X_L 则由零逐渐增加，但在 $\omega < \omega_0$ 区间，始终有 $X_C > X_L$，所以电路呈现容性，$\varphi < 0$。随着 ω 增加，$|X| = |X_L - X_C|$ 逐渐减小，故 $|Z|$ 减小，I 增大。谐振时 $X_L = X_C$，$|Z| = R$，$\varphi = 0$，I 达到最大，而 $U_L = U_C$。ω 继续增大，$X_L > X_C$，$\varphi > 0$，$|Z|$ 又随频率增大而增大，故 I 逐渐减小。到 $\omega = \infty$ 时，电感 L 的感抗为无穷大，故电流又等于零，全部电压加在电感上，即 $U_L = U$。从谐振曲线上可以看出，U_L 与 U_C 的最大值并不发生在谐振频率处，这是因为当 ω 变化时，X_L，X_C 和 I 也都随着变动，而且变化规律各不相同，因为 $U_L = X_L I$，$U_C = X_C I$，其变化取决于电流和电抗两个因素，所以 U_L，U_C 与 I 的最大值不出现在同一频率处，而是如图 5-23 所示的形状。

要 U_L 和 U_C 出现最大值，式(5-34)和(5-35)中的分母必须为最小值，可以对式中分母根号内的式子求导来获得这一极值的条件，即

$$\omega = \omega_0 \sqrt{\frac{2Q^2 - 1}{2Q^2}} < \omega_0 \text{ 时，} U_C \text{ 出现最大值}$$

$$\omega = \omega_0 \sqrt{\frac{2Q^2}{2Q^2 - 1}} > \omega_0 \text{ 时，} U_L \text{ 出现最大值}$$

$$且\ U_{C\max} = U_{L\max} = \frac{QU}{\sqrt{1 - \frac{1}{4Q^2}}} > QU$$

从数学分析可知,当 $Q > \frac{1}{\sqrt{2}}$ 时, U_L, U_C 的峰值都不在谐振频率处出现,而且两峰值总是相等的。当 Q 值增大时,两峰值向谐振频率接近,同时峰值亦增大。由于这样高的电压出现在谐振频率附近很小的范围内,因此,同样可以用串联谐振电路来选择谐振频率附近的电压,而将此频率以外的电压加以抑制。

谐振曲线的形状与品质因数 Q 有关。式(5-33)也可写成

$$\frac{I}{I_0} = \frac{1}{\sqrt{1 + Q^2\left(\eta - \frac{1}{\eta}\right)^2}}$$

以频率比 η 为横坐标,以电流比 $\frac{I}{I_0}$ 为纵坐标,若取不同的 Q 值,将画出一组曲线,称作串联谐振电路的谐振曲线,如图 5-24 所示。可见 Q 值越大,曲线在谐振点附近的形状越尖,因此对于非谐振频率的激励,电路响应 I 将显著减小。这说明 Q 值越高,电路的选择性越好。

应当指出,以上的讨论都是改变电源的频率,如果改变电路的参数 L 或 C,则应当另作分析。

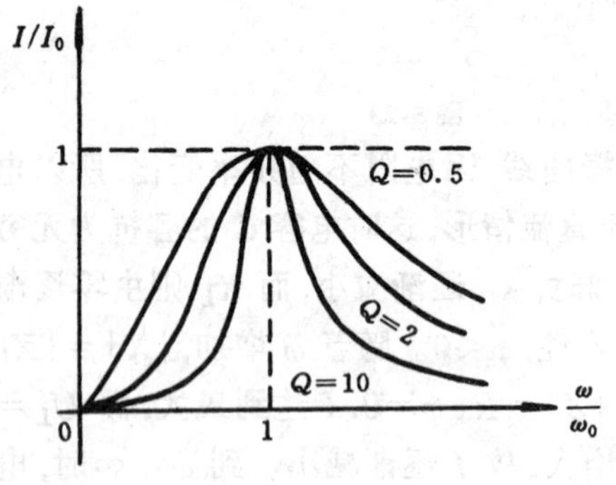

图 5-24

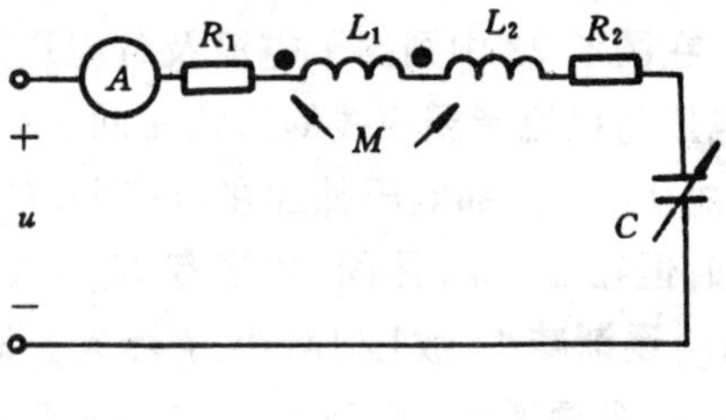

图 5-25

例 5-4 电路如图5-25, 已知 $R_1 = R_2 = 5\Omega$, $L_1 = 100\text{mH}$, $L_2 = 400\text{mH}$, 外施电压 $u = 20\sqrt{2}\sin(1000t + 60°)\text{V}$, 当 $C = 1.25\mu\text{F}$ 时, 电流表的读数达到最大值, 为 $I = 2\text{A}$。求互感 M 和回路的品质因数 Q 值以及 $U_{C\max}$。

解 因为电流达最大值,可知电路此时发生串联谐振,所以

$$\omega_0(L_1 + L_2 + 2M) - \frac{1}{\omega_0 C} = 0$$

将已知数据代入上式,便可计算出互感 M 的值

$$M = \frac{1}{2}\left(\frac{1}{\omega_0^2 C} - L_1 - L_2\right)$$

$$= \frac{1}{2}\left(\frac{1}{10^6 \times 1.25 \times 10^{-6}} - 0.1 - 0.4\right) = 0.15\text{H}$$

电路的品质因数 Q 值为

$$Q = \frac{1}{R_1 + R_2}\sqrt{\frac{L_1 + L_2 + 2M}{C}} = \frac{1}{10}\sqrt{\frac{0.8}{1.25 \times 10^{-6}}} = 80$$

电容上电压的最大值为

$$U_{C\max} = \frac{QU}{\sqrt{1 - \frac{1}{4Q^2}}} = \frac{80 \times 20}{\sqrt{1 - \frac{1}{4 \times 80^2}}} = 1600\text{V}$$

它与 QU 基本接近。

例 5-5 一个线圈与电容相串联，线圈电阻 $R = 16.2\Omega$，电感 $L = 0.26\text{mH}$，当把电容调节到 100pF 时发生串联谐振。(1)求谐振频率及品质因数；(2)设外加电压为 $10\mu\text{V}$，其频率等于电路的谐振频率，求电路中的电流及电容电压；(3)若外加电压仍为 $10\mu\text{V}$，但其频率比谐振频率高 10%，再求电容电压。

解 (1)谐振频率及品质因数分别为

$$f_0 = \frac{1}{2\pi\sqrt{LC}} = \frac{1}{2\pi\sqrt{0.26 \times 10^{-3} \times 100 \times 10^{-12}}} = 990 \times 10^3\text{Hz}$$

$$Q = \frac{2\pi \times 990 \times 10^3 \times 0.26 \times 10^{-3}}{16.2} = 100$$

(2)谐振时的电流及电容电压计算如下：

$$I_0 = \frac{U}{R} = \frac{10 \times 10^{-6}}{16.2} = 0.617 \times 10^{-6}\text{A}$$

$$X_C = \frac{1}{\omega_0 C} = \frac{1}{2\pi \times 990 \times 10^3 \times 100 \times 10^{-12}} = 1620\Omega$$

$$U_C = X_C I_0 = 1620 \times 0.617 \times 10^{-6} = 10^{-3}\text{V}$$

(或 $U_C = QU = 100 \times 10\mu\text{V} = 1\text{mV}$)

(3)电源频率比谐振频率高 10% 的情形

$$f' = (1 + 0.1)f_0 = 1.1 \times 990 \times 10^3 = 1089 \times 10^3\text{Hz}$$

$$X'_L = \omega' L = 2\pi \times 1089 \times 10^3 \times 0.26 \times 10^{-3} = 1780\Omega$$

$$X'_C = \frac{1}{\omega' C} = \frac{1}{2\pi \times 1089 \times 10^3 \times 100 \times 10^{-12}} = 1460\Omega$$

$$|Z'| = \sqrt{R^2 + (X'_L - X'_C)} = \sqrt{16.2^2 + (1780 - 1460)^2} = 320\Omega$$

$$U'_C = \frac{U}{|Z'|}X'_C = \frac{10 \times 10^{-6}}{320} \times 1460 = 0.046 \times 10^{-3}\text{V}$$

比较 U'_C 与 U_C 可见，当电源频率偏离电路的谐振频率时，电容电压显著下降。收音机就是利用这个道理选择所要收听的电台广播，而抑制其他电台广播的干扰。

5-6 并联谐振电路

图 5-26(a)为最简单的 R, L, C 并联电路。对于这个电路的谐振问题，完全可以用与串联电路相类似的方法来进行分析。

电路的复导纳为

$$Y = G + \mathrm{j}\left(\omega C - \frac{1}{\omega L}\right) = G + \mathrm{j}B$$

此式表明，电路的感纳($B_L = \frac{1}{\omega L}$)和容纳($B_C = \omega C$)是直接相减的。如果 ω, L, C 满足一定的条件，使并联电路的感纳和容纳相等，即 $B_L = B_C$，电流与电压就将同相。这种情况就称为 R, L, C 并联电路的谐振，简称并联谐振。显然，实现并联谐振的条件是

$$\frac{1}{\omega L} = \omega C$$

或
$$\omega = \omega_0 = \frac{1}{\sqrt{LC}}$$

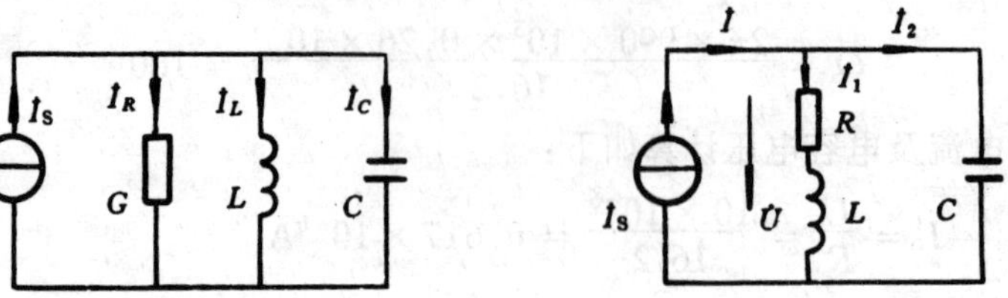

(a) (b)

图 5-26

发生谐振时导纳最小，$|Y| = G$，因此在一定的正弦电流源 $\dot{I}_S$ 作用下，电压 $\dot{U}$ 将达到最大

$$U_0 = \frac{I_S}{G}$$

依照串联谐振电路，令

$$Q = \frac{Q_L}{P} = \frac{U^2/\omega_0 L}{U^2/R} = \frac{R}{\omega_0 L} = \frac{1}{G\omega_0 L} = \frac{\omega_0 C}{G}$$

电感和电容支路中的电流

$$\dot{I}_L = \frac{\dot{U}_0}{\mathrm{j}\omega_0 L} = \frac{1/G}{\mathrm{j}\omega_0 L}\dot{I}_S = -\mathrm{j}Q\dot{I}_S$$

$$\dot{I}_C = \mathrm{j}\omega_0 C\dot{U}_0 = \frac{\mathrm{j}\omega_0 C}{G}\dot{I}_S = \mathrm{j}Q\dot{I}_S$$

如果 $1/G \gg \omega_0 L = \frac{1}{\omega_0 C}$，则谐振时电感与电容中的电流就比电源电流大得多。由于这两个电流大小相等，相位相反，所以从全电路来看，$\dot{I}_L$ 与 $\dot{I}_C$ 互相抵消，也就是说它们只在 L, C 组成的回路中流过。因此并联谐振又称为电流谐振。

图 5-26(a)中，RLC 并联电路的电压

$$U=\frac{I_S}{\sqrt{G^2+\left(\omega C-\frac{1}{\omega L}\right)^2}}=\frac{I_S}{\sqrt{G^2+\left(\frac{\omega}{\omega_0}\omega_0 C-\frac{\omega_0}{\omega}\frac{1}{\omega_0 L}\right)^2}}$$

$$=\frac{I_S}{G\sqrt{1+Q^2\left(\eta-\frac{1}{\eta}\right)^2}}=\frac{U_0}{\sqrt{1+Q^2\left(\eta-\frac{1}{\eta}\right)^2}}$$

或

$$\frac{U}{U_0}=\frac{1}{\sqrt{1+Q^2\left(\eta-\frac{1}{\eta}\right)^2}} \tag{5-36}$$

式中 $U_0=\frac{I_S}{G}$为谐振时的电压，$Q=\frac{\omega_0 C}{G}$，$\eta=\frac{\omega}{\omega_0}$。

式(5-36)是 RLC 并联电路中电压的谐振曲线方程式，它和 RLC 串联电路中电流的谐振曲线方程式(5-33)相似。说明 RLC 串联谐振与 RLC 并联谐振存在对偶关系。

在实际应用中常以电感线圈和电容器组成并联谐振电路。电感线圈可用电感与电阻相串联作为电路模型，而电容器的损耗很小，一般可略去不计。这样就得到了如图 5-26(b)所示的并联电路。此电路的等效复导纳为

$$Y=\frac{1}{R+j\omega L}+j\omega C$$

$$=\frac{R}{R^2+(\omega L)^2}+j\left[\omega C-\frac{\omega L}{R^2+(\omega L)^2}\right] \tag{5-37}$$

根据上式，可以把图 5-26(b)的电路化为图 5-27 的 R，L，C 并联等效电路，其中

$$G_e=\frac{R}{R^2+(\omega L)^2} \qquad L_e=\frac{R^2+(\omega L)^2}{\omega^2 L}$$

它们都是频率的函数。令式(5-37)中的复导纳的虚部等于零，得到这个电路发生并联谐振的条件为

$$C=\frac{L}{R^2+(\omega L)^2} \tag{5-38}$$

由此式解出角频率，即为谐振角频率

$$\omega_0=\sqrt{\frac{1}{LC}-\frac{R^2}{L^2}} \tag{5-39}$$

可见其谐振条件比较复杂。在电路参数一定的条件下改变电源频率时，能否达到谐振，要看式(5-39)根号下的值是正还是负，若是 $R<\sqrt{\frac{L}{C}}$，为虚数，则不可能谐振，这时式(5-37)的虚部恒为正值，电路始终保持容性。

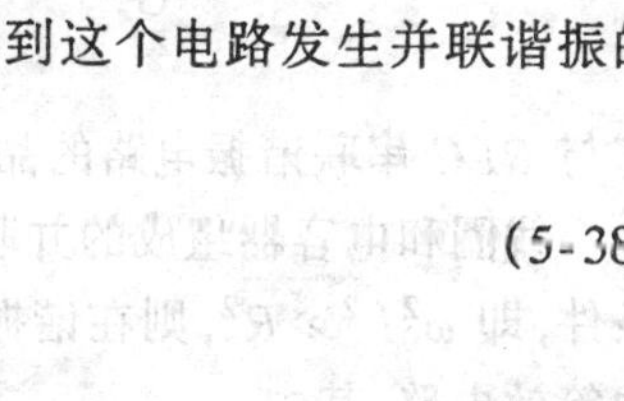

图 5-27

由式(5-38)可知，如调节电容，则不论线圈参数 R，L 及角频率 ω 为何值，总可以实现谐振。

调节电感时的情况最复杂。从式(5-38)解出电感为

$$L=\frac{1\pm\sqrt{1-4\omega^2C^2R^2}}{2\omega^2 C}$$

当 $R>\frac{1}{2\omega C}$时,根号下为负值,根本不能发生谐振,当 $R<\frac{1}{2\omega C}$时电感 L 有两个正根,把电感调节到这两个量值时都能发生谐振。

谐振时复导纳的虚部为零,故整个电路的阻抗相当于一个电阻 R_0, $R_0=\frac{1}{G_e}$。由式(5-37)得

$$R_0=\frac{R^2+(\omega_0 L)^2}{R}$$

将谐振角频率 ω_0 代入上式,经过化简可得

$$R_0=\frac{L}{RC}$$

上式说明,线圈电阻 R 越小,并联谐振时的阻抗 R_0 越大。

对图 5-26(b)所示由电流源激励的电路,谐振时由于阻抗接近于最大值,电路二端之间会出现很高的电压,同时在线圈支路和电容支路中所产生的电流可能比电源电流大得多。如果由一定的电压源激励,则谐振时总电流将接近于最小值。在图 5-28 中画出了谐振时的各电流及电压的相量图。

假设线圈电阻 R 趋于零,则谐振阻抗 R_0 趋于无穷大。也就是说电感与电容发生并联谐振时,其阻抗为无穷大,即根本不能通过电流。但在 L,C 回路中却存在电流 $\dot{I}_1,\dot{I}_2$,只是因为它们大小相等,相位相反,才使总电流等于零。

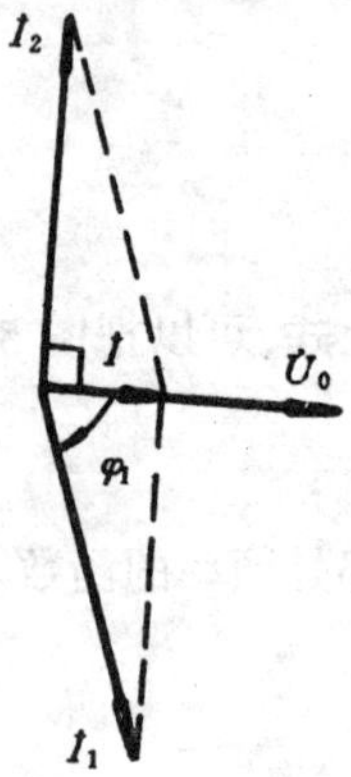

图 5-28

图 5-26(b)所示电路的品质因数为

$$Q=\frac{\frac{1}{\omega_0 L_e}}{G_e}=\frac{\frac{\omega_0 L}{R^2+\omega_0^2L^2}}{\frac{R}{R^2+\omega_0^2L^2}}=\frac{\omega_0 L}{R}$$

它与 RLC 串联谐振电路的品质因数相同。

线圈和电容器组成的并联谐振电路,一般都满足 $Q^2\gg 1$ 的条件,即 $\omega_0^2L^2\gg R^2$,则在谐振频率附近处,可化为图 5-27 所示的等效电路,其中

$$L_e\approx L$$

谐振角频率

$$\omega_0=\frac{1}{\sqrt{L_eC}}\approx\frac{1}{\sqrt{LC}}$$

谐振时电路的等效阻抗(并联谐振阻抗)为

$$R_0=\frac{L}{RC}\approx\frac{\omega_0^2L^2}{R}=Q^2R$$

当 $Q^2\gg 1$ 时,图 5-26(b)的并联谐振电路用图 5-27 的等效电路来分析,就比较方便。

例 5-6 一个电阻为10Ω 的电感线圈,品质因数 $Q=100$,与电容器接成并联电路,如再并上一只 100kΩ 的电阻,电路的品质因数降低为多少?

解 线圈的感抗为

$$\omega_0 L = QR = 100 \times 10 = 1000\Omega$$

为了计算方便，将电路转换成图 5-27 的形式，其中

$$R_0 = \frac{\omega_0^2 L^2}{R} = \frac{1000^2}{10} = 100\text{k}\Omega$$

或

$$R_0 = Q^2 R = 100\text{k}\Omega$$

可见，谐振阻抗为线圈电阻的 10^4 倍。如再并上一个 100kΩ 的电阻，则 100kΩ 与 100kΩ 并联后，等效电阻

$$R' = \frac{100 \times 100}{100 + 100} = 50\text{k}\Omega$$

于是，品质因数降为

$$Q' = \frac{R'}{\omega_0 L} = \frac{50 \times 10^3}{10^3} = 50$$

例 5-7 在图 5-29 所示的电路中，已知电源的电动势为 100V，内阻为 50kΩ，并联谐振回路的谐振角频率为 10^6rad/s，$Q=100$，且谐振时信号源输出功率为最大，试求：电感 L、电容 C 及电阻 R，谐振电流 I_0，谐振回路的谐振电压 U_0，以及谐振时信号源输出的功率 P_0。

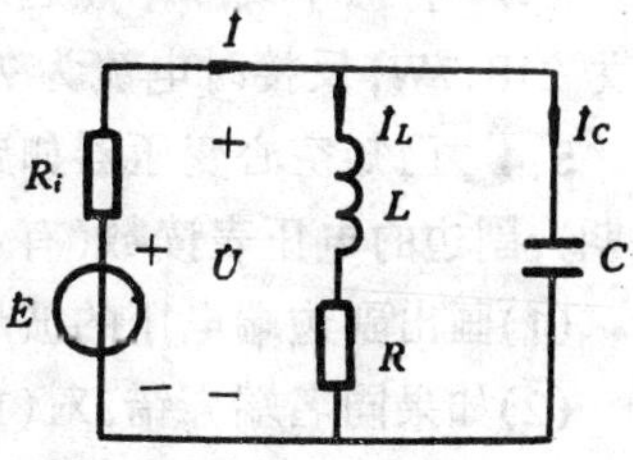

图 5-29

解 因为谐振，而且信号源输出功率最大，并联谐振回路的谐振阻抗 R_0 应等于信号源的内阻 R_i，即

$$R_0 = \omega_0 LQ = \frac{1}{\omega_0 C}Q = R_i$$

于是

$$L = \frac{R_i}{\omega_0 Q} = \frac{50 \times 10^3}{10^6 \times 100} = 0.5 \times 10^{-3}\text{H} = 0.5\text{mH}$$

$$C = \frac{Q}{\omega_0 R_i} = \frac{100}{10^6 \times 50 \times 10^3} = 2 \times 10^{-9}\text{F} = 0.002\mu\text{F}$$

又由 $Q = \frac{\omega_0 L}{R}$，可得 $R = \frac{\omega_0 L}{Q} = \frac{10^6 \times 0.5 \times 10^{-3}}{100} = 5\Omega$

谐振电流

$$I_0 = \frac{E}{2R_i} = \frac{100}{2 \times 50 \times 10} = 10^{-3}\text{A} = 1\text{mA}$$

回路的谐振电压

$$U_0 = \frac{E}{2} = \frac{100}{2} = 50\text{V}$$

谐振时信号源输出的功率

$$P_0 = U_0 I_0 = 50 \times 10^{-3} = 0.05\text{W}$$

习 题 五

5-1 一耦合电感器如题图所示，试标出同名端，并写出互感电压 u_{M2} 的数学表达式（互感

为 M)。

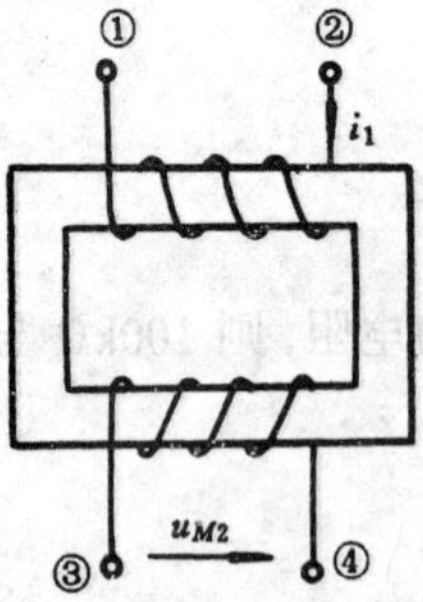

题 5-1 图

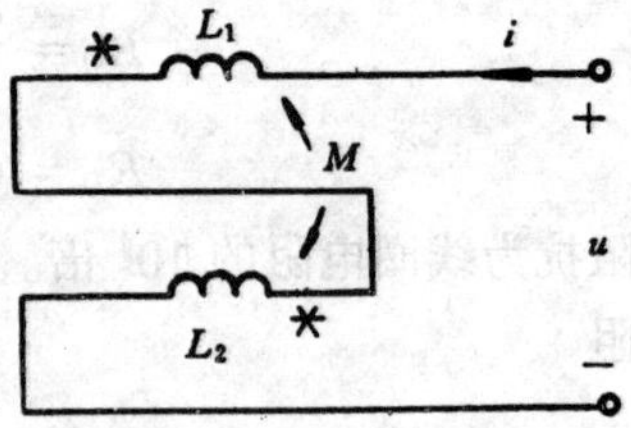

题 5-2 图

5-2 如题图所示耦合电感元件,试列写瞬时值电压方程式。

5-3 将两个线圈串联起来接到 50Hz 220V 的正弦电源上,顺接时得电流 2.7A,吸收的功率为 218.7W,反接时电流为 7A。求互感 M。

5-4 已知空心变压器如题图(a)所示,原边的理想电流源的电流波形如图(b)所示(一个周期),副边的电压表读数(有效值)$U = 25\text{V}$。

(1)画出副边端电压的波形,并计算互感 M;

(2)如果同名端弄错,对(1)的结果有无影响。

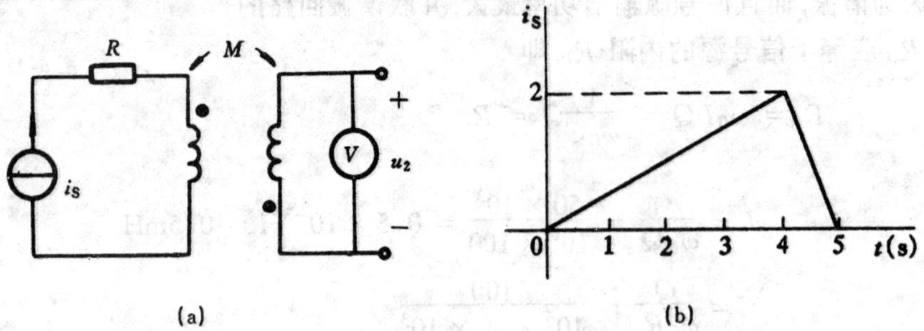

(a) (b)

题 5-4 图

5-5 题图电路中,已知 $M = \mu L_1$,试用戴维南定理求电阻 R_2 中的电流。

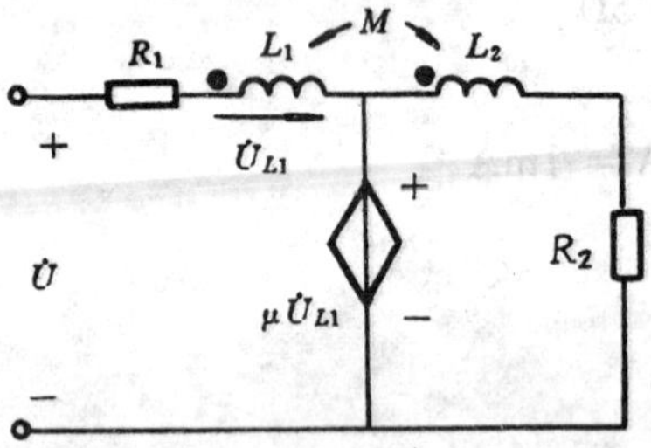

题 5-5 图

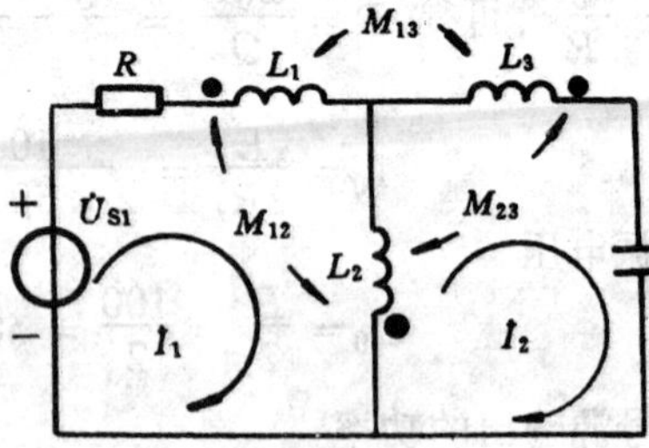

题 5-6 图

5-6 列出题图所示电路的回路电流方程。

5-7 电路如题图所示,已知 $L_1 = L_2 = 0.1\text{H}$, $R_L = 10\Omega$, $\omega = 100\text{rad/s}$, $U_1 = 50\text{V}$.

(1)如果耦合系数 $K = 0.5$,计算 $\dot{I}_1$ 和 $\dot{I}_2$。

(2)如果 $K = 1$,重复上问。

(3)试比较(1)、(2)二问中 R_L 的功率。

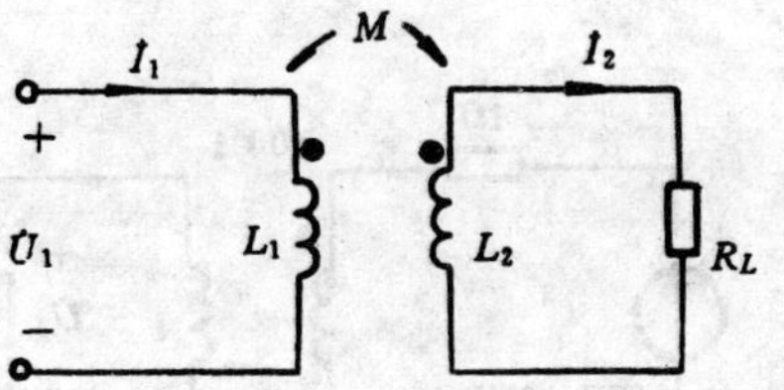

题 5-7 图

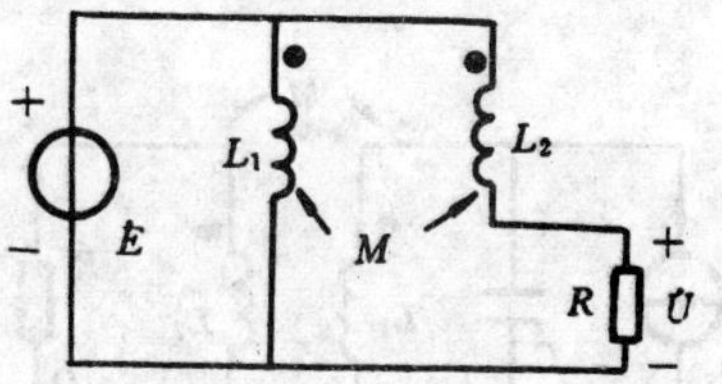

题 5-8 图

5-8 题图电路中，如果 $L_1L_2=M^2$，试证明电阻上的电压 $\dot U=(1-\dfrac{M}{L_1})\dot E$ 与 R 的大小无关。

5-9 试计算图示电路中 A, B 两点间的电压。设 $R_1=12\Omega$, $\omega L_1=12\Omega$, $\omega L_2=10\Omega$, $\omega M=6\Omega$, $R_3=8\Omega$, $\omega L_3=6\Omega$, $U=120\text{V}$。

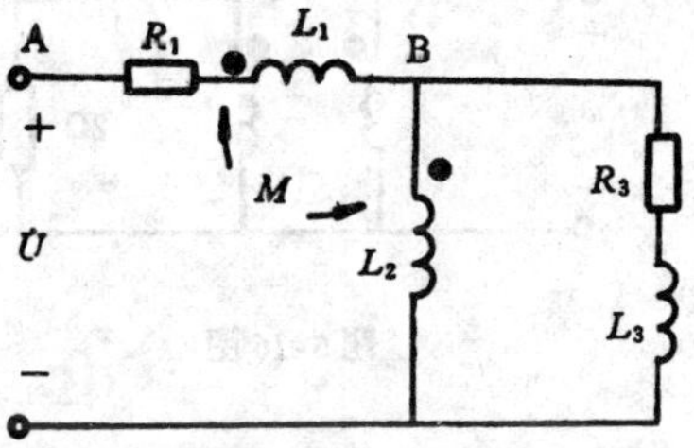

题 5-9 图

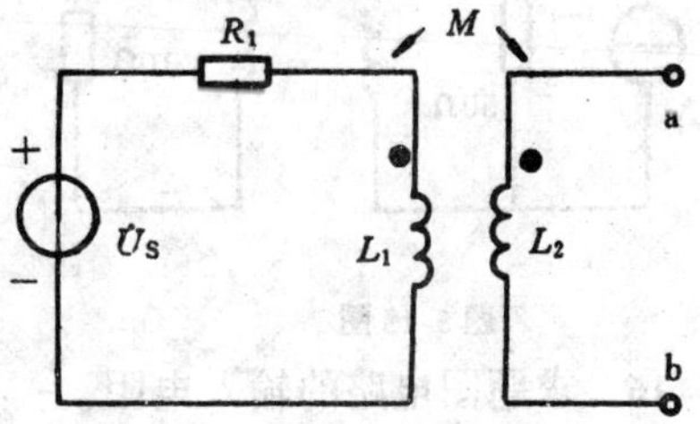

题 5-10 图

5-10 全耦合变压器如图所示，已知 $R_1=10\Omega$, $\omega L_1=10\Omega$, $\omega L_2=1000\Omega$, $\dot U_2=10\angle 0^\circ\text{V}$。(1)求从 ab 端看入的戴维南等效电路；(2)若 ab 端短路，求短路电流。

5-11 在图示电路中，已知 $R_1=R_2=3\Omega$, $X_1=X_2=4\Omega$, $X_M=2\Omega$, $U_S=10\text{V}$。

(1)求负载 Z_1 能够获得的最大功率；

(2)a, c 两端子左边的部分电路能否化成戴维南等效电路？为什么？

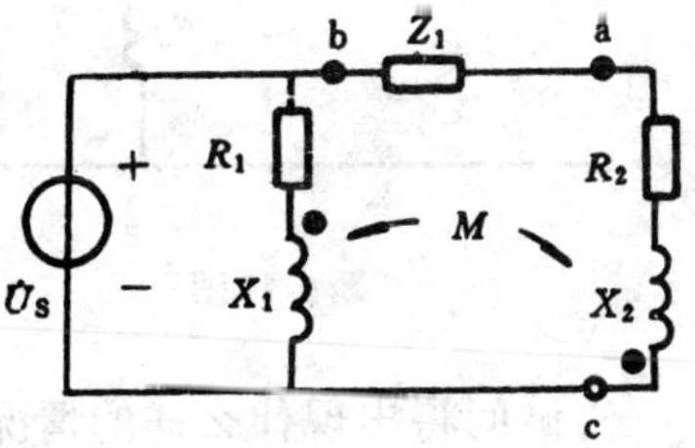

题 5-11 图

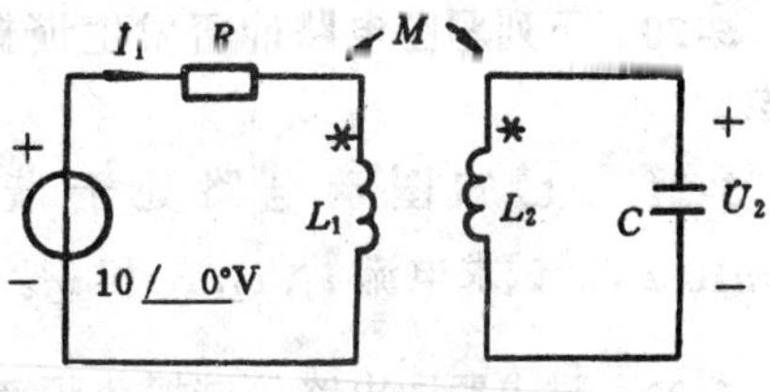

题 5-12 图

5-12 已知 $R=1\Omega$, $\omega L_1=2\Omega$, $\omega L_2=32\Omega$, $\dfrac{1}{\omega C}=32\Omega$, $\omega M=8\Omega$, 求输入电流 $\dot I_1$，输出电压 $\dot U_2$。

5-13 题图电路中的全耦合变压器，其 $L_1=0.5\text{H}$, $n=3$, $C=2\mu\text{F}$, $I_s=1\text{A}$, $\omega=1000\text{rad/s}$。

求 1Ω 电阻所消耗的功率。

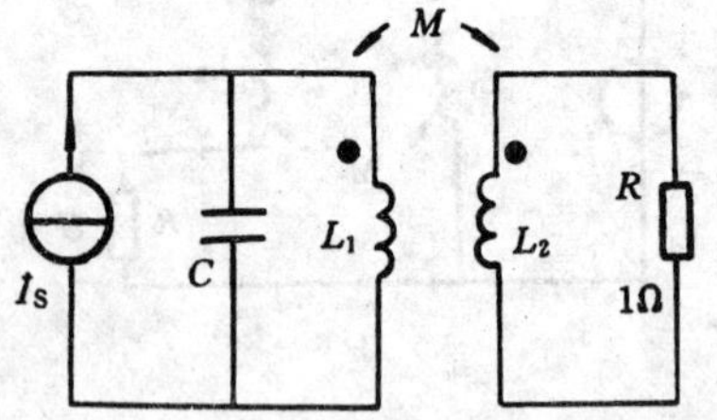

题 5-13 图

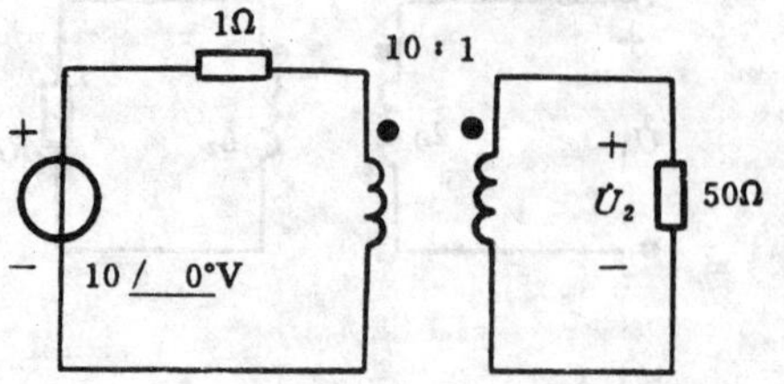

题 5-14 图

5-14 求题图电路中的电压 $\dot{U}_2$,理想变压器的变比为 10:1。

5-15 如果使10Ω 电阻能获得最大功率,试确定题图中理想变压器的变比。

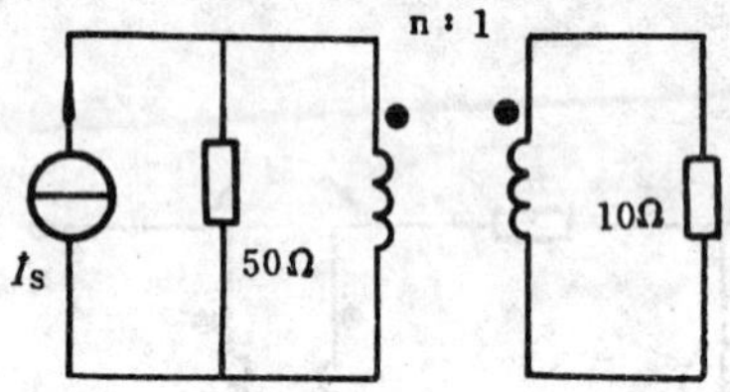

题 5-15 图

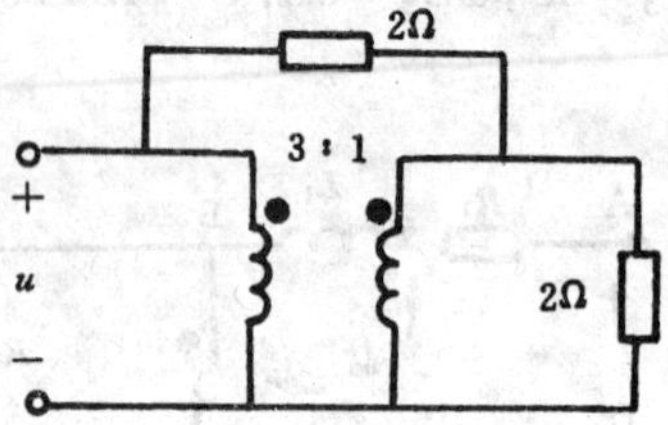

题 5-16 图

5-16 求题图电路的输入电阻。

5-17 RLC 串联电路的端电压 $u=\sqrt{2}10\sin(2500t+15^\circ)$V,当电容 $C=8\mu$F 时,电路吸收的功率为最大,$P_{max}=100$W。求电感 L 和电路 Q 值。

5-18 已知 $R=10\Omega$ 的电阻与 $L=1$H 的电感和电容 C 串联接到端电压为 100V 的电源上。此时电流为 10A。如把 R,L,C 改成并联接到同一个电源上,求各并联支路的电流。电源的频率为 50Hz。

5-19 如果题图所示电路由恒流源供电。已知 $I_S=1$A,当 $\omega_0=1000$rad/s 时电路发生谐振,$R_1=R_2=100\Omega$,$L=0.2$H。求电路谐振时电容 C 的值和恒流源的端电压。

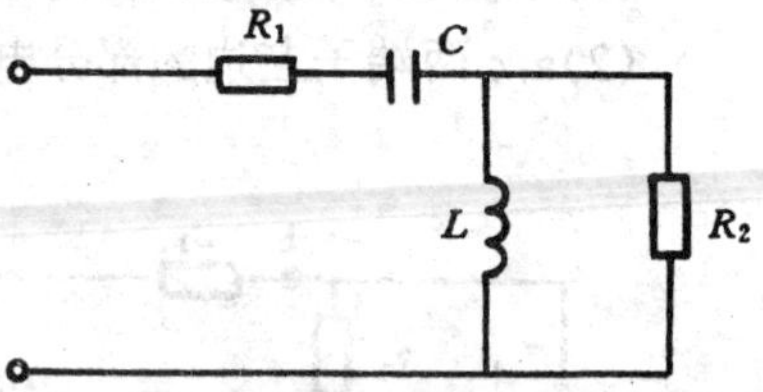

题 5-19 图

5-20 下列题图电路能否发生谐振,求出电路的谐振频率。

5-21 已知图示电路处于谐振状态,$u_S=\sqrt{2}10\sin10^4t$V。试求电流 i_1,i_2,i_L 和 i_C。

5-22 试求题图电路的谐振角频率。如果 $R_1=R_2=\sqrt{\dfrac{L}{C}}$,试问将出现什么样的情况?

5-23 题图电路中,$R=10\Omega$,$L=250\mu$H,C_1,C_2 为可调电容。今先调节电容 C_1,使并联电路部分在 $f_1=10^4$Hz 时的阻抗达到最大,然后再调节 C_2,使整个电路在 0.5×10^4Hz 时阻抗最小。试求:(1)电容 C_1 和 C_2;(2)当外加电压 $U=1$V,而 $f=10^4$Hz 时的总电流。

5-24 题图电路中的参数 L_1,L_2,M 和 C 已给定,耦合系数 $K<1$。求(1)频率 f 为多少

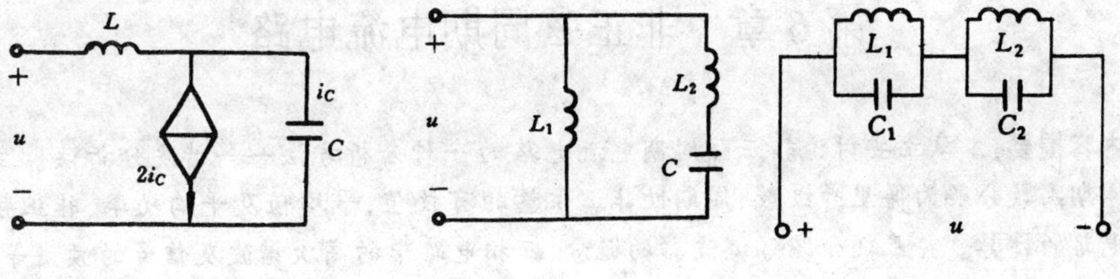

(a) (b) (c)

题 5-20 图

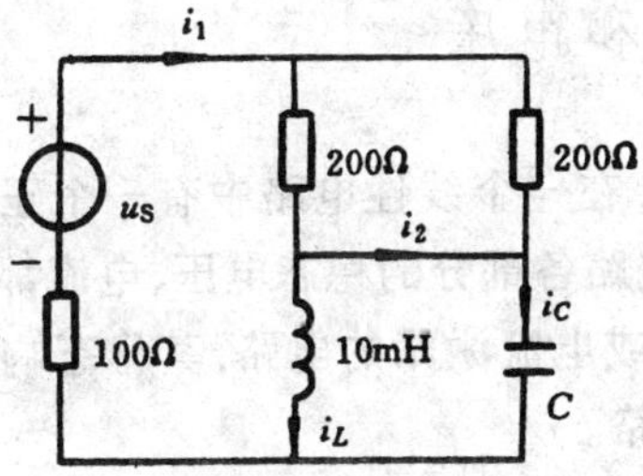

题 5-21 图

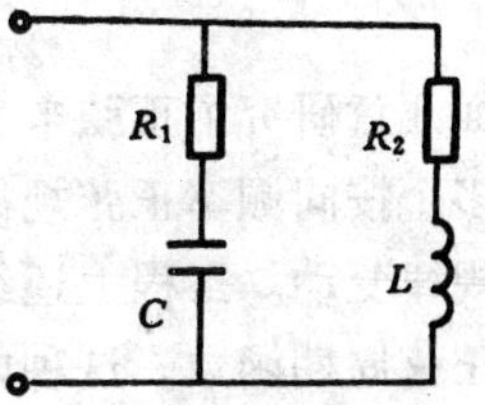

题 5-22 图

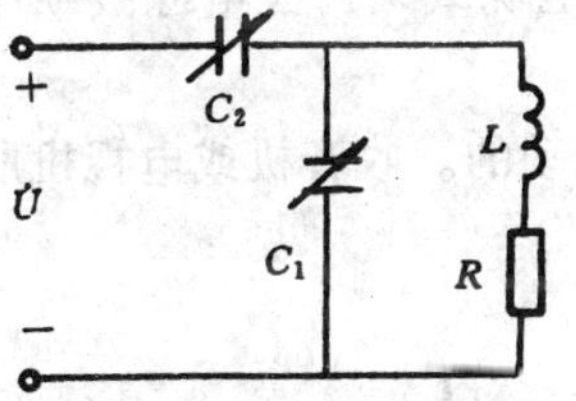

题 5-23 图

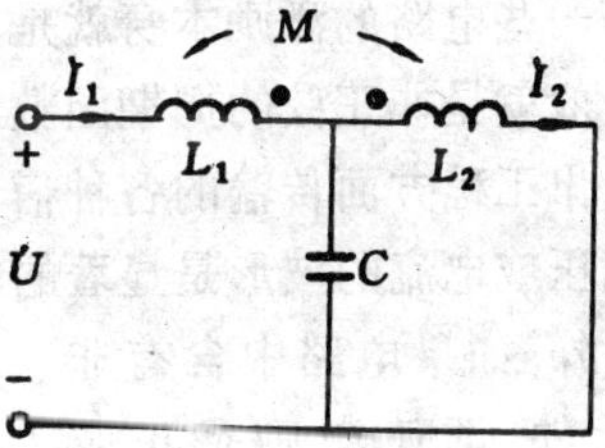

题 5-24 图

时，$I_2=0$；(2) f 又为多少时，$I_1=0$。

5-25 如题图所示网络，$L_1=10\text{mH}$，$L_2=20\text{mH}$，$M=5\text{mII}$，当激励频率 $\omega=1000\text{rad/s}$，若使网络发生谐振，$C-$？

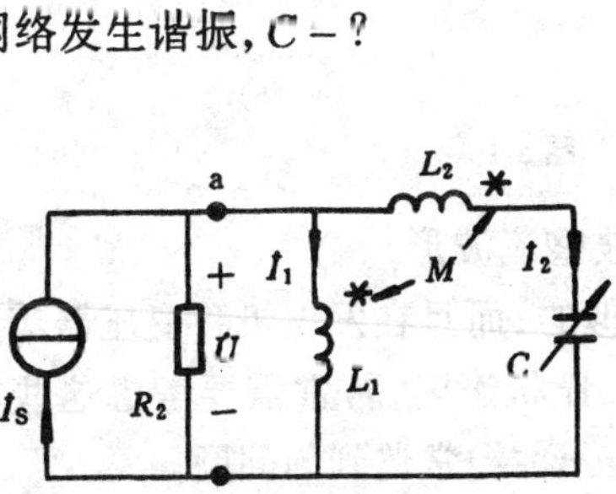

题 5-25 图

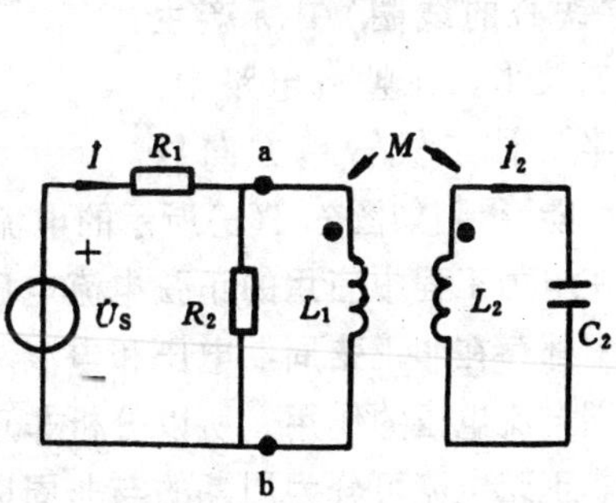

题 5-26 题

5-26 如题图所示电路，$R_1=R_2=3\text{k}\Omega$. $u_S=\sqrt{2}20\sin\omega t\,\text{V}$，$L_1=160\text{mH}$，$L_2=40\text{mH}$，$M=80\text{mH}$，$C_2=0.25\mu\text{F}$。欲使 $\dot{U}_S$ 与 $\dot{I}$ 同相，试求 $\omega=$？ $i_2=$？

第 6 章　非正弦周期电流电路

内容提要：本章主要讨论非正弦周期电流电路的一种分析方法——谐波分析法。主要内容有周期函数分解为傅里叶级数、周期性非正弦量的有效值、平均值及平均功率、非正弦周期电流电路的计算。并且还介绍了滤波器的概念、三相电路中的高次谐波及信号的频谱等内容。

本章重点：周期性非正弦量的有效值、平均功率及非正弦周期电流电路的计算方法。

6-1　非正弦周期电流和电压

前面几章研究了正弦电流电路的性质及其分析方法，在一个线性电路中有一个正弦电源作用或多个按同频率正弦规律变化的电源同时作用时，电路各部分的稳态电压、电流都按同频率正弦规律变动。工程上还经常遇到由非正弦周期电压或电流激励的电路，其稳态响应一般也是非正弦周期函数。这种电路称作非正弦周期电流电路。

举例来说，当一个电路中的几个不同频率的正弦(包括直流)激励同时作用时，电路中的电流一般不会是正弦的。

有一些电路的激励本身就是非正弦周期函数，例如方波电源或锯齿波电源激励而引起的响应一般就是非正弦的周期函数。

电讯工程方面传输的各种信号大多是按照非正弦规律变动的。收音机或电视机所收到的信号电压或电流的波形是显著的非正弦波形。

另外，如果电路中含有非线性元件，即使激励是正弦的，电路中也会产生非正弦电流。例如图 6-1(a)所示就是在正弦电压作用下非线性电感(带有铁心的线圈)中所产生的电流波形。在整流电路中，利用半导体二极管单方向导电的性能，得到如图 6-1(b)所示的电流波形(一般称为半波整流波形)。

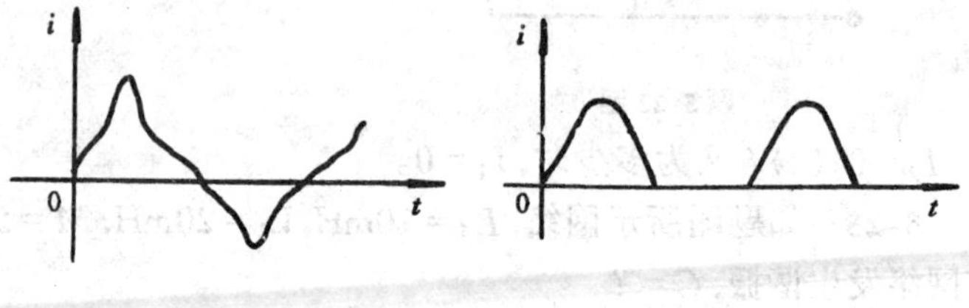

(a)　　(b)

图 6-1

在电力工程中应用的正弦电流电压，严格地说也是近似的；而且在发电机和变压器等主要设备中都存在非正弦周期电压和电流。分析电力系统的工作状态时，常常需要考虑这些非正弦周期电流电压的作用。所以分析非正弦周期电流电路是一种经常遇到的问题。

非正弦电流可分为周期的与非周期的两种，本章主要讨论非正弦周期电流，同时又把范围局限于线性电路。讨论非正弦周期电流电路的分析和计算方法，主要是利用数学中学过的傅里叶级数展开法，将非正弦周期激励电压、电流或外施信号分解为一系列不同频率的正弦量之和，然后分别计算在各种频率正弦量单独作用下，在电路中产生的正弦电流分量和电压分量，最后再根据线性电路的迭加原理，把所得分量迭加，就可以得到电路中实际的稳态电流和电压。这种方法称为谐波分析法，它实质上就是把非正弦周期电流电路的计算化为一系列正弦电流电路的计算，这样就能充分利用相量法这个有效的工具。

6-2 周期函数分解为傅里叶级数

周期电流、电压、信号等都可以用一个周期函数来表示，即

$$f(t)=f(t+KT)$$

式中 T 为周期函数的周期，且 $K=0,1,2,3,\cdots$

如果给定的函数是周期的同时又满足狄里赫利条件，那么它就可以展开成一个收敛级数。这个定理是傅里叶提出的。狄里赫利条件是指给定的周期函数在有限的区间内，只有有限个第一类间断点和有限个极大值和极小值。电工技术中所遇到的周期函数，通常都能满足这个条件。

设给定的周期函数 $f(t)$ 满足上述条件，则 $f(t)$ 可展开成

$$\begin{aligned}f(t)&=\frac{a_0}{2}+(a_1\cos\omega t+b_1\sin\omega t)+(a_2\cos 2\omega t+b_2\sin 2\omega t)+\cdots+(a_K\cos K\omega t+b_K\sin K\omega t)\\&\quad+\cdots\\&=\frac{a_0}{2}+\sum_{K=1}^{\infty}(a_K\cos K\omega t+b_K\sin K\omega t)\end{aligned}\tag{6-1}$$

式中 $\omega=\frac{2\pi}{T}$，T 为 $f(t)$ 的周期。

式(6-1)还可写成另一种形式

$$\begin{aligned}f(t)&=A_0+A_{1m}\sin(\omega t+\psi_1)+A_{2m}\sin(2\omega t+\psi_2)\\&\quad+\cdots+A_{Km}\sin(K\omega t+\psi_K)+\cdots\\&=A_0+\sum_{K=1}^{\infty}A_{Km}\sin(K\omega t+\psi_K)\end{aligned}\tag{6-2}$$

不难得出，上两式间有下列关系

$$A_{Km}=\sqrt{a_K^2+b_K^2}$$

$$\tan\psi_K=\frac{a_K}{b_K}$$

$$\frac{a_0}{2}=A_0$$

$$a_K=A_{Km}\sin\psi_K$$

$$b_K=A_{Km}\cos\psi_K$$

以上的无穷三角级数称为傅里叶级数，式(6-2)的第一项 A_0 称为周期函数 $f(t)$ 的恒定分量(或称直流分量)；而第二项 $A_{1m}\sin(\omega t+\psi_1)$ 称为一次谐波(或基波分量)，其周期或频率与原周期函数的相同；其他各项统称为高次谐波。由于高次谐波的频率是基波的整数倍，故 $K=2$ 时就称为二次谐波；其余按顺序称为三次，四次，……谐波。有时还把各奇次的谐波统称为奇次谐波，偶次的谐波统称为偶次谐波。因此，有时把一个周期函数展开或分解为具有一系列谐

波的傅里叶级数称为谐波分析。

下面讨论如何根据已知周期函数 $f(t)$,求式(6-1)中的各项系数。

式(6-1)中的$\frac{a_0}{2}$是 $f(t)$的恒定分量,它就是函数 $f(t)$在一个周期内的平均值

$$a_0 = \frac{2}{T}\int_0^T f(t)\mathrm{d}t = \frac{1}{\pi}\int_0^{2\pi} f(t)\mathrm{d}\omega t \tag{6-3}$$

若以 $\cos K'\omega t$ 乘式(6-1)各项,并在一个周期内积分,便得到

$$\int_0^T f(t)\cos K'\omega t\,\mathrm{d}t = \int_0^T [a_0\cos K'\omega t + \sum_{K=1}^{\infty} a_K\cos K\omega t\cos K'\omega t + \sum_{K=1}^{\infty} b_K\sin K\omega t\cos K'\omega t]\mathrm{d}t \tag{6-4}$$

根据数学上三角函数系的正交性可知,式(6-4)等号右端的第一项及第三项积分为零,第二项中除 $K=K'$以外各项的积分也为零,因此

$$\int_0^T f(t)\cos K'\omega t\,\mathrm{d}t = \int_0^T a_K\cos^2 K'\omega t\,\mathrm{d}t = \int_0^T a_K\frac{1+\cos 2K'\omega t}{2}\mathrm{d}t = a_K\cdot\frac{T}{2}$$

把 K'再改为 K,便得到计算 a_K 的一般公式。

$$a_K = \frac{2}{T}\int_0^T f(t)\cos K\omega t\,\mathrm{d}t = \frac{1}{\pi}\int_0^{2\pi} f(\omega t)\cos K\omega t\,\mathrm{d}(\omega t) \tag{6-5}$$

同样可得

$$b_K = \frac{2}{T}\int_0^T f(t)\sin K\omega t\,\mathrm{d}t = \frac{1}{\pi}\int_0^{2\pi} f(\omega t)\sin K\omega t\,\mathrm{d}(\omega t) \tag{6-6}$$

由以上的讨论可见,一个周期函数可以展开成傅里叶级数,这种级数如式(6-1)和(6-2)的三角级数形式。这样一种数学表达式虽然详尽而又准确地表达了周期函数分解的结果,但往往不够直观。为了表示一个周期函数分解为傅氏级数后包含哪些频率分量和各分量所占的"比重",用长度与各次谐波振幅大小相对应的线段,按频率的高低把它们依次排列起来,就得到图6-2 所示的图形。这种图形称为 $f(t)$的频谱(图)。在频谱中,每条谱线(线段)的高度代表某一谐波分量的振幅,谱线所在的横坐标位置则为谐波分量的频率(或如图 6-2 中用的角频率)。这种频谱,只表示出各谐波分量的振幅,所以称为幅度频谱。如果把各次谐波的初相用相应的线段依次排列就可以得到相位频谱。如无特别说明,一般所说的频谱是专指幅度频谱而言的,由于各次谐波的角频率是 ω 的整数倍,所以这种频谱是离散的,有时又称为线频谱。

下面用一个具体例子来说明周期函数展为傅氏级数的过程。

例6 1 给定 个周期性信号 $f(t)$,其波形如图 6-3 所示,是一个周期性的矩形波。求此信号 $f(t)$的傅里叶级数的展开式及其频谱。

解 $f(t)$在一个周期内的表达式为

$$\begin{cases} f(t) = E_m & 0\leqslant t\leqslant \frac{T}{2} \\ f(t) = -E_m & \frac{T}{2}\leqslant t\leqslant T \end{cases}$$

按式(6-3),(6-5),(6-6)就可求得所需要的系数,即

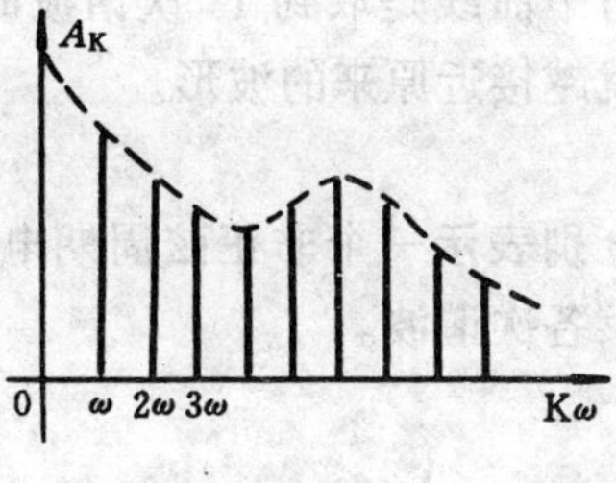

图 6-2

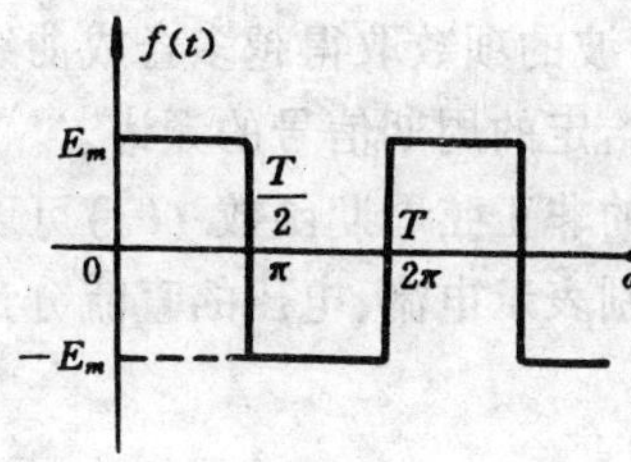

图 6-3

$$a_0 - \frac{2}{T}\int_0^T f(t)\mathrm{d}t = \frac{2}{T}\int_0^{\frac{T}{2}} E_{\mathrm{m}}\mathrm{d}t + \frac{2}{T}\int_{\frac{T}{2}}^{T}(-E_{\mathrm{m}})\mathrm{d}t = 0$$

$a_0=0$ 表示恒定分量为零,这个结论可以直接从观察波形得出。因为 a_0 代表 $f(t)$在一个周期内波形上下面积的代数平均值,因此当波形上下面积相等时,a_0 为零。

$$\begin{aligned} a_K &= \frac{1}{\pi}\int_0^{2\pi} f(t)\cos K\omega t\,\mathrm{d}\omega t \\ &= \frac{1}{\pi}\left[\int_0^{\pi} E_{\mathrm{m}}\cos K\omega t\,\mathrm{d}\omega t - \int_{\pi}^{2\pi} E_{\mathrm{m}}\cos K\omega t\,\mathrm{d}\omega t\right] \\ &= \frac{2E_{\mathrm{m}}}{\pi}\int_0^{\pi}\cos K\omega t\,\mathrm{d}\omega t = 0 \end{aligned}$$

$$\begin{aligned} b_K &= \frac{1}{\pi}\int_0^{2\pi} f(t)\sin K\omega t\,\mathrm{d}\omega t \\ &= \frac{1}{\pi}\left[\int_0^{\pi} E_{\mathrm{m}}\sin K\omega t\,\mathrm{d}\omega t - \int_{\pi}^{2\pi} E_{\mathrm{m}}\sin K\omega t\,\mathrm{d}\omega t\right] \\ &= \frac{2E_{\mathrm{m}}}{\pi}\int_0^{\pi}\sin K\omega t\,\mathrm{d}\omega t \\ &= \frac{2E_{\mathrm{m}}}{\pi}\left[-\frac{1}{K}\cos K\omega t\right]_0^{\pi} \\ &= \frac{2E_{\mathrm{m}}}{K\pi}(1-\cos K\pi) \end{aligned}$$

当 K 为偶数时

$$\cos K\pi = 1$$

所以

$$b_K = 0$$

当 K 为奇数时

$$\cos K\pi = -1$$

所以

$$b_K = \frac{2E_{\mathrm{m}}}{K\pi}\times 2 = \frac{4E_{\mathrm{m}}}{K\pi}$$

由此可求得

$$f(t) = \frac{4E_{\mathrm{m}}}{\pi}\left(\sin\omega t + \frac{1}{3}\sin 3\omega t + \frac{1}{5}\sin 5\omega t + \cdots\right)$$

如果取上列展开式中的前三项，即只取到 5 次谐波，分别画出它们的曲线后再相加，就可得到如图 6-4(a)中虚线所示的合成曲线。图 6-4(b)中曲线是取到 11 次谐波时的合成曲线，比较两个图形可见，谐波的项数取得越多合成曲线就越接近原来的波形。

图 6-5 为所给定的周期信号的频谱。

以上所讨论的非正弦周期函数 $f(t)$ 可以分别表示一个非正弦周期电流、电压，因而展开式中的各项就分别表示电流、电压的直流分量及各次谐波。

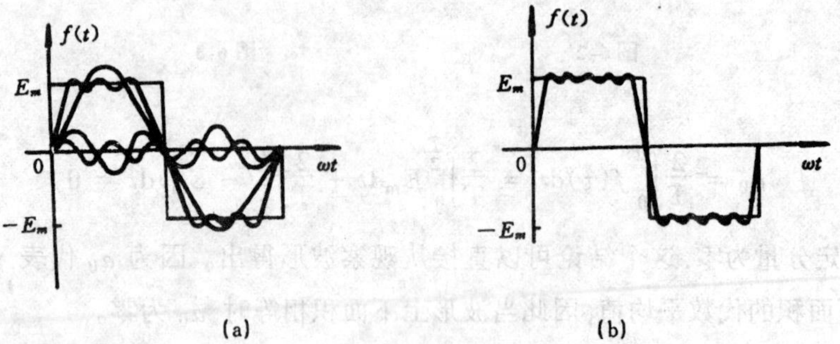

图 6-4

本章最后附表 6-1 是几个典型的周期函数的傅里叶级数展开式。

傅里叶级数的系数决定于周期函数的波形。电工技术中遇到的周期函数的波形常具有某种对称性，利用函数的对称性质可使 a_0, a_K, b_K 的确定简化。

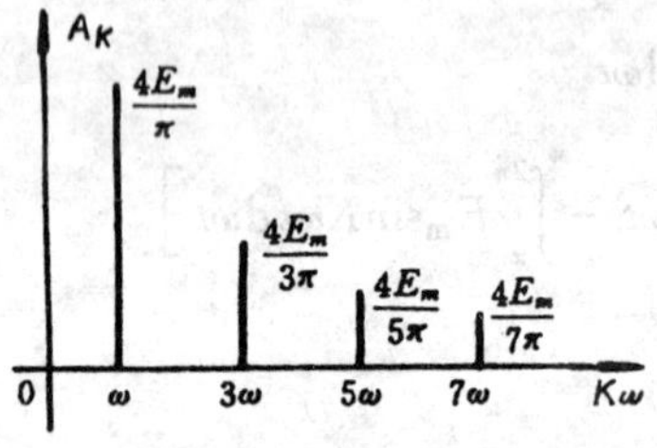

图 6-5

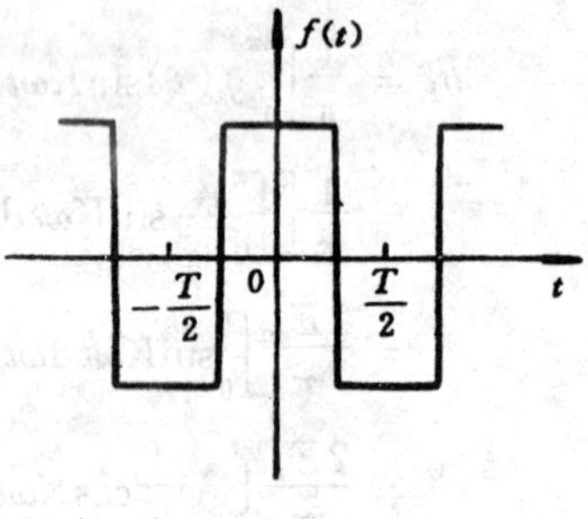

图 6-6

如果函数为偶函数，即 $f(t)=f(-t)$，也就是说，函数的波形对称于纵轴（例如图 6-6 所示）那么容易证明(6-1)中的 $b_K=0$，即将偶函数分解为傅里叶级数时，所得级数只含有偶函数的分量（即 $\cos K\omega t$ 项和恒定分量），而不含 $\sin K\omega t$ 的分量（正弦函数是奇函数）。

因为

$$f(t)=\frac{a_0}{2}+\sum_{K=1}^{\infty}(a_K\cos K\omega t+b_K\sin K\omega t)$$

$$f(-t)=\frac{a_0}{2}+\sum_{K=1}^{\infty}[a_K\cos(-K\omega t)+b_K\sin(-K\omega t)]$$

$$=\frac{a_0}{2}+\sum_{K=1}^{\infty}(a_K\cos K\omega t-b_K\sin K\omega t)$$

要满足 $f(t)=f(-t)$ 的条件，b_K 一定为零。此时，因为 $-\pi$ 到 0 区间的积分与 0 到 π 区间的

积分相等，故系数 a_K 的计算式简化为

$$a_K=\frac{2}{\pi}\int_0^{\pi}f(t)\cos K\omega t\,\mathrm{d}\omega t$$

如果函数 $f(t)$ 为奇函数，即 $f(t)=-f(t)$，也就是说，波形对称于原点，例如图 6-7(a)所示，那么容易证明 $a_K=0$，即将奇函数分解为傅里叶级数时，所得级数只含有函数 $\sin K\omega t$ 型的分量；恒定分量 $\frac{a_0}{2}$ 也将等于零。此时，b_K 的计算公式也只需半个周期积分：

$$b_K=\frac{2}{\pi}\int_0^{\pi}f(t)\sin K\omega t\,\mathrm{d}\omega t$$

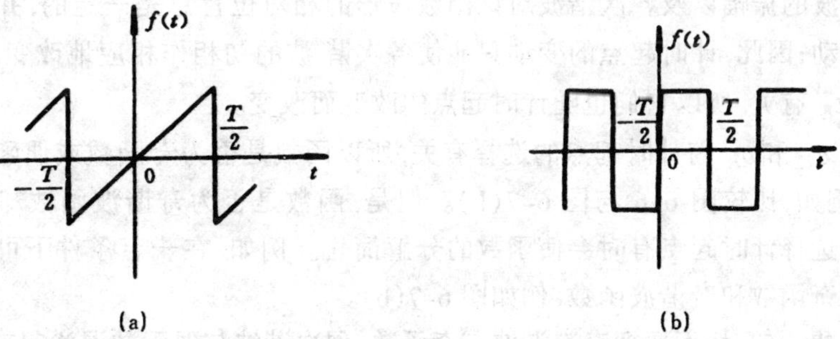

图 6-7

$f(t)$ 为奇函数时，$a_0=0$，$a_K=0$ 的证明可仿照 $f(t)$ 为偶函数 $b_K=0$ 的证明方法作出。

如果函数 $f(t)$ 满足 $f(t)=-f\left(t+\frac{T}{2}\right)$，也就是说，将波形移动半个周期后便与原波形对称于横轴（所谓镜对称），如图 6-8 所示，则傅里叶级数中只含有奇次谐波，证明如下：

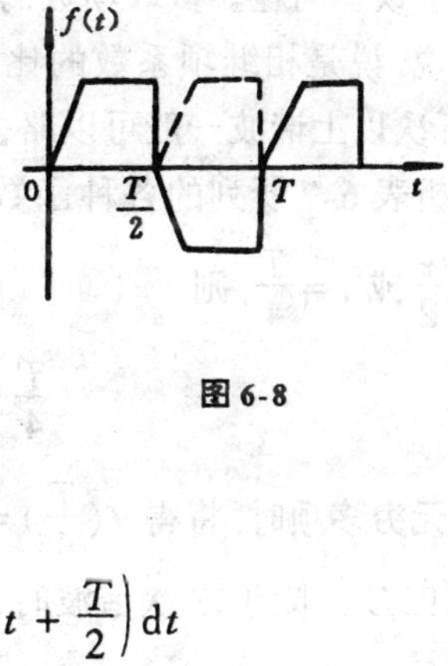

图 6-8

$$a_K=\frac{2}{T}\int_{-\frac{T}{2}}^{\frac{T}{2}}f(t)\cos K\omega t\,\mathrm{d}t$$

$$=\frac{2}{T}\left(\int_{-\frac{T}{2}}^{0}f(t)\cos K\omega t\,\mathrm{d}t+\int_0^{\frac{T}{2}}f(t)\cos K\omega t\,\mathrm{d}t\right)\quad(6\text{-}7)$$

在上式等号右端第一个积分式中以 $t+\frac{T}{2}$ 代替得

$$\int_{-\frac{T}{2}}^{0}f(t)\cos K\omega t\,\mathrm{d}t=\int_0^{\frac{T}{2}}f\left(t+\frac{T}{2}\right)\cos K\omega\left(t+\frac{T}{2}\right)\mathrm{d}t$$

$$=\int_0^{\frac{T}{2}}[-f(t)]\cdot(-1)^K\cos K\omega t\,\mathrm{d}t$$

$$=-(-1)^k\int_0^{\frac{T}{2}}f(t)\cos K\omega t\,\mathrm{d}t\qquad(6\text{-}8)$$

将式(6-8)代入式(6-7)得

$$a_K=\frac{2}{T}[1-(-1)^K]\int_0^{\frac{T}{2}}f(t)\cos K\omega t\,\mathrm{d}t$$

$$
= \begin{cases} 0, & \text{当 } K \text{ 为偶数} \\ \dfrac{4}{T}\int_0^{\frac{T}{2}} f(t)\cos K\omega t\,dt, & \text{当 } K \text{ 为奇数} \end{cases} \tag{6-9}
$$

同理可得

$$
b_K = \begin{cases} 0, & \text{当 } K \text{ 为偶数} \\ \dfrac{4}{T}\int_0^{\frac{T}{2}} f(t)\sin K\omega t\,dt, & \text{当 } K \text{ 为奇数} \end{cases} \tag{6-10}
$$

(6-9)与(6-10)两式即为所证。

应当指出式(6-2)中的系数 A_{Km} 与计时起点无关(但 ψ_K 是有关的),这是因为构成非正弦函数的各次谐波的振幅以及各次谐波对该函数波形的相对位置总是一定的,并不会因计时起点的变动而变动;因此,计时起点的变动只能使各次谐 波的初相作相应地改变。由于系数 a_K 和 b_K 与初相 ψ_K 有关,所以它们也随计时起点的改变而改变。

由于系数 a_K 和 b_K 与计时起点的选择有关,所以函数是否为奇函数或偶函数与计时起点的选择有关,例如,比较图 6-6 与图 6-7(b)。但是,函数是否为奇谐波函数却与计时起点无关。因此适当选择计时起点有时会使函数的分解简化。例如,在一定条件下可使函数在一种情况下同时为奇函数和奇谐波函数,例如图 6-7(b)。

这里应提醒一句,切不要把奇次谐波与奇函数,偶次谐波与偶函数混淆起来。

傅里叶级数是一个无穷级数,因此把一个非正弦周期函数分解为傅里叶级数后,从理论上讲,必取无穷多项方能准确地代表原有函数。从实际运算来看,只能截取有限的项数,因此就产生了误差问题。截取项数的多少,视要求而定。这里就涉及到级数收敛的快慢问题;或者简单地说,说是相继项系数的比值大小的问题。如果级数收敛很快,只取级数的前几项也就够了,五次以上谐波一般可以略去。通常,函数的波形越接近正弦形,其展开函数收敛得越快(可以分析表 6-7 所列的各种函数)。而像例 6-1 所示的矩形波,其收敛速度是较慢的。例如取 $\omega t = \dfrac{\pi}{2}$ 或 $t = \dfrac{T}{4}$,则

$$
f\left(\frac{T}{4}\right) = \frac{4E_m}{\pi}\left(1 - \frac{1}{3} + \frac{1}{5} - \frac{1}{7} + \frac{1}{9} - \frac{1}{11} + \cdots\right)
$$

当取无穷多项时,将得 $f\left(\dfrac{T}{4}\right) = E_m$,这是准确的值。但是如取到 11 次谐波,算出的结果将约为 $0.95E_m$;取到 13 次谐波时约为 $1.05E_m$;取到 35 次谐波时,将得 $0.98E_m$,这时尚有约 2% 的误差。

顺便指出,在实际工作中需要进行谐波分解的函数,往往是以曲线形式表示的。这时,可以利用谐波分析仪(一种专门用来分析谐波的仪器)进行分解,也可以用一些近似的方法来分解。这里不作详细介绍了。

6-3 非正弦周期量的有效值、平均值、平均功率

在第三章已指出,周期电流的有效值定义为

$$I = \sqrt{\frac{1}{T}\int_0^T i^2 \mathrm{d}t}$$

假设一非正弦周期电流可以分解为傅里叶级数

$$i = I_0 + \sum_{K=1}^{\infty} I_{Km}\sin(K\omega t + \psi_K)$$

将此 i 代入上式，则得此电流的有效值为

$$I = \sqrt{\frac{1}{T}\int_0^T [I_0 + \sum I_{Km}\sin(K\omega t + \psi_K)]^2 \mathrm{d}t}$$

上式右边平方后展开时将包含下列各项

$$\frac{1}{T}\int_0^T I_0^2 \mathrm{d}t = I_0^2$$

$$\frac{1}{T}\int_0^T I_K^2 \sin^2(K\omega t + \psi_K)\mathrm{d}t = \frac{I_{Km}^2}{2} = I_K^2$$

$$\frac{1}{T}\int_0^T 2I_0 I_{Km}\sin(K\omega t + \psi_K)\mathrm{d}t = 0$$

$$\frac{1}{T}\int_0^T 2I_{Km}\sin(K\omega t + \psi_K)I_{qm}\sin(q\omega t + \psi_q)\mathrm{d}t = 0$$

这样可以求得的有效值为

$$I = \sqrt{I_0^2 + I_1^2 + I_2^2 + I_3^2 + \cdots} \tag{6-11}$$

同理，非正弦周期电压的有效值为

$$U = \sqrt{U_0^2 + U_1^2 + U_2^2 + U_3^2 + \cdots} \tag{6-12}$$

所以，非正弦周期电流或电压的有效值，等于它的恒定分量的平方与各次谐波电流或电压有效值的平方之和的平方根。在正弦电流电路中，正弦量的最大值与有效值之间存在$\sqrt{2}$关系，但对于非正弦量就不存在这个简单关系。例如图 6-9 所示的两个不同波形，由于其基波及三次谐波的振幅分别相同，因此它们的有效值是相等的，但是它们的波形有差别，因此这两个非正弦量的最大值就不同了。

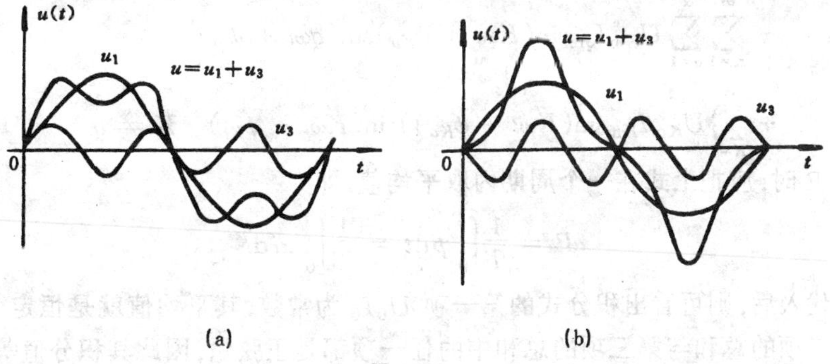

图 6-9

在实践中还用到平均值这样一个概念，以电流为例，其定义用下式表示

$$I_{av}=\frac{1}{T}\int_0^T|i|\mathrm{d}t \tag{6-13}$$

即周期电流平均值等于此电流绝对值的平均值。对一个正弦量,因为正负半周面积相等,故其恒定分量为零,但 $I_{av}\neq 0$。按式(6-13)可求得正弦量的平均值为

$$\begin{aligned} I_{av} &= \frac{1}{T}\int_0^T|I_{\mathrm{m}}\sin\omega t|\mathrm{d}t \\ &= \frac{2I_{\mathrm{m}}}{T}\int_0^{\frac{T}{2}}\sin\omega t\,\mathrm{d}t=\frac{2I_{\mathrm{m}}}{T\omega}\Big(-\cos\omega t\Big)_0^{\frac{T}{2}} \\ &= \frac{2I_{\mathrm{m}}}{\pi}=0.637I_{\mathrm{m}}=0.898I \end{aligned}$$

对于正弦电压的平均值也可以同样定义。

对应同一周期电流,当用不同类型的仪表进行测量,就会得出不同的结果。例如用磁电系仪表(直流仪表)测量,所得结果将是电流的恒定分量,这是因为磁电系仪表指针的偏转角 $\alpha\propto\frac{1}{T}\int_0^T i\mathrm{d}t$。用电磁系或电动系仪表测量时,所得结果将是电流的有效值,因为这两种仪表的偏转角 $\alpha\propto\frac{1}{T}\int_0^T i^2\mathrm{d}t$。用全波整流磁电系仪表测量时,所得的结果将是电流的平均值,因为这种仪表的偏转角正比于电流绝对值的平均值。由此可见,在测量周期电流或电压时,要注意选择合适的仪表,并注意各种不同类型表读数的含意。

非正弦周期电流电路中的平均功率仍是按瞬时功率的平均值来定义的。假设一个无源一端口网络的端电压为非正弦周期量,电流也是非正弦周期量,则一端口网络的瞬时功率为 $p=ui$。如果 u,i 可分解为傅里叶级数,则瞬时功率可写为

$$\begin{aligned} p &= \Big[U_0+\sum_{K=1}^{\infty}U_{K\mathrm{m}}\sin(K\omega t+\psi_{Ku})\Big]\times\Big[I_0+\sum_{K=1}^{\infty}I_{K\mathrm{m}}\sin(K\omega t+\psi_{Ki})\Big] \\ &= U_0I_0+U_0\sum_{K=1}^{\infty}I_{K\mathrm{m}}\sin(K\omega t+\psi_{Ki}) \\ &\quad+I_0\sum_{K=1}^{\infty}U_{K\mathrm{m}}\sin(K\omega t+\psi_{Ku}) \\ &\quad+\sum_{K=1}^{\infty}\sum_{q=1}^{\infty}U_{K\mathrm{m}}I_{q\mathrm{m}}\sin(K\omega t+\psi_{Ku})\sin(q\omega t+\psi_{qi}) \\ &\quad+\sum_{K=1}^{\infty}U_{K\mathrm{m}}I_{K\mathrm{m}}\sin(K\omega t+\psi_{Ku}))\sin(K\omega t+\psi_{Ki})\quad K\neq q \end{aligned} \tag{6-14}$$

求平均功率 P 时,应把上式在一个周期内取平均值,即

$$P=\frac{1}{T}\int_0^T p\,\mathrm{d}t=\frac{1}{T}\int_0^T ui\,\mathrm{d}t$$

把式(6-14)代入后,则可看出积分式的第一项 U_0I_0 为常数,其平均值就是恒定分量构成的功率 U_0I_0;第二项的总和与第三项的总和中的任一项都是正弦量,因此其积分值等于零;第四项的总和中的每一项都是不同频率两正弦量的乘积,因此其积分值也等于零。最后一项的总和中的每一项都是同频率正弦量的乘积,可以化为两余弦量的差,即

$$U_{K\mathrm{m}}I_{K\mathrm{m}}\sin(K\omega t+\psi_{Ku})\sin(K\omega t+\psi_{Ki})$$

$$= \frac{1}{2}U_{Km}I_{Km}[\cos(\psi_{Ku} - \psi_{Ki}) - \cos(2K\omega t + \psi_{Ku} + \psi_{Ki})]$$

由此可求得各次谐波构成的平均功率为

$$\frac{1}{2}U_{Km}I_{Km}\cos(\psi_{Ku} - \psi_{Ki}) = U_K I_K \cos\varphi_K$$

所以得电路的平均功率为

$$P = U_0 I_0 + U_1 I_1 \cos\varphi_1 + U_2 I_2 \cos\varphi_2 + \cdots \tag{6-15}$$

这就是说，非正弦周期电流电路的平均功率等于恒定分量构成的功率与各次谐波构成的平均功率之和。从上述过程可以看出，只有同频率的电压和电流才构成平均功率，而不同频率的电压和电流不构成平均功率。其实这正是三角函数的正交性质造成的结果。

例 6-2 已知某无源二端网络的端电压及电流分别为

$$u = [50 + 84.6\sin(\omega t + 30^\circ) + 56.6\sin(2\omega t + 10^\circ)]\text{V}$$

及

$$i = [1 + 0.707\sin(\omega t - 20^\circ) + 0.424\sin(2\omega t + 50^\circ)]\text{A}$$

求二端网络吸收的平均功率。

解 根据式(6-15)可得

$$\begin{aligned} P &= 50 \times 1 + \frac{84.6}{\sqrt{2}} \cdot \frac{0.707}{\sqrt{2}}\cos(30^\circ + 20^\circ) \\ &\quad + \frac{56.6}{\sqrt{2}} \cdot \frac{0.424}{\sqrt{2}}\cos(10^\circ - 50^\circ) \\ &= 50 + 30\cos50^\circ + 12\cos(-40^\circ) \\ &= 78.5\text{W} \end{aligned}$$

6-4 非正弦周期电流电路的计算

在 6-1 中已指出非正弦周期电流电路的计算原则，其具体步骤如下：

(1)把给定的电压源的非正弦周期电压，电流源的非正弦周期电流分解为傅里叶级数，即分解为恒定分量及各次谐波之和；高次谐波取到哪一项为止，要据所需要的计算精度而定。

(2)分别求出电源的恒定分量以及各谐波分量单独作用产生的响应。对恒定分量，可用直流电路的求解方法，这时要注意，凡有电容的支路都没有电流(相当于把电容看作开路)，而电感的端电压为零(相当于把电感短路)。对各次谐波分量，则电路的计算如同正弦稳态电路一样，可以用相量法分别进行计算，但应注意，电感、电容对不同频率的谐波呈现不同的电抗值。电感 L 对基波(角频率为 ω)的电抗为 $X_{L1} = \omega L$，而对 K 次谐波的电抗则为 $X_{LK} = K\omega L = KX_{L1}$；电容 C 对基波的电抗则为 $X_{C1} = \frac{1}{\omega C}$，而对 K 次谐波的电抗则为 $X_{CK} = \frac{1}{K\omega C} = \frac{1}{K}X_{C1}$。

(3)应用叠加原理，把由步骤(2)求出的属于同一支路的各电流(电压)分量进行合成，这时应当注意，必须把各谐波分量化为瞬时值后才能进行叠加(把表示不同频率正弦电流的相量直接相加是没有意义的)，最终求得的实际电流或电压是用时间函数表示的。

下面通过具体例子来说明上述步骤。

例 6-3 在图6-10(a)所示电路中，已知电源的电动势

$$e(t)=[10+\sqrt{2}\cdot 100\sin\omega t+\sqrt{2}\cdot 50\sin(3\omega t+30^\circ)]\text{ V}$$

且 $\omega=10^3\text{rad/s}$, $R_1=5\Omega$, $C=100\mu\text{F}$, $R_2=2\Omega$, $L=1\text{mH}$, 求各支路电流及电源发出的功率。如在 R_2 的支路内串入一个电磁式电流表，问这个电流表的读数是多少？

解 因为电源电动势的傅里叶级数已经给定，故可直接应用叠加原理进行计算。

(1)电动势 $e(t)$的直流分量 $E=10\text{V}$ 单独作用时，电路如图 6-10(b)所示。这时电容相当于开路，电感相当于短路。各支路电流分别为

$$I_{1(0)}=0$$

$$I_{2(0)}=\frac{E}{R_2}=\frac{10}{2}=5\text{A}$$

$$i_{(0)}=I_{2(0)}=5\text{A}$$

注意，在这里下标(0)表示直流分量。

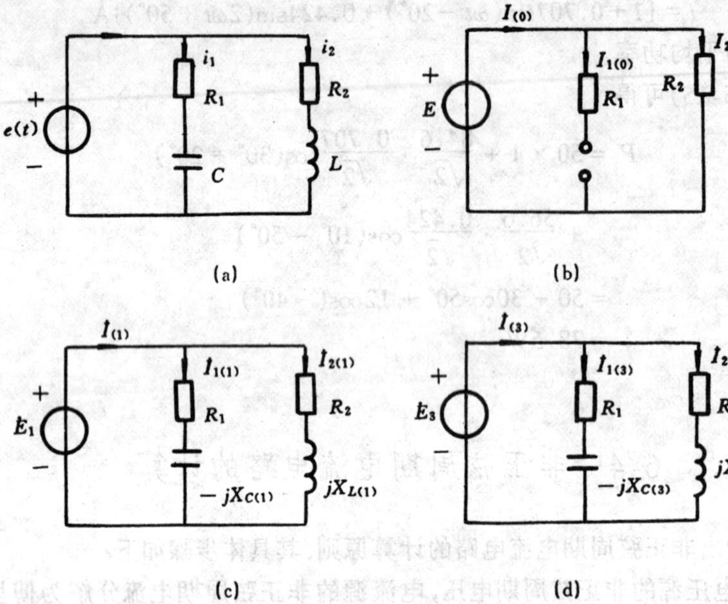

图 6-10

(2)电动势 $e(t)$的基波分量单独作用时，电路如图 6-10(c)所示。这时，可用相量法来进行计算。

因为

$$e_1=\sqrt{2}\cdot 100\sin\omega t\text{ V}$$

$$X_{C(1)}=\frac{1}{\omega C}=\frac{10^6}{10^3\times 100}=10\Omega$$

$$X_{L(1)}=\omega L=10^3\times 1\times 10^{-3}=1\Omega$$

下标(1)表示基波（一次谐波）分量。

所以

$$\dot E_1=100\angle 0^\circ\text{V}$$

$$\dot{I}_{1(1)}=\frac{\dot{E}_1}{R_1-\mathrm{j}X_{C(1)}}=\frac{100\angle 0^\circ}{5-\mathrm{j}10}$$

$$=\frac{100}{11.1\angle-63.43^\circ}=8.945\angle 63.43^\circ\mathrm{A}$$

$$\dot{I}_{2(1)}=\frac{\dot{E}_1}{R_2+\mathrm{j}X_{L(1)}}=\frac{100\angle 0^\circ}{2+\mathrm{j}1}$$

$$=\frac{100}{2.236\angle 26.57^\circ}=44.72\angle-26.57^\circ\mathrm{A}$$

$$\dot{I}_{(1)}=\dot{I}_{1(1)}+\dot{I}_{2(1)}$$

$$=8.945\angle 63.43^\circ+44.72\angle-26.57^\circ$$

$$=4.001+\mathrm{j}8+40-\mathrm{j}20=44-\mathrm{j}12$$

$$=45.61\angle-15.26^\circ\mathrm{A}$$

(3)电动势 $e(t)$的三次谐波分量单独作用时,电路如图 6-10(d)所示。因为

$$e_3=\sqrt{2}\cdot 50\sin(3\omega t+30^\circ)\mathrm{V}$$

$$X_{C(3)}=\frac{1}{3\omega C}=\frac{1}{3}X_{C(1)}=3.333\Omega$$

$$X_{L(3)}=3\omega L=3X_{L(1)}=3\Omega$$

下标(3)表示三次谐波分量。

所以

$$\dot{E}_3=50\angle 30^\circ\mathrm{V}$$

$$\dot{I}_{1(3)}=\frac{\dot{E}_3}{R_1-\mathrm{j}X_{C(3)}}=\frac{50\angle 30^\circ}{5-\mathrm{j}3.333}$$

$$=\frac{50\angle 30^\circ}{6.009\angle-33.69^\circ}=8.321\angle 63.69^\circ\mathrm{A}$$

$$\dot{I}_{2(3)}=\frac{\dot{E}_3}{R_2+\mathrm{j}X_{L(3)}}=\frac{50\angle 30^\circ}{2+\mathrm{j}3}$$

$$=\frac{50\angle 30^\circ}{3.606\angle 56.31^\circ}=13.87\angle-26.31^\circ\mathrm{A}$$

$$\dot{I}_{(3)}=\dot{I}_{1(3)}+\dot{I}_{2(3)}=8.321\angle 63.69^\circ+13.87\angle 26.31^\circ$$

$$=3.689+\mathrm{j}7.459+12.43-\mathrm{j}6.148$$

$$=16.118+\mathrm{j}1.311=16.17\angle 4.65^\circ\mathrm{A}$$

最后将结果叠加时,因为它们的频率是不相同的,需化为瞬时值才能相加。故

$$i_1=[\sqrt{2}\cdot 8.945\sin(\omega t+63.43^\circ)$$

$$+\sqrt{2}\cdot 8.321\sin(3\omega t+63.49^\circ)]\mathrm{A}$$

$$i_2=[5+\sqrt{2}\cdot 44.72\sin(\omega t-26.57^\circ)$$

$$+\sqrt{2}\cdot 13.87\sin(3\omega t-26.31^\circ)]\mathrm{A}$$

$$i=[5+\sqrt{2}\cdot 45.61\sin(\omega t-15.26^\circ)$$

$$+\sqrt{2}\cdot 16.17\sin(3\omega t+4.65^\circ)]\mathrm{A}$$

电源发出的功率为

$$\begin{aligned}P &= U_{(0)}I_{(0)} + U_{(1)}I_{(1)}\cos\varphi_{(1)} + U_{(3)}I_{(3)}\cos\varphi_{(3)}\\ &= 10\times5 + 100\times45.61\cos15.26^\circ + 50\times16.17\cos(30^\circ - 4.65^\circ)\\ &= 50 + 4400 + 703.6 = 5181\text{W}\end{aligned}$$

如果在 R_2 支路内串入一个电磁式电流表，它测得的将是有效值，其大小为

$$\begin{aligned}I_2 &= \sqrt{I_{2(0)}^2 + I_{2(1)}^2 + I_{2(3)}^2}\\ &= \sqrt{5^2 + 44.72^2 + 13.87^2} = 47.09\text{A}\end{aligned}$$

例6-4 在电子电路中经常遇到的阻容耦合电路如图6-11所示，这种电路能够隔离输入信号中的恒定分量，而把各谐波分量传送到输出端22′。设输入电压是频率为 f 的方波，问如何选择电阻 R 和电容 C 的量值，才能使输出电压的波形仍保持方波，而只将恒定分量滤掉。

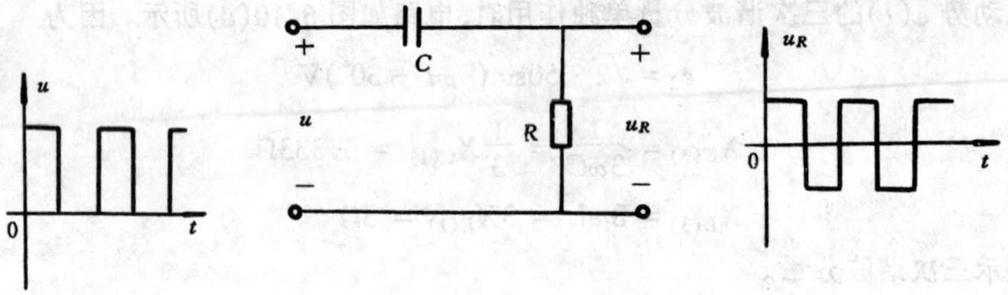

图 6-11

解 由表 6-1 可知，图示方波电压包含恒定分量和各奇次谐波，即

$$u = U_0 + u_1 + u_3 + u_5 + \cdots \tag{1}$$

对于恒定电压 U_0，电容 C 相当于开路，故电阻 R 上的恒定电压 U_{R0} 等于零，电压 U_0 全部加在电容 C 上。

基波电压 u_1 是角频率为 $\omega = 2\pi f$ 的正弦电压，所以电阻 R 上基波电压 U_{R1} 为

$$\dot{U}_{R1} = \frac{\dot{U}_1}{R + 1/\text{j}\omega C}R$$

同理，电阻 R 上的三次谐波电压为

$$\dot{U}_{R3} = \frac{\dot{U}_3}{R + 1/\text{j}3\omega C}R$$

如把电容 C 选得大一些，使得 $1/\omega C \ll R$，例如取 $1/\omega C = 0.02R$，便得到

$$\dot{U}_{R1} = \frac{\dot{U}_1}{R - \text{j}0.02R}\cdot R = \frac{\dot{U}_1}{1\angle -1.1^\circ} = \dot{U}_1\angle 1.1^\circ$$

$$\dot{U}_{R3} = \frac{\dot{U}_3}{R - \text{j}0.0067R} = \frac{\dot{U}_3}{1\angle -0.382^\circ} = \dot{U}_3\angle 0.382^\circ$$

$$\dot{U}_{R5} = \frac{\dot{U}_5}{R - \text{j}0.004R}\cdot R = \frac{\dot{U}_5}{1\angle 0^\circ} = \dot{U}_5$$

把各相量变换为瞬时值叠加，即 22′端的输出电压

$$u_R = u_{R1} + u_{R3} + u_{R5} + \cdots \approx u_1 + u_3 + u_5 + \cdots \tag{2}$$

比较式(2)与式(1)得

$$u_R = u - U_0$$

这说明除直流分量以外各谐波电压几乎都降落在电阻 R 的两端，所以输出电压 u_R 仍然大体上保持矩形波的样子，而输入电压 u 的直流分量 U_0 降在电容的二端，这样的电容常叫做隔直流电容。

6-5 滤波器的概念

利用感抗和容抗随频率变化的特点，可以组成含有电感和电容的各种电路，将这种电路接在电源与负载之间，用来抑制某些不需要的谐波分量而把需要的分量传送给负载，这种电路称为滤波器。它广泛应用于电讯工程中，例如载波通讯就是依靠滤波器来实现的，这就是在一条通讯线路上同时传送许多不同频率的讯号，这样就大大提高了通讯线路的利用率。一般，滤波器按其功用可以分为低通滤波器、高通滤波器、带通滤波器、带阻滤波器等，在这里只介绍一些基本概念。

低通滤波器，讯号通过低通滤波器后，其中恒定分量和低于某一定频率的谐波分量，基本上保留，而高于这一频率的谐波分量则基本上被抑制。这个频率界限称为滤波器的截止频率。

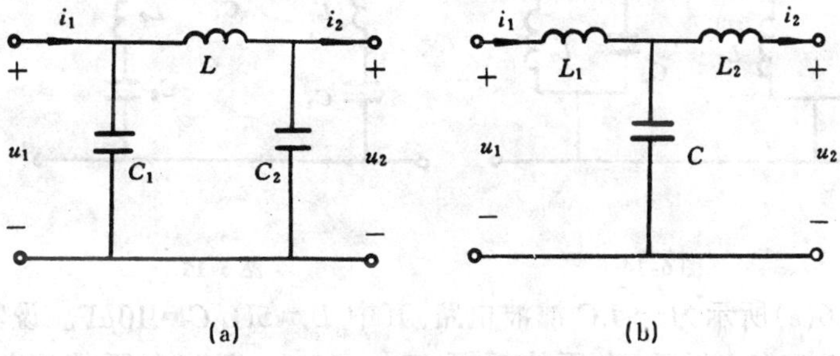

图 6-12

典型的低通滤波器的电路如图 6-12 所示，其中图(a)为 π 形接线，图(b)为 T 形接线，它们的作用都相同。电流 i_1 中的高频分量大多通过 C_1 分路而回，少量通过 L 之后也要经电容 C_2 分路折回一部分，从而使负载电流中所含高频分量极小。从电压方面看，对高频分量来说，电感 L 的感抗要比电容 C_2 的容抗大得多，所以电压 u_1 中的高频分量主要由电感 L 承受，电容 C_2 上(或负载上)的电压 u_2 中所含高频分量极小。对低频分量来说，电感电容的作用与上述完全相反，故 u_2 与 i_2 中主要含有低频分量，图 6-12(b)所示电路的作用原理与此相仿。由于电感器件体积、重量一般较之电容器件为大，且不易集成化，故许多电子设备利用 RC 电路作为滤波器。图 6-13 所示电路就是 低通滤波器。

高通滤波器，高通滤波器是要保留高于截止频率的谐波分量，而抑制恒定分量和低于截止频率的谐波分量。为此只要把图 6-12 中的电感换成电容，电容换成电感即可。

这时由于串臂是容抗，对高频的电抗小而对低频的电抗大，而并臂是感抗，对高频的分流作用小而对低频的分流作用大，因此它是高通滤波器。将图 6-13 中的电阻换成电容、电容换成电阻，也是一个高通滤波器。

带通滤波器，即要求讯号通过滤波器后保留两个截止频率 f_1 和 f_2（设 $f_2 > f_1$）之间的各谐波分量。

图 6-14 所示为一简单的带通滤波器，其串臂和并臂都是谐振电路，且两臂的串联谐振频率和并联谐振频率相同。当工作频率低于此谐振频率时，串联臂呈容性，并联臂呈感性，滤波器具有高通特性，其截止频率按 f_1 设计；当工作频率高于此谐振频率时，则具有低通特性，其截止频率按 f_2 设计。这样才能使频率在 f_1 和 f_2 之间的各谐波分量通过滤波器。

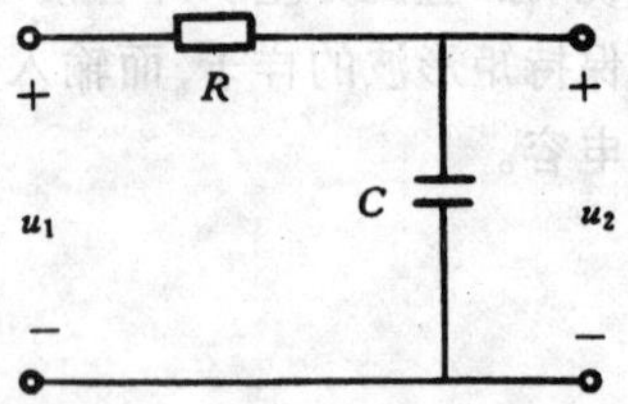

图 6-13

带阻滤波器，即要求通过滤波器消去两个截止频率 f_1 和 f_2（设 $f_2 > f_1$）之间的谐波分量。图 6-15 所示为一简单的带阻滤波器，其并臂和串臂的谐振频率也相同。当工作频率低于谐振频率时，其串臂呈感性，并臂呈容性，滤波器具有低通特性，其截止频率按 f_1 设计；当工作频高于谐振频率时，滤波器具有高通特性，其截止频率按 f_2 设计。这样，频率在 f_1 和 f_2 之间的各谐波分量不能通过滤波器了。

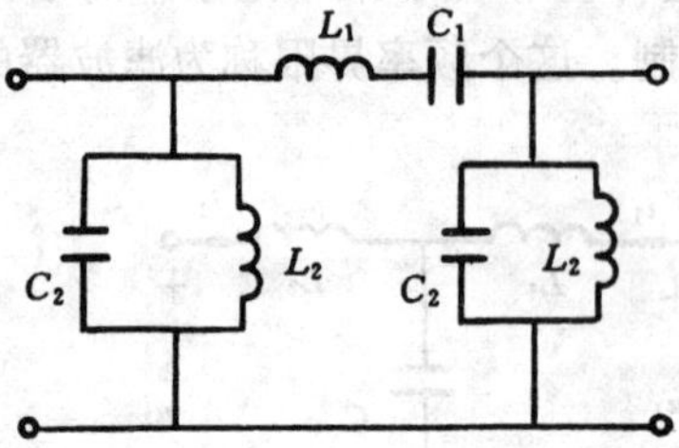

图 6-14

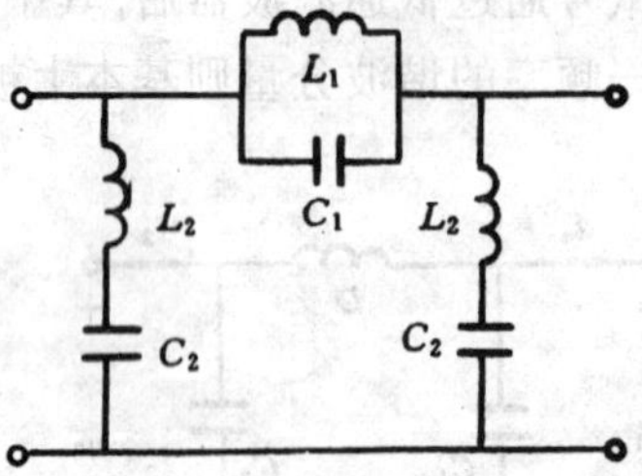

图 6-15

例 6-5 图6-16(a)所示为一 LC 滤波电路，其中 $L = 5\text{H}$，$C = 10\mu\text{F}$。设其输入为正弦全波整流电压，如图 6-16(b)所示，电压的振幅 $U_m = 150\text{V}$，正弦电压整流前的角频率 $\omega = 314\text{rad/s}$，负载电阻 $R = 2000\Omega$。求负载端电压 U_{cd} 及电感中的电流 i。

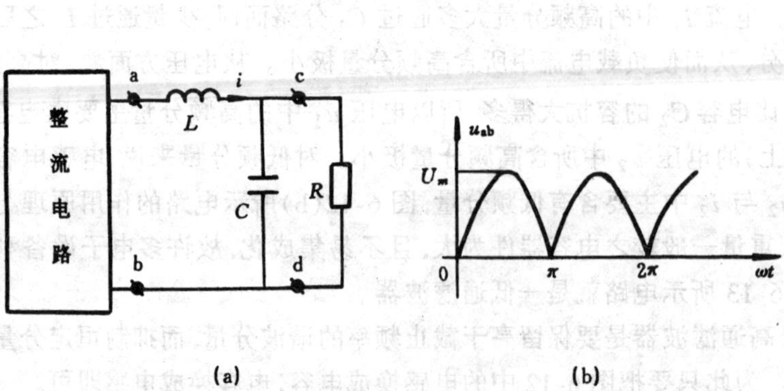

图 6-16

解 (1)从表 6-1 中查出正弦全波整流电压 u_{ab} 的傅里叶级数为

$$u_{ab}=\frac{2U_m}{\pi}+\frac{4U_m}{\pi}\left(-\frac{1}{3}\cos2\omega t-\frac{1}{15}\cos4\omega t-\cdots\right)$$

取到四次谐波，并代入数据

$$u_{ab}=95.5-45\sqrt{2}\cos2\omega t-9\sqrt{2}\cos4\omega t$$

(2)分别计算电源电压的恒定分量及各次谐波的作用。

①恒定分量作用时电感相当于短路，电容相当于开路，故

$$I_0=\frac{95.5}{2000}=0.0478\text{A}$$

$$U_{Cd0}=95.5\text{V}$$

②计算二次谐波(即整流波的基波)的作用。RC 并联电路的阻抗为

$$Z_{cd2}=\frac{R/\text{j}2\omega C}{R+1/\text{j}2\omega C}=\frac{R}{1+\text{j}2\omega CR}$$

$$=\frac{2000}{1+\text{j}4\pi}=158\angle-85.4^\circ\Omega$$

全电路的阻抗

$$Z_2=\text{j}2\omega L+Z_{cd2}=\text{j}1000\pi+12.6-\text{j}158=2980\angle90^\circ\Omega$$

$$\dot{I}_2=\frac{45\angle0^\circ}{2980\angle90^\circ}=0.0151\angle-90^\circ\text{A}$$

$$\dot{U}_{cd2}=Z_{cd2}\dot{I}_2=2.39\angle-175.4^\circ\text{V}$$

③计算四次谐波的作用。计算方法同上，只要把各阻抗计算式中 2ω 都换成 4ω，把电源电压的二次谐波分量换成四次谐波分量。

于是

$$Z_{cd4}=\frac{R}{1+\text{j}4\omega CR}=\frac{2000}{1+\text{j}8\pi}=79\angle-87.7^\circ\Omega$$

$$Z_4=\text{j}4\omega t+Z_{cd4}=\text{j}2000\pi+79\angle-87.7^\circ=6280\angle90^\circ\Omega$$

$$\dot{I}_4=\frac{9\angle0^\circ}{6280\angle90^\circ}=0.00143\angle-90^\circ\text{A}$$

$$\dot{U}_{cd4}=Z_{cd4}\dot{I}_4=79\angle-87.7^\circ\times0.00143\angle-90^\circ=0.113\angle-177.7^\circ\text{V}$$

可见负载上的四次谐波电压有效值仅占恒定电压的 0.12%，四次以上各谐波所占百分比则更小，所以不用考虑更高次谐波的影响。

(3)把相量变换为瞬时值，再将恒定分量与各次谐波分量相叠加，电源电压 u_{ab} 中各谐波分量之前均有负号，所以电压 u_{ab} 和电流 i 的各谐波分量也应带有负号，即

$$i=I_0-i_2-i_4$$

$$=0.0478-0.0151\sqrt{2}\cos(2\omega t-90^\circ)-0.00143\sqrt{2}\cos(4\omega t-90^\circ)\text{A}$$

$$u_{cd}=u_{cd0}-u_{cd2}-u_{cd4}$$

$$=95.5-2.39\sqrt{2}\cos(2\omega t-175.4^\circ)-0.113\sqrt{2}\cos(4\omega t-177.7^\circ)\text{V}$$

负载电压的有效值为

$$U_{cd}=\sqrt{95.5^2+2.39^2+0.113^2}=95.53\text{V}$$

负载电压 u_{cd} 中最大的谐波，即二次谐波(亦即整流波的基波)电压的有效值仅占恒定分量的

2.5%，这表明这个 LC 电路具有滤掉各谐波分量的作用，故称为滤波电路或滤波器，其中串联电感 L 起抑止交流的作用，常称为扼流圈；并联电容 C 起减少负载电阻上交流电压的作用，常称为旁路电容。

6-6 对称三相电路中的高次谐波

前已指出，发电机产生的电动势不是理想的正弦波；变压器由于铁心饱和的影响，也会使电流或电压成为非正弦波。所以在对称的三相电路中，电压和电流一般总是含有高次谐波的。

在对称的三相电路中，各相的电势虽然是非正弦的，但波形相同，只是在时间上彼此相差三分之一周期，可表示为

$$u_A = f(t)$$
$$u_B = f(t - T/3)$$
$$u_C = f(t - 2T/3)$$

式中 T 为基波的周期。三相电路中的非正弦波通常是上下半波对称的，其傅里叶级数只含有奇次谐波量，即

$$u_A = f(t) = \sum_{K=1}^{\infty} U_{Km}\sin(K\omega t + \psi_K) \tag{6-16}$$

$$u_B = f(t - T/3) = \sum_{K=1}^{\infty} U_{Km}\sin\left[K\omega\left(t - \frac{T}{3}\right) + \psi_K\right]$$
$$= \sum_{K=1}^{\infty} U_{Km}\sin\left(K\omega t + \psi_K - K\frac{2\pi}{3}\right) \tag{6-17}$$

$$u_C = f\left(t - \frac{2T}{3}\right) = \sum_{K=1}^{\infty} U_{Km}\sin\left[K\omega\left(t - \frac{2T}{3}\right) + \psi_K\right]$$
$$= \sum_{K=1}^{\infty} U_{Km}\sin\left(K\omega t + \psi_K - K\frac{4\pi}{3}\right) \tag{6-18}$$

(6-16)至(6-18)各式中的谐波次数 K 是奇数。不难看出 u_A, u_B, u_C 三个相电压中的基波、7 次谐波(以及 13 次、19 次谐波等)，分别都是对称的三相电动势，其相序为 A—B—C，这样的相序称为正序；5 次谐波(以及 11 次、17 次谐波等)也是对称三相电动势，其相序为 A—C—B，与正序相反，称负序；而 3 次谐波(以及 9 次、15 次谐波等)的各相电压的相位相同，分不出相位的前后次序，这种相序称零序。由此可见，对称三相非正弦周期电压可分为三类对称谐波电压，分别称为正序组、负序组及零序组谐波电压。

以上分析对于对称三相非正弦周期电流也是有效的。

在利用叠加原理分别考虑各次谐波在三个电路中的作用时，正序组和负序组都是对称三相，都可按对称三相来分析，只须注意由于相序不同而引起的各相间的相位差的差异。但是零序组有特殊的性质，需要专门讨论。

在对称 $Y—Y$ 系统中，设电源相电压含有高次谐波，其线电压等于相应两个相电压之差。正序和负序谐波的各相电压间，相位仍相差 120°，故其线电压有效值等于同次谐波相电压有效值的$\sqrt{3}$倍，即

$$U_{l1}=\sqrt{3}\,U_{P1},\,U_{l5}=\sqrt{3}\,U_{P5},\,U_{l7}=\sqrt{3}\,U_{P7}$$

而零序谐波(3 次、9 次等)则不同,各相电压的零序谐波同相位,相减得零,故线电压中不含零序谐波。因此,线电压的有效值小于相电压有效值的$\sqrt{3}$倍,即

$$u_l=\sqrt{U_{l1}^2+U_{l5}^2+U_{l7}^2\cdots}=\sqrt{3}\sqrt{U_{P1}^2+U_{P5}^2+U_{P7}^2+\cdots}$$

而 $$U_p=\sqrt{U_{P1}^2+U_{P3}^2+U_{P5}^2+U_{P7}^2+\cdots}$$

所以 $$U_l<\sqrt{3}\,U_P$$

在负载方面,如果电源与负载之间没有中线(图 6-17 中开关断开),则线电流(也就是相电流)中没有零序谐波。这是因为零序谐波是同相的,要以中线作为回路,现在没有中线,零序谐波的电流只好等于零。因此相电压中也没有零序谐波电压,所以对星形负载来说,如果没有中线,则线电压,相电压和线电流中都不存在零序谐波分量。所以在非正弦情况下,即使负载是对称的,它的中性点 N' 与电源中性点 N 之间的电压也不再为零,而等于电源相电压中零序谐波电压的有效值,即

$$U_{N'N}=\sqrt{U_{P3}^2+U_{P9}^2+\cdots}$$

这一电压和电源相电压中的零序谐波相平衡。

如果有中线(图 6-17 中开关接通),则负载相电压及相电流中都有零序谐波,同时中线电流有效值应为每相零序谐波电流有效值的三倍,即

$$I_0=3\sqrt{I_{P3}^2+I_{P9}^2+\cdots}$$

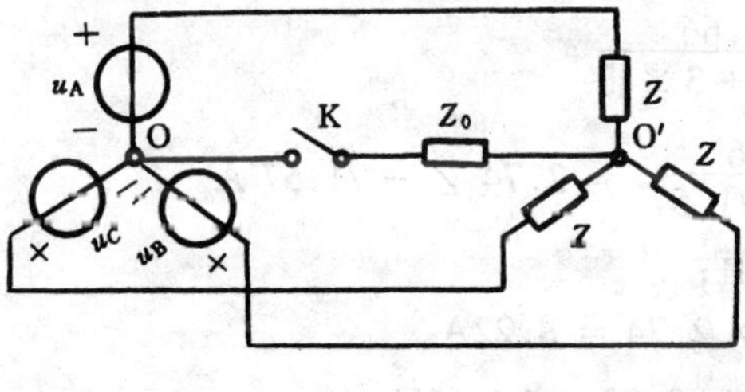

图 6-17

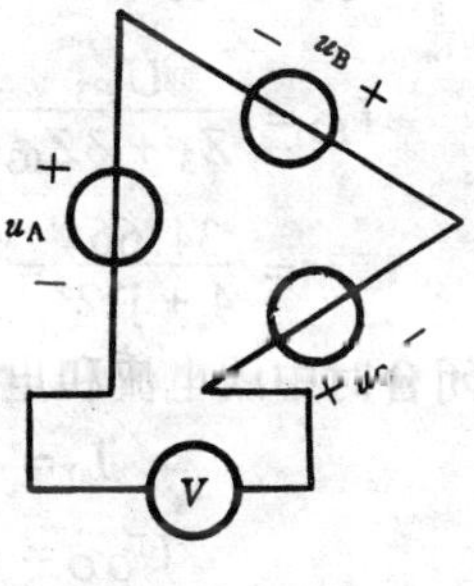

图 6-18

当对称三相电源联成三角形(图 6-18)时,如果电源相电压中存在零序谐波,例如是三次谐波,则在三角形电源回路中三个相电压之和将不等于零,而等于相电压中的三次谐波电压有效值的三倍。这一电压可以通过在开口处接入的伏特计来测读(图 6-18)。在这种情况下,不论外电路是否接通,在三角形电源回路中始终存在三次谐波循环电流。设每相绕组对三次谐波的阻抗为 Z_3,则三次谐波循环电流的有效值为

$$I_3=\frac{3U_3}{3|Z_3|}=\frac{U_3}{|Z_3|}$$

此三次谐波电流在每相阻抗上的电压恰好等于每相电源电压中的三次谐波分量,二者互相抵消,所以线电压仍不呈现三次谐波。其他零序谐波的情况也是这样。因此线电压仍为

$$U_l=\sqrt{U_{P1}^2+U_{P5}^2+U_{P7}^2+\cdots}$$

为避免零序谐波循环电流，同时也为了得到较高的线电压，一般三相发电机不接成三角形而接成星形。

例 6-6 在图6-17所示的电路中，已知对称三相电源(u_A, u_B, u_C)中含有基波及三次谐波，且测得 $U_P = 125V$, $U_l = 208V$。而且对于基波而言，负载复阻抗 $Z = 4 + j1\Omega$，中线复阻抗 $Z_0 = j1\Omega$，求打开开关 K 及闭合时的 $U_{O'O}$(有效值)。

解 因为线电压中不可能含有三次谐波，

故

$$U_l = U_{l1} = 208V$$

而

$$U_{P1} = \frac{U_{l1}}{\sqrt{3}} = \frac{208}{\sqrt{3}} = 120.1V$$

又

$$U_P = \sqrt{U_{P1}^2 + U_{P3}^2}$$

所以

$$U_{P3} = \sqrt{U_P^2 - U_{P1}^2} = \sqrt{125^2 - 120.1^2} = 34.66V$$

故开关打开时，中线电压的有效值为

$$U_{N'N} = 34.66V$$

开关 K 闭合时，沿任意一相都有

$$\dot{U}_{P3} = \dot{I}_{P3}Z_3 + \dot{I}_0 Z_{03}$$

其中 Z_3 和 Z_{03}是对于三次谐波而言的负载复阻抗和中线复阻抗。

而

$$\dot{I}_0 = 3\dot{I}_{P3}$$

故

$$\dot{U}_{P3} = \dot{I}_{P3}(Z_3 + 3Z_{03})$$

即

$$\dot{I}_{P3} = \frac{\dot{U}_{P3}}{Z_3 + 3Z_{03}} = \frac{34.66}{4 + j3 + 3 \times j3}$$

$$= \frac{34.66}{4 + j12} = \frac{34.66}{12.65 \angle 71.57^\circ} = 2.74 \angle -71.57^\circ A$$

于是，可得开关闭合时中线电流和电压的有效值：

$$I_0 = 3I_{P3} = 3 \times 2.74 = 8.22A$$

$$U_{O'O} = Z_{03}I_3 = 3 \times 8.22 = 24.66V$$

6-7 傅里叶级数的指数形式

在前面几节里，论述了在非正弦周期量激励下，求线性电路稳态响应的基本步骤。这就是先将非正弦周期性激励分解成恒定分量及各次谐波，并分别求出相应的响应，叠加得到非正弦周期量激励产生的响应，而计算各次谐波产生的响应则采用相量法。回顾这一计算步骤可以想到，如能将非正弦周期函数直接展开成复指数级数，得出代表各谐波的相量，便可减少计算步骤。本节将从前面介绍的傅氏级数的三角形式推导出傅氏级数的指数形式。为此将傅里叶级数

$$f(t) = \frac{a_0}{2} + \sum_{K=1}^{\infty}(a_K \cos K\omega t + b_K \sin K\omega t)$$

中的 $\cos K\omega t$ 与 $\sin K\omega t$ 用指数函数表示,即

$$f(t)=\frac{a_0}{2}+\sum_{K=1}^{\infty}\left[a_K\frac{e^{jK\omega t}+e^{-jK\omega t}}{2}+b_K\frac{e^{jK\omega t}-e^{-jK\omega t}}{2j}\right]$$

$$=\frac{a_0}{2}+\sum_{K=1}^{\infty}\left[\frac{a_K-jb_K}{2}e^{jK\omega t}+\frac{a_K+jb_K}{2}e^{-jK\omega t}\right] \tag{6-19}$$

上式中系数$\frac{a_0}{2}$, a_K 及 b_K 已在(6-2)式给出,即

$$\frac{a_0}{2}=\frac{1}{T}\int_0^T f(t)dt$$

$$a_K=\frac{2}{T}\int_0^T f(t)\cos K\omega t\,dt$$

$$b_K=\frac{2}{T}\int_0^T f(t)\sin K\omega t\,dt$$

在(6-5)与(6-6)式中若设 K 为零和负整数(分别以 a_0, b_0, 和 a_{-K}, b_{-K}表示),并与(6-2)式相对照,便得到

$$a_0=\frac{2}{T}\int_0^T f(t)dt\ =2A_0$$

$$b_0=0$$

$$a_{-K}=\frac{2}{T}\int_0^T f(t)\cos(-K)\omega t\,dt\ =a_K$$

$$b_{-K}=\frac{2}{T}\int_0^T f(t)\sin(-K)\omega t\,dt=-b_K$$

因此(6-19)式可写为

$$f(t)=\frac{a_K-jb_K}{2}\bigg|_{K=0}+\sum_{K=1}^{\infty}\frac{a_K-jb_K}{2}e^{jK\omega t}+\sum_{K=-1}^{-\infty}\frac{a_K-jb_K}{2}e^{jK\omega t}$$

$$=\sum_{K=-\infty}^{\infty}\frac{a_K-jb_K}{2}e^{jK\omega t}=\sum_{K=-\infty}^{\infty}\widetilde{A}_K e^{jK\omega t}$$

即周期函数 $f(t)$可展开成:

$$f(t)=\sum_{K=-\infty}^{\infty}\widetilde{A}_K e^{jK\omega t} \tag{6-20}$$

式(6-20)称为傅里叶级数的指数形式,而式(6-1)可称为傅里叶级数的三角形式。(6-20)式中的复系数 $\widetilde{A}_K$ 为

$$\widetilde{A}_K=\frac{a_K-jb_K}{2}=\frac{1}{T}\int_0^T f(t)(\cos K\omega t-j\sin K\omega t)dt$$

$$=\frac{1}{T}\int_0^T f(t)e^{-jK\omega t}dt$$

或

$$\widetilde{A}_K=\frac{1}{T}\int_{-\frac{T}{2}}^{\frac{T}{2}}f(t)e^{-jK\omega t}dt$$

式中 K 是从 $-\infty$到∞之间的整数,并包括零。$\frac{a_0}{2}$即为恒定分量,不难看出,在式(6-21)中同一

个 K 取正值或负值，只改变 $\widetilde{A}_K$ 虚部的符号，因此 $\widetilde{A}_K$ 与 $\widetilde{A}_{-K}$ 是共轭复数。如 $\widetilde{A}_K=|\widetilde{A}_K|e^{j\theta_K}$，则 $\widetilde{A}_{-K}=|\widetilde{A}_K|e^{-j\theta_K}$。傅里叶级数的 K 次谐波分量 $f_K(t)$ 就是由(6-20)式中的 $\pm K$ 次复指数项的和所组成，即

$$
\begin{aligned}
f_K(t) &= \widetilde{A}_K e^{jK\omega t} + \widetilde{A}_{-K} e^{-jK\omega t} \\
&= |\widetilde{A}_K| e^{j\theta_K} e^{jK\omega t} + |\widetilde{A}_K| e^{-j\theta_K} e^{-jK\omega t} \\
&= 2|\widetilde{A}_K| \cos(K\omega t + \theta_K)
\end{aligned}
$$

在复平面上 $\widetilde{A}_K e^{jK\omega t}$ 与 $\widetilde{A}_{-K} e^{-jK\omega t}$ 是两个旋转相量，它们的旋转方向相反，其和即为 K 次谐波分量 $f_K(t)$，如图 6-19 所示。故(6-20)式表示将周期函数 $f(t)$ 分解成角速度为 $K\omega$（K 从 $-\infty$ 到 ∞）的一系列旋转相量。

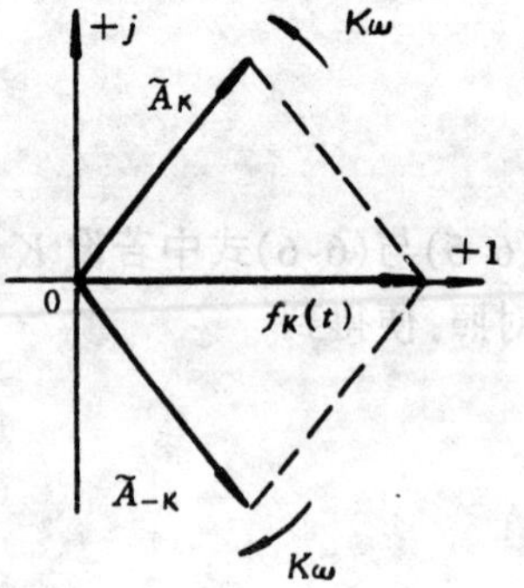

图 6-19

K 次谐波的振幅为

$$
\begin{aligned}
A_{Km} &= 2|\widetilde{A}_K| \\
&= \sqrt{a_K^2 + b_K^2}
\end{aligned}
$$

因此随 $K\omega$ 变动而得的 $2|\widetilde{A}_K|$ 谱线就是周期函数 $f(t)$ 的幅度频谱。

复数 $\widetilde{A}_K$ 的幅角 θ 代表以余弦函数表示的 K 次谐波的初相，它与表示成正弦函数 $A_{Km}\sin(K\omega t+\psi_K)$ 的初相 ψ_K 相差 90°，即 $\psi_K=\theta+90°$。因此复数 $2\widetilde{A}_K$ 就是代表 K 次谐波的相量，只不过与它相对应的瞬时值应写成余弦函数。

例如，$\widetilde{A}_K=5e^{j30°}$，则

$$
\begin{aligned}
f_K(t) &= 2|\widetilde{A}_K|\cos(K\omega t + 30°) \\
f_K(t) &= A_{Km}\sin(K\omega t + \psi_K) \\
\psi_K &= 30° + 90°
\end{aligned}
$$

例 6-7 试把例6-1的矩形波展开为指数形式的傅氏级数，并画出幅度频谱和相位频谱。

解

$$
\begin{aligned}
\widetilde{A}_K &= \frac{1}{T}\int_0^{\frac{T}{2}} E_m e^{-jK\omega t}dt = \frac{1}{T}\int_{\frac{T}{2}}^{T} E_m e^{-jK\omega t}dt \\
&= \frac{E_m}{jK\omega T}(1 - 2e^{-jK\omega\frac{T}{2}} + e^{-jK\omega T})
\end{aligned}
$$

由于 $K\omega T=2K\pi$，故

$$
\widetilde{A}_K = \frac{E_m}{jK\omega T}(1 - 2e^{-jK\pi} + e^{-j2K\pi})
$$

所以

$$
\widetilde{A}_K = \begin{cases} \dfrac{1}{T}\dfrac{4E_m}{jK\omega} = \dfrac{2E_m}{jK\pi} & \text{当 } K \text{ 为奇数时} \\ 0 & \text{当 } K \text{ 为偶数时} \end{cases}
$$

(注意,直接用上式计算 a_0 是不行的)这样,可以得到指数形式的傅氏级数为:

$$f(t)=\frac{2E_m}{j\pi}e^{j\omega t}+\frac{2E_m}{j3\pi}e^{j3\omega t}+\frac{2E_m}{j5\pi}e^{j5\omega t}+\frac{2E_m}{j7\pi}e^{j7\omega t}+\cdots$$
$$-\frac{2E_m}{j\pi}e^{-j\omega t}-\frac{2E_m}{j3\pi}e^{-j3\omega t}-\frac{2E_m}{j5\pi}e^{-j5\omega t}-\frac{2E_m}{j7\pi}e^{-j7\omega t}-\cdots$$

所得的结果与例 6-1 相比,是完全一致的。图 6-20(a)所示为矩形波的傅氏级数的指数形式的幅度频谱,其相位频谱如图 6-20(b)所示。

例 6-8 图6-21(a)所示为周期矩形脉冲电压序列,求其傅里叶级数的指数形式,画出其频谱。如这一电压作用于 1Ω 电阻与 1H 电感的串联电路,求所形成的电流。

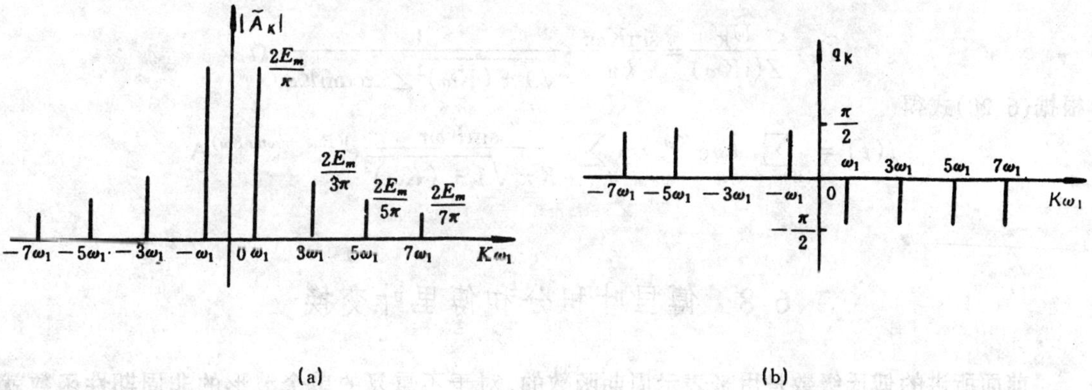

图 6-20

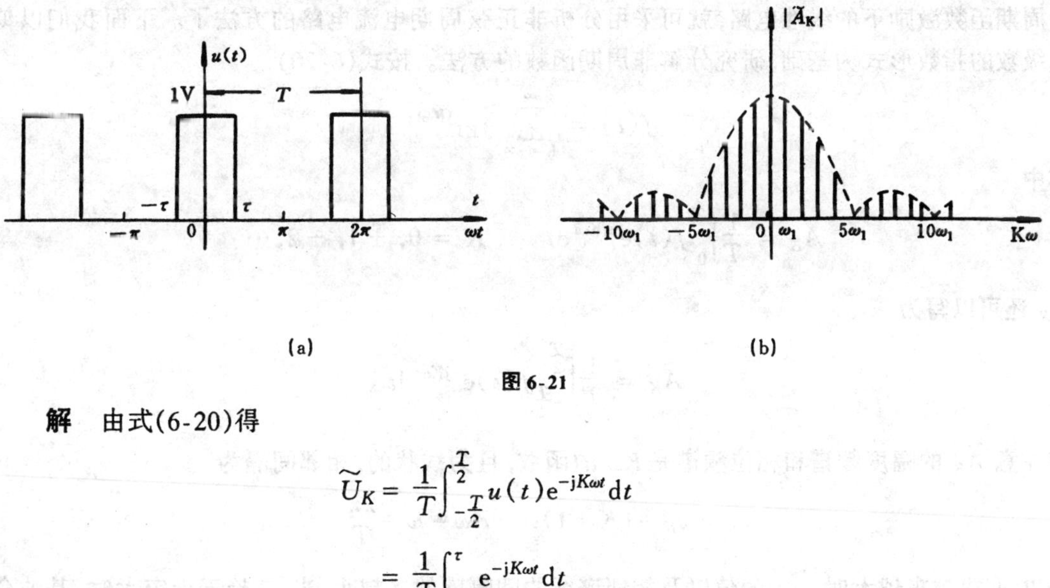

图 6-21

解 由式(6-20)得

$$\widetilde{U}_K=\frac{1}{T}\int_{-\frac{T}{2}}^{\frac{T}{2}}u(t)e^{-jK\omega t}dt$$
$$=\frac{1}{T}\int_{-\tau}^{\tau}e^{-jK\omega t}dt$$
$$=\frac{1}{T}\frac{1}{(-jK\omega)}(e^{-jK\omega\tau}-e^{jK\omega\tau})$$

$$= \frac{\sin K\omega\tau}{K\pi} \text{V}$$

设 $\tau = \frac{T}{10}$,画出如图 6-21(b)所示的频谱图。把 $\widetilde{U}_K$ 代入(6-20)式便得到电压 $u(t)$ 的傅里叶级数的指数形式

$$u(t) = \sum_{K=-\infty}^{\infty} \widetilde{U}_K e^{jK\omega t} = \sum_{K=-\infty}^{\infty} \frac{\sin K\omega\tau}{K\pi} e^{jK\omega t} \text{V}$$

在电压相量 $\widetilde{U}_K$ 作用下,RL 串联电路的复阻抗为

$$Z(jK\omega) = 1 + jK\omega \cdot 1 = \sqrt{1 + (K\omega)^2} \angle \arctan K\omega \ \Omega$$

故电流相量

$$\tilde{I}_K = \frac{\widetilde{U}_K}{Z(jK\omega)} = \frac{\sin K\omega\tau}{k\pi} \cdot \frac{1}{\sqrt{1 + (K\omega)^2} \angle \arctan K\omega} \Omega$$

根据(6-20)式得

$$i(t) = \sum_{K=-\infty}^{\infty} \tilde{I}_K e^{jK\omega t} = \sum_{K=-\infty}^{\infty} \frac{\sin K\omega\tau}{K\pi \sqrt{1 + (K\omega)^2}} e^{j(K\omega t - \arctan K\omega)} \text{A}$$

6-8 傅里叶积分和傅里叶变换

前面所讲的傅氏级数是用来表示周期函数的,对于不重复的单个波形的非周期性函数就不好直接用傅氏级数来表示。但是如果把非周期函数看作是周期无穷大的周期函数,同时把傅氏级数作相应的修改,就能得到一个用来表示非周期函数的傅氏级数的极限形式。这样,在非周期函数激励下的线性电路,就可采用分析非正弦周期电流电路的方法了。下面我们以傅氏级数的指数形式为基础,研究分解非周期函数的方法。按式(6-20)

$$f(t) = \sum_{K=-\infty}^{\infty} \widetilde{A}_K e^{jK\omega t}$$

其中

$$\widetilde{A}_K = \frac{1}{T}\int_0^T f(t) e^{-jK\omega t} dt \qquad K = 0, \pm 1, \pm 2, \cdots$$

$\widetilde{A}_K$ 还可以写为

$$\widetilde{A}_K = \frac{1}{T}\int_{-\frac{T}{2}}^{\frac{T}{2}} f(t) e^{-jK\omega t} dt$$

应注意 $\widetilde{A}_K$ 的幅度频谱和相位频谱是 $K\omega$ 的函数,且为线状的,相邻间隔为

$$\triangle\omega_K = (K+1)\omega - K\omega = \omega = \frac{2\pi}{T}$$

当 T 变得越来越大时,$\widetilde{A}_K$ 的值以及相邻谱线的间隔就越来越小,当 T 趋于无穷大时,基波角频率 $\omega = \frac{2\pi}{T} \to d\omega$,频谱就变成连续的了,而各次谐波的角频率 $K\omega$ 可看作是一个连续变量 ω,可以是任意数值。此时,周期 T 则为 $T = \frac{2\pi}{\omega} \to \frac{2\pi}{d\omega}$。于是,在 T 趋于无穷大时,式(6-21)中的

积分就成为 ω(或 $j\omega$)的函数了,现在以 $F(\omega)$表示,即

$$F(\omega) = \lim_{T\to\infty}\int_{-\frac{T}{2}}^{\frac{T}{2}} f(t)e^{-jK\omega t}dt = \int_{-\infty}^{\infty} f(t)e^{-j\omega t}dt \tag{6-22}$$

这样,式(6-21)中的 A_K 应写成

$$\widetilde{A}_K = \frac{1}{T}F(\omega) = \frac{d\omega}{2\pi}F(\omega)$$

同时,式(6-20)的求和变成了积分式

$$f(t) = \lim_{T\to\infty}\left[\sum_{K=-\infty}^{\infty}\widetilde{A}_K e^{jK\omega_1 t}\right] = \frac{1}{2\pi}\int_{-\infty}^{\infty} F(\omega)e^{j\omega t}d\omega \tag{6-23}$$

这就是把任一非周期函数展开成从 $-\infty$ 到 ∞ 连续频谱谐波的积分表达式。此积分式与式(6-20)表示的傅氏级数相对应,称傅里叶积分。积分式中每一谐波的振幅 $\left|\frac{1}{2\pi}F(\omega)d\omega\right|$ 为无穷小。这些谐波的相对振幅相量 $F(\omega)$称为频谱密度函数,简称频谱函数。$F(\omega)$是 ω 的一个复变函数,它可以写为

$$F(\omega) = |F(\omega)|e^{j\theta(\omega)}$$

$|F(\omega)|$和 $\theta(\omega)$分别为幅度频谱和相位频谱。

式(6-22)和(6-23)构成傅里叶变换对。$F(\omega)$称 $f(t)$的傅里叶变换;$f(t)$则称为 $F(\omega)$的傅里叶反变换。傅里叶变换把时间域中的函数 $f(t)$变换为频率域中的函数 $F(\omega)$;而傅里叶反变换则正好相反。

傅里叶变换对的存在是有一定条件的。一般要求 $f(t)$满足狄里赫利条件,同时还要求 $f(t)$为绝对可积,即 $\int_{-\infty}^{\infty}|f(t)dt|$为有限值。

如果电路中的时域函数(如电压、电流等)可以用傅里叶积分变换成相应的频谱函数,就可以在频域内应用叠加原理来分析电路问题。例如,设某无源二端网络上所加电压为一非周期函数 $u(t)$;要求计算其电流 $i(t)$,见图 6-21。为此,首先对给定电压 $u(t)$进行傅里叶变换,求出它的频谱函数

$$U(\omega) = \int_{-\infty}^{\infty} u(t)e^{-j\omega t}dt$$

于是电压的傅里叶积分式变为

$$u(t) = \frac{1}{2\pi}\int_{-\infty}^{\infty} U(\omega)e^{j\omega t}d\omega$$

式中$\frac{1}{2\pi}U(\omega)d\omega$ 相当于一个电压相量,它代表角频率为 ω 的谐波分量。若设无源二端网络在角频率为 ω 时其输入阻抗为$Z(\omega)$,则根据欧姆定律的相量形式,所得电流相量应为$\frac{1}{2\pi}\frac{U(\omega)}{Z(\omega)}d\omega$(代表频率为 ω 的谐波电流分量)。把电压积分式中各个分量所产生的相应电流分量叠加起来即为实际的电流

$$i(t) = \frac{1}{2\pi}\int_{-\infty}^{\infty}\frac{U(\omega)}{Z(\omega)}e^{j\omega t}d\omega \tag{6-24}$$

式中 $U(\omega)/Z(\omega)$是电流的频谱函数 $I(\omega)$,因此(6-24)式就是电流频谱函数的傅里叶反变

换。

例 6-9 求图6-22(a)所示脉冲波形的傅氏变换及其频谱。

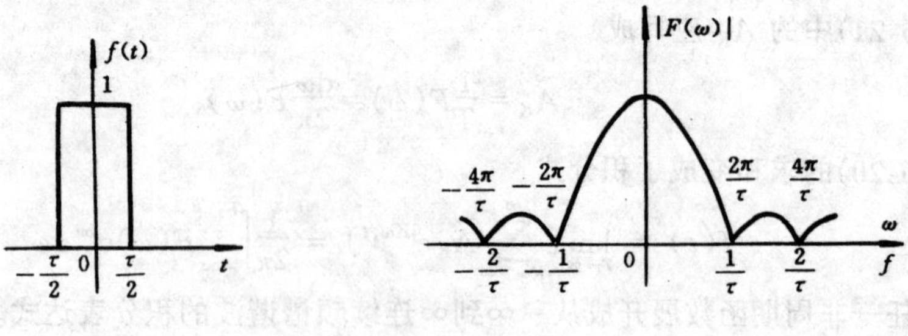

(a) (b)

图 6-22

解 按式(6-22),给定脉冲波形的傅氏变换为

$$F(\omega)=\int_{-\infty}^{\infty} f(t)\mathrm{e}^{-\mathrm{j}\omega t}\mathrm{d}t=\int_{-\frac{T}{2}}^{\frac{T}{2}}\mathrm{e}^{-\mathrm{j}\omega t}\mathrm{d}t=-\frac{1}{\mathrm{j}\omega}(\mathrm{e}^{-\mathrm{j}\omega T/2}-\mathrm{e}^{\mathrm{j}\omega T/2})$$

$$=\tau\frac{\sin(\omega\tau/2)}{\omega\tau/2}=\tau\frac{\sin(2\pi f\tau/2}{2\pi f\tau/2})$$

$|F(\omega)|$随 ω 的变化曲线或频谱如图 6-22(b)。当$\frac{\omega\tau}{2}=\pm\pi, \pm 2\pi, \pm 3\pi, \cdots$时, $|F(\omega)|=0$, 另外注意$\lim\frac{\sin(\omega\tau/2)}{\omega\tau/2}=1$, 现在频谱是连续的,不像图 6-21(b)频谱是离散的。但是不难发现它们惊人的相似。

从图 6-22(b)可见,此脉冲波的各频率分量随频率的增高而显著地减小,因此其主要频率分量大体上集中在

$$-\frac{1}{\tau}\leqslant f\leqslant\frac{1}{\tau}$$

之间。当脉冲宽度变小时,此区间就变宽,但幅度则相应地减少。所以当要求一个窄脉冲基本上无畸变地通过一个电路,那么此电路必须能让较宽频率范围的分量顺利地通过;反之,对于宽脉冲则对电路的频率响应要求可窄一些。举一个例子来说,如果 $\tau=10^{-7}$s, 那么对应于此$\frac{1}{\tau}$的频率约为 10MHz;而 $\tau=10^{-6}$s, 则频率约为 1MHz。

上面的例子初步说明傅里叶变换对信号分析具有重要意义。

表 6-1 **一些典型周期函数的傅里叶级数**

序号	$f(\omega t)$的波形	$f(\omega t)$的傅里叶级数
1	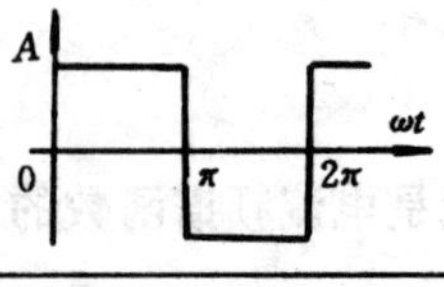	$f(\omega t)=\frac{4A}{\pi}(\sin\omega t+\frac{1}{3}\sin 3\omega t+\frac{1}{5}\sin 5\omega t+\cdots+\frac{1}{K}\sin K\omega t+\cdots)$ (K 为奇数)

序号	$f(\omega t)$的波形	$f(\omega t)$的傅里叶级数
2	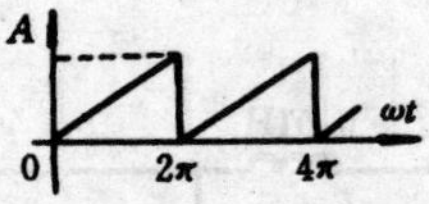	$f(\omega t)=\frac{A}{2}-\frac{A}{\pi}(\sin\omega t+\frac{1}{2}\sin2\omega t+\frac{1}{3}\sin3\omega t+\cdots+\frac{1}{K}\sin K\omega t+\cdots)$
3	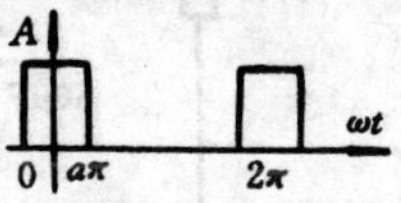	$f(\omega t)=\alpha A+\frac{2A}{\pi}(\sin\alpha\pi\cos\omega t+\frac{1}{2}\sin2\alpha\pi\cos2\omega t+\frac{1}{3}\sin3\alpha\pi\cos3\omega t+\cdots)$
4	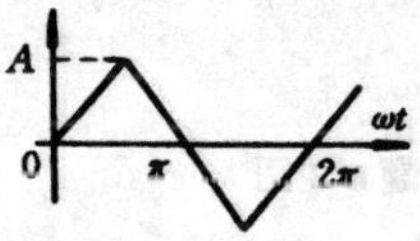	$f(\omega t)=\frac{8A}{\pi^2}(\sin\omega t-\frac{1}{9}\sin3\omega t+\frac{1}{25}\sin5\omega t-\cdots+\frac{(-1)^{\frac{K-1}{2}}}{K^2}\sin K\omega t+\cdots)$ （K 为奇数）
5	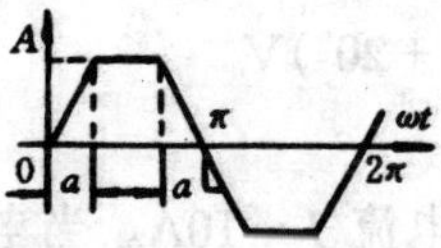	$f(\omega t)=\frac{4A}{\alpha\pi}(\sin\alpha\omega t+\frac{1}{9}\sin3\alpha\cos3\omega t+\frac{1}{25}\sin5\alpha\cos5\omega t-\cdots+\frac{1}{K^2}\sin K\alpha\cos K\omega t+\cdots)$ （K 为奇数）
6	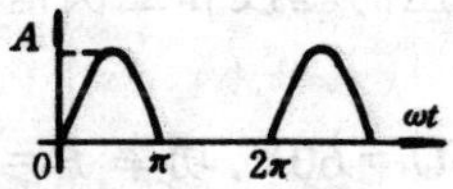	$f(\omega t)=\frac{A}{\pi}(1+\frac{\pi}{2}\sin\omega t-\frac{2}{3}\cos2\omega t-\frac{2}{15}\cos4\omega t-\cdots-\frac{2}{(K-1)(K+1)}\cos K\omega t-\cdots)$ （K 为偶数）
7	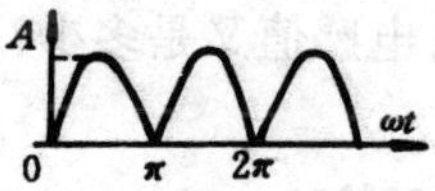	$f(\omega t)=\frac{4A}{\pi}(\frac{1}{2}-\frac{1}{3}\cos2\omega t-\frac{1}{15}\cos4\omega t-\cdots-\frac{1}{K^2-1}\cos K\omega t-\cdots)$ （K 为偶数）

习　题　六

6-1　求题图所示波形的傅里叶级数的系数。

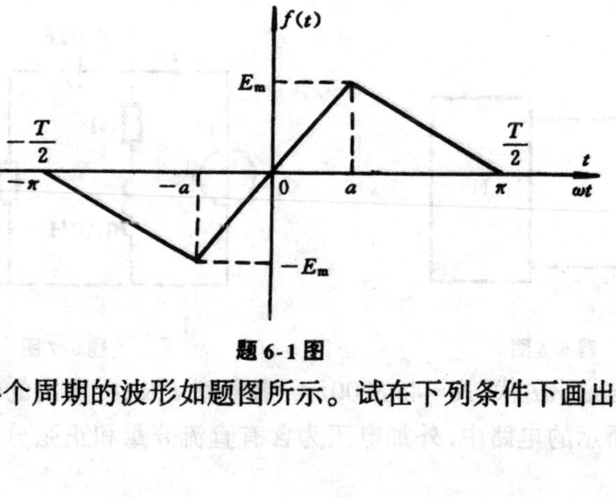

题 6-1 图

6-2　已知某信号半个周期的波形如题图所示。试在下列条件下画出整个周期的波形：

(1) $a_0=0$；

(2)对所有的 $K, b_K=0$；

(3)对所有的 $K, a_K=0$；

(4)a_K 和 b_K 只有出现在 K 为奇数时。

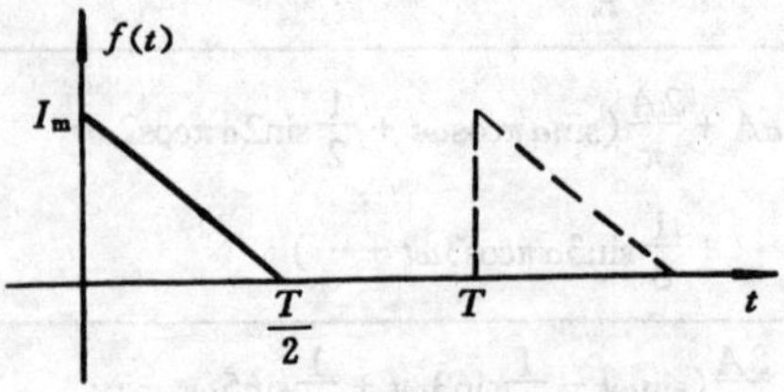

题 6-2 图

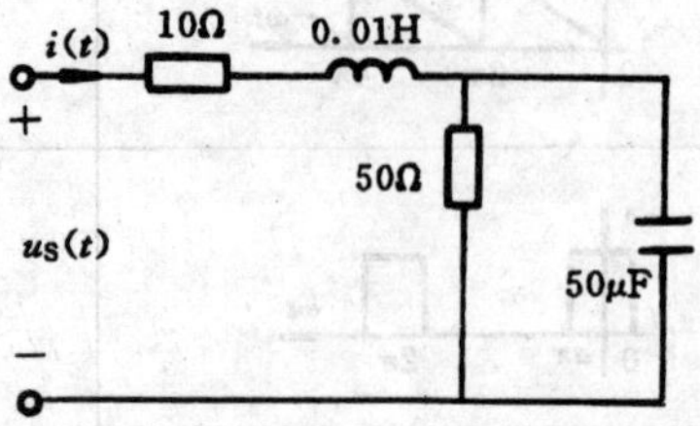

题 6-3 图

6-3 电路如题图所示。电源电压为

$$u_S(t)=50+100\sin 400t+10\sin(1200t+20^\circ)\text{V}$$

试求电流 $i(t)$和电源发出的功率及电源电压和电流的有效值。

6-4 有效值为100V 的正弦电压加在电感 L 两端时,得电流 $I=10$A。当电压中有三次谐波分量,而有效值仍为 100V 时,得电流 $I=8$A,试求这一电压的基波和三次谐波电压的有效值。

6-5 测量线圈的电阻及电感时,量得电流 $I=15$A,电压 $U=60$V,功率 $P=225$W,并已知 $f=50$Hz。又从波形分析中知道电源电压除基波外还有三次谐波,其幅值为基波幅值的40%,试计算线圈的电阻及电感。若假定电源电压是正弦量时,电感值又是多少?

6-6 已知无源网络 N 的电压和电流为

$$u(t)=100\sin 314t+50\sin(942t-30^\circ)\text{V}$$

$$i(t)=10\sin 314t+1.755\sin(942t+\theta_2)\text{A}$$

如果 N 可以看作是 R, L, C 串联电路,试求:

(1)R, L, C 的值;

(2)θ_2 的值;

(3)电路消耗的功率。

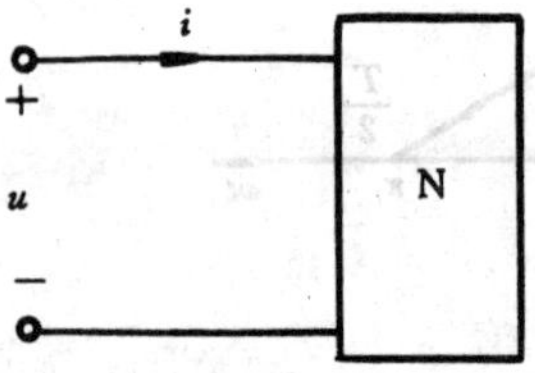

题 6-6 图

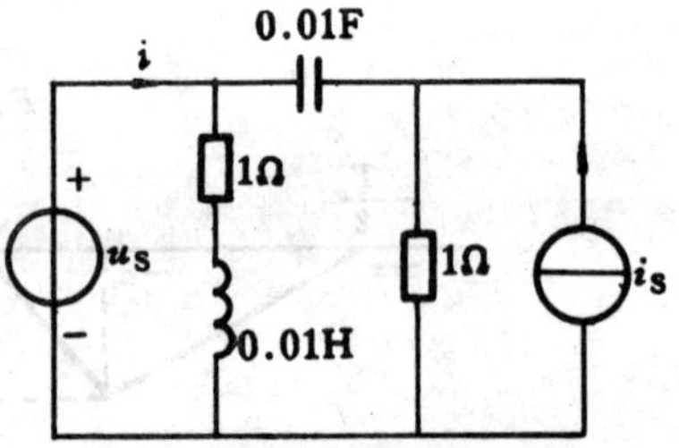

题 6-7 图

6-7 已知 $u_S=4\sin 100t$ 伏, $i_S=4\sin 200t$A,求电流 i 及 u_S 发出的平均功率。

6-8 在题图(a)所示的电路中,外加电压为含有直流分量和正弦分量的周期性函数,其波形如图(b)所示。试写出外加电压 $u(t)$ 的表达式,并求其平均值和有效值,当 $R=10\Omega$, $\omega L=5\Omega$, $\dfrac{1}{\omega C}=20\Omega$ 时,求响应 $u_L(t)$ 及 $i_L(t)$。

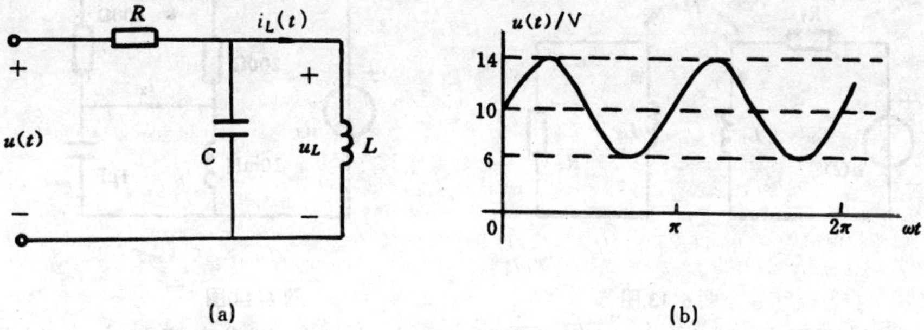

题 6-8 图

6-9 题图中,已知 $u_R=50+10\sin\omega t$ V, $R=100\Omega$, $L=2\text{mH}$, $C=50\mu\text{F}$, $\omega=10^3\text{rad/s}$。试求:(1)电源电压 u 的瞬时值表达式及有效值;(2)电源供给的功率。

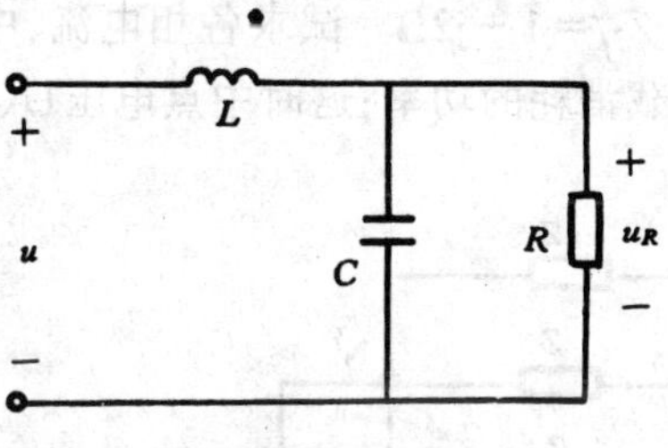

题 6-9 图

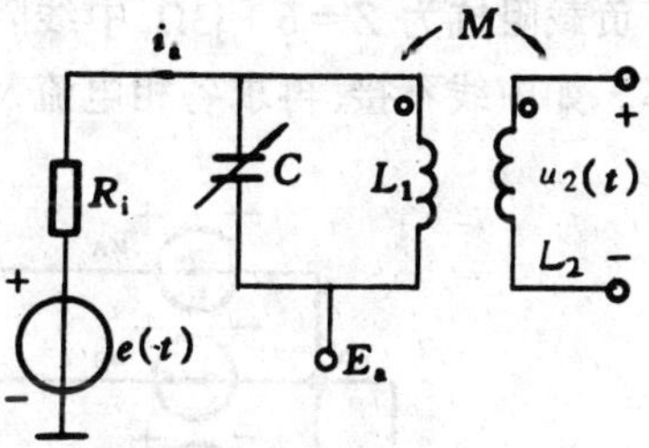

题 6-10 图

6-10 变压器耦合谐振放大器, $e(t)=\sqrt{2}20\sin\omega t$ mV。$E_a=200$ V, $\omega=10^3$ rad/s, $R_i=10\text{k}\Omega$。耦合系数 $K=0.5$, $L_1=4$ mH, $L_2=9$ mH, 欲使次级开路电压 u_{20} 最大,试求 $C=?$, $i_a=?$, $u_2(t)=?$

6-11 题图滤波器电路中,要求 4ω 的谐波电流传送至负载,而使基波电流无法到达负载。如电容 $C=1\mu\text{F}$, $\omega=1000$ rad/s, 试求 L_1 和 L_2。

6-12 题图电路中, $u_S(t)$ 是非正弦波,其中含有 $3\omega_1$ 及 $7\omega_1$ 的谐波分量,如果要求在输出电压 $u(t)$ 中不含这两个谐波分量,问 L 和 C 应为多少?

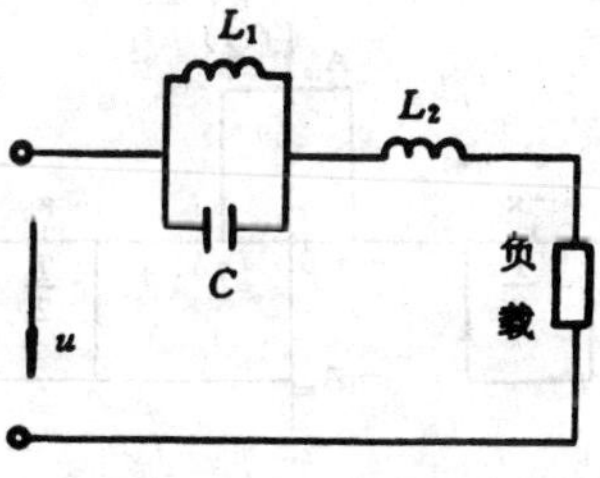

题 6-11 图

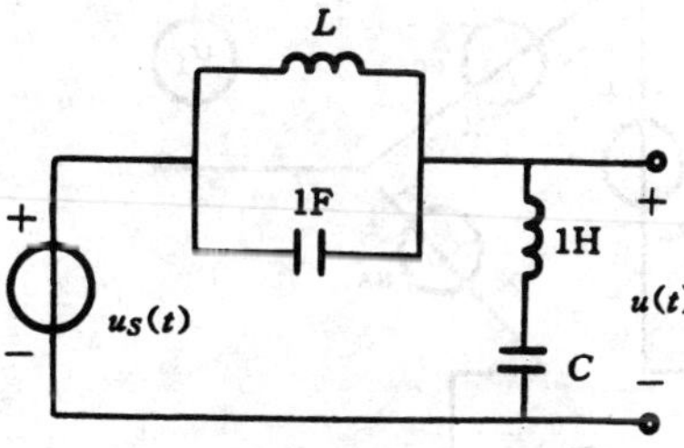

题 6-12 图

6-13 已知题图中 $u(t)=10+8\sin\omega t$ V, $R_1=R_2=50\Omega$, $\omega L_1=\omega L_2=50\Omega$, $\omega M=40\Omega$。求两电阻吸收的平均功率及电源发出的平均功率。

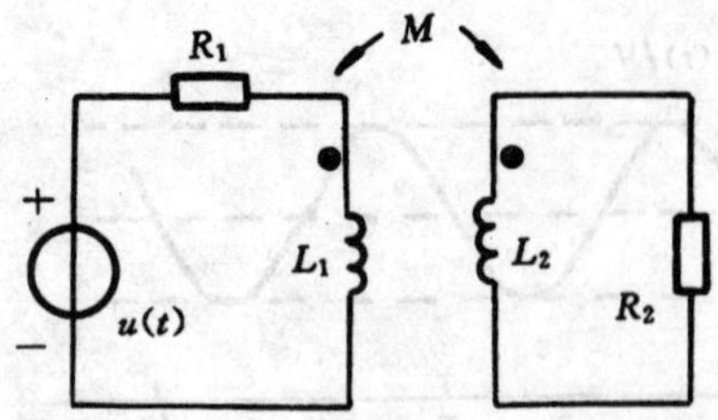

题 6-13 图

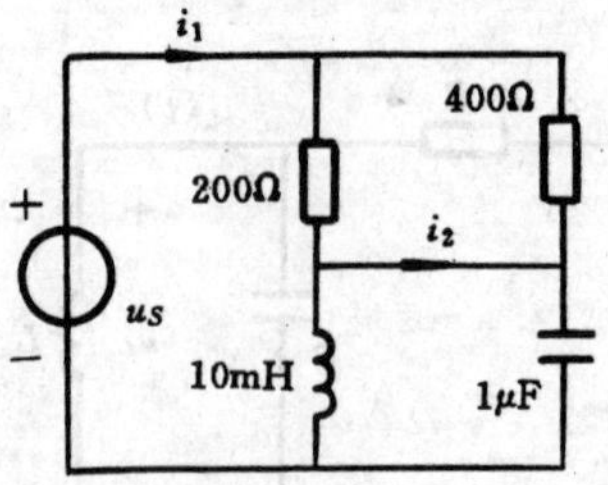

题 6-14 图

6-14 已知题图中 $u_S=20+10\sqrt{2}\sin\omega t$ V, $\omega=10^4$rad/s, 试求电流 i_1 与 i_2 以及它们的有效值。

6-15 对称三相星形联接的发电机的 A 相电压为

$$u_A=\sqrt{2}\,215\sin\omega t-\sqrt{2}\,30\sin 3\omega t+\sqrt{2}\,10\sin 5\omega t\text{ V}$$

在基波频率下负载阻抗为 $Z=6+\mathrm{j}3\Omega$, 中线阻抗 $Z_N=1+\mathrm{j}2\Omega$。试求各相电流、中线电流及负载消耗的功率。如中线不接, 再求各相电流及负载消耗的功率; 这时中点电压 $U_{N'N}=?$

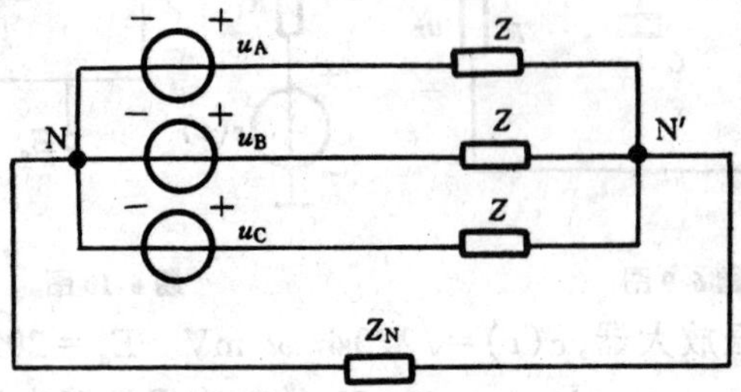

题 6-15 图

6-16 如果将上述三相电源联接成题图所示的三角形并考虑每相阻抗。试求每相绕组的电压; 如果把伏特表 Ⓥ 插入如图中所示, 求 Ⓥ 读数(伏特表为电磁系仪表用来测量有效值)。

6-17 求题图波形的傅里叶级数指数形式的系数。

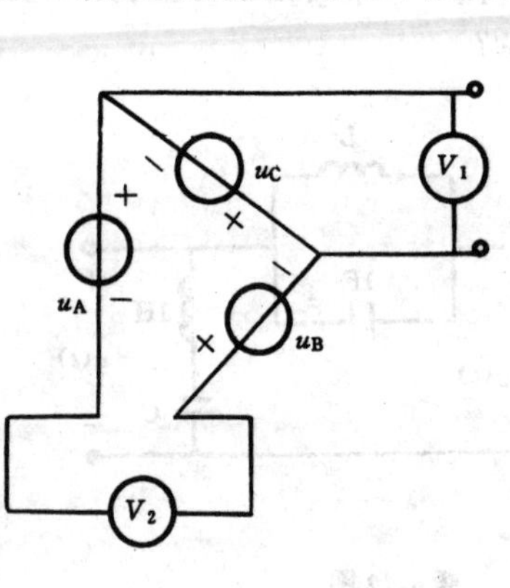

题 6-16 图

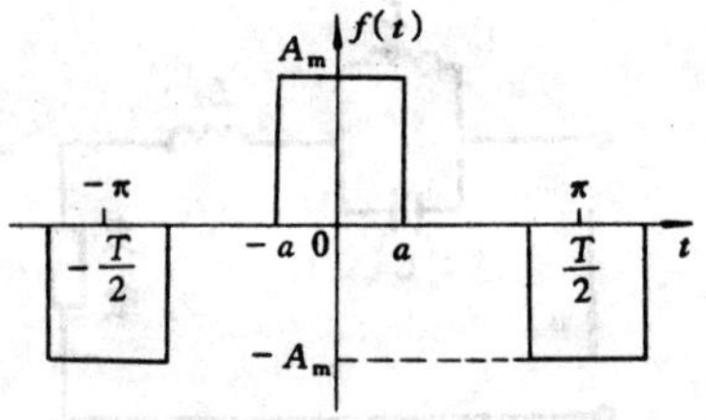

题 6-17 图

第7章　线性动态网络时域分析

内容提要：线性动态网络的动态过程是用线性常微分方程来描述的，时域分析法(又称经典法)就是直接求解线性常微分方程的方法。

本章重点：动态网络的重要概念，例如状态、初始状态、初始条件、固有频率、时间常数和各类响应等；初始条件的确定；工程实用的三要素法；特征方程根与响应的关系。

7-1　电路动态过程和初始条件

1. 电路的动态过程

任何系统的状态都可分为相对稳定和不稳定两类。以机械运动为例，汽车静止或做匀速直线运动称作稳定状态(简称稳态)；若它由原来 2m/s 的一种稳态过渡到 10m/s 的另一种稳态时，一般是不能立即完成的，总是需要一段时间，或者说一个过程，在这个过程中，汽车的速度逐渐地连续地变化，表现为一种不稳定的运动状态，这个过程称为动态过程(也称过渡过程)。存在动态过程的根本原因是能量变化需要时间。

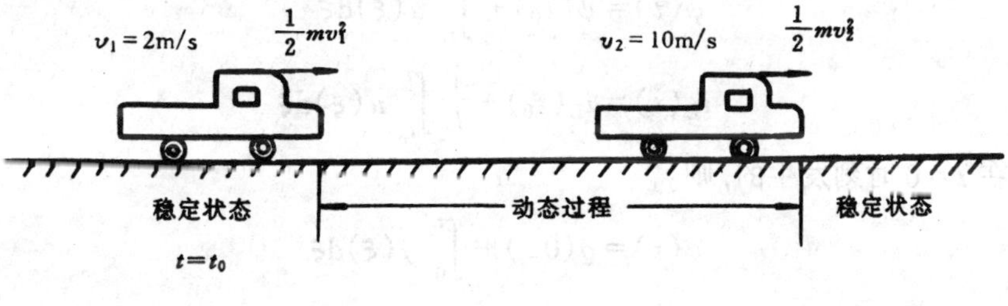

图 7-1

图 7-1 所示是汽车的动态过程。动能由$\frac{1}{2}mv_1^2$变到$\frac{1}{2}mv_2^2$需要一段时间，这是因为若能量变化不需时间(称突变或跃变)，则必须有功率无限大的能源，而这在实际上是做不到的。

电路是系统的特例，因而当能量发生变化时也要出现动态过程。如图 7-2(a)所示 RC 电路的充电过程，我们把计时起点($t=0$)选在 K 闭合的瞬间，此前电容没有充电，即 $u_C(0)=0$，电容储存的电场能量 $W_C(0)=0$，这时电路处于一种稳态；K 闭合后，$W_C(t)$不能突变，因为 $W_C(t)=\frac{1}{2}Cu_C^2(t)$，所以 $u_C(t)$不能突变。合闸瞬间 $U_C(0)=0$，电源电压加在电阻上，回路中产生电流 $i(t)$，它给电容充电，电容电压逐渐地连续的变化，由零升高到 U_S，$i(t)=0$，电路达到新的稳态，这中间所经历的就是一个动态过程。$u_C(t)$、$i(t)$的变化曲线定性画于图 7-2(b)和(c)。

RL 电路充电过程有类似情况，读者可自己讨论。

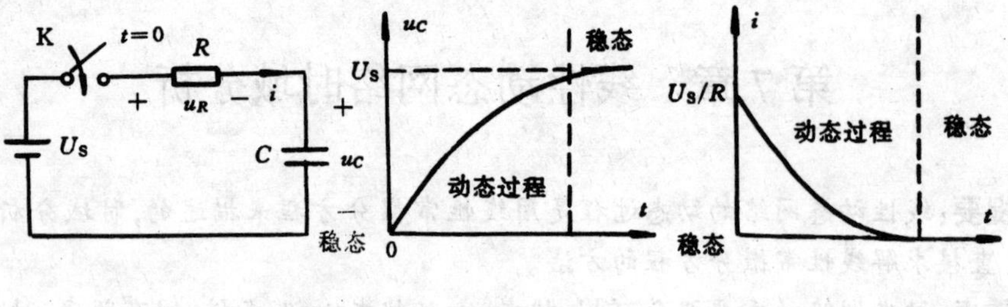

图 7-2

含有储能元件 L, C 的电路叫动态电路。一般情况下,动态电路遇到开关通断、电源变动、元件参数变化(统称换路)等情况时,反映电路储能状况的电容电压 u_C 和电感电流 i_L 都不能突变。这一事实称为换路定律,记作

$$u_C(0_-)=u_C(0_+) \quad 或 \quad q(0_-)=q(0_+) \tag{7-1}$$

$$i_L(0_-)=i_L(0_+) \quad 或 \quad \psi(0_-)=\psi(0_+) \tag{7-2}$$

式中 0_- 为换路开始瞬间,0_+ 是换路结束的瞬间。

在讨论电容和电感元件特性时已知道

$$q(t)=q(t_0)+\int_{t_0}^{t} i(\xi)\mathrm{d}\xi$$

$$u_C(t)=u_C(t_0)+\frac{1}{C}\int_{t_0}^{t} i(\xi)\mathrm{d}\xi$$

$$\psi(t)=\psi(t_0)+\int_{t_0}^{t} u(\xi)\mathrm{d}\xi$$

$$i_L(t)=i_L(t_0)+\frac{1}{L}\int_{t_0}^{t} u(\xi)\mathrm{d}\xi$$

如果换路是在 $t=0$ 时刻发生的,则

$$q(t)=q(0_-)+\int_{0_-}^{t} i(\xi)\mathrm{d}\xi$$

$$u_C(t)=u_C(0_-)+\frac{1}{C}\int_{0_-}^{t} i(\xi)\mathrm{d}\xi$$

$$\psi(t)=\psi(0_-)+\int_{0_-}^{t} u(\xi)\mathrm{d}\xi$$

$$i_L(t)=i_L(0_-)+\frac{1}{L}\int_{0_-}^{t} u(\xi)\mathrm{d}\xi$$

若计算 $t=0_+$ 时的电容电荷或电压,电感磁链或电流,可得

$$q(0_+)=q(0_-)+\int_{0_-}^{0_+} i\mathrm{d}t \tag{7-3}$$

$$u_C(0_+)=u_C(0_-)+\frac{1}{C}\int_{0_-}^{0_+} i\mathrm{d}t \tag{7-4}$$

$$\psi(0_+)=\psi(0_-)+\int_{0_-}^{0_+} u\mathrm{d}t \tag{7-5}$$

$$i_L(0_+) = i_L(0_-) + \frac{1}{L}\int_{0_-}^{0_+} u\,\mathrm{d}t \tag{7-6}$$

在换路瞬间,若 i 为有限值,则 $\int_{0_-}^{0_+} i\,\mathrm{d}t = 0$,从而有

$$q(0_+) = q(0_-),\ u_C(0_+) = u_C(0_-)$$

在换路瞬间,若 u 为有限值,则 $\int_{0_-}^{0_+} u\,\mathrm{d}t = 0$,从而有

$$\psi(0_+) = \psi(0_-),\ i_L(0_+) = i_L(0_-)$$

这就是前面所说的一般情况。如果换路瞬间 i_C, u_L 出现无限值,比如冲击函数,则

$$q(0_+) \neq q(0_-),\ u_C(0_+) \neq u_C(0_-)$$

$$\psi(0_+) \neq \psi(0_-),\ i_L(0_+) \neq i_L(0_-)$$

这便是一种特殊情况。这种情况下,u_C, i_L 在换路瞬间就会发生跃变。这说明换路定律是有条件的。

2. 初始条件的确定

因为时域分析法是直接求解微分方程的方法,所以必须要用初始条件确定积分常数。初始条件就是所求变量及其各阶导数在换路结束瞬间的值。

在电路系统中,u_C(或 q),i_L(或 ψ)是一组独立变量。$u_C(0_+)$〔或 $q(0_+)$〕,$i_L(0_+)$〔或 $\psi(0_+)$〕是一组独立初始条件。所谓独立就是说该组变量和初始条件,其中任何一个都不能用其他变量和初始条件推导出来,而网格中任何一个响应都可用 u_C, i_L 和激励来表示,任何一个初始条件都可用 $u_C(0_+)$、$i_L(0_+)$和激励来表示。因此,这里最关心的是独立的初始条件。

独立变量 u_C, i_L 又称状态变量,因而 $u_C(0_+)$〔或 $q(0_+)$〕,$i_L(0_+)$〔或 $\psi(0_+)$〕就叫初始状态。状态是电路和系统理论中一个专用术语,它是这样一些量最少的集合,这些量在 $t=0$ 时刻必须是确定的,根据 $t=0$ 时这些量的数值和 $t \geqslant 0$ 时的激励(输入)就能惟一地决定 $t \geqslant 0$ 时电路或系统的动态特性。

动态网络中独立储能元件的个数(独立变量或独立初始条件的个数)决定微分方程的阶数。含有一个独立储能元件的动态网络,所列网络的微分方程是一阶微分方程,称一阶网络,具有两个独立储能元件的动态网络则叫二阶网络,依此类推。三阶及以上的动态网络又称高阶网络。

确定初始条件一般情况用下述方法:首先,根据换路开始瞬间计算 $u_C(t_-)$、$i_L(t_-)$,据换路定律可得独立初始条件 $u_C(t_+)$、$i_L(t_+)$;其次,将 $u_C(t_+)$用理想电压源表示,$i_L(t_+)$用理想电流源表示,画出 t_+时刻的等效电路;最后,用线性稳态电路的分析方法求出需要的非独立初始条件。

例 7-1 图7-3(a)所示电路,$t=0$ 时将开关 K 闭合,$t<0$ 时电路已达稳态,试求各元件电流、电压初始值。

解 因 $t<0$ 电路已达到稳态,电容相当开路。

$$u_C(0_-) = U_S = 10\mathrm{V}$$

$$u_C(0_+) = U_C(0_-) = 10\mathrm{V}$$

$(t=0_+)$时刻等效电路如图 7-3(b)所示。

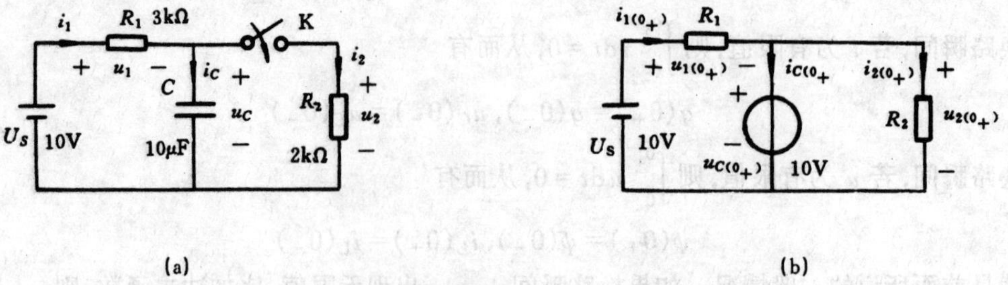

图 7-3

$$u_1(0_+) = U_S - u_C(0_+) = 0, \quad i_1(0_+) = u_1(0_+)/R_1 = 0$$

$$u_2(0_+) = u_C(0_+) = 10\text{V}, \quad i_2(0_+) = u_2(0_+)/R_2 = 5\text{mA}$$

$$i_C(0_+) = i_1(0_+) - i_2(0_+) = 0 - 5 = -5\text{mA}$$

例 7-2 电路如图7-4(a)所示，$t<0$ 电路处于稳态，$t=0$ 时将开关 K 由①扳向②，试求各元件电压、电流初始值及$\left.\dfrac{di_L}{dt}\right|_{t=0_+}$，$\left.\dfrac{du_C}{dt}\right|_{t=0_+}$。

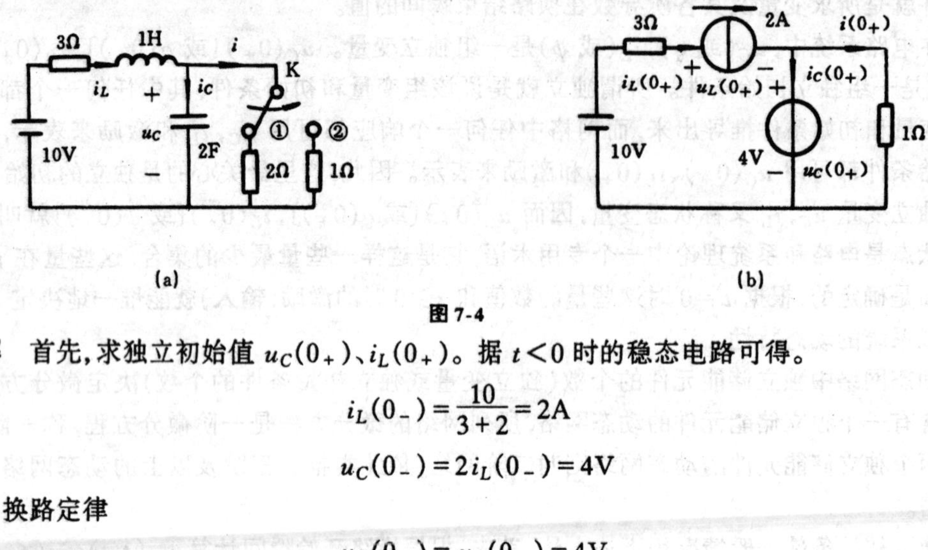

图 7-4

解 首先，求独立初始值 $u_C(0_+)$、$i_L(0_+)$。据 $t<0$ 时的稳态电路可得。

$$i_L(0_-) = \frac{10}{3+2} = 2\text{A}$$

$$u_C(0_-) = 2i_L(0_-) = 4\text{V}$$

由换路定律

$$u_C(0_+) = u_C(0_-) = 4\text{V}$$

$$i_L(0_+) = i_L(0_-) = 2\text{A}$$

$t=0_+$时刻的等效电路如图 7-4(b)所示。

最后，确定非独立初始条件

$$i(0_+) = \frac{u_C(0_+)}{1} = 4\text{A}$$

$$i_C(0_+) = i_L(0_+) - i(0_+) = 2 - 4 = -2\text{A}$$

$$u_L(0_+) = -3i_L(0_+) + 10 - 4 = 0$$

由 $i_C = C\dfrac{du_C}{dt}$，有$\left.\dfrac{du_C}{dt}\right|_{t=0_+} = \dfrac{i_C(0_+)}{C} = \dfrac{-2}{2} = -1\text{V/s}$

由 $u_L = L\dfrac{\mathrm{d}i_L}{\mathrm{d}t}$，有 $\left.\dfrac{\mathrm{d}i_L}{\mathrm{d}t}\right|_{t=0_+} = \dfrac{u_L(0_+)}{L} = \dfrac{0}{1} = 0 \quad \mathrm{A/s}$

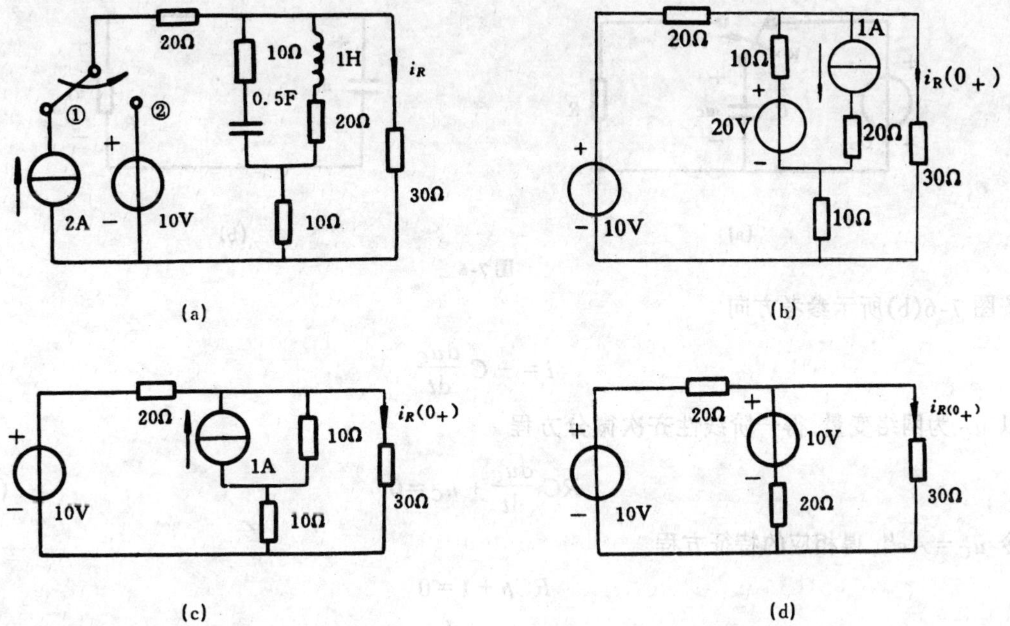

例 7-3 图7-5(a)电路，换路前处于稳态，$t=0$ 时 K 由①合于②，求 $i_R(0_+)$。

解 由分流公式

$$i_L(0_-) = 1\mathrm{A}$$

$$u_C(0_-) = 20,\ i_L(0_-) = 20\mathrm{V}$$

可知

$$i_L(0_+) = 1\mathrm{A}$$

$$u_C(0_+) = 20\mathrm{V}$$

$t=0_+$ 时等效电路如图 7-5(b)所示，将其化简，过程如图 7-5(c)、(d)、(e)，则

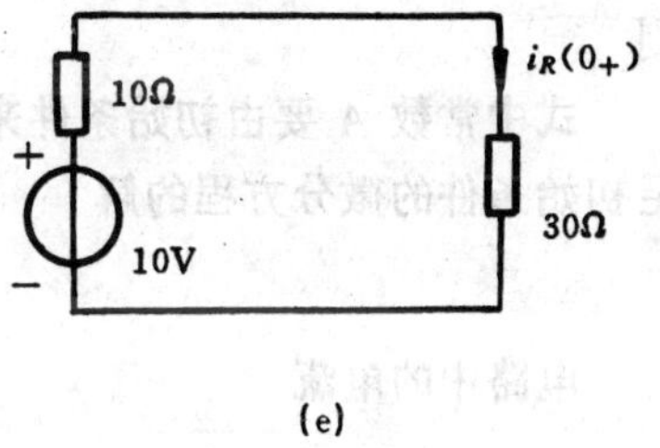

图 7-5

$$i_R(0_+) = \frac{10}{10+30} = 0.25\mathrm{A}$$

7-2　一阶电路的零输入响应

换路瞬间储能元件的储能不等于零，换路后，电路虽无外加电源作用仍有响应产生，这是因为储能元件的储能要通过电阻以热能的形式释放出来。这种情况下，电路的输入为零，响应是由储能元件的储能产生的，所以叫零输入响应。

图 7-6(a)为 RC 充放电电路。换路前电容已充电，即 $u_C(0_-) = u_C(0_+) = U_0$，换路后，电容电压从 U_0 开始逐渐减小，一直下降到零，动态过程结束。为了寻求 u_C 与其他响应的变化规律，就要进行数学分析。对换路后的电路，据基尔霍夫定律有

$$u_R = u_C$$

而
$$u_R = Ri$$

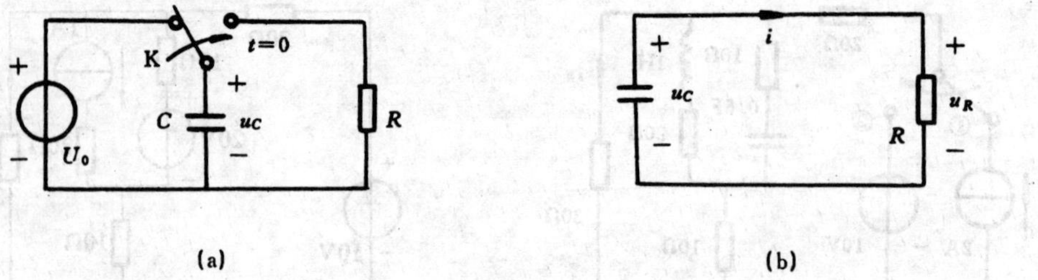

图 7-6

按图 7-6(b)所示参考方向

$$i = -C\frac{\mathrm{d}u_C}{\mathrm{d}t}$$

以 u_C 为网络变量,得一阶线性齐次微分方程

$$RC\frac{\mathrm{d}u_C}{\mathrm{d}t} + u_C = 0 \tag{7-7}$$

令 $u_C = A\mathrm{e}^{pt}$,得相应的特征方程

$$RCp + 1 = 0$$

其特征根
$$p = -\frac{1}{RC}$$

则
$$u_C = A\mathrm{e}^{-\frac{t}{RC}} \tag{7-8}$$

式中常数 A 要由初始条件来确定。把 $u_C(0_+) = U_0$ 代入上式,得 $A = U_0$。于是,得到满足初始条件的微分方程的解

$$u_C = U_0\mathrm{e}^{-\frac{t}{RC}}\mathrm{V}\ (t \geqslant 0) \tag{7-9}$$

电路中的电流

$$i = -C\frac{\mathrm{d}u_C}{\mathrm{d}t} = -C\frac{\mathrm{d}}{\mathrm{d}t}U_0\mathrm{e}^{-\frac{t}{RC}}$$
$$= \frac{U_0}{R}\mathrm{e}^{-\frac{t}{RC}}\mathrm{A}\quad (t \geqslant 0) \tag{7-10}$$

电阻上的电压

$$u_R = u_C = U_0\mathrm{e}^{-\frac{t}{RC}}\mathrm{V}\quad (t \geqslant 0) \tag{7-11}$$

可以看出,u_C, i, u_R 都是按相同指数规律变化的,因 $p = -\frac{1}{RC} < 0$,所以这些响应都是随时间衰减的,最终趋于零。

令 $RC = \tau$,叫做时间常数。式(7-9)、(7-10)可表示为

$$u_C = U_0\mathrm{e}^{-\frac{t}{\tau}} \tag{7-12}$$

$$i = \frac{U_0}{R}\mathrm{e}^{-\frac{t}{\tau}} \tag{7-13}$$

u_C, i 的变化曲线如图 7-7。

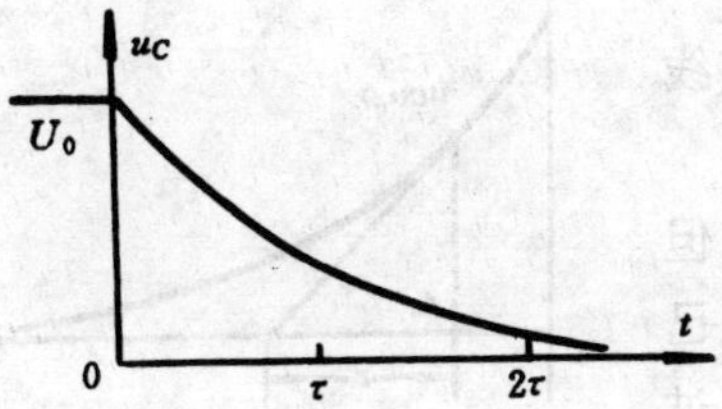

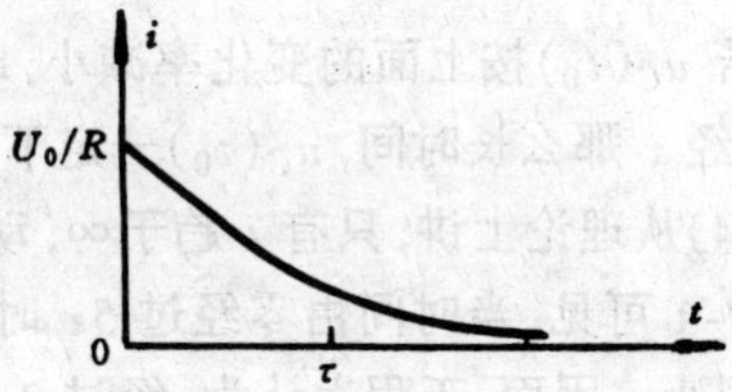

图 7-7

对时间常数 τ 要明确以下几点：

(1)$[\tau]=[R]\cdot[C]=$欧·法$=$欧·$\frac{库}{伏}=$欧·$\frac{安\cdot秒}{伏}=$秒，就是说时间常数的基本单位是秒。而特征方程的根 $p=-\frac{1}{\tau}$，单位是$\frac{1}{秒}$，它取决于电路结构和元件参数，而与激励无关，称为电路固有频率。

(2)把 u_C，i 不同时刻的数值列于表 7-1，可见，换路后经过一个时间常数的时间，u_C 衰减为初始值 U_0 的 36.8%。从任意时刻算起，每经过一个时间常数的时间 u_C 都衰减为原值的 36.8%。换句话说，u_C 衰减到原值的 36.8% 所经历的时间是一个时间常数。

因为

$$u_C(t_0)=U_0e^{-\frac{t_0}{\tau}}$$

当 $t=t_0+\tau$ 时

$$u_C(t_0+\tau)=U_0e^{-\frac{t_0+\tau}{\tau}}=U_0e^{-\frac{t_0}{\tau}-1}=0.368u_C(t_0)$$

表 7-1　　**零输入响应衰减与时间常数的关系**

t	$e^{-t/\tau}$	u_C	i
0	$e^0=1$	U_0	U_0/R
τ	$e^{-1}=0.368$	$0.368U_0$	$0.368U_0/R$
2τ	$e^{-2}=0.135$	$0.135U_0$	$0.135U_0/R$
3τ	$e^{-3}=0.050$	$0.050U_0$	$0.050U_0/R$
4τ	$e^{-4}=0.018$	$0.018U_0$	$0.018U_0/R$
5τ	$e^{-5}=0.007$	$0.007U_0$	$0.007U_0/R$
…	…	…	…
∞	$e^{-\infty}=0$	0	0

(3)如果不知道网络的结构和参数，无法计算时间常数，可用实测办法得到响应的动态曲线，进而得到时间常数，可以证明，动态曲线上任意点的次切距等于时间常数 τ。

因为在 $t=t_0$ 时，u_C 的变化率为

$$\left.\frac{\mathrm{d}u_C}{\mathrm{d}t}\right|_{t=t_0}=-\frac{U_0}{\tau}\mathrm{e}^{-\frac{t_0}{\tau}}=-\frac{u_C(t_0)}{\tau}$$

若 $u_C(t_0)$ 按上面的变化率减小，即按图 7-8 中的直线下降，经 τ 那么长时间，$u_C(t_0)$ 一定下降到零。

(4)从理论上讲，只有 t 趋于∞，动态过程才能结束，但从表 7-1 可见，当时间由零经过 5τ 时，响应相对于初值已变得很小。因而，工程上认为，经过 $3\tau\sim5\tau$ 的时间动态过程就结束了。显然，动态过程的快慢是由时间常数的大小来决定的。

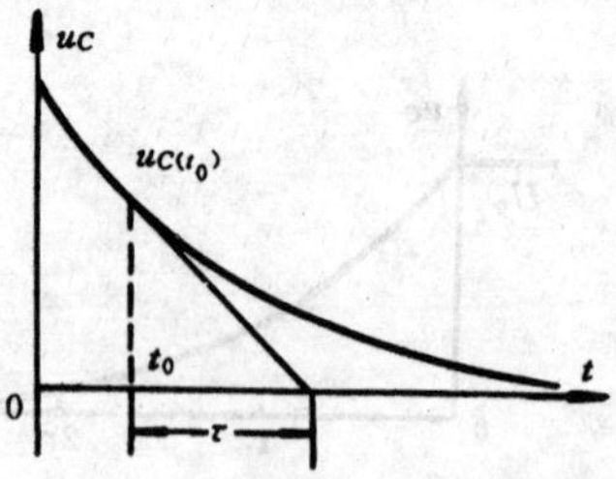

图 7-8

动态过程中能量转换的关系是，电容储存的电场能量全部变成了电阻消耗的能量。

$$W_R=\int_0^{\infty}R\frac{U_0^2}{R^2}\mathrm{e}^{-\frac{2t}{\tau}}\mathrm{d}t=\frac{1}{2}CU_0^2=W_C(0_+)$$

对图 7-9 的 RL 充放电电路，其动态过程和上面讨论的 RC 电路放电过程是类似的。

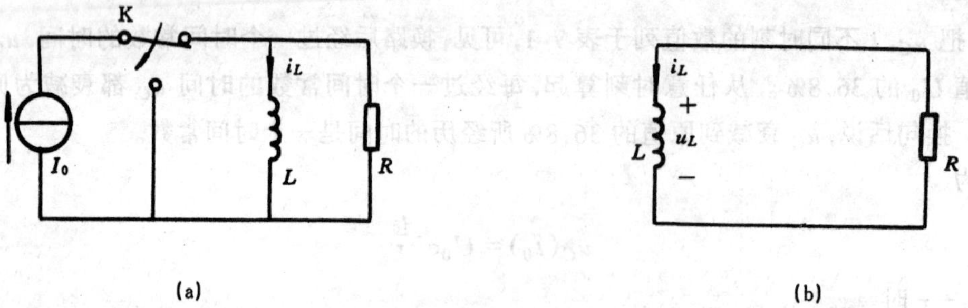

图 7-9

由图 7-9(a)可知　　　　$i_L(0_-)=i_L(0_+)=I_0$

据 KVL

$$L\frac{\mathrm{d}i_L}{\mathrm{d}t}+Ri_L=0 \tag{7-14}$$

$$\frac{L}{R}\frac{\mathrm{d}i_L}{\mathrm{d}t}+i_L=0 \tag{7-15}$$

上式与式(7-7)类似，也是一阶线性齐次微分方程

$$i_L=A\mathrm{e}^{-\frac{t}{L/R}} \tag{7-16}$$

由初始条件 $i_L(0_+)=I_0$ 定常数

$$A=I_0$$

$$i_L=I_0\mathrm{e}^{-\frac{t}{L/R}} \tag{7-17}$$

令 $L/R=\tau$，叫作 RL 电路的时间常数，于是

$$i_L=I_0\mathrm{e}^{-\frac{t}{\tau}}\mathrm{A}\quad(t\geqslant0) \tag{7-18}$$

电感电压为

$$u_L=L\frac{\mathrm{d}i_L}{\mathrm{d}t}=-RI_0\mathrm{e}^{-\frac{t}{\tau}}\mathrm{V}\quad(t\geqslant0) \tag{7-19}$$

i_L, u_L 随时间变化的曲线如图 7-10。

在 RL 放电电路的动态过程中，能量转换关系是，电感储存的磁场能量全部变成了电阻消耗的能量。

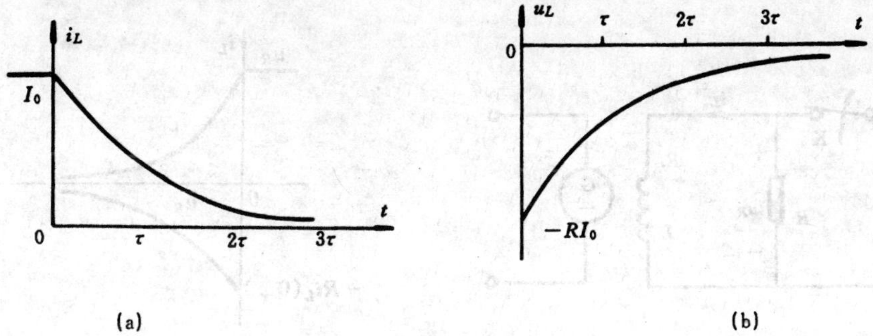

图 7-10

$$W_R = \int_0^{\infty} Ri_L^2 \mathrm{d}t = \int_0^{\infty} RI_0^2 \mathrm{e}^{-\frac{2t}{\tau}} \mathrm{d}t = \frac{1}{2}LI_0^2 = W_{\mathrm{m}}(0_+)$$

从以上分析可见，零输入响应都是从初始值按指数规律衰减到零的变化过程。

例 7-4 如图7-11(a)，$t=0$，K 由①合于②，换路前电路稳态，求换路后的 i_L, u_L, u_{12}。

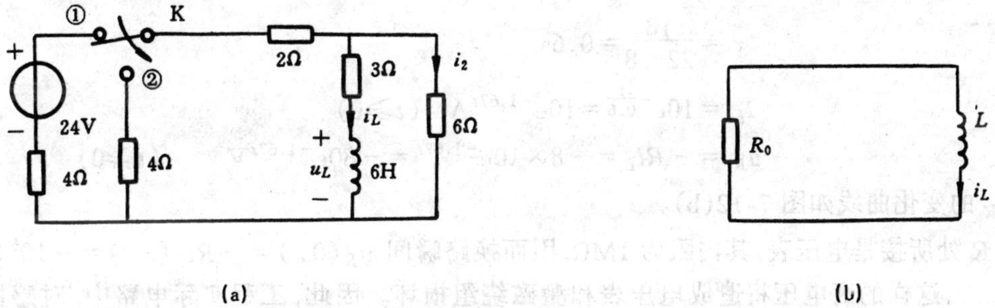

图 7-11

解

$$i_L(0_-) = \frac{24}{4+2+2} \times \frac{6}{3+6} = 2\mathrm{A} = i_L(0_+)$$

换路后的电路输入为零，所求响应是零输入响应。从电感两端视入的等效电阻

$$R_0 = 3 + \frac{6\times(2+4)}{6+2+4} = 6\Omega$$

等效电路如图 7-11(b)，时间常数

$$\tau = \frac{L}{R_0} = \frac{6}{6} = 1\mathrm{s}$$

$$i_L = i_L(0_+)\mathrm{e}^{-\frac{t}{\tau}} = 2\mathrm{e}^{-t}\mathrm{A} \quad (t \geqslant 0)$$

$$u_L = L\frac{\mathrm{d}i_L}{\mathrm{d}t} = -12\mathrm{e}^{-t}\mathrm{V} \quad (t \geqslant 0)$$

$$i_1 = \frac{1}{2}i_L = \mathrm{e}^{-t}\mathrm{A} \quad (t \geqslant 0)$$

$$u_{12}=24+4i_1=24+4e^{-t}\text{V}\quad (t\geqslant 0)$$

例 7-5 图7-12(a)所示为直流发电机激磁电路，电源电压 $U_S=220\text{V}$，激磁绕组的电阻 $R_i=22\Omega$，电感 $L=18\text{H}$，并接在绕组两端的电阻 $R=8\Omega$。$t=0$ 将开关 K 扳断，$t<0$ 时电路处于稳态，试求零输入响应 i_L，u_R。

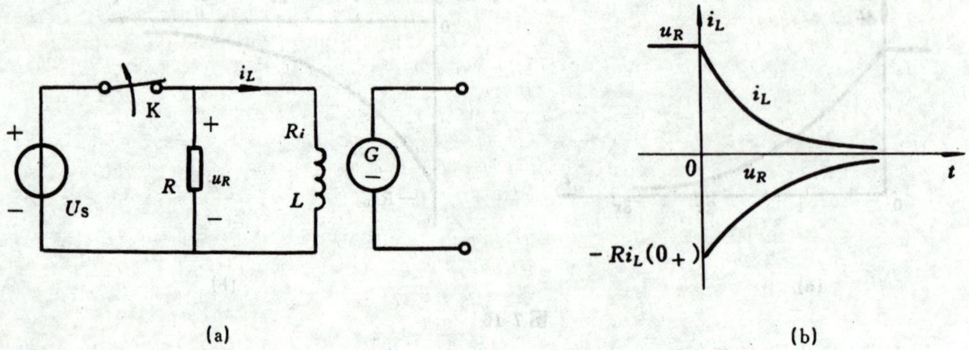

图 7-12

解

$$i_L(0_-)=\frac{220}{22}=10\text{A}=i_L(0_+)$$

时间常数

$$\tau=\frac{18}{22+8}=0.6\text{s}$$

$$i_L=10e^{-\frac{t}{0.6}}=10e^{-1.67t}\text{A}\quad (t\geqslant 0)$$

$$u_R=-Ri_L=-8\times 10e^{-1.67t}=-80e^{-1.67t}\text{V}\qquad (t\geqslant 0)$$

i_L，u_R 的变化曲线如图 7-12(b)。

假若 R 处所接是电压表，其内阻为 1MΩ，因而换路瞬间 $u_R(0_+)=-Ri_L(0_+)=-10^6\times 10=-10\text{MV}$，这样的高电压将造成电压表和激磁绕组损坏。因此，工程实际电路中，对感性负载，当开关扳断时，必须考虑磁场能量的泄放。实用的办法是在感性负载两端并接二极管(称泄放或续流二极管)或阻值小的电阻(称泄放或续流电阻)，如图 7-13(a)，(b)所示。

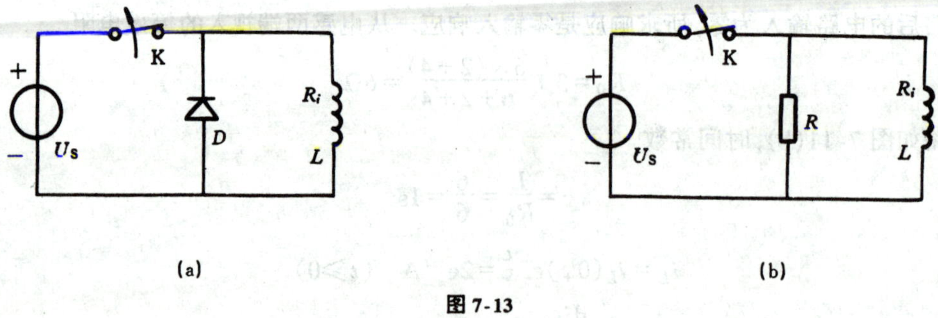

图 7-13

7-3　一阶电路的零状态响应

电路的初始状态为零，即 $u_C(0_+)$ 或 $i_L(0_+)$ 等于零，由外加激励引起的响应叫零状态响应。

本节讨论 RC，RL 电路在直流电源激励下产生的响应。

图 7-14(a)所示电路，换路前开关 K 闭合，$u_C(0_-)=0$，换路后，据 KCL

$$i_C + i_R = I_S$$

另据

$$i_C = C\frac{\mathrm{d}u_C}{\mathrm{d}t}$$

$$i_R = \frac{u_C}{R}$$

可得

$$C\frac{\mathrm{d}u_C}{\mathrm{d}t} + \frac{u_C}{R} = I_S$$

或

$$RC\frac{\mathrm{d}u_C}{\mathrm{d}t} + u_C = RI_S \tag{7-20}$$

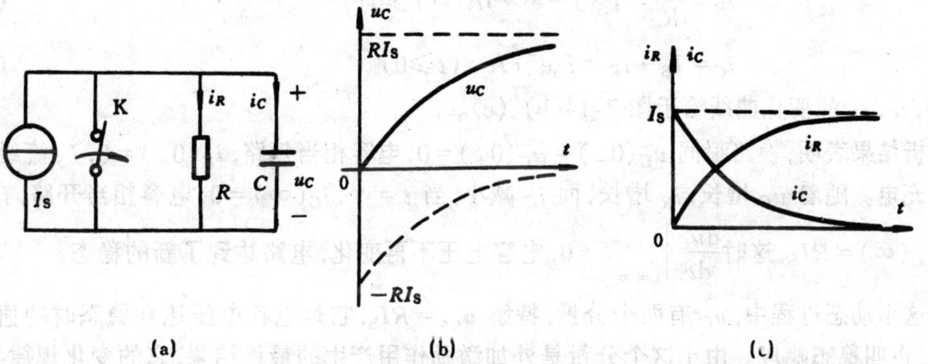

图 7-14

式(7-20)为一阶线性非齐次方程，它的全解由其特解 u_{Cp} 和相应齐次方程的通解 u_{Ch} 组成，即

$$u_C = u_{Cp} + u_{Ch} \tag{7-21}$$

因而有

$$RC\frac{\mathrm{d}}{\mathrm{d}t}(u_{Cp} + u_{Ch}) + (u_{Cp} + u_{Ch}) = RI_S \tag{7-22}$$

其中特解应满足

$$RC\frac{\mathrm{d}u_{Cp}}{\mathrm{d}t} + u_{Cp} = RI_S \tag{7-23}$$

齐次方程通解应满足

$$RC\frac{\mathrm{d}u_{Ch}}{\mathrm{d}t} + u_{Ch} = 0 \tag{7-24}$$

式(7-24)的解应为

$$u_{Ch} = A\mathrm{e}^{-\frac{t}{RC}} = A\mathrm{e}^{-\frac{t}{\tau}} \tag{7-25}$$

式中 $\tau = RC$，是 RC 电路时间常数。

在式(7-23)中，因 RI_S 是常数，则特解应是常数，令 $u_{Cp} = K$，则由式(7-23)可知

$$RC \cdot 0 + K = RI_S \tag{7-26}$$

于是求得特解

$$u_{Cp} = K = RI_S \tag{7-27}$$

全解为

$$u_C = RI_S + A\mathrm{e}^{-\frac{t}{\tau}} \tag{7-28}$$

A 由初始条件来确定。因电路是零状态，$u_C(0_-) = u_C(0_+) = 0$，故

$$0 = RI_S + A$$

所以

$$A = -RI_S$$

得

$$u_C = RI_S - RI_S\mathrm{e}^{-\frac{t}{\tau}} = RI_S(1 - \mathrm{e}^{-\frac{t}{\tau}})\mathrm{V} \quad (t \geqslant 0) \tag{7-29}$$

$$i_R = \frac{u_C}{R} = I_S(1 - \mathrm{e}^{-\frac{t}{\tau}})\mathrm{A} \quad (t \geqslant 0) \tag{7-30}$$

$$i_C = I_S - i_R = I_S\mathrm{e}^{-\frac{t}{\tau}}\mathrm{A} \quad (t \geqslant 0) \tag{7-31}$$

u_C，i_C，i_R 的变化曲线绘于图 7-14(b)、(c)。

分析结果表明，换路瞬间 $u_C(0_-) = u_C(0_+) = 0$，电容相当短路，$i_R(0_+) = 0$，I_S 流经电容，给电容充电。随着 u_C 增长，i_R 增长，而 i_C 减小，当 $t = \infty$，$i_C(\infty) = 0$，电容相当开路，I_S 流经电阻，$u_C(\infty) = RI_S$，这时 $\left.\frac{\mathrm{d}u_C}{\mathrm{d}t}\right|_{t=\infty_+} = 0$，电容电压不再变化，电路达到了新的稳态。

在这个动态过程中，u_C 有两个分量，特解 $u_{Cp} = RI_S$，它是电容电压达到稳态时的值，简称稳态值，也叫稳态响应。由于这个分量是外加激励作用产生的最终结果，它的变化规律与外加激励相同，因此又叫强制响应。一般情况下，当外加激励是常量或周期函数时，电路都能达到稳态，就把强制响应叫作稳态响应。另一个分量 u_{Ch} 是相应齐次方程的通解，它只存在于电路的动态过程中，其变化规律与外加激励无关，即总是按指数规律衰减到零，衰减的快慢与特征方程的根，即电路的固有频率有关，因而叫暂态响应或固有响应。

对图 7-15(a)所示 RL 电路，在直流电压源作用下，所产生的也是零状态响应，其分析方法与 RC 电路相同。

电路的微分方程

$$L\frac{\mathrm{d}i_L}{\mathrm{d}t} + Ri_L = U_S \tag{7-32}$$

全解包含两部分

$$i_L = i_{Lp} + i_{Lh} \tag{7-33}$$

其中

$$i_{Lp} = \frac{U_S}{R} \tag{7-34}$$

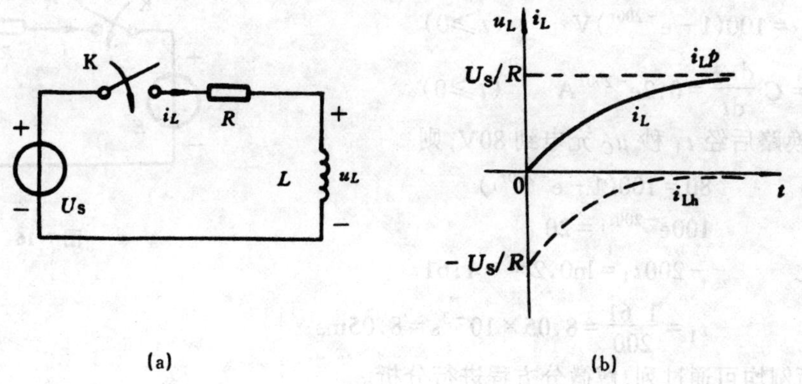

(a)　　　　　　　　　　　　　　　(b)

图 7-15

$$i_{Lh}=A\mathrm{e}^{-\frac{t}{L/R}}=A\mathrm{e}^{-\frac{t}{\tau}} \tag{7-35}$$

上式中 $\tau=\dfrac{L}{R}$ 为 RL 电路时间常数

故

$$i_L=\frac{U_S}{R}+A\mathrm{e}^{-\frac{t}{\tau}} \tag{7-36}$$

由初始条件定常数

$$i_L(0_-)=i_L(0_+)=0,\quad 0=\frac{U_S}{R}+A,\quad A=-\frac{R_S}{R}$$

所以

$$i_L=\frac{U_S}{R}-\frac{U_S}{R}\mathrm{e}^{-\frac{t}{\tau}}=\frac{U_S}{R}(1-\mathrm{e}^{-\frac{t}{\tau}})\mathrm{A}\quad(t\geqslant0) \tag{7-37}$$

$$U_L=L\frac{\mathrm{d}i_L}{\mathrm{d}t}=U_S\mathrm{e}^{-\frac{t}{\tau}}\mathrm{V}\quad(t\geqslant0) \tag{7-38}$$

i_L，u_L 的变化曲线画于图 7-15(b)。

由于电感中电流不能跃变，换路瞬间 $i_L(0)=0$，相当开路，$u_R(0_+)=0$，外加电源电压全加在电感两端，使电感中电流增长，u_R 增长，同时 u_L 减小，当 $t=\infty$ 时，$u_R=U_S$，$i_L(\infty)=\dfrac{U_S}{R}$ 不再变化，即 $\left.\dfrac{\mathrm{d}i_L}{\mathrm{d}t}\right|_{t=\infty}=0$，$u_L(\infty)=0$，电感相当短路，电路又达到稳态。

可见，一阶电路的零状态响应是以初始值向稳态值变化的过程。其中 u_C，i_L 这两个响应，对于零状态电路，因为 $u_C(0_+)=0$ 或 $i_L(0_+)=0$，则都是从零变化到稳态值。

零状态电路的动态过程，能量转换关系是，电源提供的能量，一部分被电阻消耗，一部分转换成电容储存的电场能量或电感储存的磁场能量。

例 7-6　在图7-16电路中，电容原未充电。已知 $E=100\mathrm{V}$，$R=500\Omega$，$C=10\mu\mathrm{F}$。在 $t=0$ 时将 K 闭合，求：(1) $t\geqslant0$ 的 u_C 和 i；(2) u_C 达到 80V 所需的时间。

解　(1)时间常数

$\tau=RC=500\times10\times10^6=5\times10^{-3}\mathrm{s}=5\mathrm{ms}$

$u_C(0_+)=u_C(0_-)=0$

$$u_C(\infty)=E=100\text{V}$$

$$u_C=100(1-e^{-200t})\text{V} \qquad (t\geqslant 0)$$

$$i=C\frac{du_C}{dt}=0.2e^{-200t}\text{A} \qquad (t\geqslant 0)$$

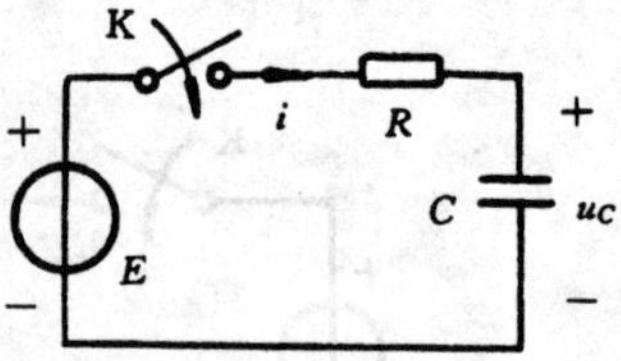

图 7-16

(2)设换路后经 t_1 秒 u_C 充电到 80V,则

$$80=100(1-e^{-200t_1})$$

$$100e^{-200t_1}=20$$

$$-200t_1=\ln 0.2=-1.61$$

$$t_1=\frac{1.61}{200}=8.05\times 10^{-3}\text{s}=8.05\text{ms}$$

以上两例均可通过列、解微分方程进行分析。

如果要求的响应不是 u_C, i_L,可以要求的响应为变量列微分方程,然后求解,亦可先求出 u_C, i_L,再根据 KCL, KVL 计算所要求的响应。

7-4 解一阶电路的三要素法

工程实际中,经常会遇到一阶动态网络分析问题,尤其是在数字电子技术中广泛应用各种 RC 充放电电路,电路中的开关可以是机械的、继电器的、半导体三极管的,等等,激励可能是直流信号、矩形脉冲或阶跃信号(在本章 7-5 中介绍)等,响应都属于恒定激励所产生的响应。分析这类问题,如果都去列、解微分方程,那是很麻烦的,工程上希望找到一种直观的,简捷的方法,这就是本节所要讨论的三要素法。

前两节讨论过的一阶电路的零输入响应、零状态响应是动态电路分析中最简单的问题,现在研究输入和初始状态都不为零时一阶电路的响应,这种响应叫作电路的全响应。

求解电路的全响应仍是求解非齐次微分方程的问题,其步骤与求零状态响应时没有不同,只是在确定积分常数时初始条件不同而已。下面,仍以 RC 并联电路与电流源接通为例说明全响应的计算方法。

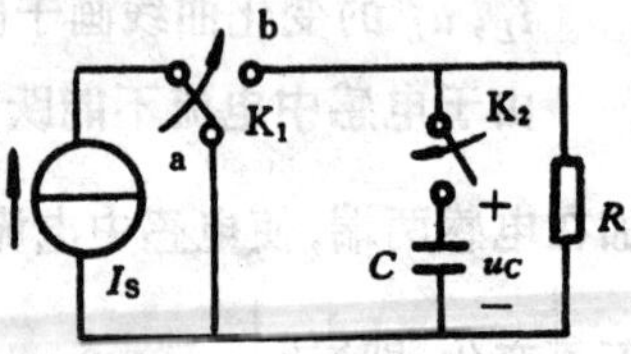

图 7-17

设在图 7-17 所示电路中,换路前电容电压已充电到 U_0,即 $u_C(0_-)=U_0$。在 $t=0$ 时开关 K_1 由 a 突然接到 b,同时闭合开关 K_2。换路后,电路即有输入作用,初始状态又不为零,所产生的响应就是全响应,但电路的微分方程仍与式(7-20)一样,即为

$$RC\frac{du_C}{dt}+u_C=RI_S$$

其解答仍与式(7-28)一样

$$u_C=RI_S+Ae^{-\frac{t}{\tau}}$$

根据换路定律

$$u_C(0_+)=u_C(0_-)=U_0$$

将初始条件代入上式

$$U_0 = RI_S + A$$

则

$$A = U_0 - RI_S$$

电路的全响应为

$$u_C = \underset{\text{稳态分量}}{RI_S} + \underset{\text{暂态分量}}{(U_0 - RI_S)e^{-\frac{t}{\tau}}} \quad (t \geqslant 0) \tag{7-39}$$

显然，u_C 仍由两个分量组成，稳态分量又叫稳态响应(强制响应)，暂态分量又叫暂态响应(固有响应)。稳态分量的变化规律取决于激励的变化规律，现在激励是直流电源，稳态分量也是恒定不变的，若输入是正弦量，稳态分量也是同频率正弦量(在 7-15 节讨论)，暂态分量则既与初始状态有关，又与激励有关(但变化规律与激励无关)。

式(7-39)可改写成

$$u_C = \underset{\text{零输入响应}}{U_0 e^{-\frac{t}{\tau}}} + \underset{\text{零状态响应}}{RI_S(1 - e^{-\frac{t}{\tau}})} \quad (t \geqslant 0) \tag{7-40}$$

式中第一项是零输入响应，第二项是零状态响应，说明电路的全响应等于零输入响应和零状态响应之和，这是叠加原理在线性动态网络分析中的体现。

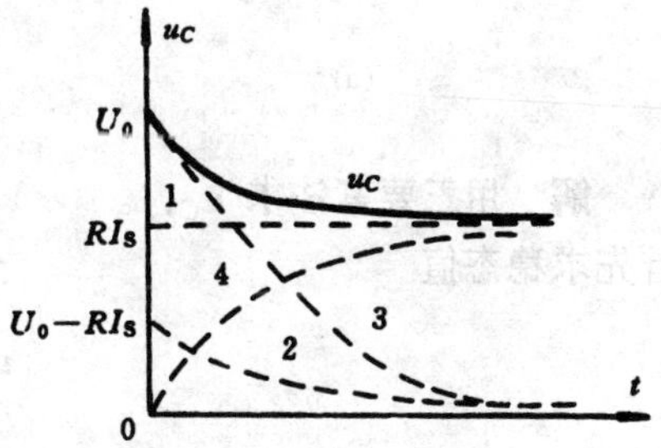

图 7-18

图 7-18 中，曲线 1 是稳态分量，曲线 2 是暂态分量，曲线 3 是零输入响应，曲线 4 是零状态响应。

分析结果表明：全响应的两种表达式中都含有响应的初始值，稳态值和时间常数这三个要素。

当考虑普遍情况时，任何网络变量 $f(t)$ 的微分方程可写成

$$\frac{\mathrm{d}f(t)}{\mathrm{d}t} + \frac{1}{\tau}f(t) = v(t) \tag{7-41}$$

解答

$$f(t) = f(\infty) + Ae^{-\frac{t}{\tau}} \tag{7-42}$$

由初始条件定常数

$$f(0_+) = f(\infty)\big|_{t=0} + A$$

所以

$$A = f(0_+) - f(\infty)\big|_{t=0}$$

全响应

$$f(t) = f(\infty) + [f(0_+) - f(\infty)\big|_{t=0}]e^{-\frac{t}{\tau}} \tag{7-43}$$

当激励是直流电源时，$f(\infty)$不是时间的函数，即$f(\infty)\big|_{t=0} = f(\infty)$，则

$$f(t) = f(\infty) + [f(0_+) - f(\infty)]e^{-\frac{t}{\tau}} \tag{7-44}$$

式(7-43)、(7-44)叫作一阶电路的三要素公式，式中所包含的三个要素，初始值按 7-1 节提供的办法计算；稳态值按电路到达新的稳态时的情况来计算，如果激励是直流电源，则电容应视为开路，电感应视为短路；因为时间常数是从解齐次微分方程得到的，所以它与激励无关，

而应由储能元件两端视入的无源二端网络(将有源二端网络内部独立源置零)的等效电阻 R_e 和储能元件的参数来决定,若储能元件是电容,则 $\tau = R_eC$,若储能元件是电感,则 $\tau = L/R_e$。只要我们求出初始值,稳态值,时间常数这三个要素,则全响应可按公式直接写出,这就是解一阶电路的三要素法。

例 7-7 图7-19(a)所示电路,$u_C(0_-) = -3\text{V}$,$t=0$ 时 K 闭合,试求完全响应 $u_C(t)$,$i(t)$。

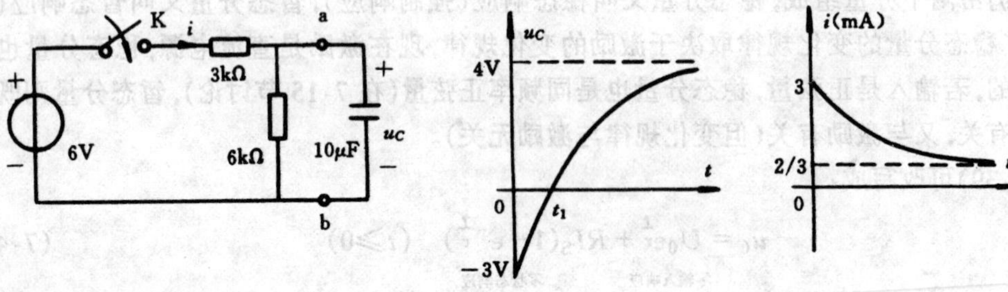

(a) (b) (c)

图 7-19

解 用三要素法求 u_C, i。

首先求稳态值

$$u_C(\infty) = \frac{6}{3+6} \times 6 = 4\text{V}$$

$$i(\infty) = \frac{6}{9 \times 10^3} = 0.667\text{mA}$$

其次求初始值

$$u_C(0_+) = u_C(0_-) = -3\text{V}$$

$$i(0_+) = \frac{6-(-3)}{3 \times 10^3} = 3\text{mA}$$

最后求时间常数

$$\tau = R_eC,\ 其中\ R_e = \frac{3 \times 6}{3+6} = 2\text{k}\Omega$$

$$\tau = 2 \times 10^3 \times 10 \times 10^{-6} = 20\text{ms}$$

所以

$$u_C = 4 + (-3-4)e^{-\frac{t}{\tau}} = 4 - 7e^{-\frac{t}{20 \times 10^{-3}}}$$

$$= 4 - 7e^{-50t}\text{V} \quad (t \geqslant 0)$$

$$i = 0.667 + (3 - 0.667)e^{-\frac{t}{\tau}}$$

$$= 0.667 + 2.33e^{-50t}\text{mA} \quad (t \geqslant 0)$$

其波形如图 7-19(b)(c)所示。图中 t_1 由式

$$u_C = 4 - 7e^{-50t}$$

可得

$$0 = 4 - 7e^{-50t}$$

$$-50t_1 = \ln\frac{4}{7} = -0.560$$

$$t_1 = 11.2\text{ms}$$

例 7-8 图 7-20(a)所示 RC 电路，当 $-\infty \leqslant t \leqslant 0_-$ 时，开关 K 接于 a，$u_S = 0$，当 $t = 0$ 时，K 由 a 扳向 b，经 $1\mu s$ 后，再将 K 由 b 扳向 a，试求响应 u_2。

解 虚线框内的开关电路，可等效为图(b)所示脉冲信号、其幅度 $U_m = 10V$，脉冲宽度 $t_K = 1\mu s$。

当 $0_+ \leqslant t \leqslant t_k$ 时，K 由 a 扳向 b，可用三要素法求 u_2。稳态值

$$u_2(\infty) = 10V$$

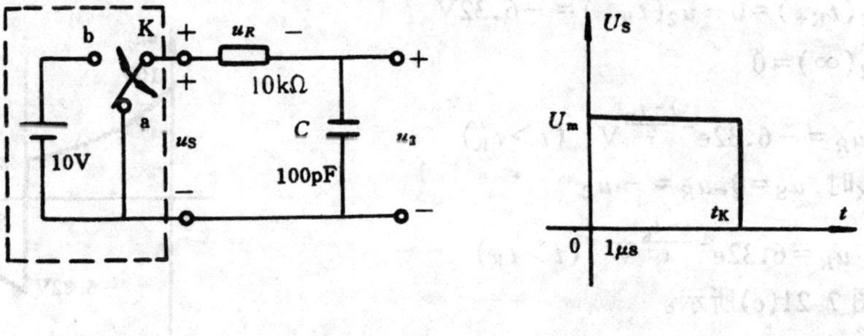

(a) (b)

图 7-20

此值并非电路的最终稳态值，称为虚稳态值。

初始值 $u_2(0_+) = u_2(0_-) = 0$

时间常数 $\tau = RC = 10 \times 10^3 \times 100 \times 10^{-12} = 10^{-6}S = 1\mu s$

得
$$u_2 = 10 + (0 - 10)e^{-\frac{t}{\tau}}$$
$$= 10 - 10e^{-\frac{t}{10^{-6}}} = 10(1 - e^{-10^6 t})V \quad (0_+ \leqslant t \leqslant t_K)$$

其波形如图 7-21(b)所示。

当 $t \geqslant t_K$，开关 K 由 b 扳向 a，$u_S = 0$，相当短路，电容通过电阻放电，$t - t_K$ 时的电容电压由前式可得

$$u_2(t_{K-}) = 10 - 10e^{-\frac{t_K}{\tau}}$$
$$= 10 - 10e^{-1} = 6.32V$$

因电容电压不能跃变，故

$$u_2(t_{K+}) = u_2(t_{K-}) = 6.32V$$

稳态值(最终稳态值)

$$u_2(\infty) = 0$$

时间常数与前一个动态过程相同，当 $t \geqslant t_{K+}$ 时

$$u_2(t) = 6.32e^{-\frac{t - t_K}{\tau}}V \quad (t > t_{K+})$$

其波形绘于图 7-21(b)。

因为
$$u_R = u_S - u_2$$

则
$$u_R = 10e^{-\frac{t}{\tau}}V \quad (0 \leqslant t \leqslant t_K)$$

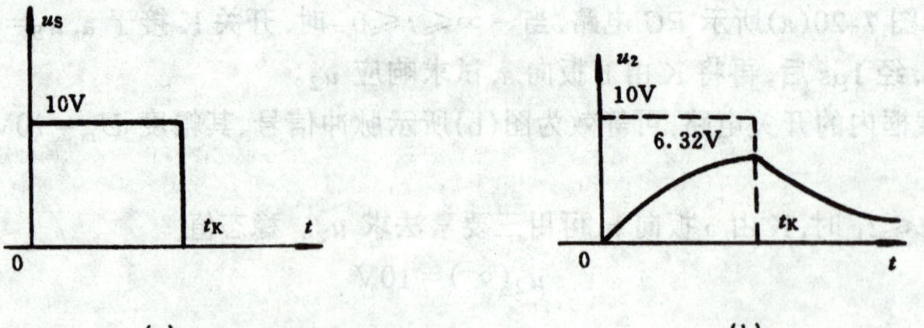

$$u_R(t_{K+})=0-u_2(t_{K+})=-6.32\text{V}$$
$$u_R(\infty)=0$$

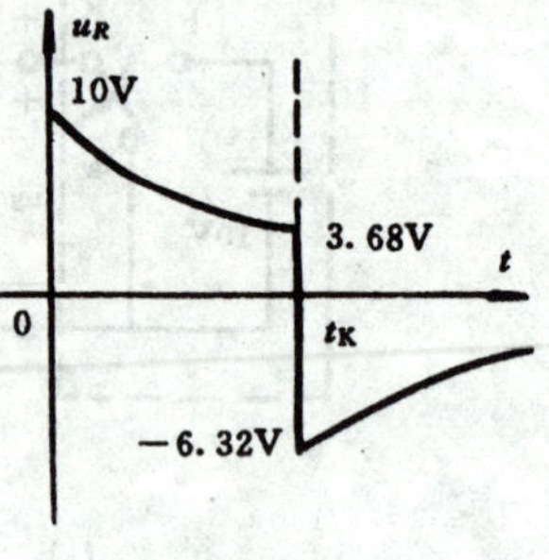

图 7-21

所以 $\quad u_R=-6.32e^{-\frac{t-t_K}{\tau}}\text{V} \quad (t>t_K)$

或者，当 $t\geqslant t_K$ 时，$u_S=0$，$u_R=-u_2$

则 $\quad u_R=6.32e^{-\frac{t-t_K}{\tau}}\text{V} \quad (t>t_K)$

u_R 的波形如图 7-21(c)所示。

例 7-9 在图7-22(a)所示电路中，电容 C 原未充电，$t=0$ 时将开关 K 闭合，求 K 闭合后的 u_C。已知 $E=10\text{V}$，$R_1=4\Omega$，$R_2=4\Omega$，$R_3=2\Omega$，$C=1\text{F}$。

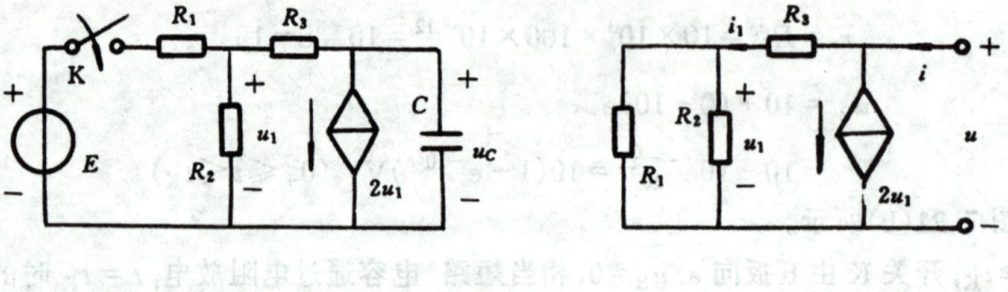

图 7-22

解 (1)初始值

$$u_C(0_+)=u_C(0_-)=0$$

(2)稳态值。稳态时电容支路电流为零，故 R_3 中电流为 $2u_1(\infty)$，而 R_1 中的电流为 $\dfrac{u_1(\infty)}{R_2}+2u_1(\infty)$，所以

$$E=R_1\left[\frac{u_1(\infty)}{R_2}+2u_1(\infty)\right]+u_1(\infty)$$

$$10=4\left[\frac{u_1(\infty)}{4}+2u_1(\infty)\right]+u_1(\infty)$$

从而求得

$$u_1(\infty)=1\text{V}$$

于是

$$u_C(\infty)=u_1(\infty)-R_3 2u_1(\infty)$$
$$=1-2\times2=-3\text{V}$$

(3)时间常数。为了求出时间常数 τ，首先要求出从电容两端视入的无源二端网络的等效电阻，按图 7-22(b)，则

$$i=i_1+2u_1$$

$$i_1=\frac{u}{R_3+\frac{R_1R_2}{R_1+R_2}}=\frac{u}{4}$$

$$u_1=\frac{R_1R_2}{R_1+R_2}i_1=2i_1=\frac{u}{2}$$

$$i=\frac{u}{4}+2\times\frac{u}{2}=\frac{5}{4}u$$

等效电阻

$$R_0=\frac{u}{i}=\frac{4}{5}=0.8\Omega$$

$$\tau=R_0C=0.8\times1=0.8\text{s}$$

得

$$u_C=-3+[0-(-3)]e^{-\frac{t}{0.8}}$$
$$=-3+3e^{-1.25t}\text{V}\quad(t\geqslant0)$$

应当指出的是，含受控源网络的等效电阻可能出现负值，则 $\tau=R_0C$ 或 $\tau=\frac{L}{R_0}$ 为负值，网络的固有频率 $p=-\frac{1}{\tau}$ 则为正值，因而暂态响应(固有响应) Ae^{pt} 为随时间增长的函数，当 $t\to\infty$ 时，网络的响应不能达到稳态，强制响应就不能称为稳态响应。

7-5 一阶电路的阶跃响应

零状态电路对阶跃信号产生的响应叫阶跃响应。

单位阶跃函数用符号 $1(t)$ 表示，其定义为

$$1(t)=\begin{cases}0 & \text{当 } t<0\\ 1 & \text{当 } t>0\end{cases}\tag{7-45}$$

它的波形如图 7-23(a)所示，$t=0$ 处函数不连续，函数值由 0 跃变到 1。

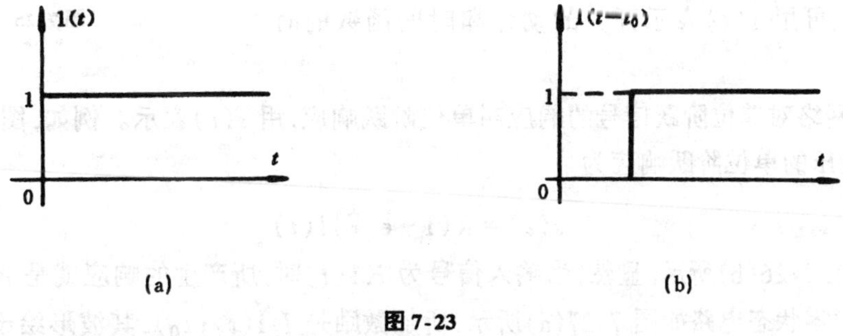

图 7-23

在 $t=0$ 时，把零状态电路接通到 1 伏直流电压源时，可用图 7-24(a)中开关 K 的动作来描述，也可以用图 7-24(b)中电路加单位阶跃电压来描述，用后面一种方法时不用画出开关 K，只要把激励写成单位阶跃电压就可以了。同理，在 $t=0$ 时，把零状态电路接通到 1A 直流

电流源时，可用开关的动作来描述，图 7-24(c)，也可用电路加单位阶跃电流描述，图 7-24(d)。

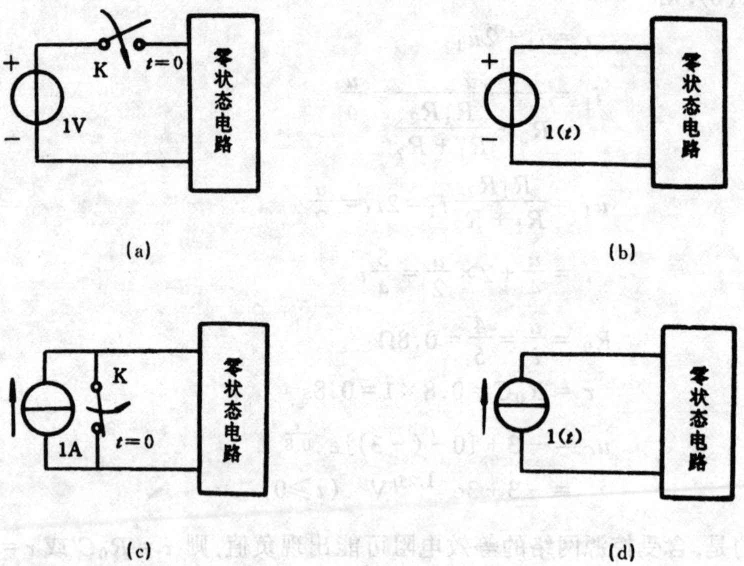

图 7-24

如果在 $t=0$ 时，零状态电路接通到直流电压源 U_S 或直流电流源 I_S，则外加激励可以写作 $U_S1(t)$ 或 $I_S1(t)$。

单位阶跃函数表示的是从 $t=0$ 时开始阶跃，如果阶跃是从 $t=t_0$ 时开始的，它就是 $1(t)$ 在时间上延迟 t_0 后得到的结果，所以把它叫做延迟的阶跃函数，并记作 $1(t-t_0)$

$$1(t-t_0)=\begin{cases}0 & 当\ t<t_0\\ 1 & 当\ t>t_0\end{cases} \tag{7-46}$$

$1(t-t_0)$ 的波形如图 7-23(b) 所示。

引用单位阶跃函数后，可给我们带来许多方便。首先，像图 7-14 之类的电路可以不用再画开关，简化为图 7-25 的电路图。其次，对图 7-25 所示电路，其响应可写作

$$u_C=RI_S(1-e^{-\frac{t}{\tau}})1(t)$$

式中 $1(t)$ 可以表明响应的时域，因此，不必再注明 $t\geqslant 0$ 了。就是说可用 $1(t)$ 表示开关的动作和时间函数的时域。

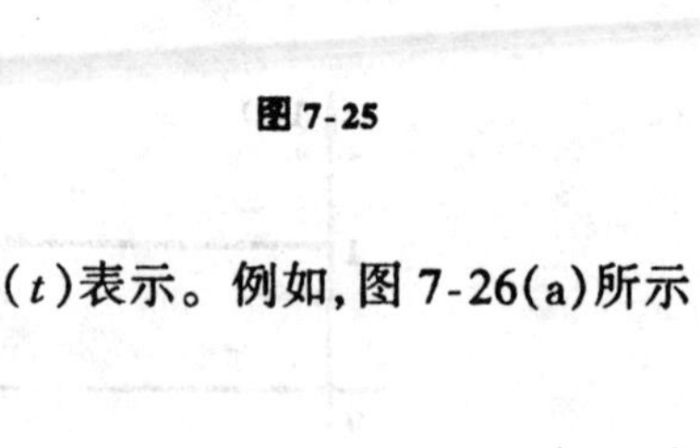

图 7-25

零状态网络对单位阶跃信号的响应叫单位阶跃响应，用 $s(t)$ 表示。例如，图 7-26(a) 所示电路，电容电压的单位阶跃响应为

$$s(t)=R(1-e^{-\frac{t}{\tau}})1(t) \tag{7-47}$$

它的波形如图 7-26(b) 所示，显然，当输入信号为 $K1(t)$ 时，所产生的响应就是 $K_S(t)$。

RC 并联零状态电路如图 7-27(a) 所示，所加激励是 $I_S1(t-t_0)$，其波形绘于图 7-27(b)，产生的响应也延迟 t_0，叫延迟阶跃响应。若延迟单位阶跃响应用 $s(t-t_0)$ 表示，则

$$s(t-t_0)=R(1-e^{-\frac{t-t_0}{\tau}})1(t-t_0) \tag{7-48}$$

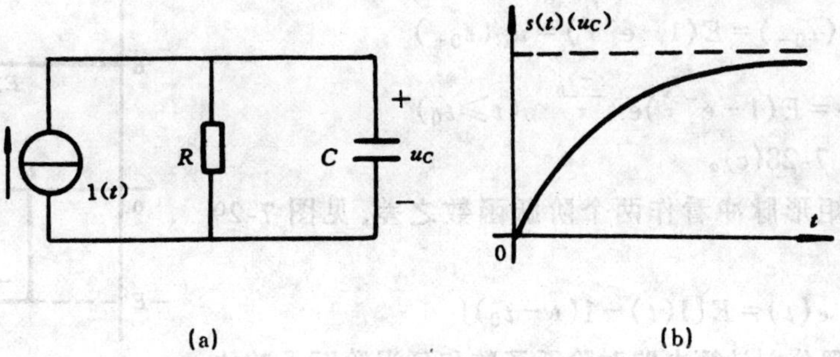

图 7-26

图 7-27(a)中的电容电压 u_C 就是延迟阶跃响应，应当写作

$$u_C = RI_S(1 - e^{-\frac{t-t_0}{\tau}})1(t - t_0) \tag{7-49}$$

其波形如图 7-27(c)所示。

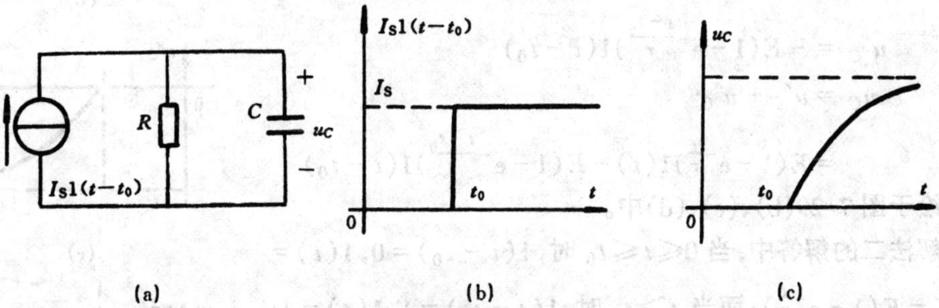

图 7-27

例 7-10 图 7-28(a)所示零状态电路，激励是幅度为 E，脉冲宽度为 t_0 的矩形脉冲电压，见图 7-28(b)，试求输出电压 u_C。

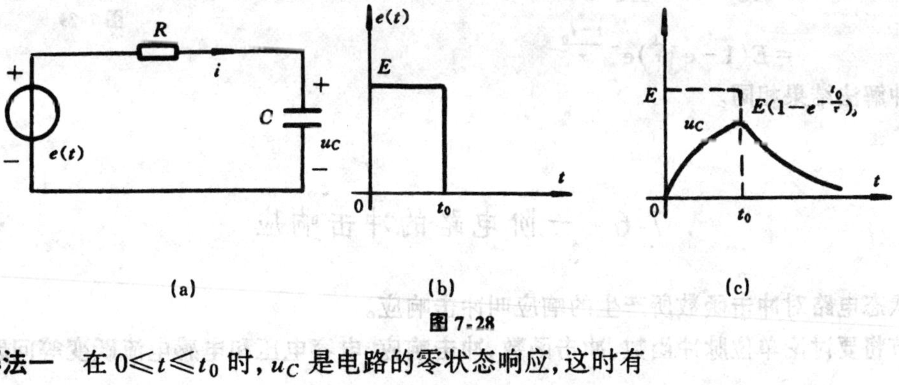

图 7-28

解法一 在 $0 \leqslant t \leqslant t_0$ 时，u_C 是电路的零状态响应，这时有

$$u_C = E(1 - e^{-\frac{t}{\tau}}) \quad (0 \leqslant t \leqslant t_0)$$

当 $t = t_0$ 时

$$u_C(t_0) = E(1 - e^{-\frac{t_0}{\tau}})$$

当 $t \geqslant t_0$ 时，$e(t)=0$，u_C 是电路的零输入响应，因为

$$u_C(t_{0-})=E(1-e^{-\frac{t_0}{\tau}})=u_C(t_{0+})$$

所以 $$u_C=E(1-e^{-\frac{t_0}{\tau}})e^{-\frac{t-t_0}{\tau}} \quad (t \geqslant t_0)$$

u_C 的波形绘于图 7-28(c)。

解法二 把矩形脉冲看作两个阶跃函数之差，见图 7-29(a)，即

$$e(t)=E[1(t)-1(t-t_0)]$$

然后利用叠加原理分别计算电路对阶跃函数和延迟阶跃函数的响应，将所得结果叠加，就得到电路在矩形脉冲激励作用下的响应。

当 $E(t)$ 作用时

$$u'_C=E(1-e^{-\frac{t}{\tau}})1(t)$$

当 $-E1(t-t_0)$ 作用时

$$u''_C=-E(1-e^{-\frac{t-t_0}{\tau}})1(t-t_0)$$

$$u_C=u'_C+u''_C$$

$$=E(1-e^{-\frac{t}{\tau}})1(t)-E(1-e^{-\frac{t-t_0}{\tau}})1(t-t_0)$$

其波形绘于图 7-29(b)、(c)、(d)中。

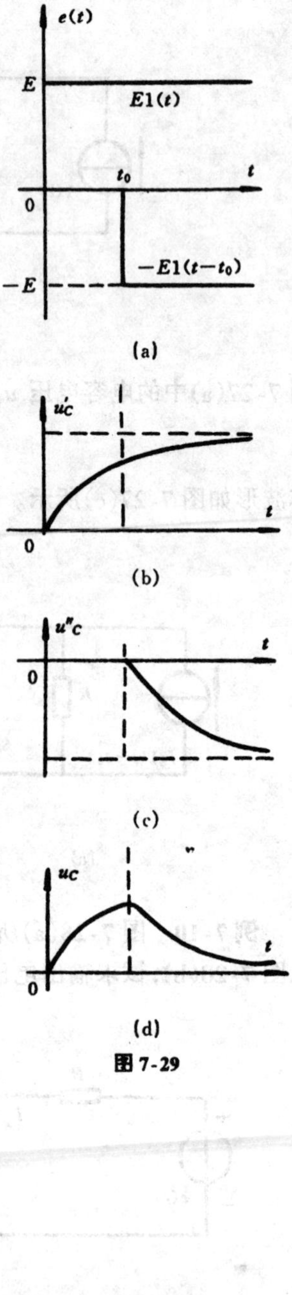

图 7-29

在解法二的解答中，当 $0 \leqslant t \leqslant t_0$ 时，$1(t-t_0)=0$，$1(t)=1$，故 $u_C=E(1-e^{-\frac{t}{\tau}})$；而当 $t \geqslant t_0$ 时，$1(t-t_0)=1$，$1(t)=1$，故

$$u_C=E(1-e^{-\frac{t}{\tau}})-E(1-e^{-\frac{t-t_0}{\tau}})$$

$$=Ee^{-\frac{t-t_0}{\tau}}-Ee^{-\frac{t}{\tau}}$$

$$=E(1-e^{-\frac{t_0}{\tau}})e^{-\frac{t-t_0}{\tau}}$$

说明两种解法结果相同。

7-6 一阶电路的冲击响应

零状态电路对冲击函数所产生的响应叫冲击响应。

本节将要讨论单位脉冲函数、冲击函数、冲击响应、电容电压和电感电流跃变等问题。

1. 单位脉冲函数和单位冲击函数

单位脉冲函数的定义为

$$f(t)=\begin{cases}0 & \text{当 } t<0\\ \dfrac{1}{a} & \text{当 } 0\leqslant t<a\\ 0 & \text{当 } t>a\end{cases} \tag{7-50}$$

其波形如图 7-30 所示。

脉冲幅度$\frac{1}{a}$，脉冲宽度（作用时间）为 a，对于任何 a 值，单位脉冲函数的波形与横轴所围的面积总等于 1。当 a 变小时，幅度$\frac{1}{a}$就变大，当 $a\to 0$，则$\frac{1}{a}\to\infty$，但其面积等于 1，把单位脉冲函数的这种极限情况叫单位冲击函数，用 $\delta(t)$表示，定义为

$$\delta(t)=0 \qquad t\neq 0$$

$$\int_{-\infty}^{\infty}\delta(t)\mathrm{d}t=1 \tag{7-51}$$

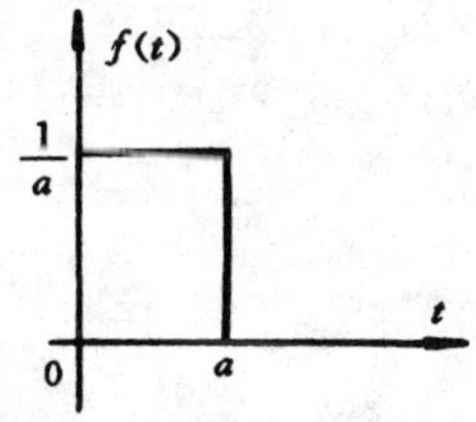

图 7-30

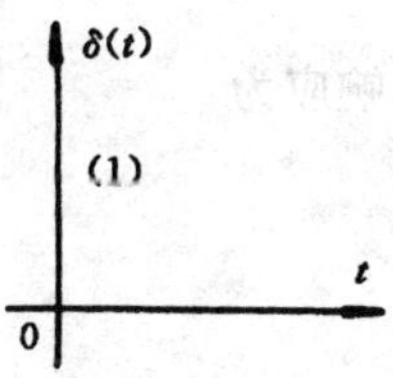

图 7-31

其波形如图 7-31 所示。图中(1)表示单位冲击函数的强度或面积。当强度不等于 1 时，则称冲击函数，用 $K\delta(t)$表示。

根据 $1(t)$和 $\delta(t)$的定义，两者存在以下重要关系

$$\int_{-\infty}^{t}\delta(\tau)\mathrm{d}\tau=\begin{cases}0 & t<0\\ 1 & t>0\end{cases}=1(t) \tag{7-52}$$

$$\frac{\mathrm{d}1(t)}{\mathrm{d}t}=\delta(t) \tag{7-53}$$

$\int_{-\infty}^{t}\delta(\tau)\mathrm{d}\tau=1(t)$是很显然的，因为单位冲击函数是单位脉冲函数极限情况，它与横轴所围的面积等于 1，因此当冲击函数出现时积分结果便等于 1，这便是单位阶跃函数。而单位阶跃函数是实际直流电源的波形上升率极大情况下的模型，对阶跃函数求导，得到的是幅度极大，而脉冲宽度极窄的脉冲，即单位冲击函数。

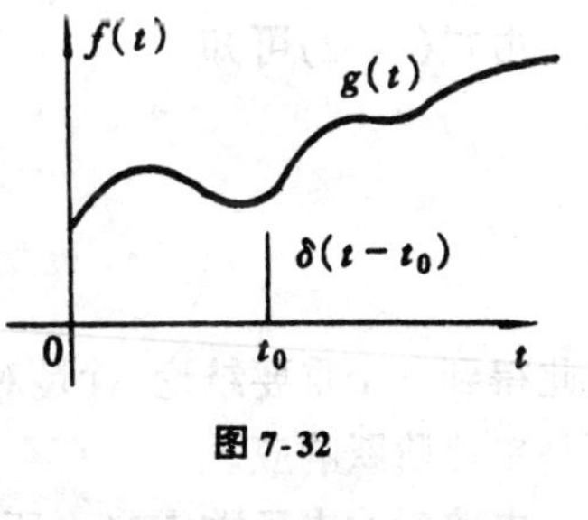

图 7-32

如果单位冲击函数是在 $t=t_0$ 时刻出现的，则叫延迟单位冲击函数，记作 $\delta(t-t_0)$。

单位冲击函数具有一个重要性质——筛选性（或采样性质），因为冲击函数 $t\neq 0$ 时为零，则对任意 $t=0$ 处连续的函数 $g(t)$，将有

$$g(t)\delta(t)=g(0)\delta(t)$$

故 $$\int_{-\infty}^{\infty} g(t)\delta(t)\mathrm{d}t = g(0)\int_{-\infty}^{\infty}\delta(t)\mathrm{d}t = g(0)$$

对任意 $t = t_0$ 处连续的函数 $g(t)$，将有

$$\int_{-\infty}^{\infty} g(t)\delta(t - t_0)\mathrm{d}t = g(t_0) \tag{7-54}$$

如图 7-32 所示，式(7-54)说明，延迟的单位冲击函数 $\delta(t - t_0)$能把 $g(t)$在 t_0 处的值筛选出来。

2. 冲击响应

零状态电路对单位冲击函数的响应叫单位冲击响应，用 $h(t)$表示。因为单位冲击函数是单位脉冲函数脉冲宽度趋于零的极限，所以可以先求电路对单位脉冲函数的响应，然后再求脉冲宽度趋于零的极限，就可以得到单位冲击响应。

单位脉冲函数 $f(t)$可写成阶跃函数和延迟阶跃函数之差

$$f(t) = \frac{1}{a}[1(t) - 1(t - a)] \tag{7-55}$$

单位脉冲函数的响应为

$$\frac{1}{a}[s(t) - s(t - a)] \tag{7-56}$$

单位冲击响应

$$h(t) = \lim_{a\to 0}\frac{s(t) - s(t-a)}{a} = \frac{\mathrm{d}s(t)}{\mathrm{d}t} \tag{7-57}$$

可见，单位阶跃响应对时间的导数就是单位冲击响应。这为人们提供了计算冲击响应的一种方法，即可先求电路的单位阶跃响应，然后求导，便得到单位冲击响应。

对线性电路来说，描述其状态的微分方程是线性常系数微分方程，若所加激励是 $e(t)$，产生的响应是 $r(t)$，则当激励变成 $e(t)$的导数或积分时，所得响应必相应的变成 $r(t)$的导数或积分。

据式(7-53)

$$\frac{\mathrm{d}1(t)}{\mathrm{d}t} = \delta(t)$$

则 $$\frac{\mathrm{d}s(t)}{\mathrm{d}t} = h(t)$$

由式(7-52)可知

$$\int_0^t \delta(\tau)\mathrm{d}\tau = 1(t)$$

则 $$\int_0^t h(\tau)\mathrm{d}\tau = s(t) \tag{7-58}$$

由此得到一个重要结论，就是对单位阶跃响应求导可得单位冲击响应，而单位冲击响应的积分便是单位阶跃响应。

电路对冲击函数 $K\delta(t)$所产生的冲击响应

$$h_K(t) = K\frac{\mathrm{d}s(t)}{\mathrm{d}t} = Kh(t) \tag{7-59}$$

上式表明，用冲击函数的强度乘以单位冲击响应便得到该冲击函数作用于电路所产生的冲击

响应。就是说，当脉冲宽度变得极小时，它对电路所产生的响应，取决于脉冲面积的大小，而不是单独取决于脉冲的幅度或宽度。

下面分别讨论 RC，RL 电路的冲击响应。

图 7-33 为 RC 并联零状态电路，受冲击电流源 $K\delta(t)$激励。下面来求冲击响应 u_C，i_C。

首先求出电容电压的单位阶跃响应，根据式(7-57)就可以得到电容电压的单位冲击响应，最后由式(7-59)可求得电路对 $K\delta(t)$所产生的响应 u_C，i_C。这个电路电压的单位阶跃响应在上一节已经求出〔式(7-47)〕为

$$s(t)=R(1-e^{-\frac{t}{RC}})1(t)$$

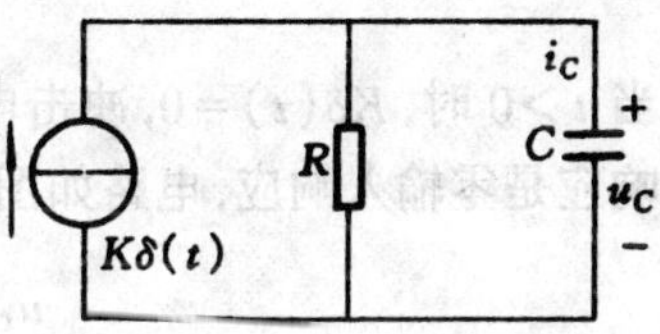

图 7-33

电容电压的单位冲击响应为

$$h(t)=\frac{ds(t)}{dt}=\frac{d}{dt}[R(1-e^{-\frac{t}{RC}})1(t)]$$
$$=\frac{1}{C}e^{-\frac{t}{RC}}1(t)+R(1-e^{-\frac{t}{RC}})\delta(t)$$

因为 $\delta(t)$只在 $t=0$ 时存在，而$(1-e^{-\frac{t}{RC}})$在 $t=0$ 时为零，故上式中第二项为零，所以

$$h(t)=\frac{1}{C}e^{-\frac{t}{RC}}1(t) \tag{7-60}$$

据式(5-59)，电路对冲击电流源 $K\delta(t)$产生的响应

$$u_C=Kh(t)=\frac{K}{C}e^{-\frac{t}{RC}}1(t) \tag{7-61}$$

而
$$i_C=C\frac{du_C}{dt}=-\frac{K}{RC}e^{-\frac{t}{RC}}1(t)+Ke^{-\frac{t}{RC}}\delta(t)$$
$$=-\frac{K}{RC}e^{-\frac{t}{RC}}1(t)+K\delta(t) \tag{7-62}$$

图 7-34 画出了 u_C，i_C 随时间变化的曲线。

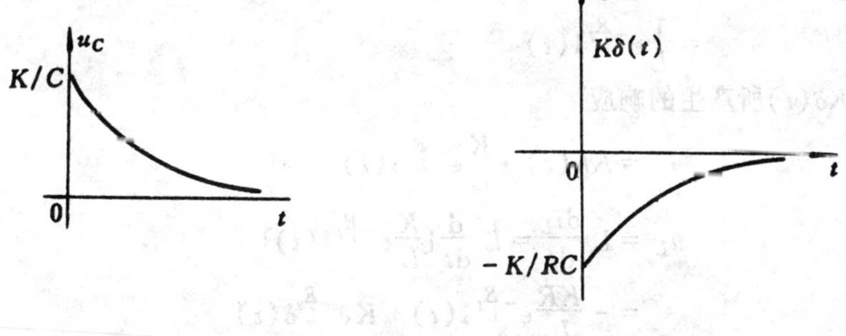

图 7-34

这个问题还可这样分析：因为当 $t<0$ 时，$K\delta(t)=0$，冲击电流源相当开路，而电路是零状态，故 $u_C(0_-)=0$，在 $t=0$ 瞬间，冲击电流给电容充电，使电容获得电压。应当说明的是，在 $t=0$ 瞬间，电阻中不可能流过冲击电流，如果冲击电流流过电阻，则其两端电压为无限大，而电容即使有冲击电流给它充电，其电压只能是有限值，这样就会违背基尔霍夫第二定律。所以，$t=0$ 瞬间的情况就是冲击电流源给电容充电，电路如图 7-35(a)所示，故

$$u_C(0_+)=\frac{1}{C}\int_{0-}^{0+}K\delta(t)\mathrm{d}t=\frac{K}{C}$$

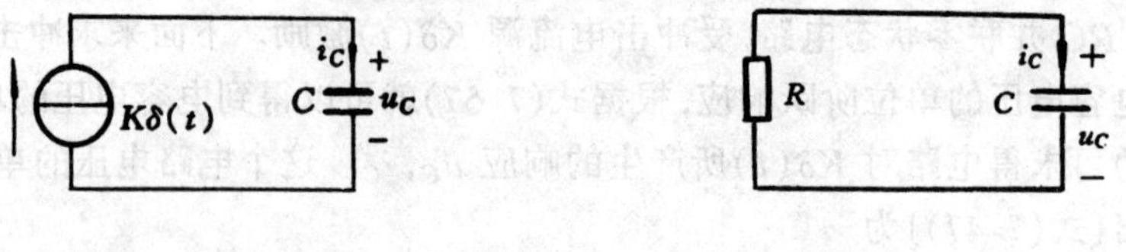

(a) (b)

图 7-35

当 $t>0$ 时，$K\delta(t)=0$，冲击电流源相当开路。于是已经充电的电容通过电阻放电，所产生的响应是零输入响应，电路如图 7-35(b)所示，则

$$u_C=u_C(0_+)\mathrm{e}^{-\frac{t}{RC}}=\frac{K}{C}\mathrm{e}^{-\frac{t}{\tau}}1(t)$$

而
$$i_C=C\frac{\mathrm{d}u_C}{\mathrm{d}t}=K\delta(t)-\frac{K}{RC}\mathrm{e}^{-\frac{t}{\tau}}1(t)$$

结果表明，电容中的电流在 $t=0$ 瞬间是一个冲击电流，随后立即变成绝对值按指数规律衰减的放电电流。由于冲击电流的作用，$u_C(0_-)\neq u_C(0_+)$，这种情况称为电容电压的跃变。两种分析方法所得的结果是相同的。

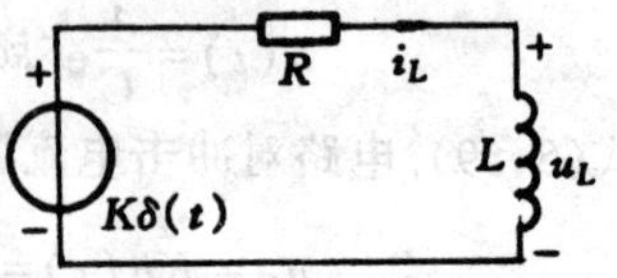

图 7-36

图 7-36 为 RL 串联的零状态电路，受冲击电压源激励。下面来求冲击的响应 i_L，u_L。

该电路电感电流的单位阶跃响应为

$$s(t)=\frac{1}{R}(1-\mathrm{e}^{-\frac{R}{L}t})1(t)$$

电感电流单位冲击响应为

$$h(t)=\frac{\mathrm{d}s(t)}{\mathrm{d}t}=\frac{1}{L}\mathrm{e}^{-\frac{R}{L}t}1(t)+\frac{1}{R}(1-\mathrm{e}^{-\frac{R}{L}t})\delta(t)$$
$$=\frac{1}{L}\mathrm{e}^{-\frac{R}{L}t}1(t) \tag{7-63}$$

冲击电压电源 $K\delta(t)$ 所产生的响应

$$i_L=Kh(t)=\frac{K}{L}\mathrm{e}^{-\frac{R}{L}t}1(t) \tag{7-64}$$

$$u_L=L\frac{\mathrm{d}i_L}{\mathrm{d}t}=L\frac{\mathrm{d}}{\mathrm{d}t}\left[\frac{K}{L}\mathrm{e}^{-\frac{R}{L}t}1(t)\right]$$
$$=-\frac{KR}{L}\mathrm{e}^{-\frac{R}{L}t}1(t)+K\mathrm{e}^{-\frac{R}{L}t}\delta(t)$$
$$=-\frac{KR}{L}\mathrm{e}^{-\frac{R}{L}t}1(t)+K\delta(t) \tag{7-65}$$

i_L 和 u_L 随时间变化的曲线如图 7-37 所示。

这个问题也可以这样分析：当 $t<0$ 时，$K\delta(t)=0$，冲击电压源相当短路，$i_L(0_-)=0$，在 $t=0$ 瞬间，冲击电压作用于电感，电感中的电流由 $i_L(0_-)=0$ 跃变为 $i_L(0_+)$。

$$i_L(0_+)=\frac{1}{L}\int_{0-}^{0+}K\delta(t)\mathrm{d}t=\frac{K}{L}$$

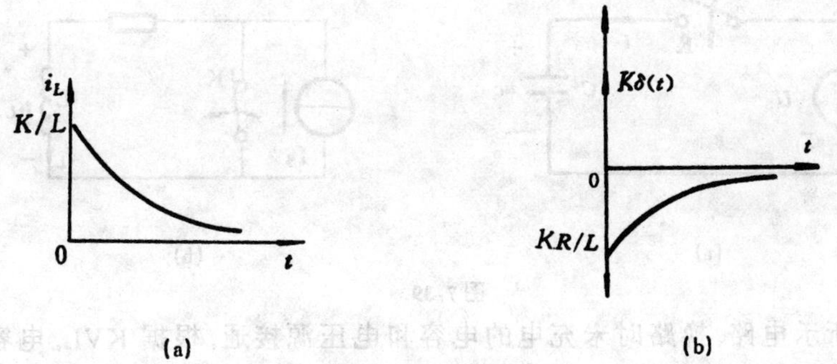

图 7-37

当 $t>0$ 时，$K\delta(t)=0$，冲击电压源相当短路，电感放电，产生零输入响应，所以，当 $t>0$ 时，电路中的电流为

$$i_L=i_L(0_+)\mathrm{e}^{-\frac{R}{L}t}1(t)=\frac{K}{L}\mathrm{e}^{-\frac{R}{L}t}1(t)$$

电感电压在 $t=0$ 瞬间是一个冲击电压，随后变成绝对值按指数规律衰减的电压，即

$$u_L=\frac{\mathrm{d}i_L}{\mathrm{d}t}=K\delta(t)-\frac{KR}{L}\mathrm{e}^{-\frac{R}{L}t}1(t)$$

这种情况下，$i_L(0_-)\neq i_L(0_+)$，是因为冲击电压源使电感电流发生了跃变。

例 7-11 试求图7-38所示零状态电路对冲击电压源所产生的响应 u_C, i_C。

解 先用三要素法求出电容电压的单位阶跃响应。因为

$$u_C(0_+)=0$$

$$u_C(\infty)=1\times\frac{100\times10^3}{(100+100)\times10^3}=0.5\text{V}$$

$$\tau=R_0C$$

$$=\left(50+\frac{100\times100}{100+100}\right)\times10^3\times10^{-6}$$

$$=0.1\text{s}$$

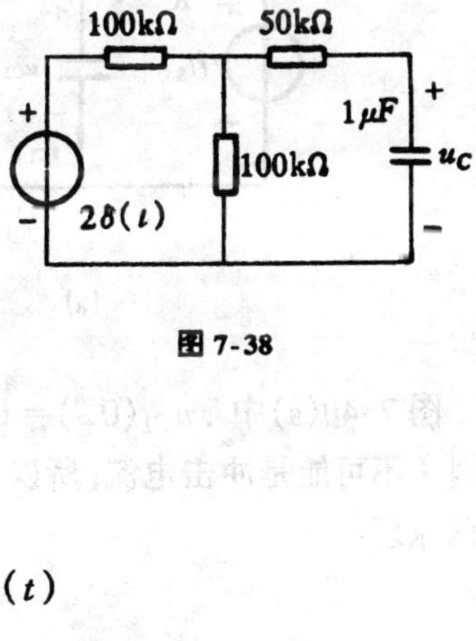

图 7-38

故 $s(t)=[0.5+(0-0.5)\mathrm{e}^{-\frac{t}{0.1}}]1(t)$

$$=0.5(1-\mathrm{e}^{-10t})1(t)$$

电容电压的单位冲击响应

$$h(t)=\frac{\mathrm{d}s(t)}{\mathrm{d}t}=5\mathrm{e}^{-10t}1(t)+0.5(1-\mathrm{e}^{-10t})\delta(t)=5\mathrm{e}^{-10t}1(t)$$

电路对 $2\delta(t)$ 产生的响应

$$u_C=Kh(t)=10\mathrm{e}^{-10t}1(t)\text{V}$$

$$i_C=C\frac{\mathrm{d}u_C}{\mathrm{d}t}=-10^{-4}\mathrm{e}^{-10t}1(t)+10^{-5}\delta(t)\text{A}$$

3. 电容电压、电感电流的跃变

前面讨论了在冲击电源作用下引起电容电压、电感电流跃变的问题，还有另一种情况也能使电容电压、电感电流发生跃变。

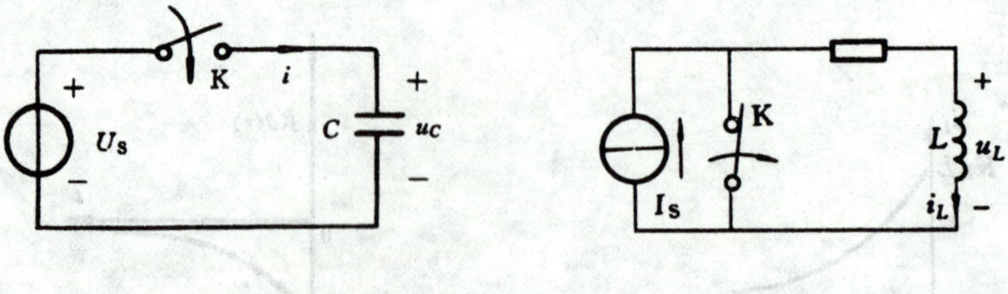

(a) (b)

图 7-39

图 7-39(a)所示电路，换路时未充电的电容和电压源接通，根据 KVL，电容电压由 $u_C(0_-)=0$ 跃变到 $u_C(0_+)=U_S$，电容电压发生跃变，其中流过的必是冲击电流，设 $i=A\delta(t)$，按 $u_C=\frac{1}{C}\int_{0-}^{0+}i\,\mathrm{d}t=\frac{1}{C}\int_{0-}^{0+}A\delta(t)\mathrm{d}t=\frac{A}{C}=U_S$，可求得 $A=CU_S$，所以充电电流 $i=CU_S\delta(t)$。

图 7-39(b)的电路，换路时电流源与零状态电感接通，电感电流由零跃变到 I_S，因此电感两端电压必为冲击函数。设 $u_L=A\delta(t)$，则 $i_L=\frac{1}{L}\int_{0-}^{0+}u_L\mathrm{d}t=\frac{1}{L}\int_{0-}^{0+}A\delta(t)\mathrm{d}t=\frac{A}{L}=I_S$，可求得 $A=LI_S$，所以电感电压 $u_L=LI_S\delta(t)$。

图 7-39 的电路能使电容电压或电感电流发生跃变，图 7-40 的电路在换路时也能引起电容电压、电感电流的跃变。

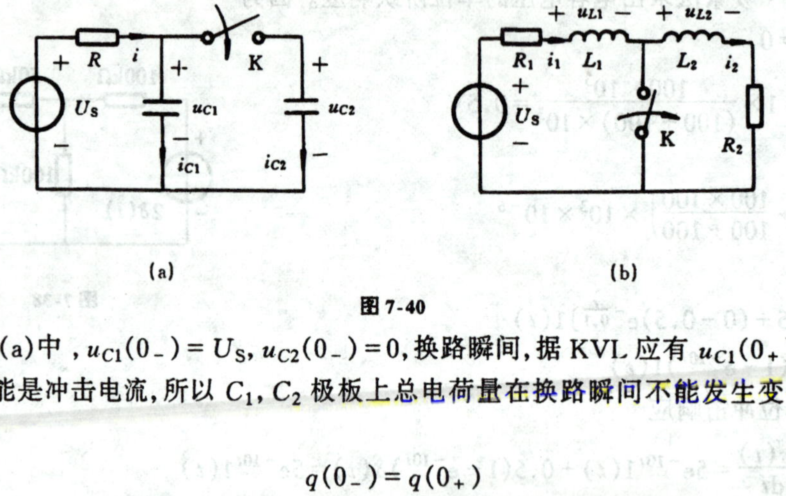

(a) (b)

图 7-40

图 7-40(a)中，$u_{C1}(0_-)=U_S$，$u_{C2}(0_-)=0$，换路瞬间，据 KVL 应有 $u_{C1}(0_+)=u_{C2}(0_+)$，但因 i 不可能是冲击电流，所以 C_1，C_2 极板上总电荷量在换路瞬间不能发生变化，根据电荷守恒原理

$$q(0_-)=q(0_+) \tag{7-66}$$

$$C_1U_S=C_1u_{C1}(0_+)+C_2u_{C2}(0_+)$$

$$=(C_1+C_2)u_{C1}(0_+)$$

$$u_{C1}(0_+)=u_{C2}(0_+)=\frac{C_1}{C_1+C_2}U_S$$

可见，由于换路构成了纯电容回路，u_{C1}，u_{C2}都发生了跃变。此刻 C_1，C_2 中的电流一定是冲击电流，设 $i_{C1}(0)=A_1\delta(t)$，$i_{C2}(0)=A_2\delta(t)$

则
$$u_{C1}(0_+)=u_{C1}(0_-)+\frac{1}{C_1}\int_{0-}^{0+}A_1\delta(t)\mathrm{d}t \tag{7-67}$$

$$\frac{C_1}{C_1+C_2}U_S=U_S+\frac{A_1}{C_1}$$

$$A_1=C_1\left(\frac{C_1}{C_1+C_2}U_S-U_S\right)=-\frac{C_1C_2}{C_1+C_2}U_S$$

所以

$$i_{C1}(0)=-\frac{C_1C_2}{C_1+C_2}U_S\delta(t)$$

$$u_{C2}(0_+)=\frac{1}{C_2}\int_{0-}^{0+}A_2\delta(t)\mathrm{d}t$$

$$\frac{C_1}{C_1+C_2}U_S=\frac{A_2}{C_2}$$

$$A_2=\frac{C_1C_2}{C_1+C_2}U_S$$

所以

$$i_{C2}(0)=\frac{C_1C_2}{C_1+C_2}U_S\delta(t)$$

两个冲击电流大小相等，$i_{C1}(0)$是负的冲击，它使 u_{C1}从 U_S 减小到 $u_{C1}(0_+)$，而 $i_{C2}(0)$是正的冲击，它使 u_{C2}从零增加到 $u_{C2}(0_+)$。换路后的动态过程容易分析，因此从略。

在图 7-40(b)中，$i_1(0_-)=\frac{U_S}{R_1}$，$i_2(0_-)=0$，换路瞬间应有 $i_1(0_+)=i_2(0_+)$，即 i_1，i_2 都将发生跃变，L_1，L_2 两端都应有冲击电压出现，但由于换路后的回路没有外加冲击电压源的作用，若把 L_1，L_2 看成一个整体，它们的两端不可能存在冲击电压，否则将违背基尔霍夫第二定律，所以与 L_1，L_2 有关的总磁链在换路瞬间不能发生变化，根据磁链守恒原理

$$\psi(0_-)=\psi(0_+)$$

$$L_1\frac{U_S}{R_1}=L_1i_1(0_+)+L_2i_2(0_+)$$

因为

$$i_1(0_+)=i_2(0_+)$$

所以

$$i_1(0_+)=i_2(0_+)=\frac{L_1U_S}{(L_1+L_2)R_1}$$

可见，由于换路后出现了电感相联的节点(在网络图论中把两条支路的连接点也定义为节点，参看第 13-1)换路瞬间 i_1，i_2 都发生了跃变，L_1，L_2 两端必定出现冲击电压，设 $u_{L1}(0)=A_1\delta(t)$，$u_{L2}(0)=A_2\delta(t)$，则

$$i_1(0_+)=\frac{U_S}{R_1}+\frac{1}{L_1}\int_{0-}^{0+}A_1\delta(t)\mathrm{d}t \tag{7-68}$$

$$=\frac{U_S}{R_1}+\frac{A_1}{L_1}$$

$$A_1=L_1\left[\frac{L_1U_S}{(L_1+L_2)R_1}-\frac{U_S}{R_1}\right]$$

$$=-\frac{L_1L_2U_S}{(L_1+L_2)R_1}$$

所以

$$u_{L1}(0)=-\frac{L_1L_2U_S}{(L_1+L_2)R_1}\delta(t)$$

同理

$$u_{L2}(0)=\frac{L_1L_2U_S}{(L_1+L_2)R_1}\delta(t)$$

可见，两个冲击电压大小相等而方向相反，正是由于它们的作用使电流发生了跃变。

判断电容电压、电感电流是否跃变是一个复杂问题。从上面的讨论中可以看出，换路时形成只有电容或电容和电压源构成的回路，且此时它们的电压代数和不等于零，将发生电容电压的跃变。若换路时形成只有电感或电感和电流源构成的节点、割集(参看节 13-2)，且此时它们电流的代数和不等于零，将发生电感电流的跃变。其原因是电容中流过冲击电流，电感两端出现了冲击电压，即在换路瞬间，相当有功率无限大的能源作用于储能元件，使它们的储能发生了跃变。

7-7 一阶电路对正弦激励的响应

1. RL 串联电路对正弦电压激励的响应

图 7-41 中，激励 $u(t)=U_m\sin(\omega t+\psi_u)$，式中 ψ_u 是 K 闭合时电源电压的初相角，又叫接入相位角。电路接通时刻不同，ψ_u 不同，激励电压在 $t=0$ 时的数值也不同，若激励电压在正的最大值时接通，则 $\psi_u=\frac{\pi}{2}$，当激励电压由负值增大到零时接通，则 $\psi_u=0$。

换路后，电路方程为

$$u_R+u_L=u(t)$$

$$L\frac{di}{dt}+Ri=U_m\sin(\omega t+\psi_u)$$

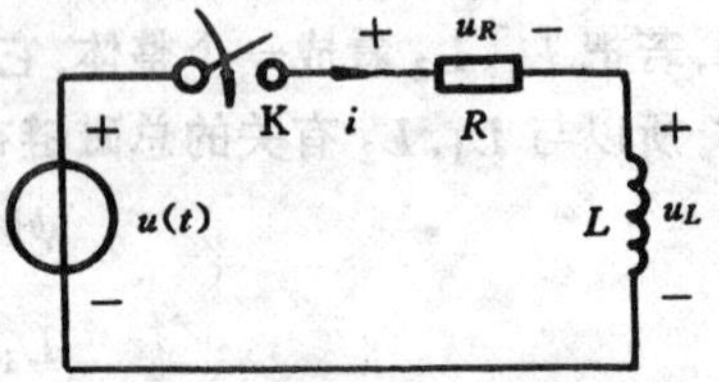

图 7-41

上式是非齐次微分方程，它的解答仍由两部分组成

$$i=i_p+i_h$$

其中 i_h 是相应齐次微分方程的解，即

$$i_h=Ae^{-\frac{R}{L}t}$$

i_p 是电路的稳态响应，可按正弦稳态电路的算法来求

$$\dot{U}_m=U_m\angle\psi_u$$

$$\dot{I}_m=\frac{\dot{U}_m}{Z}=\frac{\dot{U}_m}{R+j\omega L}=\frac{U_m\angle\psi_u}{|Z|\angle\varphi}=I_m\angle\psi_u-\varphi$$

式中

$$|Z|=\sqrt{R^2+(\omega L)^2}$$

$$\varphi=\arctan\frac{\omega L}{R}$$

$$I_m=\frac{U_m}{|Z|}$$

故电流稳态分量的表达式为

$$i_p=I_m\sin(\omega t+\psi_u-\varphi)$$

因而电路中的电流为

$$i=i_p+i_h=I_m\sin(\omega t+\psi_u-\varphi)+Ae^{-\frac{R}{L}t}$$

因为 $i(0_+)=i(0_-)=0$，代入上式便得

$$0 = I_m \sin(\psi_u - \varphi) + A$$

即

$$A = -I_m \sin(\psi_u - \varphi)$$

所以

$$i = I_m \sin(\omega t + \psi_u - \varphi) - I_m \sin(\psi_u - \varphi) e^{-\frac{R}{L}t} \tag{7-69}$$

在节 7-4 中曾导出求解一阶电路的三要素公式，见式(7-43)，可用三要素法直接求出响应

$$i(0_-) = i(0_+) = 0$$

故

$$i(\infty) = I_m \sin(\omega t + \psi_u - \varphi)$$

$$i(\infty)|_{t=0} = I_m \sin(\psi_u - \varphi)$$

$$\tau = \frac{L}{R}$$

故

$$i = I_m \sin(\omega t + \psi_u - \varphi) - I_m \sin(\psi_u - \varphi) e^{-\frac{R}{L}t}$$

由式(7-69)可见，因电流的初始值为零，所以电流暂态分量的初始值必然与电流稳态分量的初始值与电源电压的初相位有关，即与开关闭合的时刻有关，因此，电流暂态分量的初始值也必然随开关闭合的时刻不同而改变。

如果电流稳态分量的初始值为零，即

$$I_m \sin(\psi_u - \varphi) = 0 (或\ \psi_u = \varphi)$$

则电流暂态分量的初始值也为零，即不存在暂态分量，电路不经过过渡过程，立即达到稳态。如果电流稳态分量的初始值(绝对值)为极大，即

$$I_m \sin(\psi_u - \varphi) = \pm I_m,\ \psi_u - \varphi = \pm \frac{\pi}{2}$$

则电流暂态分量的初始值为 $\mp I_m$，这时，电路中的电流为

$$i = I_m \sin(\omega t \pm \frac{\pi}{2}) \mp I_m e^{-\frac{t}{\tau}} \qquad (t \geqslant 0)$$

由此看出，*RL* 串联电路与正弦电压接通后，电路中的过渡过程与开关动作的时刻有关，或者说与电源电压的接入相位角有关，这是正弦激励的动态电路过渡过程的特殊问题。

2. *RC* 并联电路对正弦电流激励的响应

在图 7-42 中，$i(t) = I_m \sin(\omega t \pm \psi_i)$，式中 ψ_i 与换路时刻有关。换路后，据 KCL

$$i = i_C + i_R$$

即

$$C\frac{du_C}{dt} + \frac{u_C}{R} = I_m \sin(\omega t + \psi_i) \tag{7-70}$$

上式的解为

$$u_C = u_{Cp} + u_{Ch}$$

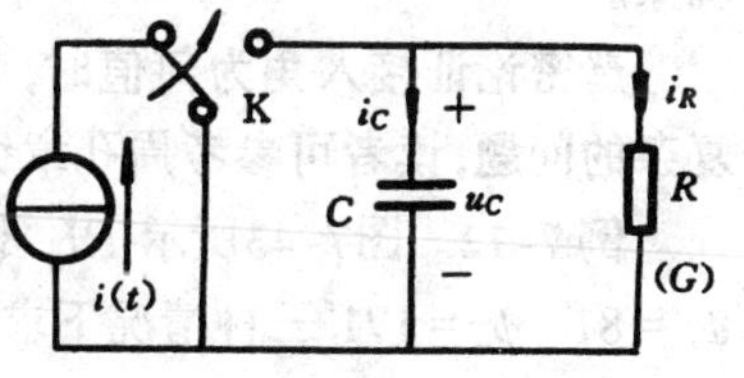

图 7-42

电容电压的暂态分量 u_{Ch} 仍为 $Ae^{-\frac{t}{RC}}$，稳态分量 u_{Cp} 可按正弦稳态交流电路的计算方法求得。

$$\dot{I}_m = I_m \angle \psi_i$$

则电容电压稳态分量的振幅相量为

$$\dot{U}_{Cm}=\frac{\dot{I}_m}{Y}=\frac{\dot{I}_m}{G+j\omega C}=\frac{I_m\angle\psi_i}{|Y|\angle\theta}=U_{Cm}\angle\psi_i-\theta$$

式中

$$|Y|=\sqrt{G^2+(\omega C)^2}$$

$$\theta=\arctan\frac{\omega C}{G}$$

$$U_{Cm}=\frac{I_m}{|Y|}$$

电容电压稳态分量的正弦表达式为

$$u_{Cp}=U_{Cm}\sin(\omega t+\psi_i-\theta)$$

故电容电压为

$$u_C=u_{Cp}+u_{Ch}=U_{Cm}\sin(\omega t+\psi_i-\theta)+Ae^{-\frac{t}{RC}}$$

因为

$$u_C(0_+)=u_C(0_-)=0$$

故

$$A=-U_{Cm}\sin(\psi_i-\theta)$$

所以

$$u_C=U_{Cm}\sin(\omega t+\psi_i-\theta)-U_{Cm}\sin(\psi_i-\theta)e^{-\frac{t}{RC}} \tag{7-71}$$

因电容电压暂态分量的初始值与电流源的初相 ψ_i 有关,动态过程将因 ψ_i 不同而不同。若电容电压稳态分量的初始值为零,即

$$U_{Cm}\sin(\psi_i-\theta)=0,(\psi_i=\theta)$$

则电容电压暂态分量初值也为零,这种情况下,不存在暂态分量,换路后电路立即到达稳态。

如果电容电压稳态分量的初始值(绝对值)为极大值,即

$$U_{Cm}\sin(\psi_i-\theta)=\pm U_{Cm},(\psi_i-\theta)=\pm\frac{\pi}{2}$$

则电容电压暂态分量初始值为 $\mp U_{Cm}$,则

$$u_C=U_{Cm}\sin(\omega t\pm\frac{\pi}{2})\mp U_{Cm}e^{-\frac{t}{\tau}}$$

一般来说,RL 串联零状态电路接通正弦电压源时,当 $\psi_u-\varphi=\pm\frac{\pi}{2}$,而电路时间常数又很大,在换路后经过 $\frac{T}{2}$ 时间,电路中的电流接近其稳态分量最大值的两倍,称为过电流现象。同理,RC 并联零状态电路接通正弦电流源时,当 $\psi_i-\theta=\pm\frac{\pi}{2}$,而电路的时间常数 τ 又很大,将出现过电压现象。

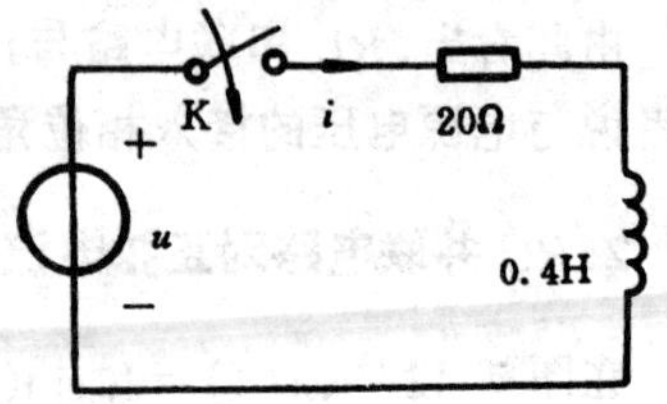

图 7-43

严密论证接入角为何值时,响应出现极值是一个比较复杂的问题,读者可参考周孔章编《电路原理》11-8。

例 7-12 图7-43所示 RL 零状态串联电路,$u=\sqrt{2}220\sin(314t+\psi_u)$V,在合闸角 $\psi_u=0$, $\psi_u=81°$, $\psi_u=171°$三种情况下求 i。

解 电流稳态分量的相量形式

$$\dot{I}_m=\frac{\dot{U}_m}{Z}=\frac{\sqrt{2}220\angle\psi_u}{R+j\omega L}$$

$$=\frac{\sqrt{2}220\angle\psi_u}{20+\mathrm{j}126}=2.42\angle\psi_u-81^\circ$$

$$i=2.42\sin(\omega t+\psi_u-81^\circ)-2.42\sin(\psi_u-81^\circ)\mathrm{e}^{-50t}\ \mathrm{A}$$

(1) $\psi_u=0$ 时

$$i=2.42\sin(\omega t-81^\circ)-2.42\sin(-81^\circ)\mathrm{e}^{-50t}$$
$$=2.42\sin(\omega t-81^\circ)-2.39\mathrm{e}^{-50t}$$

(2) $\psi_u=81^\circ$时

$$i=2.42\sin\omega t$$

(3) $\psi_u=171^\circ$时

$$i=2.42\sin(\omega t+90^\circ)-2.42\mathrm{e}^{-50t}$$

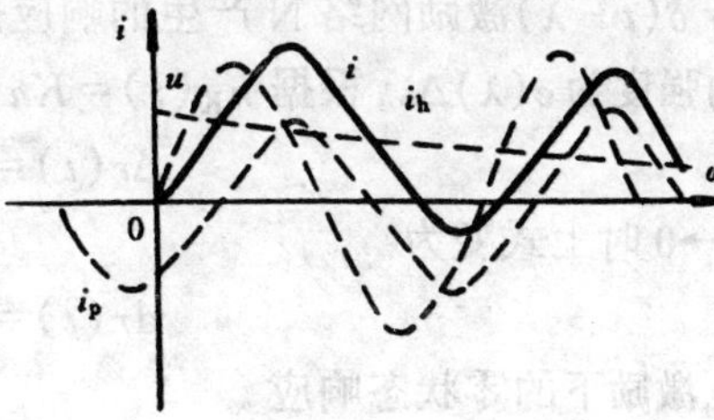

(a)

三种情况下的动态曲线分别画于图 7-44(a),(b),(c)中。

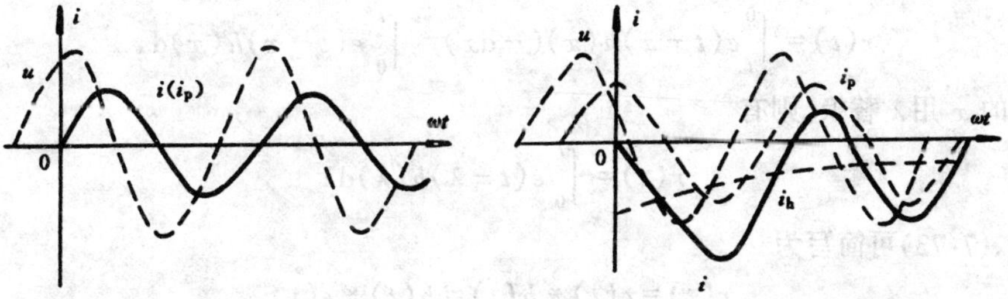

(b) (c)

图 7-44

7.8 线性动态网络对任意激励的响应

前面几节讨论过恒定电源、阶跃函数、冲击函数、正弦函数激励的电路所产生的响应。本节将讨论线性动态网络在任意激励下所产生的零状态响应,可以用激励函数和网络单位冲击响应的卷积来表示,故称卷积分析法。

图 7-45(a)所示动态网络 N,所加激励 $e(t)$的波形如图 7-45(b)所示。

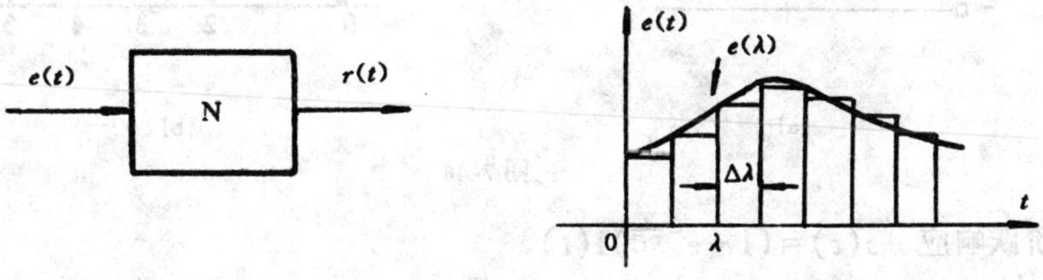

(a) (b)

图 7-45

为了求出响应 $r(t)$，可把 $e(t)$ 用一系列矩形窄脉冲表示，在 $t=\lambda$ 处脉冲幅度是 $e(\lambda)$，宽度 $\Delta\lambda$，$e(t)$ 产生的响应 $r(t)$ 可用一系列矩形脉冲产生的响应的迭加来近似表示。当 $\Delta\lambda\to0$ 时，每个窄脉冲都变成了冲击函数，所产生的响应则是冲击响应和一系列延迟冲击响应，将其积分便可求出 $r(t)$。

若 $\delta(t-\lambda)$ 激励网络 N 产生的响应是 $h(t-\lambda)$，当 $e(t)$ 激励网络 N 时，因 $t=\lambda$ 处冲击函数的强度为 $e(\lambda)\Delta\lambda$，根据 $h_K(t)=Kh(t)$，它所产生的响应可表示为

$$\Delta r(t)=[e(\lambda)\Delta\lambda]h(t-\lambda)$$

当 $\Delta\lambda\to0$ 时上式变为

$$\mathrm{d}r(t)=[e(\lambda)\mathrm{d}\lambda]h(t-\lambda)$$

则任意激励下的零状态响应

$$r(t)=\int_0^t e(\lambda)h(t-\lambda)\mathrm{d}\lambda \tag{7-72}$$

上式变换自变量，即设 $\lambda=t-x$，$\mathrm{d}\lambda==-\mathrm{d}x$，$t-\lambda=x$，由式(7-72)不难得到

$$r(t)=\int_t^0 e(t-x)h(x)(-\mathrm{d}x)=\int_0^t e(t-x)h(x)\mathrm{d}x$$

将上式中的 x 用 λ 替换，则有

$$r(t)=\int_0^t e(t-\lambda)h(\lambda)\mathrm{d}\lambda \tag{7-73}$$

式(7-72)、(7-73)可简写为

$$r(t)=e(t)*h(t)=h(t)*e(t) \tag{7-74}$$

式中 * 表示卷积，式(7-72)、(7-73)的积分式称卷积积分。两式说明网络 N 对任意激励 $e(t)$ 的零状态响应 $r(t)$ 等于激励 $e(t)$ 和网络 N 单位冲击响应 $h(t)$ 的卷积积分。它揭示了电路或系统任意激励下的零状态响应与其单位冲击响应的关系。就是说只要求出网络 N 的单位冲击响应 $h(t)$，用卷积分析法就能求出网络 N 在任意激励下所产生的零状态响应。

卷积分析法是线性非时变电路或系统时域分析的重要方法。

例 7-13 图7-46(a)所示 RC 电路，激励 $u_S=2t1(t)$V，试求零状态响应 u_C。

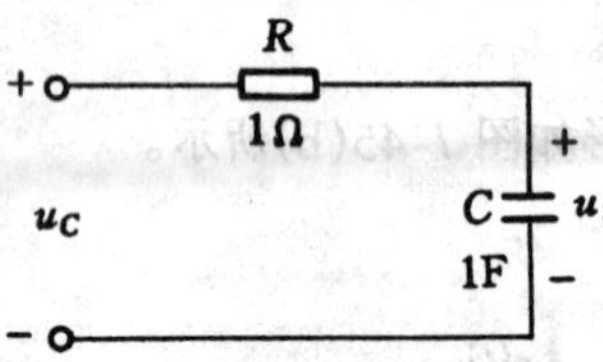

(a)

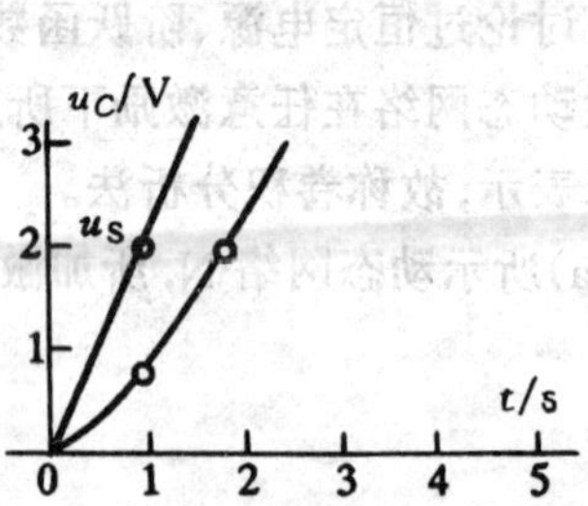

(b)

图 7-46

解 单位阶跃响应 $s(t)=(1-\mathrm{e}^{-\frac{t}{RC}})1(t)$

单位冲击响应 $h(t)=\dfrac{\mathrm{d}s(t)}{\mathrm{d}t}=\dfrac{1}{RC}\mathrm{e}^{-\frac{t}{RC}}1(t)$

$$h(\lambda)=\frac{1}{RC}\mathrm{e}^{-\frac{\lambda}{RC}}1(\lambda)$$

$$u_S(-\lambda+t)=2(-\lambda+t)1(-\lambda+t)$$

$$\begin{aligned}
u_C &= h(t) * u_S(t) \\
&= \int_0^t \frac{1}{RC}e^{-\frac{\lambda}{RC}}1(\lambda)2(-\lambda+t)1(-\lambda+t)d\lambda \\
&= \int_0^t \frac{2}{RC}e^{-\frac{\lambda}{RC}}(-\lambda)[1(\lambda)\cdot 1(-\lambda+t)]d\lambda \\
&\quad + \int_0^t \frac{2t}{RC}e^{-\frac{\lambda}{RC}}[1(\lambda)\cdot 1(-\lambda+t)]d\lambda \\
&= -\frac{2}{RC}\int_0^t \lambda e^{-\frac{\lambda}{RC}}d\lambda\cdot 1(t) + \frac{2t}{RC}\int_0^t e^{-\frac{\lambda}{RC}}d\lambda\cdot 1(t) \\
&= -\frac{2}{RC}\left[(RC)^2 e^{-\frac{\lambda}{RC}}\left(\frac{-\lambda}{RC}-1\right)\right]_0^t 1(t) \\
&\quad + \frac{2t}{RC}[(-RC)e^{-\frac{\lambda}{RC}}]_1^t 1(t) \\
&= 2[t-RC(1-e^{-\frac{t}{RC}})]1(t)
\end{aligned}$$

代入 RC 数值得

$$u_C = 2[t-(1-e^{-t})]1(t)$$

积分中曾使用积分公式 $\int x e^{ax}dx = -\frac{e^{ax}}{a^2}(ax-1)$，$u_C$ 的波形如图 7-46(b)所示。

7-9 二阶电路的零输入响应

有两个独立的储能元件，用二阶微分方程来描述的电路统称二阶电路。包含一个电感和一个电容的电路是这类电路的典型例子。在图 7-47 所示的电路中，电容上原有电压 $u_C(0_-)=U_0$，在 $t=0$ 时将开关闭合，电容将通过电阻和电感放电。在图示参考方向下，按 KVL 可写出下面的电压方程

$$L\frac{di}{dt}+Ri-u_C=0$$

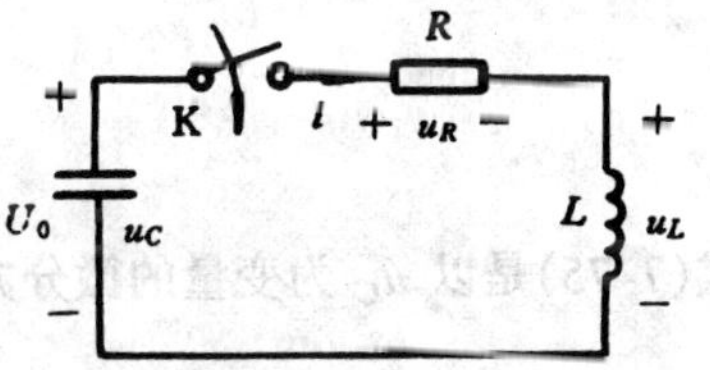

图 7-47

以 $i=-C\frac{du_C}{dt}$ 代入上式就得到以 u_C 为变量的微分方程

$$LC\frac{d^2u_C}{dt^2}+RC\frac{du_C}{dt}+u_C=0 \tag{7-75}$$

这是一个二阶线性常系数齐次微分方程，为了求解，先设 $u_C=Ae^{pt}$，代入式(7-75)就得到微分方程的特征方程

$$LCp^2+RCp+1=0 \tag{7-76}$$

式(7-76)的根，即特征根为

$$
\left.\begin{aligned}
p_1 &= -\frac{R}{2L} + \sqrt{\left(\frac{R}{2L}\right)^2 - \frac{1}{LC}} = -\delta + \sqrt{\delta^2 - \omega_0^2} \\
p_2 &= -\frac{R}{2L} - \sqrt{\left(\frac{R}{2L}\right)^2 - \frac{1}{LC}} = -\delta - \sqrt{\delta^2 - \omega_0^2}
\end{aligned}\right\} \tag{7-77}
$$

式中

$$
\left.\begin{aligned}
\delta &= \frac{R}{2L} \\
\omega_0 &= \frac{1}{\sqrt{LC}}
\end{aligned}\right\} \tag{7-78}
$$

由式(7-77)可知，当 $\delta > \omega_0$ 时，特征根 p_1 与 p_2 是两个不等的负实根；当 $\delta < \omega_0$ 时，p_1，p_2 是一对负实部的共轭复根；当 $\delta = \omega_0$ 时，p_1，p_2 是两个相等的负实根。下面，我们对这三种情况分别进行讨论。

1. $\delta > \omega_0$

即 $R > 2\sqrt{\dfrac{L}{C}}$ 的情况，其电容电压的暂态解为

$$
u_{Ch} = A_1 e^{p_1 t} + A_2 e^{p_2 t} \tag{7-79}
$$

因电容电压稳态解 $u_{Cp} = 0$，故电容电压

$$
u_C = u_{Cp} + u_{Ch} = A_1 e^{p_1 t} + A_2 e^{p_2 t} \tag{7-80}
$$

式(7-80)中的两项都是单调衰减的指数函数，随着时间增长将衰减到零，动态过程是非振荡的放电过程。在这个过程中，电路中的电流

$$
i = -C\frac{\mathrm{d}u_C}{\mathrm{d}t} = -C(A_1 p_1 e^{p_1 t} + A_2 p_2 e^{p_2 t}) \tag{7-81}
$$

下面，利用初始条件来确定常数 A_1 和 A_2。因电容电压、电感电流不能跃变，可得初始条件如下

$$
\begin{aligned}
u_C(0_+) &= u_C(0_-) = U_0 \\
i(0_+) &= i(0_-) = 0
\end{aligned}
$$

式(7-75)是以 u_C 为变量的微分方程，确定常数需要的初始条件是 $u_C(0_+)$ 及 $\left[\dfrac{\mathrm{d}u_C}{\mathrm{d}t}\right]_{t=0_+}$。后面一个初始条件可由 $C\left[\dfrac{\mathrm{d}u_C}{\mathrm{d}t}\right]_{t=0_+} = i(0_+)$ 算出，把两个初始条件代入式(7-80)和式(7-81)，得

$$
\begin{aligned}
U_0 &= A_1 + A_2 \\
0 &= A_1 p_1 + A_1 p_2
\end{aligned}
$$

联立解得

$$
\begin{aligned}
A_1 &= \frac{p_2}{p_2 - p_1} U_0 \\
A_2 &= \frac{p_1}{p_1 - p_2} U_0 = -\frac{p_1}{p_2 - p_1} U_0
\end{aligned}
$$

将所得常数代入式(7-80)，得

$$u_C = \frac{U_0}{p_2 - p_1}(p_2 e^{p_1 t} - p_1 e^{p_2 t}) \tag{7-82}$$

$$i = -C\frac{du_C}{dt} = -\frac{CU_0 p_1 p_2}{p_2 - p_1}(e^{p_1 t} - e^{p_2 t})$$

因为
$$p_1 p_2 = \frac{1}{LC}$$

所以
$$i = -\frac{U_0}{L(p_2 - p_1)}(e^{p_1 t} - e^{p_2 t}) \quad (t \geqslant 0) \tag{7-83}$$

$$u_R = Ri = -\frac{RU_0}{L(p_2 - p_1)}(e^{p_1 t} - e^{p_2 t}) \quad (t \geqslant 0) \tag{7-84}$$

$$u_L = L\frac{di}{dt} = -\frac{U_0}{(p_2 - p_1)}(p_1 e^{p_1 t} - p_2 e^{p_2 t}) \quad (t \geqslant 0) \tag{7-85}$$

由式(7-77)可知，p_1, p_2 都是负实数，且 $|p_1| < |p_2|$，因而 u_C 表达式中第一项衰减得慢，第二项衰减得快，如图 7-49 所示。u_C 从 U_0 开始单调地衰减到零，说明电容一直处于放电状态。由于 $p_2 - p_1 < 0$，电流 i 始终是正值，这也说明电容一直是放电的。$t = 0$ 时，$i = 0$，当 $t = \infty$ 时，仍有 $i = 0$，在动态过程中 i 是连续变化的，且始终大于零，因此一定有一个极大值 $i_{\max}$，这个极大值出现在 $t = t_m$ 时，即 $\frac{di}{dt} = 0$，或 $u_L = 0$ 时刻，因而有

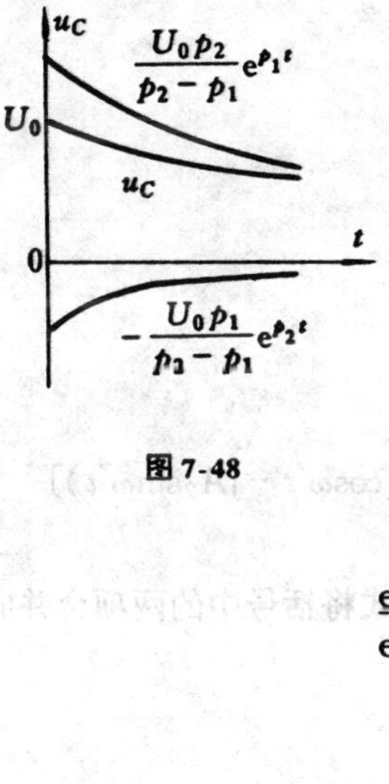

图 7-48

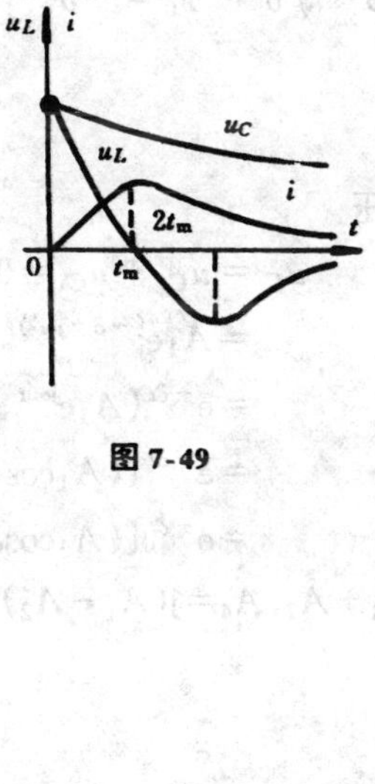

图 7-49

$$p_1 e^{p_1 t_m} - p_2 e^{p_2 t_m} = 0$$

$$\frac{e^{p_1 t_m}}{e^{p_2 t_m}} = e^{(p_1 - p_2)t_m} = \frac{p_2}{p_1}$$

解得
$$t_m = \frac{\ln\frac{p_2}{p_1}}{p_1 - p_2}$$

放电开始，因 $i = 0$，$u_R = 0$，故 $u_L = u_C = U_0$，在 t_m 以前，因为电流是增长的，$\frac{di}{dt} > 0$，故电感电压 $u_L > 0$，在 t_m 时刻，$\frac{di}{dt} = 0$，故 $u_L = 0$，在 t_m 以后，因电流不断减小，$\frac{di}{dt} < 0$，所以 $u_L < 0$，放电结束，即 $t = \infty$ 时，$u_L = 0$，因此电感电压在两个零值之间有一个极小值，对 u_L 求导，并令 $\frac{du_L}{dt} = 0$，就可以确定电感电压极小值出现的时刻

$$t=\frac{2\ln\dfrac{p_2}{p_1}}{p_1-p_2}=t_m$$

图 7-54 画出了 u_C, u_L 和 i 随时间变化的曲线。

在整个放电过程中,能量转换情况是按下述过程进行的。在 $0<t<t_m$ 期间,电容电压 u_C 随时间减少,而电流 i 随时间增大,说明电容不断释放能量,电场能量逐渐减少;电感则不断吸收能量,使磁场能量逐渐增加;而电阻则总是消耗能量的。在这段时间里,电容释放的电场能量一部分转化为电感储存的磁场能量,一部分则被电阻所消耗。$t=t_m$,电流由 i 增加变为减小,电感由吸收能量转变为释放能量。当 $t>t_m$ 时,u_C 和 i 都不断减小,因此电容、电感都向外释放能量,它们释放的能量全部被电阻所消耗。能量转换的情况如图 7-50 所示。

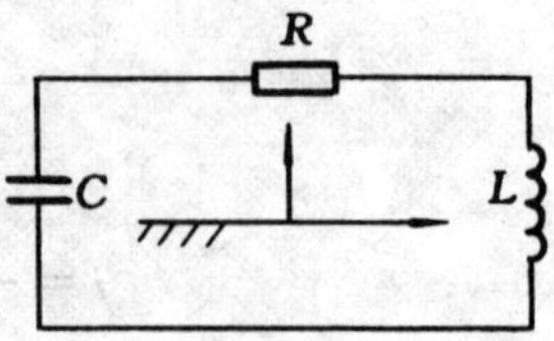

(a) $t_m>t>0$

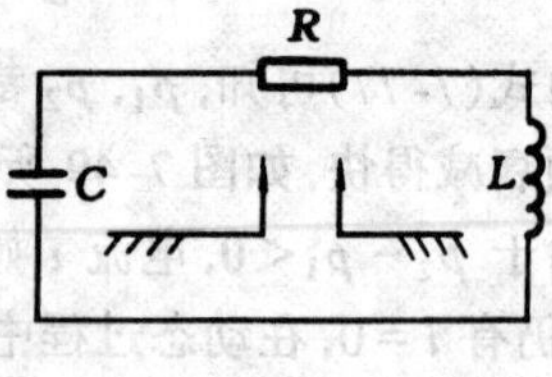

(b) $t>t_m$

图 7-50

2. $\delta<\omega_0$

即 $R<2\sqrt{\dfrac{L}{C}}$ 的情况,特征根 p_1, p_2 是一对共轭复根

$$p_1=-\delta+\sqrt{\delta^2-\omega_0^2}=-\delta+\mathrm{j}\sqrt{\omega_0^2-\delta^2}=-\delta+\mathrm{j}\omega'$$

$$p_2=-\delta-\sqrt{\delta^2-\omega_0^2}=-\delta-\mathrm{j}\sqrt{\omega_0^2-\delta^2}=-\delta-\mathrm{j}\omega' \qquad (7\text{-}86)$$

式中

$$\omega'=\sqrt{\omega_0^2-\delta^2} \qquad (7\text{-}87)$$

电容电压

$$\begin{aligned}u_C&=u_{Cp}+u_{Ch}=0+A_1e^{p_1t}+A_2e^{p_2t}\\&=A_1e^{(-\delta+\mathrm{j}\omega')t}+A_2e^{(-\delta-\mathrm{j}\omega')t}\\&=e^{-\delta t}(A_1e^{\mathrm{j}\omega't}+A_2e^{-\mathrm{j}\omega't})\\&=e^{-\delta t}[(A_1\cos\omega't+\mathrm{j}A_1\sin\omega't)+(A_2\cos\omega't-\mathrm{j}A_2\sin\omega't)]\\&=e^{-\delta t}[(A_3\cos\omega't+A_4\sin\omega't)]\end{aligned}$$

式中 $A_3=A_1+A_2$, $A_4=\mathrm{j}(A_1-A_2)$,用三角函数两角和公式将括号中的两项合并成一项,即令

$$A_3=A\sin\theta$$

$$A_4=A\cos\theta$$

于是得

$$\begin{aligned}u_C&=e^{-\delta t}(A\sin\theta\cos\omega't+A\cos\theta\sin\omega't)\\&=Ae^{-\delta t}\sin(\omega't+\theta)\qquad(t\geqslant0)\end{aligned} \qquad (7\text{-}88)$$

因为 u_C 是 t 的实函数,即 A_1+A_2, $\mathrm{j}(A_1-A_2)$ 都应是实数,则 A_1, A_2 必是共轭复数。式(7-88)将两个共轭复数用两个实常数 A, θ 来代替可给计算带来方便。

电流

$$i=-C\frac{du_C}{dt}$$

$$= -CA[(\omega' e^{-\delta t}\cos(\omega' t+\theta) - \delta e^{-\delta t}\sin(\omega' t+\theta)] \qquad (7\text{-}89)$$

把初始条件代入式(7-88)和(7-89),得

$$U_0 = A\sin\theta$$

$$0 = \omega'\cos\theta - \delta\sin\theta$$

则

$$\tan\theta = \frac{\sin\theta}{\cos\theta} = \frac{\omega'}{\delta}$$

$$\theta = \arctan\frac{\omega'}{\delta}$$

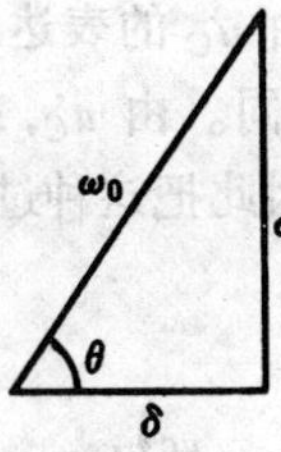

图 7-51

式(7-87)中的 ω', δ, ω_0 及 θ 间的关系可用图 7-51 所示的直角三角形来表示。可见

$$\sin\theta = \frac{\omega'}{\omega_0}$$

故

$$A = \frac{U_0}{\sin\theta} = \frac{\omega_0}{\omega'}U_0$$

所以

$$u_C = \frac{\omega_0}{\omega'}U_0 e^{-\delta t}\sin(\omega' t + \arctan\frac{\omega'}{\delta}) \qquad (t \geqslant 0) \qquad (7\text{-}90)$$

$$i = -C\omega_0 U_0 e^{-\delta t}\cos(\omega' t+\theta) + C\frac{\omega_0}{\omega'}U_0\delta e^{-\delta t}\sin(\omega' t+\theta)$$

$$= \frac{\omega_0}{\omega'}CU_0 e^{-\delta t}[\delta\sin(\omega' t+\theta) - \omega'\cos(\omega' t+\theta)]$$

据图 7-51 有

$$\delta = \omega_0\cos\theta$$

$$\omega' = \omega_0\sin\theta$$

因此

$$i = \frac{\omega_0}{\omega'}CU_0 e^{-\delta t}[\omega_0\sin(\omega' t+\theta)\cos\theta - \omega_0\cos(\omega' t+\theta)\sin\theta]$$

$$= \frac{\omega_0^2}{\omega'}CU_0 e^{-\delta t}\sin\omega' t$$

$$= \frac{U_0}{\omega' L}e^{-\delta t}\sin\omega' t \qquad (t \geqslant 0) \qquad (7\text{-}91)$$

电感电压

$$u_L = L\frac{di}{dt} = \frac{U_0}{\omega'}(-\delta)e^{-\delta t}\sin\omega' t + U_0 e^{-\delta t}\cos\omega' t$$

$$= -\frac{U_0}{\omega'}e^{-\delta t}(\delta\sin\omega' t - \omega'\cos\omega' t)$$

$$= -\frac{U_0}{\omega'}e^{-\delta t}(\omega_0\sin\omega' t\cos\theta - \omega_0\cos\omega' t\sin\theta)$$

$$= -\frac{U_0}{\omega'}\omega_0 e^{-\delta t}\sin(\omega' t - \theta)$$

$$= -\frac{\omega_0}{\omega'}U_0 e^{-\delta t}\sin(\omega' t + \pi - \arctan\frac{\omega'}{\delta}) \qquad (t \geqslant 0) \qquad (7\text{-}92)$$

u_C, i 及 u_L 随时间变化的曲线画在图 7-52(a)、(b)中。

图中 u_C 曲线可按下述方法画出:因 u_C 的振幅是按指数规律衰减的,所以首先画出包络线 $\frac{\omega_0}{\omega'}U_0 e^{-\delta t}$ 和 $-\frac{\omega_0}{\omega'}U_0 e^{-\delta t}$,然后用求极值方法确定 u_C 出现极大值和极小值的 $\omega' t$ 的值,也就

是由$\frac{du_C}{dt}=0$,即 $i=0$,得到 $\omega' t=0, 2\pi, 4\pi, \cdots$时 u_C 有极大值,而当 $\omega' t=\pi, 3\pi, 5\pi, \cdots$时 u_C 具有极小值,由 u_C 的表达式可知,当 $\omega' t=\pi-\theta, 2\pi-\theta, 3\pi-\theta, \cdots$时,$u_C=0$。$i, u_C$ 曲线与 u_L 曲线画法相同。由 u_C, i, u_L 的表达式和曲线可以看出它们都是振幅按指数规律衰减的同频率正弦量,因此把这种过程叫衰减振荡的放电过程。

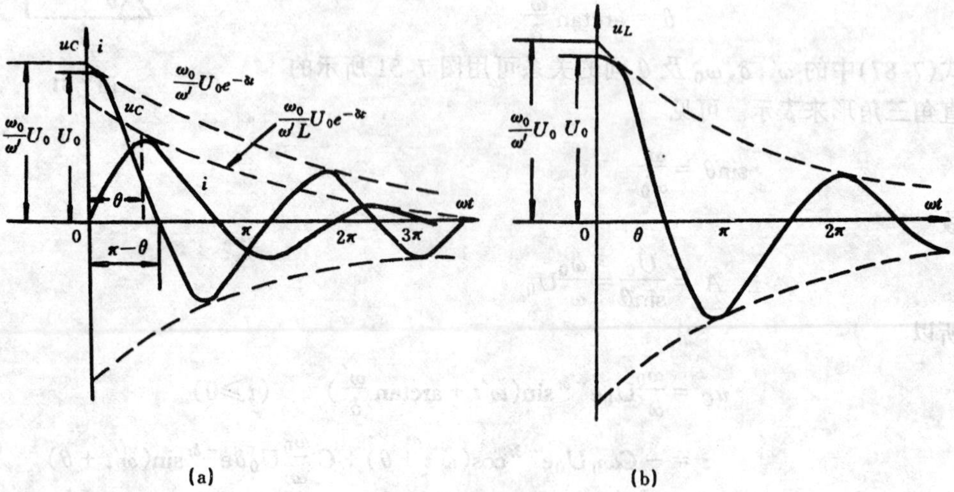

图 7-52

在衰减振荡放电过程中,当 $0<\omega' t \leqslant \theta$ 期间,电容电压下降,释放电场能量,由于电路中电阻较小,电容释放的能量除一小部分被电阻消耗外,大部分随放电电流的增长转化为磁场能量储存于电感之中。当 $\theta<\omega' t \leqslant \pi-\theta$ 期间,电流 i 由增加变为减小,说明电感把它储存的磁场能量释放出来,同时 u_C 继续减小,直到放电完了,说明这期间电感、电容都释放能量,释放的能量被电阻所消耗。当 $\pi-\theta<\omega' t \leqslant \pi$ 时,电流 i 仍然减小,说明电感继续放电,而电容电压变为负值且绝对值逐渐增大,这表明电感释放的磁场能量一部分被电阻消耗,另一部分则给电容反方向充电。上述是第一个半周期能量转换情况,第二个半周期与第一个半周期情况相似,只是电容放电的方向相反而已。由于电路中存在电阻,始终是消耗能量的,使电路原来储存的能量逐渐减少,因而形成了衰减振荡的放电过程。衰减的快慢取决于 δ,所以 δ 叫衰减系数,振荡角频率 ω' 取决于电路参数,称为电路的固有振荡角频率。

若电路中的电阻为零,则 $\delta=\frac{R}{2L}=0, \omega'=\omega_0=\frac{1}{\sqrt{LC}}$,这种情况下

$$u_C=U_0\sin(\omega_0 t+\frac{\pi}{2})$$

$$i=\frac{U_0}{\omega_0 L}\sin\omega_0 t$$

$$u_L=U_0\sin(\omega_0 t-\frac{\pi}{2})$$

它们都是振幅不衰减的正弦函数,振荡会一直持续下去,形成等幅自由振荡。

3. $\delta=\omega_0$

即 $R=2\sqrt{\frac{L}{C}}$的情况,这时,p_1, p_2 是两个相等的负实根,如果以 $p_1=p_2=-\delta$ 代入式

(7-82)、(7-83)，则 u_C, i 的表达式将成为不定式，为了求出解答，可应用罗毕达法则，即

$$u_C = U_0 \lim_{p_1 \to p_2} \frac{\frac{d}{dp_1}(p_2 e^{p_1 t} - p_1 e^{p_2 t})}{\frac{d}{dp_1}(p_2 - p_1)}$$

$$= U_0 \lim_{p_1 \to p_2} \frac{p_2 t e^{p_1 t} - e^{p_2 t}}{-1} = U_0(1 - p_2 t) e^{p_2 t}$$

$$= U_0(1 + \delta t) e^{-\delta t} \qquad (t \geqslant 0) \tag{7-93}$$

$$i = -C \frac{du_C}{dt} = \frac{U_0}{L} t e^{-\delta t} \qquad (t \geqslant 0) \tag{7-94}$$

$$u_L = l \frac{di}{dt} = U_0(1 - \delta t) e^{-\delta t} \qquad (t \geqslant 0) \tag{7-95}$$

由上面三式可以看出，它们仍属于非振荡放电类型，但是，恰好介于非振荡与振荡之间，所以叫临界非振荡放电过程。电阻 $R = 2\sqrt{\frac{L}{C}}$ 叫临界电阻。电压、电流的波形与非振荡情形相似，因此不再画出。

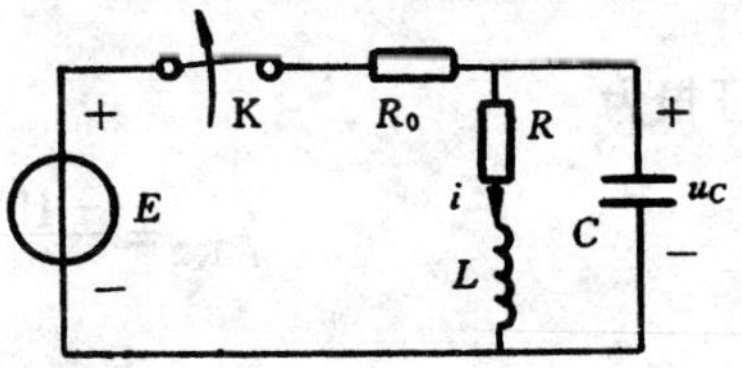

图 7-53

例 7-14 在图7-53所示电路中，开关 K 原是闭合的，电路已经稳定。在 $t = 0$ 时，将开关 K 打开，试求在下列两种情况下的 u_C 和 i。(1) $E = 100\text{V}$, $R_0 = 1\text{k}\Omega$, $R = 1\text{k}\Omega$, $L = 10\text{H}$, $C = 100\mu\text{F}$；(2) C 改为 $10\mu\text{F}$，其他条件不变。

解 开关打开前

$$i(0_-) = \frac{E}{R_0 + R} = \frac{100}{2000} = 0.05\text{A}$$

$$u_C(0_-) = i(0_-)R = 0.05 \times 1000 = 50\text{V}$$

开关打开后，形成 RLC 放电电路，因而有

$$LC \frac{d^2 u_C}{dt^2} + RC \frac{du_C}{dt} + u_C = 0$$

特征方程为

$$LCp^2 + RCp + 1 = 0$$

(1)把数据代入特征方程，得

$$10^{-3}p^2 + 10^{-1}p + 1 = 0$$
$$p^2 + 100p + 1000 = 0$$

特征根

$$p_{1,2} = \frac{-100 \pm \sqrt{10000 - 4000}}{2} = \frac{-100 \pm 77.5}{2}$$

$$= -11.3,\ -88.7$$

$$u_C = A_1 e^{-11.3t} + A_2 e^{-88.7t}$$

$$i = -C \frac{du_C}{dt} = -100 \times 10^{-6}(-11.3A_1 e^{-11.3t} - 88.7A_2 e^{-88.7t})$$

以初始条件 $u_C(0_+) = u_C(0_-) = 50\text{V}$, $i(0_+) = i(0_-) = 0.05\text{A}$ 代入，有

$$50 = A_1 + A_2$$

$$0.05 = -100 \times 10^{-6}(-11.3A_1 - 88.7A_2)$$

联立解得

$$A_1 = 50.8 \qquad A_2 = -0.820$$

所以

$$u_C = (50.8e^{-11.3t} - 0.820e^{-88.7t})\text{V} \quad (t \geqslant 0)$$

$$i = -100 \times 10^{-6}(-11.3 \times 50.8e^{-11.3t} + 88.7 \times 0.820e^{-88.7t})$$

$$= (0.0573e^{-11.3t} - 0.00727e^{-88.7t})\text{V} \quad (t \geqslant 0)$$

(2)特征方程同(1),代入数据

$$10^{-4}p^2 + 10^{-2}p + 1 = 0$$

$$p^2 + 100p + 10000 = 0$$

特征根为

$$p_{1,2} = \frac{-100 \pm \sqrt{10000 - 40000}}{2} = -50 \pm \text{j}86.6$$

故

$$u_C = Ae^{-50t}\sin(86.6t + \theta)$$

$$i = -10 \times 10^{-6}[-50Ae^{-50t}\sin(86.6t + \theta) + 86.6Ae^{-50t}\cos(86.6t + \theta)]$$

以初始条件代入,有

$$50 = A\sin\theta$$

$$0.05 = -10 \times 10^{-6}(-50A\sin\theta + 86.6A\cos\theta)$$

联立求解

$$A\cos\theta = \frac{-5000 + 50 \times 50}{86.6} = -28.9$$

$$\tan\theta = \frac{A\sin\theta}{A\cos\theta} = \frac{50}{-28.9} = -1.73$$

$$\theta = 120°$$

$$A = \frac{50}{\sin 120°} = 57.7$$

所以

$$u_C = 57.7e^{-50t}\sin(86.6t + 120°)\text{V} \quad (t \geqslant 0)$$

$$i = -10 \times 10^{-6}[-50 \times 57.7e^{-50t}\sin(86.6t + 120°)$$

$$+ 86.6 \times 57.7e^{-50t}\cos(86.6t + 120°)]$$

$$= e^{-50t}[0.0289\sin(86.6t + 120°) - 0.05\cos(86.6t + 120°)]$$

可用相量加法将中括号内两项合并

$$0.0289 \angle 120° - 0.05 \angle 210°$$

$$= -0.0145 + \text{j}0.025 + 0.0433 + \text{j}0.025$$

$$= 0.0289 + \text{j}0.05 = 0.0578 \angle 60°$$

$$i = 0.0578e^{-50t}\sin(86.6t + 60°)\text{A} \quad (t \geqslant 0)$$

7-10 二阶电路的阶跃响应

在图 7-54 的 RLC 串联电路中，如果电容原来没充电，在 $t=0$ 时将开关闭合，使电路与直流电源接通，求接通后的 u_C，i 和 u_L，这就是 RLC 串联电路受阶跃函数激励，求零状态响应的问题。

在图示参考方向下，可列出下面的电压方程

$$L\frac{\mathrm{d}i}{\mathrm{d}t}+Ri+u_C=E$$

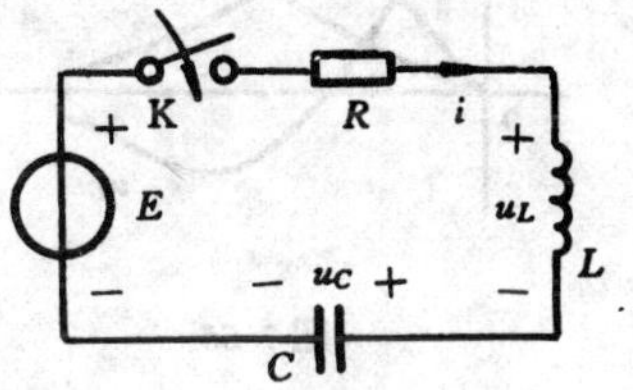

图 7-54

将 $i=C\frac{\mathrm{d}u_C}{\mathrm{d}t}$ 代入上式，得

$$LC\frac{\mathrm{d}^2u_C}{\mathrm{d}t^2}+RC\frac{\mathrm{d}u_C}{\mathrm{d}t}+u_C=E \qquad (7\text{-}96)$$

这是一个二阶线性常系数非齐次微分方程，它的特解，即 u_C 的稳态解 $u_{Cp}=E$，而 u_C 的暂态解是与式(7-96)相对应的齐次微分方程的通解，根据节 7-9 的分析，因电路参数不同将有三种可能，因此，电路零状态响应仍有非振荡、振荡与临界的三种情形。

1. $R>2\sqrt{\frac{L}{C}}$

这时出现非振荡的充电过程，即

$$u_C=u_{Cp}+u_{Ch}=E+A_1\mathrm{e}^{p_1t}+A_2\mathrm{e}^{p_2t} \qquad (7\text{-}97)$$

$$i=C\frac{\mathrm{d}u_C}{\mathrm{d}t}=C(A_1p_1\mathrm{e}^{p_1t}+A_2p_2\mathrm{e}^{p_2t}) \qquad (7\text{-}98)$$

由初始条件

$$u_C(0_+)=u_C(0_-)=0$$

$$i(0_+)=i(0_-)=0$$

可得

$$E+A_1+A_2=0$$

$$C(A_1p_1+A_2p_2)=0$$

联立解得

$$A_1=\frac{-p}{p_2-p_1}E$$

$$A_2=\frac{p_1}{p_2-p_1}E$$

故

$$u_C=E-\frac{E}{p_2-p_1}(p_2\mathrm{e}^{p_1t}-p_1\mathrm{e}^{p_2t}) \qquad (t\geqslant0) \qquad (7\text{-}99)$$

$$i=C\frac{\mathrm{d}u_C}{\mathrm{d}t}=C\left(\frac{-p_1p_2}{p_2-p_1}E\mathrm{e}^{p_1t}+\frac{p_1p_2}{p_2-p_1}E\mathrm{e}^{p_2t}\right)$$

$$=\frac{E}{L(p_1-p_2)}(\mathrm{e}^{p_1t}-\mathrm{e}^{p_2t}) \qquad (t\geqslant0) \qquad (7\text{-}100)$$

$$u_L = L\frac{di}{dt} = \frac{E}{(p_1 - p_2)}(p_1 e^{p_1 t} - p_2 e^{p_2 t}) \qquad (t \geqslant 0) \tag{7-101}$$

因为这种情况下，p_1，p_2 是不等的负实数，所以 u_C 是单调增长的，最终趋近电源电压。图 7-55 画出了 u_C，i 和 u_L 随时间变化的曲线。

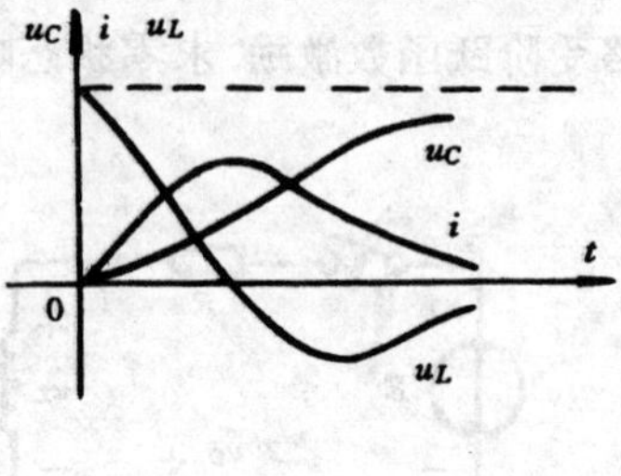

图 7-55

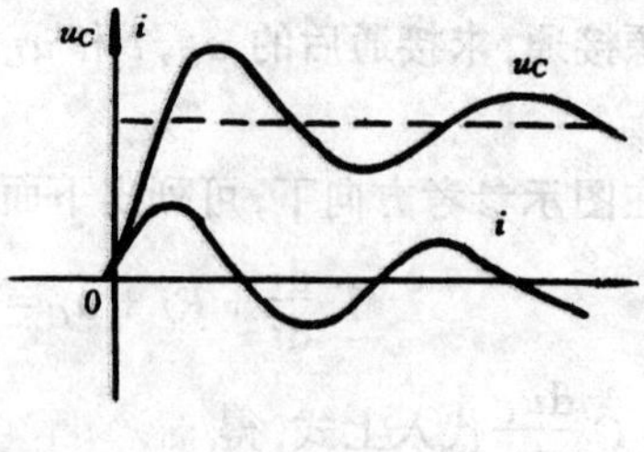

图 7-56

2. $R < 2\sqrt{\dfrac{L}{C}}$

这时，出现振荡的充电过程，即

$$u_C = u_{Cp} + u_{Ch} = E + A e^{-\delta t}\sin(\omega' t + \theta)$$

$$i = C\frac{du_C}{dt} = C[\omega' A e^{-\delta t}\cos(\omega' t + \theta) - A\delta e^{-\delta t}\sin(\omega' t + \theta)]$$

初入初始条件，得

$$E + A\sin\theta = 0$$

$$CA(\omega'\cos\theta - \delta\sin\theta) = 0$$

联立解得

$$A = -\frac{E}{\sin\theta} = -\frac{\omega_0}{\omega'}E$$

$$\theta = \arctan\frac{\omega'}{\delta}$$

故

$$u_C = E - \frac{\omega_0}{\omega'}E e^{-\delta t}\sin(\omega' t + \arctan\frac{\omega'}{\delta}) \qquad (t \geqslant 0) \tag{7-102}$$

$$i = C\frac{du_C}{dt} = \frac{E}{\omega' L}e^{-\delta t}\sin\omega' t \qquad (t \geqslant 0) \tag{7-103}$$

$$u_L = L\frac{di}{dt} = -\frac{\omega_0}{\omega'}E e^{-\delta t}\sin(\omega' t - \arctan\frac{\omega'}{\delta}) \qquad (t \geqslant 0) \tag{7-104}$$

图 7-56 画出了 u_C 和 i 随时间变化的曲线。由图可见，充电开始时电容电压会超出电源电压，若电路中的电阻很小，u_C 的最大值将接近电源电压的两倍。

3. $R = 2\sqrt{\dfrac{L}{C}}$

这时，出现临界非振荡充电过程，即

$$u_C = E - E\lim_{p_1 \to p_2}\frac{\dfrac{d}{dp_1}(p_2 e^{p_1 t} - p_1 e^{p_2 t})}{\dfrac{d}{dp_1}(p_2 - p_1)}$$

$$= E - E(1+\delta t)e^{-\delta t} \qquad (t \geqslant 0) \tag{7-105}$$

$$i = C\frac{du_C}{dt} = \frac{E}{L}te^{-\delta t} \qquad (t \geqslant 0) \tag{7-106}$$

$$u_L = L\frac{di}{dt} = E(1-\delta t)e^{-\delta t} \qquad (t \geqslant 0) \tag{7-107}$$

例7-15 在图7-57所示 GCL 并联电路中，电容已充电到 1V，极性如图所示，$t=0$ 时开关 K_1 突然由位置 a 换接到 b，且同时闭合 K_2，求 $t \geqslant 0$ 时的 i_L。已知 $I_S = 1A$, $G = 1S$, $C = 1F$, $L = 1H$。

解 换路后，有

$$i_G + i_C + i_L = I_S$$

以

$$i_G = Gu = GL\frac{di_L}{dt}$$

$$i_C = C\frac{du}{dt} = LC\frac{di_L}{dt}$$

代入，得到以 i_L 为变量的二阶常系数非齐次微分方程

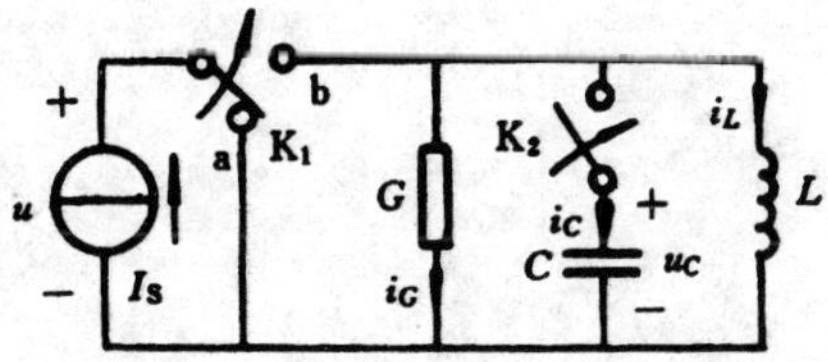

图 7-57

$$LC\frac{d^2 i_L}{dt^2} + GL\frac{di_L}{dt} + i_L = I_S$$

代入数据

$$\frac{d^2 i_L}{dt^2} + \frac{di_L}{dt} + i_L = 1$$

微分方程的解

$$i_L = i_{Lp} + i_{Lh}$$

其中

$$i_{Lp} = 1A$$

齐次微分方程的特征方程

$$p^2 + p + 1 = 0$$

特征根为

$$p_{1,2} = \frac{-1 \pm \sqrt{1-4}}{2} = -0.5 \pm j0.866$$

所以

$$i_{Lh} = Ae^{-0.5t}\sin(0.866t + \theta)$$

$$i_L = 1 + Ae^{-0.5t}\sin(0.866t + \theta)$$

已知初始条件 $i_L(0_+) = i_L(0_-) = 0$, $u_C(0_+) = u_C(0_-) = 1$，还需求出 $\left.\frac{di_L}{dt}\right|_{t=0_+}$，因为 $\left.\frac{di_L}{dt}\right|_{t=0_+} = u_C(0_+) = 1$，所以 $\left.\frac{di_L}{dt}\right|_{t=0_+} = 1$。

$$\frac{di_L}{dt} = -0.5Ae^{-0.5t}\sin(0.866t + \theta) + 0.866Ae^{-0.5t}\cos(0.866t + \theta)$$

将初始条件代入 i_L 和$\frac{di_L}{dt}$表达式，则有

$$0=1+A\sin\theta$$
$$1=-0.5A\sin\theta+0.866A\cos\theta$$

联解得

$$A\cos\theta=\frac{1-0.5}{0.866}=0.577$$
$$\tan\theta=\frac{-1}{0.577}=-1.73$$
$$\theta=-60^\circ$$
$$A=\frac{-1}{\sin(-60^\circ)}=1.16$$

所以

$$i=[1+1.16e^{-0.5t}\sin(0.866t-60^\circ)]\text{A} \qquad (t\geqslant 0)$$

把本例中的非齐次微分方程和 RLC 串联电路接通直流电源时的微分方程比较，就会发现它们之间存在着对偶关系。

计算二阶电路的冲击响应，可采用计算一阶电路冲击响应的同样方法。

习　题　七

7-1　题图电路中，$U=100\text{V}$, $R_1=100\Omega$, $L_2=0.1\text{H}$, $R_3=100\Omega$, $t=0$ 时将开关打开，求 $i(0_+)$, $u_{L2}(0_+)$。

7-2　换路前电路稳态，$t=0$, K 闭合，回答下列问题：

(1) $u_C(0_-)$, $i_C(0_-)$和 $u_C(0_+)$, $i_C(0_+)$各是多少？

(2) $i_L(0_-)$, $u_L(0_-)$和 $i_L(0_+)$, $u_L(0_+)$各是多少？

(3) $u_R(0_-)$, $i_R(0_-)$和 $u_R(0_+)$, $i_R(0_+)$各是多少？

(4)总结换路时哪些初值跃变，哪些不跃变。

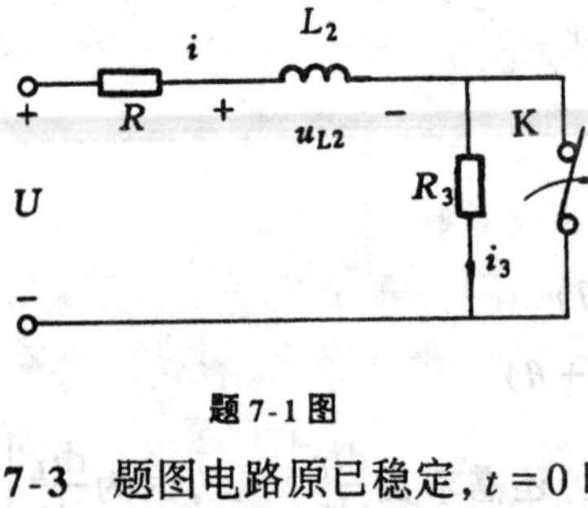

题 7-1 图

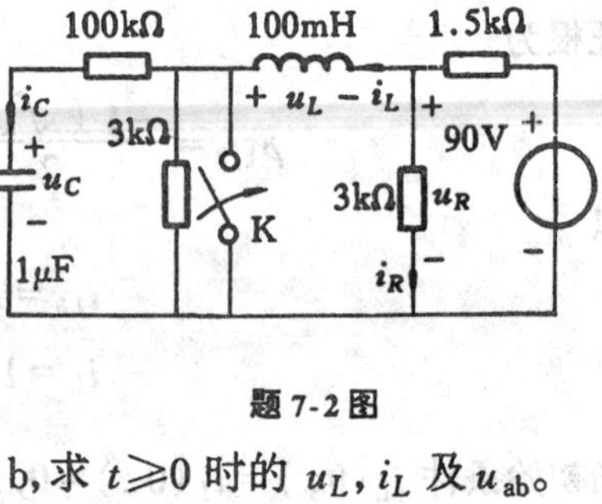

题 7-2 图

7-3　题图电路原已稳定，$t=0$ 时将开关 K 由 a 投向 b，求 $t\geqslant 0$ 时的 u_L, i_L 及 u_{ab}。

7-4　题图电路已稳定，已知 $R_1=R_2=R_3=10\Omega$, $L=2\text{H}$, $C=0.1\text{F}$, $U_S=20\text{V}$, $t=0$ 时开关闭合，求 $t\geqslant 0$ 时的 i_K。

7-5　在题图电路中，K 原是闭合的，电路已达稳态，$t=0$ 时将 K 打开，求 $t\geqslant 0$ 时的 u_C, i_C, i_1, i 和 u_K。

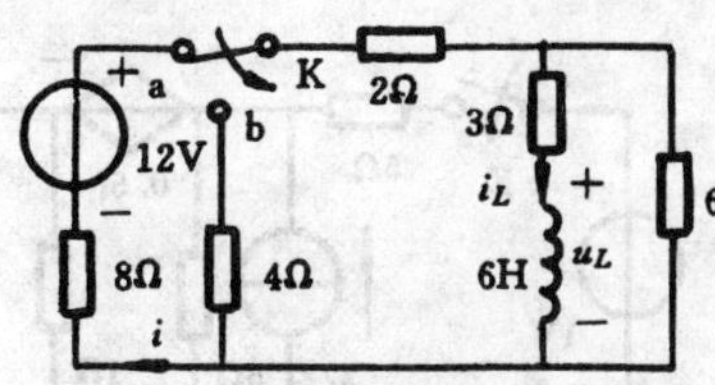

题 7-3 图

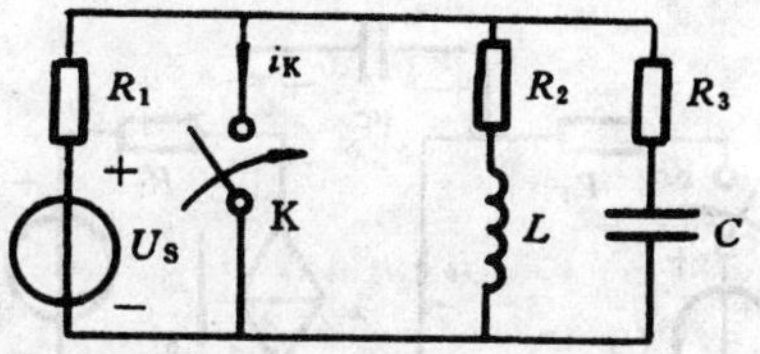

题 7-4 图

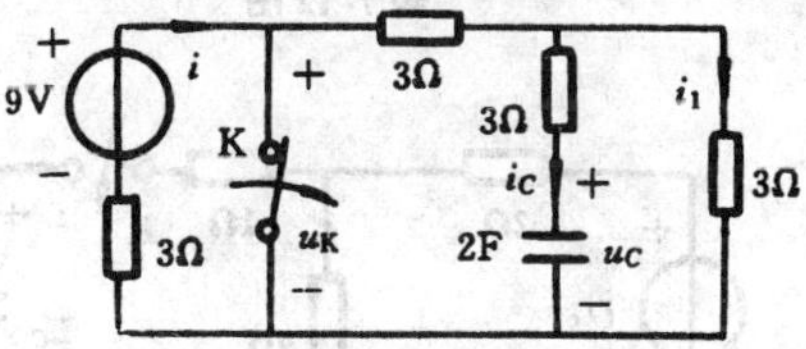

题 7-5 图

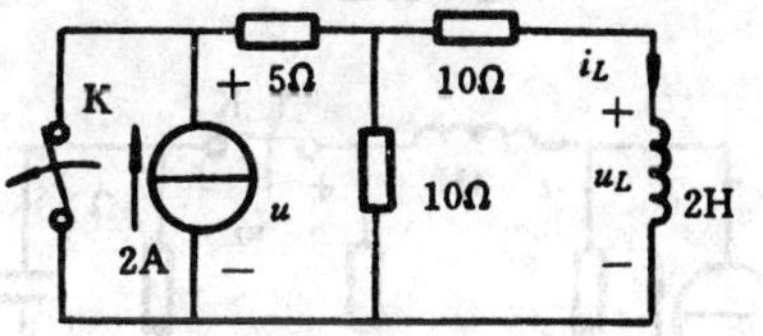

题 7-6 图

7-6 开关 K 原是闭合的，电路已达稳态，$t=0$ 时将 K 拉开，求 $t\geqslant 0$ 时的 i_L，u_L 及 u。

7-7 已知 $U_S=100V$，$R_1=R_2=100\Omega$，$C=1\mu F$，且电容原未充电。当开关 K_1 闭合(此时 K_2 也是闭合的)后经过 0.1ms 再将开关 K_2 打开，求 K_2 打开后的电容电压。

7-8 题图电路换路前已达稳态，在 $t=0$ 时将开关 K 闭合，试求 $t\geqslant 0$ 时的 u_C。

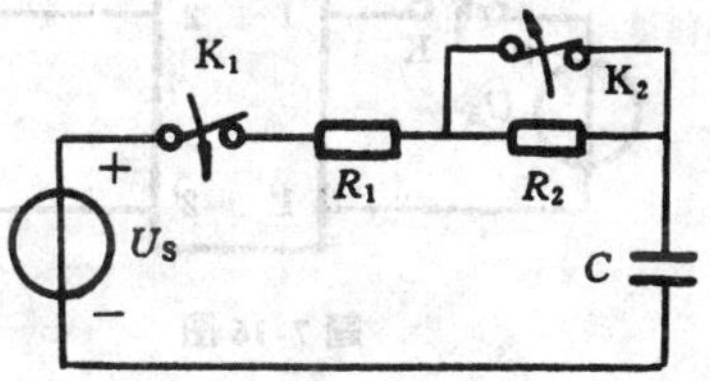

题 7-7 图

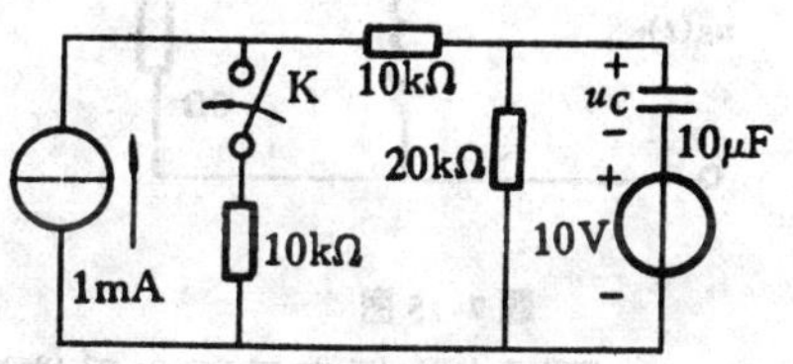

题 7-8 图

7-9 换路前电路已达稳态，$t=0$ 时将开关 K 闭合，求 i_L。

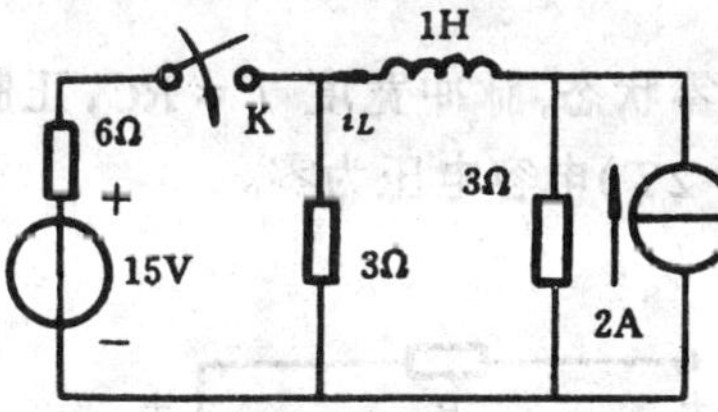

题 7-9 图

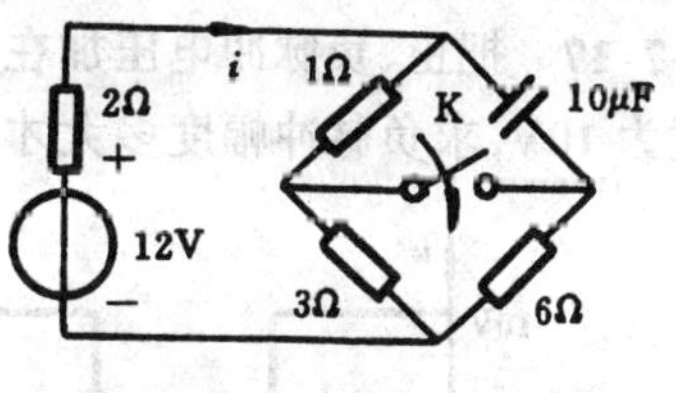

题 7-10 图

7-10 开关 K 原是打开的，电路已经稳定，$t=0$ 时合上开关 K，求 $t\geqslant 0$ 时的 i。

7-11 在题图电路中，$t=0$ 时开关闭合，求 $t\geqslant 0$ 时的 u_C。

7-12 换路前电路处于稳态，$t=0$ 时开关 K 闭合，求 $t\geqslant 0$ 时的 u_C。

7-13 开关 K 原在闭合位置，电路已达稳态，$t=0$ 时将 K 拉开，求 $t\geqslant 0$ 时的 u_C，i_L，u_K。

7-14 换路前电路稳态，$t=0$ 时开关闭合，已知 $u_C(0_-)=10V$，求 $t\geqslant 0$ 时的 i。

7-15 延迟脉冲电压 $U_S(t)=[1(t-1)-1(t-2)]$ 作用于题图所示零状态电路，求 $t\geqslant 0$ 时的 i。

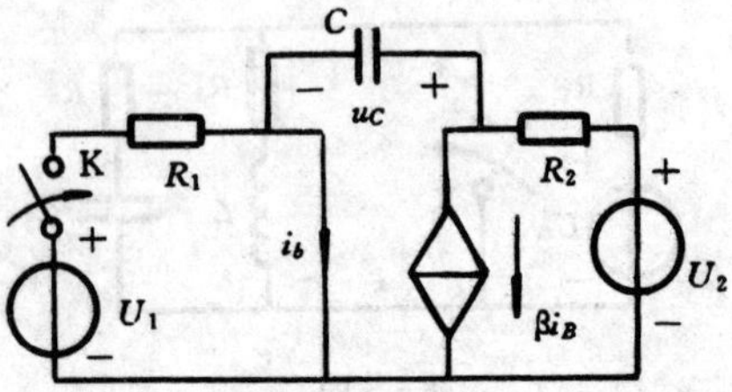

题 7-11 图

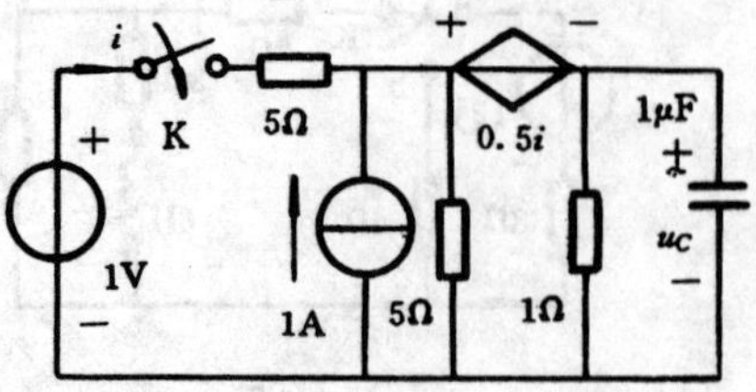

题 7-12 图

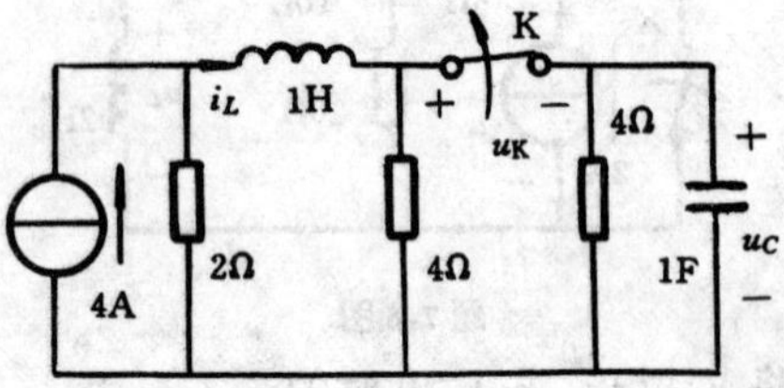

题 7-13 图

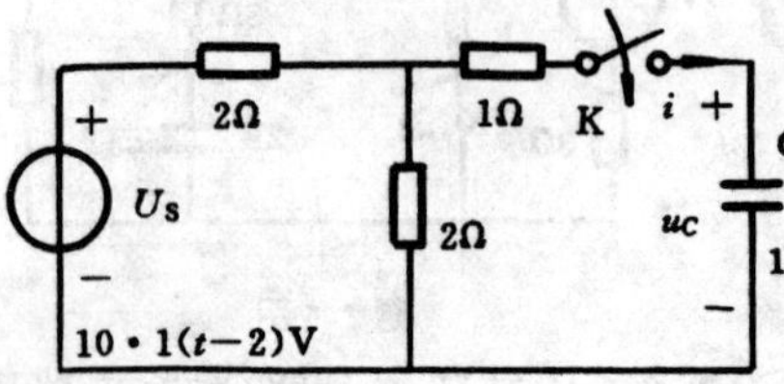

题 7-14 图

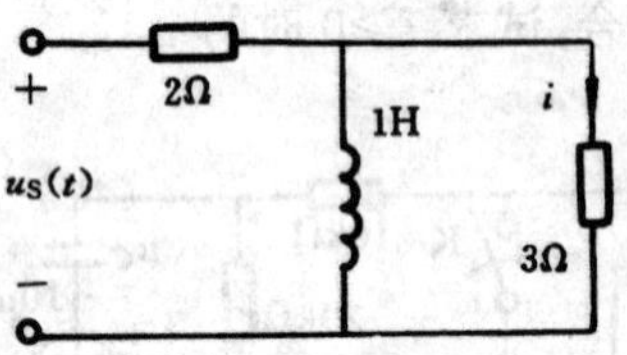

题 7-15 图

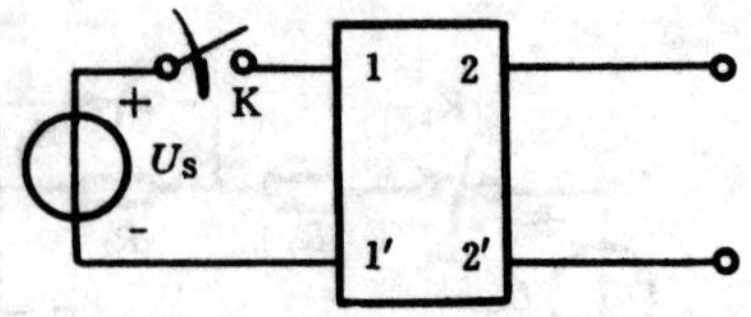

题 7-16 图

7-16 题图中方框表示不含受控源的无源线性电路，电路参数为固定值，$t=0$ 时 K 闭合，在 22′两端接不同元件时，其两端电压的零状态响应亦不同，已知：22′接电阻 $R=2\Omega$ 时，响应为 $u_{22'}=\frac{1}{4}(1-e^{-t})1(t)$；22′接电容 $C=1F$ 时，响应为 $u_{22'}(t)=\frac{1}{2}(1-e^{-0.25t})1(t)$。求把 RC 并联接在 22′端时，响应 $u_{22'}(t)$ 的表达式。

7-17 把正、负脉冲电压加在 RC 串联电路上，电路零状态，脉冲宽度 $T=RC$，正脉冲的幅度为 10V，求负脉冲幅度多大才能使负脉冲结束时($t=2T$)电容电压为零。

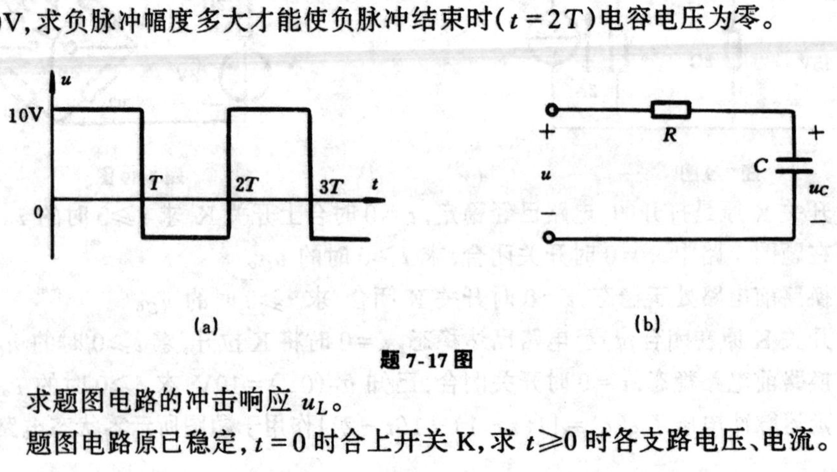

(a) (b)

题 7-17 图

7-18 求题图电路的冲击响应 u_L。

7-19 题图电路原已稳定，$t=0$ 时合上开关 K，求 $t\geqslant 0$ 时各支路电压、电流。

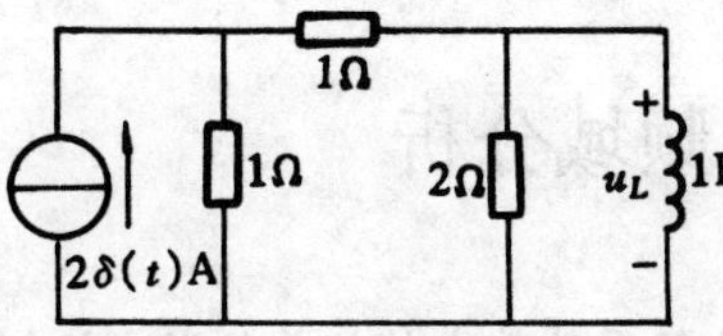

题 7-18 图

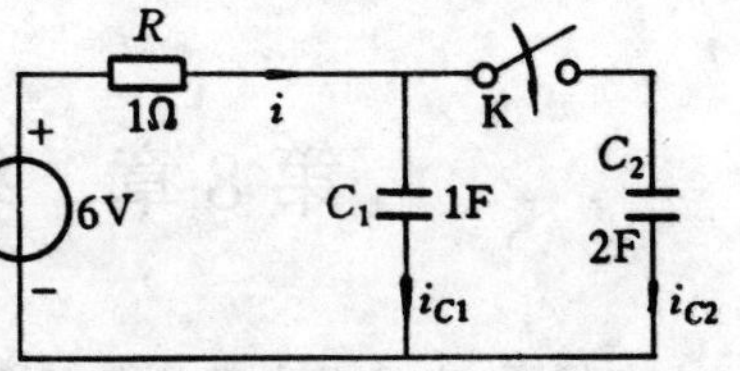

题 7-19 图

7-20 题图中 $u_S(t)=\sqrt{2}220\sin(\omega t+\psi_u)$V, $u_C(0)=U_0$, $t=0$ 时合上开关 K, 合闸角 $\psi_u=30°$, 求:(1) u_C;(2) U_0 为何值时, 暂态分量为零。

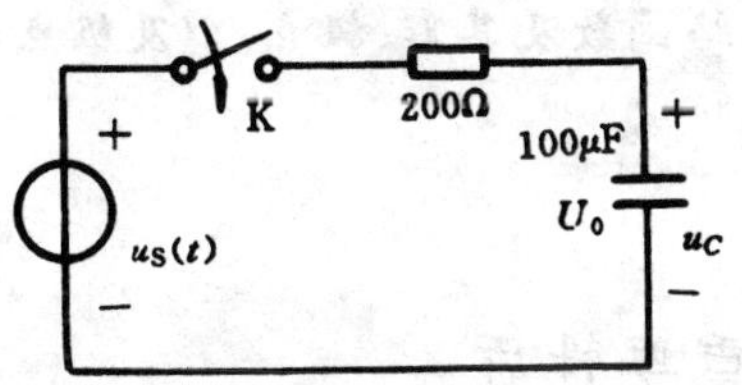

题 7-20 图

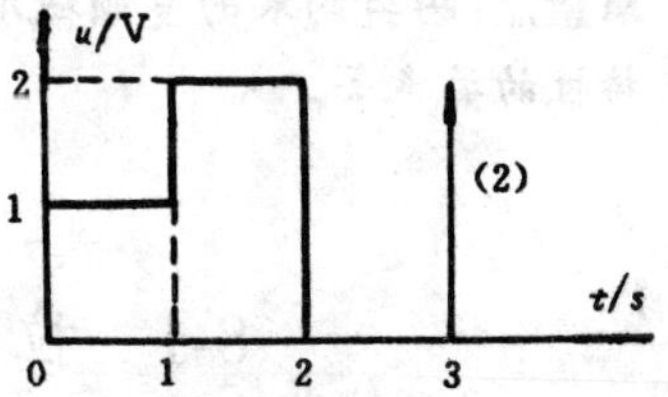

题 7-21 图

7-21 已知某电路在单位冲击电压激励下的电压响应 $h(t)=2e^{-2t}1(t)$V, 试求此电路在题图所示电压激励时的电压响应。

7-22 电路如题图, 开关原与 a 接通, 电路已达稳态。$t=0$ 时将开关由 a 投向 b, 求 $t\geqslant 0$ 时的 u_C, i, i_{max}。

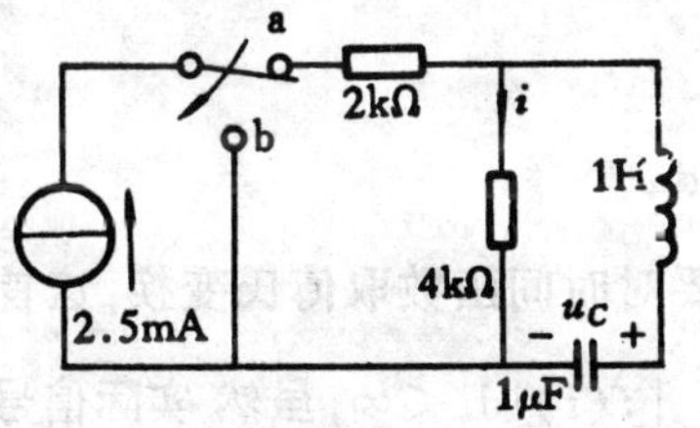

题 7-22 图

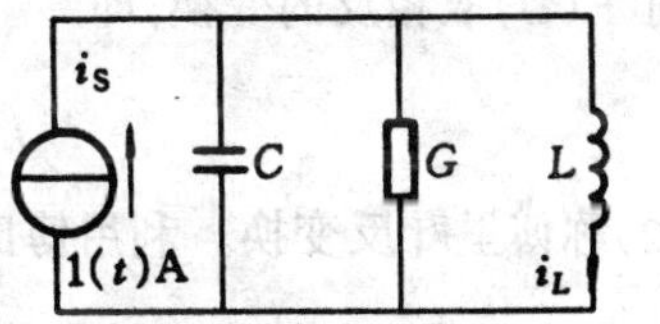

题 7-23 图

7-23 RLC 并联电路, $L=1$H, $C=1$F, 若(1) $G=10$S;(2) $G=2$S;(3) $G=0.1$S 三种情况下, 求单位阶跃响应 i_L。

7-24 在题图电路中, 欲使输出 u_0 为等幅振荡, A 应为多少? 已知初始状态为零, 求 u_0。

7-25 试求题图电路的冲击响应 u_C。

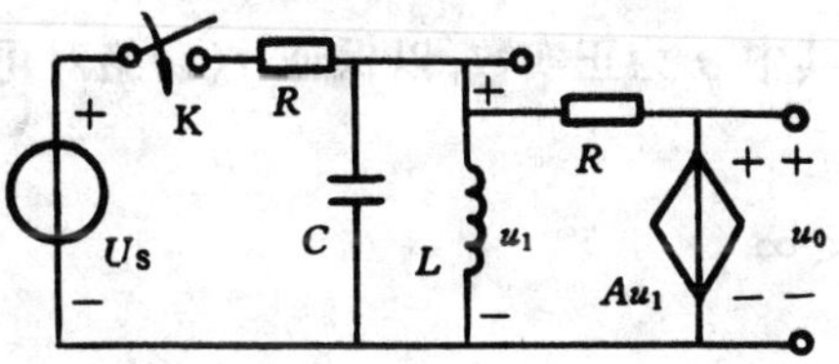

题 7-24 图

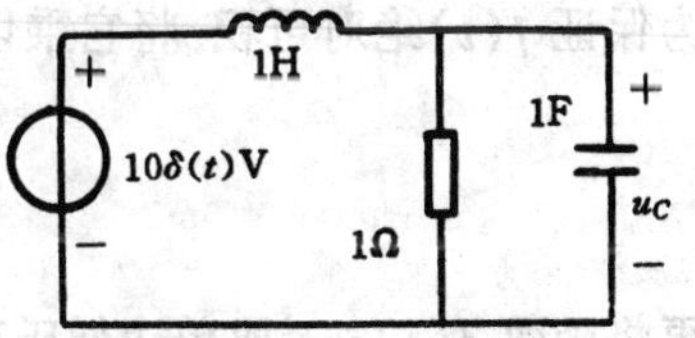

题 7-25 图

第 8 章　线性动态网络复频域分析

内容提要：线性动态网络复频域分析法(也称运算法)是应用数学中的拉普拉斯变换(简称拉氏变换)将线性动态网络的时域微分方程转换为复频域代数方程的求解方法。其步骤是：首先把时域形式的两类约束、激励函数通过拉氏变换转换为复频域形式，同时引入复频域阻抗、导纳等概念，建立复频域的电路模型，其次选用分析线性网络的各种方法求出响应的象函数，最后经拉氏反变换找到响应的时域函数。

本章重点：两类约束的复频域形式，复频域分析法，网络函数及其零、极点，以及极点和网络动态特性的关系等。

8-1　拉普拉斯变换及其重要性质

1. 从傅里叶变换到拉普拉斯变换

傅里叶积分的表达式为

$$F(\omega)=\int_{-\infty}^{\infty} f(t)\mathrm{e}^{-\mathrm{j}\omega t}\mathrm{d}t \tag{8-1}$$

上式称傅里叶正变换。

对 $F(\omega)$取相反的变换，即

$$f(t)=\frac{1}{2\pi}\int_{-\infty}^{\infty} F(\omega)\mathrm{e}^{\mathrm{j}\omega t}\mathrm{d}\omega \tag{8-2}$$

式(8-2)称傅里叶反变换。利用傅氏变换分析动态电路，要对时间函数取傅氏变换，这首先要求函数满足狄里赫利条件，而且要求函数绝对可积，即$\int_{-\infty}^{\infty}|f(t)|\mathrm{d}t<\infty$，虽然 实际信号一般都满足狄里赫利条件，但是最常用的单位阶跃信号 $1(t)$、正弦信号 $A_{\mathrm{m}}\sin\omega t\cdot 1(t)$等都不满足绝对可积的条件。这使傅氏变换的应用受到了限制，因此要对它加以改进。

考虑 $t<0$ 时，$f(t)=0$〔或用 $f(t)1(t)$表示〕，将式(8-1)修正为

$$F(\omega)=\int_{0}^{\infty} f(t)\mathrm{e}^{-\mathrm{j}\omega t}\mathrm{d}t \tag{8-3}$$

称为单边傅氏变换。

为保证 $f(t)$绝对可积，将它乘以收敛因子 $\mathrm{e}^{-\sigma t}$，其中 σ 为正实数，以保证 $f(t)$绝对可积，即

$$\int_{0}^{\infty} f(t)\mathrm{e}^{-\sigma t}\mathrm{d}t<\infty$$

再将函数 $f(t)\mathrm{e}^{-\sigma t}$取单边傅氏变换，有

$$F(\omega)=\int_{0_-}^{\infty} f(t)\mathrm{e}^{-\sigma t}\mathrm{e}^{-\mathrm{j}\omega t}\mathrm{d}t$$

$$= \int_{0_-}^{\infty} f(t) e^{-(\sigma + j\omega)t} dt$$

令 $s = \sigma + j\omega$，称为复频率，则上式写作

$$F(s) = \int_{0_-}^{\infty} f(t) e^{-st} dt \tag{8-4}$$

此式将时域函数 $f(t)$ 变换为复频域函数 $F(s)$，叫拉氏正变换，简写为

$$F(s) = L[f(t)]$$

$F(s)$ 称作 $f(t)$ 的象函数。

因为 $f(t)e^{-\sigma t}$ 的傅氏变换是 $F(s)$，则

$$f(t)e^{-\sigma t} = \frac{1}{2\pi}\int_{-\infty}^{\infty} F(\sigma + j\omega) e^{j\omega t} d\omega$$

等式两边同乘 $e^{\sigma t}$，得

$$f(t) = \frac{1}{2\pi}\int_{-\infty}^{\infty} F(\sigma + j\omega) e^{\sigma t} e^{j\omega t} d\omega \tag{8-5}$$

因 $s = \sigma + j\omega$，故 $d\omega = \frac{1}{j} ds$，变量为 ω 时积分上下限为 $\pm\omega$，变量为 s 时积分上下限为 $\sigma \pm j\omega$，将这些关系代入式(8-5)，得

$$f(t) = \frac{1}{2\pi j}\int_{\sigma - j\omega}^{\sigma + j\omega} F(s) e^{st} ds \tag{8-6}$$

式(8-6)可将复频域函数 $F(s)$ 变换为时域函数 $f(t)$，称作拉氏反变换，简写为

$$f(t) = L^{-1}[F(s)]$$

$f(t)$ 称为 $F(s)$ 的原函数。

以上分析可见，函数 $f(t)$ 的拉氏变换实质是函数 $f(t)e^{-\sigma t}$ 的单边傅氏变换，或者说拉氏变换式中复频率 s 里的 $\sigma = 0$，拉氏变换就变成了傅氏变换，因此可以说拉氏变换是傅氏变换的推广，而傅氏变换是拉氏变换的特例。

例 8-1 求单位阶跃函数的拉氏变换。

解

$$L[1(t)] = \int_{0_-}^{\infty} 1(t) e^{-st} dt = \frac{e^{-st}}{-s}\Big|_{0_-}^{\infty} = \frac{1}{s}$$

例 8-2 求单位冲击函数的象函数。

解

$$L[\delta(t)] = \int_{0_-}^{\infty} \delta(t) e^{-st} dt = \int_{0_-}^{\infty} \delta(t) dt = 1$$

例 8-3 求指数函数的象函数。

解

$$f(t) = e^{\alpha t} 1(t)$$

$$F(s) = \int_{0_-}^{\infty} e^{\alpha t} e^{-st} dt$$

$$= \frac{-1}{s - \alpha}\left[e^{-(s-\alpha)t}\right]_0^{\infty} = \frac{1}{s - \alpha}$$

常见函数的象函数见表 8-1。

表 8-1　　常见函数的象函数

象函数	原函数	象函数	原函数
$\frac{1}{S}$	$1(t)$	1	$\delta(t)$
$\frac{A}{S}$	A	$\frac{1}{S-a}$	e^{at}
s	$\frac{d\delta(t)}{dt}$	$\frac{1}{s^2}$	$t1(t)$
$\frac{1}{s^{n+1}}$	$\frac{1}{n!}t^n 1(t)$　n 为正整数	$\frac{1}{(S+a)^2}$	$te^{-at}(t)$
$\frac{1}{(s+a)^{n+1}}$	$\frac{1}{n!}t^n e^{-at}1(t)$	$\frac{s}{(S+a)^2}$	$(1-at)e^{-at}1(t)$
$\frac{\omega}{s^2+\omega^2}$	$\sin\omega 1(t)$	$\frac{s}{s^2+\omega^2}$	$\cos\omega t 1(t)$
$\frac{\omega}{(s+a)^2+\omega^2}$	$e^{-at}\sin\omega t 1(t)$	$\frac{(s+a)}{(s+a)^2+\omega^2}$	$e^{-at}\cos\omega t 1(t)$

2. 拉氏变换的重要性质

(1)线性性质

若 $L[f_1(t)]=F_1(s)$, $L[f_2(t)]=F_2(s)$, a,b 为常数,则

$$L[af_1(t)\pm bf_2(t)]=aF_1(s)\pm bF_2(s) \tag{8-7}$$

就是说,若原函数是某种线性组合,它们的象函数也是同样的线性组合。

线性性质用式(8-4)即可证明。

例 8-4　求正弦函数和余弦函数的象函数。

解　因为

$$\sin\omega t=\frac{e^{j\omega t}-e^{-j\omega t}}{2j}$$

$$\cos\omega t=\frac{e^{j\omega t}+e^{-j\omega t}}{2}$$

据例 8-3,有

$$L[e^{j\omega t}]=\frac{1}{s-j\omega}$$

$$L[e^{-j\omega t}]=\frac{1}{s+j\omega}$$

故

$$\begin{aligned}L[\sin\omega t]&=L\left[\frac{1}{2j}e^{j\omega t}-\frac{1}{2j}e^{-j\omega t}\right]\\&=\frac{1}{2j}L[e^{j\omega t}]-\frac{1}{2j}L[e^{-j\omega t}]\\&=\frac{1}{2j}\left[\frac{1}{s-j\omega}-\frac{1}{s+j\omega}\right]\end{aligned}$$

$$=\frac{\omega}{s^2+\omega^2}$$

$$L[\cos\omega t]=L[\frac{1}{2}e^{j\omega t}+\frac{1}{2}e^{-j\omega t}]$$

$$=\frac{1}{2}L[e^{j\omega t}]+\frac{1}{2}L[e^{-j\omega t}]$$

$$=\frac{1}{2}[\frac{1}{s-j\omega}+\frac{1}{s+j\omega}]$$

$$=\frac{s}{s^2+\omega^2}$$

(2)微分性质

若 $L[f(t)]=F(s)$,则

$$L\left[\frac{df(t)}{dt}\right]=sF(s)-f(0_-)$$

这说明 $f(t)$求导后的拉氏变换就等于 $f(t)$的象函数 $F(s)$乘以 s 再减去初始值$f(0_-)$。

证明:
$$L\left[\frac{df(t)}{dt}\right]=\int_{0_-}^{\infty}\frac{df(t)}{dt}e^{-st}dt$$

$$=\int_{0_-}^{\infty}e^{-st}df(t)$$

根据分部积分法,可得

$$L[f'(t)]=\int_{0_-}^{\infty}e^{-st}df(t)$$

$$=e^{-st}f(t)\Big|_{0_-}^{\infty}-\int_{0_-}^{\infty}f(t)de^{-st}$$

$$=-f(0_-)+s\int_{0_-}^{\infty}f(t)e^{-st}dt$$

$$=sF(s)-f(0_-) \tag{8-8}$$

同理

$$L[f''(t)]=L\left[\frac{df'(t)}{dt}\right]=sL[f'(t)]-f'(0_-)$$

$$=s^2F(s)-sf(0\ )-f'(0_-) \tag{8-9}$$

依此类推

$$L[f^n(t)]=s^nF(s)-s^{n-1}f(0_-)-s^{n-2}f'0_-)-$$

$$\cdots-f^{n-1}(0_-) \tag{8-10}$$

例 8-5 图8-1所示电路,求冲击响应 $h(t)=i_L$。

解 电路微分方程

$$L\frac{di_L}{dt}+Ri_L=\delta(t)$$

将微分方程取拉氏变换

$$LsI_L(s)-Li_L(0_-)+RI_L(s)=1$$

因 $i_L(0_-)=0$,所以响应的象函数

$$I_L(s)=\frac{1}{Ls+R}=\frac{1/L}{s+R/L}$$

对 $I_L(s)$取拉氏反变换，则冲击响应

$$h(t)=i_L=\frac{1}{L}e^{-\frac{R}{L}t}1(t)$$

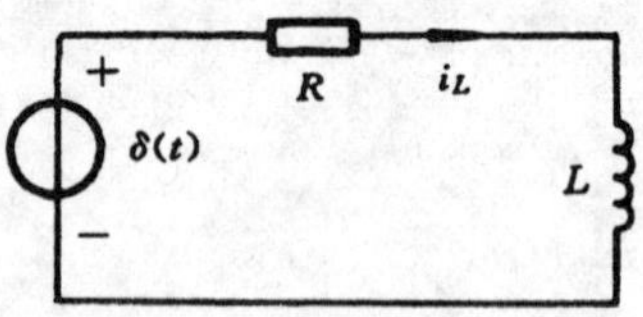

图 8-1

(3)积分性质

若 $L[f(t)]=F(s)$，则

$$L\left[\int_{0_-}^{t}f(t)\mathrm{d}t\right]=\frac{F(s)}{s}$$

这说明 $f(t)$积分的拉氏变换等于 $f(t)$的象函数除以 s。

证明：应用微分性质，因为

$$\frac{\mathrm{d}}{\mathrm{d}t}\int_{0_-}^{t}f(t)\mathrm{d}t=f(t)$$

对上式取拉氏变换

$$L\left[\frac{\mathrm{d}}{\mathrm{d}t}\int_{0_-}^{t}f(t)\mathrm{d}t\right]=L[f(t)]$$

$$sL\left[\int_{0_-}^{t}f(t)\mathrm{d}t\right]-\left[\int_{0_-}^{t}f(t)\mathrm{d}t\right]_{t=0_-}=F(s)$$

因为$\left[\int_{0_-}^{t}f(t)\mathrm{d}t\right]_{t=0_-}=0$，所以

$$L\left[\int_{0_-}^{t}f(t)\mathrm{d}t\right]=\frac{F(s)}{s} \tag{8-11}$$

例 8-6 图8-2所示电路，求阶跃响应 $s(t)=i$。

解 电路微分方程

$$Ri+\frac{1}{C}\int_{0_-}^{t}i\mathrm{d}t=1(t)$$

对上式取拉氏变换

$$RI(s)+\frac{1}{C}\cdot\frac{I(s)}{s}=\frac{1}{s}$$

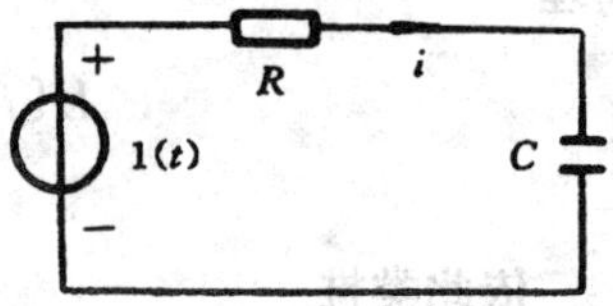

图 8-2

响应的象函数

$$I(s)=\frac{C}{RCs+1}=\frac{1/R}{s+1/RC}$$

对 $I(s)$取拉氏反变换，则阶跃响应

$$s(t)=i=\frac{1}{R}e^{-\frac{1}{RC}}1(t)$$

这与时域分析中得到的结果是一样的。

(4)延迟性质

若 $f(t)1(t)$的波形如图 8-3(a)所示，且 $L[f(t)1(t)]=F(s)$，此函数延迟 t_0 变成 $f(t-t_0)\cdot1(t-t_0)$的波形如图 8-3(b)所示，则有

$$L[f(t-t_0)1(t-t_0)]=e^{-st_0}F(s)$$

它说明把 $f(t)$延迟 t_0 再取拉氏变换就等于 $f(t)$的象函数 $F(s)$乘以 e^{-st_0}。

证明

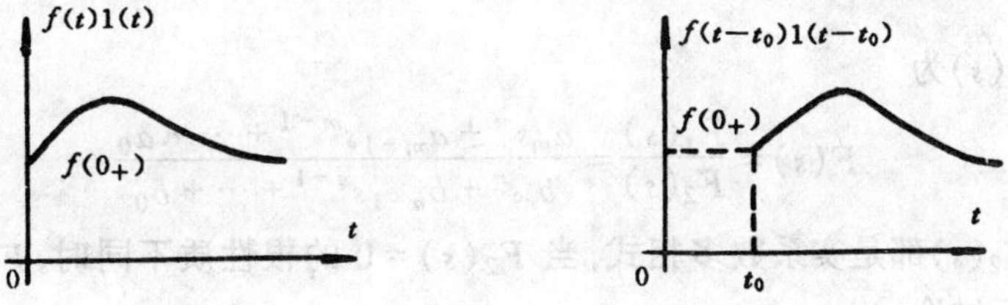

(a) (b)

图 8-3

$$
\begin{aligned}
&L[f(t-t_0)1(t-t_0)] \\
&= \int_{0_-}^{\infty} f(t-t_0)1(t-t_0)e^{-st}dt \\
&= \int_{t_{0_-}}^{\infty} f(t-t_0)e^{-st}dt
\end{aligned}
$$

因为 $t<t_0$ 时，$1(t-t_0)=0$，故上式积分下限就为 t_{0_-}。设新的自变量 $t'=t-t_0$，则当 $t=\infty$ 时，$t'=\infty$，$t=t_{0_-}$ 时，$t'=0_-$，则

$$
\begin{aligned}
&L[f(t-t_0)1(t-t_0)] \\
&= \int_{0_-}^{\infty} f(t')e^{-s(t'+t_0)}dt' \\
&= e^{-st_0}\int_{0_-}^{\infty} f(t')e^{-st'}dt' \\
&= e^{-st_0}F(s) \qquad (8\text{-}12)
\end{aligned}
$$

例 8-7 图8-4(a)所示 $f(t)$ 为矩形脉冲，试求其象函数。

解

$$
\begin{aligned}
f(t) &- f_1(t) + f_2(t) \\
&= 1(t) - 1(t-t_0)
\end{aligned}
$$

等式两边取拉氏变换

$$
\begin{aligned}
F(s) &= \frac{1}{s} - \frac{1}{s}e^{-st_0} \\
&= \frac{1}{s}(1-e^{-st_0})
\end{aligned}
$$

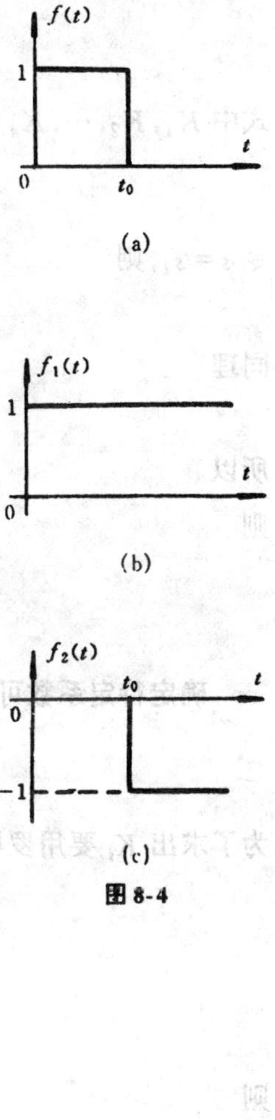

图 8-4

8-2 拉普拉斯反变换

从例 8-5、例 8-6 可见，应用拉氏变换分析线性动态网络的动态过程，首先是将微分方程取拉氏变换，把时域微分方程转换为复频域代数方程，经适当的运算，求得响应的象函数，再经拉氏反变换，最后求出响应的时域函数。

求拉氏反变换可根据式(8-6)进行，但因该式是复变函数的积分，一般不易直接求解；亦可查表 8-1，但多数象函数不能直接从表上查到；在集总参数电路中，响应的象函数往往是 s 的有理分式，若将其展开成部分分式的形式，就能比较容易地求出其象函数了，这种方法叫做部分分式法。

设象函数 $F(s)$ 为

$$F(s)=\frac{F_1(s)}{F_2(s)}=\frac{a_m s^m+a_{m-1}s^{m-1}+\cdots+a_0}{b_n s^n+b_{n-1}s^{n-1}+\cdots+b_0} \tag{8-13}$$

上式中 $F_1(s)$、$F_2(s)$ 都是实系数多相式，当 $F_2(s)=0$ 的根性质不同时，$F(s)$ 的展开式亦不同，下面分别进行讨论。

1. 象函数是真分式($m<n$)

(1) $F(s)=0$ 只含单根，$F(s)$ 可展开成简单的部分分式之和

$$F(s)=\frac{K_1}{s-s_1}+\frac{K_2}{s-s_2}+\cdots+\frac{K_n}{s-s_n} \tag{8-14}$$

式中 $K_1,K_2,\cdots,K_n$ 为待定系数，它们可按下述方法确定

$$F(s)(s-s_1)=K_1+\left(\frac{K_2}{s-s_2}+\cdots+\frac{K_n}{s-s_n}\right)(s-s_1)$$

令 $s=s_1$，则

$$K_1=[F(s)(s-s_1)]_{s=s_1}$$

同理

$$K_2=[F(s)(s-s_2)]_{s=s_2}$$

$$K_n=[F(s)(s-s_n)]_{s=s_n}$$

所以

$$K_i=[F(s)(s-s_i)]_{s=s_i} \tag{8-15}$$

则

$$\begin{aligned}f(t)&=L^{-1}[F(s)]\\&=(K_1e^{s_1t}+K_2e^{s_2t}+\cdots+K_ne^{s_nt})1(t)\\&=\left(\sum_{i=1}^{n}K_ie^{s_it}\right)1(t)\end{aligned}$$

确定待定系数可用另一公式，因为

$$K_i=[F(s)(s-s_i)]_{s=s_i}=\left[\frac{F_1(s)}{F_2(s)}(s-s_i)\right]_{s=s_i}=\frac{0}{0}$$

为了求出 K_i 要用罗毕达法则

$$\begin{aligned}K_i&=\lim_{s\to s_i}\left[\frac{F_1(s)}{F_2(s)}(s-s_i)\right]\\&=\lim_{s\to s_i}\frac{F_1(s)+F_1'(s)(s-s_i)}{F_2'(s)}=\frac{F_1(s_i)}{F_2'(S_i)}\end{aligned} \tag{8-16}$$

则

$$f(t)=L^{-1}[F(s)]=\left[\sum_{i=1}^{n}\frac{F_1(s_i)}{F_2'(s_i)}e^{s_it}\right]1(t) \tag{8-17}$$

例 8-8 求 $F(s)=\dfrac{2s+3}{s^2+5s+6}$ 的原函数 $f(t)$。

解 $s^2+5s+6=0$ 的根，$s_1=-2$，$s_2=-3$

$$F(s)=\frac{2s+3}{s^2+5s+6}=\frac{K_1}{s+2}+\frac{K_2}{s+3}$$

$$K_1=\left[\frac{2s+3}{(s+2)(s+3)}(s+2)\right]_{s=-2}=-1$$

$$K_2=\left[\frac{2s+3}{(s+2)(s+3)}(s+3)\right]_{s=-3}=3$$

$$F(s)=\frac{-1}{s+2}+\frac{3}{s+3}$$

$$f(t)=L^{-1}[F(s)]=-e^{-2t}+3e^{-3t} \qquad (t\geqslant 0)$$

或用式(8-16)求系数

$$F_2'(s)=2s+5$$

$$K_1=\left.\frac{F_1(s)}{F_2'(s)}\right|_{s=s_1}=\left.\frac{2s+3}{2s+5}\right|_{s=-2}=-1$$

$$K_2=\left.\frac{F_1(s)}{F_2'(s)}\right|_{s=s_2}=\left.\frac{2s+3}{2s+5}\right|_{s=-3}=3$$

例 8-9 已知 $F(s)=\dfrac{s}{s^2+2s+5}$,求原函数。

解 $s^2+2s+5=0$ 的根 $s_{1,2}=-1\pm j2$

$$K_1=\left[\frac{s}{s+1+j2}\right]_{s=-1+j2}=\frac{-1+j2}{j4}=\frac{1}{4}(2+j)$$

$$=0.5+j0.25=0.559\angle 26.6^\circ$$

$$K_2=\left[\frac{s}{s+1-j2}\right]_{s=-1-j2}=\frac{-1-j2}{j4}=\frac{1}{4}(2-j)$$

$$=0.5-j0.25=0.559\angle -26.6^\circ$$

所以

$$F(s)=\frac{0.559\angle 26.6^\circ}{s+1-j2}+\frac{0.559\angle 26.6^\circ}{s+1+j2}$$

$$\begin{aligned}f(t)&=0.559\angle 26.6^\circ e^{(-1+j2)t}+0.559\angle -26.6^\circ e^{(-1-j2)t}\\&=0.559e^{j26.6^\circ}e^{(-1+j2)t}+0.559e^{-j26.6^\circ}e^{(-1-j2)t}\\&=0.559e^{-t}e^{j(2t+26.6^\circ)}+0.559e^{-t}e^{-j(2t+26.6^\circ)}\\&=0.559e^{-t}[\cos(2t+26.6^\circ)+j\sin(2t+26.6^\circ)]\\&\quad+0.559e^{-t}[\cos(2t+26.6^\circ)-j\sin(2t+26.6^\circ)]\\&=2\times 0.559e^{-t}\cos(2t+26.6^\circ)\end{aligned}$$

或者

$$F(s)=\frac{1}{4}\left[\frac{2+j}{s+1-j2}+\frac{2-j}{s+1+j2}\right]$$

$$\begin{aligned}f(t)&=\frac{1}{4}[(2+j)e^{(-1+j2)t}+(2-j)e^{(-1-j2)t}]\\&=\frac{1}{4}[(2+j)e^{-t}(\cos 2t+j\sin 2t)\\&\quad+(2-j)e^{-t}(\cos 2t-j\sin 2t)]\\&=\frac{1}{4}e^{-t}(4\cos 2t-2\sin 2t)\\&=\frac{1}{2}e^{-t}(2\cos 2t-\sin 2t)\\&=\frac{\sqrt{5}}{2}e^{-t}(\cos 2t\cos 26.6^\circ-\sin 2t\sin 26.6^\circ)\\&=2\times 0.559e^{-t}\cos(2t+26.6^\circ)\end{aligned}$$

还可将 $F(s)$的分母配成二项式的平方,即

$$F(s)=\frac{s}{s^2+2s+5}=\frac{s}{S^2+2s+1+4}=\frac{s}{(s+1)^2+2^2}$$

$$=\frac{s+1}{(s+1)^2+2^2}-\frac{1}{(s+1)^2+2^2}$$

查表 8-1 可得

$$f(t)=\mathrm{e}^{-t}\cos 2t-\frac{1}{2}\mathrm{e}^{-t}\sin 2t$$

$$=\frac{1}{2}\mathrm{e}^{-t}(2\cos 2t-\sin 2t)$$

$$=2\times 0.559\mathrm{e}^{-t}\cos(2t+26.6^\circ)$$

从例 8-9 可以看到 $F_2(s)=0$ 有复根时,必然是成对的共轭复根,这是因为 $F_2(s)$的系数都是实数的缘故。共轭复根所对应的待定系数也是共轭复数,因此只计算一个系数就可以了。若共轭复根之一 $s_1=\alpha+\mathrm{j}\beta$,与其对应的待定系数为$|K_1|\angle\theta_1$,则与这部分象函数对应的原函数为。

$$f(t)=2|K_1|\mathrm{e}^{\alpha t}\cos(\beta t+\theta_1)$$

例 8-10 已知 $F(s)=\frac{s+1}{s^3+2s^2+2s}$,求原函数。

解

$$F(s)=\frac{s+1}{s(s^2+2s+2)}=\frac{s+1}{s(s+1-\mathrm{j})(s+1+\mathrm{j})}$$

$$=\frac{K_0}{s}+\frac{K_1}{s+1-\mathrm{j}}+\frac{K_2}{s+1+\mathrm{j}}$$

$$K_0=\left[\frac{s+1}{s^2+2s+2}\right]_{s=0}=0.5$$

$$K_1=\left[\frac{s+1}{s(s+1+\mathrm{j})}\right]_{s=-1+\mathrm{j}}=\frac{\mathrm{j}}{(-1+\mathrm{j})(2\mathrm{j})}=0.354\angle-135^\circ$$

$$K_2=0.354\angle 135^\circ$$

所以

$$f(t)=0.5+2\times 0.354\mathrm{e}^{-t}\cos(t-135^\circ)$$

$$=0.5+0.708\mathrm{e}^{-t}\cos(t-135^\circ)$$

(2)$F(s)=0$ 的根包含重根,部分分式将有所不同。设象函数

$$F(s)=\frac{F_1(s)}{F_2(s)}=\frac{F_1(s)}{(s-s_1)(s-s_2)^n}$$

则部分分式为

$$F(s)=\frac{K_1}{s-s_1}+\frac{K_{21}}{s-s_2}+\frac{K_{22}}{(s-s_2)^2}+\cdots+\frac{K_{2n}}{(s-s_2)^n}\tag{8-18}$$

K_1 的求法与单根时相同,即

$$K_1=[F(s)(s-s_1)]_{s=s_1}$$

为了求出 $K_{2n}\cdots K_{21}$,可将式(8-18)两边同乘以$(s-s_2)^n$

$$F(s)(s-s_2)^n=\frac{K_1}{s-s_1}(s-s_2)^n+\frac{K_{21}}{s-s_2}(s-s_2)^n+\frac{K_{22}}{(s-s_2)_2}(s-s_2)^n+\cdots+\frac{K_{2n}}{(s-s_2)^n}$$

$$(s-s_2)^n=\frac{K_1}{s-s_1}(s-s_2)^n+K_{21}(s-s_2)^{n-1}+K_{22}(s-s_2)^{n-2}+\cdots+K_{2n} \tag{8-19}$$

令 $s=s_2$ 可得

$$K_{2n}=[F(s)(s-s_2)^n]_{s=s_2}$$

要求 K_{2n-1} 可将式(8-19)两边对 s 求导，再令 $s=s_2$，得

$$K_{2n-1}=\left\{\frac{\mathrm{d}}{\mathrm{d}s}[F(s)(s-s_2)^n]\right\}_{s=s_2} \tag{8-20}$$

同理

$$K_{2n-2}=\frac{1}{2!}\left\{\frac{\mathrm{d}^2}{\mathrm{d}s^2}[F(s)(s-s_2)^n]\right\}_{s=s_2} \tag{8-21}$$

$$\cdots\cdots\cdots$$

$$K_{21}=\frac{1}{(n-1)!}\left\{\frac{\mathrm{d}^{n-1}}{\mathrm{d}s^{n-1}}[F(s)(s-s_2)^n]\right\}_{s=s_2} \tag{8-22}$$

则原函数

$$\begin{aligned}f(t)&=L^{-1}\left[\frac{K_1}{s-s_1}+\frac{K_{21}}{s-s_2}+\frac{K_{22}}{(s-s_2)^2}+\cdots+\frac{K_{2n}}{(s-s_2)^n}\right]\\&=\left\{K_1\mathrm{e}^{s_1t}+\left[K_{21}+K_{22}t+\cdots+\frac{1}{(n-2)!}K_2(n-1)t^{n-2}+\frac{1}{(n-1)!}K_{2n}t^{n-1}\right]\mathrm{e}^{s_2t}\right\}1(t)\end{aligned} \tag{8-23}$$

例 8-11 已知 $F(s)=\dfrac{s+8}{s(s+2)^2}$，求原函数。

解

$$F(s)=\frac{K_1}{s}+\frac{K_{21}}{s+2}+\frac{K_{22}}{(s+2)^2}$$

$$K_1=\left[\frac{s+8}{(s+2)^2}\right]_{s=0}=2$$

$$K_{22}=[F(s)(s-s_2)^2)]_{s=s_2}=\frac{s+8}{s}\Big|_{s=-2}=-3$$

$$K_{21}=\left\{\frac{\mathrm{d}}{\mathrm{d}s}[F(s)(s-s_2)^2]\right\}_{s=s_2}=\frac{\mathrm{d}}{\mathrm{d}s}\left(\frac{s+8}{s}\right)_{s=-2}$$

$$=\frac{s-(s+8)}{s^2}\Big|_{s=-2}=-2$$

所以 $$F(s)=\frac{2}{s}+\frac{-2}{s+2}+\frac{-3}{(s+2)^2}$$

原函数 $$\begin{aligned}f(t)&=2\cdot1(t)-2\mathrm{e}^{-2t}1(t)-3t\mathrm{e}^{-3t}1(t)\\&=[2-(2+3t)\mathrm{e}^{-2t}]1(t)\end{aligned}$$

2. 象函数不是真分式($m\geqslant n$)

这时，须将 $F_1(s)$ 除以 $F_2(s)$，把 $F(s)$ 变成一个 s 的多项式与一个余式，再将余式展开成部分分式，最后求出原函数。

例 8-12 $F(s)=\dfrac{S^3+7s^2+18s+15}{s^2+5s+6}$，求其原函数。

解 $F_1(s)$除以 $F_2(s)$得

$$F(s)=s+2+\frac{2s+3}{s^2+5s+6}$$

查表 8-1,并利用例 8-8 的结果,则

$$f(t)=\delta'(t)+2\delta(t)-e^{-2t}+3e^{-3t} \qquad (t\geqslant 0_-)$$

因 $f(t)$式中含有 $\delta'(t),\delta(t)$,函数的定义域应为$(t\geqslant 0_-)$。

8-3 两类约束的复频域形式

解例 8-5 时,曾用拉氏变换分析过电路的动态过程,因为首先要列出电路的微分方程,所以是比较麻烦的。如果想办法从电路图直接找到复频域的代数方程,那将使运算得到简化。这就须要从时域形式的两类约束推导出复频域形式的两类约束,并在此基础上建立电路的复频域模型。

1. 复频域形式的元件定律及电路模型

(1)电阻元件

电阻元件时域的伏安关系 $u(t)=Ri(t)$,参考方向如图 8-5(a)所示。

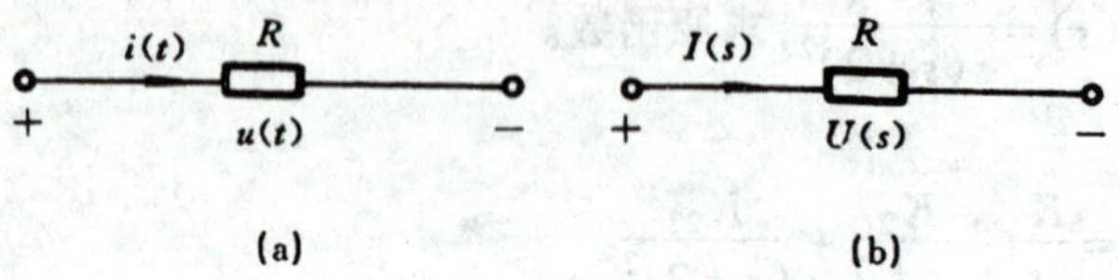

图 8-5

对时域伏安关系的等式两边取拉氏变换

$$L[u(t)]=[Ri(t)] \qquad U(s)=RI(s) \tag{8-24}$$

式(8-24)是电阻元件伏安关系的复频域形式,相应的复频域电路模型如图 8-5(b)所示。

(2)电感元件

电感元件的时域伏安关系 $u_L(t)=L\dfrac{\mathrm{d}i_L(t)}{\mathrm{d}t}$,参考方向如图 8-6(a)所示。

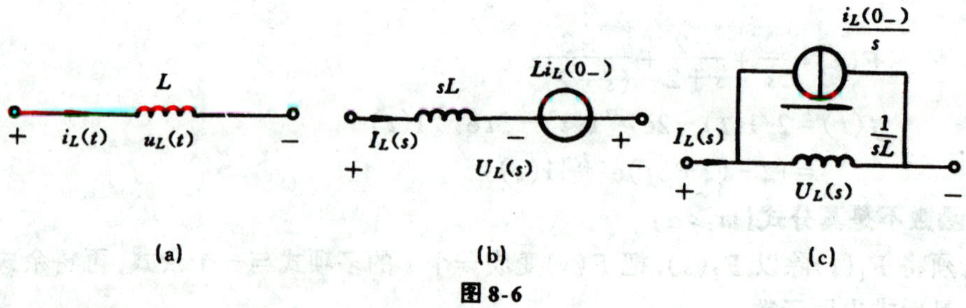

图 8-6

对时域伏安关系等式两边取拉氏变换,得

$$U_L(s)=L[sI_L(s)-i_L(0_-)]$$

$$= sLI_L(s) - Li_L(0_-) \tag{8-25}$$

或

$$I_L(s) = \frac{1}{sL}U_L(s) + \frac{i_L(0_-)}{s} \tag{8-26}$$

式(8-25)、(8-26)是电感元件伏安关系的复频域形式，相应的复频域电路模型如图 8-6(b)、(c)所示。

sL 叫复频域感抗(也称运算感抗)，$\frac{1}{sL}$叫复频域感纳(也称运算感纳)。

$Li_L(0_-)$是由初始状态确定的附加电压源。应当注意的是它的参考方向与电感中初始电流的参考方向相反。$\frac{i_L(0_-)}{s}$是由初始状态确定的附加电流源，它的参考方向与电感中初始电流的参考方向相同。

(3)电容元件

电容元件的时域伏安关系 $i_C(t) = C\frac{\mathrm{d}u_C(t)}{\mathrm{d}t}$，参考方向如图 8-7(a)所示。

对上式两边取拉氏变换，得

$$I_C(s) = sCU_C(s) - Cu_C(0_-) \tag{8-27}$$

或

$$U_C(s) = \frac{1}{sC}I_C(s) + \frac{u_C(0_-)}{s} \tag{8-28}$$

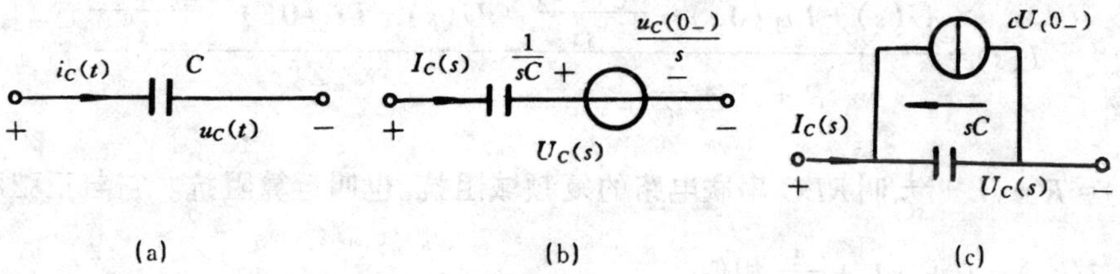

图 8-7

式(8-27)、(8-28)是电容元件伏安关系的复频域形式，相应的复频域电路模型如图 8-7(b)、(c)所示。

sC 叫复频域容纳(也称运算容纳)，$\frac{1}{sC}$叫复频域容抗(也称运算容抗)。

$Cu_C(0_-)$是由初始状态确定的附加电流源，必须注意的是它的参考方向与电容上初始电压的参考方向相反。$\frac{u_C(0_-)}{s}$是由初始状态确定的附加电压源，它的参考方向与电容上初始电压的参考方向相同。

2. 复频域形式的基尔霍夫定律

时域形式的基尔霍夫定律是

$$\sum i(t) = 0$$

$$\sum u(t) = 0$$

根据拉氏变换的线性性质，对上式取拉氏变换，则有

$$\sum I(s) = 0 \tag{8-29}$$

$$\sum U(s) = 0 \tag{8-30}$$

式(8-29)、(8-30)就是基尔霍夫定律的复频域形式。

3. 复频域形式的欧姆定律

图 8-8(a)所示 RLC 串联电路时域模型，$t=0$ 时电路与电源 $u(t)$ 接通，若电感中的初始电流为 $i_L(0_-)$，电容上的初始电压为 $u_C(0_-)$，我们可以画出图 8-8(a)所示的复频域电路模型。该电路模型也称运算电路。

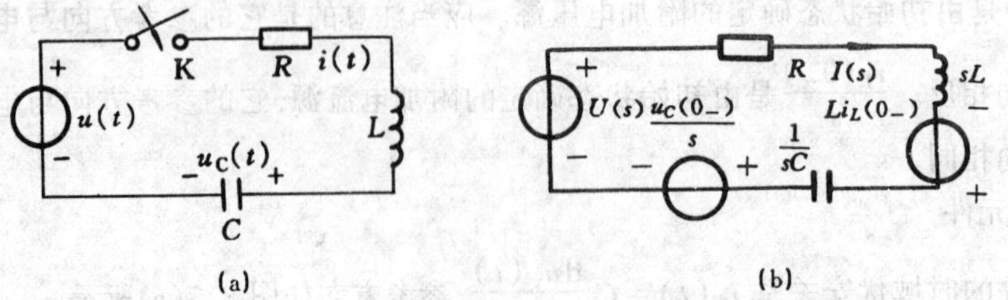

图 8-8

根据 $\sum U(s)=0$

$$RI(s)+sLI(s)-Li_L(0_-)+\frac{1}{sC}I(s)+\frac{u_C(0_-)}{s}-U(s)=0$$

经运算得

$$I(s)=\frac{U(s)+Li_L(0_-)-\dfrac{u_C(0_-)}{s}}{R+sL+\dfrac{1}{sC}}=\frac{U(s)+Li_L(0_-)-\dfrac{u_C(0_-)}{s}}{Z(s)} \tag{8-31}$$

式中 $Z(s)=R+sL+\dfrac{1}{sC}$ 叫 RLC 串联电路的复频域阻抗，也叫运算阻抗。它与正弦稳态电路中复阻抗 $Z(\mathrm{j}\omega)=R+\mathrm{j}\omega L+\dfrac{1}{\mathrm{j}\omega C}$ 相似。

若电路是零状态，则

$$I(s)=\frac{U(s)}{Z(s)}=\frac{1}{Z(s)}U(s)=Y(s)U(s) \tag{8-32}$$

式中 $Y(s)$ 称做复频域导纳，也叫运算导纳。

式(8-32)叫做复频域形式的欧姆定律。

8-4 复频域分析法

从复频域的电路模型出发，选用分析稳态电路的各种方法，求出响应的象函数，经拉氏反变换，找出响应的原函数，这就是复频域分析法。其具体步骤是：

(1)由换路前的电路计算其初始状态 $u_C(0_-)$、$i_L(0_-)$，确定附加电源，并将激励取拉氏变换，画出换路后的复频域电路模型；

(2)运用适当的分析方法求出响应的象函数；

(3)对响应的象函数取拉氏反变换求得响应的原函数。

例 8-13 图8-9(a)所示电路，已知：$R=1\Omega$，$L=0.2\text{H}$，$C=0.5\text{F}$，$U_S=10\text{V}$，换路前电路

稳态，$t=0$ 时闭合开关，求 $t\geqslant0$ 时的 $i_1(t)$。

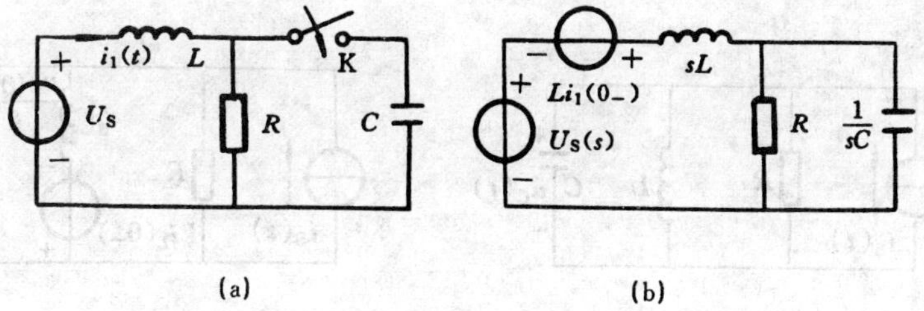

图 8-9

解　电感中电流的初始值

$$i_1(0_-)=\frac{U_S}{R}=10\text{A}$$

电容电压的初始值

$$u_C(0_-)=0\text{V}$$

电源电压 U_S 的象函数

$$U_S(s)=L[10]=\frac{10}{s}$$

复频域电路模型(运算电路)如图 8-9(b)所示。

该电路的输入运算阻抗

$$Z(s)=sL+\frac{R\cdot\frac{1}{sC}}{R+\frac{1}{sC}}=\frac{0.1s^2+0.2s+1}{0.5s+1}$$

所以

$$I_1(s)=\frac{U_S(s)+Li_1(0_-)}{Z(s)}=\frac{\frac{10}{s}+0.2\times10}{\frac{0.1s^2+0.2s+1}{0.5s+1}}$$

$$=\frac{10(s^2+7s+10)}{s(s^2+2s+10)}=\frac{F_1(s)}{F_2(s)}$$

$F_2(s)=0$ 的根，$s_1=0$，$s_{2,3}=-1\pm\text{j}3$

$$I_1(s)=\frac{K_1}{s}+\frac{K_2}{s-s_2}+\frac{K_3}{s-s_3}$$

$$K_1=\frac{10(s^2+7s+10)}{s^2+2s+10}\Big|_{s=0}=10$$

$$K_2=\frac{10(s^2+7s+10)}{s(s+1+\text{j}3)}\Big|_{s=-1+\text{j}3}=\frac{10[(-1+\text{j}3)^2+7(-1+\text{j}3)+10]}{(-1+\text{j}3)\times\text{j}6}$$

$$=\frac{10(-5+\text{j}15)}{-18+\text{j}6}=8.33\angle-90^\circ$$

$$K_3=8.33\angle90^\circ$$

所以

$$i_1(t)=10+2\times8.33\text{e}^{-t}\cos(3t-90^\circ)$$

$$=10+16.7\text{e}^{-t}\sin3t\,\text{A}\qquad(t\geqslant0)$$

例 8-14 求图8-10(a)所示电路的响应 $u_C(t)$。已知 $R=1\Omega, L=1\text{H}, C=0.5\text{F}, i_S(t)=\delta(t)\text{A}$，初始条件 $u_C(0_-)=2\text{V}, i_L(0_-)=1\text{A}$。

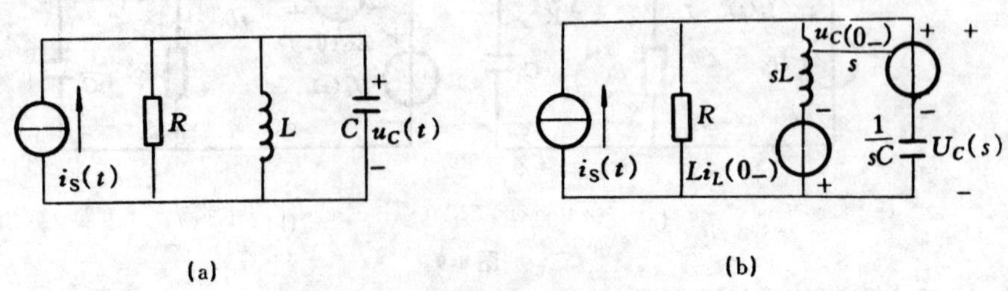

图 8-10

解

$$I_S(s)=L[\delta(t)]=1$$

复频域电路模型如图 8-10(b)所示，用节点电压法求响应的象函数

$$U_C(s)=\frac{I_S(s)-\dfrac{1}{sL}Li_L(0_-)+sC\dfrac{u_C(0_-)}{s}}{\dfrac{1}{R}+\dfrac{1}{sL}+sC}$$

将数值代入并化简

$$U_C(s)=\frac{1-\dfrac{1}{s}+1}{1+\dfrac{1}{s}+0.5s}=\frac{4s-2}{s^2+2s+2}=\frac{F_1(s)}{F_2(s)}$$

$F_2(s)=0$ 的根，$s_{1,2}=-1\pm \text{j}1, F_2'(s)=2s+2$，故得

$$\begin{aligned}u_C(t)&=\frac{F_1(s_1)}{F_2'(s_1)}e^{s_1t}+\frac{F_1(s_2)}{F_2'(s_2)}e^{s_2t}\\&=4e^{-t}\cos t-6e^{-t}\sin t\\&=7.21e^{-t}\cos(t+56.3^\circ)\text{V}\quad(t\geqslant 0)\end{aligned}$$

例 8-15 电路如图8-11(a)所示，已知：$U=120\text{V}, R_1=15\Omega, L=1\text{H}, R=25\Omega, C=1000\mu\text{F}$，换路前电路稳态，$t=0$ 时 K 闭合，求 $t\geqslant 0$ 时的 $i_L(t)$。

解

$$i_L(0_-)=\frac{120}{15+25}=3\text{A}$$

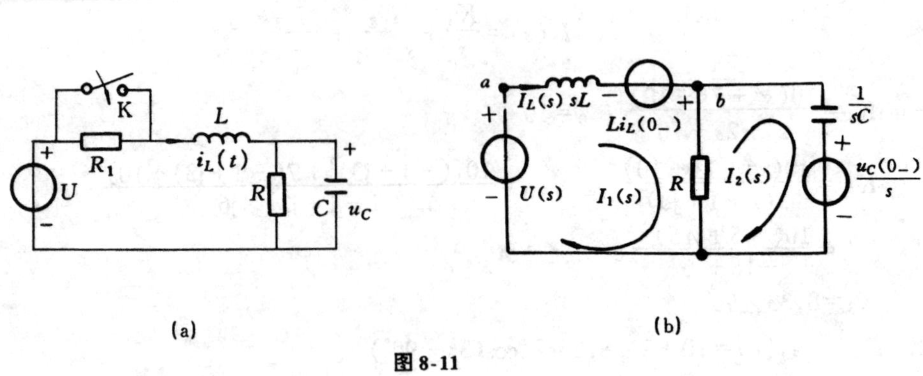

图 8-11

$$u_C(0_-)=120\times\frac{25}{15+25}=75\text{V}$$

$$U(s)=L[120]=\frac{120}{s}$$

得运算电路如图 8-11(b)所示。

用回路电流法求解

$$\begin{cases}(R+sL)I_1(s)-RI_2(s)=U(s)+Li_L(0_-)\\ -RI_1(s)+\left(R+\dfrac{1}{sC}\right)I_2(s)=-\dfrac{u_C(0_-)}{s}\end{cases}$$

代入数值

$$\begin{cases}(25+s)I_1(s)-25I_2(s)=\dfrac{120}{s}+3\\ -25I_1(s)+(25+\dfrac{1000}{s})I_2(s)=-\dfrac{75}{s}\end{cases}$$

$$I_1(s)=I_L(s)=\frac{\begin{vmatrix}\dfrac{120}{s}+3 & -25\\ \dfrac{-75}{s} & 25+\dfrac{1000}{s}\end{vmatrix}}{\begin{vmatrix}25+s & -25\\ -25 & 25+\dfrac{1000}{s}\end{vmatrix}}$$

$$=\frac{3s^2+165s+4800}{s^3+40s^2+1000s}$$

$$=\frac{K_1}{s}+\frac{K_2}{s+20-\text{j}24.5}+\frac{K_3}{s+20+\text{j}24.5}$$

$$K_1=\left[\frac{F_1(s)}{F_2'(s)}\right]_{s=0}=4.8$$

$$K_2=\left[\frac{F_1(s)}{F_2'(s)}\right]_{s=-20+\text{j}24.5}=\left[\frac{3s^2+165s+4800}{3s^2+80s+1000}\right]_{s=-20+\text{j}24.5}$$

$$=0.918\angle-168^\circ$$

$$K_3=0.918\angle168^\circ$$

故

$$i_L(t)=4.8+1.84\text{e}^{-20t}\cos(24.5t-168^\circ)\text{A}\quad(t\geqslant0)$$

本题还可用戴维南定理求解。

如图 8-12(a)所示，将电感元件从 ab 处断开，首先，求开路电压的象函数 $U_{oc}(s)$

$$U_{oc}(s)=U(s)-R\frac{\dfrac{u_C(0_-)}{s}}{R+\dfrac{1}{sC}}=\frac{120}{s}-25\times\frac{75}{25s+1000}$$

然后，按图 8-12(b)求出复频域的等效内阻抗 $Z_0(s)$

$$Z_0(s)=\frac{\dfrac{R}{sC}}{R+\dfrac{1}{sC}}=\frac{\dfrac{25\times1000}{s}}{25+\dfrac{1000}{s}}=\frac{1000}{s+40}$$

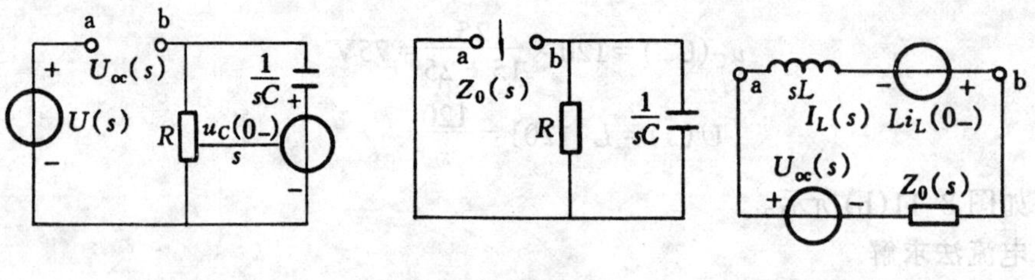

(a) (b) (c)

图 8-12

最后，根据图 8-12(c)求响应的象函数。

$$I_L(s)=\frac{U_{oc}(s)+Li_L(0_-)}{Z_0(s)+sL}=\frac{\dfrac{120}{s}-\dfrac{75}{s+40}+3}{\dfrac{1000}{s+40}+s}$$

$$=\frac{3s^2+165s+4800}{s^3+40s^2+1000s}$$

例 8-16 图 8-13(a)所示电路，激励为斜坡函数 $u_S(t)=at1(t)$，加在控制电机的激磁绕组上，试求激磁电流 $i_L(t)$。

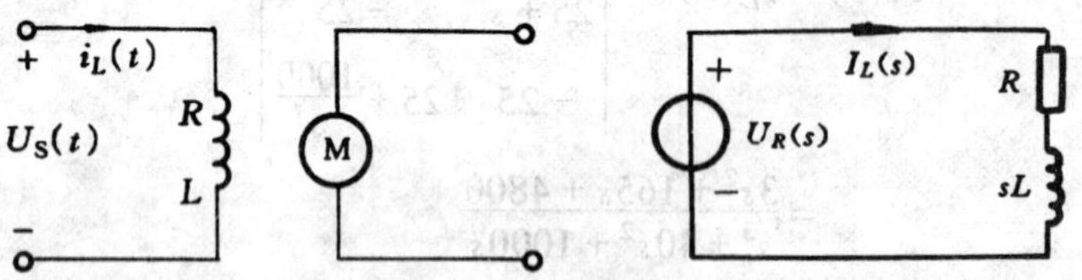

(a) (b)

图 8-13

解 因 $i_L(0_-)=0$，$U_S(s)=L[at1(t)]=\frac{a}{s^2}$，得复频域电路模型如图 8-13(a)所示，响应的象函数

$$I_L(s)=\frac{U_S(s)}{R+sL}=\frac{a/s^2}{R+sL}=\frac{a/L}{s^2(s+R/L)}$$

$$=\frac{K_1}{s+R/L}+\frac{K_{21}}{s}+\frac{K_{22}}{s^2}$$

$$K_1=\frac{a/L}{3s^2+2sR/L}\bigg|_{s=-R/L}=\frac{a/L}{(R/L)^2}=\frac{aL}{R^2}$$

$$K_{22}=\frac{a/L}{s+R/L}\bigg|_{s=0}=\frac{a}{R}$$

$$K_{21}=\frac{\mathrm{d}}{\mathrm{d}s}\left(\frac{a/L}{s+R/L}\right)_{s=0}=\frac{-a/L}{(s+R/L)^2}\bigg|_{s=0}=\frac{-aL}{R^2}$$

故得响应的原函数

$$i_L(t)=\left(\frac{aL}{R^2}e^{-\frac{R}{L}t}-\frac{aL}{R^2}+\frac{a}{R}t\right)1(t)$$

$$=\frac{a}{R}\left(\frac{L}{R}e^{-\frac{R}{L}t}-\frac{L}{R}+t\right)1(t)$$

例 8-17 在图8-14(a)电路中，开关 K 原是闭合的，电路已经稳定，$t=0$ 时将开关拉开，求 $t \geqslant 0$ 时的 $i(t), u_{L1}(t), u_{L2}(t)$。

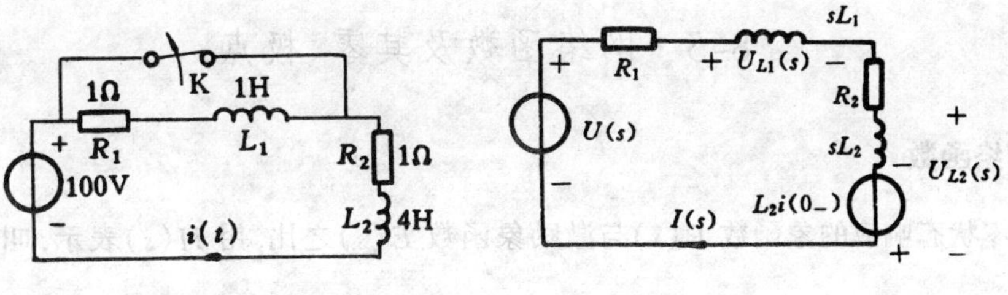

(a)　　　　　　　　(b)

图 8-14

解 L_1 中电流初始值为零，L_2 中电流初始值 $i(0_-)=100\text{A}$，$U(s)=L[100]=\dfrac{100}{s}$，复频域电路模型如图 8-14(b)所示。故有

$$I(s)=\frac{U(s)+L_2 i(0_-)}{R_1+R_2+sL_1+sL_2}=\frac{400s+100}{s(5s+2)}=\frac{20(4s+1)}{s(s+0.4)}$$

$$=\frac{K_1}{s}+\frac{K_2}{s+0.4}$$

$$K_1=\left.\frac{20(4s+1)}{s+0.4}\right|_{s=0}=50$$

$$K_2=\left.\frac{20(4s+1)}{s}\right|_{s=-0.4}=30$$

故

$$I(s)=\frac{50}{s}+\frac{30}{s+0.4}$$

所以

$$i(t)=(50+30\text{e}^{-0.4t})\text{A}\quad(t \geqslant 0)$$

$$U_{L1}(s)=sL_1 I(s)=50+\frac{30s}{s+0.4}=80-\frac{12}{s+0.4}$$

$$u_{L1}(t)=[80\delta(t)-12\text{e}^{-0.4t}]\text{V}\quad(t \geqslant 0_-)$$

$$U_{L2}(s)=sL_2 I(s)-L_2 i(0_-)=200+\frac{120s}{s+0.4}-400$$

$$=-200+120-\frac{48}{s+0.4}=-80-\frac{48}{s+0.4}$$

$$u_{L2}(t)=[-80\delta(t)-48\text{e}^{-0.4t}]\text{V}\quad(t \geqslant 0_-)$$

从对上面例题的分析计算中，可以看到：

(1)复频域分析法把初始状态用附加电源表示，不必像时域分析法那样由初始条件确定常数，这不仅避免了复杂的运算，特别是用于分析发生跃变的电路尤为方便；

(2)从时域电路图变换为复频域电路模型就是时域微分方程的关系变成复频域代数方程的关系，因此正确画出运算电路至关重要；

(3)在运用稳态电路的各种分析方法求响应的象函数时要注意选择正确的方法，最好是能够直接求出响应的象函数来；

(4)时域分析法中，若激励是冲击函数、指数函数、斜坡函数求响应是比较麻烦的，但用复频域分析法，不管激励是周期、非周期、连续或不连续的信号，只要能求得激励的象函数，后面的分析计算就都容易进行。

8-5 网络函数及其零、极点

1. 网络函数

网络零状态响应的象函数 $R(s)$ 与激励象函数 $E(s)$ 之比,用 $H(s)$ 表示,叫做网络函数,即

$$H(s)=\frac{R(s)}{E(s)} \tag{8-33}$$

按激励和响应所在端口不同,网络函数有六种不同形式。如果激励和响应是在同一端口,这种网络函数叫策动点函数,若激励和响应是在不同端口,这种网络函数就叫做转移函数。图 8-15(a)、(b)所示为两种策动点函数——输入导纳 $Y_i(s)$,输入阻抗 $Z_i(s)$,而图 8-15(c)、(d)、(e)、(f)为四种转移函数——电压转移函数 $K_u(s)$、电流转移函数 $K_u(s)$、转移导纳 $Y_t(s)$、转移阻抗 $Z_t(s)$。

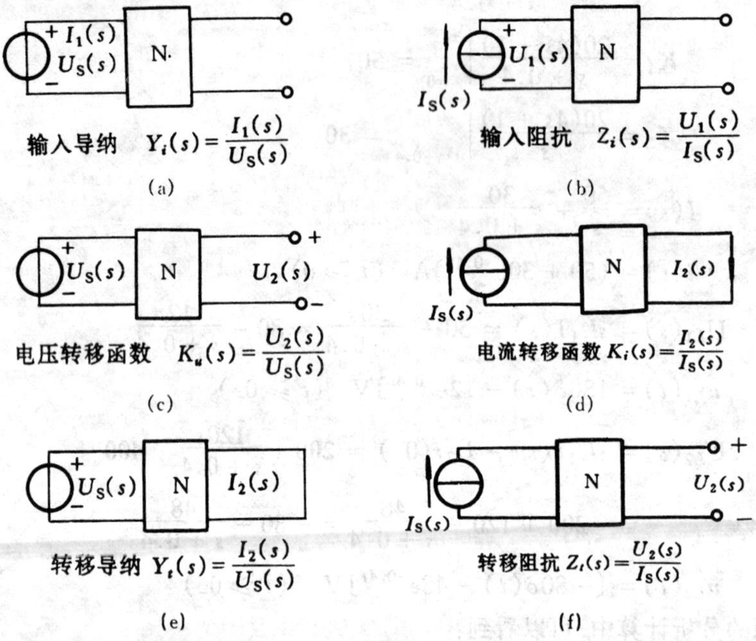

图 8-15

在直流电路中,把响应和激励之比称为网络特性。如果响应和激励是在同一端口则称策动点特性,若响应和激励是在两个端口就称为转移特性,因此也有两种策动点特性——输入电导和输入电阻,四种转移特性——电压转移函数、电流转移函数、转移电导和转移电阻。

例如图 8-16 所示分压器,把 U_1, I_1 所在端口叫输入端,把 U_2, I_2 所在端口叫输出端,当输出端开路时,策动点特性中的输入电阻就是在输入端口加电流源 I_1,所产生的电压是 U_1 的情况下,响应 U_1 与激励 I_1 之比,即输入电阻 $R_i=\frac{U_1}{I_1}=R_1+R_2$。而若考虑响应 U_2 与激励

I_1 之比，则称为转移电阻，即 $R_t = \dfrac{U_2}{I_1} = R_2$。

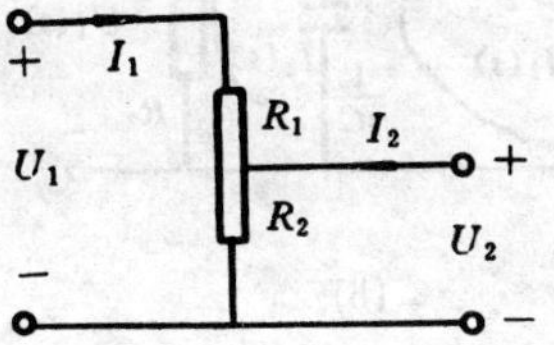

图 8-16

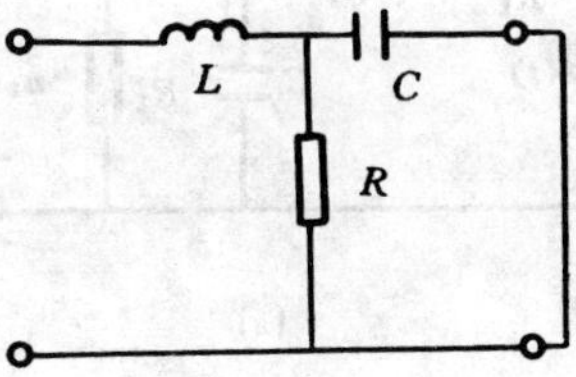

图 8-17

对于正弦稳态网络，把响应和激励之比称做正弦稳态网络的网络函数。和复频域网络的网络函数类似，也是把同一端口中的响应和激励之比叫策动点函数，因此有输入导纳 $Y_i(j\omega)$，输入阻抗 $Z_i(j\omega)$，而不同端口的响应和激励之比统称转移函数，分别叫做电压转移函数 $K_u(j\omega)$，电流转移函数 $K_i(j\omega)$，转移导纳 $Y_t(j\omega)$，转移阻抗 $Z_t(j\omega)$。

例如图 8-17 所示 RLC 组成的 T 形网络，当输出端短路时，在复频域中，输入阻抗

$$Z_i(s) = sL + \frac{R/sC}{R+1/sC} = sL + \frac{R}{sRC+1}$$

而在正弦稳态网络中，输入阻抗

$$Z_i(j\omega) = j\omega L + \frac{R/j\omega C}{R+1/j\omega C} = j\omega L + \frac{R}{j\omega CR+1}$$

不难看出，将某种复频域网络函数中的 s 用 $j\omega$ 替换就得到同种正弦稳态网络的网络函数，反之亦然。

求电阻网络的网络特性，正弦稳态网络和复频域网络的网络函数都是运用线性网络的各种分析方法去寻求响应和激励之间的关系。

例 8-18 如图8-18(a)所示低通滤波器电路，若激励是 $e(t)$，响应是 $i_1(t)$、$u_2(t)$，试求网络函数。

解 零状态复频域电路模型如图(b)所示。当响应象函数是 $I_1(s)$ 时，网络函数是策动点函数输入导纳

$$H(s) = Y_i(s) = \frac{1}{Z_i(s)} = \left(\frac{1}{R_1} + sL + \frac{R_2/sC}{R_2+1/sC}\right)^{-1}$$

$$= \frac{1}{\dfrac{s^2R_2LC + s(R_1R_2C+L) + (R_1+R_2)}{sR_2C+1}}$$

$$= \frac{sR_2C+1}{s^2R_2LC + s(R_1R_2C+L) + (R_1+R_2)}$$

当响应是象函数 $U_2(s)$ 时，网络函数是转移电压函数 $K_u(s)$，因 $U_2(s) = R_2I_2(s)$，故先用回路法求 $I_2(s)$

$$\begin{cases} \left(R_1 + sL + \dfrac{1}{sC}\right)I_1(s) - \dfrac{1}{sC}I_2(s) = E(s) \\ -\dfrac{1}{sC}I_1(s) + \left(R_2 + \dfrac{1}{sC}\right)I_2(s) = 0 \end{cases}$$

解得

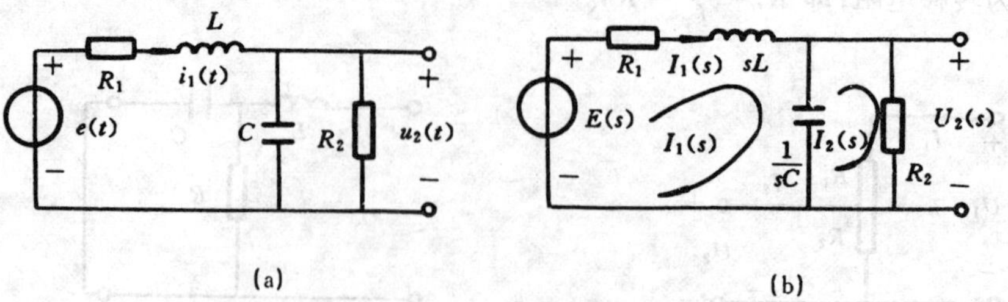

图 8-18

$$I_2(s)=\frac{E(s)}{s^2LCR_2+s(R_1R_2C+L)+(R_1+R_2)}$$

所以

$$H(s)=K_u(s)=\frac{U_2(s)}{E(s)}=\frac{R_2I_2(s)}{E(s)}$$

$$=\frac{R_2}{s^2LCR_2+s(R_1R_2C+L)+(R_1+R_2)}$$

线性非时变网络的网络函数是 s 的实系数有理分式，它取决于网络的结构和元件参数，而与激励无关，可以用它来说明网络的动态特性。

2. 网络函数与冲击响应

若网络的激励是 $\delta(t)$，其零状态响应叫冲击响应，用 $h(t)$表示。网络函数

$$H(s)=\frac{R(s)}{E(s)}=\frac{L[h(t)]}{L[\delta(t)]}=L[h(t)] \tag{8-34}$$

就是说，冲击响应的象函数等于网络函数，或者

$$h(t)=L^{-1}[H(s)] \tag{8-35}$$

网络函数的原函数等于冲击响应，总之，冲击响应和网络函数构成拉氏变换对。这个重要关系告诉人们，网络函数和冲击响应都可以用来说明网络的动态特性。式(8-35)还提供了求冲击响应的又一种方法。

例 8-19 图8-18所示低通滤波器，已知：$R_1=1\Omega$, $R_2=2\Omega$, $L=0.1\text{H}$, $C=0.5\text{F}$。若激励 $e(t)$分别为 $\delta(t)$、$1(t)$、$e^{-2t}1(t)$，试求零状态响应 $u_2(t)$。

解 据 $R(s)=H(s)E(s)$，可知

$$r(t)=L^{-1}[R(s)]=L^{-1}[H(s)E(s)]$$

上式给出了求任意激励下零状态响应的方法，我们可以从求网络函数入手，然后分别求三种激励时的零状态响应 $u_2(t)$。由例 8-18 知

$$H(s)=\frac{R_2}{s^2LCR_2+s(R_1R_2C+L)+(R_1+R_2)}$$

$$=\frac{2}{0.1s^2+1.1s+3}=\frac{20}{s^2+11s+30}$$

$$=\frac{20}{(s+5)(s+6)}$$

(1)激励 $e(t)=\delta(t)$，则

$$u_2(t)=h(t)=L^{-1}[H(s)]$$

$$H(s)=\frac{20}{(s+5)(s+6)}=\frac{K_1}{s+5}+\frac{K_2}{s+6}$$

$$K_1=\left[\frac{20}{(s+5)(s+6)}(s+5)\right]_{s=-5}=20$$

$$K_2=\left[\frac{20}{(s+5)(s+6)}(s+6)\right]_{s=-6}=-20$$

所以 $$u_2(t)=L^{-1}[H(s)]=20(e^{-5t}-e^{-6t})1(t)$$

(2)激励 $e(t)=1(t)$, $E(s)=\frac{1}{s}$，则

$$u_2(t)=s(t)=L^{-1}[H(s)E(s)]=L^{-1}\left[\frac{20}{s(s+5)(s+6)}\right]$$

$$=L^{-1}\left[\frac{K_3}{s}+\frac{K_4}{s+5}+\frac{K_5}{s+6}\right]$$

$$K_3=\left[\frac{20}{(s+5)(s+6)}\right]_{s=0}=\frac{2}{3}=0.667$$

$$K_4=\left[\frac{20}{s(s+6)}\right]_{s=-5}=-4$$

$$K_5=\left[\frac{20}{s(s+5)}\right]_{s=-6}=\frac{10}{3}=3.33$$

故 $$u_2(t)=(0.667-4e^{-5t}+3.33e^{-6t})1(t)$$

(3)激励 $e(t)=2e^{-2t}1(t)$, $E(s)=\frac{1}{s+2}$

$$u_2(t)=r(t)=L^{-1}[H(s)E(s)]=L^{-1}\left[\frac{20}{(s+2)(s+5)(s+6)}\right]$$

$$=L^{-1}\left[\frac{K_6}{s+2}+\frac{K_7}{s+5}+\frac{K_8}{s+6}\right]$$

不难求出，$K_6=1.67$, $K_7=-6.67$, $K_8=5$，则

$$u_2(t)=(1.67e^{-2t}-6.67e^{-5t}+5e^{-6t})1(t)$$

可见，已知网络函数就可以求出冲击响应，据 $r(t)=L^{-1}[H(s)E(s)]$ 便可以求出任意激励下的零状态响应，它较之时域分析法、卷积分析法都有明显的优点。

3. 网络函数的零、极点及其分布

在线性非时变网络中，$H(s)$ 是 s 的实系数有理分式，可以写作

$$H(s)=\frac{N(s)}{D(s)}=\frac{a_m s^m+a_{m-1}s^{m-1}+\cdots+a_1 s+a_0}{b_n s^n+b_{n-1}s^{n-1}+\cdots+b_1 s+b_0}$$

$$=\frac{H_0(s-Z_1)(s-Z_2)\cdots(s-Z_m)}{(s-s_1)(s-s_2)\cdots(s-s_n)} \tag{8-36}$$

式中 $H_0=\frac{a_m}{b_n}$ 是一实常数。$Z_1,Z_2,\cdots,Z_m$ 是 $N(s)=0$ 的根，当 $s=Z_j(j=1,2,\cdots,m)$ 时，$H(s)=0$，故称 $Z_1,Z_2,\cdots,Z_m$ 为网络函数的零点，在复数平面上用"0"表示，$s_1,s_2,\cdots,s_n$ 是 $D(s)=0$ 的根，当 $s=s_i(i=1,2,\cdots,n)$ 时，$H(s)$ 为无穷大，故称 $s_1,s_2,\cdots,s_n$ 为网络函数的极

点，在复数平面上用"×"表示。零点、极点可能是实数、虚数与复数。如果网络函数仅有单个极点，则

$$H(s)=\frac{K_1}{s-s_1}+\frac{K_2}{s-s_2}+\cdots+\frac{K_n}{s-s_n}=\sum_{i=1}^{n}\frac{K_i}{s-s_i}$$

冲击响应为 $$h(t)=K_1e^{s_1t}+K_2e^{s_2t}+\cdots+K_ne^{s_nt}=\sum_{i=1}^{n}K_ie^{s_it}$$

可见，网络函数的极点决定了冲击响应的形式，而冲击响应可以说明网络的动态特性，所以用网络函数极点或用冲击响应来说明网络的动态特性所得的结论是相同的。回顾时域分析，例如 RLC 串联的零状态电路受直流电压源 U_S 的激励，以 u_c 为变量的微分方程是

$$LC\frac{d^2u_C}{dt^2}+RC\frac{du_C}{dt}+u_C=U_S$$

微分方程的特征方程是 $$LCp^2+RCp+1=0$$

对微分方程两边取拉氏变换

$$LCs^2U_C(s)+RCsU_C(s)+U_C(s)=U_S(s)$$

网络函数 $$H(s)=\frac{U_C(s)}{U_S(s)}=\frac{1}{LCs^2+RCs+1}$$

说明网络函数的极点和特征方程的根是一致的。网络函数的极点在复数平面上的位置不同，则网络的动态特性不同。

当极点 $s_1=0$，如图 8-19(a)所示，冲击响应包含常数项；当 $s_2=\sigma_2<0$，如图(b)所示，冲击响应为单调衰减函数；当 $s_{3,4}=\sigma_3\pm j\omega_3(\sigma_3<0)$，如图(c)所示，冲击响应为衰减振荡形式；若

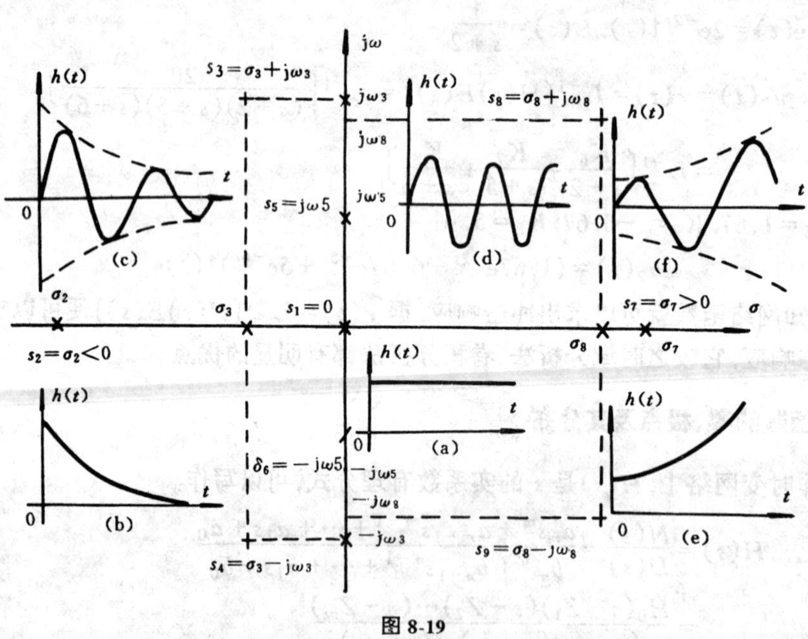

图 8-19

$s_{5,6}=\pm j\omega_5$；如图(d)所示，冲击响应则是等幅振荡的。网络函数极点分布在复数平面左半部或虚轴上，即 $\sigma\leqslant0$，当时间 t 趋于无穷大时，冲击响应是有限值或趋于零，这样的网络是稳定的；若网络函数的极点分布在复数平面的右半部，即 $\sigma>0$，冲击响应为单调增长或增幅振荡形式，如图(e)，(f)所示，当 t 趋于无穷大时，冲击响应将是无限值，这种网络是不稳定的。

8-6 卷积定理及在复频域分析中的应用

1. 卷积定理

在节 7-8 曾证明,线性动态网络对任意激励 $e(t)$ 所产生的零状态响应 $r(t)$ 等于激励 $e(t)$ 与网络冲击响应 $h(t)$ 的卷积,即

$$r(t)=\int_0^t e(\lambda)h(t-\lambda)\mathrm{d}\lambda=e(t)*h(t)$$

若 $L[r(t)]=R(s), L[e(t)]=E(s), L[h(t)]=H(s)$,对上式求拉氏变换有

$$R(s)=L\left[\int_0^t e(\lambda)h(t-\lambda)\mathrm{d}\lambda\right]=L[e(t)*h(t)] \tag{8-37}$$

据式(8-33)

$$R(s)=E(s)H(s)$$

所以

$$R(s)=L\left[\int_0^t e(\lambda)h(t-\lambda)\mathrm{d}\lambda\right]=E(s)H(s) \tag{8-38}$$

式(8-38)称做卷积定理,它也可以写成下面的形式

$$r(t)=\int_0^t e(\lambda)h(t-\lambda)\mathrm{d}\lambda=L^{-1}[E(s)H(s)] \tag{8-39}$$

这是拉氏变换又一个重要性质。从数学方面看,它表明两个时域函数卷积的拉氏变换等于这两个函数象函数的乘积。从电路理论上讲激励 $e(t)$ 与冲击响应 $h(t)$ 卷积的象函数等于激励象函数 $E(s)$ 和网络函数 $H(s)$ 的乘积。

卷积定理把时域分析和复频域分析联系起来了,可以用它计算线性动态网络的零状态响应。

2. 卷积定理在复频域分析中的应用

例 8-20 图8-20(a)所示电路,激励 $e(t)=e^{-\alpha t}1(t)$,应用卷积定理求零状态响应 $u_c(t)$。

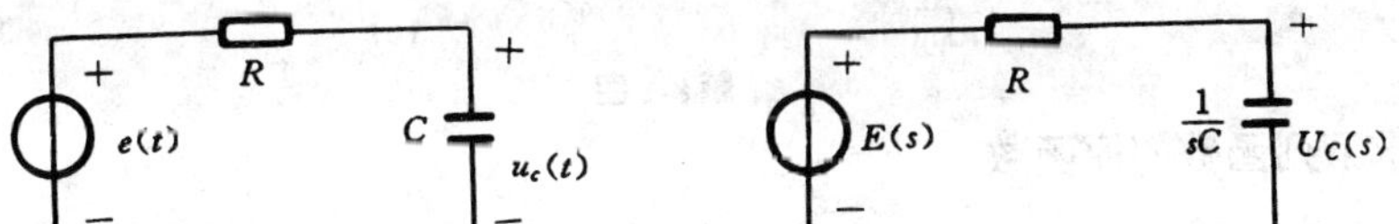

图 8-20

解 激励 $e(t)$ 的象函数

$$E(s)=L[e(t)]=\frac{1}{s+\alpha}$$

复频域电路模型如图 8-20(b)所示,冲击响应的象函数,即网络函数

$$H(s)=\frac{U_C(s)}{E(s)}=\frac{1/sC}{R+1/sC}=\frac{1/RC}{s+1/RC}$$

根据卷积定理

$$U_C(s)=E(s)H(s)=\frac{1/RC}{(s+\alpha)(s+1/RC)}$$

所以,电路的零状态响应

$$u_c(t)=L^{-1}[U_C(s)]$$

$$U_C(s)=\frac{K_1}{s+\alpha}+\frac{K_2}{s+1/RC}$$

式中

$$K_1=\frac{1/RC}{s+1/RC}\bigg|_{s=-\alpha}=\frac{1}{1-RC\alpha}$$

$$K_2=\frac{1/RC}{s+\alpha}\bigg|_{s=-1/RC}=\frac{-1}{1-RC\alpha}$$

故得

$$u_C(t)=\frac{1}{1-RC\alpha}(\mathrm{e}^{-\alpha t}-\mathrm{e}^{-\frac{1}{RC}t},\text{即 } \mathrm{e}^{-\frac{1}{RC}t}1(t))$$

显然,就网络动态分析来看,应用卷积定理求任意激励下的零状态响应的分析过程,与用网络函数定义,即 $R(s)=E(s)H(s)$来计算是一样的。

习 题 八

8-1 求下列函数的象函数:

(1)$2\mathrm{e}^{-3(t-1)}1(t-1)$　(2)$\mathrm{e}^{-3t}\sin 2t1(t)$　(3)$\delta(t-5)$

(4)题图(a) $f(t)$　(5)题图(b) $f(t)$

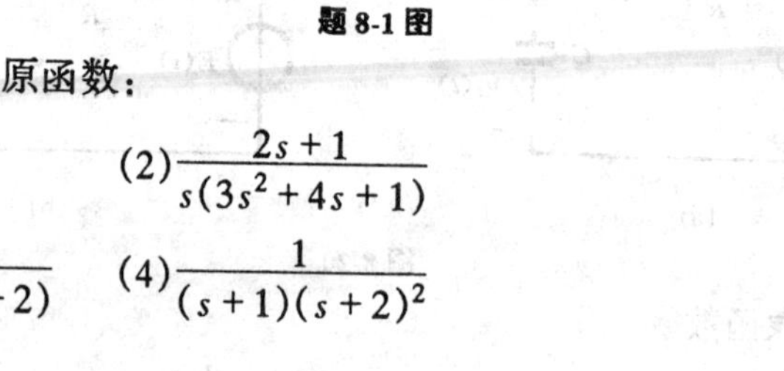

题8-1图

8-2 求下列函数的原函数:

(1)$\frac{10}{3s^2+15s+18}$　(2)$\frac{2s+1}{s(3s^2+4s+1)}$

(3)$\frac{3s^2+9s+5}{(s+3)(s^2+2s+2)}$　(4)$\frac{1}{(s+1)(s+2)^2}$

(5)$\frac{s^2+1}{s(s+1)}$

8-3 题图中 $R_1=R_2=10\Omega$, $C_1=C_2=C_3=100\mu\mathrm{F}$, $u_{c1}(0_-)=100\mathrm{V}$, $u_{c2}(0_-)=30\mathrm{V}$, $u_{c3}(0_-)=50\mathrm{V}$,在 $t=0$ 时两开关同时合上,求 $i_1(t)$和 $i_2(t)$。

8-4 题图电路在 $t=0$ 时合上开关 K,用节点法求 $i(t)$。

8-5 在题图所示零状态电路中,已知 $\mathrm{e}(t)=0.1\mathrm{e}^{-5t}\mathrm{V}$, $R_1=1\Omega$, $R_2=2\Omega$, $L=0.1\mathrm{H}$, $C=$

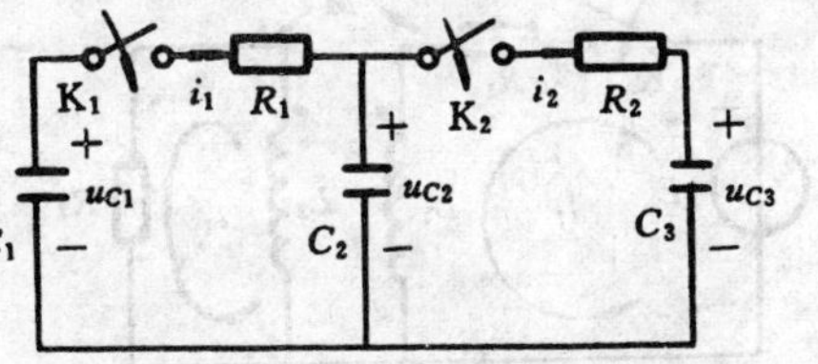

题 8-3 图

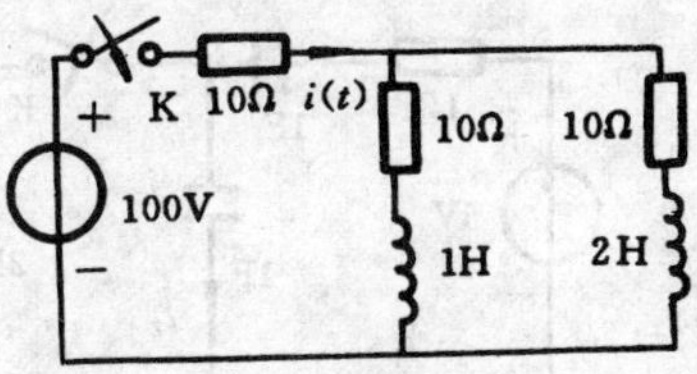

题 8-4 图

0.5F, $t=0$ 时将开关 K 闭合,求 $t\geqslant 0$ 时的 $i_2(t)$。

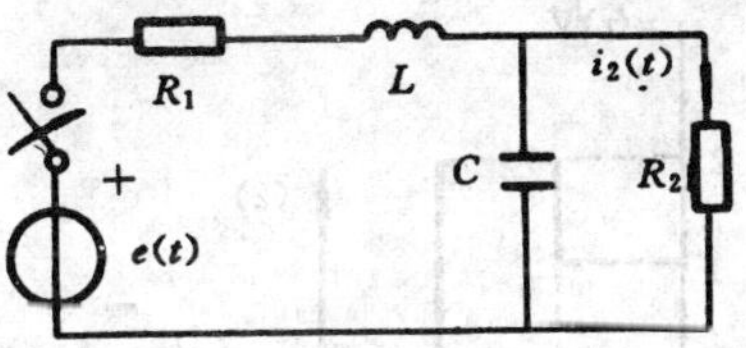

题 8-5 图

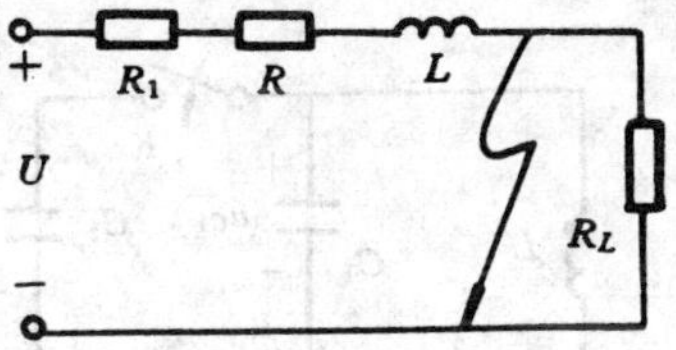

题 8-6 图

8-6 当 $R=4\Omega$, $L=0.2\text{H}$ 的电磁铁式继电器线圈中的电流达到 20A 时可将电路断开,若 $R_1=1\Omega$, $R_L=20\Omega$, $U=200\text{V}$,问负载 R_L 短路后,需经多少时间继电器才能动作。

8-7 电路如题图所示,开关 K 原是打开的,电路已达稳定。已知:$E=200\text{V}$, $L=0.1\text{H}$, $R=20\Omega$, $C=1000\mu\text{F}$,电容器上原已充电 100V,极性如图所示。在 $t=0$ 时将开关 K 闭合,求 $t\geqslant 0$ 时的电感电流 i_L。

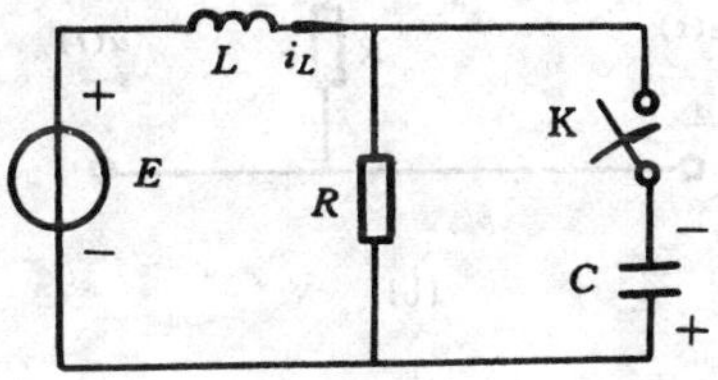

题 8-7 图

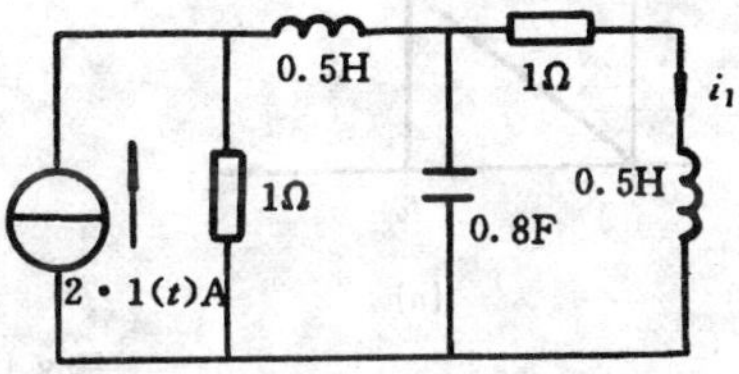

题 8-8 图

8-8 求题图电路中的 i_1。

8-9 求题图电路中的 u_c。

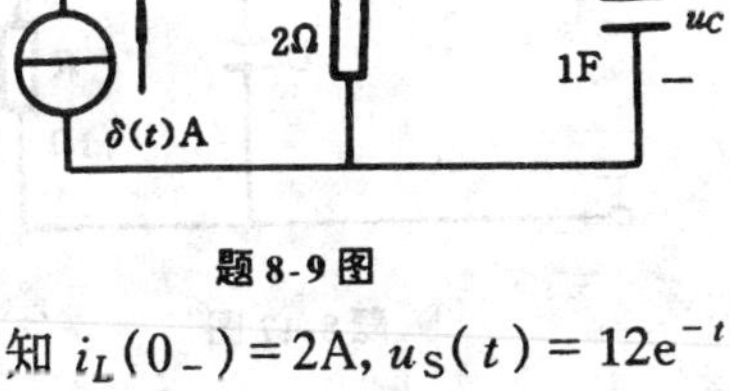

题 8-9 图

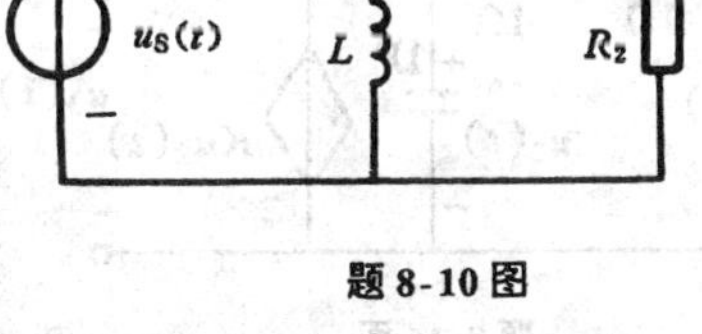

题 8-10 图

8-10 已知 $i_L(0_-)=2\text{A}$, $u_S(t)=12e^{-t}1(t)\text{V}$, $R_1=3\Omega$, $R_2=6\Omega$, $L=4\text{H}$,求题图中的 i_L。

8-11 题图电路原已稳定,$t=0$ 时开关闭合,求各支路电流。

8-12 题图电路中,$L_1=1\text{H}$, $L_2=4\text{H}$, $M=2\text{H}$, $R_1=R_2=1\Omega$, $E=1\text{V}$,电感中原无磁场能量。$t=0$ 时合上开关 K,用复频域分析法求 i_1, i_2。

8-13 已知开关 K 闭合前 $i_L(0_-)=0$, $u_{C1}(0_-)=0\text{V}$, $u_{C2}(0_-)=1\text{V}$, $C_1=C_2=1\text{F}$, $L=$

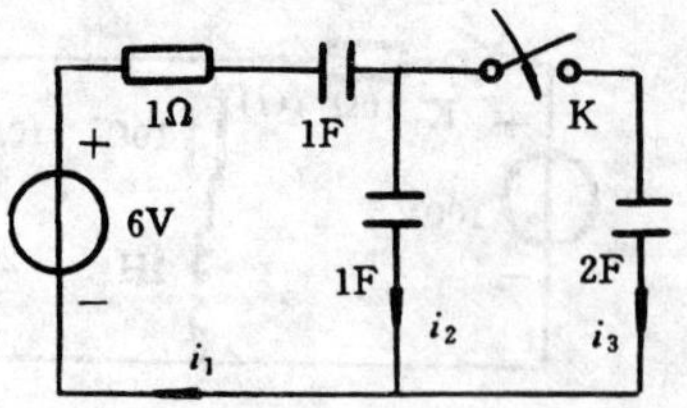

题 8-11 图

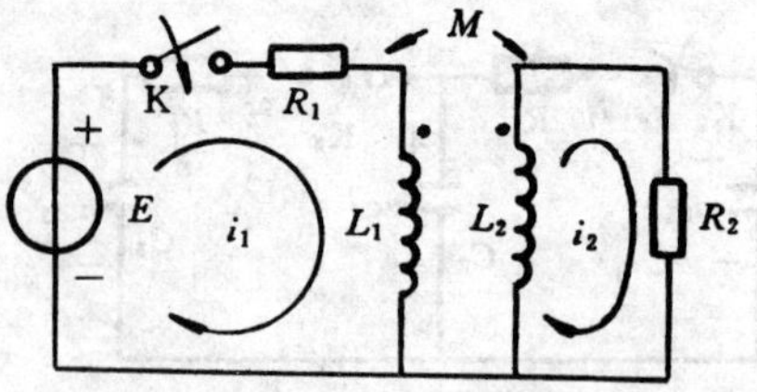

题 8-12 图

1H用复频域分析法求 K 闭合后的 i_1。

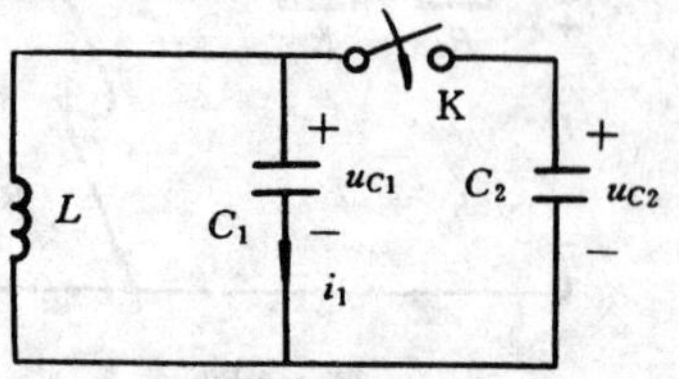

题 8-13 图

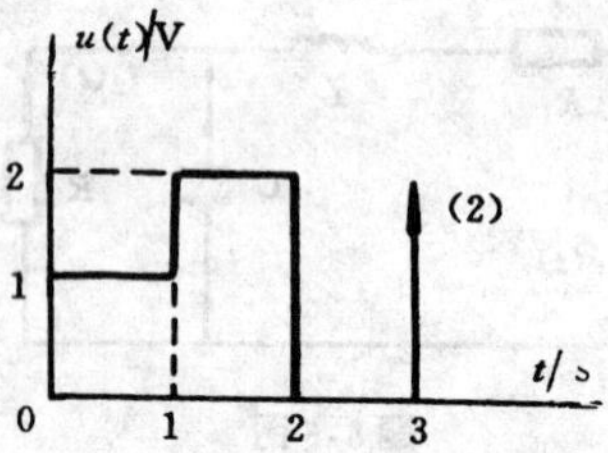

题 8-14 图

8-14 题图所示电压 $u(t)$ 作用于 RL 串联电路，求电流响应。已知冲击函数的强度为 2，$R=1\Omega$，$L=0.5\text{H}$。

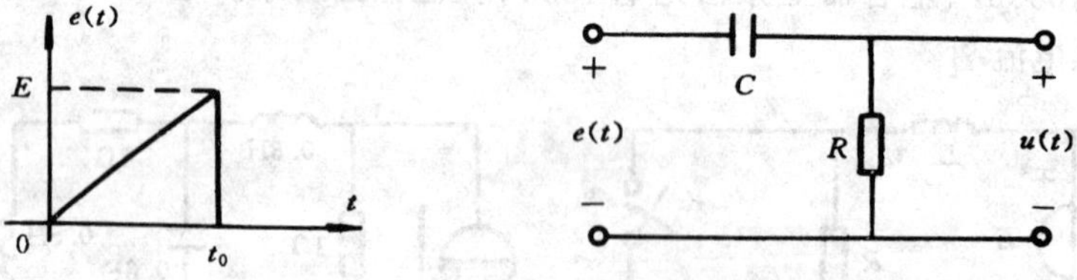

(a)　　　　(b)

题 8-15 图

8-15 题图(b)电路外加激励波形如图(a)所示，电路零状态，求输出电压 $u(t)$。

8-16 电路如题图所示，图中 $Ku_2(t)$ 是受控源，$u_3(t)$ 为开路电压，试求：(1)网络函数 $H(s)=\dfrac{U_3(s)}{U_1(s)}$；(2)若 $K=2$，求单位冲击响应。

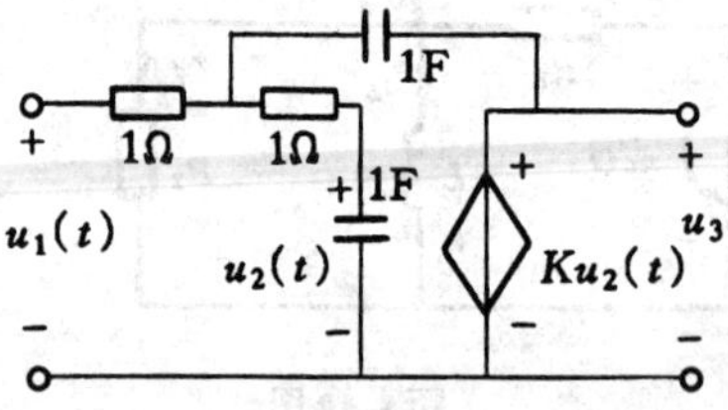

题 8-16 图

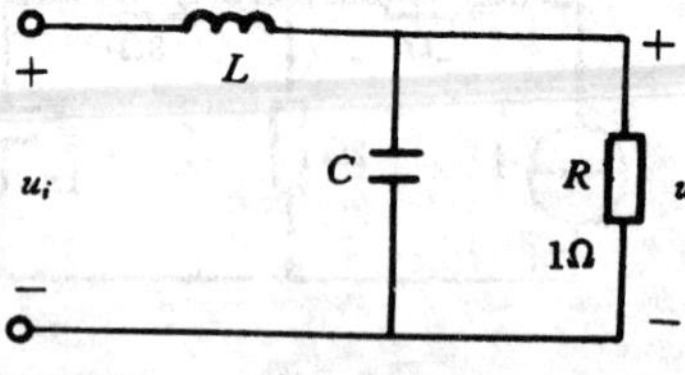

题 8-17 图

8-17 题图电路为一滤波器，若冲击响应为 $h(t)=\left(\sqrt{2}e^{-\frac{\sqrt{2}}{2}t}\sin\frac{\sqrt{2}}{2}t\right)1(t)$，求 L，C 的值。

8-18 题图所示 RC 滤波器，求：(1)网络函数 $H(s)=\dfrac{U_0(s)}{U_i(s)}$；(2)画出其零、极点分布图；(3)冲击响应。

8-19 题图电路中，当 $i_S(t)$ 为

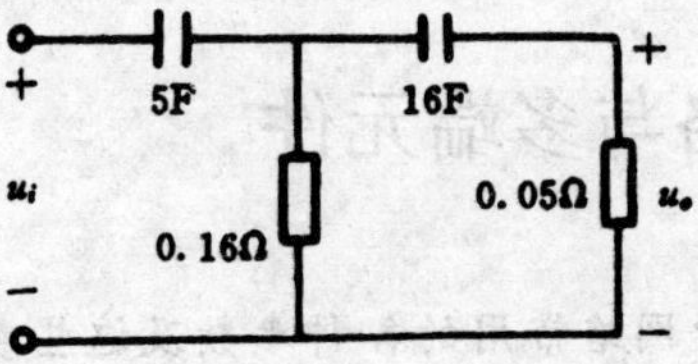

题 8-18 图

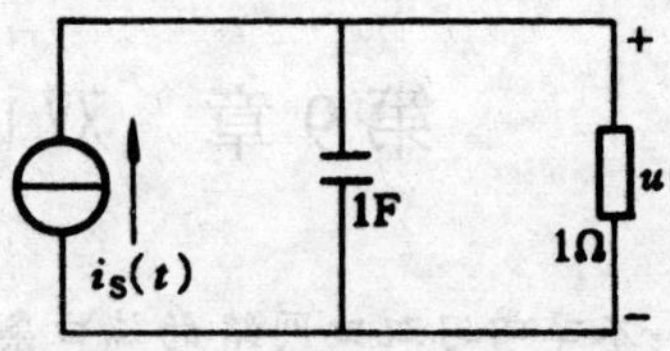

题 8-19 图

(1)$e^{-at}1(t)$;

(2)$a(1-t)[1(t)-1(t-2)]$时，用卷积定理求 $u(t)$。

8-20 线性时不变系统如题图所示，在以下三种激励下，其初始状态均相同，当激励 $f_1(t)=\delta(t)$时，其全响应为 $y_1(t)=\delta(t)+e^{-t}1(t)$；当 $f_2(t)=1(t)$时，其全响应为 $y_2(t)=3e^{-t}1(t)$；当激励为图(b)所示 $f_3(t)$时，求系统的全响应。

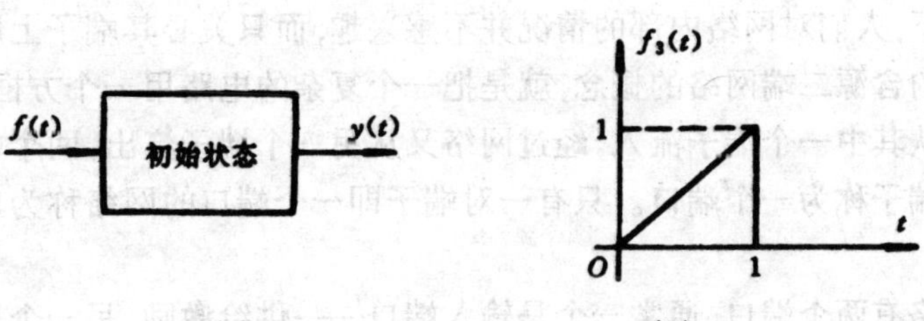

(a)　　　　(b)

题 8-20 图

第 9 章　双口网络与多端元件

内容提要：本章学习双口网络的端口条件；双口网络常用的各种参数及这些参数的相互转换；双口网络的转移函数，特性阻抗，等效电路；双口网络的联接；运算放大器和回转器等内容。

本章重点：双口网络的 Z 参数、Y 参数、A 参数和 H 参数。深刻理解这几种参数的基本概念，掌握这几种参数的计算方法和具体应用。

9-1　双口网络及其端口条件

在许多场合下，人们对网络内部的情况并不感兴趣，而只关心其端子上所发生的情况。譬如前面已经用过的含源二端网络的概念，就是把一个复杂的电路用一个方框括起来，只伸出一对端子。有电流从其中一个端子流入，经过网络又从另一个端子流出，两个端子之间有一个电压。这样的一对端子称为一个端口。只有一对端子即一个端口的网络称为单口网络或一端口网络。

如果一个网络有两个端口，通常一个是输入端口——供给激励，另一个是输出端口——产生响应。研究响应与激励之间的关系，也可以将两个端口之间的网络用一个方框括起来，如图 9-1 所示。这样的网络称为双口网络或二端口网络，方框内的网络可以是很简单的，也可以是很复杂的，图 9-2 所示的是几个结构很简单的双口网络。

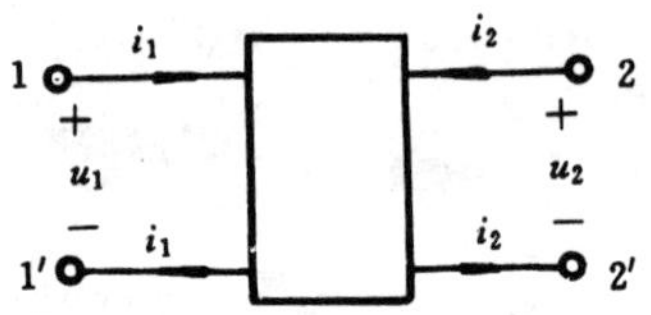

图 9-1

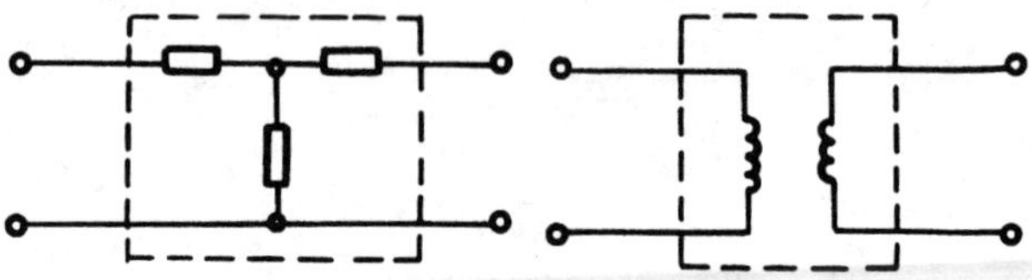

(a)　　(b)

图 9-2

双口网络对外有四个端子，因此又称为四端网络。对外有四个端子的网络不一定就是双口网络。双口网络每一个端口上由一个端子流入的电流必须等于由另一个端子所流出的电流，只有满足这样条件的两个端子才能构成一个端口，这个条件称为端口条件。两个端子是否形成一个端口，不仅取决于网络本身的结构，而且还与外部电路的联接有关。

综上所述：如果一个网络对外有 m 个端子，就称为 m 端网络；一个网络对外有 n 个端口，就称为 n 端口网络。

本章讨论由线性电阻、电容、电感和线性受控电源组成的网络，其内部不含有独立电源，这种网络是线性网络，可以用相量法进行分析，也可以用运算法进行分析。在用运算法进行分析的时候，只讨论所有电容电压和电感电流初始值都为零，即不含有附加电源的情况。

端口电压与电流之间的关系可以用与网络结构和元件参数有关的一些参数表示出来。在端口电压 u_1, u_2 和端口电流 i_1, i_2 四个量当中选取两个作为自变量，另外两个作为因变量，共有六种选法，所以共有六种不同的参数可以用来表征双口网络。

9-2 双口网络的 Y 参数和 Z 参数

图 9-3(a)所示为一个双口网络，用相量法分析其正弦电路的稳态情况，其分析方法和结论很容易应用于运算法。首先，根据替代原理，假设两个端口上分别接有独立电压源 $\dot{U}_1$ 和 $\dot{U}_2$。由于网络内不含有独立电源，根据叠加原理，可以把端口电流 $\dot{I}_1$ 和 $\dot{I}_2$ 看成是 $\dot{U}_1$ 和 $\dot{U}_2$ 单独存在时所形成电流的叠加。当 $\dot{U}_1$ 单独存在时在两个端口上分别形成电流 $Y_{11}\dot{U}_1$ 和 $Y_{21}\dot{U}_1$，当 $\dot{U}_2$ 单独存在时两个端口上分别形成电流 $Y_{12}\dot{U}_2$ 和 $Y_{22}\dot{U}_2$。在 $\dot{U}_1$ 和 $\dot{U}_2$ 同时存在时两个端口上的电流可以表示为

$$\left.\begin{aligned}\dot{I}_1 = Y_{11}\dot{U}_1 + Y_{12}\dot{U}_2 \\ \dot{I}_2 = Y_{21}\dot{U}_1 + Y_{22}\dot{U}_2\end{aligned}\right\} \tag{9-1}$$

其中 $Y_{11}, Y_{12}, Y_{21}, Y_{22}$ 只与网络内部的结构和元件参数有关。

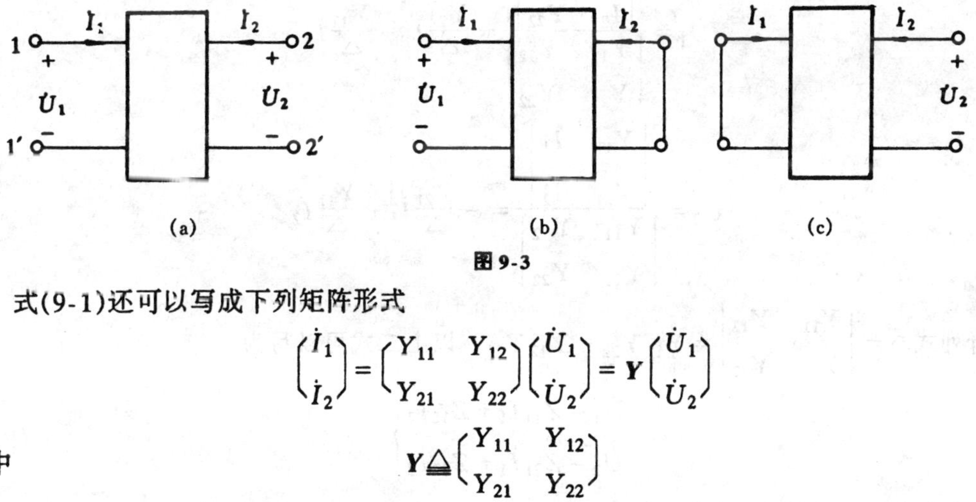

图 9-3

式(9-1)还可以写成下列矩阵形式

$$\begin{pmatrix}\dot{I}_1 \\ \dot{I}_2\end{pmatrix} = \begin{pmatrix}Y_{11} & Y_{12} \\ Y_{21} & Y_{22}\end{pmatrix}\begin{pmatrix}\dot{U}_1 \\ \dot{U}_2\end{pmatrix} = \boldsymbol{Y}\begin{pmatrix}\dot{U}_1 \\ \dot{U}_2\end{pmatrix}$$

其中

$$\boldsymbol{Y} \triangleq \begin{pmatrix}Y_{11} & Y_{12} \\ Y_{21} & Y_{22}\end{pmatrix}$$

称为双口网络的 Y 参数矩阵。$Y_{11}, Y_{12}, Y_{21}, Y_{22}$ 称为双口网络的 Y 参数。不难看出，Y 参数属于导纳性质，可以根据计算或测试来确定。如果在端口 1-1′上外施电压 $\dot{U}_1$，而把端口 2-2′短路，如图 9-3(b)所示，这时 $\dot{U}_2 = 0$，按式(9-1)有

$$\dot{I}_1 = Y_{11}\dot{U}_1 \qquad \dot{I}_2 = Y_{21}\dot{U}_1$$

或者是

$$Y_{11} = \left.\frac{\dot{I}_1}{\dot{U}_1}\right|_{\dot{U}_2=0} \qquad Y_{21} = \left.\frac{\dot{I}_2}{\dot{U}_1}\right|_{\dot{U}_2=0}$$

同理，如果把端口 1-1′短路即 $\dot{U}_1=0$，在端口 2-2′上外施电压 $\dot{U}_2$，如图 9-3(c)所示可以得到

$$Y_{22}=\left.\frac{\dot{I}_2}{\dot{U}_2}\right|_{\dot{U}_1=0}\qquad Y_{12}=\left.\frac{\dot{I}_1}{\dot{U}_2}\right|_{\dot{U}_1=0}$$

由于 Y 参数可以用短路的方法计算或测定出来，且具有导纳的性质，所以又称为短路导纳参数。

由线性电阻、电感、电容组成的网络满足互易定理，称为互易网络。如果双口网络为互易网络，根据互易定理，若图 9-3(b)中的 $\dot{U}_1$ 等于图 9-3(c)中的 $\dot{U}_2$，则图 9-3(b)中的 $\dot{I}_2$ 必然等于图 9-3(c)中的 $\dot{I}_1$，也就是

$$\left.\frac{\dot{I}_2}{\dot{U}_1}\right|_{\dot{U}_2=0}=\left.\frac{\dot{I}_1}{\dot{U}_2}\right|_{\dot{U}_1=0}$$

可见对于互易双口网络

$$Y_{12}=Y_{21}$$

任何一个互易双口网络，只要有三个独立的参数就足以表征它的性能了。

如果一个双口网络的 Y 参数除了 $Y_{12}=Y_{21}$ 以外，还有 $Y_{11}=Y_{22}$，则此双口网络的两个端口 1-1′和 2-2′互换位置后与外电路联接，其外部特性将不会有任何变化。也就是说，这种双口网络从任何一个端口看进去，它的电气性能是一样的。这种特性称为电气上对称，这种网络称为对称双口网络。显然，对于对称双口网络的 Y 参数，只有两个是独立的。

如果从式(9-1)解出 $\dot{U}_1$ 和 $\dot{U}_2$，将得到

$$\dot{U}_1=\frac{\begin{vmatrix}\dot{I}_1 & Y_{12}\\ \dot{I}_2 & Y_{22}\end{vmatrix}}{\begin{vmatrix}Y_{11} & Y_{12}\\ Y_{21} & Y_{22}\end{vmatrix}}=\frac{Y_{22}}{\triangle}\dot{I}_1-\frac{Y_{12}}{\triangle}\dot{I}_2$$

$$\dot{U}_2=\frac{\begin{vmatrix}Y_{11} & \dot{I}_1\\ Y_{21} & \dot{I}_2\end{vmatrix}}{\begin{vmatrix}Y_{11} & Y_{12}\\ Y_{21} & Y_{22}\end{vmatrix}}=-\frac{Y_{21}}{\triangle}\dot{I}_1+\frac{Y_{11}}{\triangle}\dot{I}_2$$

其中行列式 $\triangle=\begin{vmatrix}Y_{11} & Y_{12}\\ Y_{21} & Y_{22}\end{vmatrix}=Y_{11}Y_{22}-Y_{12}Y_{21}$。以上二式可以写为

$$\left.\begin{aligned}\dot{U}_1=Z_{11}\dot{I}_1+Z_{12}\dot{I}_2\\ \dot{U}_2=Z_{21}\dot{I}_1+Z_{22}\dot{I}_2\end{aligned}\right\}\tag{9-2}$$

式中

$$\left.\begin{aligned}Z_{11}=\frac{Y_{22}}{\triangle}\quad Z_{12}=-\frac{Y_{12}}{\triangle}\\ Z_{21}=-\frac{Y_{21}}{\triangle}\quad Z_{22}=\frac{Y_{11}}{\triangle}\end{aligned}\right\}\tag{9-3}$$

Z_{11}，Z_{12}，Z_{21}，Z_{22} 称为双口网络的 Z 参数，不难看出，Z 参数具有复阻抗性质。为了说明它们所表示的具体含义，可以把 2-2′端口开路，即令 $\dot{I}_2=0$，然后在 1-1′端口输入电流 $\dot{I}_1$，按式(9-2)将有

$$\dot{U}_1 = Z_{11}\dot{I}_1 \quad \dot{U}_2 = Z_{21}\dot{I}_1$$

或

$$Z_{11} = \left.\frac{\dot{U}_1}{\dot{I}_1}\right|_{\dot{I}_2=0} \quad Z_{21} = \left.\frac{\dot{U}_2}{\dot{I}_1}\right|_{\dot{I}_2=0}$$

同样,如果把 1-1′端口开路,即 $\dot{I}_1=0$,在 2-2′端口输入电流 $\dot{I}_2$,可以得到

$$Z_{22} = \left.\frac{\dot{U}_2}{\dot{I}_2}\right|_{\dot{I}_1=0} \quad Z_{12} = \left.\frac{\dot{U}_1}{\dot{I}_2}\right|_{\dot{I}_1=0}$$

把式(9-2)改写成短阵形式

$$\begin{pmatrix}\dot{U}_1\\ \dot{U}_2\end{pmatrix} = \begin{pmatrix}Z_{11} & Z_{12}\\ Z_{21} & Z_{22}\end{pmatrix}\begin{pmatrix}\dot{I}_1\\ \dot{I}_2\end{pmatrix} = Z\begin{pmatrix}\dot{I}_1\\ \dot{I}_2\end{pmatrix}$$

其中

$$\boldsymbol{Z} = \begin{pmatrix}Z_{11} & Z_{12}\\ Z_{21} & Z_{22}\end{pmatrix}$$

称为双口网络的 Z 参数短阵。$Z_{11}, Z_{12}, Z_{21}, Z_{22}$ 称为双口网络的 Z 参数。由于 Z 参数可以用开路的方法计算或测定出来,且具有阻抗的性质,所以又称为开路阻抗参数。

根据互易定理可以证明,对于互易双口网络,$Z_{12}=Z_{21}$ 总是成立的,在这种情况下 Z 参数只有三个是独立的。对于对称的双口网络则还有 $Z_{11}=Z_{22}$ 的关系,故只有两个参数是独立的。

如果一个双口网络的 Y 参数已知,从式(9-3)可以求出它的 Z 参数。反之,如果一个双口网络的 Z 参数已经确定,也不难求出它的 Y 参数(参阅后面的表 9-1)。有些特殊结构的双口网络并不同时存在阻抗矩阵和导纳矩阵的表达式,也可能既不存在阻抗矩阵也不存在导纳矩阵表达式(例如理想变压器)。

对于含受控源的线性 R, L, C 双口网络,利用特勒根定理可以证明互易定理不再成立,因此 $Y_{12} \neq Y_{21}, Z_{12} \neq Z_{21}$。

例 9-1 求图9-4(a)所示双口网络的 Y 参数。

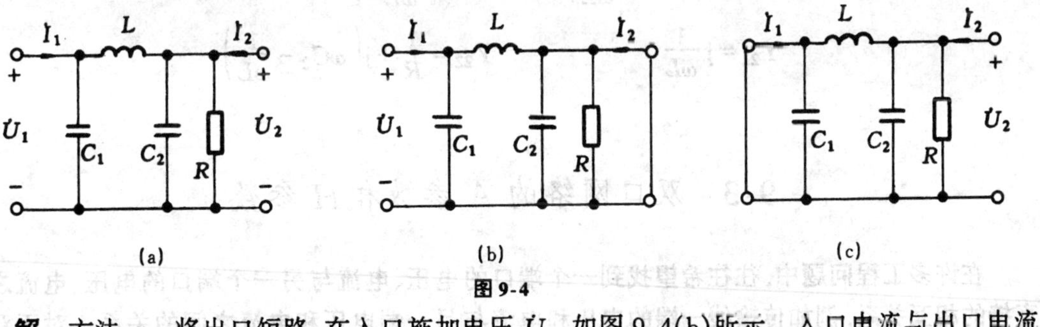

图 9-4

解 方法一 将出口短路,在入口施加电压 $\dot{U}_1$,如图 9-4(b)所示。入口电流与出口电流分别为

$$\dot{I}_1 = \left(\mathrm{j}\omega C_1 + \frac{1}{\mathrm{j}\omega L}\right)\dot{U}_1$$

$$\dot{I}_2 = -\frac{1}{\mathrm{j}\omega L}\dot{U}_1$$

故

$$Y_{11}=\frac{\dot{I}_1}{\dot{U}_1}\bigg|_{\dot{U}_2=0}=\mathrm{j}\omega C_1+\frac{1}{\mathrm{j}\omega L}=\mathrm{j}\left(\omega C_1-\frac{1}{\omega L}\right)$$

$$Y_{21}=\frac{\dot{I}_2}{\dot{U}_1}\bigg|_{\dot{U}_2=0}=-\frac{1}{\mathrm{j}\omega L}=\mathrm{j}\frac{1}{\omega L}$$

同样,将入口短路,在出口施加电压 $\dot{U}_2$,如图 9-4(c)所示。入口电流与出口电流分别为

$$\dot{I}_1=-\frac{1}{\mathrm{j}\omega L}\dot{U}_2$$

$$\dot{I}_2=\left(\frac{1}{R}+\mathrm{j}\omega C_2+\frac{1}{\mathrm{j}\omega L}\right)\dot{U}_2$$

故

$$Y_{12}=\frac{\dot{I}_1}{\dot{U}_2}\bigg|_{\dot{U}_1=0}=-\frac{1}{\mathrm{j}\omega L}=\mathrm{j}\frac{1}{\omega L}$$

$$Y_{22}=\frac{\dot{I}_2}{\dot{U}_2}\bigg|_{\dot{U}_1=0}=\frac{1}{R}+\mathrm{j}\omega C_2+\frac{1}{\mathrm{j}\omega L}=\frac{1}{R}+\mathrm{j}\left(\omega C_2-\frac{1}{\omega L}\right)$$

方法二　根据基尔霍夫电流定律,入口电流与出口电流分别为

$$\dot{I}_1=\mathrm{j}\omega C_1\dot{U}_1+\frac{1}{\mathrm{j}\omega L}(\dot{U}_1-\dot{U}_2)$$

$$\dot{I}_2=\left(\mathrm{j}\omega C_2+\frac{1}{R}\right)\dot{U}_2+\frac{1}{\mathrm{j}\omega L}(\dot{U}_2-\dot{U}_1)$$

将这二式整理为式(9-1)的形式

$$\dot{I}_1=\mathrm{j}\left(\omega C_1-\frac{1}{\omega L}\right)\dot{U}_1+\mathrm{j}\frac{1}{\omega L}\dot{U}_2$$

$$\dot{I}_2=\mathrm{j}\frac{1}{\omega L}\dot{U}_1+\left[\frac{1}{R}+\mathrm{j}\left(\omega C_2-\frac{1}{\omega L}\right)\right]\dot{U}_2$$

对照式(9-1),得到

$$Y_{11}=\mathrm{j}\left(\omega C_1-\frac{1}{\omega L}\right)\qquad Y_{12}=\mathrm{j}\frac{1}{\omega L}$$

$$Y_{21}=\mathrm{j}\frac{1}{\omega L}\qquad Y_{22}=\frac{1}{R}+\mathrm{j}\left(\omega C_2-\frac{1}{\omega L}\right)$$

9-3　双口网络的 A 参数和 H 参数

在许多工程问题中,往往希望找到一个端口的电压、电流与另一个端口的电压、电流之间直接的相互关系,例如传输线一端的电压和电流与另一端电压和电流之间的关系。对于双口网络来说,就是将 $\dot{U}_1$ 和 $\dot{I}_1$ 作为因变量,以 $\dot{U}_2$ 和 $\dot{I}_2$ 作为自变量,或者反之。这类问题用 Y 参数和 Z 参数都不够方便,而用 A 参数来处理要容易得多。A 参数方程的形式为

$$\left.\begin{aligned}\dot{U}_1&=A_{11}\dot{U}_2-A_{12}\dot{I}_2\\\dot{I}_1&=A_{21}\dot{U}_2-A_{22}\dot{I}_2\end{aligned}\right\}\qquad(9\text{-}4)$$

值得注意的是右边第二项前面是负号。将端口 2-2′短路或开路，即令 $\dot{U}_2=0$ 或 $\dot{I}_2=0$ 可以得到

$$A_{11}=\left.\frac{\dot{U}_1}{\dot{U}_2}\right|_{\dot{I}_2=0} \qquad A_{12}=\left.\frac{\dot{U}_1}{-\dot{I}_2}\right|_{\dot{U}_2=0}$$

$$A_{21}=\left.\frac{\dot{I}_1}{\dot{U}_2}\right|_{\dot{I}_2=0} \qquad A_{22}=\left.\frac{\dot{I}_1}{-\dot{I}_2}\right|_{\dot{U}_2=0}$$

可见，A_{11}是两个电压的比值；A_{12}是转移阻抗；A_{21}是转移导纳；A_{22}是两个电流的比值。式(9-4)写成矩阵形式

$$\begin{pmatrix}\dot{U}_1\\ \dot{I}_1\end{pmatrix}=\begin{pmatrix}A_{11} & A_{12}\\ A_{21} & A_{22}\end{pmatrix}\begin{pmatrix}\dot{U}_2\\ -\dot{I}_2\end{pmatrix}=A\begin{pmatrix}\dot{U}_2\\ -\dot{I}_2\end{pmatrix}$$

其中

$$\mathbf{A}\triangleq\begin{pmatrix}A_{11} & A_{12}\\ A_{21} & A_{22}\end{pmatrix}$$

A 参数又称一般参数或传输参数，有的记作 A,B,C,D，还有的记作 $T_{11},T_{12},T_{21},T_{22}$。

对于互易双口网络来说，A 参数中将只有三个是独立的。根据后面表 9-1 并注意到 $Y_{12}=Y_{21}$，得

$$A_{11}A_{22}-A_{12}A_{21}=\frac{Y_{11}Y_{22}}{Y_{21}Y_{21}}+\frac{Y_{12}Y_{21}-Y_{11}Y_{22}}{Y_{21}Y_{21}}$$

$$=\frac{Y_{12}}{Y_{21}}=1$$

对于对称双口网络，由于 $Y_{11}=Y_{22}$，可以得到 $A_{11}=A_{22}$。

还有一套常用的参数，称为 H 参数或混合参数，是用下面一组方程表示的

$$\left.\begin{aligned}\dot{U}_1&=H_{11}\dot{I}_1+H_{12}\dot{U}_2\\ \dot{I}_2&=H_{21}\dot{I}_1+H_{22}\dot{U}_2\end{aligned}\right\}\tag{9-5}$$

H 参数的具体意义可以分别用下列式子来说明

$$H_{11}=\left.\frac{\dot{U}_1}{\dot{I}_1}\right|_{\dot{U}_2=0} \qquad H_{12}=\left.\frac{\dot{U}_1}{\dot{U}_2}\right|_{\dot{I}_1=0}$$

$$H_{21}=\left.\frac{\dot{I}_2}{\dot{I}_1}\right|_{\dot{U}_2=0} \qquad H_{22}=\left.\frac{\dot{I}_2}{\dot{U}_2}\right|_{\dot{I}_1=0}$$

可见，H_{11}和 H_{21}具有短路参数的性质，H_{12}和 H_{22}具有开路参数的性质，H_{11}和 H_{22}具有策动点参数的性质，H_{12}和 H_{21}具有转移参数的性质，H_{11}具有阻抗的性质，H_{22}具有导纳的性质，H_{12}是电压比，H_{21}是电流比。

用矩阵形式表示时，有

$$\begin{pmatrix}\dot{U}_1\\ \dot{I}_2\end{pmatrix}=\begin{pmatrix}H_{11} & H_{12}\\ H_{21} & H_{22}\end{pmatrix}\begin{pmatrix}\dot{I}_1\\ \dot{U}_2\end{pmatrix}=H\begin{pmatrix}\dot{I}_1\\ \dot{U}_2\end{pmatrix}$$

式中

$$\boldsymbol{H} \triangleq \begin{pmatrix} H_{11} & H_{12} \\ H_{21} & H_{22} \end{pmatrix}$$

对于互易双口网络，四个参数中有三个是独立，应用表 9-1 并注意 $Y_{21}=Y_{12}$，可以得到

$$H_{12}=-\frac{Y_{12}}{Y_{11}} \quad H_{21}=\frac{Y_{21}}{Y_{11}}$$

可见在互易双口网络中 $H_{12}=-H_{21}$。对于对称互易双口网络，还有 $H_{11}H_{22}-H_{12}H_{21}=1$。

H 参数在晶体管电路中获得了广泛的应用。

例 9-2 求图9-5(a)所示双口网络的 A 参数与 H 参数。

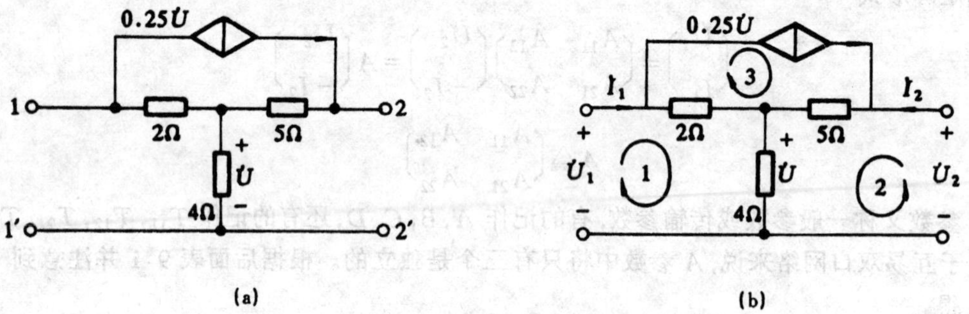

图 9-5

解 (1)首先计算 A 参数。按图 9-5(b)选取 3 个独立回路，3 个回路电流分别等于 $\dot{I}_1$，$\dot{I}_2$ 和 $0.25\dot{U}$。列出回路 1 与回路 2 的回路方程

$$\begin{cases}(2+4)\dot{I}_1+4\dot{I}_2-2\times0.25\dot{U}=\dot{U}_1\\ 4\dot{I}_1+(5+4)\dot{I}_2+5\times0.25\dot{U}=\dot{U}_2\end{cases}$$

将受控电流源的控制量 $\dot{U}=4(\dot{I}_1+\dot{I}_2)$ 代入其中，得到

$$\begin{cases}4\dot{I}_1+2\dot{I}_2=\dot{U}_1\\ 9\dot{I}_1+14\dot{I}_2=\dot{U}_2\end{cases}$$

由第 2 式得到

$$\dot{I}_1=\frac{1}{9}\dot{U}_2-\frac{14}{9}\dot{I}_2$$

将其代入第 1 式中得到

$$\dot{U}_1=\frac{4}{9}\dot{U}_2-\frac{38}{9}\dot{I}_2$$

可见传输参数方程(A 参数方程)为

$$\begin{cases}\dot{U}_1=\frac{4}{9}\dot{U}_2+\frac{38}{9}(-\dot{I}_2)\\ \dot{I}_1=\frac{1}{9}\dot{U}_2+\frac{14}{9}(-\dot{I}_2)\end{cases}$$

即 A 参数为

$$A_{11}=\frac{4}{9} \qquad A_{12}=\frac{38}{9}$$

$$A_{21}=\frac{1}{9} \qquad A_{22}=\frac{14}{9}$$

(2)由 A 参数计算 H 参数。将 A 参数方程中的第 2 式变为

$$\dot{I}_2=-\frac{9}{14}\dot{I}_1+\frac{1}{14}\dot{U}_2$$

将其代入到 A 参数方程的第 1 式中，得到

$$\dot{U}_1=\frac{19}{7}\dot{I}_1+\frac{1}{7}\dot{U}_2$$

可见图示双口网络的 H 参数为

$$H_{11}=\frac{19}{7}\qquad H_{12}=\frac{1}{7}$$

$$H_{21}=-\frac{9}{14}\qquad H_{22}=\frac{1}{14}$$

表 9-1　　双口网络的参数变换

	用 Z 参数表示	用 Y 参数表示	用 H 参数表示	用 A 参数表示
Z 参数	$\begin{matrix} Z_{11} & Z_{12} \\ Z_{21} & Z_{22} \end{matrix}$	$\begin{matrix} \frac{Y_{22}}{\Delta_Y} & -\frac{Y_{12}}{\Delta_Y} \\ -\frac{Y_{21}}{\Delta_Y} & \frac{Y_{11}}{\Delta_Y} \end{matrix}$	$\begin{matrix} \frac{\Delta_H}{H_{22}} & \frac{H_{12}}{H_{22}} \\ -\frac{H_{21}}{H_{22}} & \frac{1}{H_{22}} \end{matrix}$	$\begin{matrix} \frac{A_{11}}{A_{21}} & \frac{\Delta_A}{A_{21}} \\ \frac{1}{A_{21}} & \frac{A_{22}}{A_{21}} \end{matrix}$
Y 参数	$\begin{matrix} \frac{Z_{22}}{\Delta_Z} & -\frac{Z_{12}}{\Delta_Z} \\ -\frac{Z_{21}}{\Delta_Z} & \frac{Z_{11}}{\Delta_Z} \end{matrix}$	$\begin{matrix} Y_{11} & Y_{12} \\ Y_{21} & Y_{22} \end{matrix}$	$\begin{matrix} \frac{1}{H_{11}} & -\frac{H_{12}}{H_{11}} \\ \frac{H_{21}}{H_{11}} & \frac{\Delta_H}{H_{11}} \end{matrix}$	$\begin{matrix} \frac{A_{22}}{A_{12}} & -\frac{\Delta_A}{A_{12}} \\ -\frac{1}{A_{12}} & \frac{A_{11}}{A_{12}} \end{matrix}$
H 参数	$\begin{matrix} \frac{\Delta_Z}{Z_{22}} & \frac{Z_{12}}{Z_{22}} \\ -\frac{Z_{21}}{Z_{22}} & \frac{1}{Z_{22}} \end{matrix}$	$\begin{matrix} \frac{1}{Y_{11}} & -\frac{Y_{12}}{Y_{11}} \\ \frac{Y_{21}}{Y_{11}} & \frac{\Delta_Y}{Y_{11}} \end{matrix}$	$\begin{matrix} H_{11} & H_{12} \\ H_{21} & H_{22} \end{matrix}$	$\begin{matrix} \frac{A_{12}}{A_{22}} & \frac{\Delta_A}{A_{22}} \\ -\frac{1}{A_{22}} & \frac{A_{21}}{A_{22}} \end{matrix}$
A 参数	$\begin{matrix} \frac{Z_{11}}{Z_{21}} & \frac{\Delta_Z}{Z_{21}} \\ \frac{1}{Z_{21}} & \frac{Z_{22}}{Z_{21}} \end{matrix}$	$\begin{matrix} -\frac{Y_{22}}{Y_{21}} & -\frac{1}{Y_{21}} \\ -\frac{\Delta_Y}{Y_{21}} & -\frac{Y_{11}}{Y_{21}} \end{matrix}$	$\begin{matrix} -\frac{\Delta_H}{H_{21}} & -\frac{H_{11}}{H_{21}} \\ -\frac{H_{22}}{H_{21}} & -\frac{1}{H_{21}} \end{matrix}$	$\begin{matrix} A_{11} & A_{12} \\ A_{21} & A_{22} \end{matrix}$
互易双口网络	$Z_{12}=Z_{21}$	$Y_{12}=Y_{21}$	$H_{12}=-H_{21}$	$\Delta_A=1$
对称双口网络	$Z_{12}=Z_{21}$ $Z_{11}=Z_{22}$	$Y_{12}=Y_{21}$ $Y_{11}=Y_{22}$	$H_{12}=-H_{21}$ $\Delta_H=1$	$\Delta_A=1$ $A_{11}=A_{22}$

表中

$$\Delta_Z=\begin{vmatrix} Z_{11} & Z_{12} \\ Z_{21} & Z_{22} \end{vmatrix},\quad \Delta_Y=\begin{vmatrix} Y_{11} & Y_{12} \\ Y_{21} & Y_{22} \end{vmatrix},$$

$$\Delta_H=\begin{vmatrix} H_{11} & H_{12} \\ H_{21} & H_{22} \end{vmatrix},\quad \Delta_A=\begin{vmatrix} A_{11} & A_{12} \\ A_{21} & A_{22} \end{vmatrix}$$

9-4 双口网络的转移函数

如果用运算法来分析双口网络,则上述这些参数将是复变数 s 的函数。双口网络的转移函数或传递函数,就是用拉普拉斯变换形式表示的输出电压或电流与输入电压或电流之比(注意,双口网络必须没有独立电源和附加电源)。当双口网络没有外接负载,以及外接电源内阻为零时,它的转移函数可以单纯用 Y 参数或 Z 参数来表示。例如,开路电压比 $U_2(s)/U_1(s)$ 可以由式(9-2)求得

$$U_1(s)=Z_{11}(s)I_1(s) \tag{9-6}$$

$$U_2(s)=Z_{21}(s)I_1(s)$$

$$\frac{U_2(s)}{U_1(s)}=\frac{Z_{21}(s)}{Z_{11}(s)}$$

或者,按式(9-1)来计算,则有

$$0=Y_{21}(s)U_1(s)+Y_{22}(s)U_2(s)$$

所以

$$\frac{U_2(s)}{U_1(s)}=-\frac{Y_{21}(s)}{Y_{22}(s)}$$

同理,双口网络的短路电流比

$$\frac{I_2(s)}{I_1(s)}=\frac{Y_{21}(s)}{Y_{11}(s)}=-\frac{Z_{21}(s)}{Z_{22}(s)}$$

一般说来,当研究双口网络的转移函数时应考虑外施电源的内阻抗和负载阻抗,这样一来,转移函数不仅与 Y,Z,A,H 参数有关,同时也将与电源和负载的阻抗有关。图 9-6 所示为一个终端具有电阻 R 的双口网络,对于此双口网络

$$I_2(s)=Y_{21}(s)U_1(s)+Y_{22}(s)U_2(s)$$

$$U_2(s)=-I_2(s)R$$

消去 $U_2(s)$后,得转移函数

$$\frac{I_2(s)}{U_1(s)}=\frac{Y_{21}(s)/R}{Y_{22}(s)+\dfrac{1}{R}}$$

这个转移函数具有导纳的性质。用类似的方法可以求得其它形式的转移函数,如 $I_2(s)/I_1(s)$或 $U_2(s)/I_1(s)$等。

当再考虑电源的内阻抗时,则两个端口都将具有终端联接的阻抗的影响。图 9-7 所示为这种情况,其中 R_1 为电源的内阻抗,R_2 为负载电阻,如果将 $U_S(s)$作为输入,计算转移电压比$U_2(s)/U_S(s)$,有

$$U_1(s)=U_S(s)-I_1(s)R_1$$

$$U_2(s)=-I_2(s)R_2$$

把它们代入(9-2)式,得

$$U_S(s)-I_1(s)R_1=Z_{11}(s)I_1(s)+Z_{12}(s)I_2(s)$$

$$-I_2(s)R_2 = Z_{21}(s)I_1(s) + Z_{22}(s)I_2(s)$$

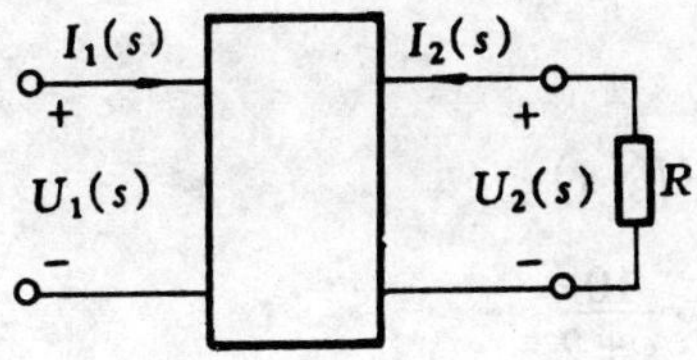

图 9-6

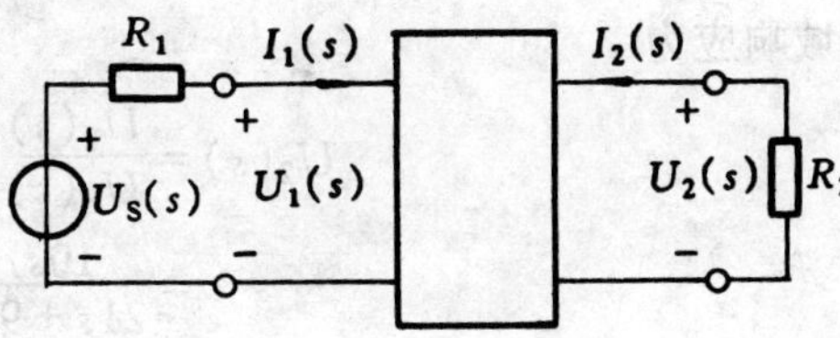

图 9-7

解得

$$\frac{U_2(s)}{U_S(s)} = \frac{Z_{21}(s)R_2}{(R_1+Z_{11}(s))(R_2+Z_{22}(s))-Z_{12}(s)Z_{21}(s)}$$

以上介绍了一些转移函数的计算方法。像图 9-6、图 9-7 所示的情况,双口网络是接在输入和输出之间,它起了耦合作用,通常为完成某种功能而设置。例如滤波、衰减、阻抗匹配等。

例 9-3 图9-8所示双口网络的开路阻抗参数矩阵为 $Z(s)=\begin{bmatrix} s+6 & s \\ s & s+4 \end{bmatrix}$,1-1′端口接内阻为 $R_S=1\Omega$ 的电压源,2-2′端口接负载电阻 $R_L=10\Omega$。

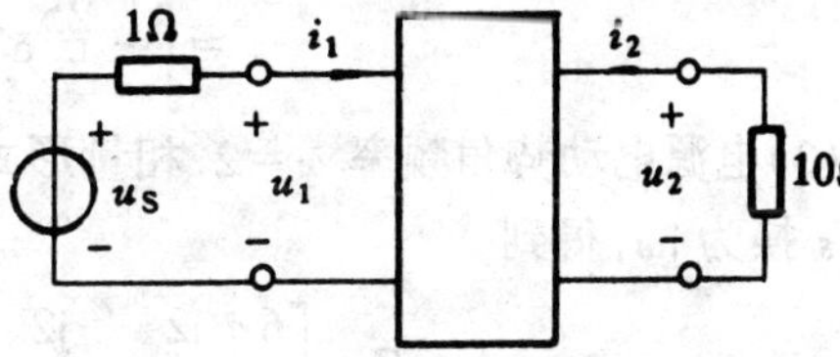

图 9-8

(1)计算转移电压比 $\dfrac{U_2(s)}{U_S(s)}$;

(2)如果电压源的电动势为 $u_S(t)=10e^{-2t}\cdot 1(t)$V,试计算 $u_2(t)$;

(3)如果电压源的电动势为 $u_S(t)=10\sin 2t$V,试计算正弦稳态响应 $u_2(t)$。

解 (1)双口网络的 Z 参数方程为

$$\begin{cases} U_1(s) = (s+6)I_1(s) + sI_2(s) \\ U_2(s) = sI_1(s) + (s+4)I_2(s) \end{cases}$$

将端口电压与电流的约束条件

$$I_1(s) = \frac{U_S(s)-U_1(s)}{R_S}$$

$$I_2(s) = -\frac{U_2(s)}{R_L}$$

代入,可以得到转移电压比为

$$\frac{U_2(s)}{U_S(s)} = \frac{Z_{21}(s)R_L}{[R_S+Z_{11}(s)][R_L+Z_{22}(s)]-Z_{12}(s)Z_{21}(s)}$$

$$= \frac{10s}{[1+(s+6)][10+(s+4)]-s^2}$$

$$= \frac{10s}{21s+98}$$

(2)电源电动势为 $u_S(t)=10e^{-2t}\cdot 1(t)$时,其象函数为

$$U_S(s)=L[10e^{-2t}\cdot 1(t)]$$
$$=\frac{10}{s+2}$$

得到复频域响应为

$$U_2(s)=\frac{U_2(s)}{U_S(s)}\cdot U_S(s)$$
$$=\frac{10s}{21s+98}\cdot\frac{10}{s+2}$$
$$=\frac{-\frac{25}{7}}{s+2}+\frac{\frac{25}{3}}{s+\frac{14}{3}}$$

进行拉普拉斯反变换，得到

$$u_2(t)=L^{-1}[U_2(s)]$$
$$=L^{-1}\left[\frac{-\frac{25}{7}}{s+2}+\frac{\frac{25}{3}}{s+\frac{14}{3}}\right]$$
$$=\left(-\frac{25}{7}e^{-2t}+\frac{25}{3}e^{-\frac{14}{3}t}\right)\cdot 1(t)\text{V}$$

(3)电源电动势角频率 $\omega=2$，相量形式为 $\dot{U}_S=5\sqrt{2}\angle 0°\text{V}$。将 Z 参数矩阵及转移电压比中的 s 换为 $j\omega$，得到

$$Z=\begin{bmatrix}6+j2 & j2\\ j2 & 4+j2\end{bmatrix}$$
$$\frac{\dot{U}_2}{\dot{U}_S}=\frac{10(j2)}{21(j2)+98}=\frac{j10}{49+j21}=0.1876\angle 66.80°$$

由此得出

$$\dot{U}_2=\frac{\dot{U}_2}{\dot{U}_S}\cdot\dot{U}_S$$
$$=0.1876\angle 66.80°\times 5\sqrt{2}\angle 0°$$
$$=\frac{1.876}{\sqrt{2}}\angle 66.80°$$

可见正弦稳态响应为

$$u_2(t)=1.876\sin(2t+66.80°)\text{V}$$

9-5 双口网络的特性阻抗

1. 双口网络的输入阻抗与输出阻抗

如果一个双口网络的端口 2-2′接有负载 Z_L，如图 9-9 所示，则由 1-1′端口向右看去的等效阻抗称为输入阻抗 Z_i。为了计算 Z_i，可以假设在 1-1′端口接有激励源，这时输入阻抗 Z_i 等

于 1-1′端口上的电压与电流的比值，按(9-4)式有

$$Z_i=\frac{\dot U_1}{\dot I_1}=\frac{A_{11}\dot U_2-A_{12}\dot I_2}{A_{21}\dot U_2-A_{22}\dot I_2}$$

将 $\dot U_2=-Z_L\dot I_2$ 代入上式得

$$Z_i=\frac{A_{11}Z_L+A_{12}}{A_{21}Z_L+A_{22}} \tag{9-7}$$

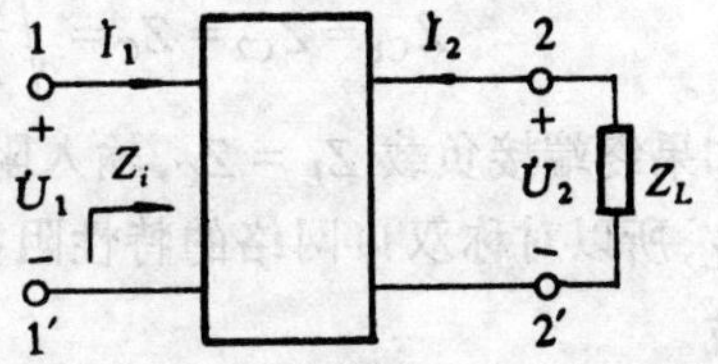

图 9-9

可见 Z_i 不仅与网络有关，还与所接负载有关，对于同一个负载，经过不同的网络就得到不同的输入阻抗，就是说双口网络有变换阻抗的作用。

如果双口网络的 1-1′端口接有激励源，如图 9-10(a)所示，$\dot E$ 和 Z_S 分别为激励源的电动势和内阻抗。由端口 2-2′向左看去，它等效于一个电动势 $\dot E'$ 和一个阻抗 Z_0 的串联。等效阻抗 Z_0 称为输出阻抗。为了计算 Z_0，可以令 $\dot E$ 为零，在端口 2-2′加电压 $\dot U_2$，如图 9-10(b)，这时 $\dot U_2$ 与 $\dot I_2$ 的比值即为 Z_0。考虑这时 $\dot U_1=-Z_S\dot I_1$，将它与式(9-4)联立，可以解得

$$Z_0=\frac{\dot U_2}{\dot I_2}=\frac{A_{22}Z_S+A_{12}}{A_{21}Z_S+A_{11}} \tag{9-8}$$

可见 Z_0 与网络有关，也与激励源内阻抗有关。

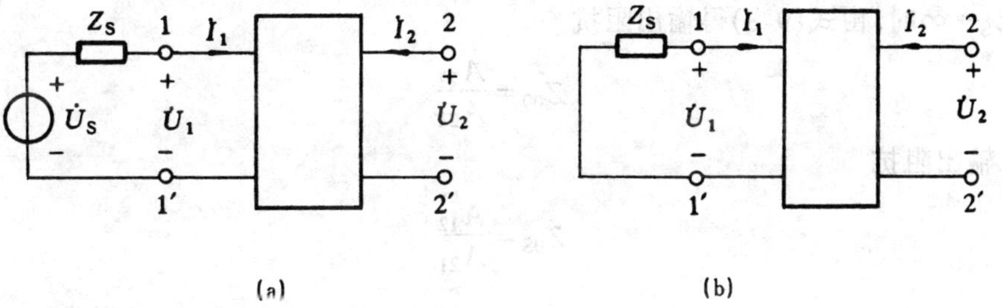

(a) (b)

图 9-10

对于接有激励源和负载的双口网络，如果 $Z_0=Z_L$，称为输出端匹配；如果 $Z_S=Z_i$，称为输入端匹配；如果同时有 $Z_0=Z_L$，$Z_S=Z_i$，则称为完全匹配。双口网络在使用当中常常是力求做到完全匹配。

2. 双口网络的特性阻抗

对于一个双口网络，可以找到特定的 Z_{C1} 和 Z_{C2}，使得在 $Z_S=Z_{C1}$ 且 $Z_L=Z_{C2}$ 的情况下做到完全匹配。Z_{C1} 和 Z_{C2} 称为这个双口网络的特性阻抗，如图 9-11。利用(9-7)和(9-8)式得到

$$Z_{C1}=\frac{A_{11}Z_{C2}+A_{12}}{A_{21}Z_{C2}+A_{22}} \tag{9-9}$$

$$Z_{C2}=\frac{A_{22}Z_{C1}+A_{12}}{A_{21}Z_{C1}+A_{11}} \tag{9-10}$$

解得

$$Z_{C1}=\sqrt{\frac{A_{11}\cdot A_{12}}{A_{21}\cdot A_{22}}}\qquad Z_{C2}=\sqrt{\frac{A_{22}\cdot A_{12}}{A_{21}\cdot A_{11}}} \tag{9-11}$$

对于对称双口网络，由于 $A_{11}=A_{22}$，则

$$Z_{C1}=Z_{C2}=Z_C=\sqrt{\frac{A_{12}}{A_{21}}} \qquad (9\text{-}12)$$

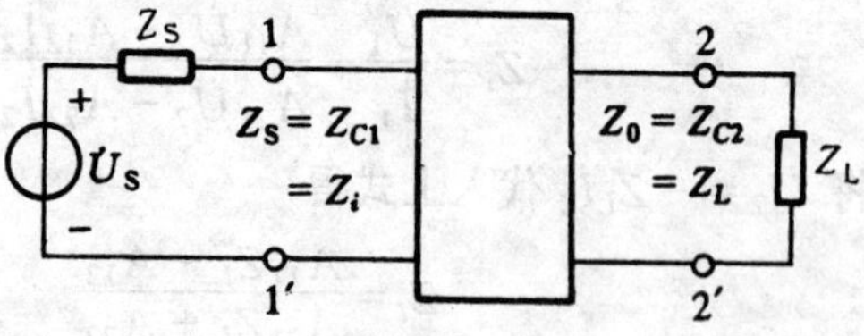

图 9-11

如果终端接负载 $Z_L=Z_C$，输入阻抗 Z_i 恰好等于 Z_L，所以对称双口网络的特性阻抗又称为重复阻抗。

以上用 A 参数表示了 Z_i, Z_0, Z_{C1}, Z_{C2}, Z_C 等。由于计算或测量一个双口网络的开路阻抗和短路阻抗比较容易，所以常常用开路阻抗和短路阻抗来表示特性阻抗。

终端开路时 $Z_L\rightarrow\infty$，由式(9-7)得输入阻抗

$$Z_{i0}=\frac{A_{11}}{A_{21}}$$

终端短路时 $Z_L=0$，由式(9-7)得输入阻抗

$$Z_{iS}=\frac{A_{12}}{A_{22}}$$

可见

$$Z_{C1}=\sqrt{\frac{A_{11}\cdot A_{12}}{A_{21}\cdot A_{22}}}=\sqrt{Z_{i0}\cdot Z_{iS}}$$

同样，当 $Z_S\rightarrow\infty$ 时，由式(9-8)得输出阻抗

$$Z_{00}=\frac{A_{22}}{A_{21}}$$

$Z_S=0$ 时，输出阻抗

$$Z_{0S}=\frac{A_{12}}{A_{21}}$$

得

$$Z_{C2}=\sqrt{\frac{A_{22}\cdot A_{12}}{A_{21}\cdot A_{11}}}=\sqrt{Z_{00}\cdot Z_{0S}}$$

这里的匹配称为无反射匹配，能量由一侧传输到另一侧时在联接处不发生反射。当联接处两侧的阻抗为一对共轭复数时，做为负载的一侧将得到最大的传输功率，故这种匹配称为共轭匹配。当阻抗为实数时，这两种匹配是一致的。

例 9-4 求图9-12(a)所示双口网络的特性阻抗 Z_{C1} 和 Z_{C2}。

解 将 2-2′端口开路和短路，分别得到

$$Z_{i0}=10+30=40\Omega; \qquad Z_{iS}=10\Omega$$

将 1-1′端口开路和短路，分别得到

$$Z_{00}=30\Omega; \qquad Z_{0S}=\frac{10\times 30}{10+30}=7.5\Omega$$

所以，特性阻抗

$$Z_{C1}=\sqrt{Z_{i0}\cdot Z_{iS}}=\sqrt{40\times 10}=20\Omega$$

$$Z_{C2}=\sqrt{Z_{00}\cdot Z_{0S}}=\sqrt{30\times 7.5}=15\Omega$$

如果将内阻 $Z_S=20\Omega$ 的激励源接于 1-1′端口，将 $Z_L=15\Omega$ 的负载接于 2-2′端口，则 $Z_i=20\Omega$，$Z_0=15\Omega$，即做到了完全匹配，见图 9-12(b)。

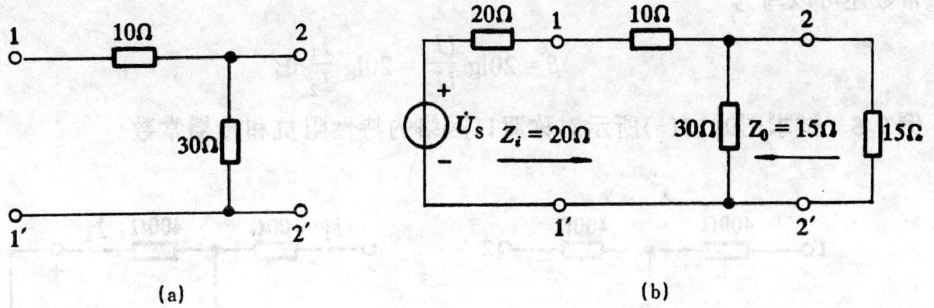

图 9-12

3. **固有传输常数**

为了表明双口网络在匹配条件下的传输特性，引入固有传输常数的概念。

$$\gamma=\ln\sqrt{\frac{\dot U_1\dot I_1}{\dot U_2(-\dot I_2)}}=\frac{1}{2}\ln\frac{\dot U_1\dot I_1}{\dot U_2(-\dot I_2)}$$

一般来说，固有传输常数 γ 是复数，它可表示为

$$\gamma=\beta+\mathrm{j}\alpha$$

若 $\dot U_2$ 落后于 $\dot U_1$ 的相位为 ψ_u，$(-\dot I_2)$落后于 $\dot I_1$ 的相位为 ψ_i，则

$$\begin{cases}\beta=\dfrac{1}{2}\ln\dfrac{U_1I_1}{U_2I_2}\\ \alpha=\dfrac{1}{2}(\psi_u+\psi_i)\end{cases}$$

β 称为衰减常数，表示的是在匹配情况下信号的视在功率减小的程度；α 称为相移常数，表示的是电压和电流的相移的平均值。

衰减常数的单位为奈培(N_P)，相移常数的单位为弧度。在数值运算时，用奈培有些不便，实用中常用分贝(dB)来表示，即

$$\beta=10\lg\frac{U_1I_1}{U_2I_2}\mathrm{dB}$$

由自然对数与常数对数的关系可知奈培与分贝的换算关系是

$$\begin{cases}1\mathrm{Np}=8.686\mathrm{dB}\\ 1\mathrm{dB}=0.115\mathrm{Np}\end{cases}$$

对于对称互易双口网络，由 $\dot U_1=Z_C\dot I_1$ 和 $\dot U_2=Z_C(-\dot I_2)$

得知

$$\begin{cases}\dfrac{U_1}{U_2}=\dfrac{I_1}{I_2}\\ \psi_u=\psi_i\end{cases}$$

这样

$$\beta = \ln\frac{U_1}{U_2} = \ln\frac{I_1}{I_2}\text{Np}$$

$$\alpha = \psi_u = \psi_i$$

衰减常数还可以写为

$$\beta = 20\lg\frac{U_1}{U_2} = 20\lg\frac{I_1}{I_2}\text{dB}$$

例 9-5 试求图9-13(a)所示对称双口网络的特性阻抗和传播常数。

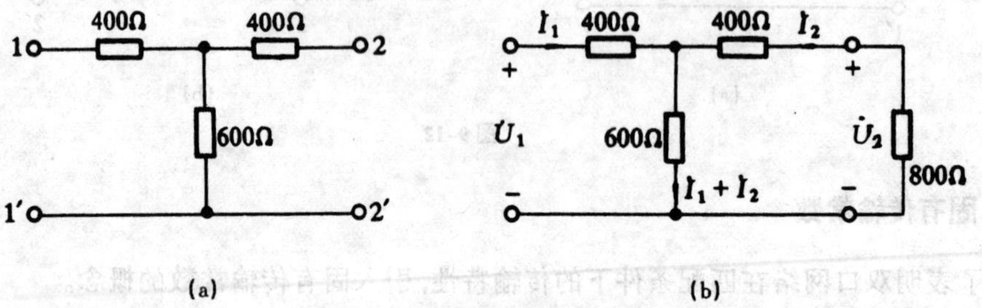

图 9-13

解 (1)图示对称双口网络的开路输入阻抗与短路输入阻抗分别为

$$Z_{io} = 400 + 600 = 1\,000\Omega$$

$$Z_{iS} = 400 + \frac{400\times600}{400+600} = 640\Omega$$

特性阻抗为

$$Z_C = \sqrt{Z_{io}Z_{iS}} = \sqrt{1\,000\times640} = 800\Omega$$

(2)由图 9-13(b)计算传播常数。图中

$$\dot{U}_1 = (400+600)\dot{I}_1 + 600\dot{I}_2$$

将 $\dot{I}_1 = \frac{\dot{U}_1}{Z_L} = \frac{\dot{U}_1}{Z_C} = \frac{1}{800}\dot{U}_1$ 和 $\dot{I}_2 = -\frac{\dot{U}_2}{Z_L} = -\frac{\dot{U}_2}{Z_C} = -\frac{1}{800}\dot{U}_2$

代入，得到

$$\dot{U}_1 = \frac{5}{4}\dot{U}_1 - \frac{3}{4}\dot{U}_2$$

即

$$\frac{\dot{U}_1}{\dot{U}_2} = 3\ \angle 0$$

衰减常数 $\beta = \ln\frac{U_1}{U_2} = \ln 3 = 1.099\text{Np}$

相移常数 $\alpha = \psi_{u1} - \psi_{u2} = 0$

传播常数 $\gamma = \beta + \text{j}\alpha = 1.099 + \text{j}0$

9-6 双口网络的等效电路

对于一个给定的双口网络，如果找到一个简单的双口网络与它的参数相同，它们的外部特

性也就相同，就说这两个双口网络是等效的。一个互易双口网络有三个参数是独立的，所以有可能找到一个由三个无源元件组成的简单双口网络与其等效。由三个元件组成的双口网络可以是 π 形联接，也可以是 T 形联接，见图 9-14。

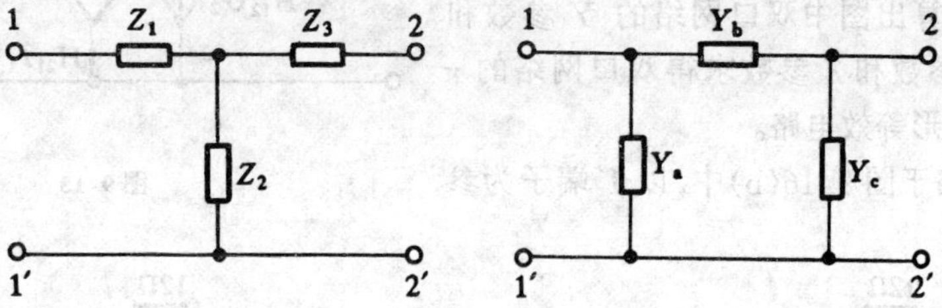

(a)　　　　　　　　　　(b)

图 9-14

如果一个给定的双口网络的 Y 参数为已知，现在要找到它的一个等效电路。假定要找的是图 9-14(b)的 π 形等效电路，按例 9-1 中的方法可以求得此电路的 Y 参数分别为

$$Y_{11} = Y_a + Y_b$$
$$Y_{21} = Y_{12} = -Y_b$$
$$Y_{22} = Y_b + Y_c$$

那么，只要从以上各式中解出 Y_a，Y_b，Y_c，就求得了构成此 π 形等效电路的三个元件的导纳了。不难得出

$$Y_a = Y_{11} + Y_{21} \quad Y_b = -Y_{21}, \quad Y_c = Y_{22} + Y_{21}$$

如果给定的是双口网络的 A 参数，可以根据 A 参数与 Y 参数的变换关系，求出用 A 参数表示的 Y_a，Y_b 和 Y_c。即

$$Y_a = \frac{A_{22} - 1}{A_{12}} \quad Y_b = \frac{1}{A_{12}} \quad Y_c = \frac{A_{11} - 1}{A_{12}}$$

等效双口网络的参数还可以直接从外部特性方程来确定。对于图 9-14(a)所示的 T 形电路，其方程为

$$\begin{cases} \dot{U}_1 = Z_1\dot{I}_1 + Z_2(\dot{I}_1 + \dot{I}_2) = (Z_1 + Z_2)\dot{I}_1 + Z_2\dot{I}_2 \\ \dot{U}_2 = Z_3\dot{I}_2 + Z_2(\dot{I}_1 + \dot{I}_2) = Z_2\dot{I}_1 + (Z_2 + Z_3)\dot{I}_2 \end{cases}$$

对照式(9-2)得

$$Z_{11} = Z_1 + Z_2 \quad Z_{22} = Z_2 + Z_3 \quad Z_{12} = Z_{21} = Z_2$$

由此解得

$$Z_1 = Z_{11} - Z_{12} \quad Z_3 = Z_{22} - Z_{12} \quad Z_2 = Z_{12} = Z_{21}$$

如果已知双口网络的其他参数，可以根据参数之间的变换关系变成 Z 参数，再按上式实现等效电路。

对于对称双口网络，必有 $Z_1 = Z_3$，$Y_a = Y_c$。

对于非互易双口网络，可以用含受控源电路来画出它的等效电路。以 H 参数为例

$$\begin{cases} \dot{U}_1 = H_{11}\dot{I}_1 + H_{12}\dot{U}_2 \\ \dot{I}_2 = H_{21}\dot{I}_1 + H_{22}\dot{U}_2 \end{cases}$$

可以得到如图 9-15 的等效电路。这就是最常用的晶体管等效电路。

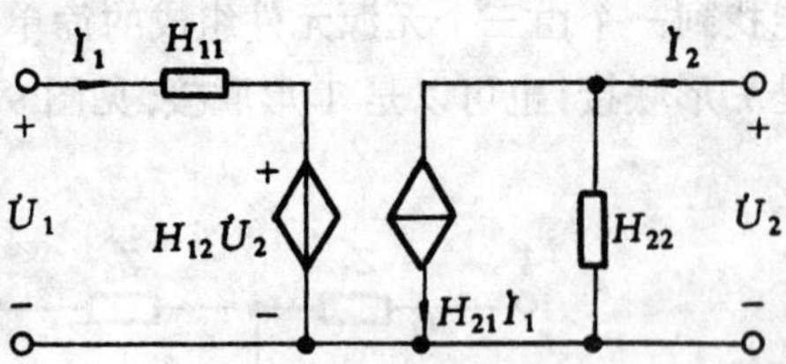

图 9-15

例 9-6 试求图9-16(a)中双口网络的 T 形等效电路和 π 形等效电路。

解 首先计算出图中双口网络的 Y 参数和 Z 参数,再由 Y 参数和 Z 参数求得双口网络的 π 形等效电路和 T 形等效电路。

(1)重画电路于图 9-16(b)中,以 1′端子为参考点,三个独立节点的节点电压

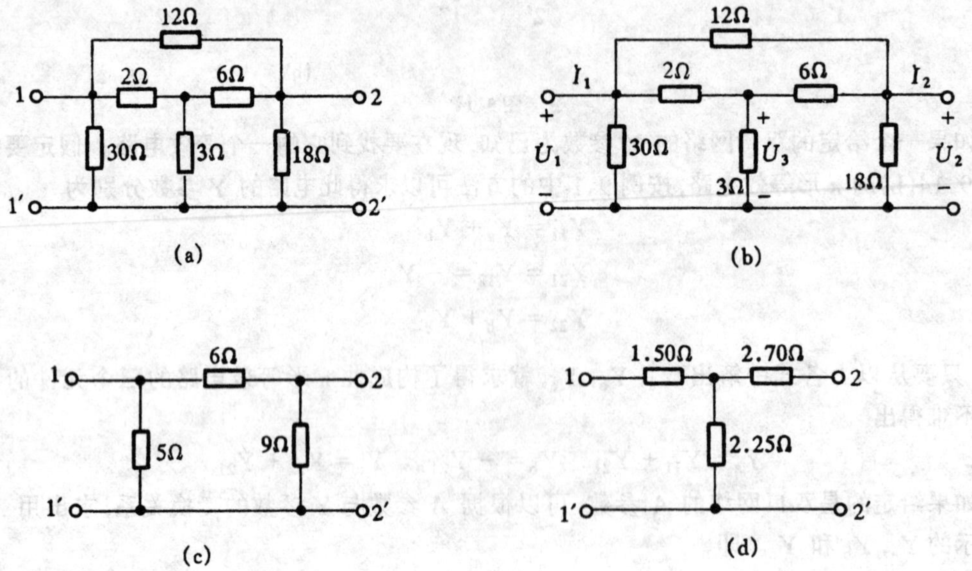

图 9-16

分别为 $\dot U_1, \dot U_2$ 和 $\dot U_3$。对 3 个节点列节点方程

$$\begin{cases}\left(\dfrac{1}{30}+\dfrac{1}{2}+\dfrac{1}{12}\right)\dot U_1-\dfrac{1}{12}\dot U_2-\dfrac{1}{2}\dot U_3=\dot I_1\\ -\dfrac{1}{12}\dot U_1+\left(\dfrac{1}{12}+\dfrac{1}{6}+\dfrac{1}{18}\right)\dot U_2-\dfrac{1}{6}\dot U_3=\dot I_2\\ -\dfrac{1}{2}\dot U_1-\dfrac{1}{6}\dot U_2+\left(\dfrac{1}{2}+\dfrac{1}{3}+\dfrac{1}{6}\right)\dot U_3=0\end{cases}$$

由第 3 式得到

$$\dot U_3=\frac{1}{2}\dot U_1+\frac{1}{6}\dot U_2$$

代入到第 1 式和节 2 式中,得到

$$\begin{cases}\dot I_1=\dfrac{11}{30}\dot U_1-\dfrac{1}{6}\dot U_2\\ \dot I_2=-\dfrac{1}{6}\dot U_1+\dfrac{8}{15}\dot U_2\end{cases}$$

这是双口网络的 Y 参数方程。对照图 9-14(b),π 形等效电路中元件的参数为

$$Y_a = Y_{11} + Y_{12} = \frac{11}{30} - \frac{1}{6} = \frac{1}{5}\text{S}$$

$$Y_b = -Y_{12} = -\left(-\frac{1}{6}\right) = \frac{1}{6}\text{S}$$

$$Y_c = Y_{22} + Y_{21} = \frac{5}{18} - \frac{1}{6} = \frac{1}{9}\text{S}$$

3 个元件分别为 5Ω,6Ω 和 9Ω,等效电路如图 9-16(c)所示。

(2)由 Y 参数方程求得 Z 参数方程

$$\dot{U}_1 = \frac{\begin{vmatrix} \dot{I}_1 & -\frac{1}{6} \\ \dot{I}_2 & \frac{5}{18} \end{vmatrix}}{\begin{vmatrix} \frac{11}{30} & -\frac{1}{6} \\ -\frac{1}{6} & \frac{5}{18} \end{vmatrix}} = 3.75\dot{I}_1 + 2.25\dot{I}_2$$

$$\dot{U}_2 = \frac{\begin{vmatrix} \frac{11}{30} & \dot{I}_1 \\ -\frac{1}{6} & \dot{I}_2 \end{vmatrix}}{\begin{vmatrix} \frac{11}{30} & -\frac{1}{6} \\ -\frac{1}{6} & \frac{5}{18} \end{vmatrix}} = 2.25\dot{I}_1 + 4.95\dot{I}_2$$

这是双口网络的 Z 参数方程。对照图 9-14(a),T 形等效电路中元件的参数为

$$Z_1 = Z_{11} - Z_{12} = 3.75 - 2.25 = 1.50\Omega$$

$$Z_2 = Z_{12} = 2.25\Omega$$

$$Z_3 = Z_{22} - Z_{21} = 4.95 - 2.25 = 2.70\Omega$$

等效电路如图 9-16(d)所示。

9-7 双口网络的联接

双口网络可以按多种不同方式相互联接。图 9-17 分别示出了双口网络的级联,串联和并联。除了这三种方式以外,还有串并联、并串联等联接方式。

两个无源双口网络按图 9-17(a)的方式联接,称为链联或级联。在图 9-18 中设无源双口网络 P_1 和 P_2 的 A 参数矩阵分别为

$$\boldsymbol{A}' = \begin{pmatrix} A'_{11} & A'_{12} \\ A'_{21} & A'_{22} \end{pmatrix} \qquad \boldsymbol{A}'' = \begin{pmatrix} A''_{11} & A''_{12} \\ A''_{21} & A''_{22} \end{pmatrix}$$

对应有

$$\begin{pmatrix} \dot{U}'_1 \\ \dot{I}'_1 \end{pmatrix} = \boldsymbol{A}' \begin{pmatrix} \dot{U}'_2 \\ -\dot{I}'_2 \end{pmatrix} \qquad \begin{pmatrix} \dot{U}''_1 \\ \dot{I}''_1 \end{pmatrix} = \boldsymbol{A}'' \begin{pmatrix} \dot{U}''_2 \\ -\dot{I}''_1 \end{pmatrix}$$

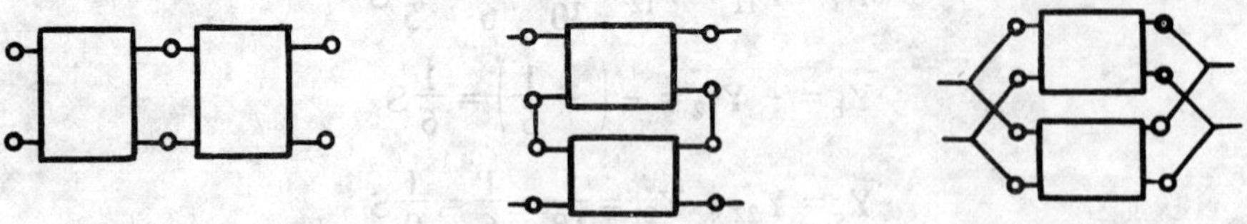

(a)　　(b)　　(c)

图 9-17

由于 $\dot U_1=\dot U'_1,\dot U'_2=\dot U''_1,\dot U''_2=\dot U_2,\dot I'_1=\dot I_1,-\dot I'_2=\dot I''_1,\dot I''_2=\dot I_2$，所以有

$$\begin{pmatrix}\dot U_1\\ \dot I_1\end{pmatrix}=\boldsymbol{A}'\begin{pmatrix}\dot U'_2\\ -\dot I'_2\end{pmatrix}=\boldsymbol{A}'\begin{pmatrix}\dot U''_1\\ \dot I''_1\end{pmatrix}$$

$$=\boldsymbol{A}'\boldsymbol{A}''\begin{pmatrix}\dot U''_2\\ -\dot I''_2\end{pmatrix}=\boldsymbol{A}'\boldsymbol{A}''\begin{pmatrix}\dot U_2\\ -\dot I_2\end{pmatrix}$$

对照

$$\begin{pmatrix}\dot U_1\\ \dot I_1\end{pmatrix}=\boldsymbol{A}\begin{pmatrix}\dot U_2\\ -\dot I_2\end{pmatrix}$$

得到

$$\boldsymbol{A}=\boldsymbol{A}'\boldsymbol{A}''$$

即

$$\boldsymbol{A}=\begin{pmatrix}A'_{11}A''_{11}+A'_{12}A''_{21} & A'_{11}A''_{12}+A'_{12}A''_{22}\\ A'_{21}A''_{11}+A'_{22}A''_{21} & A'_{21}A''_{12}+A'_{22}A''_{22}\end{pmatrix}$$

图9-17(c)中两个双口网络的联接方式称为并联，两个双口网络的输入端口和输出端口分别联在一起。由图 9-19 可见，$\dot U'_1=\dot U''_1=\dot U_1,\dot U'_2=\dot U''_2=\dot U_2$，其中 $\dot U_1$ 和 $\dot U_2$ 是复合双口网络的端口电压。

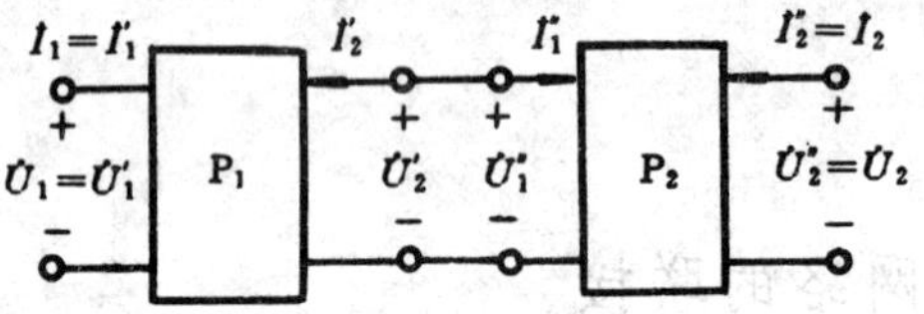

图 9-18

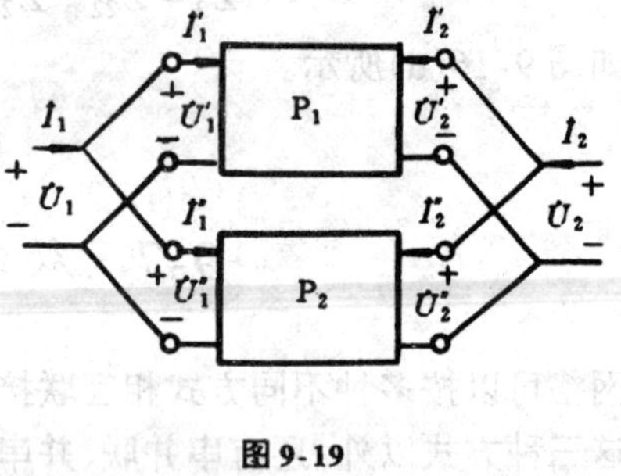

图 9-19

两双口网络并联之后，如果端口条件仍然成立，即每一个端口自一个端子流入的电流等于从另一个端子流出的电流，则有

$$\dot I_1=\dot I_1'+\dot I_1''\qquad \dot I_2=\dot I_2'+\dot I_2''$$

即有

$$\begin{pmatrix}\dot I_1\\ \dot I_2\end{pmatrix}=\begin{pmatrix}\dot I_1\\ \dot I_2\end{pmatrix}+\begin{pmatrix}\dot I''_1\\ \dot I''_2\end{pmatrix}=\begin{pmatrix}Y'_{11} & Y'_{12}\\ Y'_{21} & Y'_{22}\end{pmatrix}\begin{pmatrix}\dot U_1\\ \dot U_2\end{pmatrix}+\begin{pmatrix}Y''_{11} & Y''_{12}\\ Y''_{21} & Y''_{22}\end{pmatrix}\begin{pmatrix}\dot U_1\\ \dot U_2\end{pmatrix}$$

$$=\begin{pmatrix} Y_{11} & Y_{12} \\ Y_{21} & Y_{22} \end{pmatrix}\begin{pmatrix} \dot{U}_1 \\ \dot{U}_2 \end{pmatrix}$$

于是得 $$\boldsymbol{Y}=\boldsymbol{Y}'+\boldsymbol{Y}''$$

式中 $\boldsymbol{Y}$ 是复合双口网络的短路导纳参数矩阵。

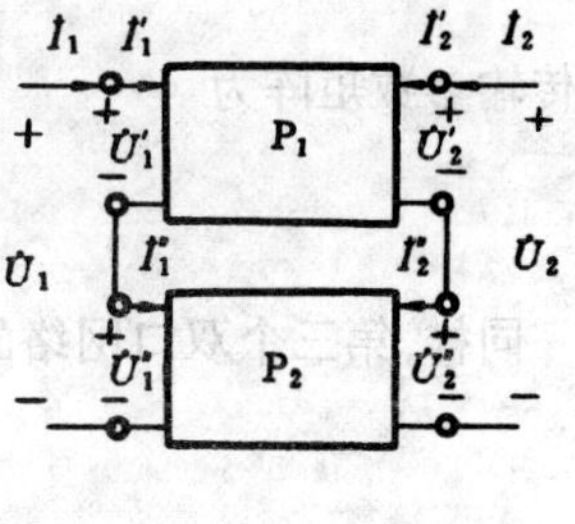

图 9-20

图9-20中两个双口网络的联接方式称为双口网络的串联，两个双口网络的两个端口流过的分别是同一个电流，即

$$\dot{I}_1=\dot{I}'_1=\dot{I}''_1 \quad \dot{I}_2=\dot{I}'_2=\dot{I}''_2$$

两端口电压则是

$$\dot{U}_1=\dot{U}'_1+\dot{U}''_1 \quad \dot{U}_2=\dot{U}'_2=\dot{U}''_2$$

在端口条件成立的情况下

$$\begin{pmatrix} \dot{U}_1 \\ \dot{U}_2 \end{pmatrix}=\begin{pmatrix} \dot{U}'_1 \\ \dot{U}'_2 \end{pmatrix}+\begin{pmatrix} \dot{U}''_1 \\ \dot{U}''_2 \end{pmatrix}=\begin{pmatrix} Z'_{11} & Z'_{12} \\ Z'_{21} & Z'_{22} \end{pmatrix}\begin{pmatrix} \dot{I}_1 \\ \dot{I}_2 \end{pmatrix}+\begin{pmatrix} Z''_{11} & Z''_{12} \\ Z''_{21} & Z''_{22} \end{pmatrix}\begin{pmatrix} \dot{I}''_1 \\ \dot{I}''_2 \end{pmatrix}$$

$$=\begin{pmatrix} Z_{11} & Z_{12} \\ Z_{21} & Z_{22} \end{pmatrix}\begin{pmatrix} \dot{I}_1 \\ \dot{I}_2 \end{pmatrix}$$

即复合双口网络的 Z 参数矩阵为

$$\boldsymbol{Z}=\boldsymbol{Z}'+\boldsymbol{Z}''$$

其中 $\boldsymbol{Z}'$和$\boldsymbol{Z}''$分别为原双口网络 P_1 和 P_2 的开路阻抗参数矩阵。

例 9-7 求图9-21所示双口网络的传输参数。

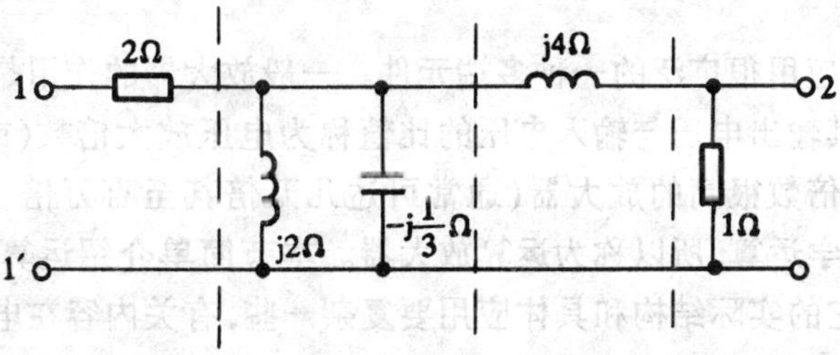

图 9-21

解 将图示双口网络看成由四个双口网络级联组成，分别求出每个双口网络的传输参数矩阵，再由矩阵相乘求得整个双口网络的传输参数。

对于第一个双口网络

$$\begin{cases} \dot{U}_1=\dot{U}_2-2\dot{I}_2 \\ \dot{I}_1=-\dot{I}_2 \end{cases}$$

其传输参数矩阵为

$$\boldsymbol{A}_{(1)}=\begin{bmatrix} 1 & 2 \\ 0 & 1 \end{bmatrix}$$

对于第二个双口网络

$$\dot{U}_1=\dot{U}_2$$

$$\dot{I}_1=\left(\frac{1}{\mathrm{j}2}+\frac{1}{-\mathrm{j}\dfrac{1}{3}}\right)\dot{U}_2-\dot{I}_2=\mathrm{j}\,\frac{5}{2}\dot{U}_2-\dot{I}_2$$

其传输参数矩阵为

$$\boldsymbol{A}_{(2)}=\begin{bmatrix}1 & 0\\ \mathrm{j}2.5 & 1\end{bmatrix}$$

同样,第三个双口网络的传输参数矩阵为

$$\boldsymbol{A}_{(3)}=\begin{bmatrix}1 & \mathrm{j}4\\ 0 & 1\end{bmatrix}$$

第四个双口网络的传输参数矩阵为

$$\boldsymbol{A}_{(4)}=\begin{bmatrix}1 & 0\\ 1 & 1\end{bmatrix}$$

整个双口网络的传输参数矩阵为

$$\begin{aligned}\boldsymbol{A}&=\begin{bmatrix}1 & 2\\ 0 & 1\end{bmatrix}\begin{bmatrix}1 & 0\\ \mathrm{j}2.5 & 1\end{bmatrix}\begin{bmatrix}1 & \mathrm{j}4\\ 0 & 1\end{bmatrix}\begin{bmatrix}1 & 0\\ 1 & 1\end{bmatrix}\\ &=\begin{bmatrix}-17+\mathrm{j}9 & -18+\mathrm{j}4\\ -9+\mathrm{j}2.5 & -9\end{bmatrix}\end{aligned}$$

9-8 运算放大器

运算放大器是应用很广泛的一种多端元件。一般放大器的作用是把输入电压放大一定倍数后再输送出去,其输出电压与输入电压的比值称为电压放大倍数(或称为电压增益)。运算放大器是一种放大倍数很高的放大器(通常可达几万倍甚至百万倍以上)。因为它能完成加法、积分、微分等数学运算,所以称为运算放大器。本节简单介绍运算放大器及含运算放大器电路的分析方法,它的实际结构和具体应用要复杂一些,有关内容在电子技术课程中学习。

运算放大器的符号如图 9-22 所示,它有两个输入端和一个输出端,一般还有一个接地端。在图 9-22(b)中,输入电压 u_1 加在输入的⊖端与地之间,这时输出电压 u_2 与输入电压 u_1 是反相的,即

$$u_2=-Au_1$$

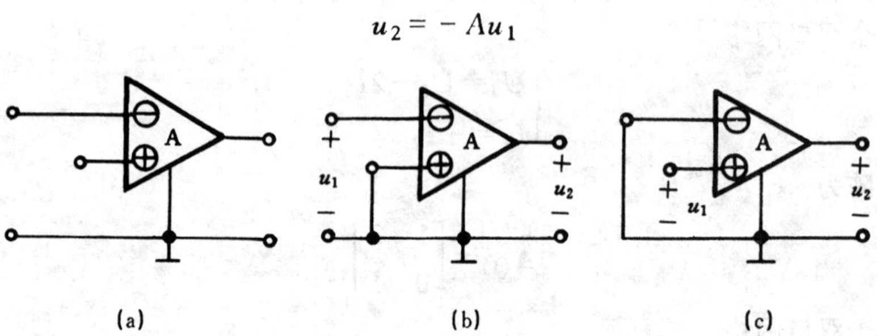

图 9-22

其中 A 是放大器的电压放大倍数。在图 9-22(c)中,输入电压 u_1 加在输入的⊕端与地之间,

输出电压 u_2 与输入电压 u_1 是同相的，即

$$u_2 = Au_1$$

所以，⊖端叫做反相输入端或倒相输入端，⊕端叫做同相输入端或非倒相输入端。

运算放大器输入和输出参考极性如果按图 9-23(a)所示，则可以画出 9-23(b)所示的等效电路图。输入电阻 R_{in}一般在兆欧以上，输出电阻 R_{out}一般在 100 欧左右，电压放大倍数 A 一般可以认为是无限大。在分析含运算放大器的电路时，为了简单，可以认为输入电压为零，输入电流也是零。例如，一个运算放大器 $R_{in} = 10\text{M}\Omega$, $A = 5\times10^5$，在输出电压为 10V 时，输入电压

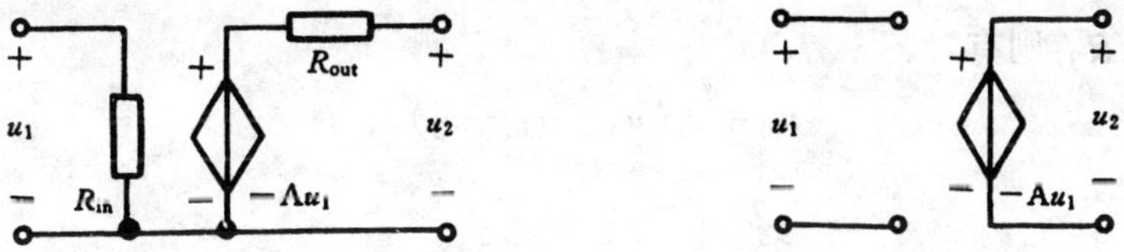

(a)　　　　(b)

图 9-23

$$u_1 = \frac{10}{5\times10^5} = 2\times10^{-5}\text{V}$$

$$i_1 = \frac{2\times10^{-5}}{10\times10^6} = 2\times10^{-12}\text{A}$$

例9-8　图9-24(a)所示电路为比例器。试说明输出电压与输入电压之比为 $u_2/u_S = -R_f/R_S$。

解　因反相输入端与同相输入端等电位，见图(b)，得

$$i_1 = \frac{u_S}{R_S}$$

又因输入端输入电流为零，见图(c)，则 $i_2 = i_1$，所以有

$$u_2 = -R_f i_2 = -R_f\frac{u_S}{R_S}$$

即

$$\frac{u_2}{u_S} = -\frac{R_f}{R_S}$$

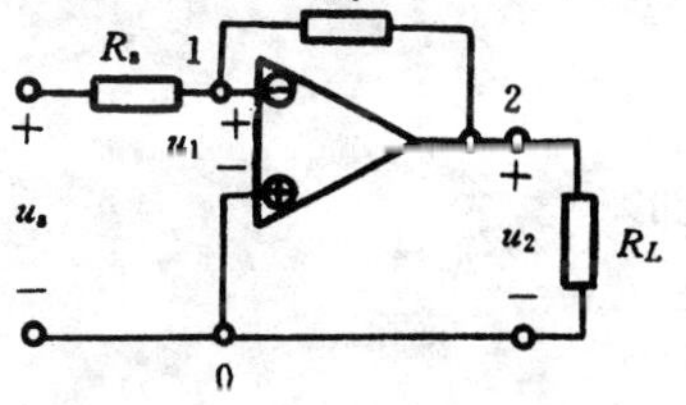

(a)

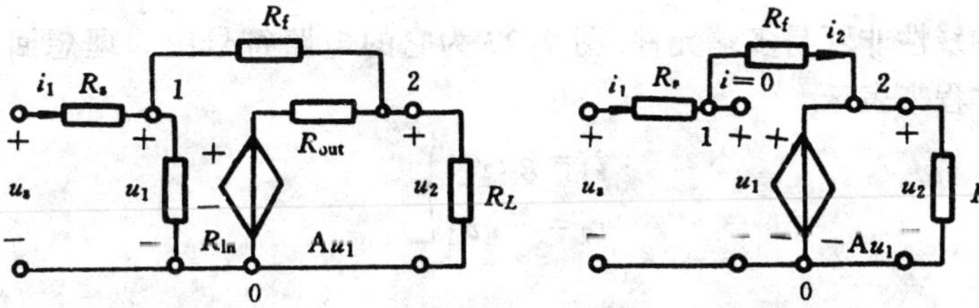

(b)　　　　(c)

图 9-24

例 9-9　图9-25所示电路为加法器。试说明输出电压等于输入电压之和。

解　由输入端电流为零得

$$i = i_1 + i_2 + i_3$$

由输入端电压为零得

$$i_1 = \frac{u_1}{R_1} \qquad i_2 = \frac{u_2}{R_2}$$

$$i_3 = \frac{u_3}{R_3} \qquad i = -\frac{u_0}{R_f}$$

代入上式得

$$-\frac{u_0}{R_f} = \frac{u_1}{R_1} + \frac{u_2}{R_2} + \frac{u_3}{R_3}$$

若 $R_f = R_1 = R_2 = R_3$，则有

$$u_0 = -(u_1 + u_2 + u_3)$$

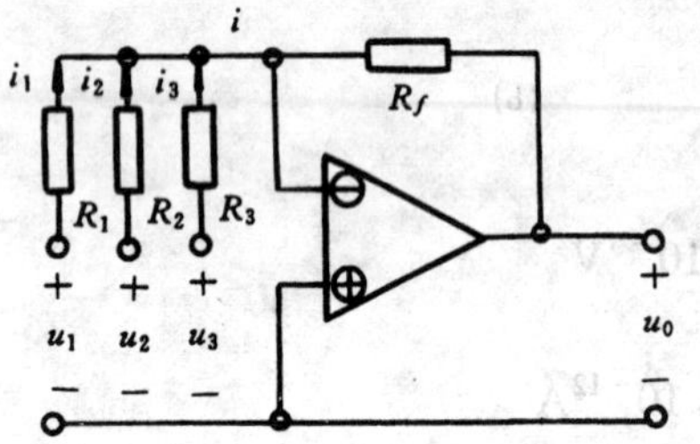

图 9-25

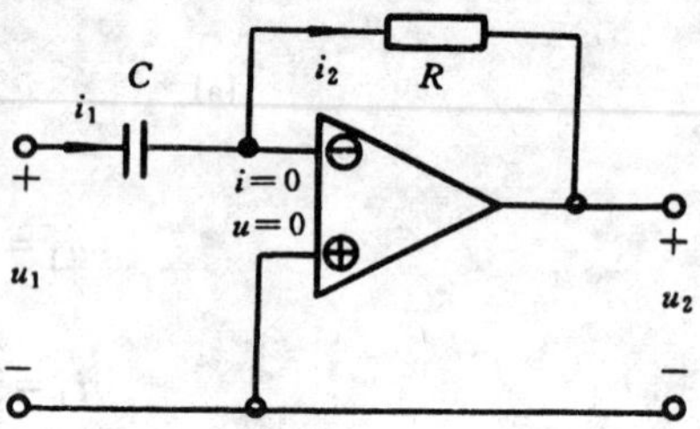

图 9-26

例9-10 图9-26所示电路为微分器。试说明 u_2 与 u_1 之间的关系。

解 由 $i_1 = i_2$ 得

$$C\frac{du_1}{dt} = -\frac{u_2}{R}$$

即

$$u_2 = -RC\frac{du_1}{dt}$$

9-9 回转器

回转器是一种线性非互易多端元件，图 9-27 为它的电路符号图。理想回转器的电流，电压关系采用下列方程来表示

$$\left.\begin{aligned} i_1 &= gu_2 \\ i_2 &= -gu_1 \end{aligned}\right\} \qquad (9\text{-}13)$$

或写为

$$\left.\begin{aligned} u_1 &= -ri_2 \\ u_2 &= ri_1 \end{aligned}\right\} \qquad (9\text{-}14)$$

式中 r 称为回转电阻，单位为 Ω；g 称为回转电导，单位为 S。用矩阵表示，可写为

$$\begin{pmatrix} i_1 \\ i_2 \end{pmatrix} = \begin{pmatrix} 0 & g \\ -g & 0 \end{pmatrix} \begin{pmatrix} u_1 \\ u_2 \end{pmatrix}$$

或者写为

$$\begin{pmatrix} u_1 \\ u_2 \end{pmatrix} = \begin{pmatrix} 0 & -r \\ r & 0 \end{pmatrix} \begin{pmatrix} i_1 \\ i_2 \end{pmatrix}$$

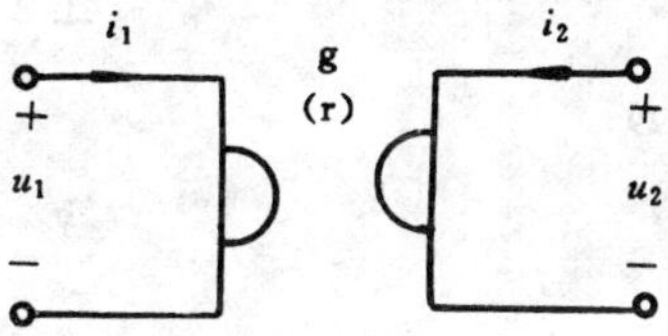

图 9-27

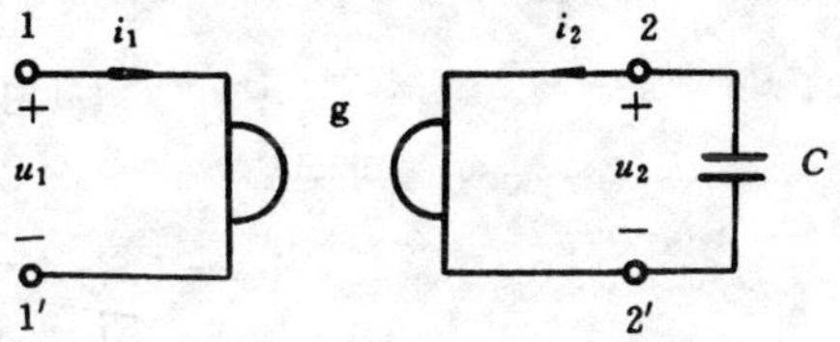

图 9-28

从式(9-13)和(9-14)可以看出回转器有把一个端口的电压"回转"成另一个端口的电流或者相反过程的性质。可以利用它把一个电容元件"回转"成一个电感元件。图 9-28 可以说明这一点。按指定参考方向,有

$$i_2 = -C\frac{\mathrm{d}u_2}{\mathrm{d}t}$$

把此式代入(9-14),有

$$u_1 = rC\frac{\mathrm{d}u_2}{\mathrm{d}t}$$

从而得

$$u_1 = r^2C\frac{\mathrm{d}i_1}{\mathrm{d}t}$$

这样,从端口 1-1′来看,电压 u_1 与电流 i_1 之间关系相当于电感中的关系,而等效电感为

$$L = r^2C$$

常规的电感元件一般需要用线圈和磁芯制成,体积较大;在集成电路中目前还无法制出一定电感量的电感元件。为了使原来必须用电感元件的电子线路小型化,可以通过回转器用电容元件来代替电感元件。

对于回转器来说,互易定理是不适用的。从图 9-27 可以看出,如果在 1-1′端口送入电流 1A,在 2-2′端口开路电压为 $u_2 = r$;如果在 2-2′端口加电流 1A,在 1-1′端口得到开路电压为 $u_1 = -r$。可见不满足互易定理。

实现回转器的电路有许多种。图 9-29 是一个用两个运算放大器实现的回转器电路的例子。应用前面学过的内容,可以计算出它的短路导纳矩阵为

$$\boldsymbol{Y} = \begin{bmatrix} 0 & -\dfrac{1}{R} \\ \dfrac{1}{R} & 0 \end{bmatrix}$$

表明它是一个回转导纳为$\dfrac{1}{R}$的回转器。

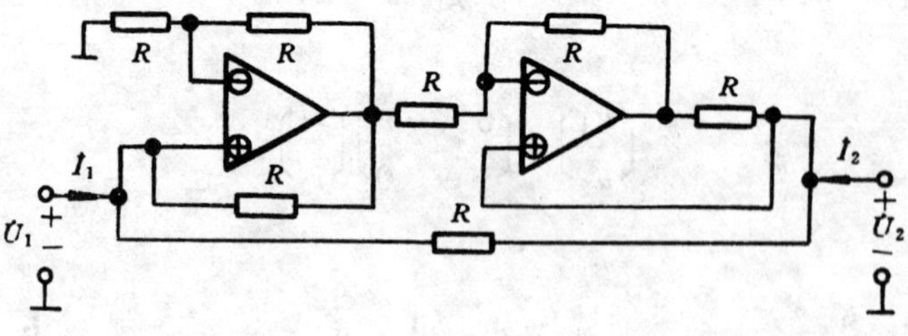

图 9-29

习　题　九

9-1　求题图所示双口网络的 Y, Z 和 A 参数矩阵。

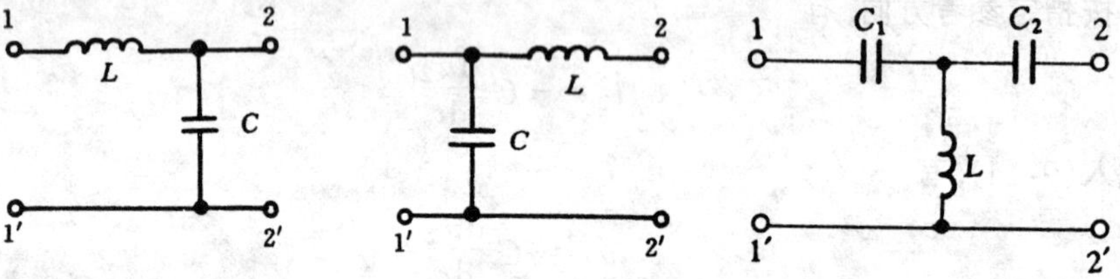

题 9-1 图

9-2　求题图所示双口网络的 Y, Z, A 和 H 参数矩阵。

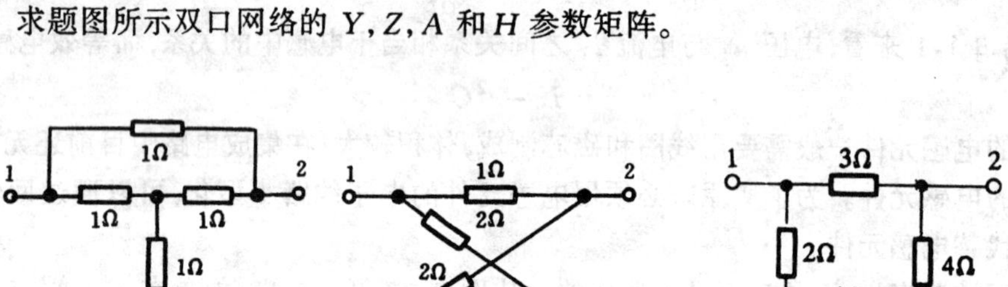

题 9-2 图

9-3　求题图所示双口网络的 H 参数和 Y 参数。

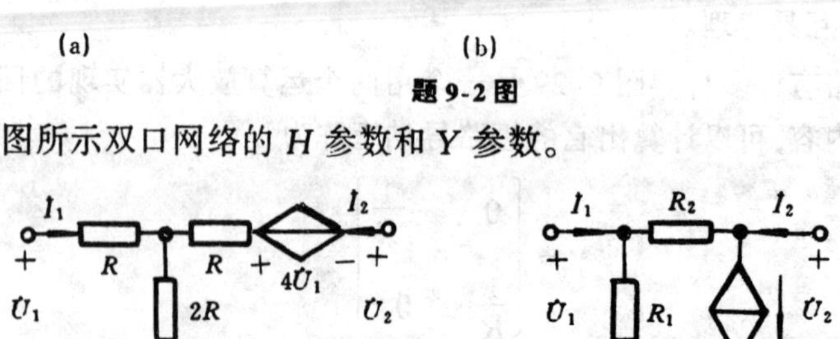

题 9-3 图

9-4 在题图的互易电阻双口网络中，当 1-1′端口电压 $U=-25\text{V}$ 时，测得 2-2′端的短路电流为 $I_{22'}=2\text{A}$。如果在 2-2′端口加电压 150V，求 1-1′端口的短路电流 $I_{11'}$。

9-5 在题图的电阻互易双口网络中，当 1-1′端口接理想电流源 $J=1\text{A}$ 时，测得 2-2′端口开路电压为 $U_{22'}=25\text{V}$。如果在 2-2′端口接入 4A 的理想电流源，1-1′端口的开路电压 $U_{11'}$ 为多少？

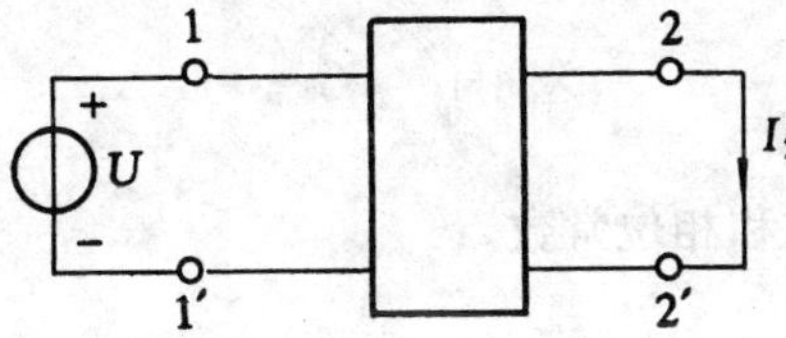

题 9-4 图

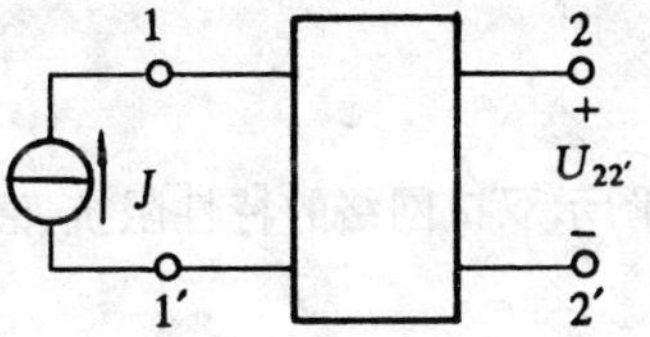

题 9-5 图

9-6 图中标出了互易双口网络 N 上进行的两次测量结果，试根据这些测量结果求出双口网络的 Y 参数。

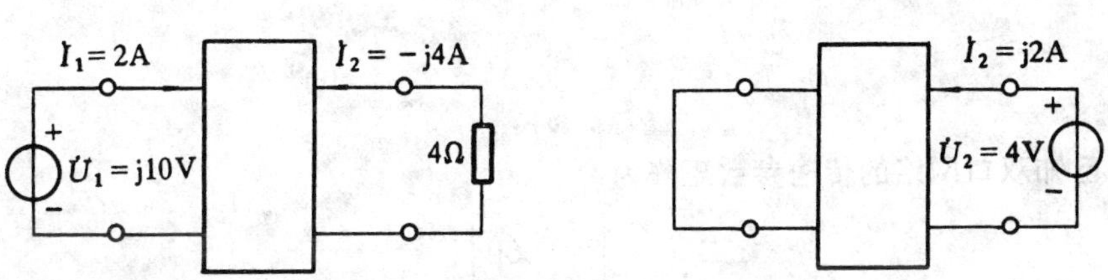

(a) (b)

题 9-6 图

9-7 图中双口网络的 H 参数矩阵为

$$\boldsymbol{H}(s)=\begin{bmatrix}40 & 0.4\\ 10 & 0.1\end{bmatrix}$$

(1)求电压转移函数 $U_2(s)/U_S(s)$。

(2)若电压源 $u_S(t)=1(t)\text{V}$，求 $u_2(t)$。

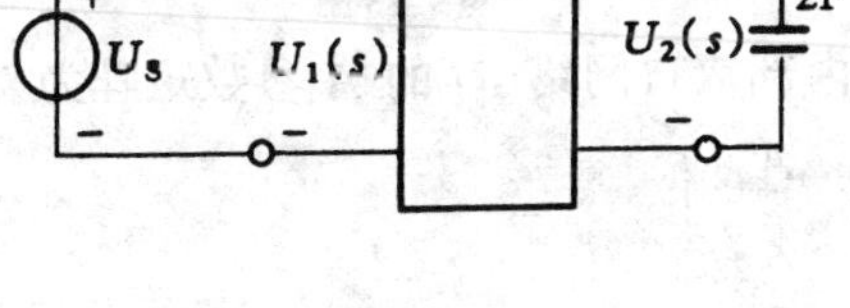

题 9-7 图

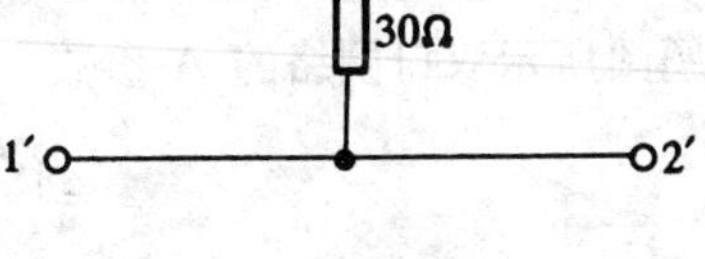

题 9-8 图

9-8 求图示双口网络的特性阻抗。

9-9 求题图所示双口网络的特性阻抗。

(a) (b)

题 9-9 图

9-10 求图示双口网络的特性阻抗、衰减常数和相位常数。

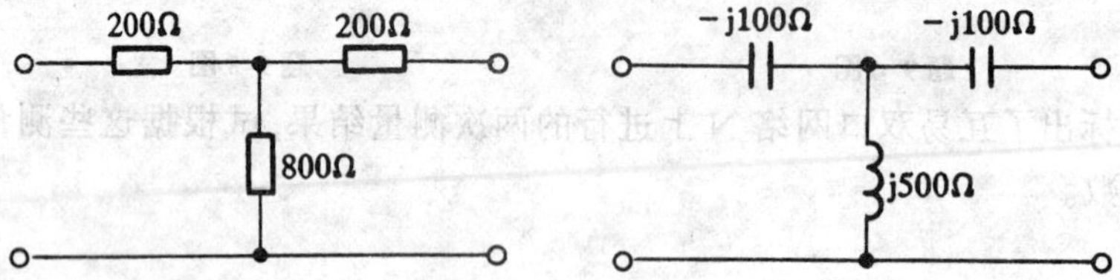

(a) (b)

题 9-10 图

9-11 已知双口网络的传输参数矩阵为

$$\boldsymbol{A}=\begin{bmatrix}\dfrac{7}{2} & 50\\[2mm] \dfrac{1}{6} & \dfrac{8}{3}\end{bmatrix}$$

试求出该双口网络的 T 形等效电路和 π 形等效电路。

9-12 试求题图所示双口网络的 A 参数。

9-13 在题图电路中，输入端加电压 $U_1=380\text{V}$。计算双口网络的 A 参数，再求出输出端的开路电压 U_2。

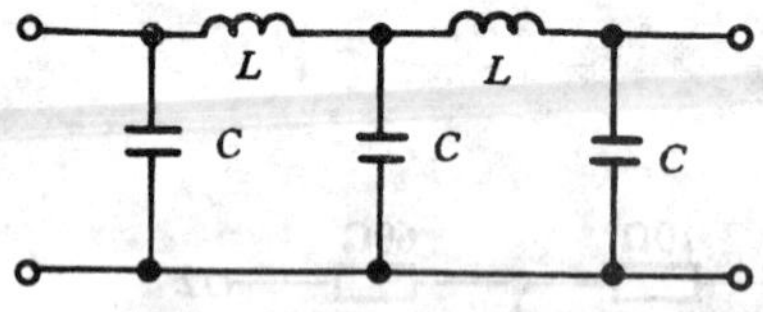

题 9-12 图

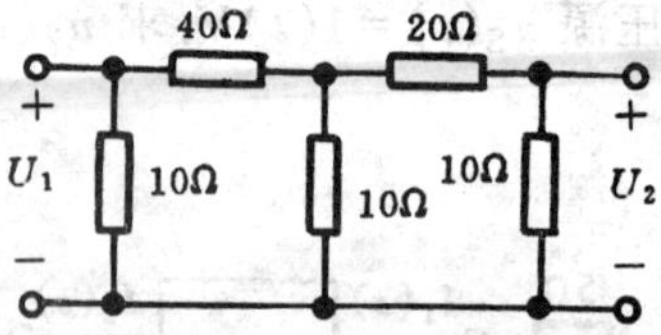

题 9-13 图

9-14 求题图所示双口网络的 A 参数。设内部双口网络 P_1 的 A 参数矩阵为

$$\boldsymbol{A}=\begin{pmatrix}A_{11} & A_{12}\\ A_{21} & A_{22}\end{pmatrix}$$

9-15 求题图所示电路的输出电压 u_0（图中为理想运算放大器）。

9-16 求题图电路的转移函数 $T(s)=\dfrac{U_0(s)}{U_i(s)}$（图中为理想运算放大器）。

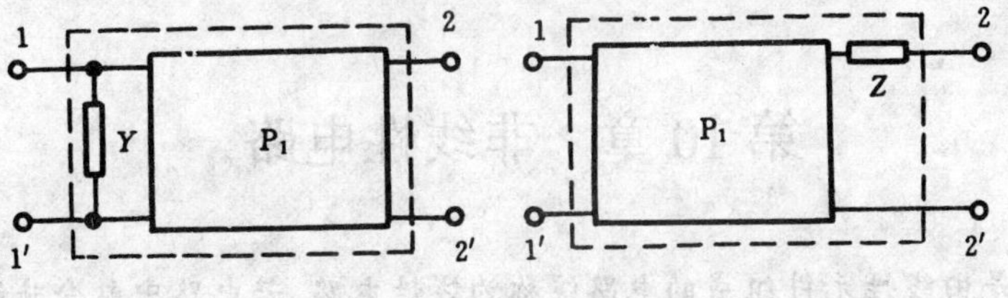

(a) (b)

题 9-14 图

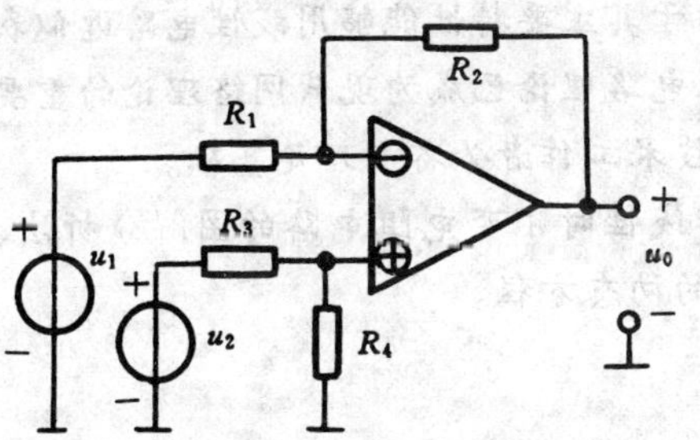

题 9-15 图

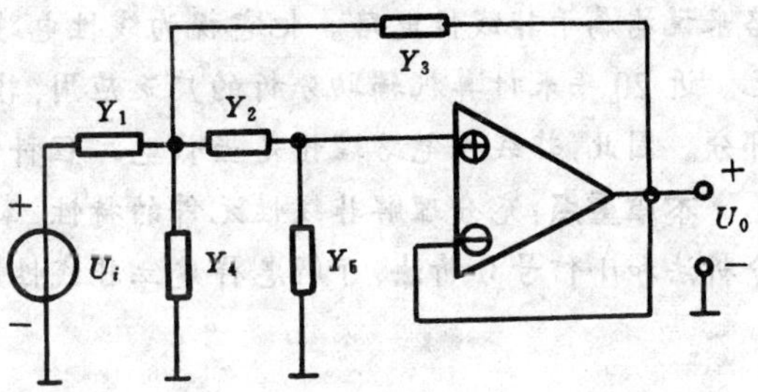

题 9-16 图

9-17 写出回转器的 A 参数矩阵，然后证明：(1)题图(a)所示的电路与一个理想变压器等效；(2)题图(b)所示的电路与一个浮地电感 L 等效，且 $L=\dfrac{C}{g^2}$。

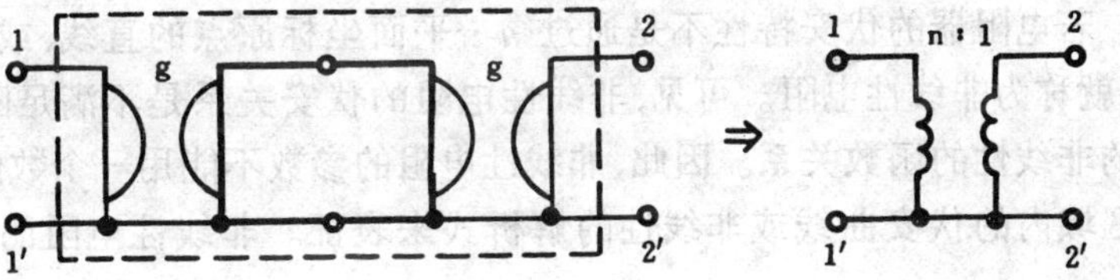

(a)

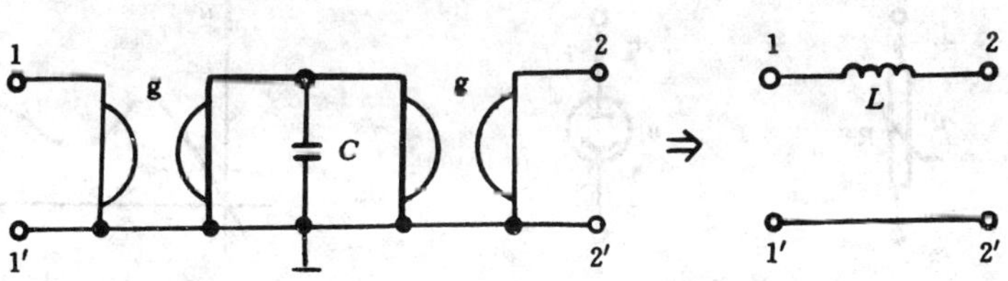

(b)

题 9-17 图

第 10 章　非线性电路

内容提要：凡是由线性元件组成的电路统称为线性电路，若电路中包含非线性元件则称为非线性电路。

前面各章已讨论了线性电路理论，它是研究电网络的理论基础。但是，大多数实际电路严格来说均属于非线性电路。把它视为线性电路是由于其主要特性能够用线性电路近似表征而已。近 20 年来计算机辅助分析的广泛应用，非线性电路理论已成为现代网络理论的重要组成部分。因此，非线性电路理论是当代电工程科学和技术工作者必备的理论基础。

本章重点：充分理解非线性元件的特性，掌握非线性时不变电阻电路的图解分析法、数值分析法和小信号分析法，了解怎样建立非线性网络的动态方程。

10-1　非线性元件特性

1. 二端非线性电阻元件

二端线性电阻的伏安特性是通过 u-i 平面坐标原点的直线，欧姆定律就表达了线性电阻的这种伏安关系。若电阻器的伏安特性不是通过 u-i 平面坐标原点的直线，或是用曲线来表征时，则这种电阻就称为非线性电阻。可见，非线性电阻的伏安关系是不满足欧姆定律的，而是符合某种特定的非线性的函数关系。因此，非线性电阻的参数不能用一个数值来表示，而是用它在整个工作区域内的伏安曲线或非线性的解析式来表征。非线性电阻的电路符号如图 10-1(a)所示。

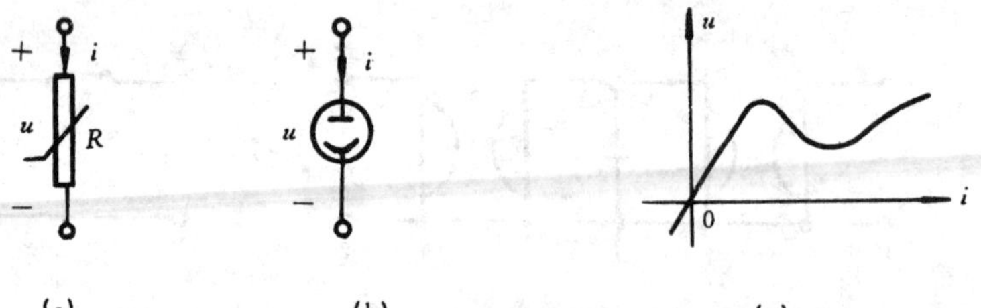

图 10-1

若非线性电阻两端的电压是电流的单值函数就称为电流控制型非线性电阻，简称流控型非线性电阻，它的特性方程可用

$$u = f(i)$$

来表征。如图 10-1(b)所示充气二极管(又称辉光管)就是流控型非线性电阻，其伏安特性曲线如图 10-1(c)所示。由图可见，对每一个电流 i 只有一个电压 u 与之对应，但对同一个电压值，电流却可能是多值的。

若非线性电阻中通过的电流是其端电压的单值函数就称为电压控制型非线性电阻，简称压控型非线性电阻。它的特性方程可用

$$i = g(u)$$

来表征。

(a)

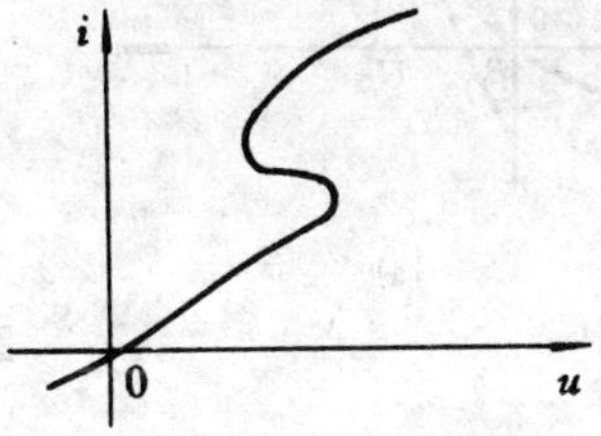

(b)

图 10-2

如图 10-2(a)所示隧道二极管就是一个压控型非线性电阻，其伏安特性曲线如图 10-2(b)所示。由图可见，对每一个电压 u 只有一个电流 i 与之对应，但对同一个电流值，电压却可能是多值的。

例如：非线性电阻的伏安特性方程为

$$u = 2i^2$$

那它就是流控型非线性电阻。

若非线性电阻的伏安特性方程是

$$i = u^3 + 4u$$

则它就是压控型非线性电阻。对于这类非线性时不变电阻，它们的特性方程中是不显含时间 t 的。

若非线性电阻既是流控型又是压控型的，则该电阻称为单调型非线性电阻。显然它的伏安特性是单调增长或单调下降的，它的特性方程既可用 $u = f(i)$ 的形式也可用 $i = g(u)$ 的形式来表征。这一类电阻以 P-N 节二极管最为典型。

为了分析和计算非线性电路的需要，下面介绍非线性电阻元件的静态电阻和动态电阻。静态电阻是非线性电阻特性曲线上静态工作点处的电压与电流的比值，在图 10-3(a)中，静态电阻

$$R_{0Q} = \frac{U_Q}{I_Q}$$

它正比于 $\tan\alpha$ 值。动态电阻是指在静态工作点 Q 附近电压对电流的变化率，即

$$R_{dQ} = \left.\frac{\mathrm{d}u}{\mathrm{d}i}\right|_{i = I_Q}$$

它正比于 $\tan\beta$ 值。可见，非线性时不变电阻元件的静态电阻和动态电阻都不是常数，而是其电压或电流的函数，且随工作点的不同而不同。

一般情况下，非线性电阻的静态电阻是正值（特殊情况除外），动态电阻可能是正值也可能是负值。一个非线性电阻元件的动态电阻的正或负是由其伏安特性及静态工作点的位置决定的。例如在 10-3(b)中，工作点 Q 附近（即在上扬段上）的动态电阻 $R_{dQ}>0$，而工作点 P 附近（即在下倾段上）的动态电阻 $R_{dP}<0$。

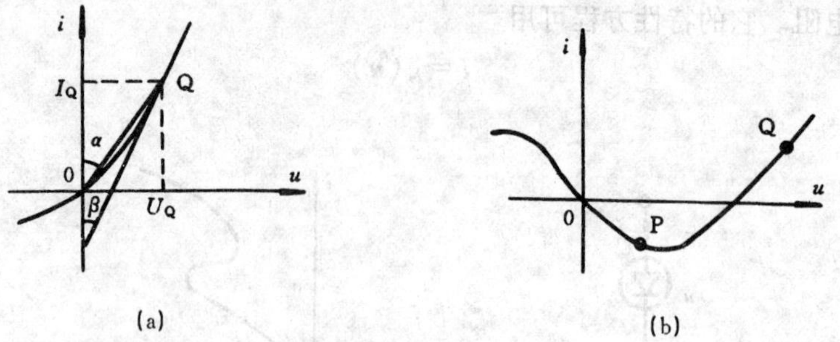

图 10-3

2. 二端非线性电容元件

电容元件的库伏特性是通过 Q-u 平面座标原点的直线,则该电容为线性电容,否则就称为非线性电容。非线性电容的电路符号如图 10-4 所示。若非线性电容的端电压是电荷的单值函数,其特性方程可表示为

$$u = f(q)$$

此电容就称为荷控型非线性电容。

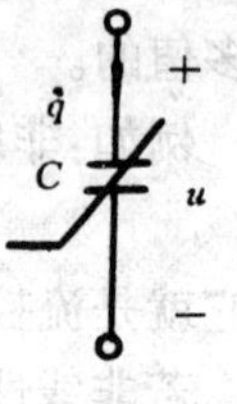

图 10-4

若非线性电容元件的电荷是其端电压的单值函数,其特性方程可表示为

$$q = g(u)$$

该电容就称为压控型非线性电容。

对于非线性电容,在点 P 定义其静态电容 C_0 及动态电容 C_d

$$C_0 = \frac{q_p}{u_p} \qquad C_d = \left.\frac{\mathrm{d}q}{\mathrm{d}u}\right|_{u=u_p}$$

3. 二端非线性电感元件

电感元件的韦安特性是通过 ψ-i 平面坐标原点的直线,则该电感为线性电感,否则就是非线性电感。非线性电感的电路符号如图 10-5 所示。若非线性电感中电流是磁链的单值函数,其特性方程表为

$$i = f(\psi)$$

此电感称为链控型非线性电感。

若非线性电感中的磁链是电流的单值函数,其特性方程是

$$\psi = g(i)$$

该电感称为流控型非线性电感。

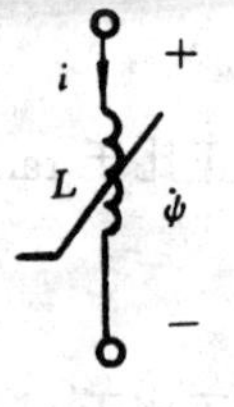

图 10-5

对于非线性电感,在某点 P,仍引用静态电感 L_0 和动态电感 L_d 的概念,其定义如下:

$$L_0 = \frac{\psi_p}{i_p} \qquad L_d = \left.\frac{\mathrm{d}\psi}{\mathrm{d}i}\right|_{i=i_p}$$

10-2 非线性电阻网络的图解分析法

非线性电阻网络的分析计算比线性电阻网络的分析计算复杂。但是,对于只含有一个非线性电阻元件,并且这个非线性电阻元件的伏安特性可以用数学解析式表达出来时,这种非线性电阻网络的求解在第二章的戴维南定理的应用上已经讲过了。

例 10-1 在图10-6(a)所示的非线性电阻电路中,R 是流控型非线性电阻,其伏安特性表达式为:$u=i^2$(u, i 的单位为 V, A)。试求 R 所消耗的功率及 i_1 的值。

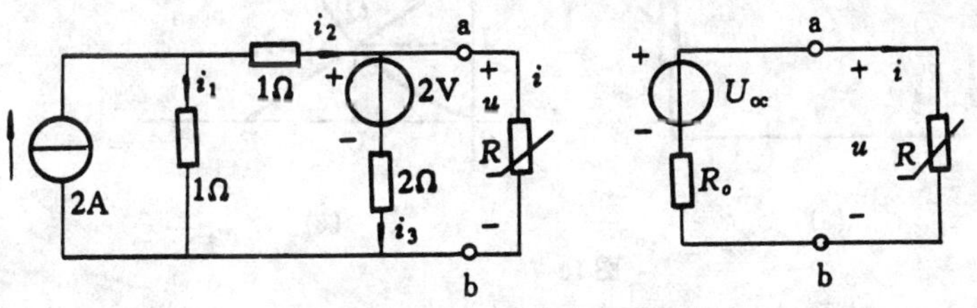

(a) (b)

图 10-6

解 在给定电路中,a, b 两点的左侧为一个线性有源的二端网络。根据戴维南定理,我们将给定电路化成图 10-6(b)所示的戴维南等效电路。其中 $U_{oc}=2V$, $R_0=1\Omega$。这样由如下联立方程组

$$\begin{cases} u=2-i \\ u=i^2 \end{cases}$$

解得

$$u=\begin{cases} 1V \\ 4V \end{cases}, \quad i=\begin{cases} 1A \\ -2A \end{cases}$$

当 $i=1A$, $u=1V$ 时,$P_R=1W$,此时 R 消耗功率 1W。

当 $i=-2A$, $u=4V$ 时,$P_R=-8W$,此时 R 发生功率 8W。

对于 i_1 的求解,需返回到给定电路。

当 $i=1A$, $u=1V$ 时,由 KVL 和 KCL 得

$$i_3=\frac{u-2}{2}=-0.5A$$

$$i_2=i+i_3=0.5A$$

$$i_1=2-i_2=1.5A$$

当 $i=-2A$, $u=4V$ 时,同理得

$$i_3=\frac{u-2}{2}=1A$$

$$i_2=i+i_3=-1A$$

$$i_1=2-i_2=3A$$

一般来说,线性电路的分析方法对非线性电路是不适用的。可是,由于基尔霍夫定律只与网络的结构有关,而与网络中元件的性质无关,所以基尔霍夫定律仍然是分析非线性网络的依

据。众所周知，一个用伏安特性曲线表征的非线性电阻元件，一般情况下不易 写出它的数学表达式，即只能用数学式近似表达，并且往往是非线性代数(或微分)方程形式。这样不但求解困难，所得到的解答也是近似的。因此，人们对非线性时不变的简单电阻网络往往采用图解分析法进行分析，此法包括曲线相交法和曲线相加法。

1. 曲线相交法

曲线相交法是根据解析几何中用曲线相交解联立方程的方法。

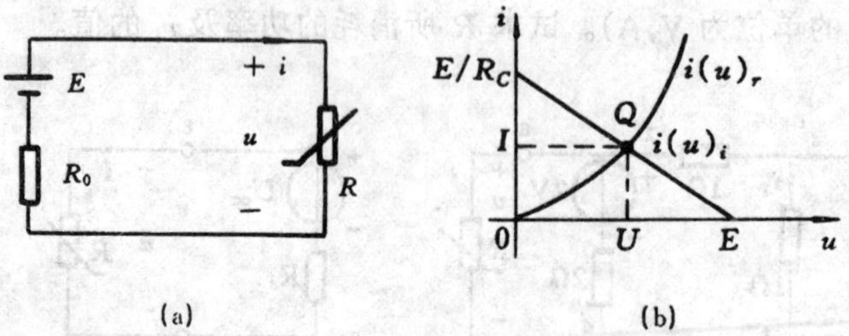

图 10-7

在图 10-7(a)所示电路中，非线性电阻 R 的伏安特性曲线如图 10-7(b)中的 $i(u)_r$ 所示。为了求得电路中电压 u 和电流 i，列出电路左部支路的方程

$$u = E - R_0 i$$

这个线性方程的伏安关系如图 10-7(b)中的 $i(u)_i$ 所示。这两条曲线的交点 Q(静态工作点，或叫工作点)对应的电压 U 和电流 I 就是要求的解答。这种求解非线性电阻电路的方法就叫做曲线相交法。

还应指出，非线性电阻网络在静态情况下，非线性电阻在工作点 Q 处的静态电阻为

$$R_{0Q} = \frac{U}{I}$$

故非线性电阻所消耗的有功功率为

$$P_{RQ} = UI = R_{0Q}I^2 = \frac{U^2}{R_{0Q}}$$

如果非线性电阻网络中只含有一个非线性电阻元件，其余部分是线性电路，就可以把线性电路化为戴维南等效电路，然后就可以由曲线相交法计算这个非线性电阻网络了。

例 10-2 在图10-8(a)所示非线性电阻电路中，R 是流控型非线性电阻，其伏安特性曲线见图 10-8(c)的 $u(i)_r$。试求 R 所消耗的功率及 i_1 的值。

解 将给定电路化成图 10-8(b)所示等效电路，其中 $U_{OC} = 2\text{V}$, $R_0 = 1\Omega$。左部戴维南等效电路的伏安特性是一条直线见图 10-8(d)，与非线性电阻的伏安特性曲线的交点 a, b 所对应的 u, i 为所求的解

即
$$i = \begin{cases} 1\text{A} \\ -2\text{A} \end{cases} \qquad u = \begin{cases} 1\text{V} \\ 4\text{V} \end{cases}$$

求出 u, i 后，返回给定电路就可以求出 i_1。

当 $u = 1\text{V}, i = 1\text{A}$ 时，由 KVL 得

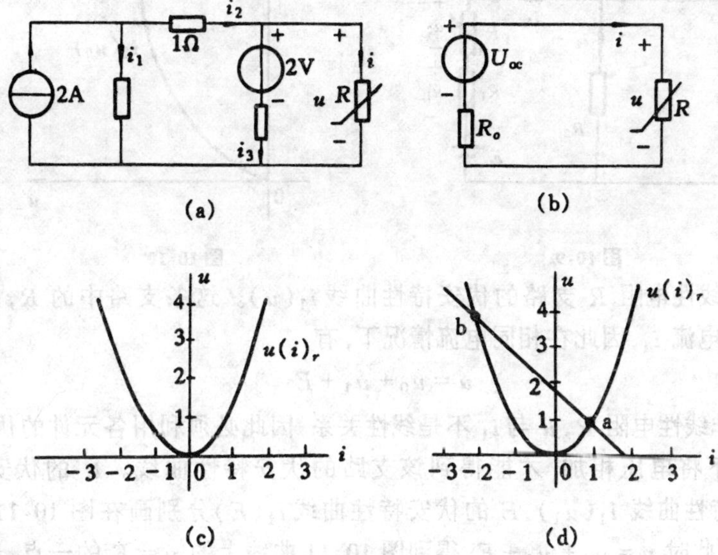

图 10-8

$$i_3 = \frac{u-2}{2} = \frac{1-2}{2} = -0.5\text{A}$$

由 KCL 可得

$$i_2 = i + i_3 = 1 - 0.5 = 0.5\text{A}$$

所以

$$i_1 = I_S - i_2 = 2 - 0.5 = 1.5\text{A}$$

当 $u=4\text{V}, i=-2\text{A}$ 时,同样计算可得

$$i_3 = \frac{4-2}{2} = 1\text{A}$$

$$i_2 = -2 + 1 = -1\text{A}$$

$$i_1 = 2 + 1 = 3\text{A}$$

从例 10-1 和例 10-2 可以看出,当非线性电阻的伏安关系可以用数学表达式比较好的写出时,可以用求解联立方程组的方法求解电路。而当非线性电阻的伏安关系为曲线形式表达时(有的曲线可以用数学表达式精确或近似地表达出来,而有的曲线则很难用数学表达式写出),这时可用曲线相交法求解。图解分析法和联立解方程组的方法所得结果都表明该电路有两个可能的工作点 a, b。对工作点 a,若 R 支路中电流 i 增长,则其电压 u 增长,而对左部戴维南等效电路,u 增长则使 i 减小,说明电路受到干扰出现偏离工作点的情况时能自动恢复,这样的工作点是稳定的工作点。而对工作点 b, $i<0$,若 i 的绝对值变大,则 u 增大,对左部的戴维南等效电路,因 $i=\dfrac{U_{OC}-u}{R_0}$,式中 $u>U_{OC}$,当其差值增大时 i 仍为负值,且其绝对值增大,说明电路一旦受到干扰就不能稳定工作,即 b 是不稳定工作点。

2. 曲线相加法

在图 10-9 所示电路中,非线性电阻 R 的伏安特性曲线如图 10-10 所示。要求用曲线表示总电压 u 和总电流 i 的约束关系。

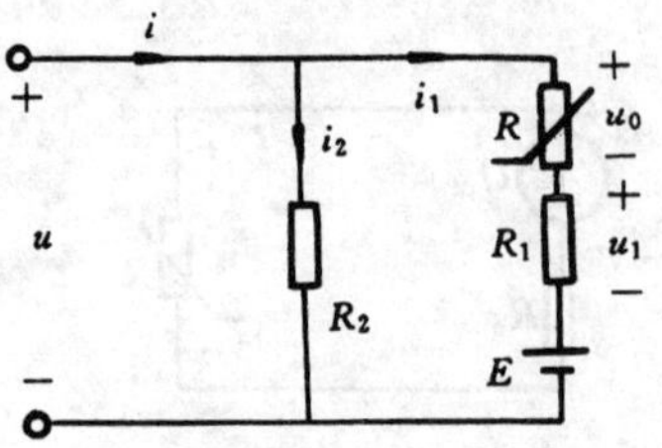

图 10-9

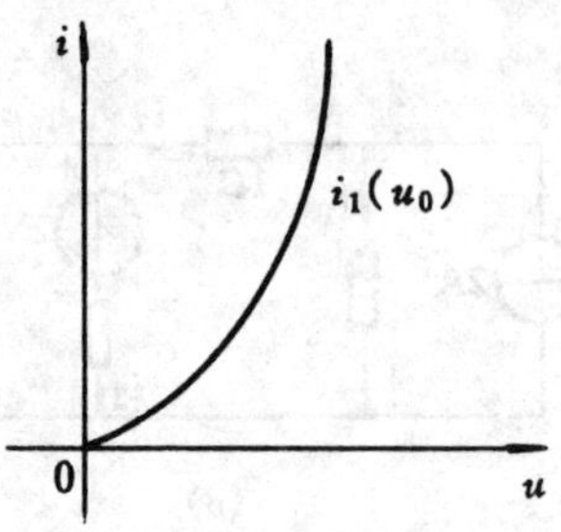

图 10-10

首先,求含非线性电阻 R 支路的伏安特性曲线 $i_1(u)$。这条支路中的 R, R_1, E 是串联的,流过的是同一电流 i_1,因此在相同电流情况下,有

$$u = u_0 + u_1 + E$$

因为该支路中有非线性电阻 R, u 与 i_1 不是线性关系,因此必须利用各元件的伏安特性曲线,在同一电流条件下将电压相加,才能得到该支路的伏安特性曲线。R 的伏安特性曲线 $i_1(u_0)$、R_1 的伏安特性曲线 $i_1(u_1)$、E 的伏安特性曲线 $i_1(E)$ 分别画在图 10-11 中,当 $i_1=0$ 时,$u_0=0$, $u_1=0$,此时 $u=u_0+u_1+E$,得到图 10-11 曲线上的 $u=E$ 的一点,当 $i_1=i'_1$ 时,R 上的电压 u'_0, R_1 上的电压 u'_1,即该支路电流为 i'_1 时,其端电压

$$u' = u'_0 + u'_1 + E$$

由 i'_1 和 u' 可得支路电压 u、支路电流 i_1 伏安特性曲线 $i_1(u)$ 上面的一点 a,依此作图就可以得支路的伏安特性曲线 $i_1(u)$,见图 10-11。

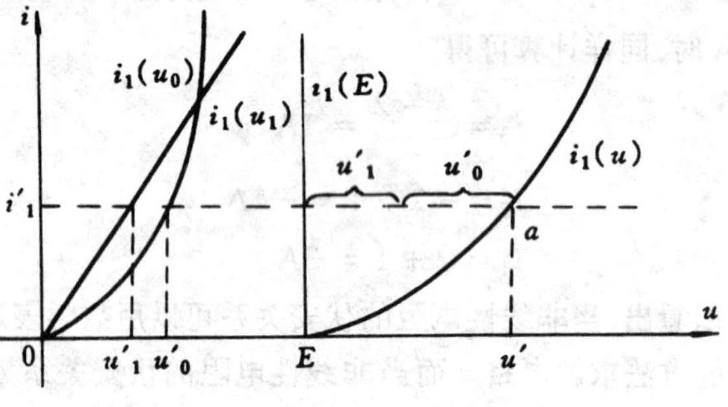

图 10-11

其次,因线性电阻 R_2 与含非线性电阻 R 的支路是并联的,所以在同一电压下两支路中电流相加就是总电流,即

$$i = i_1 + i_2$$

因为 $i_1(u)$ 的关系是曲线,$i_2(u)$ 的关系是直线,图 10-12 分别画出了 $u_1(u)$, $i_2(u)$ 两曲线。要找到总电压 u 与总电流 i 的关系,需要将 $i_1(u)$ 和 $i_2(u)$ 两曲线在同一电压下取电流和。如在同一电压 u' 条件下,从曲线上可得到 i'_1, i'_2,于是

$$i' = i'_1 + i'_2$$

据 u', i' 可得 $i(u)$ 伏安特性曲线上的一点 A,依次作图就可得出总电压、总电流的伏安特性曲线 $i(u)$。

以上分析指出,如有若干元件串联,要得到这条支路的伏安特性曲线,应在同一电流条件下将各元件电压相加,便可得到伏安特性曲线上的一点,依次作图可得到伏安特性曲线。若有

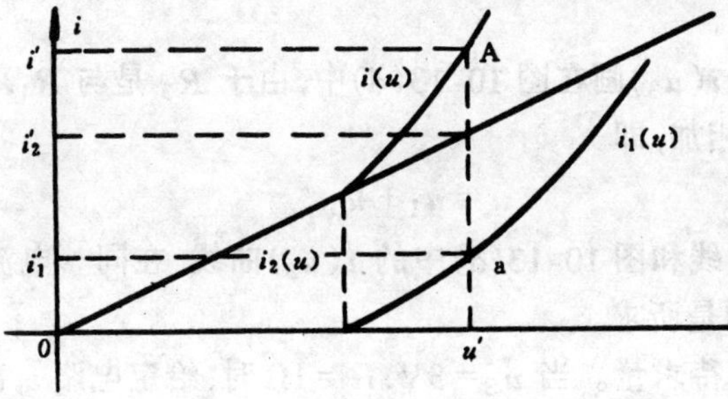

图 10-12

某些元件(支路)并联,欲求其伏安特性曲线,应在同一电压条件下将各支路电流相加,由此得出伏安特性曲线上的一点,依次作图便得到伏安特性曲线。

从作图所得 $i(u)$ 曲线就可以确定电路中要求的解。比如给定电路总电压 u,从图 10-12 就可得到 i_1, i_2 和 i,在得 i_1 的条件下,从图 10-11 就可求得 u_1, u_0;若给定总电流 i 从图 10-12 可得电路总电压 u,进而求出支路电流 i_1, i_2,元件上的电压 u_0, u_1。

例 10-3 在图10-13(a)电路中,压控型非线性电阻 R_2 的伏安特性如图 10-13(b)所示,$R_1 = R_3 = 1\Omega$。

(1)若 $u_S = 3V$, $R = 1\Omega$,试定量画出 a, b 右部伏安特性曲线 $i(u)_r$,并计算 u, i, i_1, i_2 的值。

(2)若 $u_S = 5V$, $R = 0$,试求 i, i_1, i_2 及 u_1, u_3 的值。

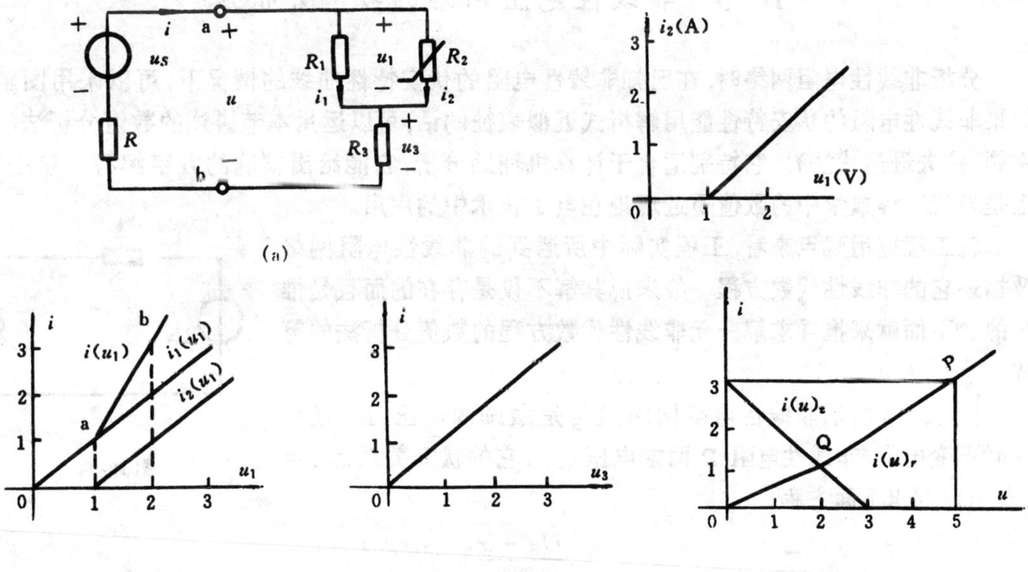

图 10-13

解 (1)先用曲线相加法求 $i(u)$ 曲线。

将 R_1, R_2 的伏安关系曲线 $i_1(u_1)$ 和 $i_2(u_1)$ 分别绘于 10-13(c),由于并联,在同一电压 u_1 下,据 KCL 有

$$i = i_1 + i_2$$

因此在同一电压下将电流相加,所得 0ab 曲线反映了总电流 i 和电压 u_1 的伏安关系,即 $i(u_1)$ 关系曲线。

将 R_3 的伏安特性曲线 $i(u_3)$ 画在图 10-13(d)中,由于 R_3 是与 R_1, R_2 的并联电路相串联,应在同一电流下将电压相加,即

$$u = u_1 + u_3$$

用图 10-13(c)中的 $i(u_1)$ 曲线和图 10-13(d)中的 $i(u_3)$ 曲线,在同一电流下将电压相加得图 10-13(e)中的 $i(u)_r$ 曲线即是所求。

下面用曲线相交法计算待求量。当 $u_S = 3V$, $R = 1\Omega$ 时,给定电路 a, b 左部电路的方程为

$$u = u_S - Ri = 3 - i$$

据此方程可画出左部电路伏安特性曲线 $i(u)_l$,它与 $i(u)_r$ 的交点 Q 就是给定电路的工作点,由图 10-13(e)可得

$$i = 1A, u = 2V$$

再从图 10-13(c)的 $i(u_1)$ 曲线上,当 $i = 1A$ 时,得 $u_1 = 1V$,在 $u_1 = 1V$ 条件下,作图得 $i_1 = 1A$, $i_2 = 0$。

(2)若 $u_S = 5V$, $R = 0$,在图 10-13(e)中,按 $u = 5V$ 做电压坐标轴的垂线与 $i(u)_r$ 交于 P 点,得 $i = 3A$,再用图 10-13(c),(d)所示曲线,令 $i = 3A$,通过作图得 $u_1 = 2V$, $u_3 = 3V$。最后,在图 10-13(c),由 $u_1 = 2V$,从 $i_1(u_1)$ 和 $i_2(u_1)$ 曲线上查出 $i_1 = 2A$, $i_2 = 1A$。

10-3 非线性电阻网络的数值分析法

分析非线性电阻网络时,在已知非线性电阻的伏安特性曲线的情况下,可以采用图解法。如果非线性电阻的伏安特性能用解析式近似表征的话,可以运用本节讲述的数值分析法(又称牛顿-拉夫逊迭代法)。它特别适合于计算机辅助分析,它能给出精确的数字解答。该法实质上是现代工程数学中的数值逼近理论在电工技术中的应用。

就工程应用观点来看,工程实际中所遇到的非线性电阻网络及描述它的非线性代数方程一般来说其解不仅是存在的而且是惟一的。下面就来推导求解一元非线性代数方程的数值分析法的算式。

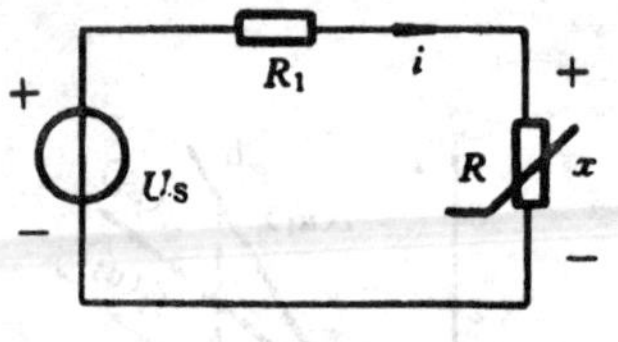

图 10-14

图 10-14 所示非线性电阻网络,U_S 是激励源电压,R_1 是线性时不变电阻,非线性电阻 R 两端电压是 x,它的伏安关系是 $i = x^2$,可以列出下面方程

$$\frac{U_S - x}{R_1} = i$$

$$(U_S - x)R_1^{-1} = x^2$$

$$x^2 + R_1^{-1}x = R_1^{-1}U_S$$

若令 $x^2 + R_1^{-1}x = h(x)$, $R_1^{-1}U_S = v$ 则上式可化为

$$h(x) = v \qquad (10\text{-}1)$$

(10-1)式是非线性电阻网络的一元非线性代数方程的普通表达式,它还可写成下面形式

$$f(x) = h(x) - v = 0 \tag{10-2}$$

若 $x = x^*$ 是此方程的真实解,则有

$$f(x^*) = 0$$

对其他 x 值将有

$$f(x) \neq 0$$

为求(10-2)式的解,必须采用猜试法,逐次进行修正,直至找到 $x = x^*$ 为止。若使这个修正过程有效顺利地进行,就必须找到修正的规律,而且每次的修正值比修正前的值更接近真实值。为此,假设 $f(x)$ 的第 K 次修正值为 x^K(即第 K 次猜试解),第 $(K+1)$ 次修正估值为 x^{K+1}(即第 $K+1$ 次猜试解),且令 $x^{K+1} = x^K + \Delta x^K$,就是说,第 $(K+1)$ 次猜试解是在第 K 次猜试解的附近选取的,式中 Δx^K 是个微小量。于是,第 $(K+1)$ 次修正值的非线性函数可表示成

$$f(x^{K+1}) = f(x^K + \Delta x^K)$$

对上式在 x^K 附近将 $f(x^K + \Delta x^K)$ 展成泰勒级数

$$f(x^{K+1}) = f(x^K + \Delta x^K) = f(x^K) + \frac{1}{1!}\frac{\mathrm{d}f}{\mathrm{d}x}\bigg|_{X^K}\Delta x^K + \frac{1}{2!}\frac{\mathrm{d}^2 f}{\mathrm{d}x^2}\bigg|_{X^K}(\Delta x^K)^2 + \cdots + \frac{1}{n!}\frac{\mathrm{d}^n f}{\mathrm{d}x^n}\bigg|_{X^K}(\Delta x^K)^n \cdots$$

因为 Δx^K 是一个微小量,故将上式中 Δx^K 的二次方及更高次方的各项略去,得

$$f(x^{K+1}) = f(x^K) + f'(x^K)\Delta x^K = f(x^K) + (x^{K+1} - x^K)f'(x^K)$$

若 $f'(x^K) \neq 0$,并令 $x^{(K+1)} = x^*$,则有

$$f(x^K) + (x^{K+1} - x^K)f'(x^K) = 0$$

由上式可得一元非线性代数方程解的第 $(K+1)$ 次修正估值为

$$x^{K+1} = x^K - \frac{f(x^K)}{f'(x^K)} \tag{10-3}$$

(10-3)式就是解一元非线性代数方程数值分析法的算式,由此可知,可以从第 K 次修正估值找到第 $(K+1)$ 次修正估值。式中 $K = 1, 2, \cdots$。当 $K = 0$ 时,x^0 叫初始修正估值,此值是用试探法确定的,$x^{K+1} = x^{0+1} = x^1$ 是第 1 次修正估值。可见,初始估值 x^0 是第 1 次修正估值 x^1 的基值,而 x^1 又是第二次修正估值 x^2 的基值,这种后一个修正估值基于相邻前一次修正值来计算的方法,就称为逐次迭代法。经 $(K+1)$ 次迭代计算,若 $f(x^{K+1}) = 0$,则 x^{K+1} 就是 $f(x)$ 的真实解 x^*,于是停止迭代,即求出了非线性代数方程的解。

下面来说明(10-3)式的几何意义。图 10-15(a)所示 $f(x)$,$f(x) = 0$ 的真实解是 x^*,线段 $0a = x^K$,由此可确定线段 $ab = f(x^K)$,根据导数的几何意义

$$f'(x^K) = \frac{ab}{ca} = \frac{f(x^K)}{ca}$$

则

$$ca = \frac{f(x^K)}{f'(x^K)}$$

可得

$$0c = 0a - ca = x^K - \frac{f(x^K)}{f'(x^K)} = x^{K+1}$$

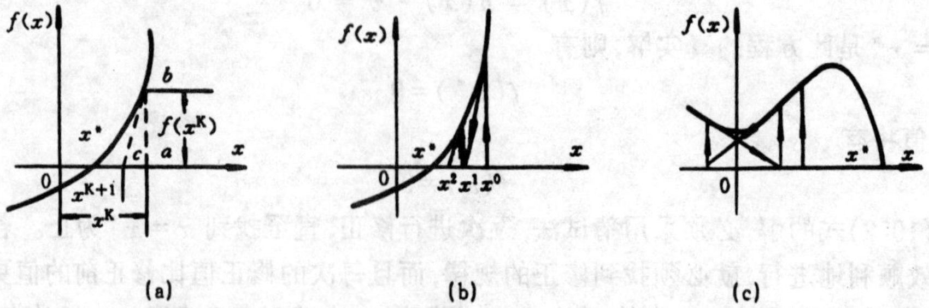

图 10-15

可以看出,牛顿-拉夫逊迭代法的迭代过程,就是对第 K 次修正估值 x^K 做 x 轴的垂线使其与 $f(x)$ 曲线相交,过交点做 $f(x)$ 的切线与 x 轴相交就给出了下一个修正估值 x^{K+1}。迭代过程如图 10-15(b)的虚线所示。

例 10-4 设一元非线性代数方程为

$$f(x)=x^2+2x-3=0 \qquad (x>0)$$

试用数值分析法求 x。

解 首先,用试探法确定合理的初始估值 x^0。

令 $x^{01}=4$,则 $f(x^{01})=(x^{01})^2+2x^{10}-3=21$;

再令 $x^{02}=0.5$,则 $f(x^{02})=-1.75$。显然欲使 $f(x^*)=0$,必须 $0.5<x^*<4$,因此取 $x^0=3$ 做给定方程解的初始估值。此时 $f(x^0)=12$。

其次,据(10-3)式得第$(K+1)$次修正估值为

$$x^{K+1}=x^K-\left.\frac{x^2+2x-3}{2x+2}\right|_{x=x^K}$$

最后,进行迭代计算。

当 $K=0$ 时,得第一次修正估值为

$$x^1=x^0-\left.\frac{x^2+2x-3}{2x+2}\right|_{x=x^0=3}=1.5$$

$$f(x^1)=2.25$$

当 $K=1$ 时,得第二次修正估值为

$$x^2=x^1-\left.\frac{x^2+2x-3}{2x+2}\right|_{x=x^1=1.5}=1.05$$

$$f(x^2)=0.2025$$

当 $K=2$ 时,得第三次修正估值为

$$x^3=x^2-\left.\frac{x^2+2x-3}{2x+2}\right|_{x=x^2=1.05}=1.00049$$

$$f(x^3)=0.00196$$

当 $K=3$ 时,得第四次修正估值为

$$x^4=x^3-\left.\frac{x^2+2x-3}{2x+2}\right|_{x=x^3=1.00049}=1.0000001$$

$$f(x^4)=(x^4)^2+2x^4-3=4\times10^{-7}$$

$f(x^4)$已趋近于零,可停止迭代。这说明第四次修正估值(x^4)是给定方程 $f(x)$的真实解 x^*,即

$$x = x^4 = x^* = 1.0000001$$

本例的方程可用解析法求解,验证上面的迭代结果。

$$f(x) = x^2 + 2x - 3 = 0$$

在 $x>0$ 的条件下,$x=1$。可见,解析解与用数值分析法求得的数值解相差 10^{-7},它说明数值分析法是解非线性代数方程极有效的方法,因而它在工程上得到了广泛应用。

用数值分析法求解非线性电路,要明确下面两个问题:

(1)初始估值的确定

用数值分析法解非线性代数方程时,初始估值 x^0 是采用试探法来确定的。这种方法是先设 x^{01}作为第一个初始估值,把它代入给定方程,可得 $f(x^{01})=A$;再设 x^{02}作为第二个初始估值,可得 $f(x^{02})=B$,A,B 都是代数值。因为 $f(x^*)=0$。所以视 A,B 哪个值接近零,就选取其对应的试探估值作为合理的初始估值。如果 A,B 的值反号,即 $A>0$,$B<0$ 或 $A<0$,$B>0$,那么可以肯定真实值 x^*是 x^{01}和 x^{02}之间的某个值。初始估值确定的是否合理,不仅关系到迭代过程的收敛或发散,而且还决定了修正的次数,比如在图 10-15(c)中,若选初值 x^0,那么就有发散的迭加过程。因此,确定合理的初始估值是数值分析法的关键问题。

2. 真实解的认定

由于给定非线性代数方程的真实解 x^*是未知的,所以无法判定第($K+1$)次修正值与真实解间差值的大小。但是,可根据$|x^{K+1}-x^K|<\varepsilon$ 时,ε 是根据方程解的精度要求确定的小数(如 0.001,0.0001 等),令迭代过程结束。真实解的另一种认定方法是,因 $f(x^*)=0$,所以只要第($K+1$)次函数修正值 $f(x^{K+1})$已经足够小了(或者说已经趋近于零),就停止迭代计算。停止迭代时的那次修正估值就认定为给定方程的真实解。

例 10-5 在图10-16所示非线性电阻电路中,$U_S=1V$,$R_S=1\Omega$,R 为压控型非线性电阻,其特性方程为

$$i = 2(e^{0.1u} - 1)$$

试用数值分析法求电压 u 和电流 i,以及电源发生和电阻消耗的功率。

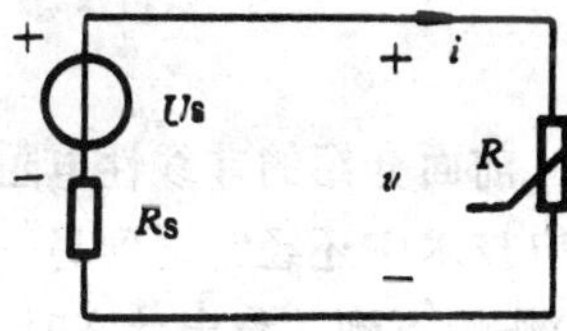

图 10-16

解 首先,列出给定电路的非线性代数方程,由 KVL 得

$$\begin{aligned} u &= U_S - R_S i \\ &= 1 - 2(e^{0.1u} - 1) \\ &= 3 - 2e^{0.1u} \end{aligned}$$

或

$$f(u) = 2e^{0.1u} + u - 3 = 0$$

其次,确定初始估值。我们令第一个初始估计 $u^{01}=1$,则

$$\begin{aligned} f(u^{01}) &= 2e^{0.1u^{01}} + u^{01} - 3 \\ &= 2e^{0.1} + 1 - 3 \\ &= 0.21 \end{aligned}$$

再令第二个初始估值 $u^{02}=0$,则

$$f(u^{02}) = 2e^0 + 0 - 3 = -1$$

因为第一个函数值 $f(u^{01})=0.21$ 与零接近，故选定初始估值

$$u^{0}=u^{01}=1$$

再次，根据数值迭代算式进行迭代计算。第$(K+1)$次修正估值

$$u^{K+1}=u^{K}-\frac{2e^{0.1u^{K}}+u^{K}-3}{0.2e^{0.1u^{K}}+1}$$

当 $K=0$ 时，得第一次修正估值为

$$u^{1}=u^{0}-\frac{2e^{0.1u^{0}}+u^{0}-3}{0.2e^{0.1u^{0}}+1}=1-\frac{2e^{0.1}+1-3}{0.2e^{0.1}+1}=0.828$$

当 $K=1$ 时，得第二次修正估值为

$$u^{2}=u^{1}-\frac{2e^{0.1u^{1}}+u^{1}-3}{0.2e^{0.1u^{1}}+1}=0.827425$$

最后，认定真实解。因两次迭代值差的绝对值

$$|u^{2}-u^{1}|=|0.827425-0.828000|=0.000575$$

已足够小了。或由于第二次迭代时的函数值

$$f(u^{2})=2e^{0.1u^{2}}+u^{2}-3=0.000051$$

从工程观点看，它们已趋于零，故停止迭代，认定

$$u=u^{2}=u^{*}=0.827425\text{V}$$

电流

$$i=2(e^{0.1u}-1)=0.172524\text{A}$$

电源发生的功率

$$P_{S}=U_{S}i=0.172515\text{W}$$

电阻消耗的功率

$$P=R_{S}^{2}i+ui=0.172515\text{W}$$

10-4 非线性电阻网络的小信号分析法

前面介绍的非线性电阻的激励是时不变的大(强)信号源(即直流电源)。在现代工程和无线电技术中还经常遇到另一类非线性网络，它在强信号源(又称偏置源，比如时变或时不变电源)作用下到达稳定状态时，往往要计算时变或时不变的小信号(源)即恒定电源的变化量或外来干扰小信号(源)产生的响应。对这类网络的研究是当代网络理论工作者正在探索的有前途的课题。本节重点介绍二端非线性电阻元件的小信号特性及小信号分析法。

1. 非线性电阻元件的小信号特性

在图 10-17(a)电路中，非线性时不变流控型电阻的伏安特性为

$$u(t)=f[i(t)]$$

式中 u 对 i 的导数是连续的，由 KCL 知

$$i(t)=I(t)+i_{\delta}(t)$$

其中 $I(t)$是时变偏置电流源(大信号源),$i_\delta(t)$是小信号源(或外界干扰信号)。所谓小信号源是指它的幅值远小于偏置电源的幅值,即

$$|i_\delta(t)| \ll |I(t)| \quad (对所有时间)$$

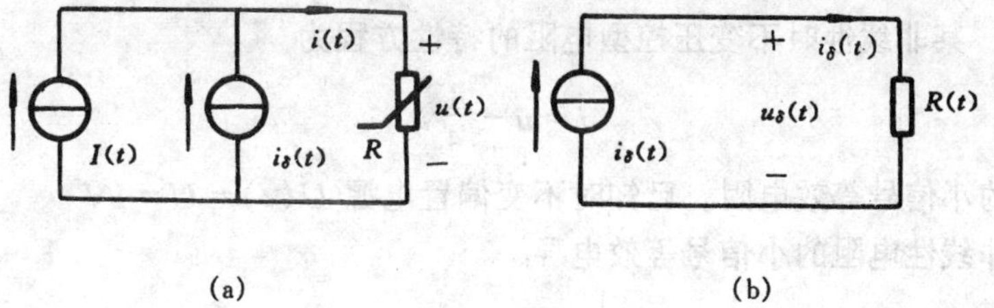

图 10-17

对非线性电阻 R 来说,若 $I(t)$产生的电压为 $U(t)$,$i_\delta(t)$在 $I(t)$确定的工作点处产生的电压为 $u_\delta(t)$,则它的端电压可表为

$$u(t) = U(t) + u_\delta(t)$$

于是,非线性电阻 R 的伏安特性可表为

$$U(t) + u_\delta(t) = f[I(t) + i_\delta(t)] \tag{10-4}$$

当小信号未激励电路时,$u_\delta(t)=0$,因此,上式可化为

$$U(t) = f[I(t)] \tag{10-5}$$

现设小信号源在 t 时刻激励电路,我们把式(10-4)在时变偏置源 $I(t)$处展成泰勒级数

$$U(t) + u_\delta(t) = f[I(t)] + f'[I(t)]i_\delta(t) + \frac{1}{2!}f''[I(t)]i_\delta^2(t) + \cdots$$

由于时变偏置源一般是缓慢变化地,它的变化率在 t 时刻是一个有限小数,又因为小信号源的幅值很小,故可忽略上式中 $i_\delta(t)$二次方及以后各项,同时考虑(10-5)式,上式便可化为

$$u_\delta(t) = f'[I(t)]i_\delta(t) = R(t)i_\delta(t) \tag{10-6}$$

式(10-6)是非线性时不变电阻在小信号激励下的动态方程,式中

$$R(t) = f'[I(t)]$$

它是与小信号源无关的时变标量函数,称为线性时变电阻。这个线性时变电阻是非线性时不变电阻的伏安特性 $f[i(t)]$在 $I(t)$处的斜率值。这个重要结论告诉我们,非线性时不变电阻在小信号激励下,其特性与电阻函数为 $f'[I(t)]$的线性时变电阻的特性相同。这就是非线性时不变电阻元件的小信号特性。非线性时不变电阻在小信号激励下的小信号等效电路如图10-17(b)所示。

若非线性时不变电阻在时不变偏置源(直流电源)作用下,由小信号等效电阻的定义式可知,它的小信号等效电阻就是一个线性时不变电阻,其阻值等于在该非线性时不变电阻的特性曲线上工作点处的斜率值。

例 10-6 在图10-17(a)所示电路中,若非线性时不变电阻的伏安特性为

$$u = \frac{1}{3}i^3 + 2i$$

时变偏置电流源 $I(t)=\sin\omega t$,设该电阻是在小信号电流源 $i_\delta(t)$激励下,试求 R 的小信号等效电阻及其动态方程。

解 据小信号等效电阻的定义可得小信号等效电阻(线性时变电阻)

$$R(t)=f'[I(t)]=\left.\frac{\mathrm{d}u}{\mathrm{d}i}\right|_{i=I(t)}=2+\sin^2\omega t$$

给定电路的小信号动态方程为

$$u_\delta(t)=R(t)i_\delta(t)=(2+\sin^2\omega t)i_\delta(t)$$

例 10-7 某非线性时不变压控型电阻的特性方程为

$$i=u+\frac{1}{4}u^4$$

求非线性电阻的小信号等效电阻。已知时不变偏置电源 $U(t)=U=1\mathrm{V}$

解 先求非线性电阻的小信号等效电导

$$G_\mathrm{d}=\left.\frac{\mathrm{d}i}{\mathrm{d}u}\right|_{u=U}=1+u^3\,|_{u=1}=2\mathrm{S}$$

故等效电阻

$$R_\mathrm{d}=G_d^{-1}=0.5\Omega$$

2.非线性电阻电路的小信号分析法

例 10-8 图 10-18(a)所示电路中,时不变偏置电压源 $E=20\mathrm{V}$,小信号电压源 $e_\delta=\sin\omega t\,\mathrm{V}$,非线性时不变流控型电阻的特性为 $u=i^2(i>0)$。今当 E 作用于电路达到稳态时,e_δ 激励电路,试求电路的完全响应 u 和 i。

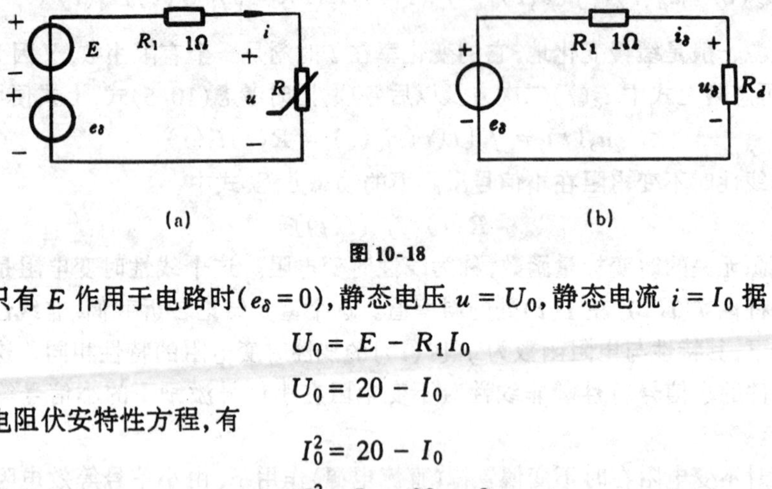

图 10-18

解 当只有 E 作用于电路时($e_\delta=0$),静态电压 $u=U_0$,静态电流 $i=I_0$ 据 KVL

$$U_0=E-R_1I_0$$

$$U_0=20-I_0$$

代入非线性电阻伏安特性方程,有

$$I_0^2=20-I_0$$

$$I_0^2+I_0-20=0$$

所以 $$I_0=4\mathrm{A},\ U_0=I_0^2=16\mathrm{V}$$

小信号等效电阻(动态电阻)R_d 由其定义式可求出

$$R_\mathrm{d}=\left.\frac{\mathrm{d}u}{\mathrm{d}i}\right|_{i=I_0}=2I_0=8\Omega$$

画出小信号激励时的小信号等效电路如图 10-18(b)所示,则小信号激励产生的电流和电压响应为

$$i_\delta = \frac{e_\delta}{R_1 + R_d} = \frac{1}{9}\sin\omega t = 0.111\sin\omega t\,\mathrm{A}$$

$$u_\delta = R_d i_\delta = \frac{8}{9}\sin\omega t = 0.889\sin\omega t\,\mathrm{V}$$

因此,电路的完全响应为

$$i = I_0 + i_\delta = 4 + 0.111\sin\omega t\,\mathrm{A}$$

$$u = U_0 + u_\delta = 16 + 0.889\sin\omega t\,\mathrm{V}$$

例10-9 在图10-19(a)所示电路中, $R_1 = 200\Omega$, 压控型非线性电阻 R 的伏安特性 $i = 0.01u^2(u>0)$, 若直流电压源 u_S 在4V电压上有±30mv波动时,试求完全响应 u 和 i。

解 依照题意 $u_S = u_{S0} + u_{S\delta}$, 其中 $u_{S0} = 4\mathrm{V}$, $u_{S\delta} = \pm 30\mathrm{mV}$, u_{S0}相当恒定直流偏置电源, $u_{S\delta}$相当小信号电压源。这类问题属于小信号分析问题,给定电路的等效电路如图10-19(b)所示。

首先,求非线性电阻静态(只 u_{S0}起作用, $u_{S\delta}$不起作用)电压 U_0 和静态电流 I_0。

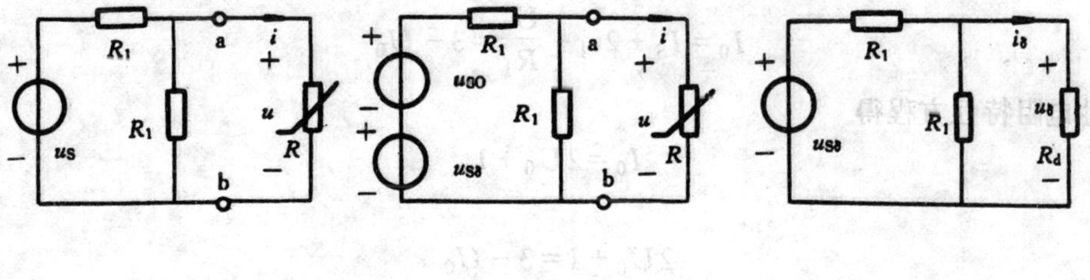

图 10-19

对图10-19(b)所示电路的a,b左部,其戴维南等效电路开路电压 $U_{OC} = 2\mathrm{V}$, 等效电阻 $R_0 = 100\Omega$, 则有

$$U_0 = U_{OC} - R_0 I_0 = 2 - 100 I_0$$

对a,b右部电路

$$I_0 = 0.01 U_0^2$$

联立求解得

$$U_0 = 1\mathrm{V},\ I_0 = 10\mathrm{mA}$$

其次,求小信号等效电导 G_d 及小信号响应。

非线性电阻的小信号电导(动态电导)

$$G_d = \left.\frac{\mathrm{d}i}{\mathrm{d}u}\right|_{u=U_0} = 0.02U_0 = 0.02\mathrm{S}$$

则动态电阻

$$R_d = G_d^{-1} = 50\Omega$$

只有小信号电压源 $u_{S\delta}$激励电路时,其小信号等效电路如图10-19(c)所示,故电路的小信号响应

$$i_\delta = \pm 0.1\mathrm{mA},\ u_\delta = \pm 5\mathrm{mV}$$

最后,计算电路的完全响应

$$u = U_0 + u_\delta = (1000 \pm 5)\text{mV}$$
$$i = I_0 + i_\delta = (10 \pm 0.1)\text{mA}$$

例10-10 在图10-20(a)电路中,直流偏置电流源 $I_S = 1\text{A}$,小信号电流源 $i_\delta = 0.1\sin\omega t\,\text{A}$,线性电阻 $R_1 = 1\Omega$,压控型非线性电阻的伏安特性 $i = 2u + 1$,试求完全响应 i 和 u。

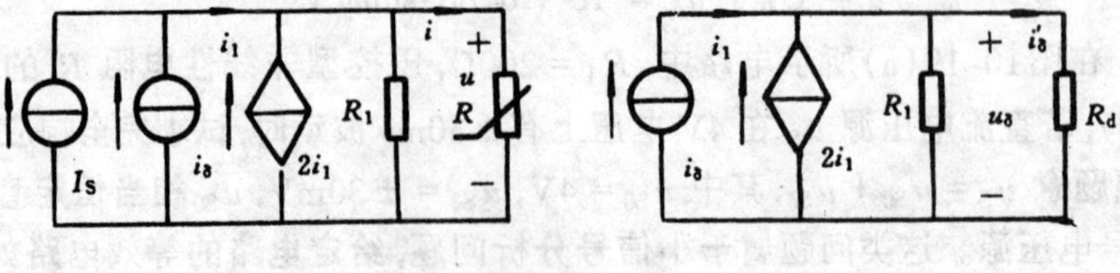

图 10-20

解 (1)求静态工作点。因 $i_\delta = 0$,故控制量 $i_1 = I_S = 1\text{A}$,CCCS 的受控量 $2i_1 = 2I_S = 2\text{A}$,据 KCL

$$I_0 = I_S + 2i_1 - \frac{U_0}{R_1} = 3 - U_0$$

由非线性电阻特性方程得

$$I_0 = 2U_0 + 1$$

故

$$2U_0 + 1 = 3 - U_0$$

所以

$$U_0 = \frac{2}{3}\text{V} = 0.667\text{V}$$

$$I_0 = \frac{7}{3}\text{A} = 2.33\text{A}$$

(2)计算 i_δ 作用于电路产生的小信号响应。非线性电阻的小信号等效电阻

$$R_d = \left.\frac{\mathrm{d}u}{\mathrm{d}i}\right|_{i = I_0} = \frac{1}{2} = 0.5\Omega$$

小信号等效电路如图 10-20(b)所示,故小信号响应

$$i'_\delta = \frac{R_1}{R_1 + R_d}(3i_\delta) = 0.2\sin\omega t\,\text{A}$$
$$u_\delta = R_d i'_\delta = 0.1\sin\omega t\,\text{V}$$

(3)计算给定电路的完全响应:

$$i = I_0 + i'_\delta = 2.33 + 0.2\sin\omega t\,\text{A}$$
$$u = U_0 + u_\delta = 0.667 + 0.1\sin\omega t\,\text{V}$$

10-5 非线性网络的动态方程

建立线性网络或非线性网络的方程都要根据元件的约束关系和基尔霍夫定律,而独立变

量(状态变量)要根据网络的不同情况来选择。线性网络的动态方程都是选择电容电压和电感电流做独立变量,而在非线性网络的动态方程中一般是选择电容上的电荷和电感中的磁链做独立变量。下面举例说明如何建立非线性网络的动态方程。

例 10-11 在图10-21电路中,非线性时不变电容的库伏特性为 $u = aq^2$,试建立电路的动态方程。

解 对含非线性电容的节点 a 列电流方程,即

$$\frac{\mathrm{d}q}{\mathrm{d}t} = \dot{q} = i$$

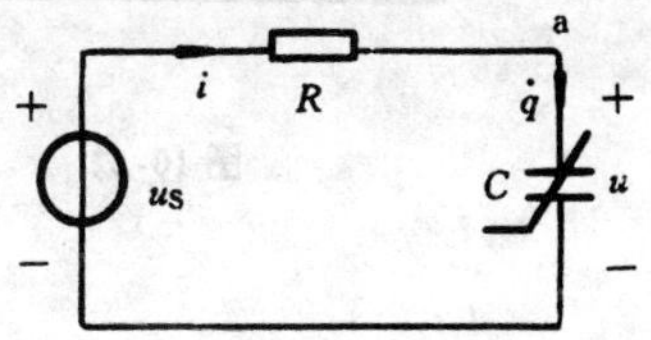

图 10-21

为消去非独立变量 i,由 KVL,有

$$i = (u_S - u)R^{-1}$$

代入非线性电容元件的特性方程

$$u = aq^2$$

则得给定非线性动态电路的动态方程为

$$\dot{q} = -aR^{-1}q^2 + R^{-1}u_S \tag{10-7}$$

这是以非线性电容元件的电荷 q 作为独立变量的非线性微分方程,称为规则化形式的动态方程。

例 10-12 图10-22所示电路中,荷控型非线性电容的特性 $u = \alpha q^2$,链控型非线性电感的特性 $i = \beta\psi^2$,试建立网络的动态方程。

解 选择电容上电荷 q、电感中磁链 ψ 作为独立变量。

首先,对含 C 支路的节点 a 列 KCL 方程

$$\dot{q} = i_1 - i$$

对含 L 支路的回路 l 列 KVL 方程

$$\dot{\psi} = \frac{\mathrm{d}\psi}{\mathrm{d}t} = u_C - R(i + i_S)$$

其次,消去非独立变量。以上两式中 i_1, i 及 u_C 是非独立变量。由 KVL 有

$$i_1 = (u_S - u_C)R_S^{-1}$$

再将非线性元件的特性方程代入,经整理得

$$\dot{q} = -\alpha R_S^{-1}q^2 - \beta\psi^2 + R_S^{-1}u_S$$

$$\dot{\psi} = \alpha q^2 - \beta R\psi^2 - Ri_S$$

这就是给定电路的动态方程。

还可将电路的动态方程写成矩阵形式,即

$$\begin{pmatrix} \dot{q} \\ \dot{\psi} \end{pmatrix} = \begin{pmatrix} -\alpha R_S^{-1}q^2 - \beta\psi^2 + R_S^{-1}u_S \\ \alpha q^2 - \beta R\psi^2 - Ri_S \end{pmatrix}$$

例 10-13 在图10-23非线性电路中,R 的伏安特性 $i_R = u_R^2$,L 是链控型非线性电感,其韦安特性为 $i = \psi^2 + 2\psi(\psi > 0)$,$C$ 为荷控型非线性电容,其库伏特性为 $u = q^2$,线性电阻 $R_1 = 1\Omega$,激励 $u_S = 2\cdot 1(t)\mathrm{V}$,试建立该网络的动态方程。

解 选取电容的电荷 q 和电感的磁链 ψ 为独立变量,对节点 a 列 KCL 方程,对回路 l 列 KVL 方程

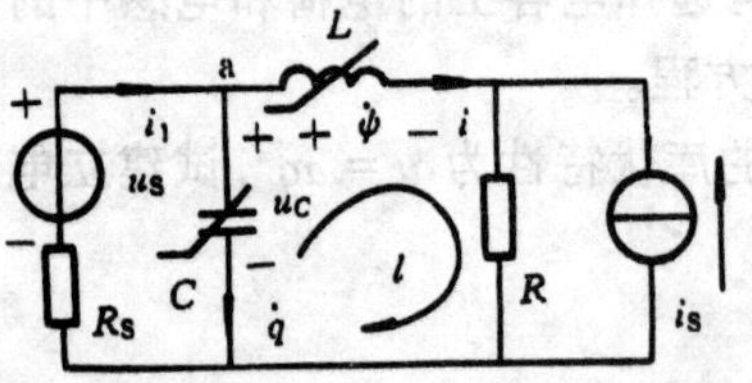

图 10-22

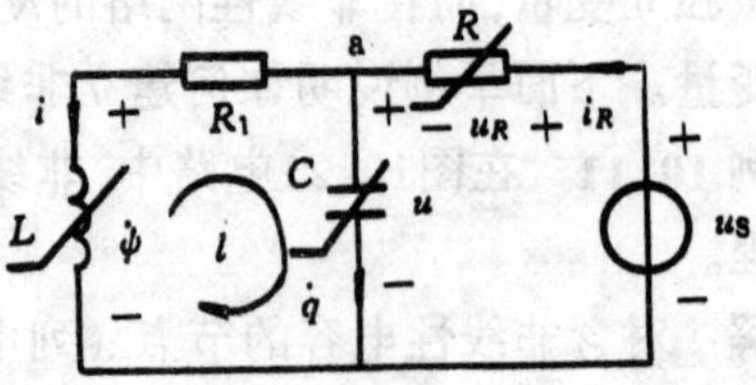

图 10-23

$$\dot{q} = i_R - i$$
$$\dot{\psi} = u - R_1 i = u - i$$

消去非独立变量 i_R, i 及 u，因为

$$u_R = u_S - u$$

考虑非线性元件的特性方程 $u = q^2$

$$i = \psi^2 + 2\psi$$
$$i_R = u_R^2 = (u_S - u)^2 = (u_S - q^2)^2$$
$$= (2 - q^2)^2 = q^4 - 4q^2 + 4$$

消去非独立变量，整理得 $\dot{q} = q^4 - 4q^2 - \psi^2 - 2\psi + 4$

$$\dot{\psi} = q^2 - \psi^2 - 2\psi$$

写成矩阵形式

$$\begin{pmatrix} \dot{q} \\ \dot{\psi} \end{pmatrix} = \begin{pmatrix} q^4 - 4q^2 - \psi^2 - 2\psi + 4 \\ q^2 - \psi^2 - 2\psi \end{pmatrix}$$

综上所述，首先选择独立变量，对电容支路连接的节点列 KCL 方程，对电感所在回路列 KVL 方程，然后消去非独立变量建立网络动态方程的方法叫网络动态方程的直观编列法。

动态方程的求解一般要采用数值分析法。

习 题 十

10-1 在题图电路中，非线性时不变流控型电阻 R 的特性为 $u = i^2 (i > 0)$，试求 R 的功率。

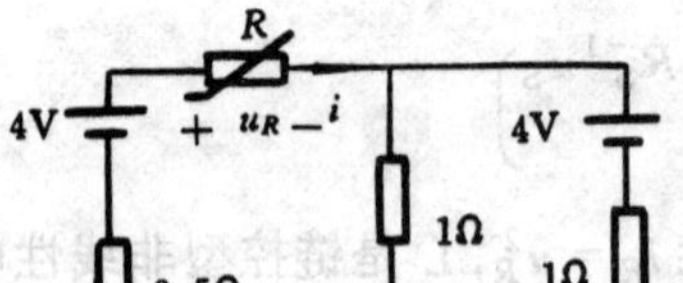

题 10-1 图

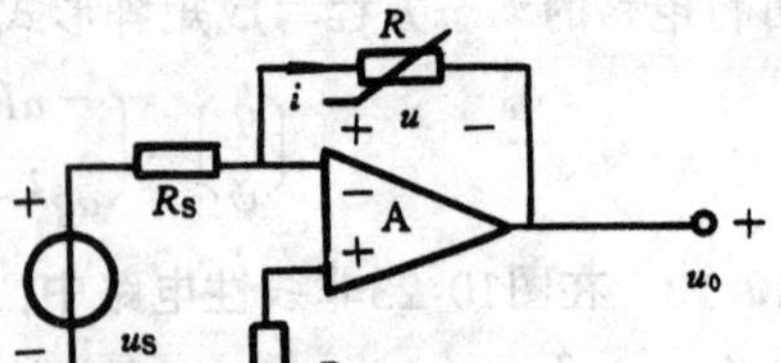

题 10-2 图

10-2 题图所示电路，A 是理想运算放大器，R 是压控型非线性电阻，其伏安特性为 $i =$

$Ie^{\frac{u}{U}}$，证明输出电压 $u_0=-U\ln\dfrac{u_S}{R_SI}$。

10-3 题图(a)所示电路中，$E=12.3\text{V}$，压控型非线性电阻 R 的伏安曲线如题图(b)所示，试求 i 和 u。

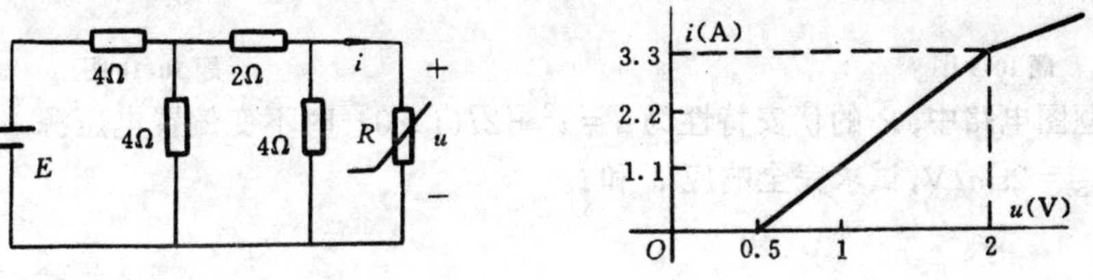

(a)　　　　　　　　(b)

题 10-3 图

10-4 在题图电路中，流控型非线性电阻 R 的特性为 $u=0.5i^2+0.50i\,(i>0)$，试求 u 和 i。

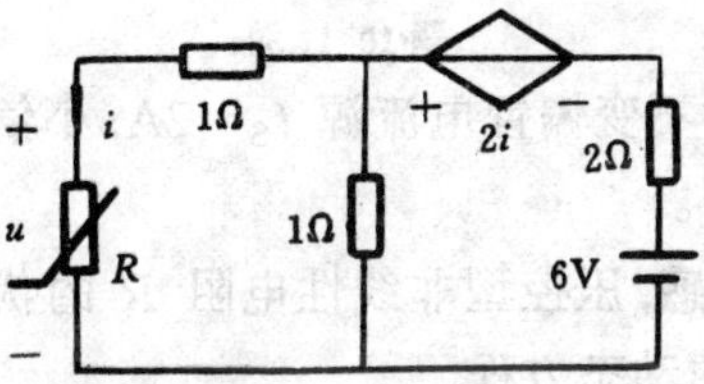

题 10-4 图

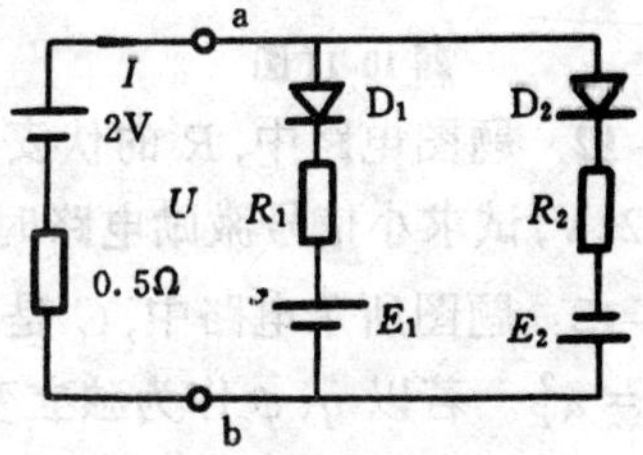

题 10-5 图

10-5 题图所示电路，$E_1=E_2=1\text{V}$，$R_1=R_2=1\Omega$，D_1 和 D_2 是理想二极管，试定量地画出 a，b 右部电路的伏安特性曲线 $I(U)$，并用曲线相交法求 U 及 I。

10-6 在题图电路中，$E_2=1\text{V}$，$R_1=R_2=1\Omega$，D 为理想二极管，试定量地画出电路 $I(U)$ 伏安曲线，并在 $U=3\text{V}$ 和 $U=-1\text{V}$ 条件下分别求电流 I。

10-7 试用数值分析法解10-1题。

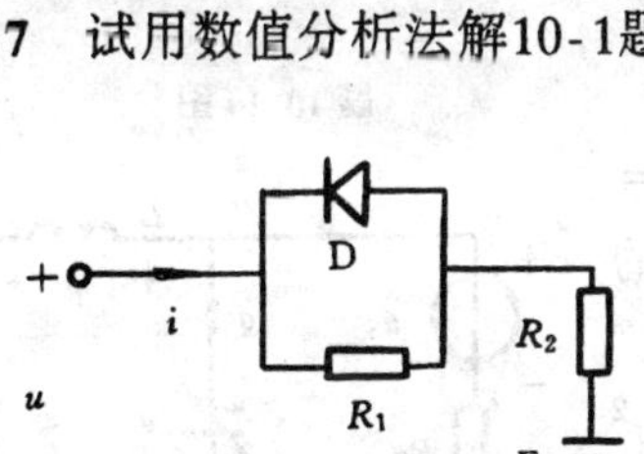

题 10-6 图

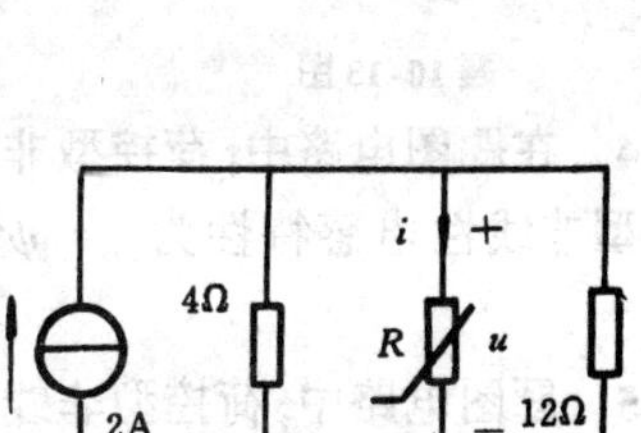

题 10-8 图

10-8 题图电路中，压控型非线性电阻特性 $i=1.67u^3$，用数值分析法求 u 和 i。

10-9 在题图电路中，流控型非线性电阻的特性为 $u=3i^2\,(i>0)$。(1)用戴维南定理化简线性电路部分；(2)用数值分析法求 u 和 i。

10-10 题图所示电路中，压控型非线性电阻 R 的特性为 $i=2u^2\,(u>0)$，时不变偏置电流源 $I_S=12\text{A}$，小信号电流源 $i_\delta=\sin t\,\text{A}$，试求完全响应 u 和 i。

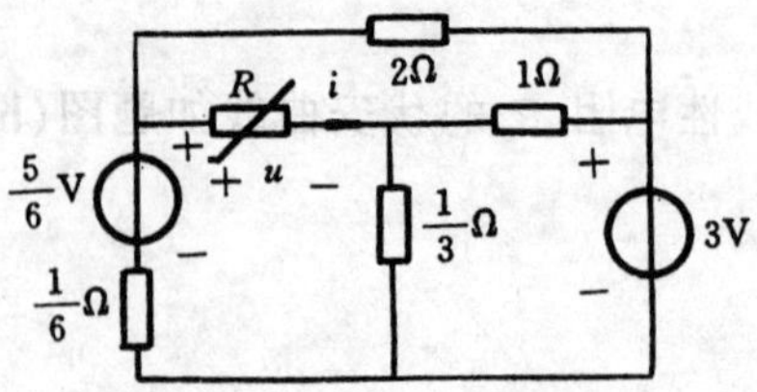

题 10-9 图

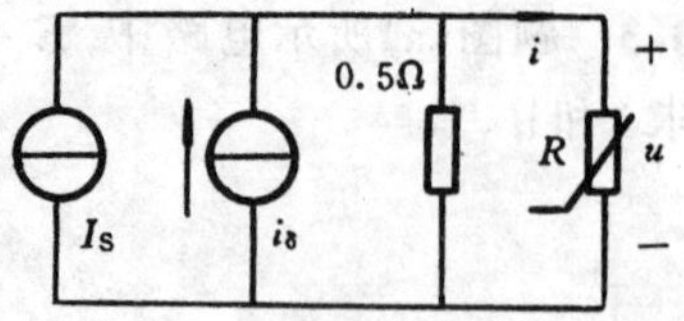

题 10-10 图

10-11 题图电路中，R 的伏安特性为 $u=i^2+2i(i>0)$，时不变偏置电压源 $u_S=20\text{V}$，小信号电压源 $u_{S\delta}=2\sin t\,\text{V}$，试求完全响应 u 和 i。

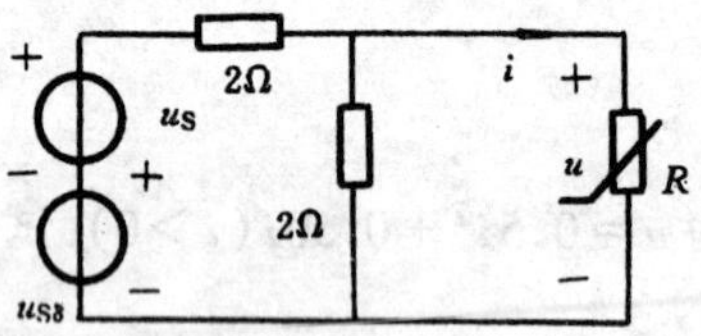

题 10-11 图

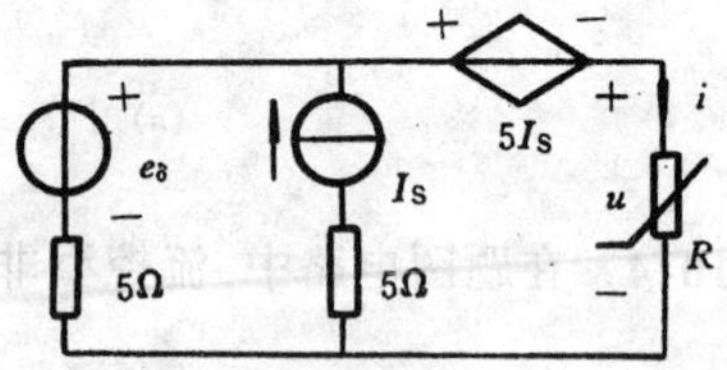

题 10-12 图

10-12 题图电路中，R 的伏安特性为 $i=0.2u-4$，时不变偏置电流源 $I_S=2\text{A}$，小信号源 $e_\delta=\cos 2t\,\text{V}$，试求小信号激励电路时的小信号响应 u_δ 和 i_δ。

10-13 题图所示电路中，C 是线性电容，L 是线性电感，压控型非线性电阻 R 的伏安特性为 $i_R=u_R^2$。若以 q,ψ 作为独立变量，试建立给定电路的动态方程。

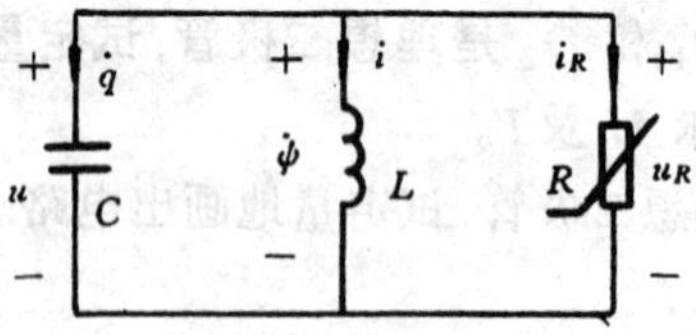

题 10-13 图

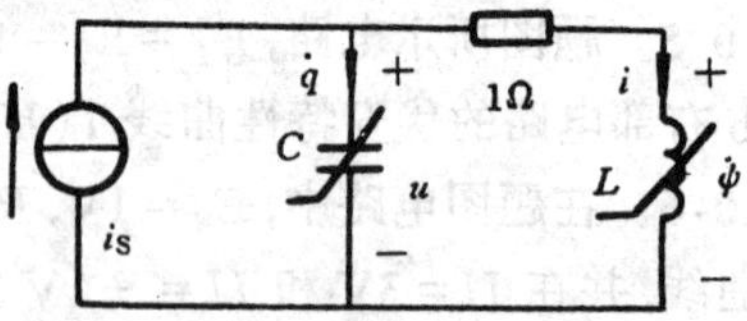

题 10-14 图

10-14 在题图电路中，荷控型非线性电容特性为 $u=2q^2$，链控型非线性电感特性为 $i=\psi^2$，试建立给定电路的动态方程。

10-15 题图电路中，荷控型非线性电容特性为 $u=q^2+q$，流控型非线性电阻特性为 $u_R=i^2$，试建立该电路的动态方程。

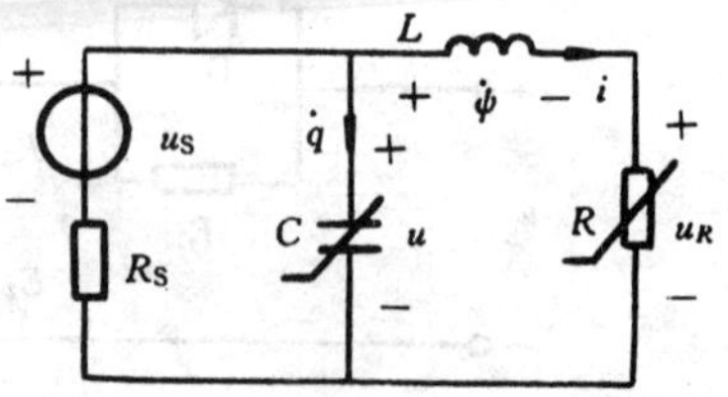

题 10-15 图

习题答案

习题一

1-1 (a) $R_5+\dfrac{R_1R_2R_3}{R_1R_2+R_2R_3+R_3R_1}$ (b) 4kΩ (c)3Ω (d)1.5Ω

1-2 K开:9Ω, K闭:9Ω

1-4 (a) $U=-R_2I_S+(R_1+R_2)I$

(b) $U=(U_2+R_1I_S)+(R_1+R_2)I$

(c) $U=(\dfrac{1}{R_1}U_S-I_S)\dfrac{R_1R_2}{R_1+R_2}+\dfrac{R_1R_2}{R_1+R_2}I$

1-5 $U_A=-3V$, $U_F=21V$, $U_D=36V$, $U_C=24V$, $U_B=54V$

1-6 $I=-4A$

1-7 $I_1=-1A$, $I_2=1A$, $I=2A$, $U_{ab}=2V$

1-8 $I_S=-2.5A$

1-9 $U_S=11V$, $R_1=10\Omega$, $R_2=\dfrac{4}{3}\Omega$

1-10 $U=1.4V$, 无影响。

1-11 $U_{AB}=-5V$, $U_{BC}=85V$

1-12 (a) $I_1=-2A$, $I_2=-9A$, $U=10V$

(b) $I_1=2.48A$, $I_2=6.69A$, $U=196V$

1-14 $U=-20V$

1-15 $u_2=i_S\dfrac{R_2R_3}{R_2+R_3}$ $i_2=i_S\cdot\dfrac{R_3}{R_2+R_3}$

1-16 (1)(a) $U_{ab}=-2V$ (b) $U_{ab}=0$

(2)(a) $I_{ab}=-0.5A$ (b) $I_{ab}=0$

1-17 $R=12\Omega$, $I_1=I_2=0.5A$, $I=0$

1-18 $R_X=81.3\Omega$, 1.5A, 0.5A, 0.25A, 0.25A

1-20 $P=250W$

1-21 $A_1=3.5A$, $A_2=5.5A$

习题二

2-1 $I_R=0$

2-3 $I=-4$A

2-4 $U_{ab}=-6$V

2-5 1V, 0V, $\frac{4}{3}$V

2-6 $I_X=1.36$A

2-7 $I=-2$A

2-8 18.9V, 0.713A

2-9 500mA

2-10 5V, 0.5Ω

2-11 15V, 14Ω;1.07A, 14Ω

2-12 10Ω, 35.2W;并一有源支路,且其电动势与内阻之比为 3.75

2-13 3Ω

2-14 40A

2-15 $U_S=7$V, $R_S=0.5\Omega$

2-16 $i=1.35$A

2-17 $i_2=0.2$A, 12V, 2Ω

2-19 6V

2-20 $i_1=0.24$A, $i_2=9.39$A

2-21 $I_1=2.5$A

2-22 $I_{ad}=7$A, $I_{ab}=5$A, $I_{ac}=-6$A, $I_{bc}=-16$A, $I_{cd}=-22$A, $I_{bd}=21$A

2-23 $U_S=25$V, $R_2=8.33\Omega$

2-24 -3.5A

2-25 28.2V, 6.47Ω

2-26 $U_K=\frac{K_2R_L}{K_1K_2R_L-R_1}U_S$, $R_0=\frac{R_1R_L}{R_1-K_1K_2R_L}$

2-27 $R=5.5\Omega$, $P=10.2$W

2-28 $I_1''=-0.5$A

习题三

3-1 元件1为纯电阻,其值为 10Ω

元件 2 为纯电容,其值为 0.02F

元件 3 为纯电感,其值为 0.5H

3-2 $\dot{I}=20.\angle-42.9^{\circ}$A

3-3 $R=161\Omega$ $L=0.889$H

3-4 $R_2=17\Omega$ $X_{c2}=7\Omega$ $U_2=91.9$V

3-5 $R_0=18\Omega$

3-6 $R=5.06\Omega$ $L=0.035$H

3-7 $U_{C1}=80.4$V $U_{C2}=314.6$V

3-8 $I_C=14$A $C=743\mu$F

3-10 $\dot{I}_1=36.0\angle 16.8^\circ A$ $\dot{I}_2=22.3\angle -77.1^\circ A$ $\dot{I}_3=31.6\angle 21^\circ A$

3-11 $Y=0.02\pm j0.04S$

3-12 $\dot{I}_1=1\angle -45^\circ A$ $\dot{I}_2=0.707\angle 180^\circ A$ $\dot{I}_3=1.58\angle -26.6^\circ A$ $\dot{I}_4=2.12\angle 0^\circ A$

3-13 $\dot{I}_R=-j\sqrt{\frac{C}{L}}\dot{U}$

3-14 $R=2k\Omega$

3-15 $L=1.21H$

3-16 $R=15\Omega$ $L=0.152H$

3-17 $Z_C=2+j2k\Omega$ $P_{max}=11.2W$

3-18 $U_S=520V$ $P_4=55.3kW$

3-19 $R_1=3.5\Omega$ $X_1=6.13\Omega$ $R_2=21\Omega$ $X_2=27\Omega$

3-21 $\dot{I}=1\angle 0^\circ A$

3-22 $R=50.2\Omega$ $L=0.153H$

3-23 $R_4=4.16\Omega$ $L_4=0.0407H$

3-24 $R=63.5\Omega$ $X=36.7\Omega$

3-25 $C=0.02\mu F$

3-26 $i=5\sin(\omega t+53.1^\circ)A$

习题四

4-1 $I_P=14.1A$

4-2 $I_1=36.8A$ $R=3\Omega$ $X=\pm 1.7\Omega$

4-3 $I_1=110A$ $P=36.6kW$

4-4 $I_1=38.1A$ $P_1=174kW$ $P_2=152kW$

4-5 $I=38A$ $P=11.6kW$

4-6 $I_1=17.92A$ $I_2-9.05A$ $I_3=5,23A$

4-7 $U_1=392V$

4-8 $V=191V$

4-9 $I_A=23.1A$ $I_B=15.7A$ $I_C=15.7A$ $I_N=7.5A$

4-10 $U_B=0.375U_p$ $U_C=1.50U_p$

4-11 $W_1=3276W$ $W_2=65W$

4-12 $W_1=4378W$ $W_2=2533W$

4-13 $Q=8660var$

习题五

5-3 $M=52.9mH$

5-4 $M=25H$

5-5 0

5-6 $[R_1+j\omega(L_1+L_2-2M_{12})]\dot{I}_1-j\omega(L_2-M_{12}-M_{23}+M_{13})\dot{I}_2=\dot{U}_{S1}$

$\left[j\omega(L_3+L_2-2M_{23})-j\frac{1}{\omega C}\right]\dot{I}_2-j\omega(L_2-M_{12}-M_{23}+M_{13})\dot{I}_1=0$

5-7 $\dot{I}_1=5.65\angle-98.2^\circ$A $\dot{I}_2=2\angle-36.9^\circ$A $\dot{I}_1=\sqrt{2}5\angle-45^\circ$A $\dot{I}_2=5\angle5^\circ$A

40W, 250W

5-9 $\dot{U}_{AB}=83.44\angle-6.47^\circ$V

5-10 $\dot{U}_{abk}=\sqrt{2}50\angle45^\circ$, $Z_0=\sqrt{2}500\angle45^\circ\Omega$, $I_{SC}=0.1$A

5-11 $P_{max}=12.9$W

5-12 $\dot{I}_1=0$, $\dot{U}_2=40\angle0^\circ$V

5-13 $P_R=9$W

5-14 $U_2=1$V

5-15 $n=2.24$

5-16 $R_i=3.6\Omega$

5-17 $L=0.02$H, $Q=50$

5-18 $\dot{I}_R=10\angle0^\circ$A, $\dot{I}_L=0.319\angle-90^\circ$A $\dot{I}_C=0.319\angle90^\circ$A

5-19 $C=25\mu$F, $U=180$V

5-20 (a) $\omega=\dfrac{1}{\sqrt{3LC}}$

(b) $\omega_1=\dfrac{1}{\sqrt{L_2C}}$, $\omega_2=\dfrac{1}{\sqrt{(L_1+L_2)C}}$

(c) $\omega_1=\dfrac{1}{\sqrt{L_1C_1}}$, $\omega_2=\dfrac{1}{\sqrt{L_2C_2}}$, $\omega_3=\dfrac{\sqrt{L_1+L_2}}{\sqrt{L_1L_2(C_1+C_2)}}$

5-21 $\dot{I}_1=0$, $\dot{I}_2=0.1\angle90^\circ$A, $\dot{I}_L=0.1\angle-90^\circ$A, $\dot{I}_C=0.1\angle90^\circ$A

5-23 $C_1=0.73\mu$F, $C_2=5.66\mu$F, $\dot{I}=0.028\angle-4.62^\circ$A

5-24 (1) $f=\dfrac{1}{2\pi\sqrt{MC}}$, (2) $f=\dfrac{1}{2\pi\sqrt{L_2C}}$

5-25 $C=25\mu$F, $C=57.1\mu$F

5-26 $\omega=10^4$rad/s, $i_2=12.5\sqrt{2}\sin(10^4t+\dfrac{\pi}{2})$mA

习题六

6-1 $a_0=0$, $a_K=0$, $b_K=\dfrac{2E_m}{K^2a(\pi-a)}\sin Ka\ (K=1,2,3,\cdots)$

6-3 $i(t)=\dfrac{5}{6}+2.45\sin(400t+30.96^\circ)+0.654\sin(1200t+31.3^\circ)$A

$P=149.92$W

$U_S=86.89$V

$I=2.716$A

6-4 $U_1=77.1$V, $U_3=63.6$V

6-5 $R=1\Omega$, $L=11.5$mH; $L=12.3$mH

6-6 $R=10\Omega$, $L=31.9$mH; $C=318\mu$F; $\theta_2=-99.5^\circ$, $P=515$W

6-7 $i=4\sin100t-3.58\sin(200t+26.57^\circ)$A, $P=8$W

6-8 $u_L(t)=4\sin2\omega t$V, $i_L(t)=1+0.4\sin(2\omega t-90^\circ)$A

6-9 $u=50+9\sin(\omega t+1.4^\circ)$V，$P=25.35$W

6-10 $C=250\mu$F，$i_a=20$mA，$u_2(t)=\sqrt{2}15\sin1000t$mV

6-11 $L_1=1$H，$L_2=66.7$mH

6-12 $C=\dfrac{1}{9\omega_1^2}$，$L=\dfrac{1}{49\omega_1^2}$，或 $C=\dfrac{1}{49\omega_1^2}$，$L=\dfrac{1}{9\omega_1^2}$

6-13 $P_{R1}=2.29$W，$P_{R2}=0.093$W，$P_S=2.38$W

6-14 $i_1=0.15$A，$i_2=-0.05+\sqrt{2}0.1\sin(\omega t+90^\circ)$A，$I_1=0.15$A，$I_2=0.112$A

6-15 $i_A=\sqrt{2}32.1\sin(\omega t-26.6^\circ)-\sqrt{2}1.05\sin(3\omega t-71.6^\circ)+\sqrt{2}0.619\sin(5\omega t-68.2^\circ)$A

$i_0=\sqrt{2}3.16\sin(3\omega t-71.5^\circ)$A

$P=18.52$kW

不接中线　$P=18.50$kW

$U_{N'N}=30$V

6-16 $V_1=215.23$V，$V_2=90$V

6-17 $c_0=0$，$c_k=\dfrac{2Am}{\pi k}\sin ka\,(k=\pm1,\pm2,\pm3,\cdots)$

习题七

7-1 $i(0_+)=1$A，$u_{L2}(0_+)=-100$V

7-2 $u_C(0_-)=u_C(0_+)=45$V，$i_L(0_-)=i_L(0_+)=15$mA，$i_C(0_-)=0$，

$i_C(0_+)=-0.45$mA

$u_L(0_-)=0$，$u_L(0_+)=45$V，$u_R(0_-)=45$V，$u_R(0_+)=45$V

7-3 $i_L=0.667e^{-t}$A$(t\geqslant0)$，$u_L=-4e^{-t}$V$(t\geqslant0)$，$u_{ab}=(12+1.33e^{-t})$V$(t\geqslant0)$

7-4 $i_K=(2+e^{-t}-e^{-5t})$A$(t\geqslant0)$

7-5 $u_C=3(1-e^{-0.1t})$V$(t\geqslant0)$，$i_C=0.6e^{-0.1t}$A$(t\geqslant0)$，$i_1=(1-0.4e^{-0.1t})$A$(t\geqslant0)$

$i=(1+0.2e^{-0.1t})$A$(t\geqslant0)$，$u_K=(6-0.6e^{-0.1t})$A$(t\geqslant0)$

7-6 $i_L=(1-e^{-10t})$A$(t\geqslant0)$，$u_L=20e^{-10t}$A$(t\geqslant0)$，$u=(20+10e^{-10t})$A$(t\geqslant0)$

7-7 $u_C=[100-36.8e^{-5\times10^3(t-10^{-4})}]V(t\geqslant10^{-4}s)$

7-8 $u_C=(-5+15e^{-10t})$V$(t\geqslant0)$

7-9 $i_L=(0.2+0.8e^{-5t})$A$(t\geqslant0)$

7-10 $i=(2.4-1.4e^{-1.25\times10^5t})A(t\geqslant0)$

7-11 $u_C=[(U_2-\beta\dfrac{R_2}{R_1}U_1)+\beta\dfrac{R_2}{R_1}U_1e^{-\frac{t}{\tau}}]V(t\geqslant0)$，$\tau=(1+\beta)R_2C$

7-12 $u_C=(0.854-0.0204e^{-1.36\times10^6t})V(t\geqslant0)]$

7-13 $i_L=(1.33+0.667e^{-6t})$A$(t\geqslant0)$

$u_C=4e^{-0.25t}$V$(t\geqslant0)$

$u_K=(5.33+2.67e^{-6t}-4e^{-0.25t})V(t\geqslant0)$

7-14 $i=[-5e^{-0.5t}1(t)+2.5e^{-0.5(t-2)}1(t-2)]$A

7-15 $i=[0.2e^{-1.2(t-1)}1(t-1)-0.2e^{-1.2(t-2)}1(t-2)]$A

7-16 $u_{22'}(t)=0.25(1-e^{-0.5t})V(t\geqslant 0)$

7-17 $U=-3.68$V

7-18 $u_L=[\delta(t)-e^{-t}1(t)]$V

7-19 $u_{C1}=u_{C2}=6-4e^{-0.333t}$V

$i_{C1}=-4\delta(t)+1.333e^{-0.333t}$A

$i_{C2}=4\delta(t)+2.667e^{-0.333t}$A

$i=4e^{-0.333t}$A

7-20 $u_C=[\sqrt{2}34.6\sin(314t-51°)+(U_0+38.0)e^{-50t}]V(t\geqslant 0)$

$U_0=-38$V

7-21 $i=(1-e^{-2t})1(t)+[1-e^{-2(t-1)}]1(t-1)-2[1-e^{-2(t-2)}]1(t-2)+$
$4e^{-2(t-3)}1(t-3)$A

7-22 $u_C=(10.8e^{-268t}-0.774e^{-3732t})V(t\geqslant 0)$

$i=2.89(e^{-268t}-e^{-3732t}mA(t\geqslant 0)$

$i_{max}=2.19$mA

7-23 (1) $i_L=[1-1.01e^{-0.101t}+0.01e^{-9.90t}]1(t)$A

(2) $i_L=[1-(1+t)e^{-t}]1(t)$A

(3) $i_L=[1-e^{-0.05t}(\cos t+0.05\sin t)]1(t)$A

7-24 $A=2,\ u_0=2\dfrac{U_S}{R}\sqrt{\dfrac{L}{C}}\sin\sqrt{\dfrac{1}{LC}}tV(t\geqslant 0)$

7-25 $u_C=11.6e^{-0.5t}\sin 0.866t\,1(t)$V

习题八

8-1 $\dfrac{2}{s+3}e^{-s},\ \dfrac{2}{(s+3)^2+4},\ e^{-5s},\ \dfrac{3}{s}(e^{sT_1}-e^{-sT_2}),\ \dfrac{E}{s^2T}(1-e^{-sT})-\dfrac{E}{s}e^{-sT}$

8-2 $3.33(e^{-2t}-e^{-3t}),\ 1-0.5e^{-0.333t}-0.5e^{-t},\ e^{-3t}+2.24e^{-t}\cos(t+26.6°)$
$e^{-t}-(t+1)e^{-2t},\ \delta(t)+1-2e^{-t}$

8-3 $i_1=2.5e^{-1000t}+4.5e^{-3000t}A(t\geqslant 0)$

$i_2=2.5e^{-1000t}-4.5e^{-3000t}A(t\geqslant 0)$

8-4 $i=6.67-0.454e^{-6.34t}-6.21e^{-23.7t}A(t\geqslant 0)$

8-5 $i_2=(te^{-5t}-e^{-5t}+e^{-6t})A(t\geqslant 0)$

8-6 $t=0.0188$s

8-7 $i_L=(10+31.0e^{-25t}\sin 96.8t)$A $(t\geqslant 0)$

8-8 $i_1=(1-e^{-2t}-e^{-t}\sin 2t)A(t\geqslant 0)$

8-9 $u_C=0.4e^{-0.2t}1(t)$V

8-10 $i_L=(6e^{-0.5t}-4e^{-t})$A$(t\geqslant 0)$

8-11 $i_1=2e^{-1.33t}$A $(t\geqslant 0)$

$i_2=-2\delta(t)+0.667e^{-1.33t}$A $(t\geqslant 0)$

$i_3=2\delta(t)+1.33e^{1.33t}A\ (t\geqslant 0)$

8-12 $i_1=(1-0.2e^{-0.2t})A(t\geqslant 0)$

$i_2=0.4e^{-0.2t}A\ (t\geqslant 0)$

8-13 $i_1=[0.5\delta(t)-\sqrt{2}0.25\sin 0.707t]A\ (t\geqslant 0)$

8-14 $i=\{(1-e^{-2t})1(t)+[1-e^{-2(t-1)}]1(t-1)-2[1-e^{-2(t-2)}]1(t-2)+4e^{-2(t-3)}\cdot 1(t-3)\}A\ (t\geqslant 0)$

8-15 $u=\left\{\frac{E}{t_0}RC(1-e^{-\frac{t}{RC}})1(t)-\left[\frac{E}{t_0}RC(1-e^{-\frac{t-t_0}{RC}})+Ee^{-\frac{t-t_0}{RC}}\right]1(t-t_0)\right\}V$

8-16 $h(t)=2.31e^{-0.5t}\cos(0.866t+90^\circ)1(t)V$

8-17 $L=1.41H, C=0.707F$

8-18 $H(s)=\frac{s^2}{s^2+6.5s+1.56}\quad h(t)=\delta(t)+(0.0104e^{-0.25t}-6.51e^{-6.25t})1(t)$

8-19 $(1)u(t)=\frac{1}{1-a}(e^{at}-e^{-t})1(t)V$

$(2)u(t)=\{a(2-t)[1(t)-1(t-2)]-2ae^{-t}1(t)\}V$

8-20 $y_3(t)=1(t)+e^{-t}1(t)-1(t-1)$

习题九

9-1 (a) $Y=\begin{bmatrix}-j\frac{1}{\omega L} & j\frac{1}{\omega L}\\ j\frac{1}{\omega L} & j(\omega C-\frac{1}{\omega L})\end{bmatrix}\qquad Z=\begin{bmatrix}j(\omega L-\frac{1}{\omega C}) & -j\frac{1}{\omega C}\\ -j\frac{1}{\omega C} & -j\frac{1}{\omega C}\end{bmatrix}$

$A=\begin{pmatrix}1-\omega^2LC & j\omega L\\ j\omega C & 1\end{pmatrix}$

(b) $Y=\begin{bmatrix}j(\omega C-\frac{1}{\omega L}) & j\frac{1}{\omega L}\\ j\frac{1}{\omega L} & -j\frac{1}{\omega L}\end{bmatrix}\qquad Z=\begin{bmatrix}-j\frac{1}{\omega C} & -j\frac{1}{\omega C}\\ -j\frac{1}{\omega C} & j(\omega L-\frac{1}{\omega C})\end{bmatrix}$

$A=\begin{pmatrix}1 & j\omega L\\ j\omega C & 1-\omega^2LC\end{pmatrix}$

(c) $Y=\begin{bmatrix}\frac{\omega^2C_1C_2(1-\omega^2LC_2)}{\omega^2L(C_1+C_2)-1} & -j\frac{\omega^3LC_1C_2}{\omega^2L(C_1+C_2)-1}\\ -j\frac{\omega^2LC_1C_2}{\omega^2L(C_1+C_2)-1} & \frac{\omega^2C_1C_2(1-\omega^2LC_1)}{\omega^2L(C_1+C_2)-1}\end{bmatrix}$

$Z=\begin{bmatrix}j\left(\omega L-\frac{1}{\omega C_1}\right) & j\omega L\\ j\omega L & j\left(\omega L-\frac{1}{\omega C_2}\right)\end{bmatrix}$

$$A=\begin{bmatrix}1-\dfrac{1}{\omega^2LC_1} & -\mathrm{j}\dfrac{\omega^2L(C_1+C_2)-1}{\omega^3LC_1C_2}\\ -\mathrm{j}\dfrac{1}{\omega L} & 1-\dfrac{1}{\omega^2LC_2}\end{bmatrix}$$

9-2 (a) $Y=\begin{bmatrix}\frac{5}{3} & -\frac{4}{3}\\ -\frac{4}{3} & \frac{5}{3}\end{bmatrix}$ $Z=\begin{bmatrix}\frac{5}{3} & \frac{4}{3}\\ \frac{4}{3} & \frac{5}{3}\end{bmatrix}$ $A=\begin{bmatrix}\frac{5}{4} & \frac{3}{4}\\ \frac{3}{4} & \frac{5}{4}\end{bmatrix}$ $H=\begin{bmatrix}\frac{3}{5} & \frac{4}{5}\\ -\frac{4}{5} & \frac{3}{5}\end{bmatrix}$

(b) $Y=\begin{bmatrix}\frac{3}{4} & -\frac{1}{4}\\ -\frac{1}{4} & \frac{3}{4}\end{bmatrix}$ $Z=\begin{bmatrix}\frac{3}{2} & \frac{1}{2}\\ \frac{1}{2} & \frac{3}{2}\end{bmatrix}$ $A=\begin{pmatrix}3 & 4\\ 2 & 3\end{pmatrix}$ $H=\begin{bmatrix}\frac{4}{3} & \frac{1}{3}\\ -\frac{1}{3} & \frac{2}{3}\end{bmatrix}$

(c) $Y=\begin{bmatrix}\frac{3}{4} & -\frac{1}{4}\\ -\frac{1}{4} & \frac{1}{2}\end{bmatrix}$ $Z=\begin{bmatrix}\frac{8}{5} & \frac{4}{5}\\ \frac{4}{5} & \frac{12}{5}\end{bmatrix}$ $A=\begin{bmatrix}2 & 4\\ \frac{5}{4} & 3\end{bmatrix}$ $H=\begin{bmatrix}\frac{4}{3} & \frac{1}{3}\\ -\frac{1}{3} & \frac{5}{12}\end{bmatrix}$

9-3 (a) $H=\begin{bmatrix}-R & -\frac{2}{5}\\ -2 & -\frac{1}{5R}\end{bmatrix}$ $Y=\begin{bmatrix}-\frac{1}{R} & -\frac{2}{5R}\\ \frac{2}{R} & \frac{3}{5R}\end{bmatrix}$

(b) $H=\begin{bmatrix}\dfrac{R_1R_2}{R_1+R_2} & \dfrac{R_1}{R_1+R_2}\\ (g_m-\dfrac{1}{R_2})\dfrac{R_1R_2}{R_1+R_2} & (1+g_mR_1)\dfrac{1}{R_1+R_2}\end{bmatrix}$ $Y=\begin{bmatrix}\dfrac{R_1+R_2}{R_1R_2} & -\dfrac{1}{R_1}\\ g_m-\dfrac{1}{R_2} & \dfrac{1}{R_2}\end{bmatrix}$

9-4 $I_{11'}=-12\mathrm{A}$

9-5 $U_{11'}=100\mathrm{V}$

9-6 $Y_{11}=(0.64+\mathrm{j}1.08)\mathrm{S}$, $Y_{12}=Y_{21}=(-0.4-\mathrm{j}0.8)\mathrm{S}$, $Y_{22}=\mathrm{j}0.5\mathrm{S}$

9-7 (1) $\dfrac{U_2(s)}{U_S(s)}=\dfrac{-1}{9s+0.05}$ (2) $u_2(t)=-20+20\mathrm{e}^{-\frac{t}{180}}\mathrm{V}$

9-8 $Z_{c1}=35\Omega$ $Z_{c2}=84\Omega$

9-9 (a) $\sqrt{\dfrac{L}{C}-\dfrac{\omega^2L^2}{4}}$ (b) $\sqrt{\dfrac{4\omega^2L^2}{4\omega^2LC-1}}$

9-10 (a) $Z_c=600\Omega$ $\beta=0.6931\mathrm{Nb}=6.021\mathrm{dB}$ $\alpha=0$

(b) $Z_c=300\Omega$ $\beta=0\mathrm{Nb}$ $\alpha=-0.6435(\mathrm{rad})=-36.87°$

9-11 T型 $Z_1=15\Omega$ $Z_2=6\Omega$ $Z_3=10\Omega$

π型 $Z_a=30\Omega$ $Z_b=50\Omega$ $Z_c=20\Omega$

9-12 $\begin{pmatrix}1-3\omega^2LC+\omega^4L^2C^2 & \mathrm{j}2\omega L-\mathrm{j}\omega^3L^2C\\ \mathrm{j}3\omega C-\mathrm{j}4\omega^3LC^2+\mathrm{j}\omega^5L^2C^3 & 1-3\omega^2LC+\omega^4L^2C^2\end{pmatrix}$

9-13 $U_2=20\mathrm{V}$

9-14 (a) $\begin{pmatrix}A_{11} & A_{12}\\ YA_{11}+A_{21} & YA_{12}+A_{22}\end{pmatrix}$ (b) $\begin{pmatrix}A_{11} & ZA_{11}+A_{12}\\ A_{21} & ZA_{21}+A_{22}\end{pmatrix}$

9-15 $u_0=(\dfrac{R_4}{R_1}\cdot\dfrac{R_1+R_2}{R_3+R_4})u_2-\dfrac{R_2}{R_1}u_1$

9-16 $T(s)=\dfrac{Y_1Y_2}{Y_1Y_2+Y_1Y_5+Y_2Y_4+Y_2Y_5+Y_3Y_5+Y_4Y_5}$

9-17 (a) $A=\begin{pmatrix}1 & 0\\ 0 & 1\end{pmatrix}$ (b) $A=\begin{pmatrix}1 & sC/g^2\\ 0 & 1\end{pmatrix}$

习题十

10-1 $P_R=1\text{W}$

10-3 $u=1\text{V}, i=1.1\text{A}$

10-4 $u=1\text{V}, i=1\text{A}$

10-5 $U=1\text{V}, I=2\text{A}$

10-6 $U=3\text{V}$ 时, $I=1\text{A}$; $U=-1\text{V}$ 时, $I=-2\text{A}$

10-8 $u=1.0000267\text{V}, i=1.6668001\text{A}$

10-9 $u=0.157\text{V}, i=0.229\text{A}$

10-10 $u=2+0.1\sin t\,\text{V}, i=8+0.8\sin t\,\text{A}$

10-11 $u=8+0.857\sin t\,\text{V}, i=2+0.143\sin t\,\text{A}$

10-12 $u_\delta=0.5\cos 2t\,\text{V}, i_\delta=0.1\cos 2t\,\text{A}$

10-13 $\begin{pmatrix}\dot{q}\\ \dot{\psi}\end{pmatrix}=\begin{pmatrix}-C^{-2}q^2 & -L^{-1}\psi\\ c^{-1}q & \psi^2\end{pmatrix}$

10-14 $\begin{pmatrix}\dot{q}\\ \dot{\psi}\end{pmatrix}=\begin{pmatrix}-\psi^2 & +i_S\\ 2q^2 & -\psi^2\end{pmatrix}$

10-15 $\begin{pmatrix}\dot{q}\\ \dot{\psi}\end{pmatrix}=\begin{pmatrix}-R_S^{-1}q^2-R_S^{-1}q & -L^{-1}\psi+R_S^{-1}u_S\\ q^2+q-L^{-2}\psi^2\end{pmatrix}$